Müller/Ferber
Übungsaufgaben zur
Technischen Mechanik

Wolfgang H. Müller
Ferdinand Ferber

Übungsaufgaben zur Technischen Mechanik

3., neu bearbeitete Auflage

Mit zahlreichen Bildern sowie einer CD-ROM

Fachbuchverlag Leipzig
im Carl Hanser Verlag

Prof. Dr. rer. nat. habil. Wolfgang H. Müller
Technische Universität Berlin, Institut für Mechanik
Lehrstuhl für Kontinuumsmechanik und Materialtheorie

PD Dr.-Ing. habil. Ferdinand Ferber
Universität Paderborn, Fakultät für Maschinenbau
Lehrstuhl für Technische Mechanik

MIX
Papier aus verantwortungsvollen Quellen
FSC® C016439

Bibliografische Information der Deutschen Nationalbibliothek
Die Deutsche Nationalbibliothek verzeichnet diese Publikation in der Deutschen Nationalbibliografie; detaillierte bibliografische Daten sind im Internet über http://dnb.d-nb.de abrufbar.

ISBN 978-3-446-44542-0

E-Book-ISBN 978-3-446-44555-0

Fachbuchverlag Leipzig im Carl Hanser Verlag

www.hanser-fachbuch.de.de
Druck und Bindung: Hubert & Co, Göttingen
Printed in Germany

Vorwort

L'exemple est un dangereux leurre;
Où la guêpe a passé, le moucheron de-
meure.

Jean DE LA FONTAINE (1621-1695) in ‘Fables (II, XVI)’

Diese Aufgabensammlung soll das Lehrbuch *Technische Mechanik für Ingenieure* ergänzen und den Studenten Übungsmaterial bereitstellen, um den zu den jeweiligen Kapiteln gehörigen Stoff unmittelbar zu vertiefen. Die Übungen sind parallel zu unseren Vorlesungen an der Universität Paderborn, der Heriot-Watt University in Edinburgh und an der Technischen Universität Berlin entstanden. Insbesondere gehen die Aufgaben zu den Kapiteln 3 bis 10 auf Notizen und Vorlesungen von Herrn Professor Helmut Wild, Paderborn, zurück, dem wir für seine Anregungen herzlich danken. Weiterhin gebührt Herrn Kollegen Prof. Dr.-Ing. Albert Duda Dank für eine erste Durchsicht des Manuskripts und viele Verbesserungsvorschläge.

Vom Stoffumfang her sind unsere Übungen auf zwei Semesterwochenstunden ausgelegt. Sicherlich werden sich bei Verwendung der Aufgaben in der täglichen Lehre viele weitere Wünsche einstellen. Zum Bespiel haben wir es in dieser Auflage des Übungsbuches versäumt, Aufgaben zum Thema D'ALEMBERTsche und LAGRANGEsche Mechanik bereitzustellen. In diesem Zusammenhang können wir vorläufig nur empfehlen, die mit dem NEWTONschen Konzept ausführlich bearbeiteten Aufgaben der Kapitel 14 und 15 mit diesen Methoden entsprechend durchzurechnen und die präsentierte Lösung unter anderen Gesichtspunkten wiederzuentdecken. Ferner sind manche Abschnitte im Moment etwas unterbesetzt, wie zum Beispiel die Kapitel 11 bis 13, also die Themen Knickstab und Punktkinematik und -kinetik. Unser Ziel ist es, während der kommenden Semester hierzu im Stil des Buches weitere ausgearbeitete Aufgaben auf unserer webpage anzubieten: http://mechanik.tu-berlin.de/ mueller/lehre.htm. Hier werden wir auch über die zu erwartenden Druckfehler berichten und Informationen in Form einer permanent zu aktualisierenden Errataliste anbieten.

Wir wurden auch mehrfach darauf angesprochen, warum wir unsere Leser denn duzen. Darauf ist zu erwidern, dass selbst wenn wir dies täten, es keineswegs diminutiv, deklassierend oder gar kommunistisch-klassenkämpferisch gemeint wäre. Vielmehr jedoch gebrauchen wir Ausdrücke wie „Stelle auf“, „Erarbeite“, etc. im Sinne eines kategorischen Imperativs und meinen eigentlich „Man stelle auf“, „Man erarbeite“. Um vorzubeugen: Letztere Erklärung ist durchaus im nicht-antifeministischen Sinne zu verstehen!

Abschließend bedanken wir uns herzlich für die angenehme Zusammenarbeit mit Herrn Dipl.-Phys. Jochen Horn vom Carl Hanser Verlag, der das Werden dieses Buches aufmerksam begleitet hat und mit Rat und Tat stets aktiv und äußerst hilfreich zur Seite stand.

Wolfgang H. Müller und Ferdinand Ferber im Sommer 2004

Vorwort zur 2. Auflage

… deinde quia longum iter est per praecepta, breve et efficax per exempla.

Lucius Annaeus SENECA (1-65) in 'Epistulae morales ad Lucilium (I, VI [5])'

Nachdem wir unser Lehrbuch der modularen Struktur angepasst haben, war eine entsprechende Korrektur des Aufgabenbuches überfällig. Diese Lücke haben wir hiermit geschlossen. Parallel zum Lehrbuch findet man in fünf Kapiteln gegliedert Aufgaben zu den an der Technischen Universität Berlin für die Studierenden der Ingenieurwissenschaften angebotenen Modulen Statik, Festigkeitslehre, Dynamik, Kontinuumsmechanik und Energiemethoden.

Weiterhin wurden die Aufgaben thematisch nach den im Kapitel jeweils folgenden Unterpunkten sortiert. Wir stellen nicht ohne Stolz fest, dass zu jedem Unterkapitel Übungsaufgaben bereitstehen. Außerdem ist zu vermelden, dass im Rahmen der beiliegenden CD dem starken Wunsch der Studierenden Rechnung getragen wurde, sog. „Quickies" üben zu können. Diese Kurz- oder auch Theoriefragen stellen erfahrungsgemäß in der Klausur eine sehr große Hürde dar und werden, obwohl sie es nach überlegtem Studium des Lehrbuches nicht sein sollten, als extrem schwierig empfunden. Entsprechend groß ist die Furcht, sich nicht darauf vorbereiten zu können. Dieses wird nun möglich.

Abschließend gilt unser Dank noch allen unseren studentischen Helfern, nämlich den Damen und Herren cand.-ing. Matti Blume, Claudia Gertheinrich, Stefan Jannikoy, Anna Japs, Saskia Krech, Felix-Joachim Müller, den wissenschaftlichen Mitarbeitern Dipl.-Ing.'s Emek Abali, Andreas Brandmair und Holger Worrack, Herrn Dipl.-Ing. Guido Harneit für die Rechneradministration und Softwareunterstützung sowie – wie immer last but not least – Herrn Dipl.-Phys. Jochen Horn vom Carl Hanser Verlag.

Wolfgang H. Müller und Ferdinand Ferber im Juli 2009

Vorwort zur 3. Auflage

Книги читай, однако помни — книга книгой, а своим мозгом двигай!

Максим Горький (1868-1936)

In der vorliegenden 3. Auflage unseres Aufgabenbuches haben wir zunächst einmal versucht, alle durch Assistenten und Studenten bisher gefundenen Druck- und Rechenfehler auszumerzen. Es ist zu vermuten, dass trotz dieser Anstrengung nicht alle beseitigt wurden. Darüber hinaus haben wir uns sehr bemüht, neue Fehler einzubauen, denn insbesondere zu den Kapiteln über Kontinuumsmechanik und Energiemethoden sind weitere Aufgaben hinzugekommen. Folglich gilt es das obige Zitat zu beherzigen und selber zu denken, denn nur selber rechnen macht schlau, und man soll ja nicht alles glauben, was in den Büchern steht.

Für die Mitarbeit an der neuen Auflage möchten wir Assistenten und studentischen Hilfskräften danken, insbesondere den Herren Dr.-Ing. B. Emek Abali, Matti Blume, Anton Köllner, M.Eng. (Hons) und Felix Reich, M.Sc. und Herrn Dipl.-Ing. Guido Harneit für die Rechneradministration und Softwareunterstützung. Für viel Verständnis und Geduld während der Anfertigung dieses Buches ist außerdem Frau Ute Eckardt vom Hanser Verlag Dank zu sagen.

Wolfgang H. Müller und Ferdinand Ferber im Juli 2015

Inhaltsverzeichnis

1 Statik

1.1 Grundbegriffe

1.1.1 Einordnung und Gliederung der Mechanik

Problemstellung

Die Mechanik ist ein Teilgebiet der Physik, das mit der Entwicklung der Analytischen bzw. Rationalen Mechanik im letzten Jahrhundert einen gewissen Abschluss erreicht hat. Stelle die sogenannte **Analytische Mechanik** und die **ingenieurwissenschaftliche Mechanik** einander gegenüber und definiere die **Technische Mechanik**.

Lösung

Abb. 1.1.1: Die Mechanik als Teilgebiet der Physik.

Abb. 1.1.2: Fachliche Gliederung der Mechanik.

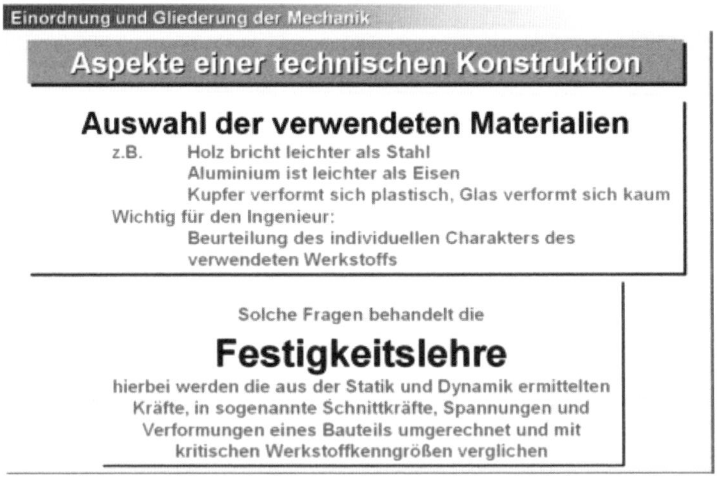

Abb. 1.1.3: Aspekte einer technischen Konstruktion.

1.1.2 Zum Kraftbegriff

Problemstellung

Die Kraft ist eine sogenannte primitive, d. h. ursprüngliche Größe. Erläutere anhand geeigneter Beispiele diese Behauptung.

Lösung

- Kraft ist das Resultat geistiger Abstraktion, basierend auf unserer täglichen Erfahrung.
- Kräfte lassen sich nicht unmittelbar beobachten.
- Die Wirkung der Kräfte lässt auf ihre Existenz schließen.

Abb. 1.1.4: Erfahrung und geistige Abstraktion lassen das Gefühl der Kraftwirkung aufkommen.

Abb. 1.1.5: Man kann Kräfte fühlen.

Abb. 1.1.6: Man kann Kräfte aufprägen.

1.1.3 Einteilung der Kräfte

Problemstellung

Wir teilen die Kräfte in die sogenannten **Einzelkräfte**, in **Linienkräfte** oder **Streckenlasten**, in **Volumenkräfte**, in **Oberflächenkräfte** und **eingeprägte Kräfte** ein. Erläutere diese Klassifikation anhand geeigneter Beispiele.

Lösung

Die folgenden Beispiele zeigen jeweils typische technische Problemstellungen, zu deren mathematischer Behandlung die genannten Kräftearten verwendet werden.

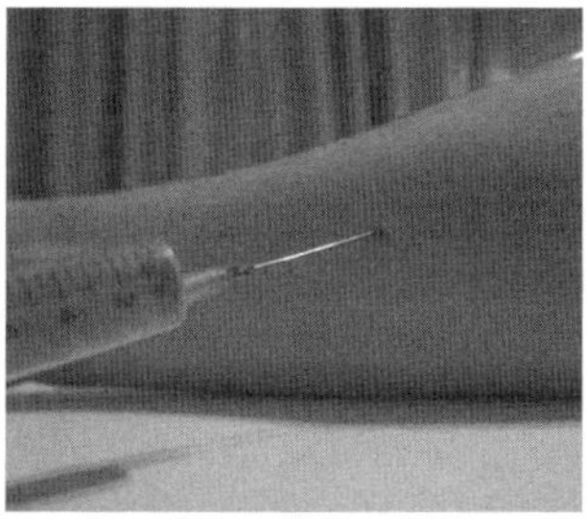

Abb. 1.1.7: Einzelkraft.

Abb. 1.1.8: Linienkraft oder Streckenlast.

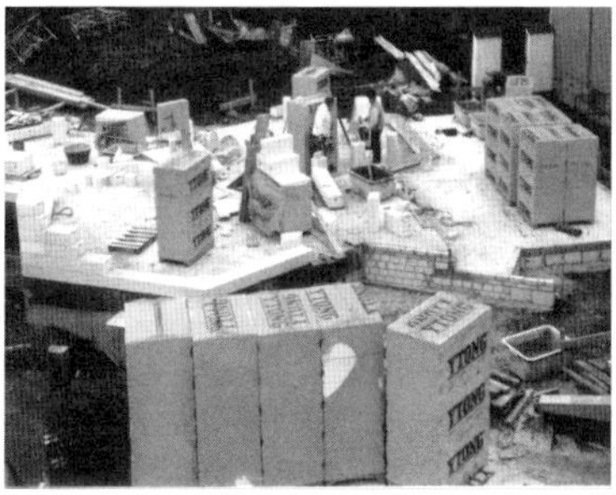

Abb. 1.1.9: Volumenkraft.

Abb. 1.1.10: Oberflächenkraft (nach http://www.talsperrenleitzentrale-ruhr.de).

1.1.4 Das Schnitt- und Wechselwirkungsprinzip

Problemstellung

Freimachen bzw. Freischneiden bedeutet, dass die Reaktionskräfte in einem Körper dadurch sichtbar gemacht werden, dass man den Körper von seinen geometrischen Bindungen löst. Erläutere dieses Konzept anhand einfacher Beispiele.

Lösung

Die in der Mechanik überaus wichtige Technik des Freischnitts wird am folgenden Beispiel von Wilhelm BUSCH auf amüsante Weise verdeutlicht. Man beachte, dass BUSCH sich in seiner Jugend in Hannover als Maschinenbaustudent eingeschrieben hatte, diese Tätigkeit jedoch bald aufgab, um sich der Malerei und Dichtkunst zuzuwenden. Offenbar war der Freischnitt ihm zu diesem Zeitpunkt jedoch bereits vermittelt worden.

Abb. 1.1.11: Der Freischnitt.

1.2 Kräfte in einem Angriffspunkt

1.2.1 Lineare Gleichungssysteme und zugehörige Lösungsverfahren

Problemstellung

Benenne und diskutiere wichtige Verfahren zur Lösung linearer Gleichungssysteme und zeige ihre Bedeutung in der Technischen Mechanik anhand einfacher Beispiele auf.

Lösung

Bei der Bestimmung von Schnittgrößen (z. B. Lagerkräften und -momenten) ist es oft notwendig, lineare Gleichungssysteme zu lösen. Anders ausgedrückt sind besagte Schnittgrößen die Unbekannten, die als Funktion gegebener mechanischer Größen, wie eingeprägter Kräfte, Drehmomente oder Abmessungen, berechnet werden sollen. In dieser Übersichtsaufgabe wird an die gängigen Verfahren zum Lösen solcher linearen Gleichungssysteme erinnert. Für ein tiefer gehendes Studium bzw. für einen Beweis sei auf die einschlägigen Kapitel in Mathematiklehrbüchern verwiesen.

Zur allgemeinen Struktur eines linearen Gleichungssystems für zwei Unbekannte ist folgendes zu sagen. Gegeben sind die Größen a, b, c, d, A, B und gesucht sind x, y in den folgenden zwei Gleichungen:

$$ax + by = A \ , \quad cx + dy = B \ . \tag{1.2.1}$$

Gemäß den Regeln für das Rechnen mit Matrizen, kann man hierfür alternativ auch schreiben:

$$\begin{pmatrix} a & b \\ c & d \end{pmatrix} \cdot \begin{pmatrix} x \\ y \end{pmatrix} = \begin{pmatrix} A \\ B \end{pmatrix} . \tag{1.2.2}$$

Diese Darstellung hat den Vorteil, dass sie die gegebenen Größen, nämlich die aus den gegebenen Größen a, b, c, d bestehende 2×2-**Koeffizientenmatrix**, die Spalte der **Unbekannten** x, y und die wiederum gegebene, aus A, B bestehende, sogenannte **rechte Seite**, sehr klar auseinander hält. Sie hat auch noch den weiteren Vorteil, dass das zugehörige Lösungsschema sich formal sehr einfach auf eine größere Anzahl von Unbekannten übertragen lässt. Doch davon gleich mehr. Wenn man weiß, wie man (zweireihige) Determinanten berechnet, dann findet man aus (1.2.2) sofort die Lösung:

$$x = \frac{\begin{vmatrix} A & b \\ B & d \end{vmatrix}}{\begin{vmatrix} a & b \\ c & d \end{vmatrix}} = \frac{A\,d - B\,b}{a\,d - b\,c} \ , \quad y = \frac{\begin{vmatrix} a & A \\ c & B \end{vmatrix}}{\begin{vmatrix} a & b \\ c & d \end{vmatrix}} = \frac{B\,a - A\,c}{a\,d - b\,c} . \tag{1.2.3}$$

Die Determinante der Koeffizientenmatrix steht also jeweils im Nenner, und im Zähler wurde zur Bestimmung der n-ten Unbekannten in der n-ten Spalte der Koeffizientenmatrix die rechte Seite eingesetzt. Für diejenigen, die sich in der Berechnung von Determinanten noch nicht gut auskennen, ist die explizite Lösung in obiger Gleichung ebenfalls mit angegeben. Die Verallgemeinerung auf mehr als zwei Unbekannte $x_i, i = 1, \ldots, N$, $N = 1, 2, 3, \ldots$ gelingt wie folgt:

$$\sum_{j=1}^{N} a_{ij}\, x_j = A_i \ , \quad i = 1, \ldots, N \quad \Rightarrow \quad \begin{pmatrix} a_{11} & a_{12} & \ldots & a_{1N} \\ a_{21} & a_{22} & \ldots & a_{2N} \\ \vdots & \vdots & \vdots & \vdots \\ a_{N1} & a_{N2} & \ldots & a_{NN} \end{pmatrix} \cdot \begin{pmatrix} x_1 \\ x_2 \\ \vdots \\ x_N \end{pmatrix} = \begin{pmatrix} A_1 \\ A_2 \\ \vdots \\ A_N \end{pmatrix} , \tag{1.2.4}$$

wobei das quadratische Zahlenschema a_{ij} sowie die rechte Seite A_i gegeben sind und alle x_j durch eben diese Größen berechnet werden sollen. Die Lösung ausgedrückt durch n-reihige Determinanten lautet:

$$x_j = \begin{vmatrix} a_{11} & \ldots & A_1 & \ldots & a_{1N} \\ a_{21} & \ldots & A_2 & \ldots & a_{2N} \\ \vdots & \vdots & \vdots & \vdots & \vdots \\ \vdots & \vdots & \vdots & \vdots & \vdots \\ a_{N1} & \ldots & A_N & \ldots & a_{NN} \end{vmatrix} \div \begin{vmatrix} a_{11} & \ldots & a_{1j} & \ldots & a_{1N} \\ a_{21} & \ldots & a_{2j} & \ldots & a_{2N} \\ \vdots & \vdots & \vdots & \vdots & \vdots \\ \vdots & \vdots & \vdots & \vdots & \vdots \\ a_{N1} & \ldots & a_{Nj} & \ldots & a_{NN} \end{vmatrix} , \ j = 1, \ldots, N . \tag{1.2.5}$$

Man muss zur Bestimmung der j-ten Unbekannten also lediglich in der Determinante der Koeffizientenmatrix an der gleichnamigen Spalte die rechte Seite einsetzen und danach durch die Determinante besagter Koeffizientenmatrix teilen. Dies ist die sogenannte

CRAMERsche Regel. Bevor wir uns mit alternativen Lösungsverfahren für lineare Gleichungssysteme beschäftigen, soll die angegebene allgemeine Lösungsmethode am Beispiel eines einfachen Stabwerkes illustriert werden. Für das in Abb. 1.2.1 gezeichnete Stabwerk ist die allgemeine Lösung für die Stabkräfte mithilfe einer zweireihigen Determinante gesucht. Zuerst werden die Gleichgewichtsbedingungen in Bezug auf das dargestellte kartesische Koordinatensystem aufgestellt:

$$\sum F_x = 0: \quad F_{Ax} + F_{Bx} + F = 0 \;, \quad \sum F_y = 0: \quad F_{Ay} - F_{By} = 0 \,. \tag{1.2.6}$$

Auf den ersten Blick scheint es so, als ob vier unbekannte Kraftgrößen zu bestimmen sind. Dies täuscht jedoch, denn die Stabkräfte müssen in Richtung der Stabachsen wirken, d. h., ihre Komponenten sind nicht unabhängig, und es gilt:

$$F_{Ax} = F_A \cos(\alpha) \;, \quad F_{Ay} = F_A \sin(\alpha) \;, \quad F_{Bx} = F_B \cos(\beta) \;, \quad F_{By} = F_B \sin(\beta). \tag{1.2.7}$$

Damit lässt sich unser Gleichungssystem wie folgt umschreiben:

$$F_A \cos(\alpha) + F_B \cos(\beta) = -F \;, \quad F_A \sin(\alpha) - F_B \sin(\beta) = 0 \,. \tag{1.2.8}$$

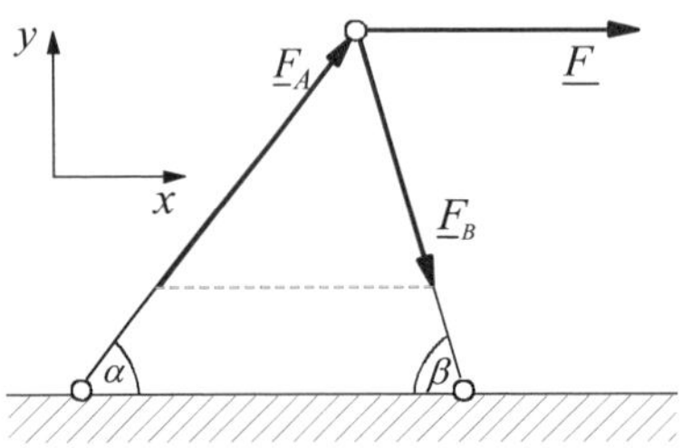

Abb. 1.2.1: Pendelstützensystem unter äußerer Last.

Einsetzen des linearen Gleichungssystems mit zwei Unbekannten in die Lösung (1.2.3) führt auf die gesuchten Stabkräfte:

$$F_A = \frac{\begin{vmatrix} -F & \cos(\beta) \\ 0 & -\sin(\beta) \end{vmatrix}}{\begin{vmatrix} \cos(\alpha) & \cos(\beta) \\ \sin(\alpha) & -\sin(\beta) \end{vmatrix}} = -\frac{F \sin(\beta)}{\cos(\alpha)\sin(\beta) + \sin(\alpha)\cos(\beta)}, \tag{1.2.9}$$

$$F_B = \frac{\begin{vmatrix} \cos(\alpha) & -F \\ \sin\alpha & 0 \end{vmatrix}}{\begin{vmatrix} \cos(\alpha) & \cos(\beta) \\ \sin(\alpha) & -\sin(\beta) \end{vmatrix}} = -\frac{F \sin(\alpha)}{\cos(\alpha)\sin(\beta) + \sin(\alpha)\cos(\beta)}.$$

Die CRAMERsche Formel hat den Nachteil, etwas abstrakt zu sein, und setzt die Kenntnis von Determinanten voraus. Man muss sie jedoch nicht zwingend zur Lösung von linearen Gleichungen verwenden. Alternativ sind folgende **Lösungsmethoden** für lineare Gleichungssysteme zu nennen:

- Additionsverfahren
- Einsetzverfahren
- Gleichsetzungsverfahren
- Graphische Verfahren

In unserem Überblick beginnen wir mit dem **Additionsverfahren**, das wiederum am einfachsten Fall des Systems (1.2.1/2) erläutert wird. Der Trick besteht darin, durch Multiplikation einer Gleichung mit einem geeigneten Faktor und anschließender Addition beider Gleichungen, eine der Unbekannten zu eliminieren:

$$\left.\begin{array}{l} a\,x+b\,y=A \\ c\,x+d\,y=B \quad \left|\cdot\left(-\dfrac{a}{c}\right)\right. \end{array}\right\} \Rightarrow \left.\begin{array}{l} a\,x+b\,y=A \\ -a\,x-\dfrac{d\,a}{c}\,y=-\dfrac{a\,B}{c} \end{array}\right|_{+}\Bigg\} \Rightarrow \tag{1.2.10}$$

$$y\left(b-\frac{d\,a}{c}\right)=A-\frac{a\,B}{c} \Rightarrow y=\frac{A\,c-B\,a}{b\,c-a\,d}.$$

Man setzt diese Lösung nun in eine der beiden ursprünglichen Gleichungen ein und ermittelt die verbliebene Unbekannte:

$$x=\frac{1}{a}(A-b\,y)=\frac{1}{a}\left(A-\frac{A\,b\,c-B\,a\,b}{b\,c-a\,d}\right)=\frac{B\,b-A\,d}{b\,c-a\,d}. \tag{1.2.11}$$

Als Nächstes diskutieren wir eine beliebte „Fußgängermethode“ zur Lösung linearer Gleichungssysteme, das **Einsetzverfahren**, bei dem eine Gleichung nach einer Unbekannten aufgelöst wird, die man dann in die verbliebenen Gleichungen einsetzt, und dies so lange wiederholt, bis nur noch eine Unbekannte übrigbleibt, nach der man umstellt:

$$a\,x+b\,y=A \Rightarrow x=\frac{1}{a}(A-b\,y), \tag{1.2.12}$$

$$c\,x+d\,y=B \Rightarrow \frac{c}{a}(A-b\,y)+d\,y=B \Rightarrow y=\frac{B\,a-A\,c}{a\,d-b\,c},\ x=\frac{B\,a-A\,c}{a\,d-b\,c}.$$

Es folgt das **Gleichsetzungsverfahren**, bei dem zunächst beide Gleichungen nach derselben Unbekannten aufgelöst werden. Beide Ergebnisse setzt man dann gleich, um daraus dann die verbliebene Unbekannte zu ermitteln. Bei mehr als zwei Unbekannten ist dies entsprechend zu wiederholen:

$$\left.\begin{array}{l} a\,x+b\,y=A \\ c\,x+d\,y=B \end{array}\right\} \Rightarrow \left.\begin{array}{l} x=\dfrac{1}{a}(A-b\,y) \\ x=\dfrac{1}{c}(B-d\,y) \end{array}\right\} \Rightarrow \frac{1}{a}(A-b\,y)=\frac{1}{c}(B-d\,y) \Rightarrow \tag{1.2.13}$$

$$y=\frac{B\,a-A\,c}{a\,d-b\,c},\ x=\frac{B\,a-A\,c}{a\,d-b\,c}.$$

Zum Schluss folgen **graphische Verfahren**, die eine recht anschauliche Interpretation der Lösung von Gleichungssystemen zulassen, allerdings nur in zwei Dimensionen, d.h. nur für zwei Unbekannte praktisch durchgeführt werden können. Man interpretiert die Gleichungen (1.2.1/2) einfach als Geradengleichungen in der Ebene:

$$\left.\begin{array}{l} a\,x+b\,y=A \\ c\,x+d\,y=B \end{array}\right\} \Rightarrow \begin{array}{l} y=-\dfrac{a}{b}x+\dfrac{A}{b} \\ y=-\dfrac{c}{d}x+\dfrac{B}{d}. \end{array} \tag{1.2.14}$$

Je nach Größenverhältnissen der Steigungen a/b, c/d und der Achsenabschnitte A/b, B/d kann es nun geschehen, dass beide Geraden sich in einem Punkt schneiden (Abb. 1.2.2, erste und dritte Skizze), zusammenfallen (vierte Skizze) oder parallel zueinander sind (zweite Skizze), d. h., dass eine eindeutige, unendlich viele oder keine Lösung existieren.

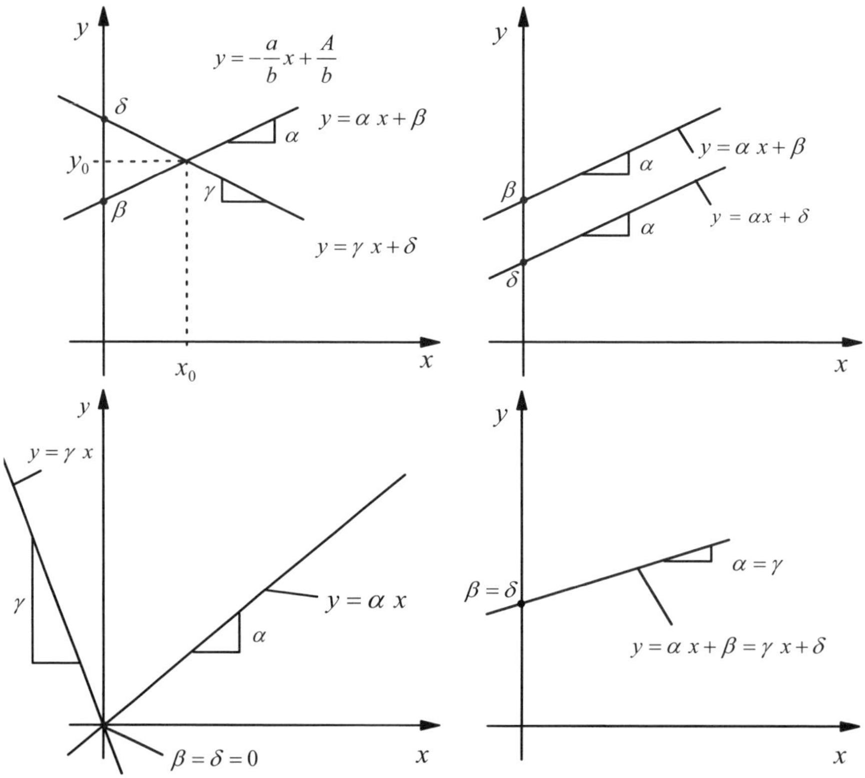

Abb. 1.2.2: Zur zeichnerischen Interpretation der Lösungsmenge zweier linearer Gleichungen.

Anders gesagt: Das lineare Gleichungssystem für zwei Unbekannte lässt sich anschaulich als Schnitt zweier Geraden in der (x, y)-Ebene interpretieren, die

- sich in einem Punkt schneiden (der Schnittpunkt repräsentiert die gesuchte Lösung (x_0, y_0));
- parallel zueinander sind (dann existiert keine Lösung);
- sich im Koordinatenursprung schneiden (in diesem Fall existiert nur die triviale Lösung $(x_0 = 0, y_0 = 0)$);
- aufeinander fallen. Dann existieren unendlich viele Lösungen und man spricht von linear abhängigen Gleichungen, die vielfache voneinander sind.

Damit wären wir bei einem weiteren Thema, nämlich der Existenz von Lösungen und der Eindeutigkeit derselben, wenn es sich um mehr als zwei Unbekannte handelt. Man kann zeigen, dass diese Frage mit dem Verschwinden der Nennerdeterminante aus der allgemeinen Lösung (1.2.5) zusammenhängt, denn möglicherweise wird die Lösung für verschwindenden Nenner singulär. Zur genauen Beantwortung dieses Problems sei jedoch auf die mathematische Literatur verwiesen.

1.2.2 Trigonometrisches Grundwissen

Problemstellung

Wie sind die trigonometrischen Funktionen am rechtwinkligen Dreieck definiert? Wie lautet der Sinus- und der Kosinussatz und wozu lassen sich beide vorzugsweise verwenden?

Lösung

Da es in der Technischen Mechanik um die zuverlässige Auslegung von Konstruktionen geht, spielt die Geometrie derselben eine wesentliche Rolle. Aber auch die Grundgröße der Mechanik, nämlich die Kraft, wird oft in bestimmten Richtungen in ihre Komponenten zerlegt. Bei der Rechnung wird daher immer wieder von geometrischen Grundregeln Gebrauch gemacht, die hier zusammengestellt werden. Wir betrachten zunächst den Fall eines rechtwinkligen Dreiecks (vgl. Abb. 1.2.3) und erinnern an Gleichungen wie den Lehrsatz des PYTHAGORAS:

$$a^2 + b^2 = c^2, \tag{1.2.15}$$

an die Formel für die Fläche des **rechtwinkligen** Dreiecks:

$$A = \frac{1}{2} a\, b \tag{1.2.16}$$

und an die Definitionsgleichungen für die trigonometrischen Funktionen:

$$\sin(\alpha) = \frac{a}{c}\,,\quad \cos(\alpha) = \frac{b}{c}\,,\quad \tan(\alpha) = \frac{\sin(\alpha)}{\cos(\alpha)} = \frac{a/c}{b/c} = \frac{a}{b}. \tag{1.2.17}$$

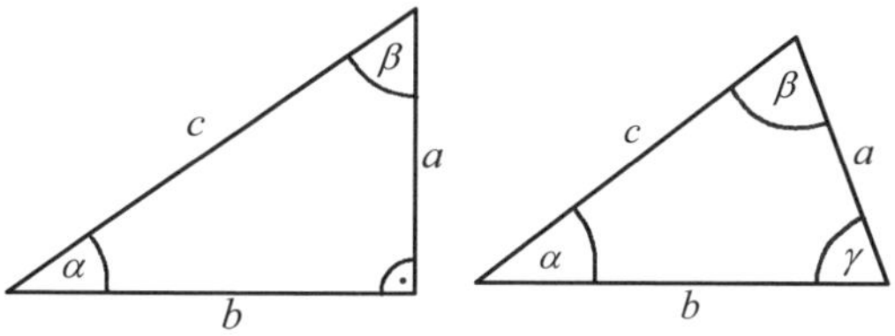

Abb. 1.2.3: Rechtwinkliges und beliebiges Dreieck mit Bezeichnungen.

Als Nächstes interessieren Beziehungen, die für ein **beliebiges** Dreieck gelten, wie der **Sinussatz**:

$$\frac{a}{\sin(\alpha)} = \frac{b}{\sin(\beta)} = \frac{c}{\sin(\gamma)} \tag{1.2.18}$$

und der **Kosinussatz**:

$$c^2 = a^2 + b^2 - 2\, a\, b \cos(\gamma). \tag{1.2.19}$$

Die Frage ist, wann der Sinus- und wann der Kosinussatz nutzbringend eingesetzt werden sollten. Aus Gleichung (1.2.19) erkennt man, dass der Kosinussatz von Vorteil ist, falls drei Seiten gegeben sind und ein Winkel gesucht ist, was in Abb. 1.2.4 links angedeutet ist:

$$\gamma = \arccos\left(\frac{a^2 + b^2 - c^2}{2\, a\, b}\right). \tag{1.2.20}$$

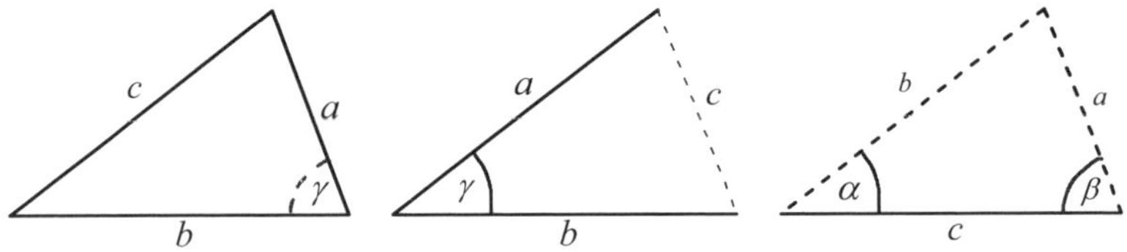

Abb. 1.2.4: Anwendungen des Sinus- und Kosinussatzes.

Auch hilft er weiter, wenn zwei Seiten zwischen einem Winkel gegeben sind und die dritte Seite gesucht ist (Abb. 1.2.4, Mitte):

$$c = \sqrt{a^2 + b^2 - 2\,a\,b\cos(\gamma)}\,. \tag{1.2.21}$$

Hingegen ist der Sinussatz (1.2.18) von Vorteil, wenn eine Seite und zwei Winkel gegeben und die beiden anderen Seiten gesucht sind (Abb. 1.2.4, rechts):

$$a = c\,\frac{\sin(\alpha)}{\sin(\gamma)}\,,\quad b = c\,\frac{\sin(\beta)}{\sin(\gamma)}\,,\quad \gamma = 180° - \alpha - \beta\,. \tag{1.2.22}$$

1.2.3 Ein zentrales Kräftesystem: Pendelstützen mit im Knoten angreifenden Lasten

Problemstellung

Zwei Pendelstäbe werden im gemeinsamen Knoten durch die Kräfte F_1 bis F_4, wie in der Abb. 1.2.5 dargestellt, belastet. Ermittle mithilfe der angegebenen Werte die in den Stäben wirkenden Kräfte. Dabei sind zeichnerische und rechnerische Lösungswege (Polygonzugsverfahren mit Dreiecksberechnung sowie Aufspalten der Kraftkomponenten in einem rechtwinkligen kartesischen System) zu üben. Gegeben sind: $\alpha = 60°$, $\beta = 40°$, $\delta = 60°$, $\varepsilon = 30°$, $|\underline{F}_1| = 40\text{ kN}$, $|\underline{F}_2| = 30\text{ kN}$, $|\underline{F}_3| = 50\text{ kN}$ und $|\underline{F}_4| = 20\text{ kN}$.

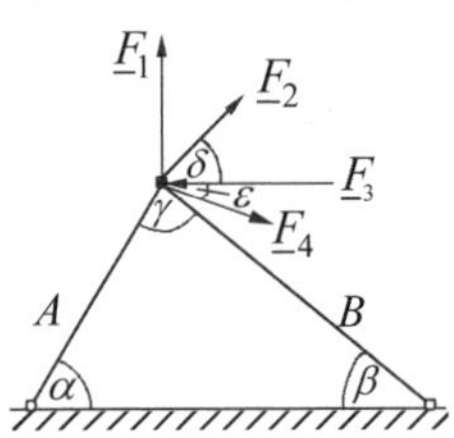

Abb. 1.2.5: Pendelstäbe unter am Knoten angreifenden Lasten.

Lösung

Bevor an die eigentliche Lösung des Problems gegangen wird, sei bemerkt, dass sich der noch fehlende Winkel γ aus der Winkelsumme am Dreieck bestimmen lässt:

$$\gamma = 180° - \alpha - \beta = 80°\,. \tag{1.2.23}$$

Wir erläutern zuerst die **rein zeichnerische Lösung**, bei der es sich empfiehlt, das folgende Schema einzuhalten. Gemäß der Additionsregel für Vektoren bestimmt man als Erstes die Resultierende der Kräfte $\underline{F}_1 - \underline{F}_4$. Dies ist in Abb. 1.2.6 (links) qualitativ erläutert. Beachte, dass, wenn man sich einen Kräftemaßstab definiert und die vorgegebenen Kräfte und Winkel mit Geodreieck sauber einträgt, es ohne große Rechnung gelingt, die gesuchten Stabkräfte abzulesen. Dabei ist wesentlich, die Resultierende $\underline{F}_R$ in Richtung der Stabachsen A und B korrekt zu zerlegen. Das resultierende Krafteck muss geschlossen sein (Kräftegleichgewicht). Hieraus lassen sich die Richtung und die Größe der Kräfte in den Stäben, also $\underline{F}_A$ und $\underline{F}_B$, bestimmen (vom Knoten weg zeigende Kraft = Zugkraft, in den Knoten hinein zeigende Kraft = Druckkraft). Auch dies ist qualitativ in Abb. 1.2.6 (rechts) dargestellt.

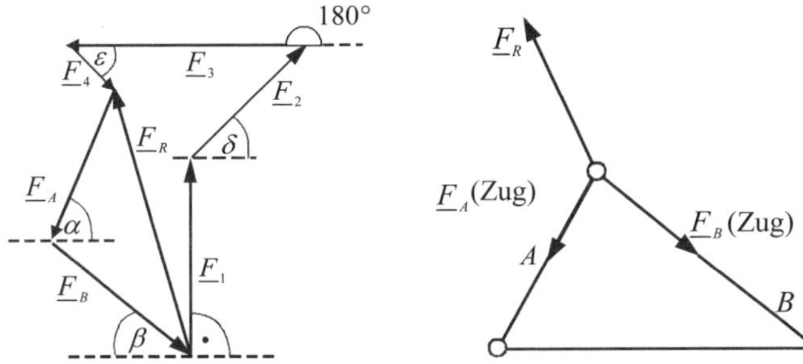

Abb. 1.2.6: Zur zeichnerischen Lösung des Problems.

Ein bei vielen angreifenden Kräften etwas mühseliger anzuwendendes rechnerisches Verfahren ist das **Polygonzugsverfahren**. Hierbei werden die Kräfte sukzessive zueinander addiert. Bei jedem Schritt wird also eine neue Dreiecksberechnung nötig. Im vorliegenden Fall ist wie folgt vorzugehen. Zunächst wird die aus den Kräften $\underline{F}_1$ und $\underline{F}_2$ resultierende Kraft $\underline{F}_{12}$ bestimmt: Abb. 1.2.7 (erstes Bild).

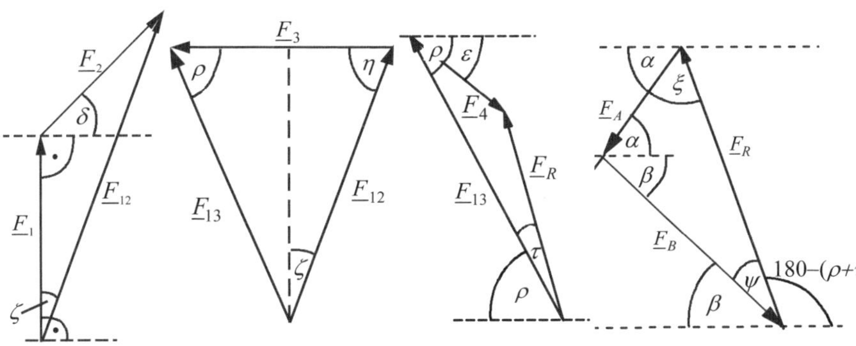

Abb. 1.2.7: Berechnung von Kraftgrößen per Dreieckskonstruktion.

Mit dem Kosinussatz ermittelt man ihre Länge:

$$\left|\underline{F}_{12}\right| = \sqrt{\left|\underline{F}_1\right|^2 + \left|\underline{F}_2\right|^2 - 2\left|\underline{F}_1\right|\left|\underline{F}_2\right| \cos\left(90° + \delta\right)} = 67{,}7\ \text{kN}, \tag{1.2.24}$$

und der Sinussatz hilft, den Richtungswinkel festzulegen:

$$\frac{\left|\underline{F}_2\right|}{\sin(\zeta)} = \frac{\left|\underline{F}_{12}\right|}{\sin(90° + \delta)} \quad \Rightarrow \quad \sin(\zeta) = \frac{\left|\underline{F}_2\right|}{\left|\underline{F}_{12}\right|} \sin\left(90° + \delta\right) \quad \Rightarrow \quad \zeta = 12{,}8°. \tag{1.2.25}$$

Nun wird die resultierende Kraft $\underline{F}_{13}$ aus den Kräften $\underline{F}_{12}$ und $\underline{F}_3$ ermittelt: Abb. 1.2.7 (zweites Bild). Mit dem Kosinussatz ermittelt man wieder die Länge:

$$\left|\underline{F}_{13}\right| = \sqrt{\left|\underline{F}_{12}\right|^2 + \left|\underline{F}_3\right|^2 - 2\left|\underline{F}_{12}\right|\left|\underline{F}_3\right| \cos(90° - \zeta)} = 74{,}7\ \text{kN}, \tag{1.2.26}$$

und der Sinussatz hilft auch diesmal, den Richtungswinkel festzulegen:

$$\frac{|\underline{F}_{13}|}{\sin(\eta)} = \frac{|\underline{F}_{12}|}{\sin(\rho)} \quad \Rightarrow \quad \sin(\rho) = \frac{|\underline{F}_{12}|}{|\underline{F}_{13}|}\sin(90° - \zeta) = 0{,}884 \quad \Rightarrow \quad \rho = 62{,}1°\,. \tag{1.2.27}$$

Nun wird die Gesamtresultierende $\underline{F}_R$ ermittelt (vgl. Abb. 1.2.7, drittes Bild) und zwar wieder mit dem Kosinussatz:

$$|\underline{F}_R| = \sqrt{|\underline{F}_{13}|^2 + |\underline{F}_4|^2 - 2\,|\underline{F}_{13}|\,|\underline{F}_4|\cos(\rho - \varepsilon)} = 58{,}7\text{ kN} \tag{1.2.28}$$

und dem Sinussatz:

$$\frac{|\underline{F}_4|}{\sin(\tau)} = \frac{|\underline{F}_R|}{\sin(\rho - \varepsilon)} \quad \Rightarrow \quad \sin(\tau) = \frac{|\underline{F}_4|}{|\underline{F}_R|}\sin(\rho - \varepsilon) \quad \Rightarrow \quad \tau = 10{,}4°\,. \tag{1.2.29}$$

Nun werden in einem letzten Schritt die gesuchten Stabkräfte $\underline{F}_A$ und $\underline{F}_B$ ermittelt: Abb. 1.2.7 (viertes Bild). Es muss sich ein geschlossenes Krafteck zwischen $\underline{F}_A$, $\underline{F}_B$ und $\underline{F}_B R$ ergeben, um Gleichgewicht zu garantieren. Das erklärt die gewählte Pfeilspitzenrichtung bei $\underline{F}_A$ und $\underline{F}_B$. Zweimalige Anwendung des Sinussatzes liefert:

$$|\underline{F}_A| = \frac{\sin(\psi)}{\sin(\alpha + \beta)}|\underline{F}_R| = 32{,}0\text{ kN} \quad , \quad |\underline{F}_B| = \frac{\sin(\xi)}{\sin(\alpha + \beta)}|\underline{F}_R| = 43{,}9\text{ kN}\,. \tag{1.2.30}$$

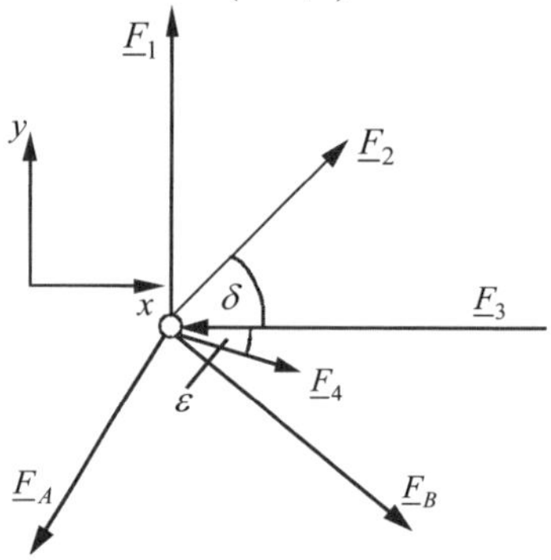

Abb. 1.2.8: Berechnung von Kraftgrößen mithilfe eines kartesischen Koordinatensystems.

Die wohl schlagkräftigste Methode zur rechnerischen Bestimmung von Kräften ist die Berechnung mithilfe eines kartesischen Koordinatensystems. Hierzu schneiden wir am Knoten frei, indem wir die beiden unbekannten Stabkräfte $\underline{F}_A$ und $\underline{F}_B$ zusätzlich zu den vorgegebenen Kräften, wie in Abb. 1.2.8 gezeigt, ansetzen. Aufstellen der Gleichgewichtsbedingungen in x- und y-Richtung ergibt:

$$\sum F_x = 0: \quad F_2\cos(\delta) + F_4\cos(\varepsilon) - F_3 + F_B\cos(\beta) - F_A\cos(\alpha) = 0\,, \tag{1.2.31}$$
$$\sum F_y = 0: \quad F_2\sin(\delta) - F_4\sin(\varepsilon) + F_1 - F_B\sin(\beta) - F_A\sin(\alpha) = 0\,.$$

Dies sind zwei Gleichungen für die beiden Unbekannten, die wir per Einsetzungsverfahren auflösen, um folgendes Endergebnis zu erhalten:

$$F_A = 32{,}00\text{ kN}\,,\ F_B = 43{,}97\text{ kN}\,. \tag{1.2.32}$$

1.2.4 Zentrale Kräftegruppe: Eine Öse

Problemstellung

An einer Öse greifen die Kräfte $F_1 = 2{,}5\ \text{kN}$ und $F_2 = 2{,}0\ \text{kN}$ an. Die Wirkungsrichtung der Kraft F_2 wird durch den Winkel $\beta = 30^\circ$ beschrieben. In welcher Richtung α muss die Kraft F_1 an der Öse angreifen, damit an der Belastungsstelle nur eine vertikale Kraft wirkt? Wie groß sind die Reaktionskräfte in der Öse?

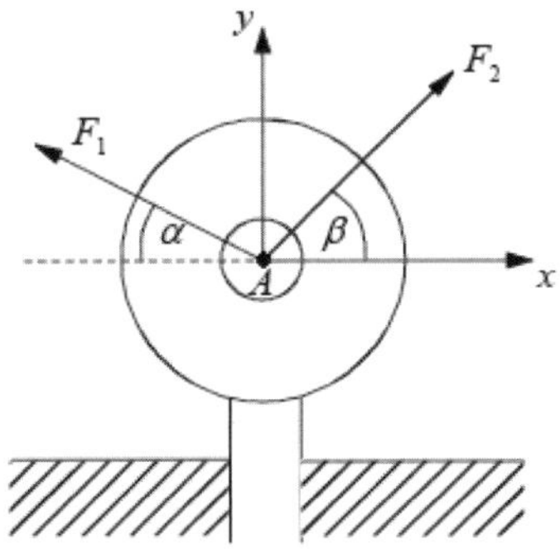

Abb. 1.2.9: Öse in der Wand.

Lösung

Die Lösung erfolgt in mehreren Schritten. Zunächst der Freischnitt. Er ist in Abb. 1.2.10 zu sehen. Die Öse wurde als zweiwertiges Lager interpretiert, und die dazugehörigen Freischnittkräfte wurden in ihrer Richtung willkürlich im Punkt A angetragen. Es handelt sich also in toto um eine zentrale Kräftegruppe, d. h. alle Kräfte gehen durch einen Punkt, und es gibt keine Momentenwirkung. Als nächstes wird der Freischnitt formelmäßig ausgewertet. Es muss Kräftegleichgewicht herrschen und die Summe aller Kräfte in horizontaler bzw. in vertikaler Richtung verschwinden:

$$\sum F_x = 0: -F_1 \cos(\alpha) + F_2 \cos(\beta) + F_{Ax} = 0\ ,$$
$$\sum F_y = 0: F_1 \sin(\alpha) + F_2 \sin(\beta) - F_{Ay} = 0\ . \qquad (1.2.33)$$

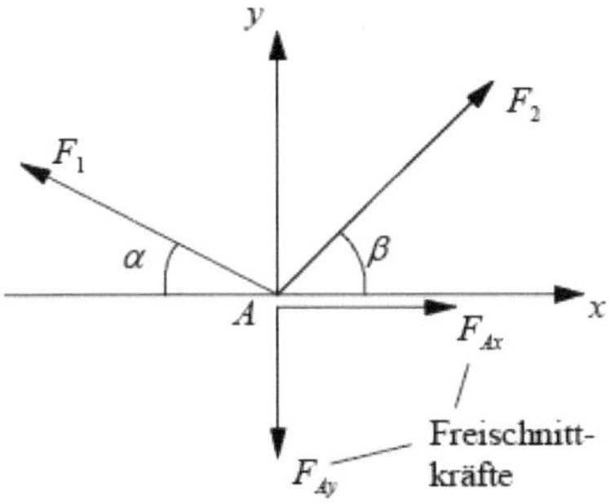

Abb. 1.2.10: Freischnitt.

Laut Aufgabenstellung ist gefordert, dass als Reaktion in der Öse nur vertikale Kräfte (also Kräfte in y-Richtung) wirken sollen, also:

$$F_{Ax} = 0\ . \qquad (1.2.34)$$

Mithin folgt aus Gleichung $(1.2.33)_1$:

$$-F_1 \cos(\alpha) + F_2 \cos(\beta) = 0\ . \qquad (1.2.35)$$

Wir berechnen nun den Neigungswinkel wie folgt (auf zwei Stellen nach dem Komma gerundet):

$$\cos(\alpha) = \frac{F_2}{F_1}\cos(\beta) \quad \Rightarrow \quad \alpha = \cos^{-1}\left(\frac{F_2}{F_1}\cos(\beta)\right). \tag{1.2.36}$$

Hieraus ermitteln wir den Winkel im Bogenmaß sowie in Grad:

$$\alpha = \cos^{-1}\left(\tfrac{2\,\text{kN}}{2{,}5\,\text{kN}}\cos(30^\circ)\right) = \cos^{-1}(0{,}69) \approx 0{,}81 = 0{,}81 \cdot \tfrac{180^\circ}{\pi} \approx 46^\circ. \tag{1.2.37}$$

Zum Abschluss wird noch die Reaktionskraft in y–Richtung mithilfe von Gleichung $(1.2.33)_2$ ermittelt:

$$F_{Ay} = F_1\sin(\alpha) + F_2\sin(\beta) = [2{,}5\sin(46^\circ) + 2\sin(30^\circ)]\,\text{kN} = 2{,}8\,\text{kN}. \tag{1.2.38}$$

1.2.5 Zentrale Kräftegruppe an der Umlenkrolle

Problemstellung

Wie in der Abb. 1.2.11 zu sehen, wird ein Gewicht $G = 1\,\text{kN}$ an einem über eine Rolle gelegten Seil und zwei Pendelstützen (1 und 2) im Gleichgewicht gehalten. Mithilfe geeigneter Freischnitte und Gleichgewichtsbedingungen sind die Kräfte im Seil und in den Pendelstützen zu ermitteln. Die Gewichte der Rolle, der Stäbe und des Seils sollen in der Analyse vernachlässigt werden.

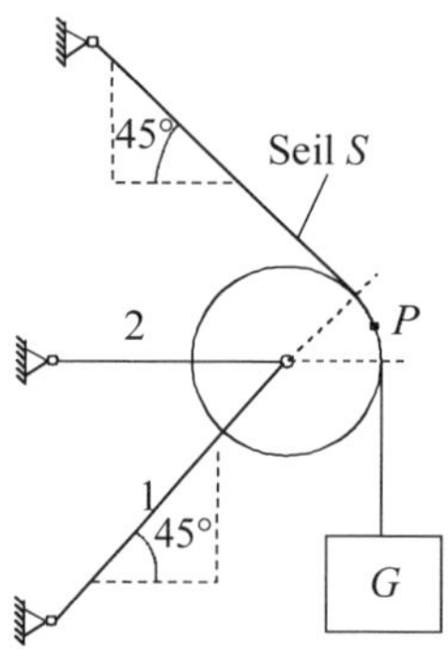

Abb. 1.2.11: Gewicht mit Seil über durch Pendelstützen gehaltener Umlenkrolle.

Lösung

Es werden zuerst sukzessive das Gewicht, das aufliegende Seil und die Rolle freigeschnitten: Abb. 1.2.12. Beim Seil ist zu beachten, dass die senkrecht zum Rollenrand stehenden Druckkräfte symmetrisch sind und im Punkte P zu einer dem Winkel $\alpha/2 = 45^\circ/2 = 22{,}5^\circ$ stehenden Gesamtnormalkraft zusammengefasst werden können: $\int_S p_N(s)\,\mathrm{d}s = F_N$. Wäre die Druckkraftverteilung nämlich nicht symmetrisch, so ergäbe sich ein Drehmoment, das die Rolle zum Drehen anregt, und gerade dieses soll ja nicht geschehen. Beim Freischnitt der Pendelstützen wurde angenommen, dass sie unter Zug stehen. Ob das so ist, wird die sich nun anschließende Rechnung über die Gleichgewichtsbedingungen zeigen. Da es sich bei allen drei freigeschnittenen Teilsystemen um zentrale Kräftegruppen handelt, genügt es, lediglich das Kräftegleichgewicht zu betrachten. Für das freigeschnittene Seil mit angehängtem Gewicht ergibt sich:

$$\sum F_y = 0: \quad S - G = 0 \quad \Rightarrow \quad S = G. \tag{1.2.39}$$

Beim freigeschnittenen Seil gibt es zwei unabhängige Kraftrichtungen:

$$\sum F_x = 0: \; -S'\cos(\alpha) + F_N \cos\left(\frac{\alpha}{2}\right) = 0 \;, \tag{1.2.40}$$

$$\sum F_y = 0: \; S'\sin(\alpha) + F_N \sin\left(\frac{\alpha}{2}\right) - S = 0 \,.$$

Wir multiplizieren die erste dieser Gleichungen mit $\sin(\alpha)$ und die zweite mit $\cos(\alpha)$. Sodann werden beide Ergebnisse addiert, womit es gelingt, S' zu eliminieren. Es verbleibt:

$$F_N \left[\sin(\alpha)\cos\left(\frac{\alpha}{2}\right) + \cos(\alpha)\sin\left(\frac{\alpha}{2}\right) \right] = S\cos(\alpha), \tag{1.2.41}$$

wofür man mit dem Additionstheorem:

$$\sin(\alpha)\cos(\beta) + \cos(\alpha)\sin(\beta) = \sin(\alpha + \beta) \tag{1.2.42}$$

auch schreiben darf:

$$F_N = S \frac{\cos(\alpha)}{\sin\left(\frac{3\alpha}{2}\right)} = G \frac{\cos(\alpha)}{\sin\left(\frac{3\alpha}{2}\right)} = 0{,}765\, G \,. \tag{1.2.43}$$

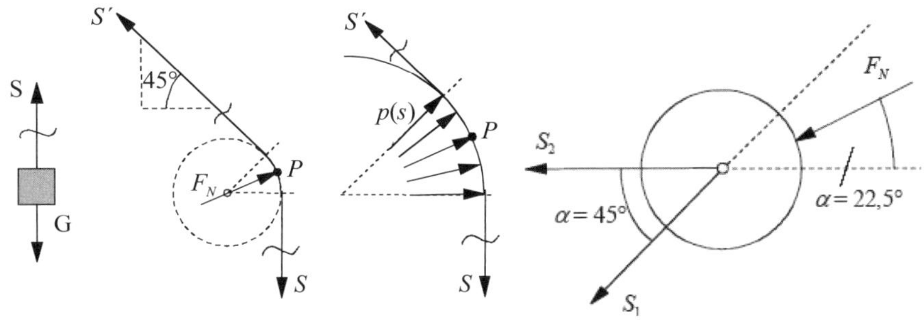

Abb. 1.2.12: Freischnitte am Gewicht, am Seil und an der Rolle.

Dieses Ergebnis wird nun in Gleichung $(1.2.40)_1$ eingesetzt, um die noch unbekannte Seilkraft S' zu errechnen. Man beachte, dass diese nicht gleich S angesetzt wurde. Dieses kommt nun heraus, und man darf sagen, dass an der reibungsfreien Rolle das Seil die Kraft einfach umlenkt:

$$S' = S \frac{\cos(\alpha)\cos\left(\frac{\alpha}{2}\right)}{\sin\left(\frac{3\alpha}{2}\right)\cos(\alpha)} = S \,. \tag{1.2.44}$$

Nun wenden wir uns noch der freigeschnittenen Rolle zu und finden, dass:

$$\sum F_x = 0: \; -S_2 - F_N \cos\left(\frac{\alpha}{2}\right) - S_1 \cos(\alpha) = 0 \;,$$

$$\sum F_y = 0: \; -S_1 \sin(\alpha) - F_N \sin\left(\frac{\alpha}{2}\right) = 0 \,. \tag{1.2.45}$$

Es gelingt hieraus, die Kräfte in den Pendelstützen zu ermitteln:

$$S_1 = -F_N \frac{\sin\left(\frac{\alpha}{2}\right)}{\sin(\alpha)} = -G \frac{\cos(\alpha)\sin\left(\frac{\alpha}{2}\right)}{\sin(\alpha)\sin\left(\frac{3\alpha}{2}\right)} = -G \frac{\sin\left(\frac{\alpha}{2}\right)}{\sin\left(\frac{3\alpha}{2}\right)} = \left(1-\sqrt{2}\right)G = -0{,}414\,G\,,$$

$$S_2 = -F_N \cos\left(\frac{\alpha}{2}\right) - S_1\cos(\alpha) = -F_N\left[\cos\left(\frac{\alpha}{2}\right) - \frac{\sin\left(\frac{\alpha}{2}\right)}{\sin(\alpha)}\cos(\alpha)\right] = \tag{1.2.46}$$

$$-F_N\left[\frac{\sin(\alpha)\cos(\frac{\alpha}{2}) - \sin(\frac{\alpha}{2})\cos(\alpha)}{\sin(\alpha)}\right] = -G\frac{\cos(\alpha)\sin(\frac{\alpha}{2})}{\sin(\frac{3\alpha}{2})\sin(\alpha)} = -G\left(\sqrt{2}-1\right) \approx -0{,}414\,G\,.$$

Man beachte, dass die Stäbe als Zugstäbe angesetzt wurden, wie im Freischnitt zu sehen ist. Die Rechnung zeigt jedoch, dass es sich um Druckstäbe handelt (negative Vorzeichen).

1.2.6 Zentrale Kräftegruppe: Ozeandampfer im Schlepp

Problemstellung

Ein Ozeandampfer wird von drei Schleppern gezogen. In den drei Seilen wirkt die gleiche Zugkraft $F = 20\text{ kN}$. Die Wirkungsrichtungen der Kräfte werden durch die Winkel $\alpha = 15^\circ$, $\beta = 10^\circ$, $\gamma = 20^\circ$ beschrieben. Welche resultierende Zugkraft F_A wirkt auf den Ozeandampfer?

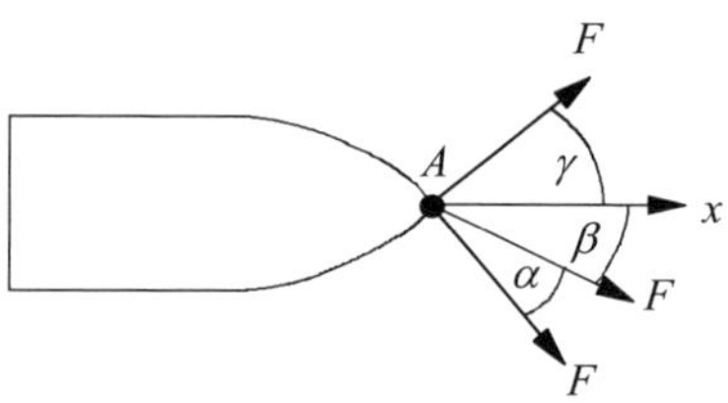

Abb. 1.2.13: Ozeandampfer.

Lösung

Wir beginnen mit einem Freischnitt im Punkt A, wobei die Schnittkraftrichtung willkürlich angenommen wird, etwa so wie in der Abb. 1.2.14 gezeigt.

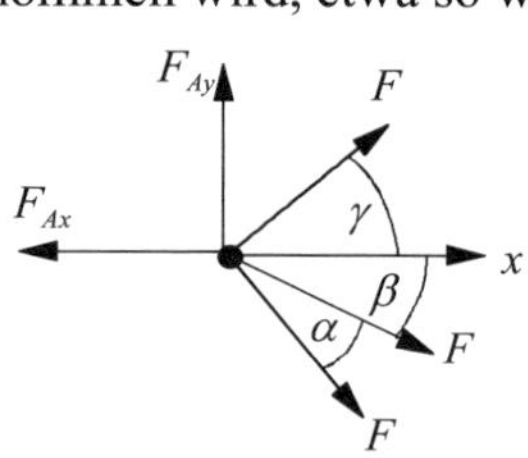

Abb. 1.2.14: Freischnitt.

Es handelt sich um eine zentrale Kräftegruppe, und entsprechend schreiben wir die Gleichgewichtsbedingungen wie folgt:

$$\sum F_x = 0: \quad -F_{Ax} + F\cos(\gamma) + F\cos(\beta) + F\cos(\alpha+\beta) = 0\,, \tag{1.2.47}$$

$$\sum F_y = 0: \quad F_{Ay} + F\sin(\gamma) - F\sin(\beta) - F\sin(\alpha+\beta) = 0\,.$$

Mithin ergibt sich:

$$F_{Ax} = F[\cos(\alpha+\beta)+\cos(\beta)+\cos(\gamma)] = \\ 20\ \text{kN}[\cos(25^\circ)+\cos(10^\circ)+\cos(20^\circ)] = 56{,}62\ \text{kN}, \tag{1.2.48}$$

$$F_{Ay} = F[\sin(\alpha+\beta)+\sin(\beta)-\sin(\gamma)] = \\ 20\,\text{kN}[\sin(25^\circ)+\sin(10^\circ)-\sin(20^\circ)] = 5{,}09\,\text{kN}.$$

Der Betrag der Schleppkraft ergibt sich somit zu:

$$F_A = \sqrt{F_{Ax}^2 + F_{Ay}^2} = 56{,}85\ \text{kN}. \tag{1.2.49}$$

1.2.7 Gewichte an Pendelstützen mit angreifender Kraft

Problemstellung

Aus den drei in der Abb. 1.2.15 dargestellten gewichtslosen Pendelstäben 1, 2, 3 der Länge l wird ein Gelenkviereck gebildet. Die Gelenke sind reibungsfrei. An den Gelenken C und D hängen die Gewichte G_1 und G_2. Durch eine im Punkt D angreifende Kraft P mit horizontaler Wirkungslinie soll erreicht werden, dass die Stäbe 1 und 2 um den Winkel α gegen die Vertikale geneigt sind. Man berechne die dazu notwendige Kraft P sowie alle Stabkräfte. Gegeben sind $\alpha = 45^\circ$, $l = 1\,\text{m}$, $G = 100\,\text{N}$, $G_1 = G$ und $G_2 = 2G$.

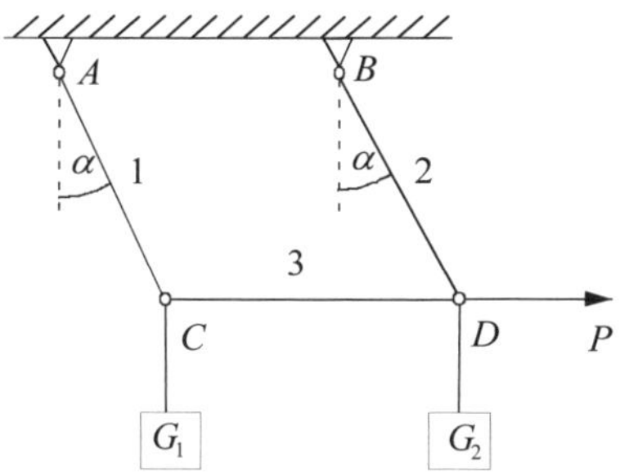

Abb. 1.2.15: Gewichte an Pendelstützen mit angreifender Kraft P.

Lösung

Zur Lösung wird zunächst freigeschnitten und zwar im Knoten C und im Knoten D, so wie in Abb. 1.2.16 dargestellt. Es resultiert in beiden Fällen eine zentrale Kräftegruppe. Man beachte, dass die Kräfte in den Pendelstützen als vom Knoten weg weisend angesetzt wurden, also die Pendelstützen als Zugstäbe angenommen wurden, wie man es auch anschaulich erwarten würde. Es wird nun Kräftegleichgewicht für beide Knoten formuliert. Dabei ist es gleichgültig, bei welchem Freischnitt man beginnt, denn bei beiden sind jeweils zwei Unbekannte im Spiel, von denen man hoffen kann, sie mit den zugehörigen zwei Gleichgewichtsbedingungen zu bestimmen:

$$\sum F_x = 0: \quad -S_1\sin(\alpha)+S_3 = 0\ , \quad \sum F_y = 0: \quad S_1\cos(\alpha)-G_1 = 0\,. \tag{1.2.50}$$

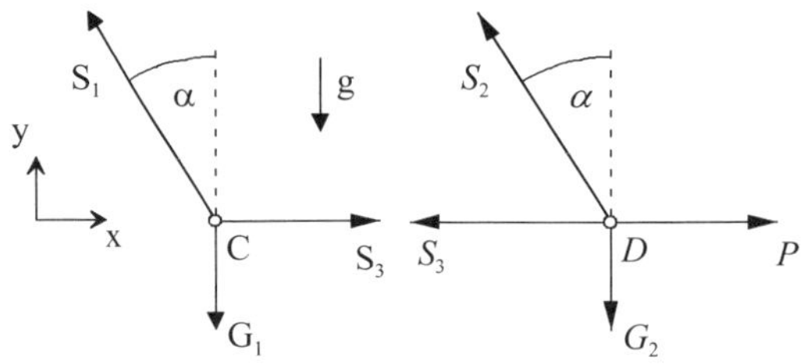

Abb. 1.2.16: Freischnitt in den Knoten C und D.

Auflösen nach S_1 und S_3 ergibt unter Beachtung von $\sin(\alpha)=\cos(\alpha)=\frac{\sqrt{2}}{2}$:

$$S_1=\frac{G_1}{\cos(\alpha)}=\frac{200}{\sqrt{2}}\,\text{N}\,,\; S_3=S_1\sin(\alpha)=\frac{G_1}{\cos(\alpha)}\cdot\sin(\alpha)=G_1\tan(\alpha)=100\,\text{N}\,. \quad (1.2.51)$$

Man beachte, dass S_1 und S_3 positiv sind, d. h., die Kräfte wirken tatsächlich in der im Freischnitt eingezeichneten Richtung. Kräftegleichgewicht im Knoten D erfordert nun, dass:

$$\sum F_x=0:\quad -S_2\sin(\alpha)-S_3+P=0\;,\quad \sum F_y=0:\quad S_2\cos(\alpha)-G_2=0\,. \quad (1.2.52)$$

Wir lösen nach den verbliebenen Unbekannten auf, also nach S_2 sowie nach P:

$$S_2=\frac{G_2}{\cos(\alpha)}=\frac{400}{\sqrt{2}}\,\text{N}\;,\quad P=S_2\sin(\alpha)+S_3=\frac{\sqrt{2}}{2}S_2+S_3=300\,\text{N}\,. \quad (1.2.53)$$

1.3 Allgemeine Kräftesysteme: Gleichgewicht des starren Körpers

1.3.1 Mehrscheibensystem unter Eigengewicht I

Problemstellung

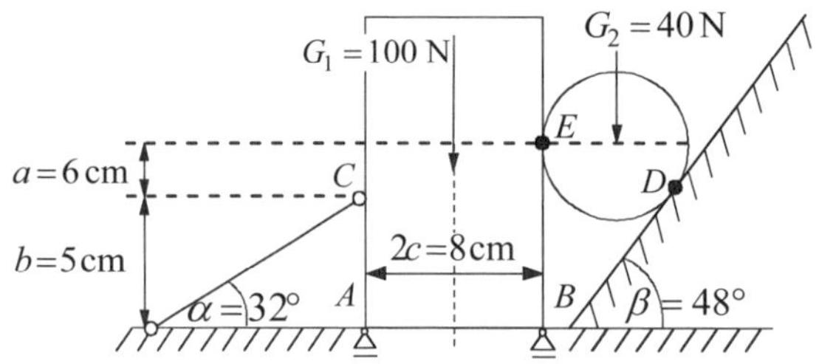

Abb. 1.3.1: Mehrscheibensystem unter Eigenlast.

Das dargestellte Mehrscheibensystem ist durch Eigengewichte, wie dargestellt, belastet und wird durch einen Pendelstab im Gleichgewicht gehalten. Es ist soweit wie nötig freizuschneiden und die Stützkräfte sind in den Punkten A bis E zu berechnen. Für die Rechnung ist bei allen Lagerfugen Reibungsfreiheit anzunehmen.

Statik

Lösung

Beim Freischneiden (vgl. Abb. 1.3.2) des Untersystems 1 (Walze) ist zu beachten, dass die Abstützung zur Wand bzw. zum Klotz in Normalenrichtung erfolgt, d. h., die Schnittkräfte F_D und F_E zeigen beide radial in Richtung des Zentrums der Walze. Eine umgekehrte Kraftrichtung anzunehmen wäre unsinnig, denn schließlich muss die Kreisscheibe abgestützt werden. Aber selbst eine falsch gewählte Pfeilrichtung würde sich in der Rechnung durch ein negatives Vorzeichen der Stützkraft bemerkbar machen. Die beiden einwertigen Lager des Untersystems 2 (Schrank) führen aufgrund der zugelassenen horizontalen Gleitrichtung auf vertikal gerichtete Kraftpfeile F_A und F_B. Die Pendelstütze bei C hingegen führt auf eine in Achsrichtung weisende Kraft F_C, da längs ihrer Achse keine weiteren Kräfte eingeleitet werden. Bemerkenswert ist, dass die Kraft F_E am Klotz in die umgekehrte Richtung als bei der Kreisscheibe zeigt. Dies ist nötig, damit sich die Schnittkräfte beim Zusammenfügen der Systeme wieder aufheben (Prinzip „actio = reactio").

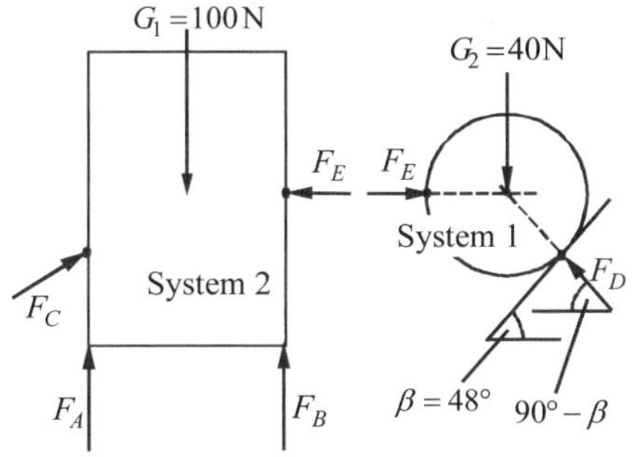

Abb. 1.3.2 Freischnitt des Mehrscheibensystems.

Erst nach Freischneiden darf mit der Berechnung der Schnittkräfte begonnen werden. Fünf Unbekannte gilt es zu ermitteln, nämlich F_A, F_B, F_C, F_D und F_E. Auf den ersten Blick eine nicht unerhebliche Zahl. Aber da es sich um zwei Systeme handelt, gibt es auch eine entsprechende Anzahl an Gleichgewichtsbedingungen. Beim Untersystem 1 handelt es sich um ein zentrales Kräftesystem, denn alle Kräfte gehen durch einen zentralen Punkt, eben durch das Zentrum der Walze. Für einen solchen Fall ist lediglich zu garantieren, dass die Kräftesummen in horizontaler und in vertikaler Richtung verschwinden. Die Momentenbedingung hingegen ist identisch erfüllt. Mithin gewinnt man nur zwei Gleichungen zur Bestimmung der Unbekannten. Hingegen trägt das Untersystem 2 mit drei Gleichgewichtsbedingungen bei. Es handelt sich also insgesamt um ein statisch bestimmtes System, d. h., mit den Gleichgewichtsbedingungen der Statik allein kommt man bereits zur Lösung.

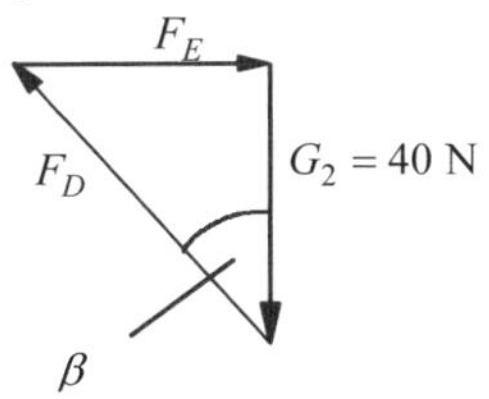

Abb. 1.3.3: Zeichnerische Lösung des Problems.

Wir beginnen mit der Auswertung für das Untersystem 1. Da sich die Kräfte in einem Punkt schneiden, ist es günstig, die Methode des Kräfteparallelogramms bei der Lösung einzusetzen: Abb. 1.3.3. Die Regeln für Winkelfunktionen führen auf:

$$F_E = G_2 \tan(\beta) = 44{,}4\ \text{N}\,. \tag{1.3.1}$$

Und weiter:

$$F_D = \frac{G_2}{\cos(\beta)} = 59{,}8\ \text{N}\,. \tag{1.3.2}$$

Beachte, dass Zahlenwerte erst zum Schluss eingesetzt wurden, um die Rechnung möglichst weitgehend kontrollierbar zu machen. Selbstverständlich wäre es auch möglich gewesen, bei Wahl einer geeigneten Krafteinheit einen Kräfteplan zu zeichnen und daraus per Lineal die Zahlenwerte einfach abzulesen. Und genauso gut kann man mit einem kartesischen Koordinatensystem in horizontaler und vertikaler Richtung arbeiten:

$$\begin{aligned} &\sum F_x = 0: \quad F_E - F_D \cos(90° - \beta) = 0\ , \\ &\sum F_y = 0: \quad F_D \sin(90° - \beta) - G_2 = 0\,. \end{aligned} \tag{1.3.3}$$

woraus mit dem Einsetzverfahren für lineare Gleichungssysteme die Lösung (1.3.1/2) folgt. Im Untersystem 2 arbeiten wir von Anfang an in kartesischer Darstellung, um die Gleichgewichtsbedingungen auszuwerten:

$$\begin{aligned} &\sum F_x = 0: F_C \cos(\alpha) - F_E = 0\ , \\ &\sum M^{(A)} = 0: F_B \cdot 2c - F_C \cos(\alpha)\, b - G_1 c + F_E\,(a+b) = 0\ , \\ &\sum F_y = 0: -G_1 + F_C \sin(\alpha) + F_A + F_B = 0\,. \end{aligned} \tag{1.3.4}$$

Man beachte, dass es im vorliegenden Fall gelungen ist, in aufsteigender Reihenfolge der Gleichungen immer nur eine neue Unbekannte ins Spiel zu bringen, womit die Lösung durch einfaches Umstellen ohne Einsetzverfahren möglich wird. Dies muss nicht bei jedem Problem gelingen, aber aus rechenökonomischen Gründen sollte man stets danach streben, möglichst einfache Gleichungen für die Unbekannten aufzustellen. Man erhält der Reihe nach:

$$\begin{aligned} &F_C = \frac{F_E}{\cos(\alpha)} = 52{,}4\ \text{N}\ , \quad F_B = F_C \cos(\alpha)\frac{b}{2c} + \frac{G_1}{2} - F_E\,\frac{a+b}{2c} = 16{,}7\ \text{N}\,, \\ &F_A = G_1 - F_C \sin(\alpha) - F_B = 55{,}5\ \text{N}\,. \end{aligned} \tag{1.3.5}$$

Die positiven Vorzeichen zeigen an, dass alle Kräfterichtungen korrekt angesetzt wurden.

1.3.2 Mehrscheibensystem unter Eigengewicht II

Problemstellung

Ein Mehrscheibensystem ist durch sein Eigengewicht wie dargestellt belastet und wird durch ein System von Pendelstäben im Gleichgewicht gehalten. Das System ist soweit wie möglich freizuschneiden und die Stützkräfte in den Punkten A bis D zu berechnen. Bei der Rechnung sind alle Lagerfugen als reibungsfrei anzunehmen.

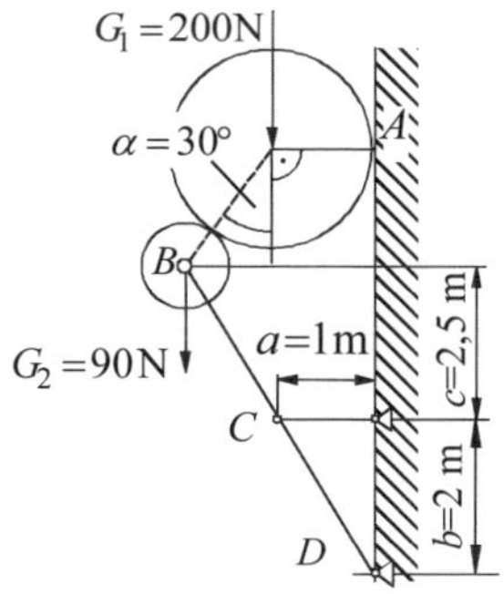

Abb. 1.3.4: Mehrscheibensystem unter Eigenlast.

Lösung

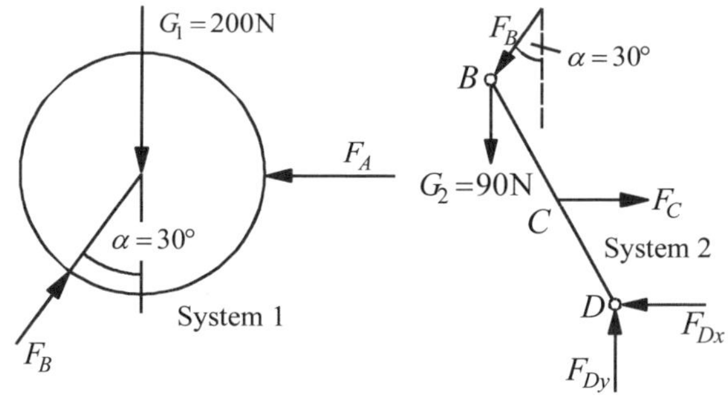

Abb. 1.3.5: Systemfreischnitt.

Wir beginnen vor der eigentlichen Rechnung mit dem Freischneiden (Abb. 1.3.5). Im Falle der Walze (Untersystem 1) ist zu beachten, dass die Abstützung zur Kreisscheibe bzw. zur Wand in Normalenrichtung erfolgt, d. h., die Schnittkräfte F_A und F_B zeigen auf das Zentrum der Walze. Andere Kraftrichtungen als die gezeigten anzunehmen wäre unsinnig, denn schließlich muss die Kreisscheibe abgestützt werden. Was wäre, wenn man irrtümlich die Pfeilspitzen falsch herum antrüge? Nichts, denn diesmal irrt der Schriftsteller Curt GOETZ und sein Dr. med. Hiob PRÄTORIUS, und der Bazillus der menschlichen Dummheit kommt aufgrund der Mathematik nicht zum Zuge! Eine falsch gewählte Pfeilrichtung macht sich in der Rechnung lediglich durch ein negatives Vorzeichen bemerkbar.

Der Kraftpfeil F_B für die Pendelstütze mit Kreisscheibe (Untersystem 2) zeigt aufgrund des Prinzips „actio = reactio" in die umgekehrte Richtung als bei der Kreisscheibe, und das ist sinnvoll, denn schließlich müssen sich die Schnittkräfte beim Zusammenfügen der Systeme gerade aufheben. Außerdem ist bemerkenswert, dass die Stütze *BD* nicht rein axial belastet wird, also keine Pendelstütze im eigentlichen Sinne, sondern einen Biegebalken darstellt. Die Kraft F_C ist horizontal einzuleiten, denn die in der Eingangsskizze, aber nicht im Freischnitt gezeigte horizontale Pendelstütze bei C ist rein axial belastet. Damit wird es nötig, im Punkt D eine Stützkraft F_D anzubringen, die nicht in Achsenrichtung weist. Erst nach Freischneiden kann mit der Berechnung der Stützkräfte (oder besser: Schnittkräfte) begonnen werden. Im vorliegenden Fall gibt es fünf Unbekannte, nämlich F_A, F_B, F_C, F_{Dx} und F_{Dy}. Aber es handelt sich auch um zwei Systeme, und es gibt entsprechend viele Gleichgewichtsbedingungen. Beim Untersystem 1 handelt es sich um ein zentrales Kräftesystem, denn alle Kräfte gehen durch einen zentralen Punkt, eben das Zentrum der Walze. In diesem Fall ist lediglich zu garantieren, dass die Kräftesummen in horizontaler und in vertikaler Richtung verschwinden, die Momentenbedingung hingegen ist identisch erfüllt. Mithin gewinnt man zwei Gleichungen zur Bestimmung der Unbekannten. Hingegen ist das Untersystem 2, d. h. die Stütze BD, mit drei Gleichgewichtsbedingungen auszuwerten. Zusammenfassend darf man sagen, dass die hier gezeigten Systeme statisch bestimmt sind und man mit den Gleichgewichtsbedingungen der Statik allein zur Lösung kommt.

Wir beginnen mit der Auswertung für Untersystem 1. Da sich die Kräfte in einem Punkt schneiden, bietet sich an, die zeichnerische Methode des schließenden Kräftedreiecks einfach durchzuführen: Abb. 1.3.6.

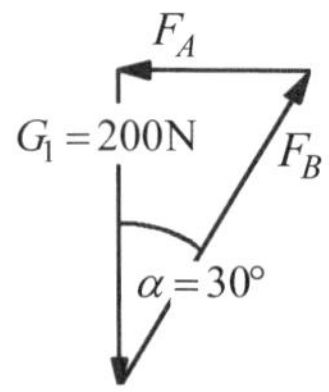

Abb. 1.3.6: Methode des Kräftedreiecks.

Die Regeln für Winkelfunktionen führen auf:

$$F_A = G_1 \tan(\alpha) = 115\ \text{N}\,. \tag{1.3.6}$$

Und weiter:

$$F_B = \frac{G_1}{\cos(\alpha)} = 231\ \text{N}\,. \tag{1.3.7}$$

Beachte, dass Zahlenwerte erst zum Schluss eingesetzt wurden, um die Rechnung möglichst weitgehend kontrollieren zu können. Selbstverständlich wäre es auch möglich gewesen, bei Wahl einer geeigneten Krafteinheit einen Kräfteplan zu zeichnen und daraus per Lineal die Zahlenwerte einfach abzulesen. Und genauso gut kann man mit einem kartesischen Koordinatensystem in horizontaler und vertikaler Richtung arbeiten:

$$\sum F_x = 0: \quad -F_A + F_B \sin(\alpha) = 0\ , \ \sum F_y = 0: \quad F_B \cos(\alpha) - G_1 = 0\,, \tag{1.3.8}$$

woraus mit dem Einsetzverfahren für lineare Gleichungssysteme die obige Lösung (1.3.6/7) folgt.

Nun wechseln wir zum Untersystem 2, wo wir von Anfang an in kartesischer Darstellung arbeiten, um die Gleichgewichtsbedingungen auszuwerten:

$$\begin{aligned} &\sum F_y = 0: -F_B \cos(\alpha) - G_2 + F_{Dy} = 0\,, \\ &\sum M^{(D)} = 0: [G_2 + F_B \cos(\alpha)]\frac{a(b+c)}{b} + F_B \sin(\alpha)(b+c) - F_C\, b = 0\,, \\ &\sum F_x = 0: -F_B \sin(\alpha) + F_C - F_{Dx} = 0\,. \end{aligned} \tag{1.3.9}$$

Man beachte, dass es im vorliegenden Fall gelungen ist, in aufsteigender Reihenfolge der Gleichungen immer nur eine neue Unbekannte ins Spiel zu bringen, womit eine Lösung durch einfaches Umstellen ohne Einsetzverfahren möglich wird. Dies muss nicht bei jedem Problem gelingen, aber aus rechenökonomischen Gründen sollte man stets danach streben, möglichst einfache Gleichungen für die Unbekannten aufzustellen. Man erhält der Reihe nach:

$$F_{Dy} = G_1 + G_2 = 290\ \text{N}\ ,$$

$$F_C = [G_2 + F_B \cos(\alpha)]\frac{a(b+c)}{b^2} + F_B \sin(\alpha)\frac{b+c}{b} = 586\ \text{N}, \tag{1.3.10}$$

$$F_{Dx} = -F_B \sin(\alpha) + F_C = 471\ \text{N}.$$

Die positiven Vorzeichen zeigen, dass alle Kräfterichtungen korrekt angesetzt wurden.

1.3.3 Hebebühne unter äußerer Last

Problemstellung

Die dargestellte, aus Stäben und einer Hydraulik bestehende Hebebühne wird mit 5 kN belastet. Gesucht sind die Presskraft der Hydraulik P sowie alle Auflager- und Gelenkkräfte. Zu diesem Zweck soll soweit wie nötig freigeschnitten und alle relevanten Gleichgewichtsbedingungen aufgestellt werden.

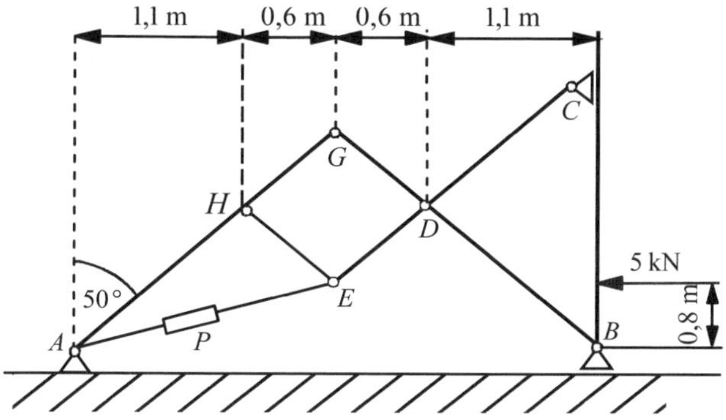

Abb. 1.3.7: Hebebühne.

Lösung

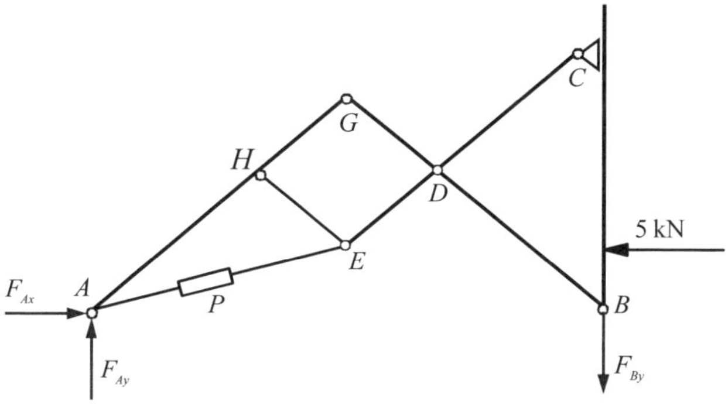

Abb. 1.3.8: Freischnitt der Lager.

Bevor die einzelnen Stäbe freigeschnitten werden, ist es ratsam, in einem ersten Schritt die Auflager in den Punkten A und B zu behandeln, d. h. das Stabsystem als Ganzes anzusehen und sich von unbekannten Kraftgrößen so weit wie möglich zu befreien. Der Freischnitt der Lager erfolgt wie üblich (links ein zweiwertiges, rechts ein einwertiges Lager). Die Pfeilrichtung wurde willkürlich gewählt. Ihre Richtigkeit erweist die nachstehende Rechnung. Als Gleichgewichtsbedingungen notieren wir nämlich:

$$\sum F_x = 0: \quad F_{Ax} = 5\ \text{kN}\ , \sum M^{(A)} = 0: \quad F_{By} = 5\ \text{kN} \cdot \frac{0{,}8}{3{,}4} = 1{,}18\ \text{kN}\ , \tag{1.3.11}$$

$$\sum F_y = 0: \quad F_{Ay} = F_{By}.$$

Mithin sind die Auflagerreaktionen keine Unbekannten mehr.

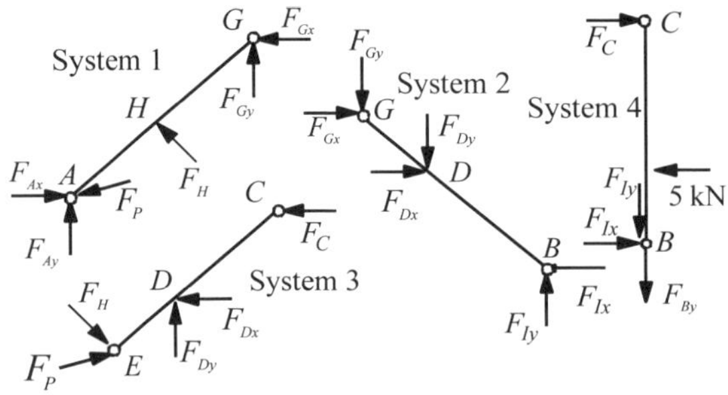

Abb. 1.3.9: Freischnitt der Untersysteme.

Die Abb. 1.3.9 zeigt den Freischnitt in vier Untersysteme. Zu beachten ist folgendes: Die Hydraulikkraft F_P zeigt in Richtung der Stabachse AE. Die Kräfte zwischen H und E zeigen in Achsrichtung des zugehörigen Pendelstabes. Bei C liegt ein einwertiges Lager vor, die Freischnittkraft ist horizontal zu legen. Für die Gelenke sind zwei unabhängige Schnittkräfte anzusetzen. Die anderen Stäbe sind als Balken belastet, und daher gibt es an ihren Enden zwei voneinander unabhängige Schnittkräfte, deren Resultierende nicht in Stabachsrichtung weist. Insbesondere ist im Punkt B zu beachten, dass vom unteren Ende des Systems 2 kommend zwei unabhängige Kräfte F_{Ix} und F_{Iy} eingeleitet werden. Es gilt das „actio = reactio" Prinzip, d.h., zu jedem Ende gibt es ein Gegenende mit Kraftpfeilen, die in entgegengesetzter Richtung zu denjenigen am anderen Ende zeigen. Wir zählen als nächstes alle Unbekannten. Es gibt folgende Verbindungskräfte:

$$F_H, F_{Gx}, F_{Gy}, F_{Dx}, F_{Dy}, F_C, F_{Ix}, F_{Iy}, F_P \tag{1.3.12}$$

und die drei bereits bekannten Lagerkräfte:

$$F_{Ax}, F_{Ay}, F_{By}. \tag{1.3.13}$$

Für jedes der oben gezeigten Untersysteme lassen sich drei Gleichgewichtsbedingungen aufstellen. Mithin handelt es sich um ein statisch bestimmtes System, denn in der zur Überprüfung dieses Tatbestandes nützlichen Gleichung:

$$3 \cdot n = r + v \tag{1.3.14}$$

dürfen wir notieren, dass gilt:

$$\begin{aligned} &n = 4 \text{ (Anzahl der Untersysteme)},\\ &r = 4 \text{ (Anzahl der Lagerreaktionen)},\\ &v = 4 \cdot 2 = 8 \text{ (Anzahl der Reaktionen an Verbindungen)}, \end{aligned} \tag{1.3.15}$$

und man muss feststellen, dass die Gleichung (1.3.14) erfüllt ist.

Bei der konkreten Berechnung aller verbliebenen Unbekannten empfiehlt sich folgende Vorgehensweise: Man beginne mit Untersystem 4, wo drei unbekannte Kräfte vorliegen, nämlich F_C, F_{Ix}, F_{Iy}, und notiere die Gleichgewichtsbedingungen:

$$\sum F_x = 0 \Rightarrow F_{Ix} = \ldots, \quad \sum F_y = 0 \Rightarrow F_C = \ldots, \quad \sum M^{(B)} = 0 \Rightarrow F_{Iy} = \cdots. \tag{1.3.16}$$

Als Nächstes betrachten wir nun Untersystem 3 mit den vier Unbekannten F_P, F_H, F_{Dx}, F_{Dy}. Mit der Bedingung $\sum M^{(D)} = 0$ folgt eine erste Gleichung für F_S, F_H. Danach wählen wir Scheibe 1 mit den 4 Unbekannten F_P, F_H, F_{Gx}, F_{Gy} und erhalten mit der Bedingung $\sum M^{(G)} = 0$ die zweite Gleichung für F_P, F_H. Wenn wir nun wieder Scheibe 3 mit den zwei Unbekannten F_{Dx}, F_{Dy} betrachten, so dürfen wir schreiben:

$$\sum F_x = 0 \; , \; \sum F_y = 0 , \tag{1.3.17}$$

woraus sich $F_{Dx} = \cdots$ und $F_{Dy} = \cdots$ ermitteln lassen.

Abschließend betrachten wir wieder Scheibe 1 mit den beiden Unbekannten F_{Gx}, F_{Gy} und verwenden die Gleichgewichtsbedingungen:

$$\sum F_x = 0 \; , \; \sum F_y = 0 , \tag{1.3.18}$$

woraus sich $F_{Gx} = \cdots$ und $F_{Gy} = \cdots$ ermitteln lassen.

1.3.4 Dreidimensionales Stabwerk

Problemstellung

Das unten dargestellte dreidimensionale Stabwerk, bestehend aus den Stäben A, B und C, wird durch die Kräfte F_1 (in x–Richtung), F_2 (in y–Richtung) und F_3 (in z-Richtung) belastet. Gesucht sind die in den Stäben wirkenden Kräfte.

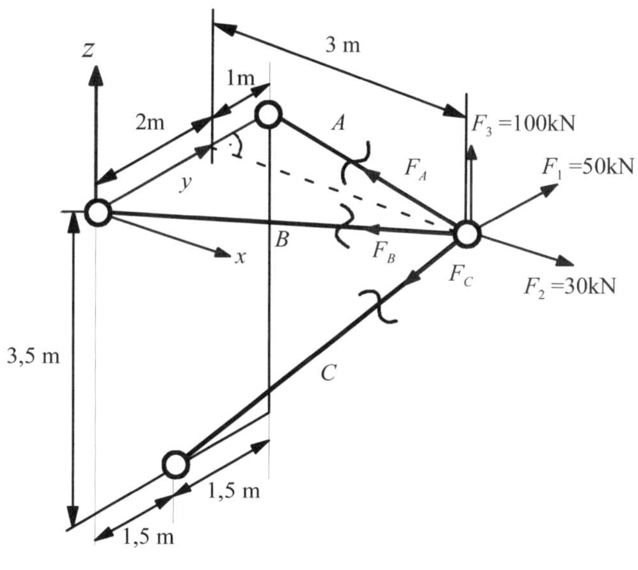

Abb. 1.3.10: Dreidimensionales Stabwerk unter Last.

Lösung

In einem ersten Schritt wird der oben dargestellte Knoten (Gelenke) freigeschnitten. Es resultieren die drei unbekannten Stabkräfte F_A, F_B und F_C, die als Zugkräfte angenommen werden (Pfeilrichtung weg vom Knoten). Zur Berechnung der drei unbekannten Schnittkräfte sind drei Gleichungen notwendig. Dieses sind die drei Kräftegleichgewichtsbedingungen der Statik. Die Momentengleichungen spielen keine Rolle, denn offenbar wirkt bei dem vorgegebenen System eine zentrale Kräftegruppe. Also:

$$\sum F_x = 0\ ,\ \sum F_y = 0\ ,\ \sum F_z = 0\ . \tag{1.3.19}$$

Das dreidimensionale kartesische Koordinatensystem wählen wir so, wie in Abb. 1.3.11 dargestellt. Mit seiner Hilfe (PYTHAGORAS) ermittelt man auch die Stablängen wie folgt:

$$l_A = \sqrt{1^2 + 3^2}\ \mathrm{m} = 3{,}16\ \mathrm{m}\ ,\ l_B = \sqrt{2^2 + 3^2}\ \mathrm{m} = 3{,}61\ \mathrm{m}\ ,$$

$$l_C = \sqrt{3^2 + 3{,}5^2 + 0.5^2}\ \mathrm{m} = 4{,}64\ \mathrm{m}\ . \tag{1.3.20}$$

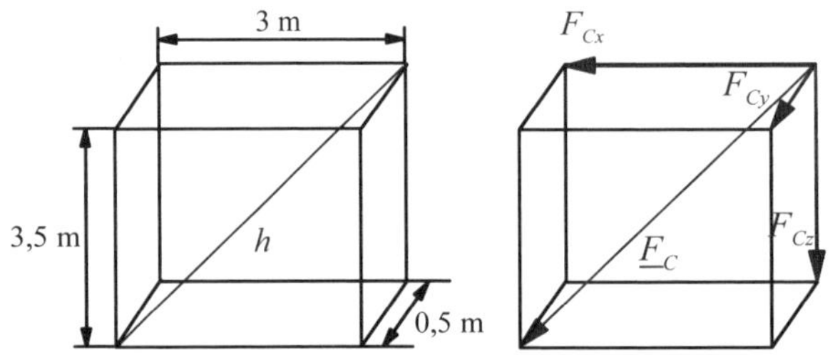

Abb. 1.3.11: Zur Geometrie des Orts- und Kraftraums.

Die Situation ist übrigens analog zum zweidimensionalen Stabwerk, wo galt (siehe Abb. 1.3.12):

$$\cos(\alpha) = \frac{F_{Ax}}{F_A}\quad \text{mit}\quad \cos(\alpha) = \frac{l_{Ax}}{l_A}\ \text{, d. h.}\ F_{Ax} = \frac{l_{Ax}}{l_A} F_A\ . \tag{1.3.21}$$

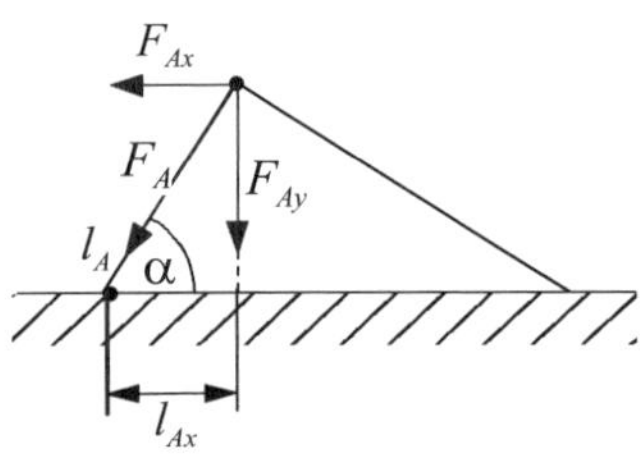

Abb. 1.3.12: Zweidimensionales Stabwerk.

Entsprechend ist hier:

$$\frac{F_{Cx}}{F_C} = \frac{3{,}0\ \mathrm{m}}{l_C},\ \frac{F_{Cy}}{F_C} = \frac{(2{,}0 - 1{,}5)\ \mathrm{m}}{l_C},\ \frac{F_{Cz}}{F_C} = \frac{3{,}5\ \mathrm{m}}{l_C}\quad \Rightarrow\ F_{Cx} = \frac{3}{4{,}64} F_C = 0{,}647\ F_C\ ,$$

$$F_{Cy} = \frac{0{,}5}{4{,}64} F_C = 0{,}108\ F_C\ ,\ F_{Cz} = \frac{3{,}5}{4{,}64} F_C = 0{,}754\ F_C\ ,$$

$$\frac{F_{Bx}}{F_B} = \frac{3{,}0\ \mathrm{m}}{l_B},\ \frac{F_{By}}{F_B} = \frac{2{,}0\ \mathrm{m}}{l_B},\ \frac{F_{Bz}}{F_B} = \frac{0{,}0\ \mathrm{m}}{l_B}\quad \Rightarrow\ F_{Bx} = \frac{3}{3{,}61} F_B = 0{,}831\ F_B\ ,$$

$$F_{By} = \frac{2}{3{,}61} F_B = 0{,}554\ F_B\ ,\ F_{Bz} = 0\ , \tag{1.3.22}$$

$$\frac{F_{Ax}}{F_A} = \frac{3{,}0\ \mathrm{m}}{l_A},\ \frac{F_{Ay}}{F_A} = \frac{1{,}0\ \mathrm{m}}{l_A},\ \frac{F_{Az}}{F_A} = \frac{0{,}0\ \mathrm{m}}{l_A}\quad \Rightarrow\ F_{Ax} = \frac{3}{3{,}16} F_A = 0{,}949\ F_A\ ,$$

$$F_{Ay} = \frac{1}{3{,}16} F_A = 0{,}316\ F_A\ ,\ F_{Az} = 0\ .$$

Aus Gleichung (1.3.19) folgt nachstehendes Gleichungssystem:

$$-F_{Ax} - F_{Bx} - F_{Cx} + F_2 = 0 \Rightarrow -0{,}949\ F_A - 0{,}831\ F_B - 0{,}647\ F_C + 30\ \mathrm{kN} = 0\ ,$$

$$F_{Ay} - F_{By} - F_{Cy} + F_1 = 0 \Rightarrow 0{,}316\, F_A - 0{,}554\, F_B - 0{,}108\, F_C + 50\ \text{kN} = 0\,, \tag{1.3.23}$$

$$0 + 0 - F_{Cz} + F_3 = 0 \quad \Rightarrow \quad -0{,}754\, F_C + 100\ \text{kN} = 0\,.$$

Die letzte Gleichung ergibt sofort:

$$F_C = +\frac{100}{0{,}754}\ \text{kN} = 132{,}63\ \text{kN}\,, \tag{1.3.24}$$

was in die beiden anderen Gleichungen eingesetzt ergibt:

$$-0{,}949\, F_A - 0{,}831\, F_B = 55{,}81\ \text{kN}\ ,\ \ 0{,}316\, F_A - 0{,}554\, F_B = -35{,}68\ \text{kN}\,. \tag{1.3.25}$$

Und hieraus ergibt sich:

$$F_A = -76{,}83\ \text{kN}\ ,\ \ F_B = 20{,}58\ \text{kN}\,. \tag{1.3.26}$$

1.3.5 Kräfte- und Momentengleichgewicht am Hebel

Problemstellung

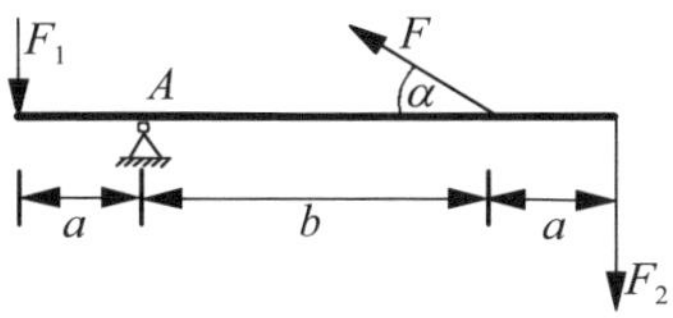

Abb. 1.3.13: Hebel unter Last.

Für den unter Wirkung äußerer Kräfte stehenden Hebel ist die Größe der Kraft F so zu bestimmen, dass Momentengleichgewicht herrscht. Danach sollen in einem zweiten Schritt die Lagerkräfte/-reaktionen ermittelt werden. Gegeben sind: $F_1 = 1\ \text{kN}$, $F_2 = 2\ \text{kN}$, $a = 0{,}25\ \text{m}$, $b = 1\ \text{m}$, $\alpha = 30°$.

Lösung

In einem ersten Schnitt wird das System im zweiwertigen Lager A freigeschnitten, so wie in der Abb. 1.3.14 gezeigt. Die (unbekannten) Lagerreaktionen F_{Ax} und F_{Ay} werden sichtbar.

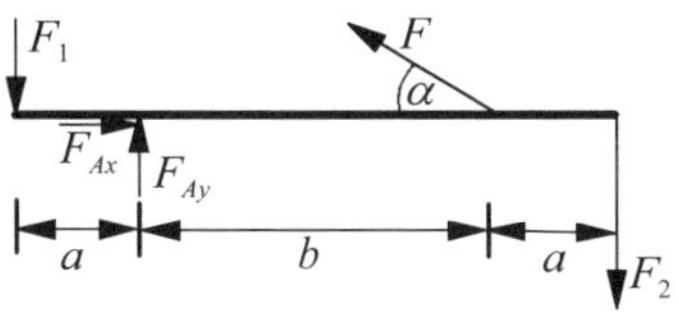

Abb. 1.3.14: Freischnitt.

Momentengleichgewicht kann nun verwendet werden, um die Größe der Kraft F zu ermitteln:

$$\sum M^{(A)} = 0:\ \ F_1 a + F \sin(\alpha) b - F_2 (a+b) = 0\,. \tag{1.3.27}$$

Durch Auflösen resultiert:

$$F = \frac{1}{\sin(\alpha)}\left(F_2\left(\frac{a+b}{b}\right) - F_1\left(\frac{a}{b}\right)\right) = \frac{\text{kN}}{\sin(\alpha)}\left(2\left(\tfrac{1{,}25\,\text{m}}{1\,\text{m}}\right) - 1\left(\tfrac{0{,}25\,\text{m}}{1\,\text{m}}\right)\right) = 4{,}5\,\text{kN}\,. \tag{1.3.28}$$

Die Kräftegleichgewichtsbedingungen erlauben es nun, die unbekannten Lagerreaktionen zu bestimmen:

$$\sum F_x = 0: \quad F_{Ax} - F\cos(\alpha) = 0 \ , \ \sum F_y = 0: \quad -F_1 + F_{Ay} + F\sin(\alpha) - F_2 = 0 \, . \tag{1.3.29}$$

Durch Auflösen erhalten wir:

$$F_{Ax} = F\cos(\alpha) = 4{,}5\,\text{kN} \cdot \cos\left(30^\circ\right) = 3{,}9\ \text{kN}\,, \tag{1.3.30}$$

$$F_{Ay} = F_1 + F_2 - F\sin(\alpha) = \left(3 - 4{,}5\sin\left(30^\circ\right)\right)\text{kN} = 0{,}75\ \text{kN}\,.$$

1.3.6 Statisch bestimmt gelagerte Platte

Problemstellung

Eine homogene Platte vom Gewicht $F_G = 500N$ wird, wie dargestellt, auf drei Pfeilern horizontal gebettet. Welche Vertikallast tragen die einzelnen Pfeiler?

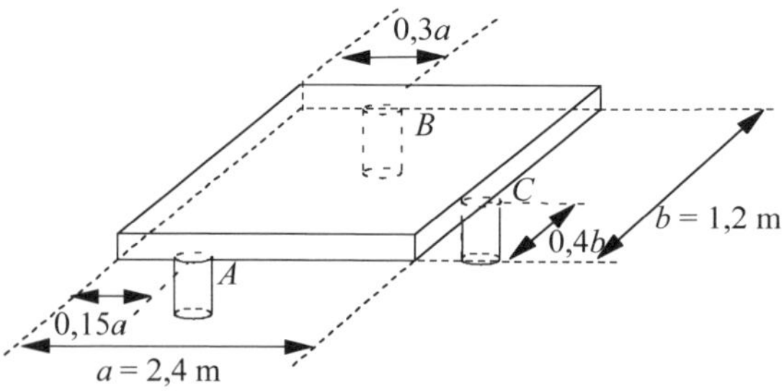

Abb. 1.3.15: Gelagerte Platte (nicht maßstabsgetreu).

Lösung

In Abb. 1.3.16 ist zunächst einmal der zugehörige Freischnitt illustriert. Die Pfeiler können nur Lasten in vertikaler Richtung (z-Richtung) tragen. Offenbar gibt es drei Unbekannte, nämlich F_A, F_B und F_C. Diese Aufgabe lässt sich auf verschiedene Arten lösen. Zum Beispiel lässt sich der Vektorkalkül vermeiden, wenn man das dreidimensionale Problem der Abb. 1.3.16 auf die drei kartesischen Ebenen projiziert: Abb. 1.3.17.

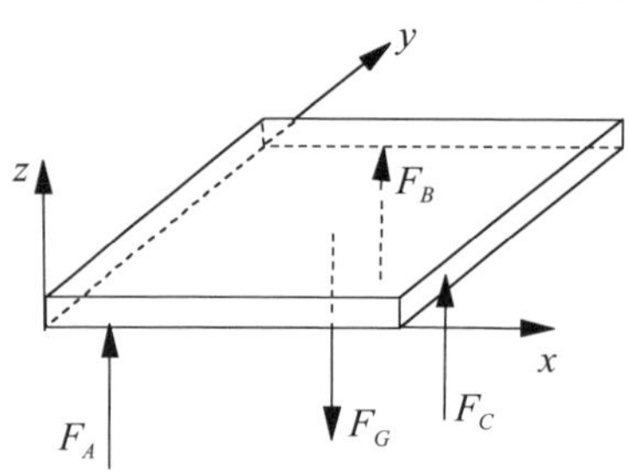

Abb. 1.3.16: Freischnitt am 3D-System (nicht maßstabsgetreu).

Mithilfe von Abb. 1.3.17 werden nun Kräfte- und Momentengleichgewicht ausgewertet:

$$\sum F_z = 0: \quad F_A + F_C - F_G + F_B = 0 \quad \Rightarrow \quad F_A + F_B + F_C = F_G\,,$$

$$\sum M^{(A)} = 0: \quad 0{,}4bF_C - 0{,}5bF_G + bF_B = 0 \quad \Rightarrow \quad F_B + 0{,}4F_C = 0{,}5F_G\,, \tag{1.3.31}$$

$$\sum M^{(0)} = 0: \quad 0{,}15aF_A + 0{,}3aF_B - 0{,}5aF_G + aF_C = 0$$

$$\Rightarrow 0{,}15F_A + 0{,}3F_B + F_C = 0{,}5F_G$$

oder in Matrixschreibweise:

$$\begin{bmatrix} 1 & 1 & 1 \\ 0 & 1 & 0{,}4 \\ 0{,}15 & 0{,}3 & 1 \end{bmatrix} \begin{bmatrix} F_A \\ F_B \\ F_C \end{bmatrix} = \begin{bmatrix} 1 \\ 0{,}5 \\ 0{,}5 \end{bmatrix} F_G \,. \tag{1.3.32}$$

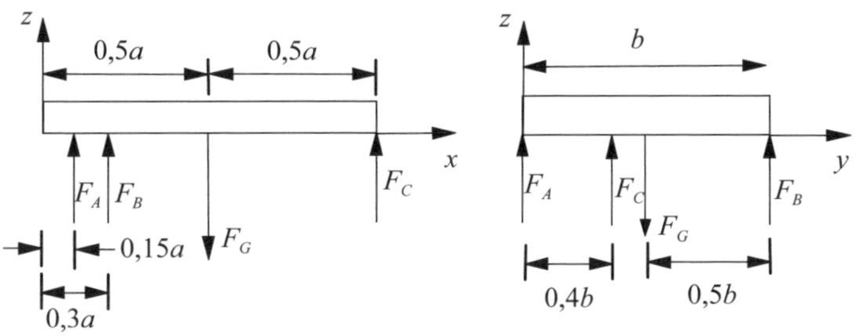

Abb. 1.3.17: Projektionen auf zwei Raumebenen (nicht maßstabsgetreu).

Eine mögliche Lösung des Gleichungssystems wäre das Einsetzverfahren. Praktischer jedoch erfolgt die Lösung hier über die CRAMERsche Regel:

$$\underline{\underline{M}} = \begin{bmatrix} 1 & 1 & 1 \\ 0 & 1 & 0{,}4 \\ 0{,}15 & 0{,}3 & 1 \end{bmatrix}, \quad \Rightarrow \det \underline{\underline{M}} = \begin{vmatrix} 1 & 1 & 1 \\ 0 & 1 & 0{,}4 \\ 0{,}15 & 0{,}3 & 1 \end{vmatrix} = 1 + 0{,}06 - 0{,}15 - 0{,}12 = 0{,}79 \,,$$

$$F_A = \frac{F_G}{0{,}79} \begin{vmatrix} 1 & 1 & 1 \\ 0{,}5 & 1 & 0{,}4 \\ 0{,}5 & 0{,}3 & 1 \end{vmatrix} = F_G \frac{1 - 0{,}12 - 0{,}5 + 0{,}2 + 0{,}15 - 0{,}5}{0{,}79} = \frac{0{,}23}{0{,}79} F_G \approx 146\,\mathrm{N} \,,$$

$$F_B = \frac{F_G}{0{,}79} \begin{vmatrix} 1 & 1 & 1 \\ 0 & 0{,}5 & 0{,}4 \\ 0{,}15 & 0{,}5 & 1 \end{vmatrix} = F_G \frac{0{,}5 - 0{,}2 + 0{,}06 - 0{,}075}{0{,}79} = \frac{0{,}285}{0{,}79} F_G \approx 180\,\mathrm{N} \,, \tag{1.3.33}$$

$$F_C = \frac{F_G}{0{,}79} \begin{vmatrix} 1 & 1 & 1 \\ 0 & 1 & 0{,}5 \\ 0{,}15 & 0{,}3 & 0{,}5 \end{vmatrix} = F_G \frac{0{,}5 - 0{,}15 + 0{,}075 - 0{,}15}{0{,}79} = \frac{0{,}275}{0{,}79} F_G \approx 174\,\mathrm{N} \,.$$

Ein alternativer Lösungsweg besteht in konsequenter Anwendung der Vektorrechnung. Um letztendlich die Gleichgewichtsbedingung abzuleiten, ist jedoch ein größerer Aufwand nötig wie folgt (Plattendicke vernachlässigt):

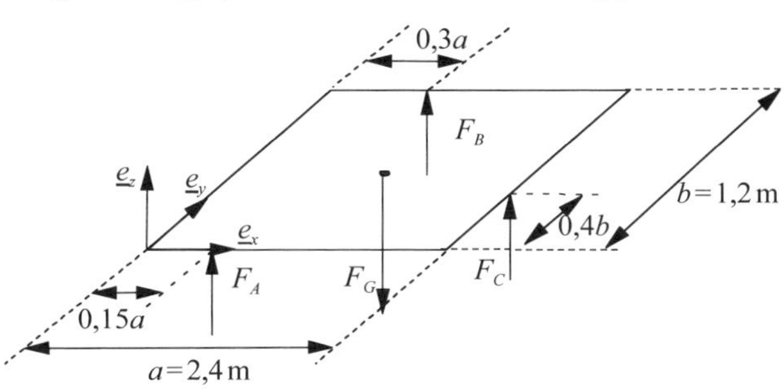

Abb. 1.3.18: Lösung per Vektorrechnung.

Zuerst werden alle Kraft- und Ortsvektoren in Bezug auf das in Abb. 1.3.18 eingezeichnete Dreibein aufgespannt.

$$\underline{F}_A = \begin{bmatrix} 0 \\ 0 \\ F_A \end{bmatrix}, \ \underline{F}_B = \begin{bmatrix} 0 \\ 0 \\ F_B \end{bmatrix}, \ \underline{F}_C = \begin{bmatrix} 0 \\ 0 \\ F_C \end{bmatrix}, \ \underline{F}_G = \begin{bmatrix} 0 \\ 0 \\ -F_G \end{bmatrix} \tag{1.3.34}$$

und:

$$\underline{x}_A = \begin{bmatrix} 0{,}15a \\ 0 \\ 0 \end{bmatrix}, \ \underline{x}_B = \begin{bmatrix} 0{,}3a \\ b \\ 0 \end{bmatrix}, \ \underline{x}_C = \begin{bmatrix} a \\ 0{,}4b \\ 0 \end{bmatrix}, \ \underline{x}_G = \begin{bmatrix} 0{,}5a \\ 0{,}5b \\ 0 \end{bmatrix}. \tag{1.3.35}$$

Kräftegleichgewicht ist notwendig, also muss gelten:

$$\sum \underline{F} = \underline{0} : \underline{F}_A + \underline{F}_B + \underline{F}_C + \underline{F}_G = \underline{0}. \tag{1.3.36}$$

Wir werten diese Vektorgleichung aus:

$$\begin{bmatrix} 0 \\ 0 \\ F_A + F_B + F_C - F_G \end{bmatrix} = \begin{bmatrix} 0 \\ 0 \\ 0 \end{bmatrix} \tag{1.3.37}$$

und stellen fest, dass gilt:

$$F_A + F_B + F_C - F_G = 0. \tag{1.3.38}$$

Für das Momentengleichgewicht schreiben wir zunächst formal:

$$\sum \underline{M} = \underline{0} : \underline{x}_A \times \underline{F}_A + \underline{x}_B \times \underline{F}_B + \underline{x}_C \times \underline{F}_C + \underline{x}_G \times \underline{F}_G = \underline{0} \tag{1.3.39}$$

und werten die einzelnen Kreuzprodukte dann mit der Determinantenregel aus:

$$\begin{vmatrix} e_x & e_y & e_z \\ 0{,}15a & 0 & 0 \\ 0 & 0 & F_A \end{vmatrix} + \begin{vmatrix} e_x & e_y & e_z \\ 0{,}3a & b & 0 \\ 0 & 0 & F_B \end{vmatrix} + \begin{vmatrix} e_x & e_y & e_z \\ a & 0{,}4b & 0 \\ 0 & 0 & F_C \end{vmatrix} + \tag{1.3.40}$$

$$\begin{vmatrix} e_x & e_y & e_z \\ 0{,}5a & 0{,}5b & 0 \\ 0 & 0 & -F_G \end{vmatrix} = \begin{bmatrix} 0 \\ 0 \\ 0 \end{bmatrix}$$

um zu erhalten:

$$\begin{bmatrix} 0 \\ -0{,}15aF_A \\ 0 \end{bmatrix} + \begin{bmatrix} bF_B \\ -0{,}3aF_B \\ 0 \end{bmatrix} + \begin{bmatrix} 0{,}4bF_C \\ -aF_C \\ 0 \end{bmatrix} + \begin{bmatrix} -0{,}5bF_G \\ 0{,}5aF_G \\ 0 \end{bmatrix} = \begin{bmatrix} 0 \\ 0 \\ 0 \end{bmatrix}. \tag{1.3.41}$$

Nun resultieren zwei weitere Gleichungen für die drei Unbekannten, nämlich F_A, F_B, F_C. Die Platte ist also statisch bestimmt gelagert, und es ergeben sich dieselben Gleichgewichtsbedingungen wie zuvor. Eine Lösung bekommt man z. B. wieder mit dem Determinantenverfahren:

$$bF_B + 0{,}4bF_C = 0{,}5bF_G \ , \quad 0{,}15aF_A + 0{,}3aF_B + aF_C = 0{,}5aF_G. \tag{1.3.42}$$

1.3.7 Hebel im mechanischen Gleichgewicht

Problemstellung

Für den gezeichneten Hebel ist der Abstand s so zu bestimmen, dass statisches Gleichgewicht herrscht. Ferner sind alle Auflagerreaktionen zu ermitteln. Gegeben sind $F = 20$ kN, $\alpha = 30^\circ$, $b = 1$ m.

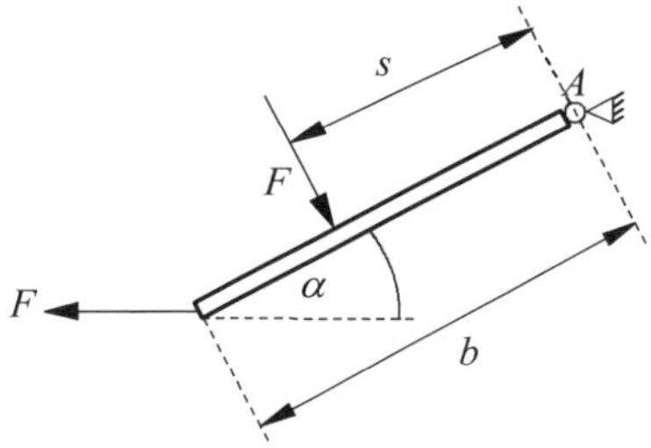

Abb. 1.3.19: Im Gleichgewicht gehaltener Hebel.

Lösung

Im Punkt A schneiden wir wie in der Abb. 1.3.20 gezeigt frei. Um den Hebelarm s zu bestimmen, wird das Momentengleichgewicht um A ausgewertet. Die bislang unbekannten Lagerreaktionen F_{Ax} und F_{Ay} sind dann ohne weiteren Belang:

$$\sum M^{(A)} = 0: \quad Fs - F\sin(\alpha)b = 0 . \tag{1.3.43}$$

Es folgt:

$$s = \sin(\alpha)b = \sin(30^\circ)1 \text{ m} = 0{,}5 \text{ m} . \tag{1.3.44}$$

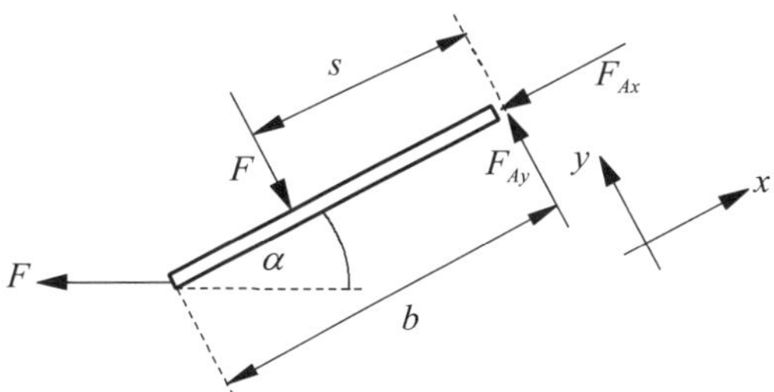

Abb. 1.3.20: Freischnitt.

Mithilfe der Gleichgewichtsbedingungen für die Kräfte werden nun die Lagerreaktionen bestimmbar. Beachte in den folgenden beiden Gleichungen die (willkürliche) Orientierung des kartesischen Koordinatenkreuzes entlang und senkrecht zur Stangenachse:

$$\sum F_x = 0: \ -F\cos(\alpha) - F_{Ax} = 0 \ , \ \sum F_y = 0: \ F\sin(\alpha) - F + F_{Ay} = 0 . \tag{1.3.45}$$

Durch Auflösen und Einsetzen der Zahlenwerte ergibt sich:

$$F_{Ax} = -F\cos(\alpha) = -10\sqrt{3}\text{kN} , \tag{1.3.46}$$

und

$$F_{Ay} = F[1 - \sin(\alpha)] = 10 \text{ kN} . \tag{1.3.47}$$

Mithin stellt sich heraus, dass die Richtung des Kraftpfeils F_{Ax} im Freischnitt falsch angenommen worden war.

1.3.8 Tetraeder unter externer Last

Problemstellung

An einem tetraederförmigen Klotz, der in der Ecke O (dem Nullpunkt) befestigt ist, greifen die Kräfte $\underline{F}_1 = (0\,,0\,,F)$, $\underline{F}_2 = (F\,,0\,,0)$ und $\underline{F}_3 = (0\,,F\,,0)$ an. Die anderen Ecken des Klotzes sind durch die Ortsvektoren $\underline{x}_1 = (a\,,0\,,0)$, $\underline{x}_2 = (0\,,2a\,,0)$ und $\underline{x}_3 = (0\,,0\,,a)$ bestimmt. Welche Kraft und welches Moment muss die Klebung in O aushalten? Man beachte, dass sich alle Vektoren in Bezug auf das in O eingezeichnete kartesische Koordinatensystem mit den Einheitsvektoren $\underline{e}_x$, $\underline{e}_y$ und $\underline{e}_z$ verstehen: Abb. 1.3.21. Ein Mathematiker stellt nun ferner die Aufgabe herauszufinden, wie groß die Komponenten des von der Klebung in O zu haltenden Momentenvektors in Bezug auf die in der Abb. 1.3.21 gezeigte, geneigte Ebene sind. Verwende geeignete Vektoralgebra, um diese Frage zu beantworten.

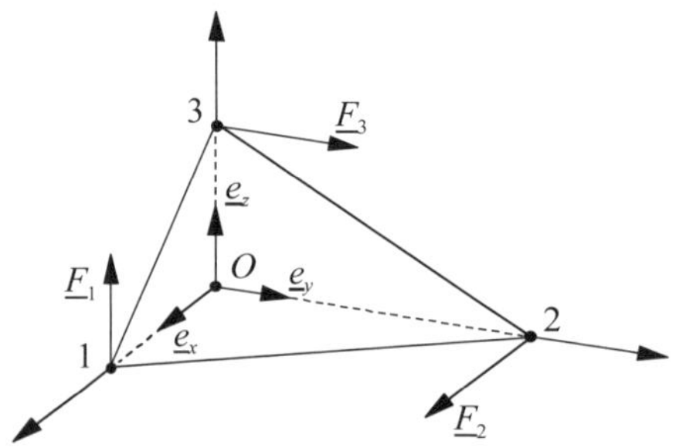

Abb. 1.3.21: Im Ursprung starr fixierter Tetraeder.

Lösung

Ein in O gedachter Freischnitt mit dem Kraftvektor $\underline{F}_0$ und dem Momentenvektor $\underline{M}_0$ führt auf folgende vektorielle Gleichgewichtsbedingungen:

$$\sum \underline{F} = \underline{0} : \underline{F}_0 + \underline{F}_1 + \underline{F}_2 + \underline{F}_3 = \underline{0}\ ,$$

$$\sum \underline{M}^{(O)} = \underline{0} : \underline{M}_0 + \underline{x}_1 \times \underline{F}_1 + \underline{x}_2 \times \underline{F}_2 + \underline{x}_3 \times \underline{F}_3 = \underline{0}\,. \tag{1.3.48}$$

Mithin ergibt sich für die von der Klebung zu haltende Kraft:

$$\underline{F}_0 = -(\underline{F}_1 + \underline{F}_2 + \underline{F}_3) = -(F, F\,, F) \tag{1.3.49}$$

bzw. der Betrag:

$$|\underline{F}_0| = \sqrt{3}F\,. \tag{1.3.50}$$

Für den von der Klebung zu haltenden Momentenvektor ergibt sich:

$$\underline{M}_0 = -(\underline{x}_1 \times \underline{F}_1 + \underline{x}_2 \times \underline{F}_2 + \underline{x}_3 \times \underline{F}_3)\,. \tag{1.3.51}$$

Die Kreuzprodukte berechnet man am einfachsten über die Determinantenregel:

$$\underline{M}_0 = -\left(\begin{vmatrix} \underline{e}_x & \underline{e}_y & \underline{e}_z \\ a & 0 & 0 \\ 0 & 0 & F \end{vmatrix} + \begin{vmatrix} \underline{e}_x & \underline{e}_y & \underline{e}_z \\ 0 & 2a & 0 \\ F & 0 & 0 \end{vmatrix} + \begin{vmatrix} \underline{e}_x & \underline{e}_y & \underline{e}_z \\ 0 & 0 & a \\ 0 & F & 0 \end{vmatrix} \right) = \tag{1.3.52}$$

$$-\left((0, -aF\,, 0) + (0, 0\,, -2aF) + (-aF, 0\,, 0)\right) = (aF, aF\,, 2aF) = aF(1\,, 1\,, 2)\,.$$

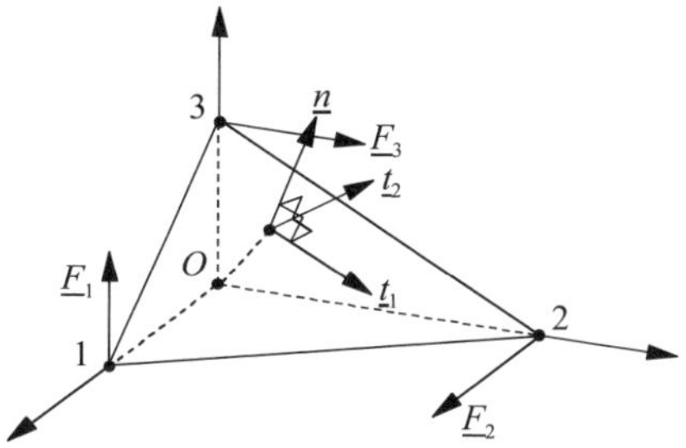

Abb. 1.3.22: In der geneigten Ebene gewählte Koordinatenbasis.

Dieser Momentenvektor ist auf die kartesische Basis $\underline{e}_x$, $\underline{e}_y$ und $\underline{e}_z$ bezogen und sein Betrag ist gegeben durch:

$$|\underline{M}_0| = aF\sqrt{1^2+1^2+2^2} = \sqrt{6}aF\ . \tag{1.3.53}$$

Man kann den Momentenvektor aber natürlich in jeder anderen Basis darstellen, also z. B. auch in einer Orthonormalbasis $(\underline{t}_1\,,\underline{t}_2\,,\underline{n})$, die sich auf die geneigte Fläche bezieht, so wie in der Abb. 1.3.22 angedeutet. Man erkennt aus der Zeichnung, dass der Einheitsvektor $\underline{n}$ senkrecht auf der geneigten Ebene steht. Es handelt sich also um einen Einheitsnormalenvektor. $\underline{t}_1$ ist ebenfalls ein Einheitsvektor. Er liegt tangential in der geneigten Ebene und ist parallel zur Kante 32 orientiert. Auch $\underline{t}_2$ ist ein Einheitsvektor tangential in der geneigten Ebene. Er ist so orientiert, dass er sowohl senkrecht auf $\underline{t}_1$ als auch auf $\underline{n}$ steht und zwar dergestalt, dass $(\underline{t}_1\,,\underline{t}_2\,,\underline{n})$ in der genannten Reihenfolge ein Rechtssystem bilden, wovon man sich in Abb. 1.3.22 durch Anwendung der Rechte-Hand-Regel überzeugen kann. Wir berechnen nun sukzessive diese drei Einheitsvektoren und drücken sie in Bezug auf unsere kartesische Basis $\underline{e}_x$, $\underline{e}_y$ und $\underline{e}_z$ aus. Es gilt per Definition für $\underline{t}_1$:

$$\underline{t}_1 = \frac{\underline{x}_{32}}{|\underline{x}_{32}|} = \frac{\underline{x}_2-\underline{x}_3}{|\underline{x}_2-\underline{x}_3|} = \frac{(0\,,2a\,,-a)}{\sqrt{4a^2+a^2}} = \left(0\,,\frac{2}{\sqrt{5}}\,,-\frac{1}{\sqrt{5}}\right). \tag{1.3.54}$$

$\underline{n}$ bestimmen wir aus dem Kreuzprodukt zwischen $\underline{x}_{32} = \underline{x}_2 - \underline{x}_3 = (0\,,2a\,,-a)$ und $\underline{x}_{13} = \underline{x}_3 - \underline{x}_1 = \ (-a\,,0\,,a)$, denn dieser Vektor muss ja auf der Ebene senkrecht stehen und soll wie in der Abb. 1.3.22 zu sehen, vom Ursprung weg weisen:

$$\underline{n} = \frac{\underline{x}_{32}\times\underline{x}_{13}}{|\underline{x}_{32}\times\underline{x}_{13}|} = \frac{1}{|\underline{x}_{32}\times\underline{x}_{13}|}\begin{vmatrix} \underline{e}_x & \underline{e}_y & \underline{e}_z \\ 0 & 2a & -a \\ -a & 0 & a \end{vmatrix} = \frac{(2a^2\,,a^2\,,2a^2)}{\sqrt{9a^4}} = \frac{1}{3}(2\,,1\,,2). \tag{1.3.55}$$

Der noch fehlende Tangenteneinheitsvektor $\underline{t}_2$ folgt schließlich per Definition aus folgendem Kreuzprodukt, wobei beachtet wird, dass dann $(\underline{t}_1\,,\underline{t}_2\,,\underline{n})$ ein Rechtssystem bilden:

$$\underline{t}_2 = \frac{\underline{n}\times\underline{t}_1}{|\underline{n}\times\underline{t}_1|} = \frac{1}{|\underline{n}\times\underline{t}_1|}\begin{vmatrix} \underline{e}_x & \underline{e}_y & \underline{e}_z \\ 2/3 & 1/3 & 2/3 \\ 0 & 2/\sqrt{5} & -1/\sqrt{5} \end{vmatrix} =$$

$$\frac{\left(-\frac{5}{3\sqrt{5}}, \frac{2}{3\sqrt{5}}, \frac{4}{3\sqrt{5}}\right)}{1} = \frac{1}{3\sqrt{5}}(-5, 2, 4). \tag{1.3.56}$$

Wir schreiben nun für den Momentenvektor in der neuen Einheitsbasis formal:

$$\underline{M}_0 = M_0^{t_1}\underline{t}_1 + M_0^{t_2}\underline{t}_2 + M_0^{n}\underline{n}. \tag{1.3.57}$$

Dabei bezeichnen $M_0^{t_1}$, $M_0^{t_2}$ und M_0^{n} die Komponenten von $\underline{M}_0$ in Bezug auf die Orthonormaleinheitsbasis $(\underline{t}_1, \underline{t}_2, \underline{n})$. Um ihre Größe zu ermitteln, sei daran erinnert, dass nach wie vor das Ergebnis (1.3.52) gilt. Multiplizieren wir also sukzessive die Gleichung (1.3.57) mit $\underline{t}_1$, $\underline{t}_2$ und $\underline{n}$ skalar durch und beachten (1.3.52), so folgt:

$$\underline{M}_0\cdot\underline{t}_1 = M_0^{t_1}\underline{t}_1\cdot\underline{t}_1 + M_0^{t_2}\underline{t}_2\cdot\underline{t}_1 + M_0^{n}\underline{n}\cdot\underline{t}_1 = M_0^{t_1} = \frac{aF}{\sqrt{5}}\begin{pmatrix}1\\1\\2\end{pmatrix}\cdot\begin{pmatrix}0\\2\\-1\end{pmatrix} = 0, \tag{1.3.58}$$

$$\underline{M}_0\cdot\underline{t}_2 = M_0^{t_1}\underline{t}_1\cdot\underline{t}_2 + M_0^{t_2}\underline{t}_2\cdot\underline{t}_2 + M_0^{n}\underline{n}\cdot\underline{t}_2 = M_0^{t_2} = \frac{aF}{3\sqrt{5}}\begin{pmatrix}1\\1\\2\end{pmatrix}\cdot\begin{pmatrix}-5\\2\\4\end{pmatrix} = \frac{\sqrt{5}}{3}aF,$$

$$\underline{M}_0\cdot\underline{n} = M_0^{t_1}\underline{t}_1\cdot\underline{n} + M_0^{t_2}\underline{t}_2\cdot\underline{n} + M_0^{n}\underline{n}\cdot\underline{n} = M_0^{n} = \frac{aF}{3}\begin{pmatrix}1\\1\\2\end{pmatrix}\cdot\begin{pmatrix}2\\1\\2\end{pmatrix} = \frac{7}{3}aF.$$

Mithin hat die Darstellung in dieser Basis einen leichten Vorteil gegenüber der Schreibweise nach Gleichung (1.3.52): Es gibt nur zwei von Null verschiedene Komponenten. Der Betrag des Momentenvektors ist übrigens identisch mit dem Ergebnis aus (1.3.53), denn es gilt ja:

$$|\underline{M}_0| = \sqrt{\left(M_0^{t_1}\right)^2 + \left(M_0^{t_2}\right)^2 + \left(M_0^{n}\right)^2} = aF\sqrt{0^2 + \frac{5}{3^2} + \frac{7^2}{3^2}} = \sqrt{6}aF. \tag{1.3.59}$$

1.3.9 Allgemeine Kräftegruppe im Raum: Seiltrommel

Problemstellung

Eine Seilwinde ist durch ein Festlager A und ein Loslager B gelagert. Durch die an der Kurbel angreifende Kraft P soll der Last G das Gleichgewicht gehalten werden. Wie groß muss die Kraft P sein? Wie sind die beiden Lager geeignet zu idealisieren? Welche Kräfte wirken in der eingezeichneten Stellung in den Lagern? Berechne diese sowohl mithilfe von Projektionen des Freischnitts auf die drei Raumebenen als auch vektoriell. Gegeben sind dabei l, a, c, r, h, G, $\varphi = 45^\circ$.

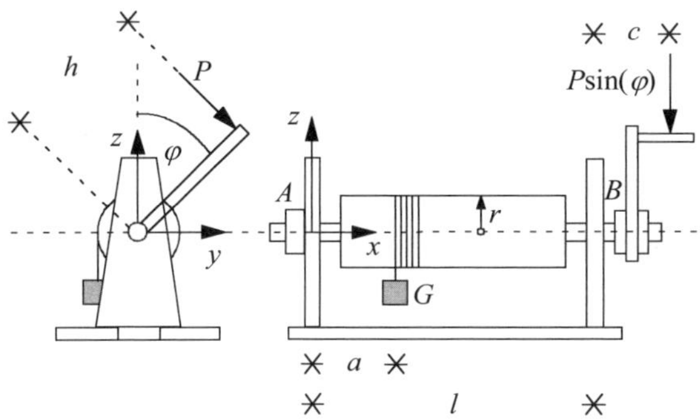

Abb. 1.3.23: Seiltrommel 3D.

Lösung

Wir schneiden zunächst frei und projizieren auf die drei Ebenen, wie in Abb. 1.3.24 gezeigt.

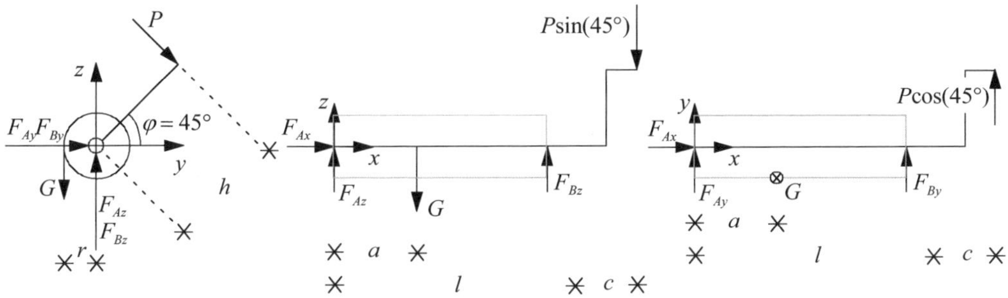

Abb. 1.3.24: Freischnitte in der y-z-, x-z- und der x-y-Ebene.

Dabei wird angenommen, dass die abgesetzte Welle (Rolle) annähernd reibungsfrei gelagert ist. In der Realität kann ein kleines Moment aufgenommen werden, das in der Berechnung jedoch nicht berücksichtigt wird (Momentengelenk). Die Last wird über den Bock in die horizontal liegende Platte übertragen. Dort breitet sich die Last aus und wird über Haftreibung in der Grenzschicht zwischen Stahlplatte und dem Untergrund abgetragen. Wir notieren

(a) die Größe der Kraft P (Auswertung in Bezug auf die y-z-Ebene):

$$\sum M_x^{(B)} = 0: \; Gr - Ph = 0 \quad \Rightarrow \quad P = \frac{Gr}{h}; \tag{1.3.60}$$

(b) für die Auflagerreaktionen:

$$\sum F_x = 0: \; F_{Ax} = 0,$$

$$\sum M_y^{(A)} = 0: \; -Ga + F_{Bz} l - P\sin(45^\circ)(l+c) = 0$$

$$\Rightarrow \quad F_{Bz} = \frac{Ga + P\sin(45^\circ)(l+c)}{l} = \frac{Ga + \frac{Gr}{h}\frac{\sqrt{2}}{2}(l+c)}{l} = G\left(\frac{a}{l} + \frac{r}{h}\left(1+\frac{c}{l}\right)\frac{\sqrt{2}}{2}\right),$$

$$\sum M_z^{(A)} = 0: \; -F_{By} l - P\cos(45^\circ)(l+c) = 0 \tag{1.3.61}$$

$$\Rightarrow \quad F_{By} = \frac{-P\cos(45^\circ)(l+c)}{l} = \frac{G\frac{r}{h}\frac{\sqrt{2}}{2}(l+c)}{l} = -G\frac{r}{h}\frac{\sqrt{2}}{2}\frac{c}{l},$$

$$\sum F_y = 0: \; F_{Ay} + F_{By} + P\cos(45^\circ) = 0$$

$$\Rightarrow \quad F_{Ay} = -P\cos(45^\circ) - F_{By} = -G\frac{r}{h}\frac{\sqrt{2}}{2} + G\frac{r}{h}\frac{\sqrt{2}}{2}\left(1+\frac{c}{l}\right) = G\frac{r}{h}\frac{\sqrt{2}}{2}\frac{c}{l},$$

$$\sum F_z = 0: \; F_{Az} + F_{Bz} - G - P\sin(45^\circ) = 0$$

$$\Rightarrow \quad F_{Az} = G + P\sin(45^\circ) - F_{Bz} = G + G\frac{r}{h}\frac{\sqrt{2}}{2} - G\left(\frac{a}{l} + \frac{r}{h}\frac{\sqrt{2}}{2}\left(1+\frac{c}{l}\right)\right) = G\left(1 - \frac{a}{l} - \frac{r}{h}\frac{\sqrt{2}}{2}\frac{c}{l}\right);$$

(c) die vektorielle Lösung der Aufgabe (beachte hierbei das gewählte Koordinatensystem) für die Kraftvektoren:

$$\underline{F}_A = \begin{pmatrix} F_{Ax} \\ F_{Ay} \\ F_{Az} \end{pmatrix}, \; \underline{F}_B = \begin{pmatrix} 0 \\ F_{By} \\ F_{Bz} \end{pmatrix}, \; \underline{G} = \begin{pmatrix} 0 \\ 0 \\ -G \end{pmatrix}, \; \underline{P} = \begin{pmatrix} 0 \\ P\cos(45^\circ) \\ -P\sin(45^\circ) \end{pmatrix}; \qquad (1.3.62)$$

die Abstandsvektoren vom Bezugspunkt (Koordinatenursprung) zum jeweiligen Kraftangriffspunkt:

$$\underline{r}_A = \begin{pmatrix} 0 \\ 0 \\ 0 \end{pmatrix}, \; \underline{r}_B = \begin{pmatrix} l \\ 0 \\ 0 \end{pmatrix}, \; \underline{r}_G = \begin{pmatrix} a \\ -r \\ 0 \end{pmatrix}, \; \underline{r}_P = \begin{pmatrix} l+c \\ h\cos(45^\circ) \\ h\sin(45^\circ) \end{pmatrix}; \qquad (1.3.63)$$

die Gleichgewichtsbedingungen (vgl. hierzu die Gleichungen (1.3.59-61)):

$$\sum \underline{F} = \underline{0}: \; \underline{F}_A + \underline{F}_B + \underline{G} + \underline{P} = \begin{pmatrix} F_{Ax} \\ F_{Ay} \\ F_{Az} \end{pmatrix} + \begin{pmatrix} 0 \\ F_{By} \\ F_{Bz} \end{pmatrix} + \begin{pmatrix} 0 \\ 0 \\ -G \end{pmatrix} + \begin{pmatrix} 0 \\ P\cos(45^\circ) \\ -P\sin(45^\circ) \end{pmatrix} = \begin{pmatrix} 0 \\ 0 \\ 0 \end{pmatrix},$$

$$\sum \underline{M} = \underline{r} \times \underline{F} = \underline{0}: \; \underline{r}_A \times \underline{F}_A + \underline{r}_B \times \underline{F}_B + \underline{r}_G \times \underline{G} + \underline{r}_P \times \underline{P} =$$

$$\begin{pmatrix} 0 \\ 0 \\ 0 \end{pmatrix} + \begin{pmatrix} l \\ 0 \\ 0 \end{pmatrix} \times \begin{pmatrix} 0 \\ F_{By} \\ F_{Bz} \end{pmatrix} + \begin{pmatrix} a \\ -r \\ 0 \end{pmatrix} \times \begin{pmatrix} 0 \\ 0 \\ -G \end{pmatrix} + \begin{pmatrix} l+c \\ h\cos(45^\circ) \\ h\sin(45^\circ) \end{pmatrix} \times \begin{pmatrix} 0 \\ P\cos(45^\circ) \\ -P\sin(45^\circ) \end{pmatrix} = \qquad (1.3.64)$$

$$\begin{pmatrix} 0 \\ -F_{By}l \\ F_{Bz}l \end{pmatrix} + \begin{pmatrix} Gr \\ Ga \\ G \end{pmatrix} + \begin{pmatrix} Ph\sin(45^\circ)\cos(45^\circ) - P\sin(45^\circ)\cos(45^\circ) \\ P\sin(45^\circ)(l+c) \\ P\cos(45^\circ)(l+c) \end{pmatrix} =$$

$$\begin{pmatrix} 0 \\ -F_{By}l \\ F_{Bz}l \end{pmatrix} + \begin{pmatrix} Gr \\ Ga \\ G \end{pmatrix} + \begin{pmatrix} -Ph \\ P\sin(45^\circ)(l+c) \\ P\cos(45^\circ)(l+c) \end{pmatrix} = \begin{pmatrix} 0 \\ 0 \\ 0 \end{pmatrix}.$$

Es ergibt sich also wieder das Ergebnis aus (b).

Statik

1.4 Der Schwerpunkt

1.4.1 Grundwissen an Differenzial- und Integralrechnung

Kurt vertiefte sich in die Angaben, wollte wenigstens den Versuch machen, auf eigene Faust etwas zustande zu bringen. Er gab es bald auf. Kein einziges Beispiel stammte aus einem jener Gebiete, in denen er halbwegs bewandert war. Keine Wahrscheinlichkeitsrechnung, keine Differenzialquotienten, keine Reihen. Anscheinend lauter Integrale. Und mit denen, das merkte er nach kurzer Betrachtung, wußte er nichts anzufangen.

Friedrich TORBERG in „Der Schüler Gerber“

Problemstellung

Definiere anschaulich und formal die Begriffe „Differenzialquotient“ und „Integral“. Stelle Grundregeln der Differenzial- und Integralrechnung zusammen, wie beispielsweise die Produkten- und Quotientenregel, partielle Integration, etc.

Lösung

Für manche Aufgaben der Statik und Festigkeitslehre sind Grundkenntnisse der Differenzial- und Integralrechnung notwendig, so etwa bei der Berechnung von Flächen- und Volumeninhalten von Körpern mit komplizierter Form oder bei der Bestimmung von Querkraft- und Momentendiagrammen bei Balken. In dieser Aufgabe wird an die Zielsetzung der Differenzial- und Integralrechnung erinnert sowie auf einige Rechenregeln eingegangen. Für ein tiefergehendes Studium bzw. für einen Beweis sei jedoch auf die einschlägigen Kapitel in Mathematiklehrbüchern verwiesen.

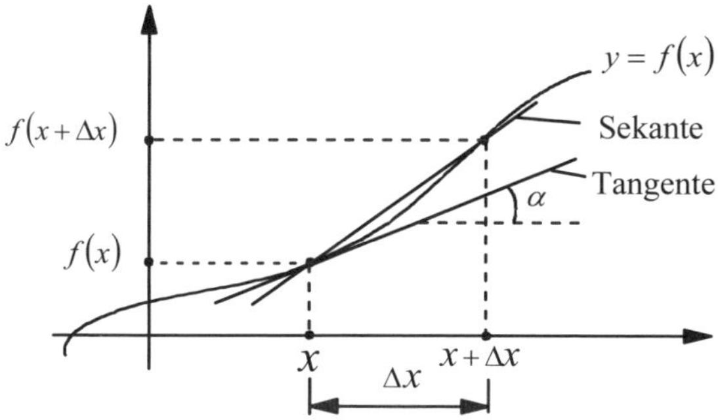

Abb. 1.4.1: Interpretation des Differenzialquotienten als Steigung.

Anschaulich gesprochen besteht die **Grundaufgabe der Differenzialrechnung** darin, in jedem Kurvenpunkt x einer gegebenen Funktion $y = f(x)$ die **Steigung** $\tan(\alpha)$ zu berechnen oder, anders ausgedrückt, die Tangente an besagte Funktion zu legen und ihren Steigungswinkel α zu bestimmen. Dieses Ziel ist in Abb. 1.4.1 graphisch verdeutlicht. Wir lösen diese Aufgabe dadurch, dass wir die Tangentensteigung durch die Steigung einer **Sekante** durch den interessierenden Punkt x und einen Nachbarpunkt $x + \Delta x$ approximieren:

$$\tan(\alpha) \approx \frac{f(x+\Delta x) - f(x)}{\Delta x}. \tag{1.4.1}$$

Statik

Im Grenzfall beliebig nah benachbarter Punkte fallen Sekante und Tangente zusammen. Diesen Grenzfall nennt man die **erste Ableitung** der Funktion $f(x)$ und benutzt zu ihrer Bezeichnung gern die folgenden Symbole:

$$\tan(\alpha) \equiv \frac{\mathrm{d}f}{\mathrm{d}x} \equiv f'(x) \equiv \frac{\mathrm{d}y}{\mathrm{d}x} \equiv y' = \lim_{\Delta x \to 0} \frac{f(x+\Delta x) - f(x)}{\Delta x}. \qquad (1.4.2)$$

Dass man diesen Grenzwert nicht nur als mathematisches Kuriosum ansehen muss, sondern dass man tatsächlich mit ihm rechnen und ihn auswerten kann, soll an einfachen Beispielen gezeigt werden. Wir suchen zunächst die erste Ableitung der quadratischen Parabel mit Scheitel im Nullpunkt $y = \alpha x^2$, wobei α eine Zahlenkonstante ist. Dazu nehmen wir die Regel (1.4.2) ernst und schreiben:

$$\frac{\mathrm{d}y}{\mathrm{d}x} = \lim_{\Delta x \to 0} \frac{\alpha(x+\Delta x)^2 - \alpha x^2}{\Delta x} = \lim_{\Delta x \to 0} \frac{\alpha\left(x^2 + 2x\Delta x + \Delta x^2\right) - \alpha x^2}{\Delta x} = \qquad (1.4.3)$$
$$\lim_{\Delta x \to 0}\left[\alpha 2x + \alpha \Delta x\right] = 2\alpha x.$$

Offenbar hat einfaches Ausmultiplizieren auf die Lösung geführt. Die Steigung einer quadratischen Parabel ist also eine lineare Funktion in x. Dies ist ein Spezialfall der allgemeineren Frage nach der ersten Ableitung einer Potenzfunktion:

$$y = \alpha x^n, \quad n \in \mathbb{R}. \qquad (1.4.4)$$

Man kann in ähnlicher Weise wie in (1.4.3) zeigen, dass:

$$y' = \alpha\, n\, x^{n-1}, \quad n \in \mathbb{R}. \qquad (1.4.5)$$

Bei anderen Funktionen ist es manchmal nicht so einfach, die Regel (1.4.2) auszuwerten. Nehmen wir als Beispiel die Sinusfunktion:

$$\frac{\mathrm{d}y}{\mathrm{d}x} = \lim_{\Delta x \to 0} \frac{\sin(x+\Delta x) - \sin(x)}{\sin(\Delta x)} = \lim_{\Delta x \to 0} \frac{\sin(x)\cos(\Delta x) + \cos(x)\sin(\Delta x) - \sin(x)}{\sin(\Delta x)}. \qquad (1.4.6)$$

Wir haben also die Additionsregel trigonometrischer Funktionen angewandt, um den Term mit Δx zu separieren und außerdem haben wir anstelle der kleinen positiven Größe Δx im Nenner die ebenfalls kleine positive Größe $\sin(\Delta x)$ eingesetzt. Dies ist im Grenzübergang gleichgültig, aus rechentechnischen Gründen aber sehr nützlich, denn jetzt können wir schreiben:

$$\frac{\mathrm{d}y}{\mathrm{d}x} = -\sin(x) \lim_{\Delta x \to 0}\left[\frac{1-\cos(\Delta x)}{\sin(\Delta x)}\right] + \cos(x) \lim_{\Delta x \to 0}\left[\frac{\sin(\Delta x)}{\sin(\Delta x)}\right] =$$
$$-\sin(x) \lim_{\Delta x \to 0}\left[\frac{2\sin^2(\Delta x/2)}{2\sin(\Delta x/2)\cos(\Delta x/2)}\right] + \cos(x)\cdot 1 = \qquad (1.4.7)$$
$$-\sin(x) \lim_{\Delta x \to 0}\left[\frac{\sin(\Delta x/2)}{\cos(\Delta x/2)}\right] + \cos(x) = -\sin(x)\cdot\frac{0}{1} + \cos(x) = \cos(x).$$

Offenbar war es hier nötig, mehrere Umformregeln für trigonometrische Funktionen anzuwenden, bevor die Grenzwerte ausgeführt werden konnten. Ebenso kann man zeigen, dass:

$$\frac{\mathrm{d}\cos(x)}{\mathrm{d}x} = -\sin(x). \qquad (1.4.8)$$

Auf ähnliche Art und Weise gelingt es, für alle bekannten mathematischen Grundfunktionen, wie Exponentialfunktion, Logarithmus, etc., ihre Ableitung zu ermitteln. Eine solche Liste von Ableitungen von Grundfunktionen findet man etwa bei BRONSTEIN und SEMENDJAJEW, Taschenbuch der Mathematik, Verlag Harri Deutsch oder auch im H.-J. BARTSCH, Mathematische Formeln, Buch- und Zeit-Verlagsgesellschaft.

Wie aber geht man bei den aus den Grundfunktionen zusammengesetzten Funktionen vor? Hierbei helfen im Wesentlichen zwei Regeln, nämlich die sogenannte **Produkt-** sowie die **Kettenregel** der Differenzialrechnung. Wie ihr Name bereits andeutet, hilft die Kettenregel beim Differenzieren von **Produkten** einfacher Funktionen. Sie lautet:

$$y = f(x) \cdot g(x) \quad \Rightarrow \quad y' = f'(x) \cdot g(x) + f(x) \cdot g'(x). \tag{1.4.9}$$

Man darf sagen, dass jede der beiden (eventuell auch mehrerer) am Produkt beteiligten Funktionen differenziert wird, wobei man den Rest jeweils konstant hält. Ein Beispiel soll ihre Anwendung erläutern:

$$y = x \cdot \cos(x) \quad \Rightarrow \quad y = 1 \cdot \cos(x) - x \cdot \sin(x). \tag{1.4.10}$$

Mit einfachen Differenzialen darf man wie mit gewöhnlichen Brüchen rechnen und auch „kürzen". Dies erklärt die sogenannte Kettenregel, bei der mit $\mathrm{d}g$ „erweitert" wird:

$$y = f\,[g(x)] \quad \Rightarrow \quad y' = \frac{\mathrm{d}\,f(x)}{\mathrm{d}x} = \frac{\mathrm{d}\,f(g)}{\mathrm{d}g} \cdot \frac{\mathrm{d}\,g(x)}{\mathrm{d}x}. \tag{1.4.11}$$

Wieder soll ein Beispiel ihre Anwendung erläutern:

$$y = \sin\left(x^2\right) \quad \Rightarrow \quad f(g) = \sin(g), \;\; g(x) = x^2 \quad \Rightarrow \tag{1.4.12}$$

$$\frac{\mathrm{d}\,f(x)}{\mathrm{d}x} = \frac{\mathrm{d}\sin(g)}{\mathrm{d}g} \cdot \frac{\mathrm{d}\,x^2}{\mathrm{d}x} = \cos(g) \cdot 2x = 2x\cos\left(x^2\right).$$

Manchmal ist es nötig, mehrmals zu „erweitern", etwa bei:

$$y = \sin\left[\cos\left(x^2\right)\right] \quad \Rightarrow \quad f(g) = \sin(g), \quad g(x) = \cos(h), \quad h(x) = x^2 \quad \Rightarrow \tag{1.4.13}$$

$$\frac{\mathrm{d}\,f(x)}{\mathrm{d}x} = \frac{\mathrm{d}f}{\mathrm{d}g} \cdot \frac{\mathrm{d}g}{\mathrm{d}h} \cdot \frac{\mathrm{d}h}{\mathrm{d}x} = -2x\sin\left(x^2\right)\cos\left[\cos\left(x^2\right)\right].$$

Die sogenannte **Quotientenregel** auswendig zu lernen, ist unnötig, denn bei genauerem Hinsehen erweist sie sich als Kombination von Ketten- und Produktregel:

$$y = \frac{f(x)}{g(x)} = f(x) \cdot [g(x)]^{-1} \quad \Rightarrow \tag{1.4.14}$$

$$y' = \frac{f'(x)}{g(x)} + f(x) \cdot (-1) \cdot g'(x) \cdot [g(x)]^{-2} = \frac{f'(x) \cdot g(x) - f(x) \cdot g'(x)}{[g(x)]^2}.$$

Wir kommen nun zum zweiten Teil dieser Aufgabe, dem **Ziel der Integralrechnung**. Anschaulich besteht es darin, in einem gewissen Bereich von $a \le x \le b$ unter einer vorgegebenen Funktion $y = f(x)$, also einer Kurve, die **Fläche** A zu berechnen. Dieses Ziel ist in Abb. 1.4.2 illustriert.

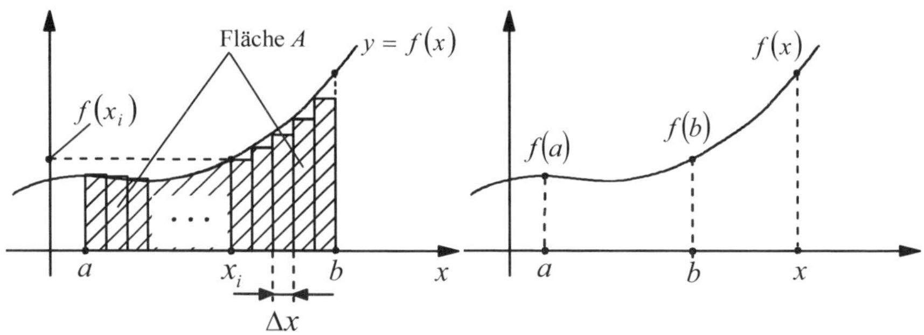

Abb. 1.4.2: Interpretation des Integrals als Fläche unter einer Kurve (links) und Additivität des Integrals (rechts).

Diese Aufgabe lösen wir dadurch, dass wir die Fläche unter der Funktionen durch kleine Rechtecke der Breite

$$\Delta x = \frac{b-a}{N} \tag{1.4.15}$$

approximieren. Je größer wir dabei die Zahl N wählen oder, anders ausgedrückt, je kleiner die Breite Δx ist, desto besser ist die Näherung. Mathematisch ist es üblich zu schreiben:

$$A = \lim_{\substack{N\to\infty \\ \Delta x\to 0}} \left[\sum_{i=1}^{N} f(x_i)\cdot \Delta x \right] = \int_{x=a}^{x=b} f(x)\,\mathrm{d}\,x\,. \tag{1.4.16}$$

In der Tat kann man das Integral, also die Summe unendlich vieler, allerdings infinitesimal kleiner Terme im Prinzip „zu Fuß" berechnen. Wir wollen dies am Beispiel der quadratischen Parabel durchführen:

$$f(x) = \alpha x^2\,,\ \alpha \in \mathbb{R} \quad \Rightarrow \quad f(x_i) = \alpha x_i^2 = \alpha(a + i\,\Delta x)^2 \quad \Rightarrow \tag{1.4.17}$$

$$\int_{x=a}^{x=b} f(x)\,\mathrm{d}\,x = \alpha \left\{ a^2 \lim_{\substack{N\to\infty \\ \Delta x\to 0}} \left[\Delta x \sum_{i=1}^{N} 1 \right] + 2a \lim_{\substack{N\to\infty \\ \Delta x\to 0}} \left[(\Delta x)^2 \sum_{i=1}^{N} i \right] + \lim_{\substack{N\to\infty \\ \Delta x\to 0}} \left[(\Delta x)^3 \sum_{i=1}^{N} i^2 \right] \right\}.$$

Nun gilt für endliche Summen:

$$\sum_{i=1}^{N} 1 = N\,,\quad \sum_{i=1}^{N} i = \frac{1}{2} N(N+1)\,,\quad \sum_{i=1}^{N} i^2 = \frac{1}{6} N(N+1)(2N+1)\,. \tag{1.4.18}$$

Die Fama geht, dass die zweite dieser Formeln von dem Kind Carl-Friedrich GAUß aufgestellt wurde, nachdem dessen Lehrer seiner Volksschulklasse auftrug, alle Zahlen von 1 bis 100 zusammenzuzählen, um endlich in Ruhe sein Pfeifchen rauchen zu können. Offenbar hatte er nicht mit Carl-Friedrichs knabenhaftem Genie gerechnet.

Wegen der Gleichung (1.4.15) bleibt von den Grenzwerten in (1.4.17) aber nur einer übrig, nämlich der Term in N^3 aus $(1.4.18)_3$, und man erhält:

$$\int_{x=a}^{x=b} f(x)\,\mathrm{d}\,x = \alpha\,\frac{(b-a)^3}{3}\,. \tag{1.4.19}$$

Alle anderen Terme verschwinden für $N \to \infty$, weil mindestens ein N im Nenner verbleibt. Zusammenfassend darf man sagen, dass die direkte Auswertung eines Integrals mit relativ viel Aufwand verbunden ist. Zum Glück jedoch stellt sich heraus, dass Differenzial- und Integralrechnung miteinander verbunden sind. Und zwar ist das Differenzieren die Umkehrung des Integrierens, in dem Sinne, dass eine differenzierte Funktion durch anschließendes Integrieren im Wesentlichen wieder hergestellt werden kann, und zwar bis auf eine additive Konstante. Denken wir zu diesem Zweck an das Beispiel (1.4.3). Die quadratische Parabel differenziert ergab eine Gerade:

$$y = \alpha x^2 \,, \quad \alpha \in \mathbb{R} \quad \Rightarrow \quad y' = 2\alpha x \,. \tag{1.4.20}$$

Die Fläche unter dieser Geraden, sagen wir von der Stelle $x = a$ bis zu einer beliebigen anderen Stelle x, ist elementar berechenbar, da es sich um die Differenz zweier Dreiecksflächen handelt (siehe auch Abb. 1.4.2):

$$A = \frac{1}{2} x \cdot 2\alpha x - \frac{1}{2} a \cdot 2\alpha a \,. \tag{1.4.21}$$

Aber genauso gut hätte man schreiben können:

$$\int_{x=a}^{x} y' \,\mathrm{d}x = 2\alpha \int_{x=a}^{x} x \,\mathrm{d}x = \alpha\left(x^2 - a^2\right) = \alpha x^2 - \alpha a^2 = y(x) - y(a) = y(x) + \text{const.} \tag{1.4.22}$$

Die hier am Spezialfall etablierte Regel:

$$\int_{x=a}^{x} y'(x) \,\mathrm{d}x = y(x) - y(a) \quad \Leftrightarrow \quad \int y'(x) \,\mathrm{d}x = y(x) + \text{const.} \tag{1.4.23}$$

gilt allgemein und wird **Hauptsatz der Differenzial- und Integralrechnung** genannt. Am Integralzeichen sind in der zweiten Formel die Grenzen deshalb weggelassen, weil diese im Wesentlichen beliebig sind. Durch das Symbol x sowie durch die Zahlenkonstante const. sind sie hinreichend genau charakterisiert. Man spricht in diesem Zusammenhang auch von einem unbestimmten Integral, aber selbstverständlich darf man auch Grenzen einsetzen, was die ursprüngliche Bedeutung der Flächenberechnung besonders deutlich zum Ausdruck bringt. Im letzten Fall spricht man dann von einem bestimmten Integral und schreibt, da es sich bei der Flächenberechnung um eine **additive** Eigenschaft handelt (siehe Abb. 1.4.2, rechts):

$$\int_{x=a}^{x=b} y'(x) \,\mathrm{d}x = \int_{x=a}^{x} y'(x) \,\mathrm{d}x - \int_{x=b}^{x} y'(x) \,\mathrm{d}x = \tag{1.4.24}$$

$$y(x) - y(a) - [y(x) - y(b)] = y(b) - y(a) \equiv y(x)\Big|_{x=a}^{x=b} .$$

Für Potenzfunktionen sowie die trigonometrischen Grundfunktionen findet man durch Umkehren der Formeln (1.4.5-7) sofort:

$$\int x^n \,\mathrm{d}x = \frac{1}{n+1} x^{n+1} \,, \quad n \in \mathbb{R} \setminus \{-1\}, \tag{1.4.25}$$

$$\int \sin(x) \,\mathrm{d}x = -\cos(x), \quad \int \cos(x) \,\mathrm{d}x = \sin(x).$$

Zum Berechnen zusammengesetzter Integrale gibt es nun zahlreiche bemerkenswerte Regeln, wie etwa die bekannte **Regel der partiellen Integration**:

$$\int f(x) \cdot g'(x) \,\mathrm{d}x = f(x) \cdot g(x) - \int f'(x) \cdot g(x) \,\mathrm{d}x \,. \tag{1.4.26}$$

Diese Regel mit dem pompösen Namen ist jedoch im Grunde trivial, denn sie ist nichts anderes als die aufintegrierte Produktregel der Differentiation aus Gleichung (1.4.9), die man leicht umstellt und dann auf beiden Seiten integriert:

$$f(x)\cdot g'(x) = [f(x)\cdot g(x)]' - f'(x)\cdot g(x) \Rightarrow \tag{1.4.27}$$

$$\int f(x)\cdot g'(x)\,\mathrm{d}x = \int [f(x)\cdot g(x)]'\,\mathrm{d}x - \int f'(x)\cdot g(x)\,\mathrm{d}x\,.$$

Die Technik des Integrierens muss durch viel Übung erlernt werden. Wir wollen uns jedoch in diesem Rahmen die übrigen Integrationsregeln schenken und an dieser Stelle auf Integraltabellen und analytische Rechenprogramme wie Mathematica® oder Maple verweisen, in denen viele den Ingenieur interessierende Integrale katalogisiert sind. Manchmal jedoch findet man nicht das, was man sucht und man fühlt sich LEIBNIZ nahe, dem folgender Ausspruch zugeschrieben wird: „Differenzieren ist ein Handwerk, Integrieren hingegen eine Kunst".

1.4.2 Berechnung der Schwerpunkte von Rotationskörpern mithilfe der 1. GULDINschen Regel

Problemstellung

Durch Drehen einer sogenannten **erzeugenden Fläche** A um die Achse y entsteht ein im Wesentlichen beliebig geformter Rotationskörper (vgl. Abb. 1.4.3). Es soll gezeigt werden, dass zwischen der x-Koordinate des Schwerpunkts besagter Fläche A, genannt x_S, und dem Volumen folgender Zusammenhang besteht: $V = 2\pi\, x_S A$ oder in Worten: Das Volumen ist gegeben durch den Weg des Schwerpunktes während der den Körper erzeugenden Rotation, multipliziert mit der erzeugenden Fläche. Dieses ist die 1. GULDINsche Regel.

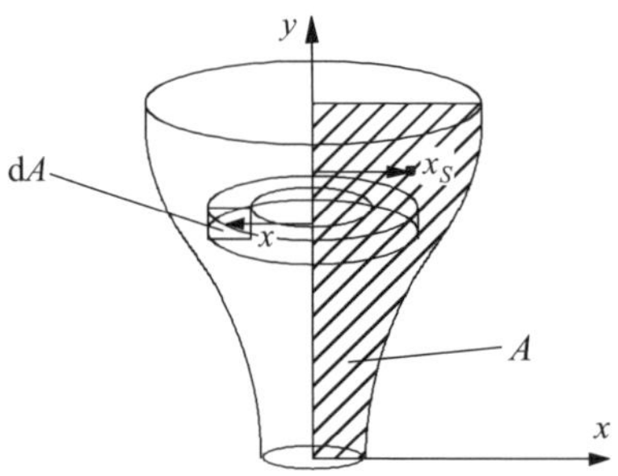

Abb. 1.4.3: Zum Volumen eines Rotationsparaboloids.

Lösung

Der Abb. 1.4.3 entnimmt man, dass für das gezeichnete elementare Ringvolumen (Umfang x Fläche) gilt:

$$\mathrm{d}V = 2\pi\, x\, \mathrm{d}A\,. \tag{1.4.28}$$

Indem man integriert, findet man das gesamte Volumen:

$$V = \int \mathrm{d}V = 2\pi \int_A x\, \mathrm{d}A\,. \tag{1.4.29}$$

Nun gilt für den Schwerpunkt einer Fläche die Formel:

$$x_S = \frac{\int_A x \,\mathrm{d}A}{\int_A \mathrm{d}A} = \frac{\int_A x \,\mathrm{d}A}{A}, \tag{1.4.30}$$

und indem man dies mit Gleichung (1.4.29) verbindet, entsteht die 1. GULDINsche Formel:

$$V = 2\pi\, x_S A\,. \tag{1.4.31}$$

Nun soll diese Gleichung auf den Fall eines Rotationsparaboloids zweiter Ordnung angewendet werden, das aus der in der ersten Zeichnung der Abb. 1.4.4 dargestellten quadratischen Parabel entsteht.

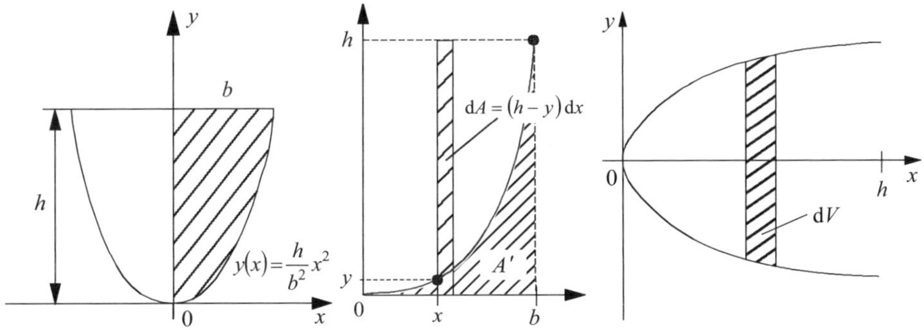

Abb. 1.4.4: Berechnungen an aus einer Parabelberandung entstandenen Rotationsflächen.

Zunächst muss eine Gleichung für die Parabel aufgestellt werden und zwar in Abhängigkeit von den zwei Parametern Breite b und der Höhe h. Dazu setzen wir allgemein eine Parabel zweiter Ordnung mit zu bestimmendem Skalierungsparameter α an:

$$y(x) = \alpha\, x^2\,. \tag{1.4.32}$$

Zu fordern ist, dass gilt:

$$y(x=b) = h = \alpha\, b^2 \tag{1.4.33}$$

und somit:

$$\alpha = \frac{h}{b^2} \quad \Rightarrow \quad y(x) = \frac{h}{b^2}\, x^2\,. \tag{1.4.34}$$

Darauf wenden wir die GULDINsche Regel nach Gleichung (1.4.31) an und berechnen in einem ersten Schritt die Fläche A als Komplementärfläche des unter der Parabel liegenden Gebiets A' (siehe zur Erläuterung die zweite Zeichnung der Abb. 1.4.4):

$$A = b\,h - A' = b\,h - \int_0^b y\,\mathrm{d}x = b\,h - \int_0^b \frac{h}{b^2}\,x^2\,\mathrm{d}x = b\,h - \frac{1}{3}\frac{h}{b^2}\,b^3 = \frac{2}{3}\,b\,h\,. \tag{1.4.35}$$

In einem zweiten Schritt wird der Ausdruck im Zähler der Schwerpunktgleichung (1.4.30) berechnet, wobei erneut von Gleichung (1.4.34) Gebrauch gemacht wird:

$$\int_A x\,\mathrm{d}A = \int_{x=0}^b x\,(h-y)\,\mathrm{d}x = h\int_{x=0}^b x\,\mathrm{d}x - \frac{h}{b^2}\int_{x=0}^b x^3\,\mathrm{d}x = \frac{1}{2}\,h\,b^2 - \frac{1}{4}\,h\,b^2 = \frac{1}{4}\,h\,b^2\,. \tag{1.4.36}$$

Mithin folgt für den Schwerpunkt:

$$x_S = \frac{\frac{1}{4} h\, b^2}{\frac{2}{3} b\, h} = \frac{3}{2}\frac{1}{4} b = \frac{3}{8} b \tag{1.4.37}$$

und nach GULDIN (Gleichung (1.4.31)) für das Rotationsvolumen:

$$V = 2\pi\, x_S A = 2\pi \frac{3}{8} \times b \frac{2}{3} b\, h = \frac{\pi}{2} b^2\, h\,. \tag{1.4.38}$$

Die GULDINsche Regel gilt für beliebige Rotationsvolumina. Zu ihrer konkreten Auswertung sind, wie wir gesehen haben, jedoch einige Integrationen notwendig. Im konkreten Fall des Rotationsparaboloids ist die folgende Alternativrechnung zur Bestimmung des Volumens günstiger. Wir drehen die erzeugende Fläche zunächst in die x-Achse hinein, so wie das in der dritten Zeichnung der Abb. 1.4.4 zu sehen ist. Dann muss man die Parabelgleichung (1.4.34) durch Vertauschen von x und y wie folgt abändern:

$$x = \frac{h}{b^2} y^2 \quad \Rightarrow \quad y^2 = \frac{b^2}{h} x\,. \tag{1.4.39}$$

Indem die gestrichelte Fläche rotiert (Kreisscheibe der Dicke dx und vom Radius y), entsteht:

$$\mathrm{d}V = \pi\, y^2\, \mathrm{d}x \tag{1.4.40}$$

und Integration zwischen den Grenzen 0 und h ergibt:

$$V = \int \mathrm{d}V = \int_{x=0}^{h} \pi\, y\, 2\, \mathrm{d}x = \pi \int_{x=0}^{h} \frac{b^2}{h} x\, \mathrm{d}x = \pi\, \frac{b^2}{h} \frac{h^2}{2} = \frac{1}{2} \pi\, b^2\, h\,, \tag{1.4.41}$$

was mit dem Ergebnis (1.4.38) identisch ist.

1.4.3 Träger unter externen Lasten I

Problemstellung

Der dargestellte abgeknickte Träger wird in den Punkten A, B und C durch Pendelstäbe bzw. durch ein einwertiges Lager gehalten und, wie gezeigt, mit Einzel- und Streckenlasten sowie einem Moment belastet. Das System ist soweit wie nötig freizuschneiden, und danach sind alle Schnittgrößen zu berechnen.

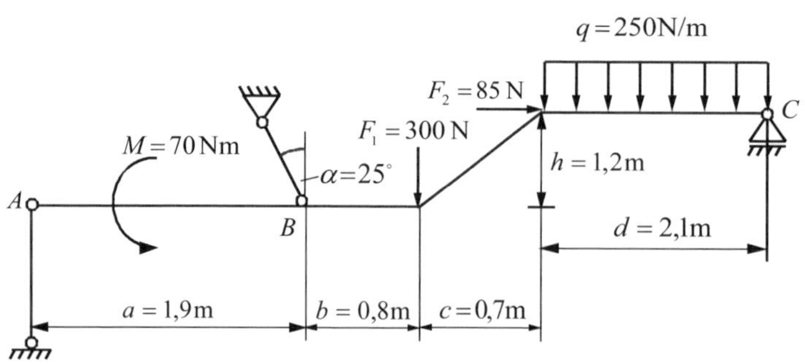

Abb. 1.4.5: Träger unter externer Last.

Lösung

Beim Freischneiden (vgl. Abb. 1.4.6) ist zu beachten, dass die Pendelstabkräfte F_A und F_B in Richtung der Pendelstabachsen anzutragen sind, denn auf den Pendelstützen selbst greift *keine* weitere Kraft an. Aus der Orientierung des im Punkt C eingezeichneten einwertigen Gleitlagers entnimmt man, dass die Lagerkraft F_C vertikal auszurichten ist. In allen Fällen wurde die Pfeilrichtung der Schnittgrößen F_A, F_B und F_C willkürlich angenommen. Die Rechnung wird erweisen, ob sie korrekt angenommen wurde oder nicht. Im letzteren Fall ergibt sich nämlich ein negatives Vorzeichen. Die Rechnung ist jedoch erst zu komplettieren, und ganz zum Schluss werden die Vorzeichen durch Umkehren der Pfeilrichtung im Freischnitt abgeändert.

Man beachte, dass im obigen Freischnitt die Gleichstreckenlast q bereits durch eine im Schwerpunkt angreifende Last F_q ersetzt wurde. Dies ist aus rechentechnischen Gründen günstig, um nicht in den Kräfte- und Momentensummen Integrale berücksichtigen zu müssen. Obwohl wir mit dem Einsetzen von Zahlenwerten aus Gründen der Übersicht warten, bis das Endresultat in Form einer nach den Unbekannten aufgelösten algebraischen Gleichung vorliegt, sei an dieser Stelle bereits notiert, dass für die Größe und die Lage der Ersatzkraft folgendes gilt:

$$F_q = qd = 250\frac{\text{N}}{\text{m}}\,2{,}1\text{ m} = 525\text{ N}\ ,\quad e = \frac{d}{2} = 1{,}05\text{ m}\,, \tag{1.4.42}$$

letzteres aufgrund der Schwerpunktslage eines Rechtecks.

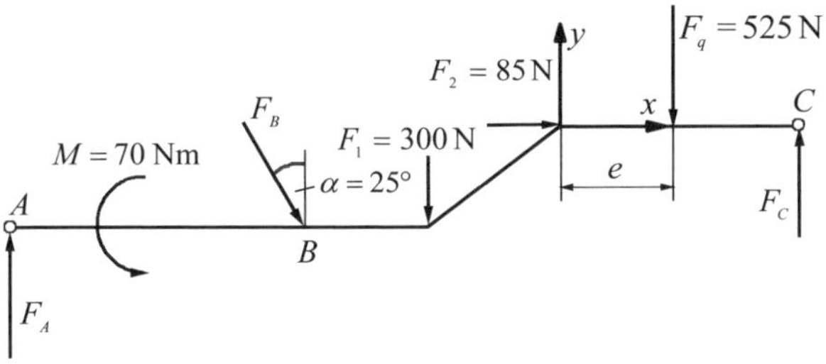

Abb. 1.4.6: Freischnitt des Trägers.

Es sei angemerkt, dass wir diese Ergebnisse mehr oder weniger intuitiv abgeleitet haben. Dies gelingt auch leicht, wenn es sich um einfache Lastverteilungen handelt. Bei komplizierteren Verteilungen $q(x)$ bleibt die Integration, die wir zur Übung und zur Überprüfung der vorstehenden Ergebnisse zusätzlich ausführen wollen. Um die Rechnung nicht unnötig zu komplizieren, setzen wir das kartesische Koordinatensystem wie gezeichnet in den Ursprung des rechten horizontalen Trägerstücks:

$$F_q = \int_0^d q(x)\,\mathrm{d}x = q\int_0^d \mathrm{d}x = qd\,, \tag{1.4.43}$$

denn die Gleichstreckenlast ist konstant und kann daher vor das Integral gezogen werden. Ferner gilt:

$$M_q = \int_0^d q(x)x\,\mathrm{d}x = q\int_0^d x\,\mathrm{d}x = \frac{qd^2}{2} = F_q\,\frac{d}{2}\,. \tag{1.4.44}$$

Also erhält man die gleiche Momentenwirkung von q um den Lastpunkt $x = 0$, wenn man die Kraft F_q im Schwerpunkt $d/2$ positioniert. Das nämlich ist die Aussage von Gleichung $(1.4.42)_2$.

Erst nach dem Freischnitt wird mit der Berechnung der Stützkräfte begonnen. Wir starten mit dem Abzählen der Unbekannten. Es gibt lediglich drei, nämlich F_A, F_B und F_C für den einen Träger, und folglich kommt man mit den drei Gleichgewichtsbedingungen der Statik aus. Mit anderen Worten: Das hier gezeigte System ist statisch bestimmt. Die Gleichgewichtsbedingungen lauten in Bezug auf das eingezeichnete kartesische Koordinatensystem:

$$\begin{aligned}
&\sum F_x = 0: F_B\sin(\alpha) + F_2 = 0\,,\\
&\sum M^{(C)} = 0:\; -F_A(a+b+c+d) + M + F_B\cos(\alpha)(b+c+d) + \\
&\qquad F_B\sin(\alpha)\,h + F_1\,(c+d) + F_q\,e = 0\,,\\
&\sum F_y = 0: F_A - F_B\cos(\alpha) - F_1 - F_q + F_C = 0\,.
\end{aligned} \tag{1.4.45}$$

Beim Aufstellen der Gleichgewichtsbedingungen wird so vorgegangen, dass das System an Unbekannten sukzessive entkoppelt. Dies geschieht aus rein rechentechnischen Gründen. Normalerweise wird man bei einem unbekannten System zuerst alle Gleichungen hinschreiben und dann nach den Regeln für das Lösen linearer Gleichungssysteme die Unbekannten ermitteln (etwa mit dem Einsetzverfahren). Hier erhält man der Reihe nach:

$$\begin{aligned}
&F_B = -\frac{F_2}{\sin(\alpha)} = -201\ \text{N}\,,\\
&F_A = \frac{M}{a+b+c+d} + F_B\,\frac{\cos(\alpha)(b+c+d) + \sin(\alpha)\,h}{a+b+c+d} + F_1\,\frac{c+d}{a+b+c+d} + \\
&F_q\,\frac{e}{a+b+c+d} = 128\ \text{N}\;,\quad F_C = -F_A + F_B\cos(\alpha) + F_1 + F_q = 515\ \text{N}\,.
\end{aligned} \tag{1.4.46}$$

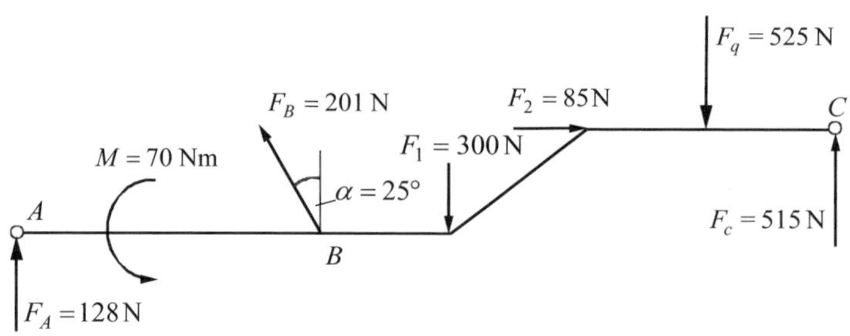

Abb. 1.4.7: Freigeschnittenes System mit korrekter Kraftwirkung.

Abschließend tragen wir alle Kräfte nach Größe und Richtung in den Freischnitt ein. Das negative Vorzeichen bei F_B ist durch Umkehr des Kraftpfeiles berücksichtigt: Abb. 1.4.7.

1.4.4 Träger unter externen Lasten II

Problemstellung

Der dargestellte abgeknickte Träger wird in den Punkten A, B und C durch Pendelstäbe gehalten und, wie in der Skizze gezeigt, mit Einzel- und Streckenlasten sowie einem Moment belastet. Das System ist so weit wie möglich freizuschneiden und die Stützkräfte zu berechnen.

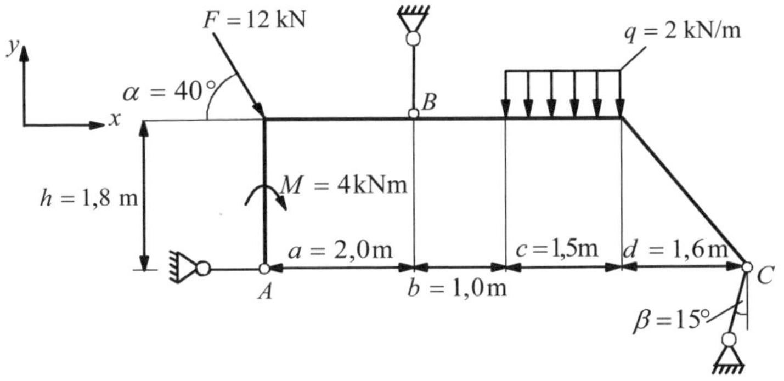

Abb. 1.4.8: Träger unter externer Last.

Lösung

Beim Freischnitt (Abb. 1.4.9) ist zu beachten, dass die Pendelstabkräfte F_A, F_B und F_C in Richtung der Pendelstabachsen anzutragen sind, denn auf den Pendelstützen selbst greift *keine* weitere Kraft an. Die Pfeilrichtung wurde dabei willkürlich angenommen. Ob sie korrekt angenommen wurde oder nicht, wird sich erst an einem positiven bzw. einem negativen Vorzeichen im Endergebnis erweisen. Man hüte sich jedoch davor, während der Rechnung, vor Bestimmung *aller* Unbekannten, irgendwelche Vorzeichen abzuändern! Ferner wurde in obigem Freischnitt die Gleichstreckenlast q bereits durch eine im Schwerpunkt angreifende Ersatzlast F_q berücksichtigt. Obwohl wir mit dem Einsetzen von Zahlenwerten aus Gründen der Übersicht warten, bis das Endresultat in Form einer nach den Unbekannten aufgelösten algebraischen Gleichung vorliegt, sei an dieser Stelle bereits notiert, dass für die Größe und die Lage der Ersatzkraft folgendes gilt:

$$F_q = q\,c = 2\,\frac{\text{kN}}{\text{m}}\,1{,}5\text{ m} = 3{,}0\text{ kN}\ ,\quad e = \frac{c}{2} = 0{,}75\text{ m}\,, \tag{1.4.47}$$

letzteres aufgrund der Lage des Schwerpunktes eines Rechtecks.

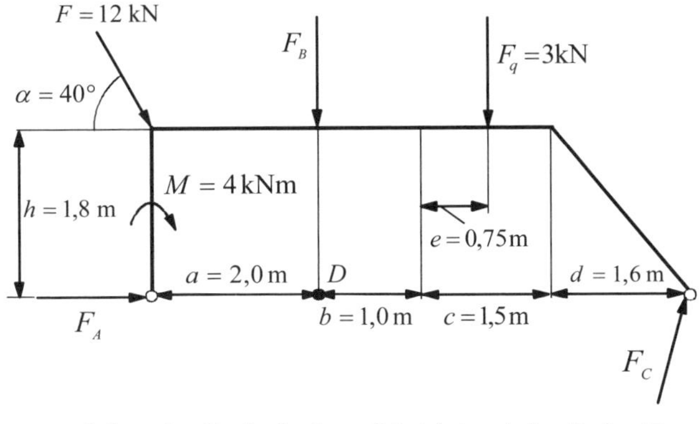

Abb. 1.4.9: Freigeschnittener Träger.

Erst *nachdem* der Freischnitt erfolgt ist, wird mit der Berechnung der Stützkräfte (oder der *Schnitt*kräfte in den Pendelstäben) begonnen. Das hier gezeigte System ist statisch bestimmt. Es gibt lediglich *drei* Unbekannte, nämlich F_A, F_B und F_C, und folglich genügt es, die drei Gleichgewichtsbedingungen der Statik auszuwerten, die in Bezug auf das eingezeichnete kartesische Koordinatensystem lauten:

$$\sum M^{(C)} = 0: \quad F_q(e+d) + F_B(b+c+d) + F\sin(\alpha)(a+b+c+d) - F\cos(\alpha)h - M = 0, \qquad (1.4.48)$$

$$\sum M^{(D)} = 0: \quad F\left[a\sin(\alpha) - h\cos(\alpha)\right] - F_q(b+e) + F_C\cos(\beta)(b+c+d) - M = 0,$$

$$\sum F_x = 0: \quad F_A + F\cos(\alpha) + F_C\sin(\beta) = 0.$$

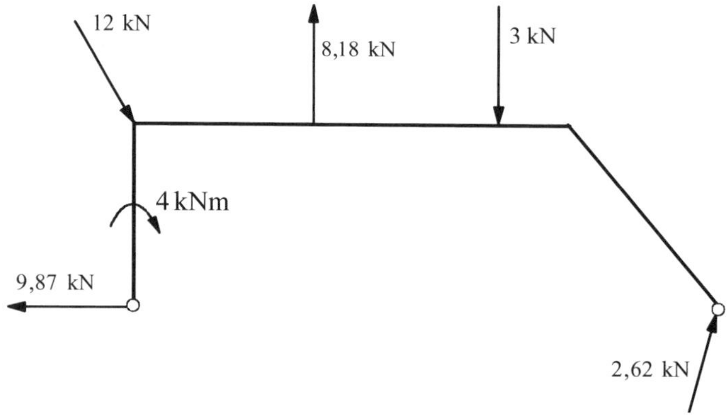

Abb. 1.4.10: Freigeschnittener Träger mit korrekter Kraftwirkung.

Man beachte, dass es hier durch Aufstellen zweier Momentenbedingungen (anstelle nur einer Momentenbedingung und der Kraftsummengleichung in y-Richtung) gelungen ist, in den beiden ersten Gleichungen nur je eine Unbekannte einzubringen. Das Problem ist damit praktisch vollständig entkoppelt, und eine Lösung ist durch einfaches Umstellen ohne Einsetzverfahren möglich. Dies muss nicht bei jedem Problem gelingen, aber aus rechenökonomischen Gründen sollte man stets danach streben, möglichst einfache Gleichungen für die Unbekannten aufzustellen. Man erhält der Reihe nach:

$$F_B = -F_q\frac{e+d}{b+c+d} - F\frac{(a+b+c+d)\sin(\alpha) - h\cos(\alpha)}{b+c+d} + \frac{M}{b+c+d} = -8{,}18\ \text{kN},$$

$$F_C = -F\frac{a\sin(\alpha) - h\cos(\alpha)}{(b+c+d)\cos(\beta)} + F_q\frac{b+e}{(b+c+d)\cos(\beta)} + \frac{M}{(b+c+d)\cos(\beta)} = 2{,}62\ \text{kN},$$

$$F_A = -F\cos(\alpha) - F_C\sin(\beta) = -9{,}87\ \text{kN}. \qquad (1.4.49)$$

Abschließend tragen wir alle Kräfte mit ihrer korrekten Richtung in den Freischnitt ein. Die negativen Vorzeichen bei F_A und F_B werden durch Umkehr des Kraftpfeiles berücksichtigt: Abb. 1.4.10.

1.4.5 Schwerpunkt eines asymmetrischen Trägerprofils

Problemstellung

Für den unten dargestellten bezüglich der Horizontalachse asymmetrischen Trägerquerschnitt sind mithilfe des Tabellenverfahrens die Koordinaten des Schwerpunktes zu berechnen (Längenmaße in mm). Um die Rechnung zu erleichtern, ist die Formel für den Schwerpunkt eines Halbkreises in Abb. 1.4.11 ebenfalls angegeben.

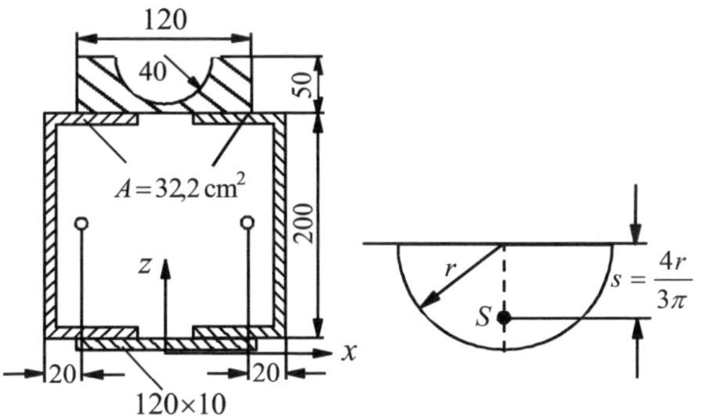

Abb. 1.4.11: Trägerprofil und Angaben zur Schwerpunktslage einer Halbkreisscheibe.

Lösung

Eine Berechnung des Schwerpunktes in horizontaler Richtung ist aufgrund der Bauteilsymmetrie unnötig, denn die Symmetrieachse ist eine Schwerachse. Bei der Schwerpunktsberechnung des Kreises beachten wir, dass:

$$s = \frac{4r}{3\pi} = 1{,}7\ \text{cm}\,. \tag{1.4.50}$$

Die Berechnung des Schwerpunktes in (vertikaler) z-Richtung erfolgt bei einem zusammengesetzten Profil am einfachsten mithilfe des **Tabellenverfahrens**. Wichtig ist noch zu erkennen, dass der nicht vorhandene Halbkreisanteil mit **negativem** Vorzeichen zu berücksichtigen ist und damit von einem vollen Rechteckprofil abgezogen wird. Alle Angaben in der folgenden Tabelle sind in Potenzen von cm zu verstehen. Division der beiden in der Tabelle hervorgehobenen Summen ergibt das gesuchte Endergebnis:

$$z_s = \frac{\sum_{i=1}^{4} z_i A_i}{\sum_{i=1}^{4} A_i} = \frac{1514\ \text{cm}^2}{111{,}3\ \text{cm}} = 13{,}6\ \text{cm}\,. \tag{1.4.51}$$

Profil	A_i	z_i	$A_i z_i$
Halbkreis	–25,1	24,3	–610,0
Aufsatz (Rechteck)	60,0	23,5	1410,0
Seiten	64,4	11,0	708,4
Untergurt	12,0	0,5	6,0
$\sum_{i=1}^{4}$	111,3		1514,0

1.4.6 Berechnung der Oberfläche eines Rotationskörpers mithilfe der 2. GULDINschen Regel

Problemstellung

Durch Drehen einer erzeugenden Linie L um die gestrichelte Rotationsachse z entsteht ein im Wesentlichen beliebig geformter Rotationskörper (vgl. Abb. 1.4.12).

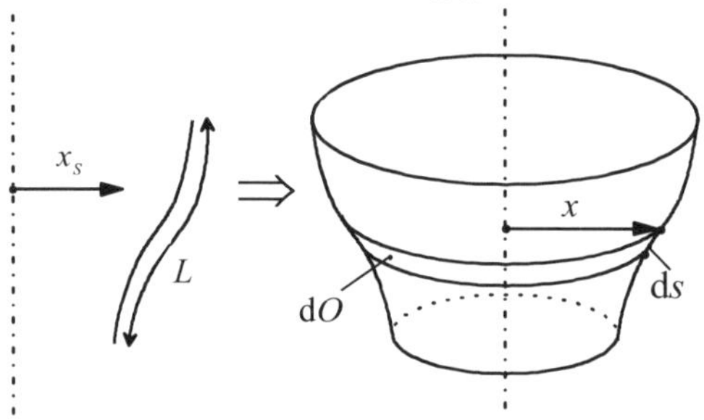

Abb. 1.4.12: Erzeugen einer Rotationskörperoberfläche aus einer Linie.

Es soll gezeigt werden, dass zwischen der x-Koordinate des Linienschwerpunkts besagter Fläche L, genannt x_S, und der Oberfläche des Hohlkörpers folgender Zusammenhang besteht: $O = 2\pi\, x_S L$, oder in Worten: Die Oberfläche ist gegeben durch den Weg des Linienschwerpunkts während der den Körper erzeugenden Rotation, multipliziert mit der erzeugenden Seitenlänge L. Dieses ist die 2. GULDINsche Regel. Weiterhin soll mithilfe der Regel die Oberfläche des in Abb. 1.4.13 dargestellten Körpers berechnet werden (Maße in mm). Dabei ist das Tabellenverfahren nutzbringend zu verwenden.

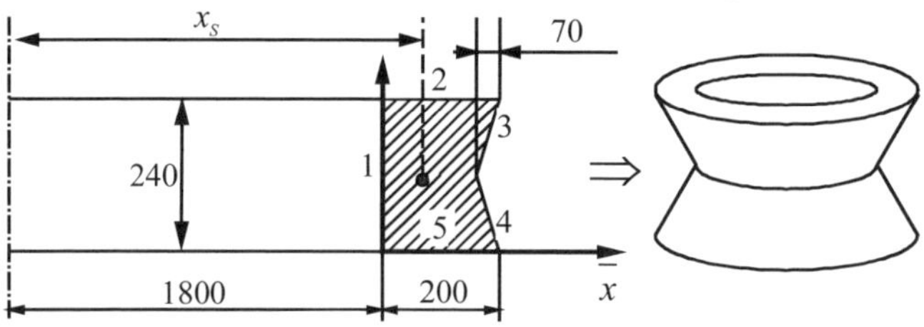

Abb. 1.4.13: Zur Anwendung der 2. GULDINschen Regel.

Lösung

Der rechten Skizze in Abb. 1.4.12 entnimmt man, dass für den gezeichneten Elementarstreifen des Ringes (Oberfläche = Umfang × Breite) gilt:

$$dO = 2\pi\, x\, ds\,. \tag{1.4.52}$$

Indem man integriert, gelingt es, die Gesamtoberfläche zu bestimmen:

$$O = \int dO = 2\pi \int_L x\, ds\,. \tag{1.4.53}$$

Nun gilt für den Linienschwerpunkt die Formel:

$$x_S = \frac{\int_L x\, ds}{\int_L ds} = \frac{\int_A x\, ds}{L}\,, \tag{1.4.54}$$

und indem man dies mit Gleichung (1.4.53) verbindet, entsteht:

$$O = 2\pi\, x_S L\,. \tag{1.4.55}$$

Diese Gleichung soll nun auf den Fall der Oberfläche des dargestellten Hohlkörpers aus Abb. 1.4.13 angewendet werden. Da dieser eine innere und eine äußere Oberfläche hat, ist bei der Auswertung der 2. GULDINschen Regel zu beachten, dass:

$$x_S = 180\text{ cm} + \frac{\sum_{i=1}^{5} \bar{x}_i l_i}{\sum_{i=1}^{5} l_i} = 180\text{ cm} + \bar{x}_S\,. \tag{1.4.56}$$

Die mit einem Querstrich versehenen Anteile berechnen wir am einfachsten per Tabellenmethode, wobei die Bedeutung der Geradenstücke 1-5 der Abb. 1.4.13 zu entnehmen sind:

Linie	l_i	$\bar{x}_i$	$\bar{x}_i l_i$
1	24,0	0,0	0
2	20,0	10,0	200
3	13,9	16,5	229
4	13,9	16,5	229
5	20,0	10,0	200
$\sum_{i=1}^{5}$	91,8		858

In der Tabelle sind alle Einheiten in Potenzen von cm angegeben, und es wurde von beiden folgenden Längen Gebrauch gemacht:

$$l_3 = l_4 = \left(\sqrt{12^2 + 7^2}\right)\text{cm} = 13{,}9\text{ cm}\,. \tag{1.4.57}$$

Mithin folgt aus der Gleichung (1.4.55):

$$x_s = 180\text{ cm} + \left(\frac{858}{91{,}8}\right)\text{cm} \approx (180 + 9{,}3)\,\text{cm} = 189{,}3\text{ cm}\,. \tag{1.4.58}$$

woraus per GULDINscher Regel (1.4.54) entsteht:

$$O = 2\pi \cdot 189\text{ cm} \cdot 91{,}8\text{ cm} = 109000\text{ cm}^2 = 10{,}9\text{ m}^2\,, \tag{1.4.59}$$

eine Information, die man beispielsweise zur Berechnung der zum Anstreichen des Körpers notwendigen Farbmenge verwenden könnte.

1.4.7 Lagerreaktionen am Balken unter Streckenlast

Problemstellung

Für den mit einer trapezförmigen Streckenlast beaufschlagten Balken sind alle Auflagerreaktionen zu ermitteln. Dabei sind q_A, q_B, l wie in der Abb. 1.4.14 angedeutet vorgegeben.

Statik

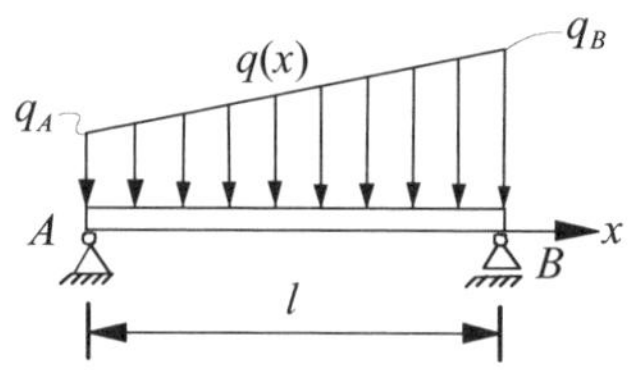

Abb. 1.4.14: Balken unter Streckenlast.

Lösung

In einem ersten Schritt wird freigeschnitten. Danach wird die trapezförmige Streckenlast im Schwerpunkt x_S zu einer äquivalenten Last Q zusammengefasst.

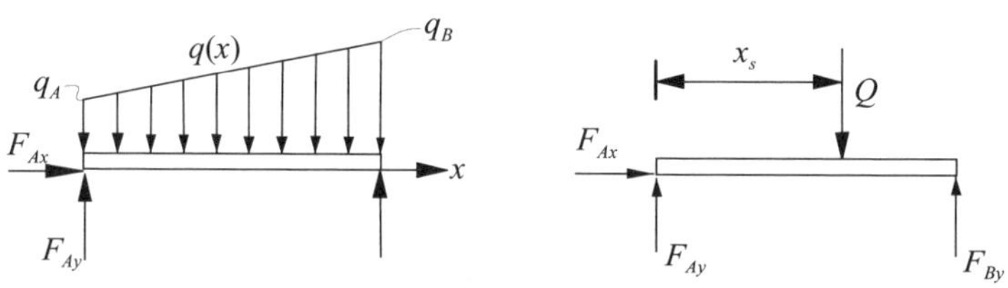

Abb. 1.4.15: Freischnitt und Zusammenfassen der Streckenlast zur äquivalenten Punktlast.

Wir ermitteln nun die Lage des Schwerpunktes und die Stärke der äquivalenten Kraft. Dazu benötigen wir jedoch einen expliziten mathematischen Ausdruck für die Lastverteilung $q(x)$. Da es sich um eine lineare Funktion handelt, wählen wir folgenden Ansatz:

$$q(x) = Ax + B \tag{1.4.60}$$

und bestimmen die beiden Konstanten A und B aus Randbedingungen wie folgt:

$$q(x=0) = q_A \quad \Rightarrow \quad q_A = A \cdot 0 + B \quad \Rightarrow \quad q_A = B\,, \tag{1.4.61}$$

$$q(x=l) = q_B \quad \Rightarrow \quad q_B = A \cdot l + q_A \quad \Rightarrow \quad A = \frac{q_B - q_A}{l}\,.$$

Mithin folgt:

$$q(x) = (q_B - q_A)\frac{x}{l} + q_A\,, \tag{1.4.62}$$

und es gelingt als Nächstes die Schwerpunktslage bzw. die Stärke der äquivalenten Kraft durch Integration zu ermitteln wie folgt:

$$Q = \int_{x=0}^{x=l} q(x)\mathrm{d}x = \int_{x=0}^{x=l} \left[(q_B - q_A)\frac{x}{l} + q_A\right]\mathrm{d}x = (q_B - q_A)\frac{x^2}{2l}\bigg|_{x=0}^{x=l} + q_A x\Big|_{x=0}^{x=l} = \tag{1.4.63}$$

$$(q_B - q_A)\frac{l}{2} + q_A l = (q_B + q_A)\frac{l}{2}$$

und:

$$x_S = \frac{1}{Q}\int_{x=0}^{x=l} q(x)x\mathrm{d}x = \frac{1}{Q}\int_{x=0}^{x=l}\left[(q_B - q_A)\frac{x^2}{l} + q_A x\right]\mathrm{d}x = \frac{1}{Q}\left[(q_B - q_A)\frac{x^3}{3l}\bigg|_{x=0}^{x=l} + \right. \tag{1.4.64}$$

$$q_A \frac{x^2}{2}\bigg|_{x=0}^{x=l} \Bigg] = \frac{1}{Q}\left[(q_B - q_A)\frac{l^2}{3} + q_A\frac{l^2}{2}\right] = \frac{1}{Q}(2q_B + q_A)\frac{l^2}{6} = \frac{2q_B + q_A}{q_B + q_A}\frac{l}{3}.$$

Um die Auflagerkräfte am in Abb. 1.4.15 rechts gezeigten Freischnitt zu ermitteln, werden die Gleichgewichtsbedingungen benutzt:

$$\sum F_x = 0 : F_{Ax} = 0, \sum F_y = 0 : F_{Ay} - Q + F_{By} = 0 \Rightarrow F_{Ay} + F_{By} = (q_B + q_A)\frac{l}{2}, \quad (1.4.65)$$

$$\sum M^{(A)} = 0 : \quad -Qx_S + F_{By}l = 0 .$$

Aus der letzten Gleichung folgt:

$$F_{By} = Q\frac{x_S}{l} = (q_B + q_A)\frac{l}{2}\frac{2q_B + q_A}{q_B + q_A}\frac{1}{3} = (2q_B + q_A)\frac{l}{6} \quad (1.4.66)$$

und somit durch Einsetzen in Gleichung (1.4.65)$_2$:

$$F_{Ay} = (q_B + q_A)\frac{l}{2} - (2q_B + q_A)\frac{l}{6} = (q_B + 2q_A)\frac{l}{6}. \quad (1.4.67)$$

1.4.8 Tragwerk unter Dreieckslast

Problemstellung

Für den mit einer Pendelstütze und zwei Loslagern unter einer Dreiecksstreckenlast stehenden Träger sind die Auflagerreaktionen sowie die in der Pendelstütze herrschende Kraft zu ermitteln. Dabei sind die folgenden Größen gegeben: a, α, l, q_0.

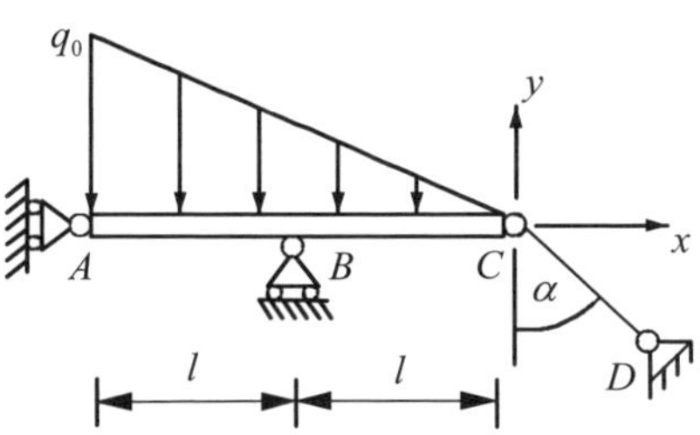

Abb. 1.4.16: Tragwerk unter Dreieckslast.

Lösung

In einem ersten Schritt wird freigeschnitten: Abb. 1.4.17. Man beachte, dass die Pendelstütze nur in Achsenrichtung eine Kraft aufnehmen kann. Die Lager sind einwertig und tragen nur mit einer Kraftkomponente bei. Es resultieren drei Unbekannte: F_{Ax}, F_{By} und F_C. Die Stabkraft wurde außerdem als Zugkraft angenommen. Die Rechnung wird zeigen, ob dies stimmt. Ferner wird die dreiecksförmige Streckenlast im Schwerpunkt x_S zu einer äquivalenten Last Q zusammengefasst.

Wir ermitteln nun die Lage des Schwerpunktes und die Stärke der äquivalenten Kraft. Die Kraftstärke ergibt sich unmittelbar durch Ermittlung der Dreiecksfläche:

$$Q = \frac{1}{2}q_0 \cdot 2l = q_0 l . \quad (1.4.68)$$

Für den Schwerpunkt eines Dreiecks ist aus dem Lehrbuch bekannt, dass gilt:

$$x_s = \frac{1}{3} \cdot 2l = \frac{2}{3} l . \tag{1.4.69}$$

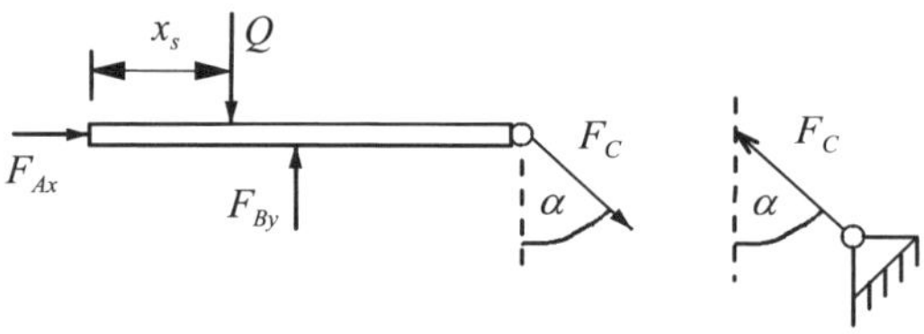

Abb. 1.4.17: Freischnitt mit aufgeprägte Ersatzlast.

Mit dem in Abb. 1.4.17 dargestellten Freischnitt lassen sich nun die Gleichgewichtsbedingungen formulieren:

$$\sum F_x = 0 : F_{Ax} + F_C \sin(\alpha) = 0 \ , \ \sum F_y = 0 : -Q + F_{By} - F_C \cos(\alpha) = 0 , \tag{1.4.70}$$

$$\sum M^{(A)} = 0 : -Q x_S + F_{By} l - F_C \cos(\alpha) 2l = 0 .$$

Durch sukzessives Auflösen und Einsetzen erhalten wir für die drei unbekannten Lager- und Stabkräfte F_{Ax}, F_{By} und F_C:

$$F_C = \frac{1}{\cos(\alpha)} \left(1 - \frac{x_S}{l} \right) Q = \frac{1}{3\cos(\alpha)} q_0 l \ , \ F_{By} = q_0 l + \tfrac{1}{3} q_0 l = \tfrac{4}{3} q_0 l , \tag{1.4.71}$$

$$F_{Ax} = -\frac{\tan(\alpha)}{3} q_0 l .$$

Offenbar steht die Pendelstütze tatsächlich unter Zug, denn es ist ein positiver Wert herausgekommen.

1.4.9 GERBER-Träger unter Punkt- und Gleichstreckenlast

Problemstellung

Betrachte den dargestellten GERBER-Träger (= zwei über ein Gelenk verbundene Teilträger) unter externen Lasten. Gefordert ist, dass die zulässigen Lagerkräfte (betragsmäßig) für alle Lager gleich groß sind. An welcher Stelle a muss dann das Gelenk positioniert werden? Setze bei der Rechnung $F = \frac{3}{2} q_0 l$.

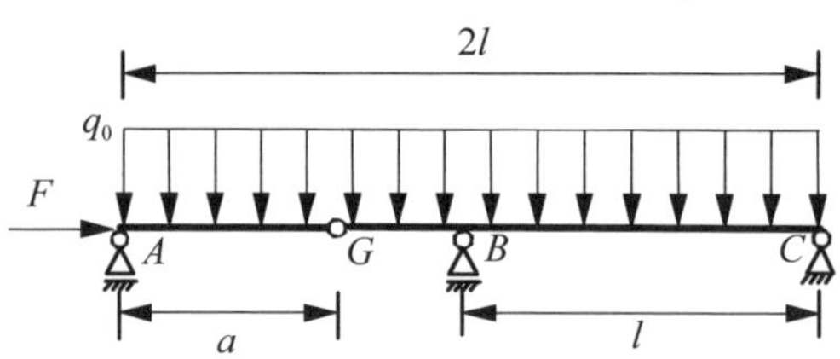

Abb. 1.4.18: GERBER-Träger unter Punkt- und Gleichstreckenlast.

Lösung

Im Sinne des in der Abb. 1.4.19 gezeigten Freischnittes (das Gelenk trägt mit zwei Freischnittkräften F_{Gx} und F_{Gy} bei, die zwei Los- und das Festlager liefern jeweils die unbekannten Schnittkräfte F_{Ay}, F_{By} und F_{Cx}, F_{Cy}) ersetzen wir über beiden Trägern die jeweilige Gleichstreckenlast durch im Schwerpunkt angebrachte Punktlasten Q_I und Q_II. Die Stärke der Punktlasten entspricht den jeweiligen Rechteckflächen, deren Schwerpunkt sich jeweils in ihrer Mitte befindet. Also gilt:

$$Q_\mathrm{I} = q_0 a \ , \ Q_\mathrm{II} = q_0(2l-a), \ x_{S_\mathrm{I}} = \frac{a}{2} \ , \ x_{S_\mathrm{II}} = a + \frac{2l-a}{2} . \tag{1.4.72}$$

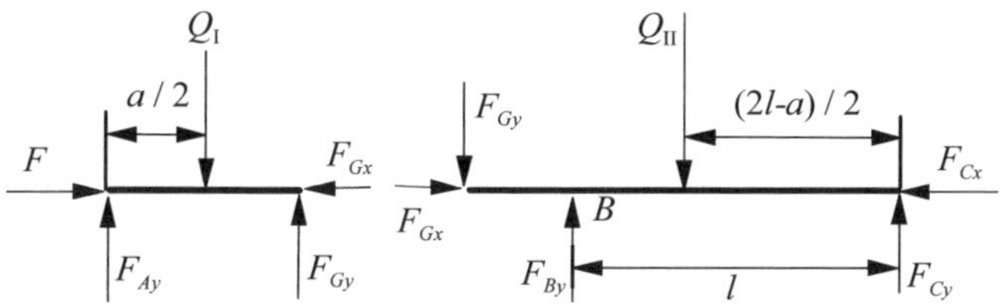

Abb. 1.4.19: Freischnitt.

Man beachte, dass es sich insgesamt um sechs Unbekannte handelt. Für jedes der beiden freigeschnittenen Teilsysteme können wir drei Gleichgewichtsbedingungen aufschreiben, so dass sich insgesamt herausstellt, dass es sich um ein statisch bestimmtes Problem handelt. Für den Teilträger I ergibt sich:

$$\begin{gathered}\sum F_x = 0 : F - F_{Gx} = 0 \quad \Rightarrow \quad F_{Gx} = F \ , \\ \sum M^{(A)} = 0 : - Q_\mathrm{I}\frac{a}{2} + F_{Gy} a = 0 \quad \Rightarrow \quad F_{Gy} = \frac{Q_\mathrm{I}}{2} = \frac{q_0 a}{2} , \\ \sum F_y = 0 : F_{Ay} - Q_\mathrm{I} + F_{Gy} = 0 \quad \Rightarrow \quad F_{Ay} = Q_\mathrm{I} - F_{Gy} = \frac{q_0 a}{2} .\end{gathered} \tag{1.4.73}$$

In analoger Weise ergibt sich für den Teilträger II:

$$\begin{gathered}\sum F_x = 0 : F_{Gx} - F_{Cx} = 0 \quad \Rightarrow \quad F_{Cx} = F_{Gx} = F \ , \\ \sum F_y = 0 : - F_{Gy} + F_{By} - Q_\mathrm{II} + F_{Cy} = 0 , \\ \sum M^{(G)} = 0 : F_{By}(l-a) - Q_\mathrm{II}\frac{2l-a}{2} + F_{Cy}(2l-a) = 0 .\end{gathered} \tag{1.4.74}$$

Es ergibt sich durch Einsetzen der Ergebnisse für F_{Gy} und Q_II aus Gleichung $(1.4.73)_2$ und (1.4.72) in $(1.4.74)_2$:

$$F_{By} + F_{Cy} = q_0\left(2l - \frac{a}{2}\right) . \tag{1.4.75}$$

Ähnlich entsteht aus Gleichung $(1.4.74)_3$:

$$F_{By} + F_{Cy}\frac{2l-a}{l-a} = q_0 \frac{(2l-a)^2}{2(l-a)} . \tag{1.4.76}$$

Gegenseitiges Einsetzen der beiden letzten Gleichungen führt auf:

$$F_{By} = q_0(2l-a) \ , \ F_{Cy} = \frac{1}{2} q_0 a . \tag{1.4.77}$$

Es ist nunmehr möglich, die Beträge der drei Lagerkräfte zu berechnen, wie folgt:

$$F_A = F_{Ay} = \frac{1}{2} q_0 a = \alpha\xi \ , \ F_B = F_{By} = q_0(2l-a) = 2\alpha(2-\xi), \tag{1.4.78}$$

$$F_C = \sqrt{F_{Cx}^2 + F_{Cy}^2} = \frac{1}{2} q_0 l \sqrt{9 + \left(\frac{a}{l}\right)^2} = \alpha \sqrt{9 + \xi^2} \, .$$

Dabei wurden zwei Kenngrößen definiert, nämlich:

$$\alpha = \frac{1}{2} q_0 l \, , \quad 0 < \xi = \frac{a}{l} < 1 \, . \tag{1.4.79}$$

Damit lässt sich das in Abb. 1.4.20 gezeichnete Schaubild erstellen, in dem der Verlauf dreier Funktionen zu sehen ist:

$$y_1 = \xi \, , \quad y_2 = 2(2 - \xi) \, , \quad y_3 = \sqrt{9 + \xi^2} \, . \tag{1.4.80}$$

Wie im Vergleich mit der Lösung aus Gleichung (1.4.77) ersichtlich, spiegeln diese drei Funktionen gerade das Verhalten der Lagerkräfte bei Variation der Position der Lage des Gelenkes wider (Parameter a!).

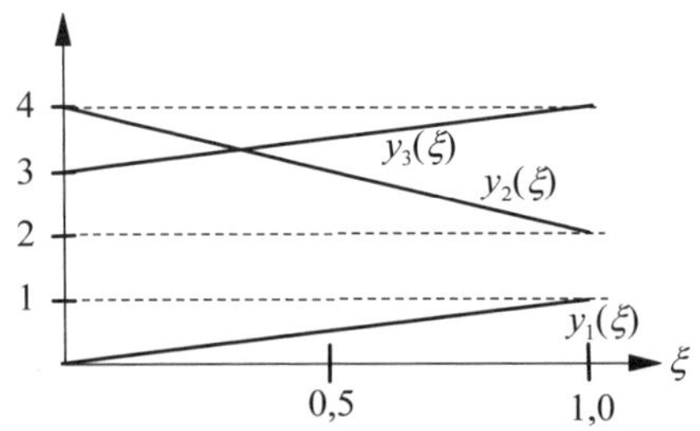

Abb. 1.4.20: Verhalten der (normierten) Lagerkräfte als Funktion des (normierten) Gelenkabstandes a.

Wir suchen ein $a \neq 0$, so dass kein Versagen in den Lagern auftritt. Im Schnittpunkt von y_2 mit y_3 ist gewährleistet, dass die Lager B und C gleich belastet werden, Lager A deutlich weniger belastet ist und außerdem $a \neq 0$ gilt. Für den Schnittpunkt finden wir, dass:

$$4\left(4 - 4\xi + \xi^2\right) = 9 + \xi^2 \quad \Rightarrow \quad \xi_{1,2} = \tfrac{8}{3} \pm \sqrt{\tfrac{64}{9} - \tfrac{21}{9}} = \tfrac{1}{3}\left(8 \pm \sqrt{43}\right). \tag{1.4.81}$$

Aus physikalischen Gründen erhält man somit für den gesuchten Gelenkabstand:

$$a = \frac{l}{3}\left(8 - \sqrt{43}\right). \tag{1.4.82}$$

1.4.10 Flächenmittelpunkt

Problemstellung

Das Tabellenverfahren soll verwendet werden, um die Koordinaten des Flächenmittelpunktes x_F, y_F für die beiden skizzierten Querschnitte zu ermitteln.

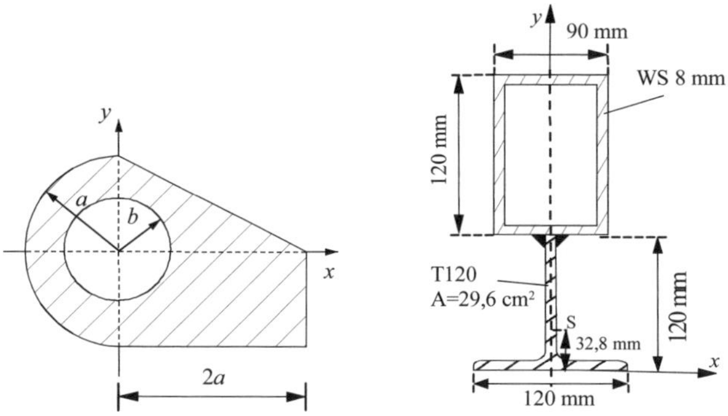

Abb. 1.4.21: Zwei Trägerprofile.

Lösung

Bei der Lösung wird die Additivitätseigenschaft von Integralen verwendet. Anstelle eines Integrals über die Gesamtfläche A entstehen so Integrale über die Einzelflächen A_i, welche zusammengenommen die Gesamtfläche ergeben. Dabei ist die ursprüngliche Fläche A geschickt in solche Einzelflächen A_i zu zerlegen, deren Eigenzentren $x_{F,i}$, $y_{F,i}$ bereits bekannt sind. Wir schreiben gemäß den Ergebnissen des Lehrbuches für die beiden Flächenmittelpunktskoordinaten:

$$x_F = \frac{\iint\limits_A x\,\mathrm{d}A}{\iint\limits_A \mathrm{d}A} = \frac{\sum\limits_{i=1}^{N} x_{F,i} A_i}{\sum\limits_{i=1}^{N} A_i}\,, \quad y_F = \frac{\iint\limits_A y\,\mathrm{d}A}{\iint\limits_A \mathrm{d}A} = \frac{\sum\limits_{i=1}^{N} y_{F,i} A_i}{\sum\limits_{i=1}^{N} A_i}\,. \tag{1.4.83}$$

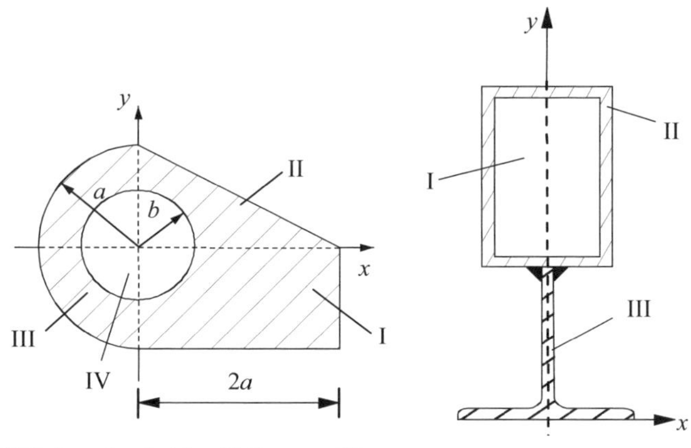

Abb. 1.4.22: Teilflächen der beiden Trägerprofile.

Für die beiden Profile sind die Teilflächen in Abb. 1.4.22 identifiziert. Die verbliebenen Produkte und Summen werden der Übersicht halber in einer Tabelle ausgewertet. Für das erste Profil wählen wir als Basis das im Zentrum der kreisförmigen Aussparung IV liegende Koordinatensystem. Im Übrigen gibt es noch wie in Abb. 1.4.22 angedeutet ein volles Rechtecksprofil I, ein volles Dreiecksprofil II sowie ein volles Halbkreisprofil III. Dann lautet die Tabelle:

Teilfläche	A_i	$x_{F,i}$	$y_{F,i}$	$x_{F,i}A_i$	$y_{F,i}A_i$
I	$2a^2$	a	$-\frac{1}{2}a$	$2a^3$	$-a^3$
II	a^2	$\frac{2}{3}a$	$\frac{1}{3}a$	$\frac{2}{3}a^3$	$\frac{1}{3}a^3$
III	$\frac{\pi}{2}a^2$	$-\frac{4}{3\pi}a$	0	$-\frac{2}{3}a^3$	0
IV	$-\pi b^2$	0	0	0	0
$\sum_{i=1}^{4}$	$\left(3+\frac{\pi}{2}\right)a^2-\pi b$			$2a^3$	$-\frac{2}{3}a^3$

Hierbei ist zu beachten, dass bei Teilkörper IV die Fläche A mit negativem Vorzeichen versehen ist. Aus Gleichung (1.4.83) ergibt sich somit:

$$x_F = \frac{2a^3}{\left(3+\frac{\pi}{2}\right)a^2-\pi b^2}\,,\quad y_F = -\frac{2}{3}\cdot\frac{a^3}{\left(3+\frac{\pi}{2}\right)a^2-\pi b^2}\,. \tag{1.4.84}$$

Nun zum zweiten Profil. Hier lässt sich der Querschnitt in drei Teile zerlegen, nämlich ein inneres (ausgespartes) Rechteck I $(104\text{ mm}\times 74\text{ mm})$, dessen Fläche mit negativem Vorzeichen zu versehen ist, ein äußeres Rechteck $(120\text{ mm}\times 90\text{ mm})$ sowie ein Walzprofil T120. Die Tabelle für den Fall, dass wir das Koordinatensystem in die Symmetrieachse legen und mit der Unterkante des Trägers zusammenfallen lassen (alle Einheiten sind in Vielfachen von cm angegeben, um die Zahlen in vernünftigen Größenordnungen zu halten) ist unten zu sehen.

Aus Gleichung (1.4.83) ergibt sich:

$$x_F = 0 \quad\text{und}\quad y_F = \frac{655{,}8\text{ cm}^3}{60{,}64\text{ cm}} = 10{,}8\text{ cm}\,. \tag{1.4.85}$$

Teilfläche	$y_{F,i}$	A_i	$y_{F,i}A_i$
I	18,00	$-76{,}96$	$-1385{,}3$
II	18,00	108,00	1944,0
III	3,28	29,60	97,1
$\sum_{i=1}^{3}$		60,64	655,8

1.4.11 Inhomogene Kreisscheibe mit Aussparung

Problemstellung

Für die dargestellte Kreisscheibe, die in der oberen Hälfte eine kreisförmige Aussparung besitzt, soll unter Verwendung des Tabellenverfahrens das Verhältnis der Massendichten ρ_i derart bestimmt werden, dass der Schwerpunkt im Ursprung des angegebenen Koordinatensystems liegt. Der Mittelpunkt der Aussparung befindet sich im Abstand $R/2$ vom Koordinatenursprung. Man beachte bei der Rechnung, dass der Schwerpunkt einer Halbkreisfläche von ihrer Grundlinie aus gesehen bei $y_S = \frac{4}{3\pi}R$ liegt, wobei R den Radius bezeichnet. Ferner seien R und r gegeben.

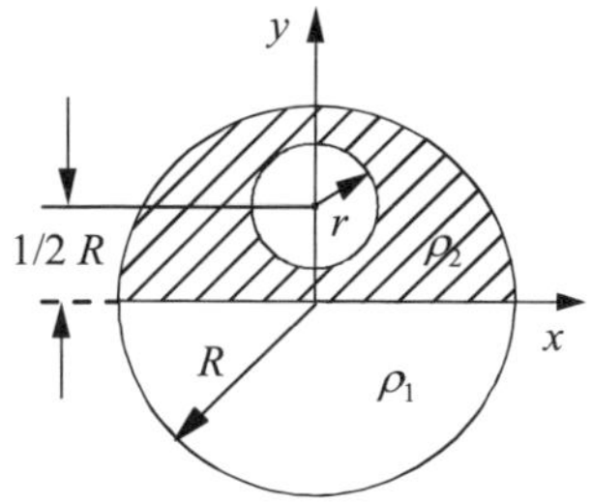

Abb. 1.4.23: Inhomogene Kreisscheibe mit Aussparung.

Lösung

Es sei daran erinnert, dass man den Schwerpunkt (x_S, y_S) einer heterogenen Scheibe mit positionsabhängiger Massendichte $\rho(x, y)$ aus den Flächenmittelpunkten ($x_{F,i}$, $y_{F,i}$) ihrer homogen Unterflächen (mit jeweils konstanter Massendichten ρ_i) wie folgt berechnen kann:

$$x_S = \frac{\iint\limits_A \rho(x,y) x \, \mathrm{d}A}{\iint\limits_A \rho(x,y) \, \mathrm{d}A} = \frac{\sum\limits_{i=1}^{N} \rho_i A_i x_{F,i}}{\sum\limits_{i=1}^{N} \rho_i A_i} \,, \quad y_S = \frac{\iint\limits_A \rho(x,y) y \, \mathrm{d}A}{\iint\limits_A \rho(x,y) \, \mathrm{d}A} = \frac{\sum\limits_{i=1}^{N} \rho_i A_i y_{F,i}}{\sum\limits_{i=1}^{N} \rho_i A_i} \,. \tag{1.4.86}$$

Aufgrund der Symmetrie des gewählten Koordinatensystems (vgl. Abb. 1.4.23) ist die erste dieser beiden Gleichungen identisch erfüllt, denn es gilt:

$$x_{F,i} = 0 \quad \Rightarrow \quad x_S \equiv 0 \,. \tag{1.4.87}$$

Für die Vertikalrichtung ist das jedoch nicht so. Hier müssen wir schreiben:

$$y_S = \frac{\sum\limits_{i=1}^{3} \rho_i A_i y_{F,i}}{\sum\limits_{i=1}^{3} \rho_i A_i} = 0 \quad \Rightarrow \quad \sum_{i=1}^{3} \rho_i A_i y_{F,i} = 0 \quad \text{mit} \quad y_{F,i} \neq 0 \,. \tag{1.4.88}$$

Die auftretenden Größen werden in der Tabelle ermittelt. Die kreisförmige Aussparung geht dabei mit einer negativen Fläche ein:

	$y_{F,i}$	ρ_i	A_i	$y_{F,i}\rho_i A_i$
1	$-\frac{4}{3\pi}R$	ρ_1	$\frac{\pi}{2}R^2$	$-\frac{2}{3}\rho_1 R^3$
2	$\frac{4}{3\pi}R$	ρ_2	$\frac{\pi}{2}R^2$	$\frac{2}{3}\rho_2 R^3$
3	$\frac{1}{2}R$	ρ_2	$-\pi r^2$	$-\frac{1}{2}\rho_2 \pi R r^2$
$\sum\limits_{i=1}^{3}$			$\pi\left(R^2 - r^2\right)$	q

Aus der Gleichung (1.4.87) resultiert somit:

$$q = 0 = -\tfrac{2}{3}\rho_1 R^3 + \tfrac{2}{3}\rho_2 R^3 - \left(\tfrac{1}{2}\rho_2 \pi R r^2\right) \tag{1.4.89}$$

und für das gesuchte Dichteverhältnis ergibt sich nach algebraischer Umstellung hieraus:

$$\frac{\rho_1}{\rho_2} = 1 - \tfrac{3\pi}{4}\frac{r^2}{R^2}. \tag{1.4.90}$$

1.4.12 Halbkreisscheibe mit rechteckiger Aussparung

Problemstellung

Aus einer halbkreisförmigen Scheibe (Dicke t, Dichte ρ) wurde ein rechteckiges Stück entfernt. Bei gegebenem r und a bestimme man den Abstand b mithilfe des Tabellenverfahrens so, dass der Schwerpunkt S die eingezeichnete Lage annimmt. Dabei sind r und $a = \tfrac{9\pi^2}{64} r$ gegeben.

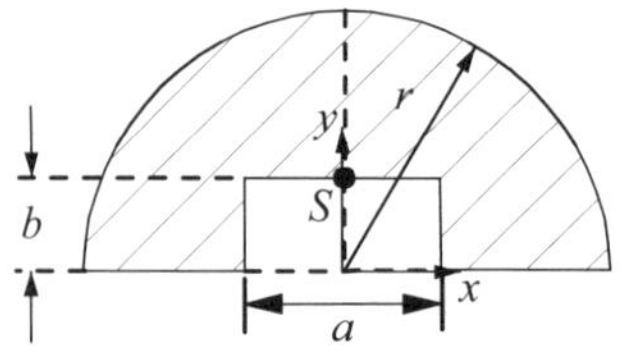

Abb. 1.4.24: Halbkreisscheibe mit rechteckiger Aussparung.

Lösung

Es sei eingangs daran erinnert, dass man den geometrischen Mittelpunkt (x_F, y_F) einer heterogenen Scheibe aus den Flächenmittelpunkten ($x_{F,i}, y_{F,i}$) ihrer homogen Unterflächen A_i wie folgt berechnen kann:

$$x_F = \frac{\iint_A x \,\mathrm{d}A}{\iint_A \mathrm{d}A} = \frac{\sum_{i=1}^{N} A_i x_{F,i}}{\sum_{i=1}^{N} A_i}, \quad y_F = \frac{\iint_A y \,\mathrm{d}A}{\iint_A \mathrm{d}A} = \frac{\sum_{i=1}^{N} A_i y_{F,i}}{\sum_{i=1}^{N} A_i}. \tag{1.4.91}$$

Aufgrund der Symmetrie der hier vorliegenden Scheibe und der Wahl des Koordinatensystems (vgl. Abb. 1.4.24), ist festzustellen, dass:

$$x_{F,i} = 0 \quad \Rightarrow \quad x_F = 0. \tag{1.4.92}$$

	$y_{F,i}$	A_i	$y_{F,i}A_i$
Rechteck	$\tfrac{1}{2}b$	$-ba = -\tfrac{9\pi^2}{64} rb$	$-\tfrac{1}{2}b^2 a = -\tfrac{9\pi^2}{64} rb^2$
Halbkreis	$\tfrac{4}{3\pi} r$	$\tfrac{1}{2}\pi r^2$	$\tfrac{2}{3} r^3$
$\sum_{i=1}^{2}$		α	β

Für die Vertikalrichtung ist die Situation etwas komplexer. Hier bedient man sich am besten des Tabellenverfahrens (siehe oben). Als Unterflächen sind eine rechteckförmige Aussparung (mit negativer Fläche) und geometrischem Zentrum im Diagonalschnittpunkt so sowie ein Halbkreis mit Mittelpunkt bei $y_F = 4r/(3\pi)$ zu nennen. Damit folgt aus Gleichung $(1.4.91)_2$:

sowie ein Halbkreis mit Mittelpunkt bei $y_F = 4r/(3\pi)$ zu nennen. Damit folgt aus Gleichung (1.4.91)₂:

$$y_F = \frac{\beta}{\alpha} = \frac{\sum_{i=1}^{2} A_i y_{F,i}}{\sum_{i=1}^{2} A_i} = \frac{\frac{2}{3}r^3 - \frac{1}{2}b^2 a}{\frac{\pi}{2}r^2 - ba}. \tag{1.4.93}$$

Nach Aufgabenstellung soll $y_S = b$ sein. Also folgt:

$$b = \frac{\frac{2}{3}r^3 - \frac{1}{2}b^2 a}{\frac{\pi}{2}r^2 - ba}. \tag{1.4.94}$$

Dieses Ergebnis führt auf eine quadratische Gleichung:

$$b^2 - \frac{\pi r^2}{a} b + \frac{4}{3}\frac{r^3}{a} = 0. \tag{1.4.95}$$

Ihre Lösung lautet:

$$b_{1,2} = \frac{\pi}{2}\frac{r^2}{a} \pm \sqrt{\left(\frac{\pi}{2}\frac{r^2}{a}\right)^2 - \frac{4}{3}\frac{r^3}{a}}. \tag{1.4.96}$$

Indem wir a explizit einsetzen, folgt:

$$b_1 = \frac{48}{9\pi} r \approx 1{,}7r \ , \quad b_2 = \frac{16}{9\pi} r \approx 0{,}56r. \tag{1.4.97}$$

Aus physikalischen Gründen ist nur die Lösung b_2 zu wählen, da $b_1 > r$.

1.5 Lager-, Trag- und Fachwerke

1.5.1 Stabkräfte in einem Baukran

Problemstellung

Für den gezeigten Baukran sollen die Auflagerreaktionen und die Stabkräfte S_1, S_2 und S_3 möglichst „schnell" ermittelt werden.

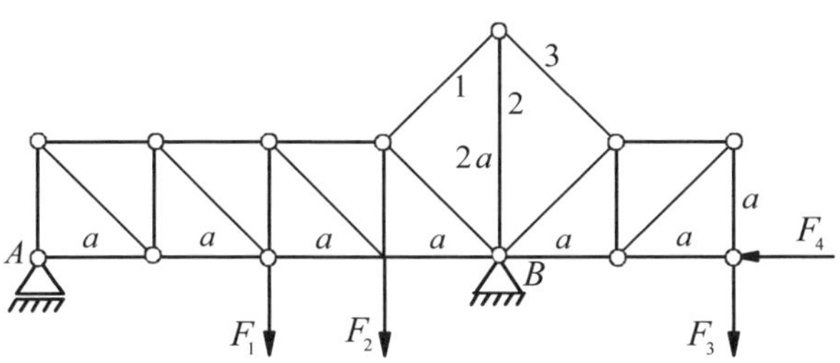

Abb. 1.5.1: Als Stabwerk idealisierter Baukran.

Lösung

Die Lösung erfolgt in zwei Schritten. Zunächst betrachten wir das System als Ganzes und bestimmen die Auflagerkräfte F_{Ay}, F_{Bx}, F_{By} aus den bekannten aufgeprägten Kräften F_1,

F_2, F_3, F_4 durch Auswertung der drei Gleichgewichtsbedingungen (vgl. Abb. 1.5.2). Danach wird die Kraft S_1 aus dem in Abb. 1.5.3 (links) gezeigten Schnitt ermittelt.

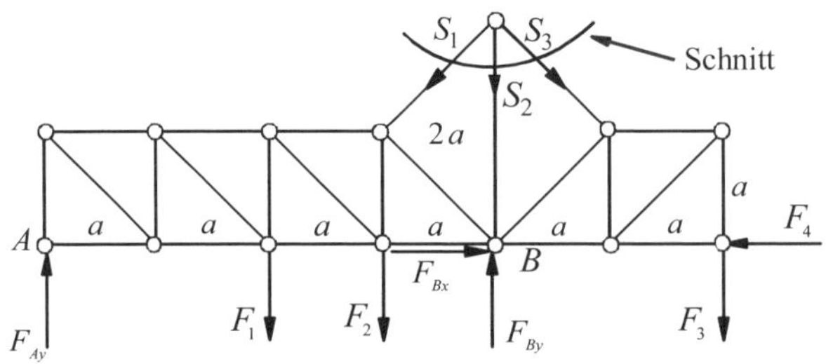

Abb. 1.5.2: Freischnitt des Gesamtsystems.

Wir drehen dazu um den Punkt B und verwenden die Gleichung $\sum M^{(B)} = 0$, worin S_1 als einzige Unbekannte auftritt. S_3 lässt sich dann aus dem in Abb. 1.5.3 (Mitte) dargestellten Schnitt bestimmen. Dabei drehen wir wieder um B und benutzen erneut die Gleichung $\sum M^{(B)} = 0$, was auf S_3 führt. Abschließend wird S_2 durch Freischnitt am Knoten und Anwendung von $\sum F_y = 0$ ermittelt (Knotenpunktsverfahren, vgl. Abb. 1.5.3, rechts).

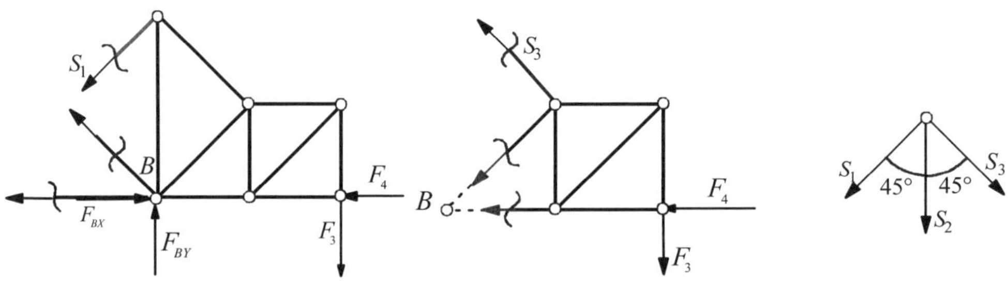

Abb. 1.5.3: Schnitte zur Ermittlung der Stabkräfte.

1.5.2 Kräfte in einem Stabwerk

Problemstellung

Gefordert ist, die Kräfte in den Stäben 5, 11 und 14 des in Abb. 1.5.4 gezeigten, durch außen vorgegebene Kräfte belasteten Fachwerks mit dem Knotenpunktsverfahren oder dem RITTERschen Schnitt zu berechnen.

Lösung

Vorbeugend ermitteln wir zunächst die Auflagerreaktionen, indem wir das gesamte Fachwerk unter Einwirkung der äußeren Lasten betrachten. Dies ist möglich, denn das Fachwerk als Ganzes ist statisch bestimmt gelagert. Der Freischnitt der Lager ist unproblematisch und in Abb. 1.5.5 (1. Skizze) zu sehen. Auswertung der Gleichgewichtsbedingungen führt auf:

$$\sum F_x = 0: \quad 4{,}5\text{ kN} - 10\text{ kN} + F_{Bx} = 0 \quad \Rightarrow \quad F_{Bx} = 5{,}5\text{ kN}\,, \tag{1.5.1}$$

$$\sum M^{(B)} = 0: \; -F_A\, 2\text{ m} + 30\text{ kN } 4\text{ m} - 4{,}5\text{ kN } 4\text{ m} + 10\text{ kN } 8\text{ m} = 0 \Rightarrow F_A = 91\text{ kN}\,,$$

$$\sum F_y = 0: \quad F_A - 30\text{ kN} - F_{By} = 0 \quad \Rightarrow \quad F_{By} = 61\text{ kN}\,.$$

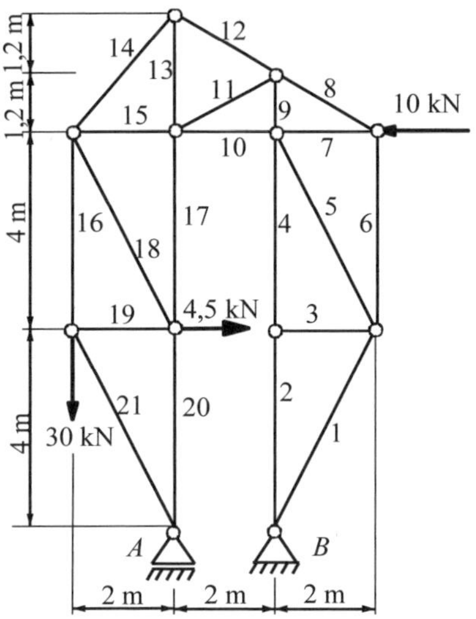

Abb. 1.5.4: Als Stabwerk idealisierter Baukran.

Wir beginnen mit der Bestimmung der Stabkraft 5, indem wir durch drei Stäbe, wie in der zweiten Zeichnung der Abb. 1.5.5 (s. zweite Zeichnung) dargestellt, freischneiden. Dabei haben wir die Stabkräfte als Zugkräfte angenommen (vom Knoten weg gezeichnet), was sich nach der Rechnung als falsch oder richtig erweisen wird. Die Gleichgewichtsbedingungen sollten (letztlich aus rechenökonomischen und auch aus ästhetischen Gründen) so gewählt werden, dass in ihnen möglichst nur eine Unbekannte auftritt, also:

$$\sum F_x = 0: \quad F_{Bx} - F_{5x} = 0 \quad \Rightarrow \quad F_{5x} = 5{,}5\,\text{kN}. \tag{1.5.2}$$

Und da:

$$\tan(\alpha) = \frac{4\,\text{m}}{2\,\text{m}} \quad \Rightarrow \quad \alpha = 63{,}43° \quad \Rightarrow \quad F_5 = \frac{F_{5x}}{\cos(\alpha)} = 12{,}3\,\text{kN}. \tag{1.5.3}$$

Mithin handelt es sich um einen Zugstab. Als Nächstes folgt die Stabkraft 11 mithilfe des in der 3. Zeichnung der Abb. 1.5.5 dargestellten Freischnitts. Hier ist es am günstigsten, um den Knoten D zu drehen, da so alle Kräfte bis auf die gesuchte Kraft herausfallen:

$$\sum M^{(D)} = 0 \quad \Rightarrow \quad F_{By}\,2\,\text{m} + F_{Bx}\,8\,\text{m} + F_{11}\cos(\beta)\,2\,\text{m} + F_{11}\sin(\beta)\,1{,}2\,\text{m} = 0, \tag{1.5.4}$$

wobei:

$$\tan(\beta) = \frac{2\,\text{m}}{1{,}2\,\text{m}} \quad \Rightarrow \quad \beta = 59° \quad \Rightarrow F_{11} = \frac{(-122-44)\,\text{kN}}{2\cos(\beta)+1{,}2\sin(\beta)} = -80{,}63\,\text{kN}. \tag{1.5.5}$$

Es handelt sich also um einen Druckstab. Als Letztes wird nun noch die Stabkraft 14 aus dem in der letzten Skizze der Abb. 1.5.5 dargestellten Freischnitt ermittelt. Hier empfiehlt es sich, um den Knoten k zu drehen, da so alle Kräfte bis auf die gesuchte herausfallen:

$$\sum M^{(k)} = 0 \quad \Rightarrow \quad 30\,\text{kN}\,2\,\text{m} + 4{,}5\,\text{kN}\,4\,\text{m} - F_{14}\sin(\gamma)\,2\,\text{m} = 0, \tag{1.5.6}$$

wobei:

$$\tan(\gamma) = \frac{2{,}4\,\text{m}}{2\,\text{m}} \quad \Rightarrow \quad \gamma = 50{,}2° \quad \Rightarrow \quad F_{14} = \frac{(60+18)\,\text{kN}}{2\sin(\gamma)} = 50{,}76\,\text{kN}, \tag{1.5.7}$$

womit auch hier ein Zugstab vorliegt.

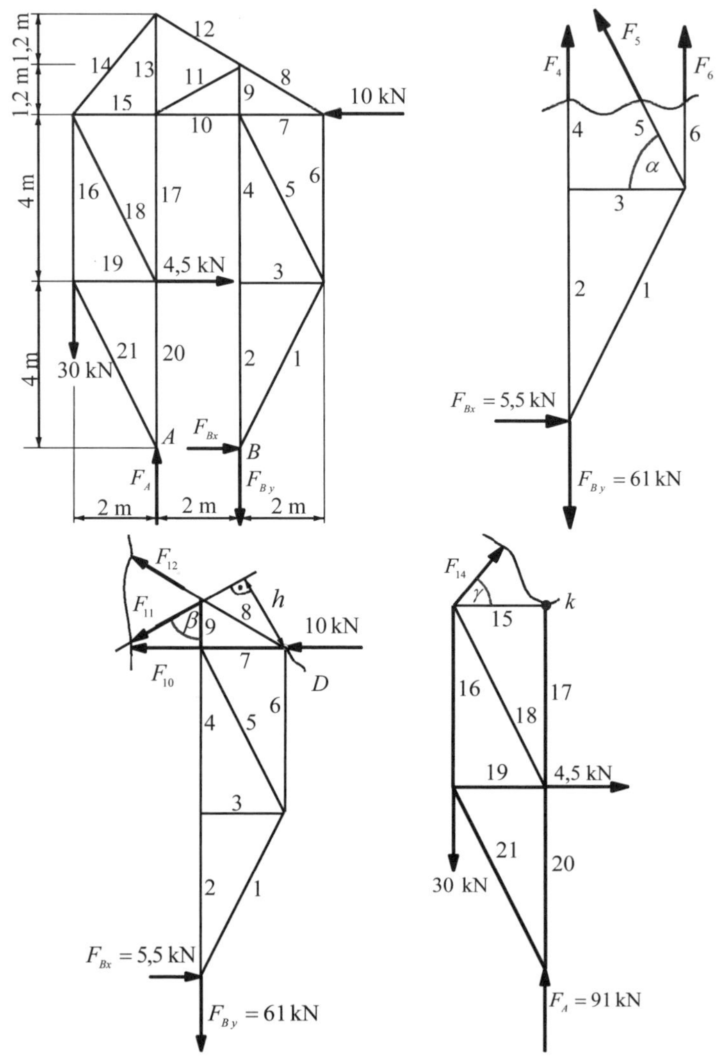

Abb. 1.5.5: Schnitte am Stabwerk.

1.5.3 Belastetes Fachwerk

Problemstellung

Ein aus acht gelenkig miteinander verbundenen Stäben bestehendes ebenes Fachwerksystem, das in den Punkten *A*, *B* und *C* gelagert ist, wird durch das Gewicht *G* belastet. Das Gewicht hängt an einem Seil, das im Knoten *A* befestigt ist und über zwei in III und VI reibungsfrei gelagerte Rollen mit vernachlässigbar kleinem Radius läuft. Die Masse der Stäbe, des Seils und der Rollen können ebenfalls vernachlässigt werden.

(a) Überprüfe die notwendige Bedingung für die statische Bestimmtheit des Fachwerks.
(b) Identifiziere alle Nullstäbe und begründe die Wahl.
(c) Bestimme die Auflagerreaktionen in *A*, *B* und *C*.

(d) Ermittle die Kräfte in den Stäben 4, 6 und 7 mit einem RITTERschen Schnitt. Gebe jeweils die Beanspruchungsart (Zug/Druck) an.

Dabei sind G und l gegeben.

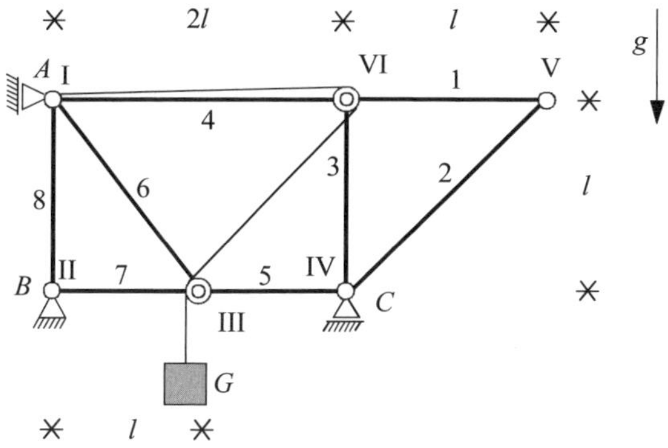

Abb. 1.5.6: Belastetes Fachwerk.

Lösung

Vorbemerkungen: In dem vorliegenden Fachwerk tritt ein weiteres (Tragwerks-)Element auf, das Seil. Dieses kann keine Biegemomente (und damit auch keine Querkräfte) übertragen. Im Gegensatz zu einem Stab kann die verbleibende Schnittlast in einem Seil nur eine Zugkraft sein. Außerdem wollen wir annehmen, dass das Seil undehnbar ist (ideales Seil). Die Umlenkrollen haben nun (getreu ihrem Namen) die Aufgabe, die Kraft „umzulenken". Die Seilkraft ändert nur ihre Richtung, nicht aber ihren Betrag, d. h., überall im Seil herrscht die gleiche (Zug-)Kraft.

(a) Die notwendige Bedingung für statische Bestimmtheit lautet:

$$2k = s + r\,, \tag{1.5.8}$$

also in unserem Fall:

$$k = 6, \quad s = 8, \quad r = 4 \quad \Rightarrow \quad 2 \cdot 6 = 8 + 4\,. \tag{1.5.9}$$

Das Stabwerk ist zudem kinematisch bestimmt, da kein Stab unendlich oder differenziell kleine Drehbewegungen ausführen kann.

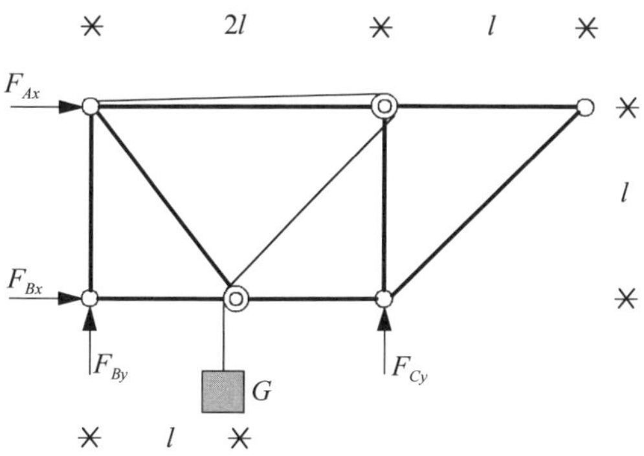

Abb. 1.5.7: Freischnitt des Gesamtsystems.

(b) Als Nullstäbe finden wir:

- S_1, S_2 : Begründung (Regel 1): Sind an einem unbelasteten Knoten zwei Stäbe angeschlossen, die nicht in gleicher Richtung liegen, so sind diese Nullstäbe.

- S_5 : Begründung (Regel 2): Sind an einem belasteten Knoten zwei Stäbe angeschlossen, und greift die äußere Kraft (hier: F_{Cy}) in Richtung des einen Stabes an, so ist der andere ein Nullstab (vorab wurde natürlich $S_2 = 0$ berücksichtigt).

(c) Der Freischnitt des Gesamtsystems (eine starre Scheibe) ist in Abb. 1.5.7 zu sehen. Da zur Ermittlung der vier Auflagerreaktionen nur drei Gleichgewichtsbedingungen zur Verfügung stehen, muss zusätzlich ein Teilkörper freigeschnitten werden: Abb. 1.5.8.

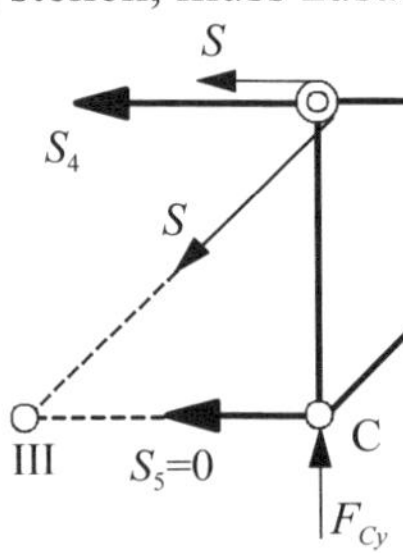

Abb. 1.5.8: Freischnitt Teilkörper.

Die hier auftretende Seilkraft wird nach Abb. 1.5.9 bestimmt:

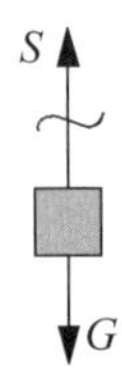

Abb. 1.5.9: Seilkraft.

$$\sum F_y = 0: \; S - G = 0 \;\; \Rightarrow \;\; S = G. \tag{1.5.10}$$

Eine Gleichgewichtsbedingung am rechten Teilkörper in Abb. 1.5.8 lautet:

$$\sum F_y = 0: \; F_{Cy} - S\sin(45°) = 0 \;\; \Rightarrow \;\; F_{Cy} = \tfrac{1}{\sqrt{2}} G. \tag{1.5.11}$$

Die Gleichgewichtsbedingungen am Gesamtsystem lassen sich nun auswerten:

$$\begin{aligned} &\sum F_y = 0: \; F_{By} + F_{Cy} - G = 0 \;\; \Rightarrow \;\; F_{By} = G - F_{Cy} = G\left(1 - \tfrac{1}{\sqrt{2}}\right), \\ &\sum M^{(A)} = 0: \; F_{Cy} 2l - Gl + F_{Bx} l = 0 \;\; \Rightarrow \;\; F_{Bx} = G - 2F_{Cy} = G\left(1 - \sqrt{2}\right), \\ &\sum F_x = 0: \; F_{Ax} + F_{Bx} = 0 \;\; \Rightarrow \;\; F_{Ax} = G\left(\sqrt{2} - 1\right). \end{aligned} \tag{1.5.12}$$

(d) Wir führen den RITTER-Schnitt durch die Stäbe 4, 6 und 7. Man hat die Wahl, welchen der beiden Teilkörper man untersucht, und wir wählen im Folgenden den rechten Teilkörper.

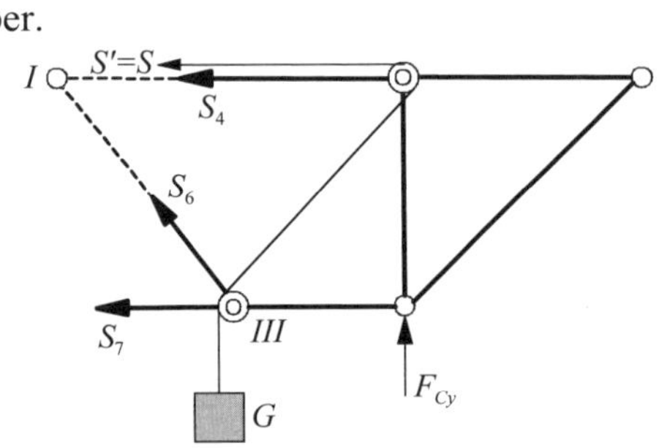

Abb. 1.5.10: Freischnitt rechter Teilkörper.

$$\sum M^{(\mathrm{III})} = 0: \; F_{Cy} l + S_4 l + Sl = 0 \;\; \Rightarrow \;\; S_4 = -S - F_{Cy} = -G\left(1 + \tfrac{1}{\sqrt{2}}\right) \text{ (Druck)},$$

$$\sum M^{(\mathrm{I})} = 0: \; F_{Cy} 2l - S_7 l - Gl = 0 \quad \Rightarrow \quad S_7 = 2F_{Cy} - G = G\left(\sqrt{2}-1\right) \text{ (Zug)}, \tag{1.5.13}$$

$$\sum F_y = 0: \; F_{Cy} - G + \tfrac{1}{\sqrt{2}} S_6 = 0 \quad \Rightarrow \quad S_6 = \sqrt{2}G - \sqrt{2}F_{Cy} = G\left(\sqrt{2}-1\right) \text{ (Zug)}.$$

1.5.4 Fachwerkscheibe

Problemstellung

Das abgebildete Fachwerk aus neun Stäben wird wie skizziert im Knoten II durch eine Einzelkraft F belastet.

(a) Überprüfe, ob das skizzierte Fachwerk statisch bestimmt ist.

(b) Berechne alle Stabkräfte des Fachwerks mithilfe des Knotenpunktverfahrens. Gebe zu jedem Stab an, ob er auf Zug oder Druck belastet ist.

Dabei sind F und l gegeben.

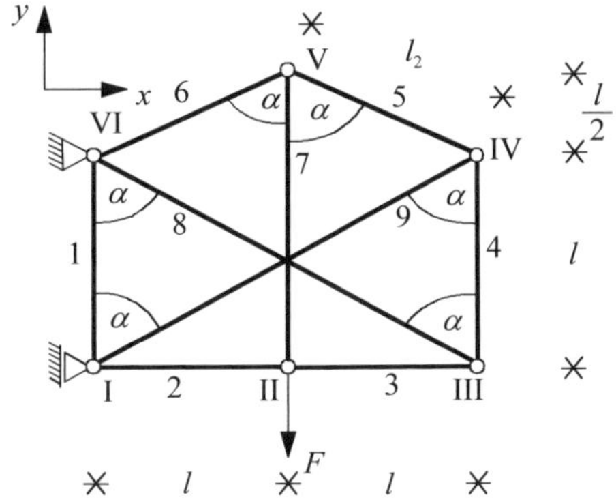

Abb. 1.5.11: Fachwerkscheibe.

Lösung

- (a) Die notwendige Bedingung für statische Bestimmtheit lautet:

$$2k = s + r\,. \tag{1.5.14}$$

In unserem Fall gilt also:

$$k = 6, \quad s = 9, \quad r = 3 \quad \text{also} \quad 2 \cdot 6 = 9 + 3\,. \tag{1.5.15}$$

Des Weiteren kann sich kein Teil des Fachwerkes (endlich bzw.) infinitesimal verschieben, weshalb auch kinematische Bestimmtheit gegeben ist.

(b) In dem speziellen Fachwerk ist die Kenntnis der Auflagerreaktionen zur Berechnung der Stabkräfte nicht erforderlich. Deshalb soll auf einen Freischnitt des „Gesamtkörpers" verzichtet werden. Vorher wird ein Hilfswinkel α eingeführt, welcher die nachfolgenden Berechnungen vereinfacht: Abb. 1.5.11. Aus dem Satz des PYTHAGORAS folgt:

$$l_2 = \sqrt{\left(\frac{l}{2}\right)^2 + l^2} = \frac{\sqrt{5}}{2} l\,, \quad \cos(\alpha) = \frac{\frac{1}{2}l}{l_2} = \frac{1}{\sqrt{5}}\,, \quad \sin(\alpha) = \frac{l}{l_2} = \frac{2}{\sqrt{5}}\,. \tag{1.5.16}$$

Im Folgenden beachten wir die in Abb. 1.5.12 dargestellten Freischnitte diverser Knoten. Für die Stabkräfte im Knoten II gilt:

$$\sum F_y = 0: \; S_7 - F = 0 \quad \Rightarrow \quad S_7 = F \text{ (Zug)}\,, \quad \sum F_x = 0: \; S_3 - S_2 = 0\,. \tag{1.5.17}$$

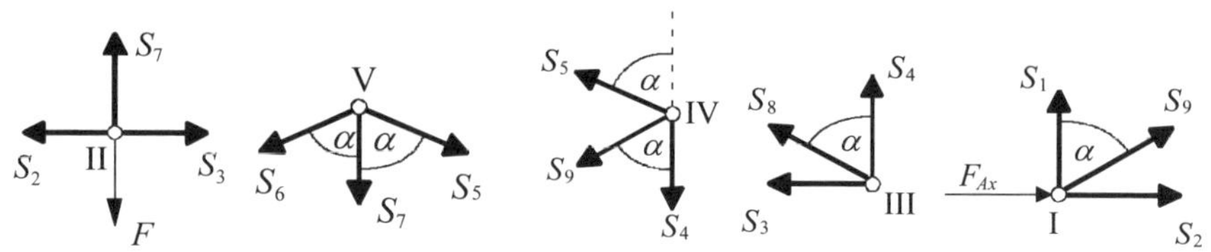

Abb. 1.5.12: Freischnitte an den Knoten II, V, IV, III und I.

Und im Knoten V folgt:

$$\sum F_x = 0:\ S_5 \sin(\alpha) - S_6 \sin(\alpha) = 0 \quad \Rightarrow \quad S_5 = S_6 \tag{1.5.18}$$

$$\sum F_y = 0:\ -S_7 - S_6 \cos(\alpha) - S_5 \cos(\alpha) = 0 .$$

Mit $(1.5.18)_1$ ergibt sich hieraus:

$$-S_7 - 2S_6 \cos(\alpha) = 0 \quad \Rightarrow \quad S_6 = -\frac{S_7}{2\cos(\alpha)} = -\tfrac{\sqrt{5}}{2} F \text{ (Druck)}, \tag{1.5.19}$$

$$S_5 = -\tfrac{\sqrt{5}}{2} F \text{ (Druck)}.$$

Im Knoten IV finden wir:

$$\sum F_x = 0:\ -S_5 \sin(\alpha) - S_9 \sin(\alpha) = 0 \quad \Rightarrow \quad S_9 = -S_5 = \frac{\sqrt{5}}{2} F \text{ (Zug)}, \tag{1.5.20}$$

$$\sum F_y = 0:\ S_5 \cos(\alpha) - S_9 \cos(\alpha) - S_4 = 0 \quad \Rightarrow \quad S_4 = (S_5 - S_9)\cos(\alpha) = -F \text{ (Druck)}.$$

Und im Knoten III:

$$\sum F_y = 0:\ S_4 + S_8 \cos(\alpha) = 0 \quad \Rightarrow \quad S_8 = -\frac{S_4}{\cos(\alpha)} = \sqrt{5} F \text{ (Zug)}, \tag{1.5.21}$$

$$\sum F_x = 0:\ -S_3 - S_8 \sin(\alpha) = 0 \quad \Rightarrow \quad S_3 = -S_8 \sin(\alpha) = -2F \text{ (Druck)}.$$

Einsetzen von S_3 in (1.5.17) bringt:

$$S_2 = -2F \text{ (Druck)}.$$

Schließlich folgt für Knoten I:

$$\sum F_y = 0:\ S_1 + S_9 \cos(\alpha) = 0 \quad \Rightarrow \quad S_1 = -S_9 \cos(\alpha) = -\frac{F}{2} \text{ (Druck)}. \tag{1.5.22}$$

1.5.5 Fachwerkrahmen mit an einem Seil hängender Last

Problemstellung

Das aus einem Starrkörper, einer Fachwerkscheibe (Stäbe 1 bis 7) und dem Stab 8 bestehende System ist in den Punkten A und B statisch bestimmt gelagert. Ein im Punkt D befestigtes Seil wird über reibungsfreie Umlenkrollen in E und F geführt und mit einer Kraft P belastet. Zusätzlich wirkt im Punkt C die Kraft $\frac{1}{2}P$. Der Radius der Umlenkrollen kann bei der Lösung vernachlässigt werden.

(a) Bestimme die Auflagerreaktionen des Systems.

(b) Ermittle die Kräfte in den Stäben 4, 5 und 6 mit einem RITTERschen Schnitt. Gebe jeweils die Beanspruchungsart (Zug/Druck) an.

(c) Der Stab 8 wird aus dem System entfernt. Verändere die Lagerung so, dass auch das neue System statisch bestimmt gelagert ist. Skizziere eine der möglichen Lösungen. Begründe die Entscheidung durch Nachweis der statischen Bestimmtheit.

Dabei sind P und a gegeben.

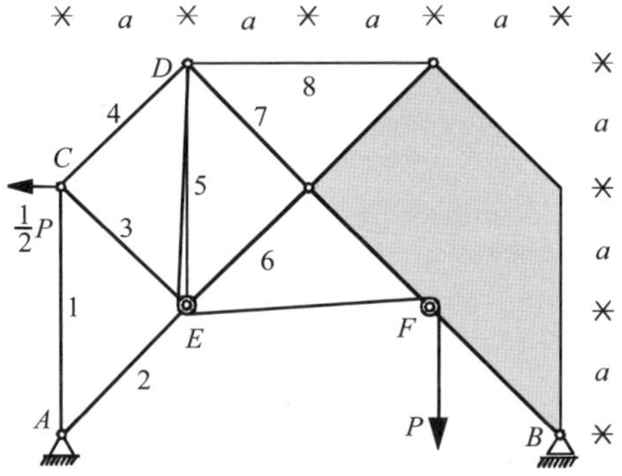

Abb. 1.5.13: Fachwerkrahmen mit an einem Seil hängender Last.

Lösung

(a) Als Erstes wird der Gesamtkörper freigeschnitten: Abb. 1.5.14.

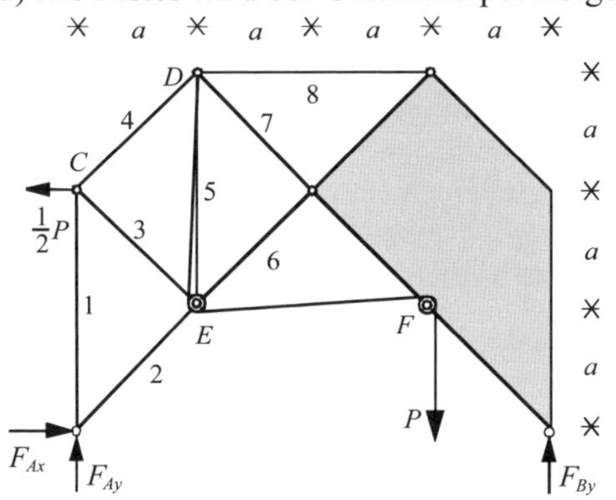

Abb. 1.5.14: Freischnitt des Gesamtkörpers.

Die Gleichgewichtsbedingungen lauten:

$$\begin{aligned}
&\sum F_x = 0: \; F_{Ax} - \tfrac{1}{2}P = 0 \quad \Rightarrow \quad F_{Ax} = \tfrac{1}{2}P,\\
&\sum M^{(A)} = 0: \; \tfrac{1}{2}P \cdot 2a + F_{By} \cdot 4a - P \cdot 3a = 0 \quad \Rightarrow \quad F_{By} = \tfrac{1}{2}P,\\
&\sum M^{(B)} = 0: \; -F_{Ay} \cdot 4a + P \cdot a + \tfrac{1}{2}P \cdot 2a = 0 \quad \Rightarrow \quad F_{Ay} = \tfrac{1}{2}P.
\end{aligned} \tag{1.5.23}$$

(b) Wir führen nun einen RITTERschen Schnitt durch die Stäbe 4, 5 und 6 und wählen dazu den (kleineren) linken Teilkörper: Abb. 1.5.15. Ohne Beweis sei gesagt, dass $S = P$. Dieses kann durch Momentengleichgewicht bzgl. des Mittelpunktes der Umlenkrolle in F gezeigt werden. Die Gleichgewichtsbedingungen lauten:

$$\begin{aligned}
&\sum M^{(D)} = 0: \; S_6\sqrt{2}a - \tfrac{1}{2}Pa - F_{Ay}a + F_{Ax}3a + S2a = 0\\
&\Rightarrow \quad S_6 = \tfrac{1}{\sqrt{2}}\left(\tfrac{1}{2}P + F_{Ay} - 3F_{Ax} - 2S\right) = \tfrac{1}{\sqrt{2}}\left(-\tfrac{5}{2}P\right) = -\tfrac{5}{2\sqrt{2}}P \text{ (Druck)},\\
&\sum M^{(E)} = 0: \; -S_4\sqrt{2}a + \tfrac{1}{2}Pa + F_{Ax}a - F_{Ay}a = 0 \quad \Rightarrow \quad S_4 = \tfrac{1}{2\sqrt{2}}P \text{ (Zug)},
\end{aligned} \tag{1.5.24}$$

$$\sum F_y = 0:\; S_5 + S' + S_4 \tfrac{1}{\sqrt{2}} + S_6 \tfrac{1}{\sqrt{2}} + F_{Ay} = 0$$

$$\Rightarrow \quad S_5 = -P - \tfrac{1}{2\sqrt{2}} P \tfrac{1}{\sqrt{2}} + \tfrac{5}{2\sqrt{2}} P \tfrac{1}{\sqrt{2}} - \tfrac{1}{2} P = -P - \tfrac{1}{4} P + \tfrac{5}{4} P - \tfrac{1}{2} P = -\tfrac{1}{2} P \text{ (Druck).}$$

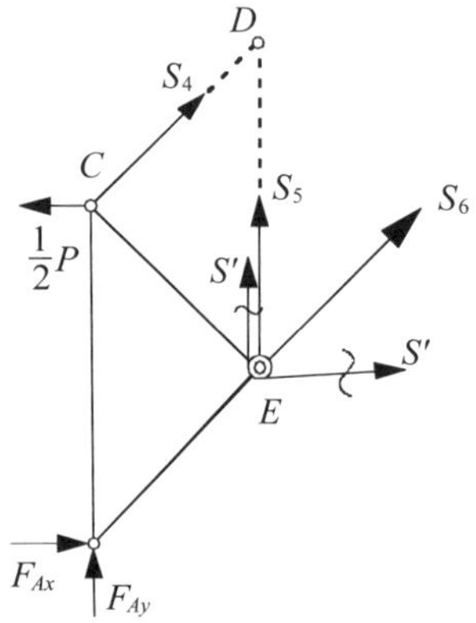

Abb. 1.5.15: Linker Teilkörper.

Es sei bemerkt, dass am linken Teilkörper mehr Kräfte vorhanden sind als am rechten. Die Auswertung der Gleichgewichtsbedingungen am rechten Teilkörper wäre also einfacher gewesen (und würde natürlich die gleichen Ergebnisse bringen).

(c) Durch Ersetzen des einwertigen Lagers im Punkt B durch eine zweiwertige Lagerung (z. B. Festlager) kann der nach Herausnehmen des Stabes 8 entstandene Freiheitsgrad wieder eingeschränkt werden. Die Prüfung auf statische Bestimmtheit kann auf verschiedene Weisen erfolgen. Eine Möglichkeit ist zu sagen, dass im neuen System sieben unbekannte Stabkräfte und vier unbekannte Auflagerreaktionen zu berechnen sind, also elf Unbekannte vorliegen. Zur Verfügung stehen drei Gleichgewichtsbedingungen an der (rechten) Scheibe sowie die Gleichgewichtsbedingungen an den verbleibenden vier Knoten (zentrale Kräftegruppen, vgl. Abb. 1.5.16)

$$\Rightarrow \quad 3 + 4 \cdot 2 = 11 . \tag{1.5.25}$$

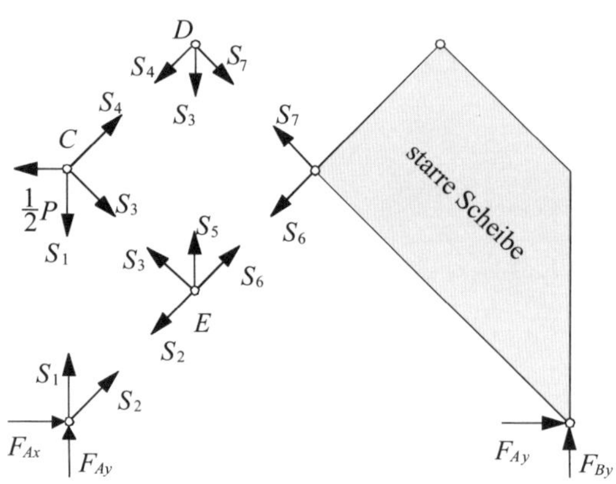

Abb. 1.5.16: Stabkräfte des bestimmten Systems.

1.6 Der biegesteife Träger

1.6.1 Schnittgrößen am eingespannten Träger unter Last I

Problemstellung

Für den in Abb. 1.6.1 dargestellten, mit den Kräften F_1 und F_2 belasteten Biegeträger sind alle Schnittgrößen zu bestimmen und über dem Träger zu zeichnen. Markante Schnittgrößenpunkte sind zahlenmäßig anzugeben.

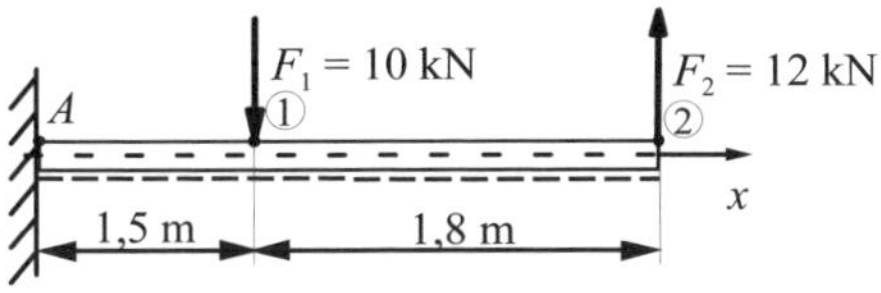

Abb. 1.6.1: Eingespannter Träger unter äußerer Last.

Lösung

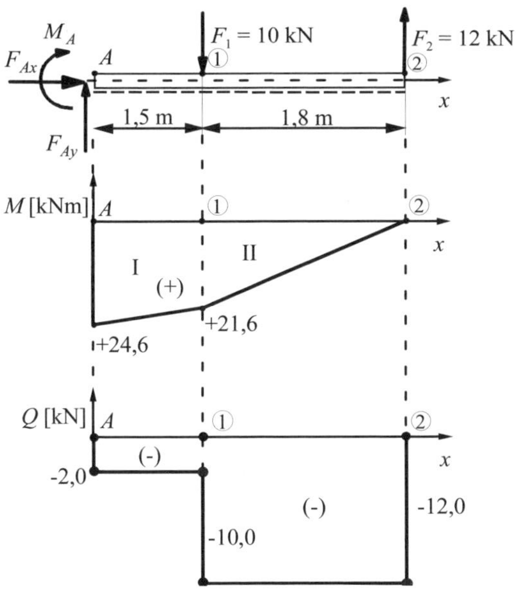

Abb. 1.6.2: Freischnitt und Schnittgrößen am Träger.

Die gesuchten Schnittflächen sind in Abb. 1.6.2 bereits eingezeichnet. Es soll nun erläutert werden, wie sie zustande gekommen sind. Um die Flächen sowohl vom linken als auch vom rechten Trägerende her entwickeln zu können, empfiehlt es sich in einem ersten Schritt die Schnittgrößen im Lager A zu ermitteln. Dies geschieht wie üblich durch Freischnitt bei A und Auswerten der entsprechenden Gleichgewichtsbedingungen:

$$\sum F_x = 0: \quad F_{Ax} = 0, \tag{1.6.1}$$

und daraus folgt sofort, dass die Normalkraft in jedem Punkt der Balkenachse verschwinden muss (daher wurde sie oben auch nicht eingezeichnet):

$$N(x) = 0\,. \tag{1.6.2}$$

Dies hätte man übrigens auch vom rechten Balkenende her kommend sehen können, denn nirgends wird normal zum Balkenquerschnitt eine Kraft eingeleitet. Als nächstes:

$$\sum F_y = 0: \quad F_{Ay} = F_1 - F_2 = -12\text{ kN} + 10\text{ kN} = -2\text{ kN}. \tag{1.6.3}$$

Ob dies eine positive oder negative Querkraft am linken Schnittufer zur Folge hat, entscheiden wir durch Ableitung der Momentenfläche. Daher studieren wir zuerst die dritte Gleichgewichtsbedingung:

$$\sum M^{(A)} = 0: \quad M_A = -F_1 \cdot 1{,}5\text{ m} + F_2 \cdot 3{,}3\text{ m} = \tag{1.6.4}$$

$$-10\text{ kN} \cdot 1{,}5\text{ m} + 12\text{ kN} \cdot 3{,}3\text{ m} = 24{,}6\text{ kNm}.$$

Man beachte, dass die Auswertung dieser Gleichung zunächst nicht das Vorzeichen der Momentenfläche zu entscheiden hilft. Wir entscheiden das Vorzeichen vielmehr über die in der Abbildung dargestellten, gestrichelte Linie, die für ein positives Biegemoment definierte **Zugzone des Balkens**. Wenn wir beispielsweise die Momentenfläche von links her entwickeln, so ist festzuhalten, dass das Moment M_A besagte Linie aufbiegt, und das gibt zu einer positiven Momentenfläche Anlass. Der Wert dieser Fläche bleibt jedoch nicht erhalten, wenn wir nach rechts fortschreiten, da die Kraft F_{Ay} beginnt, aufgrund ihres negativen Vorzeichens das Moment abzubauen, und zwar linear und um so mehr, je weiter wir nach rechts gehen. An der Stelle 1 besitzt die Momentenfläche nur mehr den Wert:

$$M_1 = 24{,}6\text{ kNm} - 2\text{ kN} \cdot 1{,}5\text{ m} = 21{,}6\text{ kNm}. \tag{1.6.5}$$

Dies hätte man auch von rechts kommend sehen können, sogar etwas schneller:

$$M_1 = +12\text{ kN} \cdot 1{,}8\text{ m} = 21{,}6\text{ kNm}, \tag{1.6.6}$$

denn dort häuft die Kraft F_2 linear immer mehr positives Moment auf, denn sie beansprucht die gestrichelte Linie auf Zug. Somit ist die in der Abbildung gezeichnete (überall linear verlaufende) Momentenfläche einsichtig. Das Vorzeichen und Aussehen der Querkraftfläche ermitteln wir aus der Beziehung:

$$\frac{\mathrm{d}M(x)}{\mathrm{d}x} = Q(x). \tag{1.6.7}$$

Es ergeben sich zwei konstante, negative Bereiche der Stärke:

$$\text{Bereich I: } \frac{21{,}6 - 24{,}6}{1{,}5}\text{ kN} = -2\text{ kN}, \tag{1.6.8}$$

$$\text{Bereich II: } \frac{0 - 21{,}6}{1{,}8}\text{ kN} = -12\text{ kN}. \tag{1.6.9}$$

1.6.2 Schnittgrößen am eingespannten Träger unter Last II

Problemstellung

Für den in Abb. 1.6.3 dargestellten, einseitig eingespannten und über der Länge von 4 m mit der Gleichstreckenlast $q_0 = 3\text{ kN/m}$ belasteten Biegeträger sind alle Schnittgrößen zu bestimmen und über dem Träger zu zeichnen. Markante Punkte (A und m) sind zahlenmäßig zu charakterisieren.

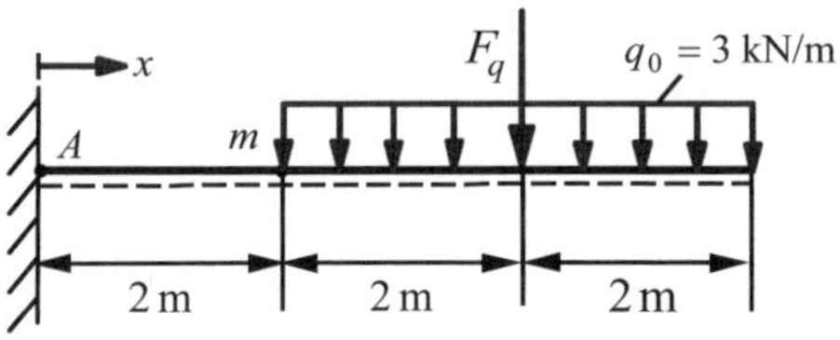

Abb. 1.6.3: Eingespannter Träger unter äußerer Last.

Lösung

Die gesuchten Schnittflächen sind in Abb. 1.6.4 bereits eingezeichnet worden. Es soll nun erläutert werden, wie sie zustande kommen. Um die Flächen sowohl vom linken als auch vom rechten Trägerende her entwickeln zu können, empfiehlt es sich in einem ersten Schritt, die Schnittgrößen im dreiwertigen Lager A zu ermitteln. Dies geschieht wie üblich durch Freischnitt bei A und Auswerten der entsprechenden Gleichgewichtsbedingungen. Doch zuvor ersetzen wir die Gleichstreckenlast durch eine Ersatzkraft der Stärke:

$$F_q = 3\,\frac{\text{kN}}{\text{m}} \cdot 4\,\text{m} = 12\,\text{kN}\;,\quad x_q = 2\,\text{m} + 2\,\text{m} = 4\,\text{m}\,. \tag{1.6.10}$$

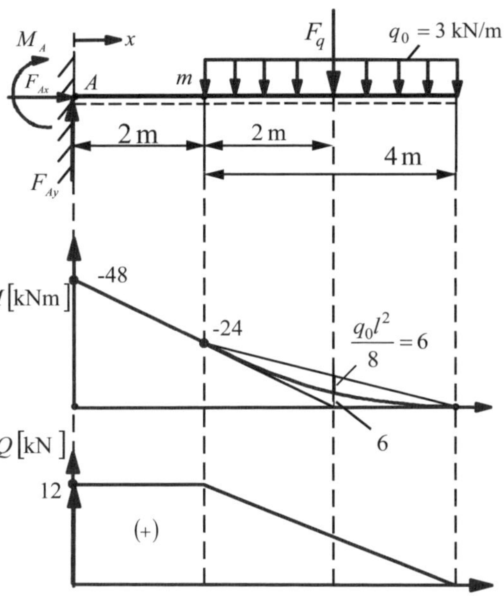

Abb. 1.6.4: Eingespannter Träger unter äußerer Last.

Dann bilden wir entlang der Achsrichtung des Balkens:

$$\sum F_x = 0: \quad F_{Ax} = 0\,, \tag{1.6.11}$$

und daraus folgt, dass die Normalkraft in jedem Punkt der Balkenachse verschwinden muss (daher wurde sie oben auch nicht eingezeichnet). Wir schreiben:

$$N(x) = 0\,. \tag{1.6.12}$$

Dies hätte man übrigens auch vom rechten Balkenende her kommend sehen können, denn nirgends wird normal zum Balkenquerschnitt eine Kraft eingeleitet. Als Nächstes:

$$\sum F_y = 0: \quad F_{Ay} = F_q = 12\,\text{kN}\,. \tag{1.6.13}$$

Ob dies eine positive oder negative Querkraft am linken Schnittufer zur Folge hat, entscheiden wir durch Ableitung der Momentenfläche. Daher werten wir zuerst die dritte Gleichgewichtsbedingung aus:

$$\sum M^{(A)} = 0: \quad M_A = -F_q \cdot x_q = -12 \text{ kN} \cdot 4 \text{ m} = -48{,}0 \text{ kNm}. \tag{1.6.14}$$

Man beachte, dass die Auswertung dieser Gleichung das Vorzeichen der Momentenfläche entscheidet. Dieses ermitteln wir über die in der Abbildung eingezeichnete gestrichelte Linie, die für ein positives Biegemoment definierte Zugzone des Balkens. Entwickeln wir die Momentenfläche von links kommend, so ist festzuhalten, dass das Moment M_A besagte Linie aufgrund des negativen Vorzeichens zusammendrückt, also auf eine negative Momentenfläche führt. Der Wert dieser Fläche bleibt jedoch nicht erhalten, wenn wir nach rechts gehen, denn die Kraft F_{Ay} beginnt aufgrund ihres positiven Vorzeichens Moment aufzubauen und zwar linear immer mehr, je weiter wir nach rechts gehen. An der Stelle m besitzt die Momentenfläche schließlich noch den Wert:

$$M_m = -48{,}0 \text{ kNm} + 12 \text{ kN} \cdot 2{,}0 \text{ m} = -24{,}0 \text{ kNm}. \tag{1.6.15}$$

Dies hätte man auch von rechts kommend sehen können, sogar etwas schneller:

$$M_m = -12 \text{ kN} \cdot 2{,}0 \text{ m} = -24{,}0 \text{ kNm}, \tag{1.6.16}$$

denn dort häuft die Kraft F_q über der Strecke 2 m linear immer mehr negatives Moment auf, da sie die gestrichelte Linie zusammendrückt. Somit sind bereits einige Teile der oben gezeichneten Momentenfläche einsichtig. Was noch fehlt, ist die genaue mathematische Beschreibung der Momentenfläche im Bereich der Gleichstreckenlast. Sie ist dort durch eine Parabel zweiter Ordnung gegeben, die vom negativen Wert M_m auf den Wert Null ansteigt (denn ganz rechts muss die Momentenfläche wegen des freien Trägerendes verschwinden). Wir wollen auf die genaue mathematische Analyse verzichten und nur ihre ungefähre Form ermitteln, indem wir den Punkt m und den Endpunkt miteinander verbinden und, wie gezeichnet, eine Parabel der Tiefe:

$$\frac{q_0 l^2}{8} = 3 \frac{\text{kN}}{\text{m}} \cdot \frac{4^2}{8} \text{ m}^2 = 6 \text{ kN} \tag{1.6.17}$$

einsetzen. Das Vorzeichen und Aussehen der Querkraftfläche ermitteln wir aus der Beziehung:

$$\frac{\mathrm{d}M(x)}{\mathrm{d}x} = Q(x). \tag{1.6.18}$$

So resultiert links ein konstanter, positiver Bereich der Stärke:

$$\frac{-24{,}0 - (-48{,}0)}{2{,}0} \text{ kN} = 12 \text{ kN}. \tag{1.6.19}$$

Danach muss die Querkraft linear auf Null abnehmen, denn die Gleichstreckenlast beginnt (von rechts kommend) am rechten Trägerende Querkraft anzuhäufen. Oder anders gesagt: Die Ableitung einer quadratischen Parabel (die Momentenfläche in diesem Bereich) kann nur eine lineare Funktion sein.

1.6.3 Schnittgrößen am gelenkig gelagerten Träger unter örtlich variabler Streckenlast I

Problemstellung

Auf dem dargestellten Balken ist über seiner kompletten Länge l eine nichtlineare, sinusförmige Streckenlast angebracht. Bestimme alle Schnittgrößen und zeichne sie über dem Balken.

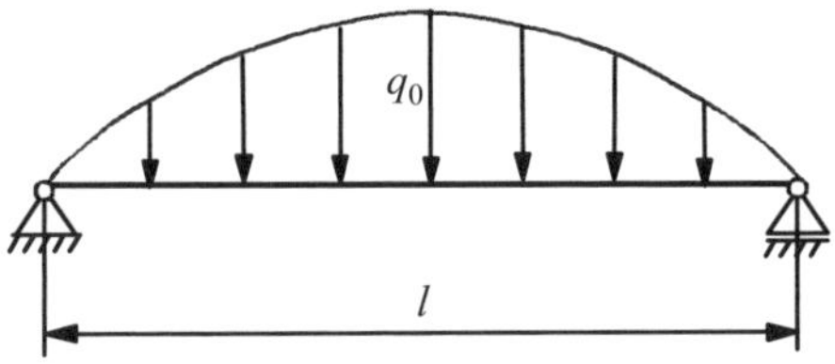

Abb. 1.6.5: Gelenkig gelagerter Träger unter äußerer Last.

Lösung

Um die gesuchten Schnittflächen berechnen und zeichnen zu können, müssen wir als Erstes eine mathematische Gleichung für die Streckenlast $q(x)$ aufstellen. Da es sich um eine sinusförmige Belastung handeln soll, liegt es nahe, den folgenden Ansatz mit den beiden noch unbekannten Parametern A und B zu wählen:

$$q(x) = A\sin(B\,x). \tag{1.6.20}$$

Diese Parameter werden so bestimmt, dass folgende Randbedingungen erfüllt sind:

$$q(x=l) = 0 = A\sin(B\,l) \quad\Rightarrow\quad B\,l = \pi \quad\Rightarrow\quad B = \frac{\pi}{l} \quad\Rightarrow\quad q(x) = A\sin\left(\pi\frac{x}{l}\right) \tag{1.6.21}$$

und:

$$q\left(x=\frac{l}{2}\right) = q_0 = A\sin\left(\pi\frac{l}{2\,l}\right) = A \quad\Rightarrow\quad A = q_0 \quad\Rightarrow\quad q(x) = q_0\sin\left(\pi\frac{x}{l}\right). \tag{1.6.22}$$

Offenbar ist die Normalkraftverteilung für den vorliegenden Fall identisch Null, denn es existieren ja keine in Stabachsenrichtung weisenden Kräfte, weder aufgrund der Lager noch durch Einleitung entlang dem Balken. Die Schnittgrößen Querkraft- und Momentenverteilung folgen per Integration aus den folgenden Gleichungen:

$$\frac{\mathrm{d}Q(x)}{\mathrm{d}x} = -q(x) \quad\Rightarrow\quad Q(x) = -\int q(x)\,\mathrm{d}x + C_1, \tag{1.6.23}$$

$$\frac{\mathrm{d}M(x)}{\mathrm{d}x} = Q(x) \quad\Rightarrow\quad M(x) = \int Q(x)\,\mathrm{d}x + C_2 = -\int\left[\int q(x)\,\mathrm{d}x\right]\mathrm{d}x + C_1 x + C_2.$$

Konkret ergibt sich:

$$Q(x) = -q_0\int\sin\left(\pi\frac{x}{l}\right)\mathrm{d}x + C_1 = q_0\,\frac{l}{\pi}\cos\left(\pi\frac{x}{l}\right) + C_1, \tag{1.6.24}$$

denn es gilt:

$$\int\sin(ax)\,\mathrm{d}x = -\frac{1}{a}\cos(ax). \tag{1.6.25}$$

Weiterhin ist:

$$M(x) = \int Q(x)\,\mathrm{d}x + C_2 = q_0 \frac{l^2}{\pi^2} \sin\left(\pi \frac{x}{l}\right) + C_1\, x + C_2\,, \tag{1.6.26}$$

da:

$$\int \cos(ax)\,\mathrm{d}x = \frac{1}{a} \sin(ax)\,. \tag{1.6.27}$$

Als Letztes müssen noch die beiden Integrationskonstanten C_1 und C_2 aus Randbedingungen festgelegt werden. Mögliche Randbedingungen sind das Verschwinden der Momentenfläche am Trägeranfang und -ende:

$$M(x=0)=0 \;\Rightarrow\; C_2 = 0\,,\quad M(x=l)=0 \;\Rightarrow\; C_1 \cdot l = 0 \;\Rightarrow\; C_1 = 0\,. \tag{1.6.28}$$

Wir können also zusammenfassen:

$$Q(x) = q_0 \frac{l}{\pi} \cos\left(\pi \frac{x}{l}\right), \quad M = q_0 \frac{l^2}{\pi^2} \sin\left(\pi \frac{x}{l}\right). \tag{1.6.29}$$

Die graphische Darstellung der Schnittgrößen findet sich in Abb. 1.6.6.

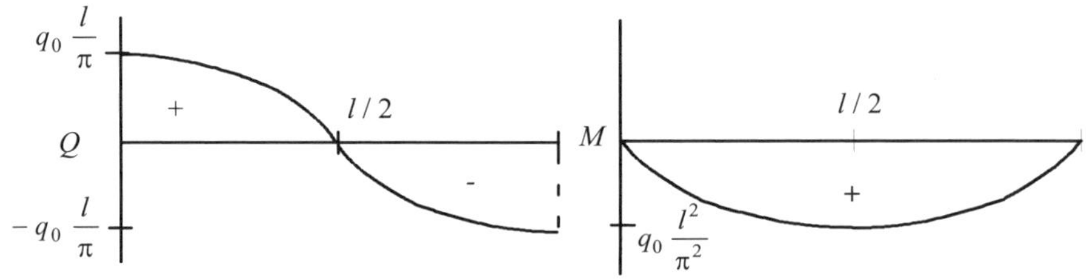

Abb. 1.6.6: Verlauf der Schnittgrößen über dem Träger.

1.6.4 Schnittgrößen am gelenkig gelagerten Träger unter örtlich variabler Streckenlast II

Problemstellung

Der dargestellte Balken steht über seiner kompletten Länge l unter einer trapezförmigen Streckenlast. Bestimme alle Schnittgrößen und zeichne sie über dem Balken.

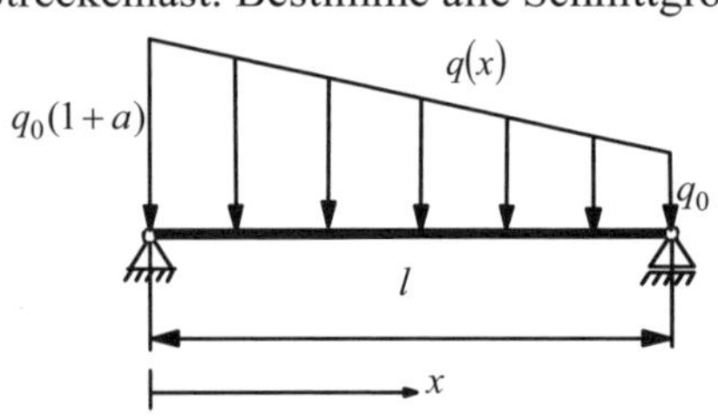

Abb. 1.6.7: Gelenkig gelagerter Träger unter trapezförmiger Streckenlast.

Lösung

Um die gesuchten Schnittflächen berechnen und zeichnen zu können, müssen wir als Erstes eine mathematische Gleichung für die Streckenlast $q(x)$ aufstellen. Da es sich um eine trapezförmige, also lineare Belastung handeln soll, liegt es nahe, eine Geradengleichung mit den beiden noch unbekannten Parametern m und b zu wählen:

$$q(x) = m\,x + b\,. \tag{1.6.30}$$

Diese Parameter werden an die Form des Trapezes angepasst, sodass folgende Randbedingungen erfüllt sind:

$$q(x=0) = q_0(1+a) = b \quad \Rightarrow \quad b = q_0(1+a) \tag{1.6.31}$$

und:

$$q(x=l) = q_0 = m\,l + q_0(1+a) \quad \Rightarrow \quad m = -\frac{a}{l}\,q_0 . \tag{1.6.32}$$

Es ergibt sich:

$$q(x) = q_0\left[1 + a\left(1 - \frac{x}{l}\right)\right]. \tag{1.6.33}$$

Offenbar ist die Normalkraftverteilung für den vorliegenden Fall identisch Null, da im vorliegenden Problem keine senkrecht zum Flächenquerschnitt stehenden Kräfte existieren. Die Querkraft- und die Momentenverteilung folgen per Integration aus den folgenden Gleichungen:

$$\frac{\mathrm{d}Q(x)}{\mathrm{d}x} = -q(x) \quad \Rightarrow \quad Q(x) = -\int q(x)\,\mathrm{d}x + C_1 , \tag{1.6.34}$$

$$\frac{\mathrm{d}M(x)}{\mathrm{d}x} = Q(x) \quad \Rightarrow \quad M(x) = \int Q(x)\,\mathrm{d}x + C_2 = -\int\left[\int q(x)\,\mathrm{d}x\right]\mathrm{d}x + C_1 x + C_2 .$$

Konkret ergibt sich:

$$Q(x) = -\int\left\{q_0\left((1+a) - a\frac{x}{l}\right)\right\}\mathrm{d}x + C_1 = -q_0\left[(1+a)\,x - a\frac{x^2}{2l}\right] + C_1 = \tag{1.6.35}$$

$$-\frac{q_0\,l}{2}\left[2(1+a)\frac{x}{l} - a\left(\frac{x}{l}\right)^2\right] + C_1 .$$

Weiterhin ist:

$$M(x) = -\int\left\{\frac{q_0\,l}{2}\left(2(1+a)\frac{x}{l} - a\left(\frac{x}{l}\right)^2\right)\right\}\mathrm{d}x + C_1 x + C_2 = \tag{1.6.36}$$

$$-\frac{q_0\,l}{2}\left[2(1+a)\frac{x^2}{2l} - a\frac{x^3}{3l^2}\right] + C_1 x + C_2 = \frac{q_0\,l^2}{6}\left[-3(1+a)\left(\frac{x}{l}\right)^2 + a\left(\frac{x}{l}\right)^3\right] + C_1 x + C_2 .$$

Als Letztes müssen noch die beiden Integrationskonstanten C_1 und C_2 aus Randbedingungen festgelegt werden. Mögliche Randbedingungen sind das Verschwinden der Biegemomente am Trägeranfang und -ende:

$$M(x=0) = 0 \quad \Rightarrow \quad M(x=0) = 0 = 0 + C_1\cdot 0 + C_2 \quad \Rightarrow \quad C_2 = 0 , \tag{1.6.37}$$

$$M(x=l) = 0 \quad \Rightarrow \quad M(x=l) = 0 = \frac{q_0\,l^2}{6}\left[-3(1+a) + a\right] + C_1 l \Rightarrow \; C_1 = \frac{q_0 l}{6}(3+2a) .$$

Anschaulich gesprochen lässt sich die Konstante C_1 wegen der Gleichung für die Querkraft (1.6.36) als die linke Auflagerkraft F_A interpretieren. Abschließend können wir schreiben:

Statik

$$Q(x) = -\tfrac{q_0 l}{2}\left[2(1+a)\frac{x}{l} - a\left(\frac{x}{l}\right)^2\right] + \tfrac{q_0 l}{6}(3+2a) = \tfrac{q_0 l}{6}\left[(3+2a) - 6(1+a)\frac{x}{l} + 3a\left(\frac{x}{l}\right)^2\right],$$

$$M(x) = \frac{q_0 l^2}{6}\left[(3+2a)\frac{x}{l} - 3(1+a)\left(\frac{x}{l}\right)^2 + a\left(\frac{x}{l}\right)^3\right]. \qquad (1.6.38)$$

Für die spezielle Wahl $a = 1$ (Kraftdichte links doppelt so groß wie rechts) ergibt sich aus den beiden letzten Gleichungen die etwas übersichtlichere Form:

$$\frac{Q(x)}{q_0 l/6} = 5 - 12\frac{x}{l} + 3\left(\frac{x}{l}\right)^2, \quad \frac{M(x)}{q_0 l^2/6} = 5\frac{x}{l} - 6\left(\frac{x}{l}\right)^2 + \left(\frac{x}{l}\right)^3. \qquad (1.6.39)$$

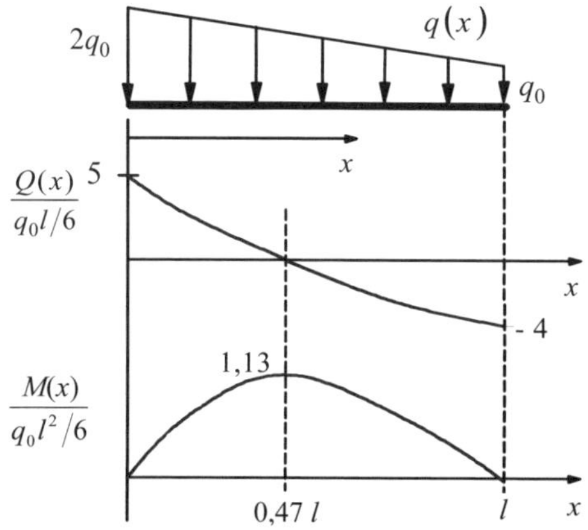

Abb. 1.6.8: Verlauf der Schnittgrößen über dem Träger.

Um im Hinblick auf einen Spannungsnachweis das Maximum der Momentenverteilung und die zugehörige Stelle x_0 zu finden, bilden wir:

$$\frac{\mathrm{d}}{\mathrm{d}x}\left(\frac{M(x)}{q_0 l^2/6}\right)\Bigg|_{x=x_0} = \frac{5}{l} - 12\frac{x_0}{l^2} + 3\frac{1}{l}\left(\frac{x_0}{l}\right)^2 = 0. \qquad (1.6.40)$$

Somit ergibt sich:

$$\left(\frac{x_0}{l}\right)^2 - 4\frac{x_0}{l} + \frac{5}{3} = 0 \;\Rightarrow\; \left(\frac{x_0}{l}\right)_{1,2} = 2 \pm \sqrt{4 - \frac{5}{3}} = 2 \pm \sqrt{\frac{7}{3}} \;\Rightarrow\; \frac{x_0}{l} = 0{,}47, \qquad (1.6.41)$$

denn die erste Lösung für die Position ist aus physikalischen Gründen unsinnig. Mithin:

$$\frac{M_{\max}}{q_0 l^2/6} = \frac{M(x = x_0)}{q_0 l^2/6} = 5 \cdot 0{,}47 - 6 \cdot 0{,}47^2 + 0{,}47^3 = 1{,}13. \qquad (1.6.42)$$

Die graphische Darstellung der Schnittgrößen für diesen Fall ist in Abb. 1.6.8 zu sehen.

1.6.5 Schnittgrößen am abgeknickten Träger I

Problemstellung

Für den in Abb. 1.6.9 dargestellten, mit Einzelkräften belasteten Biegeträger sind alle Schnittgrößen zu bestimmen und über dem Träger zu zeichnen. Markante Punkte sind zahlenmäßig anzugeben, kritische Stellen sind hervorzuheben.

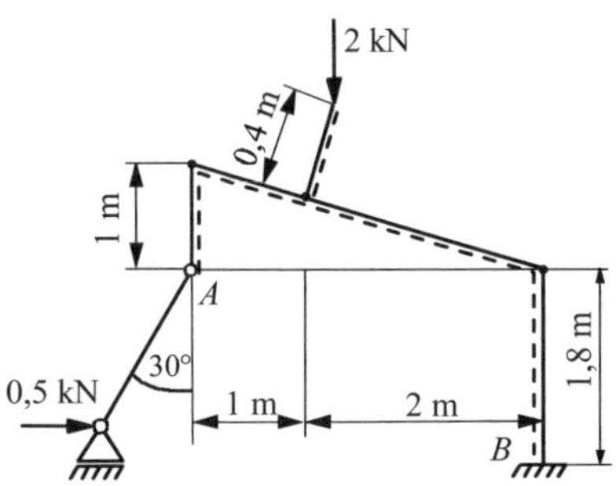

Abb. 1.6.9: Eingespannter abgeknickter Träger unter äußerer Last.

Lösung

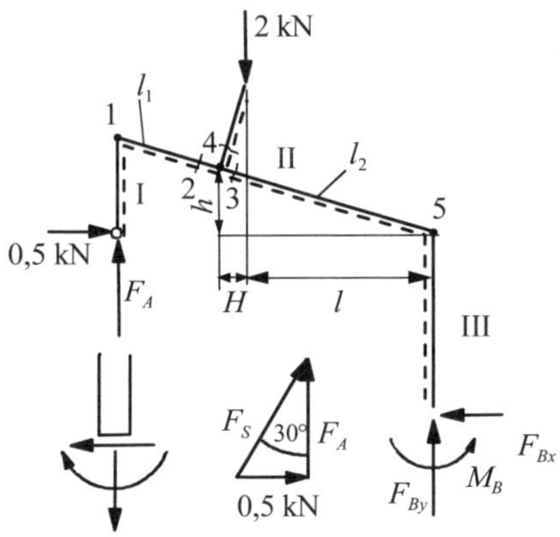

Abb. 1.6.10: Zum Freischnitt.

Um die gesuchten Schnittflächen zeichnen zu können, berechnen wir als Erstes die Auflagerkräfte mithilfe des in Abb. 1.6.10 dargestellten Freischnitts. Nach dem gezeichneten Kräftedreieck hat im Lager A zu gelten:

$$\frac{0{,}5\text{ kN}}{F_A} = \tan(30°) \quad \Rightarrow \quad F_A = \frac{0{,}5\text{ kN}}{\tan(30°)} = 0{,}87\text{ kN}\,, \tag{1.6.43}$$

und für die Druckkraft F_S im Pendelstab folgt in ähnlicher Weise:

$$\frac{0{,}5\text{ kN}}{F_S} = \sin(30°) \quad \Rightarrow \quad F_S = \frac{0{,}5\text{ kN}}{\sin(30°)} = 1\text{ kN}\,. \tag{1.6.44}$$

Im Lager B können nun die Gleichgewichtsbedingungen ausgewertet werden:

$$\begin{aligned}
&\sum F_x = 0 : F_{Bx} = 0{,}5\text{ kN}\;, \\
&\sum F_y = 0 : 0{,}87\text{ kN} - 2\text{ kN} + F_{By} = 0 \quad \Rightarrow \quad F_{By} = 1{,}13\text{ kN}\,, \\
&\sum M^{(B)} = 0 : \quad M_B + 2\text{ kN}\cdot 1{,}87\text{ m} - 0{,}5\text{ kN}\cdot 1{,}8\text{ m} - 0{,}87\text{ kN}\cdot 3\text{ m} = 0 \quad \Rightarrow \\
&\qquad\qquad M_B = -0{,}23\text{ kNm}\,.
\end{aligned} \tag{1.6.45}$$

Um die Normalkraft- und Querkraftverteilung zu zeichnen, sind jeweils alle (von links oder rechts kommend) sichtbaren, normal und quer zum Trägerquerschnitt liegenden Kräfte zu berücksichtigen. Die Vorzeichen lassen sich entweder mit den oben eingezeichneten Pfeilrichtungen entscheiden, die für positive Schnittgrößen am rechten Schnittufer gelten oder im Falle der Querkraftverteilung (einfacher) durch Differenziation der Momentenfläche. Zur Berechnung der Schnittgrößen sind folgende in Abb. 1.6.10 eingetragene Abstände nützlich:

$$(l_1+l_2)^2 = (1^2+3^2)\mathrm{m}^2 \quad \Rightarrow \quad l_1+l_2 = 3{,}17\ \mathrm{m}\ , \quad \frac{l_1+l_2}{1\ \mathrm{m}} = \frac{l_2}{h}\,, \tag{1.6.46}$$

$$\frac{1}{3} = \frac{h}{2\ \mathrm{m}} \quad \Rightarrow \quad h = 0{,}67\ \mathrm{m}\ , \quad l_1 = 1{,}05\ \mathrm{m}\ , \quad l_2 = 2{,}12\ \mathrm{m}\,,$$

$$\frac{1}{3{,}17} = \frac{H}{0{,}4\ \mathrm{m}} \quad \Rightarrow \quad H = 0{,}13\ \mathrm{m} \quad \Rightarrow \quad l = 2\ \mathrm{m} - H = 1{,}87\ \mathrm{m}\,.$$

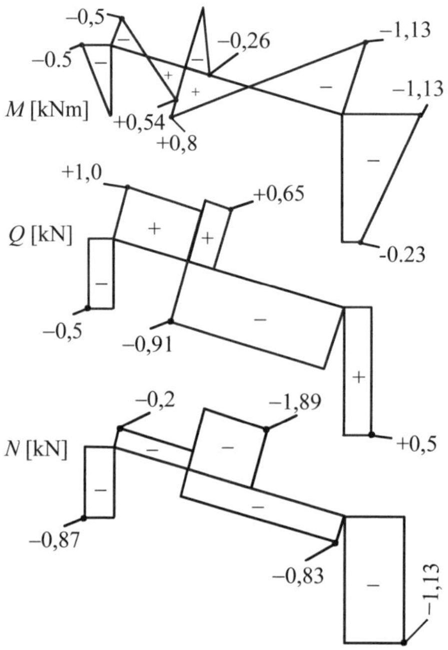

Abb. 1.6.11: Verlauf der Schnittgrößen über dem Träger.

Für die Momentenfläche notieren wir damit speziell die folgenden Zahlenwerte in ausgewählten Punkten. Hier wird das Vorzeichen dadurch entschieden, dass wir mit der eingezeichneten gestrichelten Linie arbeiten, die von den beteiligten Kräften gestreckt (positiv) oder zusammengedrückt (negativ) wird:

$$M_1 = -0{,}5\ \mathrm{kN}\cdot 1\ \mathrm{m} = -0{,}5\ \mathrm{kNm}\,,\ M_2 = -0{,}5\ \mathrm{kN}\cdot 0{,}67\ \mathrm{m} + 0{,}87\ \mathrm{kN}\cdot 1\ \mathrm{m} = 0{,}54\ \mathrm{kNm}\,,$$

$$M_4 = -2\ \mathrm{kN}\cdot 0{,}13\ \mathrm{m} = -0{,}26\ \mathrm{kNm}\ , \quad M_3 = 0{,}54\ \mathrm{kNm} + |M_4| = 0{,}80\ \mathrm{kNm}\,, \tag{1.6.47}$$

$$M_5 = 0{,}87\ \mathrm{kN}\cdot 3\ \mathrm{m} - 2\ \mathrm{kN}\cdot 1{,}87\ \mathrm{m} = -1{,}13\ \mathrm{kNm}\,,$$

$$M_B = 0{,}5\ \mathrm{kN}\cdot 1{,}8\ \mathrm{m} - 2\ \mathrm{kN}\cdot 1{,}87\ \mathrm{m} + 0{,}87\ \mathrm{kN}\cdot 3\ \mathrm{m} = -0{,}23\ \mathrm{kNm}\,.$$

Das letzte Ergebnis kennen wir bereits aus Gleichung $(1.6.45)_3$. Beim Zeichnen der Querkraftverteilung sind folgende Zahlenwerte nützlich:

$$\mathrm{I}:\quad Q = -0{,}5\ \mathrm{kN}\,,$$

$$\mathrm{II}:\quad Q = F_A \cos\left(\tan^{-1}\left(\frac{1}{3}\right)\right) + 0{,}5\ \mathrm{kN}\sin\left(\tan^{-1}\left(\frac{1}{3}\right)\right) = 0{,}98\ \mathrm{kN}\ \text{(links vor Hebel)},$$

$$Q = 2\,\text{kN}\sin\left(\tan^{-1}\left(\frac{1}{3}\right)\right) = 0{,}63\,\text{kN} \text{ (im Hebel)}, \tag{1.6.48}$$

$$Q = -F_{Bx}\sin\left(\tan^{-1}\left(\frac{1}{3}\right)\right) + F_{By}\cos\left(\tan^{-1}\left(\frac{1}{3}\right)\right) = -0{,}91\,\text{kN} \text{ (rechts nach Hebel)},$$

$$\text{III}: \; Q = F_{Bx} = 0{,}5\,\text{kN}.$$

Für die Normalkraftanteile sei notiert:

$$\text{I}: \; N = -F_A = -0{,}87\,\text{kN},$$

$$\text{II}: \; N = -F_A\sin\left(\tan^{-1}\left(\frac{1}{3}\right)\right) + 0{,}5\,\text{kN}\cos\left(\tan^{-1}\left(\frac{1}{3}\right)\right) = -0{,}2\,\text{kN} \text{ (links vor Hebel)},$$

$$N = -2\,\text{kN}\cos\left(\tan^{-1}\left(\frac{1}{3}\right)\right) = -1{,}9\,\text{kN} \text{ (im Hebel)}, \tag{1.6.49}$$

$$N = -F_{Bx}\cos\left(\tan^{-1}\left(\frac{1}{3}\right)\right) - F_{By}\sin\left(\tan^{-1}\left(\frac{1}{3}\right)\right) = -0{,}83\,\text{kN} \text{ (rechts nach Hebel)},$$

$$\text{III}: \; N = -F_{By} = -1{,}13\,\text{kN}.$$

Damit werden die in Abb. 1.6.11 dargestellten Schnittgrößenverteilungen verständlich.

1.6.6 Schnittgrößen am abgeknickten Träger II

Problemstellung

Für den in Abb. 1.6.12 dargestellten, mit einer Einzelkraft und einer Gleichstreckenlast belasteten Biegeträger sind alle Schnittgrößen zu bestimmen und über dem Träger zu zeichnen. Markante Punkte sind zahlenmäßig anzugeben, kritische Stellen sind hervorzuheben.

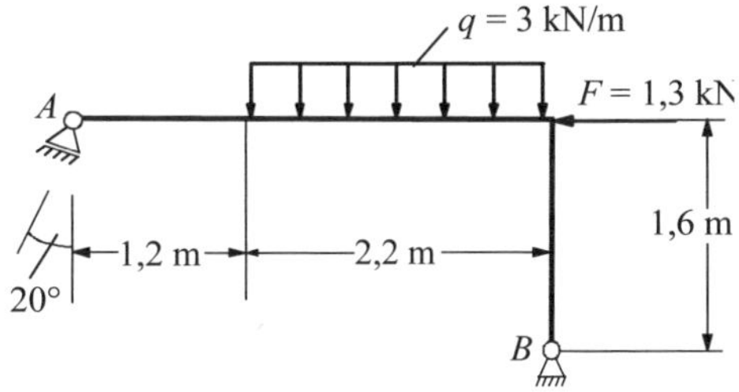

Abb. 1.6.12: Eingespannter, abgeknickter Träger unter Gleichstrecken- und Punktlast.

Lösung

Um die gesuchten Schnittflächen zeichnen zu können, berechnen wir als Erstes die Auflagerkräfte mithilfe des in Abb. 1.6.13 dargestellten Freischnitts. Um die Gleichgewichtsbedingungen für die Kräfte mit dem eingezeichneten Koordinatensystem einfach auswerten zu können, haben wir die Lagerkraft F_A in x- und y-Richtung zerlegt. Die Gleichgewichtsbedingungen lauten:

$$\sum M^{(B)} = 0: -F_A\cos(20°)\cdot 3{,}4\,\text{m} - F_A\sin(20°)\cdot 1{,}6\,\text{m} +$$
$$6{,}6\,\text{kN}\cdot 1{,}1\,\text{m} + 1{,}3\,\text{kN}\cdot 1{,}6\,\text{m} = 0 \quad \Rightarrow$$

$$F_A = \frac{(6{,}6 \cdot 1{,}1 + 1{,}3 \cdot 1{,}6)\,\text{kN}}{\cos(20°)\,3{,}4 + \sin(20°)\,1{,}6} = 2{,}50\ \text{kN}, \qquad (1.6.50)$$

$$\sum F_x = 0 : F_A \sin(20°) - 1{,}3\ \text{kN} - F_{Bx} = 0 \Rightarrow$$

$$F_{Bx} = 2{,}5\ \text{kN} \sin(20°) - 1{,}3\ \text{kN} = -0{,}44\ \text{kN},$$

$$\sum F_y = 0 : F_A \cos(20°) - 6{,}6\ \text{kN} + F_{By} = 0 \Rightarrow$$

$$F_{By} = -2{,}50\ \text{kN} \cos(20°) + 6{,}6\ \text{kN} = 4{,}25\ \text{kN}.$$

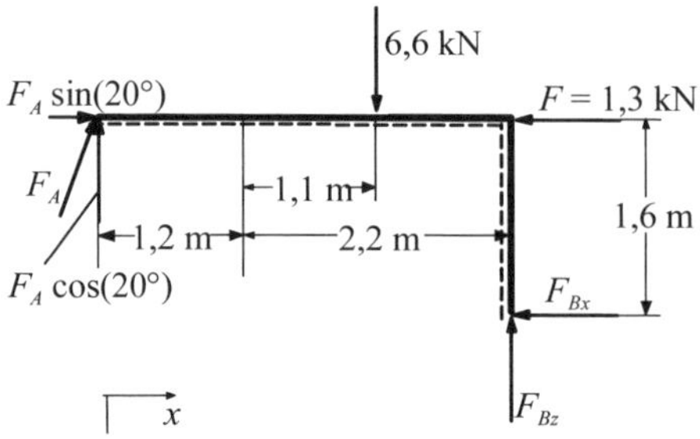

Abb. 1.6.13: Freischnitt am abgeknickten Träger.

Nach Beendigung der Rechnung zeichnen wir den Freischnitt neu, um die Vorzeichen entsprechend zu berücksichtigen (was für die Vorzeichen der Schnittgrößen wichtig wird): Abb. 1.6.14.

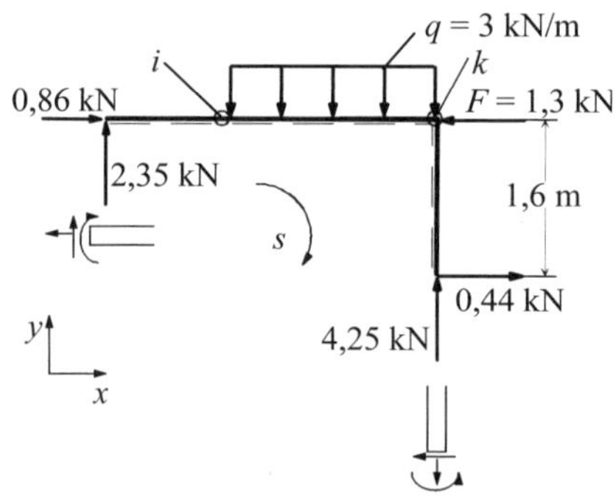

Abb. 1.6.14: Vorzeichenrichtiger Freischnitt des Trägers.

Um die Normalkraft- und Querkraftverteilung zu zeichnen, sind jeweils alle sichtbaren, normal und quer zum Trägerquerschnitt liegenden Kräfte zu berücksichtigen. Die Vorzeichen lassen sich mit den in Abb. 1.6.14 eingezeichneten Pfeilrichtungen entscheiden, die für positive Schnittgrößen (je nach linkem oder rechtem Schnittufer) gelten. Für die Momentenfläche notieren wir noch speziell die folgenden Zahlenwerte in den ausgewählten Punkten i und k. Das Vorzeichen entscheiden wir dabei mit der eingezeichneten gestrichelten Linie, die von den beteiligten Kräften gestreckt (positiv) oder zusammengedrückt (negativ) wird:

$$M_k = +0{,}44\ \text{kN} \cdot 1{,}6\ \text{m} = +0{,}70\ \text{kNm} \text{ (von rechts)},$$

$$M_k = +2{,}35\ \text{kN} \cdot 3{,}4\ \text{m} - 6{,}6\ \text{kN} \cdot 1{,}1\ \text{m} = +0{,}73\ \text{kNm} \text{ (zur Probe von links)}, \qquad (1.6.51)$$

$$M_i = 2{,}35\ \text{kN} \cdot 1{,}2\ \text{m} = +2{,}82\ \text{kNm} \text{ (von links)}.$$

Die Tiefe der zur Gleichstreckenlast gehörigen Parabel ist gegeben durch:

$$\frac{ql^2}{8} = \frac{3\,(2{,}2)^2}{8}\ \text{kNm} = 1{,}81\ \text{kNm}. \qquad (1.6.52)$$

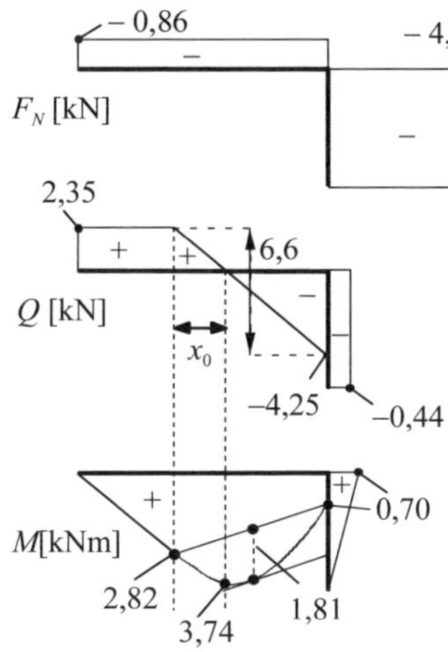

Abb. 1.6.15: Schnittgrößenverteilungen über dem Träger.

Damit werden die in Abb. 1.6.15 dargestellten Schnittgrößenverteilungen verständlich. Um das für einen Spannungsnachweis wichtige Maximum zahlenmäßig zu bestimmen, ist es nötig, die genaue mathematische Form der Momentenverteilung (quadratische Funktion in x) im Bereich der Gleichstreckenlast zu ermitteln. Wir schneiden frei (Abb. 1.6.16) und schreiben:

$$M(x) = 2{,}35\ \text{kN}\,(1{,}20\ \text{m} + x) - \int q\,(x)\,x\,\mathrm{d}x = 2{,}35\ \text{kN}\,(1{,}20\ \text{m} + x) - 3\,\frac{\text{kN}}{\text{m}}\,\frac{x^2}{2}\,. \quad (1.6.53)$$

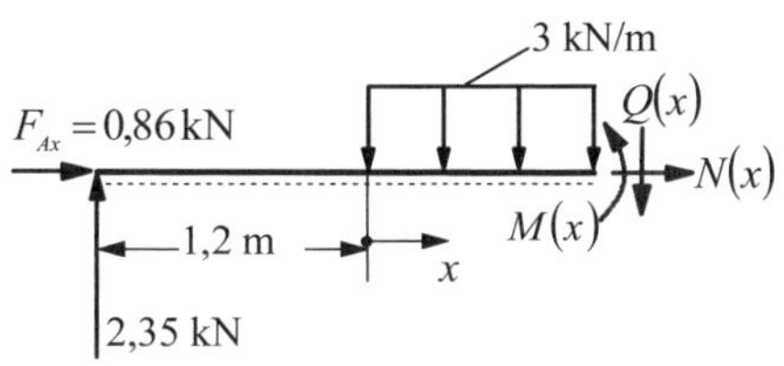

Abb. 1.6.16: Freischnitt zur Ermittlung der Momentenverteilung über dem Träger.

Zur Probe sei notiert, dass für $x = 0$ m folgt:

$$M(x = 0) = 2{,}35\ \text{kN} \cdot 1{,}20\ \text{m} = 2{,}82\ \text{kNm} \quad (1.6.54)$$

und für $x = 2{,}2$ m:

$$M(x = 2{,}2\ \text{m}) = 2{,}35\ \text{kN} \cdot 3{,}4\ \text{m} - 3\,\frac{\text{kN}}{\text{m}}\,\frac{2{,}2^2\ \text{m}^2}{2} = 0{,}73\ \text{kNm}\,, \quad (1.6.55)$$

was mit früheren Ergebnissen übereinstimmt. Die Stelle maximalen Moments $x = x_0$ können wir nun entweder durch Bilden der ersten Ableitung der Gleichung (1.6.53) nach x und anschließendes Nullsetzen finden oder aber per Strahlensatz aus den Querkräften; da dort, wo die Querkraft verschwindet, sich das Maximum der Momentenfläche befindet:

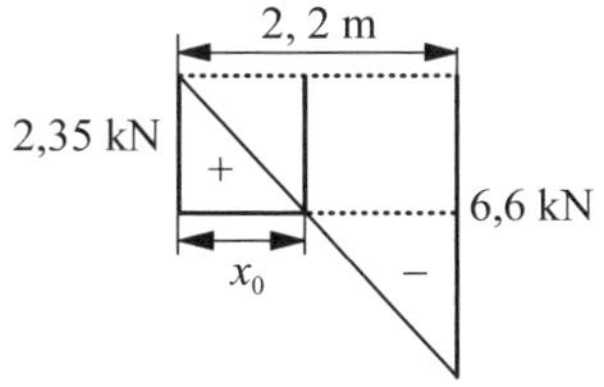

Abb. 1.6.17: Hilfskonstruktion zur Bestimmung der Lage des Maximums der Momentenverteilung.

Es folgt:

$$\frac{x_0}{2{,}35\ \text{kN}} = \frac{2{,}2\ \text{m}}{6{,}6\ \text{kN}} \quad \Rightarrow \quad x_0 = \frac{2{,}2\ \text{m} \cdot 2{,}35\ \text{kN}}{6{,}6\ \text{kN}} = 0{,}78\ \text{m}\,. \tag{1.6.56}$$

Einsetzen in die Momentengleichung $M(x)$, um das maximale Moment an dieser Stelle zu bestimmen, ergibt:

$$M_{\max} = 2{,}35\ \text{kN}\,(1{,}20\ \text{m} + 0{,}78\ \text{m}) - 3\,\frac{\text{kN}}{\text{m}}\,\frac{(0{,}78\ \text{m})^2}{2} = 3{,}74\ \text{kNm}\,. \tag{1.6.57}$$

1.6.7 Schnittgrößen am gekrümmten Träger I

Problemstellung

Für den dargestellten kreisförmigen Träger sind die Schnittgrößen N, Q und M als Funktion der Winkel φ und ψ zu berechnen und über dem Träger zu zeichnen. Dabei sind gegeben: $F_1 = 2\ \text{kN}$, $F_2 = 0{,}5\ \text{kN}$, $r = 1{,}5\ \text{m}$, $\beta = 60°$.

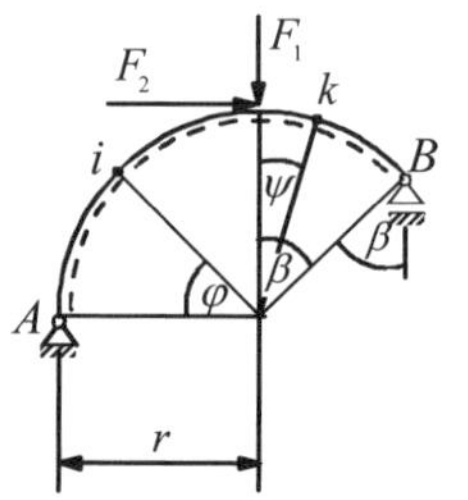

Abb. 1.6.18: Kreisförmig gekrümmter Träger unter Punktlasten.

Lösung

Das System wird zunächst freigeschnitten und in den Punkten A und B werden die Reaktionskräfte bestimmt: Abb. 1.6.19. Links liegt ein zweiwertiges, rechts ein einwertiges Lager vor, entsprechend erklären sich die drei eingezeichneten Freischnittkräfte in den Lagern.

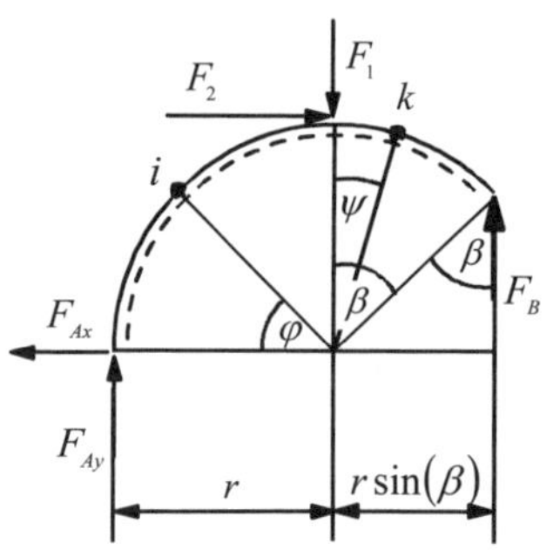

Abb. 1.6.19: Freischnitt der Lager des kreisförmig gekrümmten Trägers.

Bei ihrer Berechnung helfen die drei Gleichgewichtsbeziehungen der Statik:

$$\sum F_x = 0: \quad -F_{Ax} + F_2 = 0 \quad \Rightarrow \quad F_{Ax} = F_2 = 0{,}5\ \text{kN}\,, \tag{1.6.58}$$

$$\sum M^{(A)} = 0: \quad -F_B\, r\,[1 + \sin(\beta)] + F_1\, \text{r} + F_2\, r = 0 \;\Rightarrow\; F_B = \frac{F_1 + F_2}{1 + \sin(\beta)} = 1{,}34\ \text{kN}\,,$$

$$\sum F_y = 0: \quad F_{Ay} - F_1 + F_B = 0 \quad \Rightarrow \quad F_{Ay} = F_1 - F_B = 0{,}66\ \text{kN}\,.$$

Nun kann die Berechnung der Schnittgrößen erfolgen. Wir beginnen mit der Berechnung der Momentenverteilung $M = M(\varphi)$. Dazu beginnen wir am linken Trägerende und betrachten einen laufenden, dahinter liegenden Punkt i, der noch vor Beginn des Winkels ψ, also der Einführstelle der beiden Kräfte F_1 und F_2 liegt: Abb. 1.6.20 (1. Zeichnung).

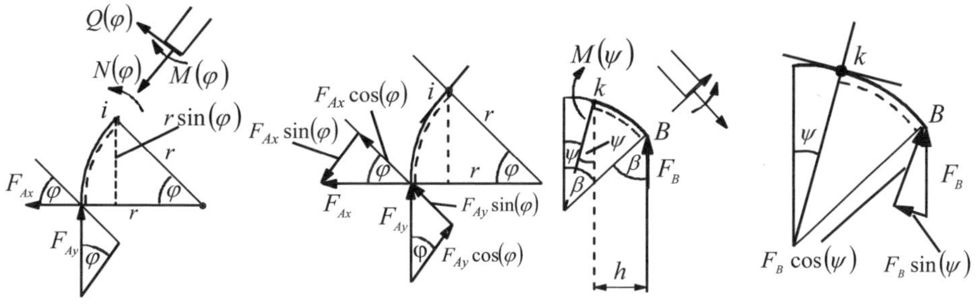

Abb. 1.6.20: Zur Bestimmung der Schnittgrößenverteilungen.

Die Rechnung wird am einfachsten, wenn man auf alle Kräfte vor besagter Stelle schaut und ihre Momentenwirkung in Bezug auf die gestrichelte Linie ermittelt. Wird diese gestaucht, so ist der Beitrag negativ und umgekehrt. Also wird:

$$M(\varphi) = +F_{Ax}\, r \sin\varphi + F_{Ay}\, r\left[1-\cos(\varphi)\right] = \tag{1.6.59}$$

$$r\left[F_{Ax}\sin(\varphi) + F_{Ay}\left[1-\cos(\varphi)\right]\right] = \left[0{,}75\sin(\varphi) + 1 - \cos(\varphi)\right]\mathrm{kNm}\,.$$

Eine Möglichkeit zur Berechnung der Querkraft $Q = Q(\varphi)$ besteht darin, den für Kreisbögen gültigen Zusammenhang zwischen Querkraft- und Momentenverteilung zu nutzen:

$$\frac{1}{r}\frac{\mathrm{d}M(\varphi)}{\mathrm{d}\varphi} = Q(\varphi)\,. \tag{1.6.60}$$

Damit wird aus (1.6.2):

$$Q(\varphi) = \frac{1}{r}\frac{\mathrm{d}M(\varphi)}{\mathrm{d}\varphi} = F_{Ax}\cos(\varphi) + F_{Ay}\sin(\varphi) = \left[0{,}5\cos(\varphi) + 0{,}66\sin(\varphi)\right]\mathrm{kN}\,. \tag{1.6.61}$$

Andererseits kann man auch direkt rechnen, wenn man nur beachtet, dass die Querkraft beim Kreisträger in radialer Richtung liegt und alle derart gerichteten Kräfte berücksichtigt. Dies ist per Zerlegung in Abb. 1.6.20 (2. Zeichnung) angedeutet. Mithin wird:

$$Q(\varphi) = F_{Ax}\cos(\varphi) + F_{Ay}\sin(\varphi)\,, \tag{1.6.62}$$

denn wieder dürfen nur die links vom Punkt i sichtbaren Kraftanteile berücksichtigt werden. Die Vorzeichenkonvention für $Q(\varphi)$ ist in der ersten Zeichnung der Abb. 1.6.20 angedeutet. Um sie zu „beweisen“, ist es nötig, in i freizuschneiden und durch Anbringen der Schnittgrößen $N(\varphi)$, $Q(\varphi)$ und $M(\varphi)$ statisches Gleichgewicht zu erzeugen, was wir uns hier schenken wollen. Als Letztes nun noch die Normalkraftverteilung $N(\varphi)$, die aus den senkrecht zur radialen Querschnittsfläche im Punkte i zuvor sichtbaren Kraftanteilen ermittelt wird (zum Vorzeichen siehe wieder die 1. Skizze in Abb. 1.6.20):

$$N(\varphi) = F_{Ax}\sin(\varphi) - F_{Ay}\cos(\varphi) = \left[0{,}5\sin(\varphi) - 0{,}66\cos(\varphi)\right]\mathrm{kN}\,. \tag{1.6.63}$$

Um nun über die Krafteinleitungsstelle hinauszugehen, also die Momentenverteilung $M = M(\psi)$ zu ermitteln, ist es am günstigen, am rechten Trägerende zu beginnen: Abb. 1.6.20 (3. Zeichnung). Dabei ist der folgende Hebel eine wichtige Hilfsgröße:

$$h = r\left[\sin(\beta) - \sin(\psi)\right], \tag{1.6.64}$$

und man erhält (unter Berücksichtigung der Vorzeichenregelung mithilfe der gestrichelten Linie):

$$M(\psi) = +F_B\, h = F_B\, r\left[\sin(\beta) - \sin(\psi)\right] = \left[1{,}74 - 2{,}01\sin(\psi)\right]\text{kNm}. \tag{1.6.65}$$

Vom linken Trägerende her kommend, ist die Rechnung aufwendiger, aber genauso möglich, wobei Abb. 1.6.20 (4. Zeichnung) hilft:

$$M(\psi) = F_{Ax}\, r\cos(\psi) + F_{Ay}\, r\left[1 + \sin(\psi)\right] - F_1\sin(\psi) + F_2\, r\left[1 - \cos(\psi)\right] = \tag{1.6.66}$$

$$\left[1{,}74 - 2{,}01\sin(\psi)\right]\text{kNm}.$$

Wie zuvor folgt die Querkraft am einfachsten durch Differenziation der Momentenfläche:

$$Q(\psi) = \frac{1}{r}\frac{\mathrm{d}M(\psi)}{\mathrm{d}\psi} = -F_B\cos(\psi) = -1{,}34\cos(\psi)\,\text{kN}, \tag{1.6.67}$$

aber natürlich auch durch direktes Rechnen (vgl. Abb. 1.6.20, 4. Zeichnung):

$$Q(\psi) = F_B\cos(\psi) = -1{,}34\cos(\psi)\,\text{kN}. \tag{1.6.68}$$

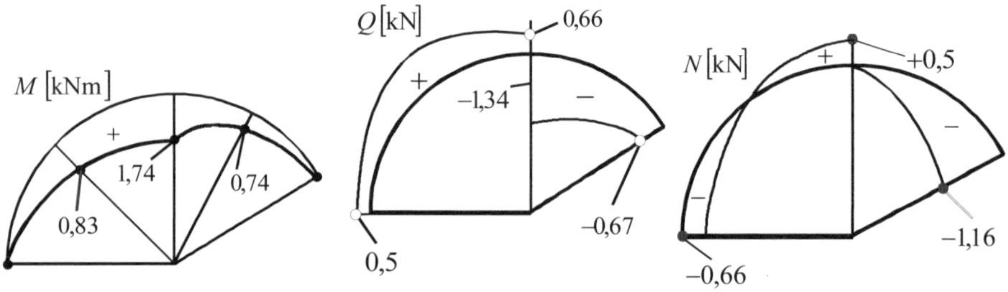

Abb. 1.6.21: Skizze der Schnittgrößenverteilungen.

Es bleibt die Normalkraft zu ermitteln:

$$N(\psi) = -F_B\sin(\psi) = -1{,}34\sin(\psi)\,\text{kN}. \tag{1.6.69}$$

Abschließend werden alle Kräfte- und Momentenflächen über dem Träger gezeichnet. Einige markante Punkte sind in Abb. 1.6.21 zahlenmäßig angegeben, nämlich:

$$M(\psi = 0) = 1{,}74\,\text{kNm},\quad M(\psi = 30°) = 0{,}74\,\text{kNm}, \tag{1.6.70}$$

$$M(\psi = 45°) = 0{,}33\,\text{kNm},\quad M(\varphi = 45°) = 0{,}83\,\text{kNm}.$$

1.6.8 Balken mit Streckenlast I

Problemstellung

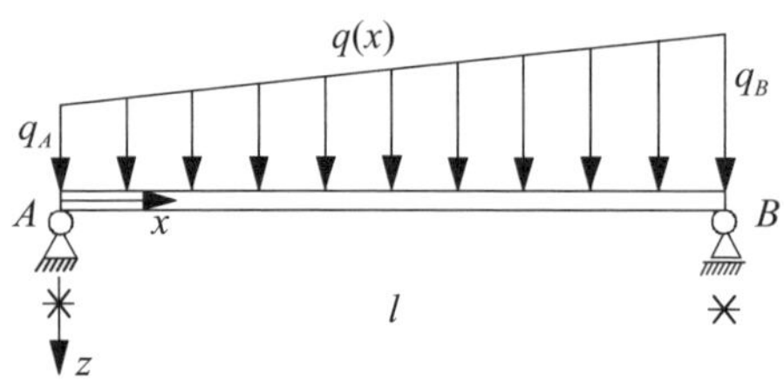

Abb. 1.6.22: Balken mit Streckenlast.

Der skizzierte Balken ist in A und B gelenkig gelagert und wird durch eine lineare Streckenlast $q(x)$ belastet.

(a) Bestimme zunächst alle Schnittgrößen mithilfe des (elementaren) Schnittprinzips.

(b) Berechne Q und M nun nochmals durch Integration der Differenzialgleichungen für die Querkraft- und Momentenfläche und skizziere diese über den Balken.

Dabei sind q_A, q_B und l gegeben.

Lösung

(a) Bestimmung der Schnittgrößen N, Q und M mittels elementarer Freischnittmethode: Vorab werden die Auflagerreaktionen ermittelt. Wir schneiden frei wie in Abb. 1.6.23 zu sehen.

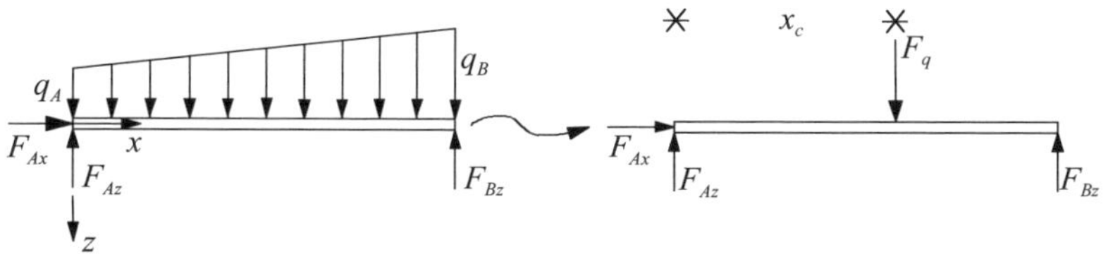

Abb. 1.6.23: Freischnitt.

Die Streckenlast wird zunächst durch ihre Resultierende ersetzt, deren Betrag und Angriffspunkt ergeben sich zu (vgl. Aufgabe 1.6.4):

$$F_q = \int_0^l q(x)\,\mathrm{d}x \quad \text{mit} \quad q(x) = \frac{q_B - q_A}{l}x + q_A \;\Rightarrow F_q = \int_0^l \left(\frac{q_B - q_A}{l}x + q_A\right)\mathrm{d}x = \frac{q_B + q_A}{2}l,$$

$$x_C = \frac{\int_0^l q(x)x\,\mathrm{d}x}{\int_0^l q(x)\,\mathrm{d}x} = \frac{1}{F_q}\int_0^l \left(\frac{q_B - q_A}{l}x^2 + q_A x\right)\mathrm{d}x = \frac{\frac{1}{6}(q_A + 2q_B)l^2}{\frac{1}{2}(q_A + q_B)l} = \frac{1}{3}\frac{q_A + 2q_B}{q_A + q_B}l. \quad (1.6.71)$$

Die Gleichgewichtsbedingungen lauten:

$$\sum F_x = 0:\; F_{Ax} = 0\;,\quad \sum M^{(A)} = 0:\; F_{Bz}l - F_q x_C = 0 \Rightarrow F_{Bz} = \frac{1}{6}(q_A + 2q_B)l\,, \quad (1.6.72)$$

$$\sum M^{(B)} = 0:\; -F_{Az}l + F_q(l - x_C) = 0 \;\Rightarrow\; F_{Az} = F_q\left(1 - \frac{x_C}{l}\right) = \frac{1}{6}(q_B + 2q_A)l\,.$$

Sichtbarmachen der inneren Kräfte (Schnittgrößen) durch einen senkrechten Schnitt durch den Balken an der (variablen) Stelle x:

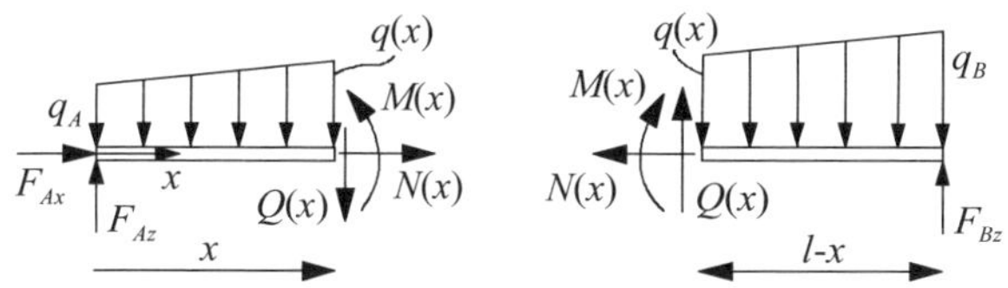

Abb. 1.6.24: Sichtbarmachen der Schnittgrößen.

Zur Bestimmung der Schnittgrößen kann sowohl der linke als auch der rechte Teilkörper herangezogen werden. Die Konvention hierbei ist, dass am positiven (hier linken) Schnittufer die Schnittlasten in positive Koordinatenrichtung weisen. Dabei entscheidet der Normalenvektor der Schnittfläche, ob es sich um ein positives oder negatives Schnittufer handelt. Zeigt $\underline{n}$ in Richtung $\underline{e}_x$, dann ist das Schnittufer positiv, zeigt $\underline{n}$ in Richtung $-\underline{e}_x$, entsprechend negativ. Die Gleichgewichtsbedingungen am linken Teilkörper lauten:

$$\sum F_x = 0: N(x) = -F_{Ax} = 0\,,\quad \sum F_z = 0: -F_{Az} + Q(x) + \int_0^x q(\tilde{x})\,\mathrm{d}\tilde{x} = 0 \quad\Rightarrow$$

$$Q(x) = F_{Az} - \int_0^x \left(\frac{q_B - q_A}{l}\tilde{x} + q_A\right)\mathrm{d}\tilde{x} = -\frac{q_B - q_A}{2l}x^2 - q_A x + \frac{1}{6}(q_B + 2q_A)l\,, \qquad (1.6.73)$$

$$\sum M^{(S)} = 0: M(x) - F_{Az}x + \int_0^x q(x-\varepsilon)\varepsilon\,\mathrm{d}\varepsilon = 0\,.$$

Dabei weist S auf den Flächenschwerpunkt der Schnittfläche hin, welcher von x abhängig ist. Es folgt:

$$M(x) = -F_{Az}x - \int_0^l \left(\frac{q_B - q_A}{l}(x-\varepsilon) + q_A\right)\varepsilon\,\mathrm{d}\varepsilon\,, \qquad (1.6.74)$$

$$M(x) = F_{Az}x - \left(\frac{q_B - q_A}{l}\frac{x^3}{6} + q_A\frac{x^2}{2}\right) = -\frac{q_B - q_A}{l}\frac{x^3}{6} - q_A\frac{x^2}{2} + \frac{1}{6}(q_B + 2q_A)lx\,.$$

(b) Nun erfolgt die Schnittgrößenberechnung über Schnittlastengleichungen. Der Vorteil hierbei besteht darin, dass keine Auflagerreaktionen berechnet werden müssen:

$$\frac{\mathrm{d}Q}{\mathrm{d}x} = -q(x)\,,\quad \frac{\mathrm{d}N}{\mathrm{d}x} = -n(x)\,,\quad \frac{\mathrm{d}M}{\mathrm{d}x} = Q(x)\,. \qquad (1.6.75)$$

Es sei bemerkt, dass die Vorzeichen in den Schnittlastengleichungen im Allgemeinen abhängig vom zugrunde gelegten Koordinatensystem sind. Momentenschüttungen sollen nicht auftreten. Es folgt:

$$Q' = -\frac{q_B - q_A}{l}x - q_A\,,\quad M'(x) = Q(x) = -\frac{q_B - q_A}{l}\frac{x^2}{2} - q_A x + C_1\,, \qquad (1.6.76)$$

$$M(x) = -\frac{q_B - q_A}{l}\frac{x^3}{6} - q_A\frac{x^2}{2} + C_1 x + C_2\,.$$

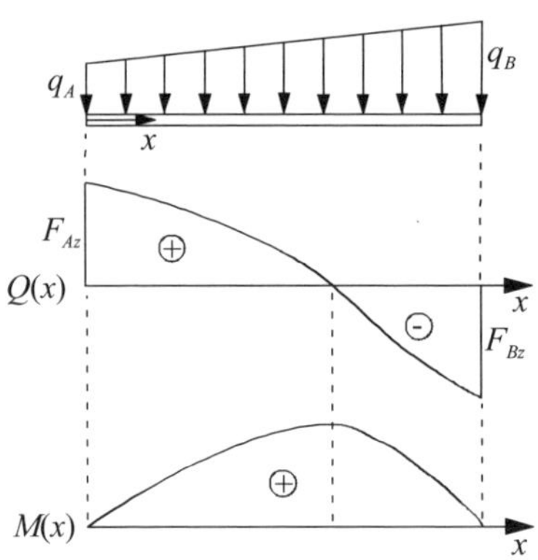

Abb. 1.6.25: Querkraft- und Momentenfläche.

Die Integrationskonstanten werden aus physikalischen Randbedingungen (ggf. Übergangsbedingungen) bestimmt. Das liefert Bedingungen an die in Q und M auftretenden Integrationskonstanten. Wir unterscheiden im 1. Bereich:

$$M(0)=0 \;\Rightarrow\; C_2=0\;,\; M(l)=0 \;\Rightarrow\; C_1=\frac{q_B-q_A}{l}\frac{l^2}{6}+q_A\frac{l}{2}=\tfrac{1}{6}\left(q_B+2q_A\right)l\,,$$

$$\Rightarrow\; Q(x)=-\frac{q_B-q_A}{l}\frac{x^2}{2}-q_Ax+\tfrac{1}{6}\left(q_B+2q_A\right)l\,, \qquad (1.6.77)$$

$$\Rightarrow\; M(x)=-\frac{q_B-q_A}{l}\frac{x^3}{6}-q_A\frac{x^2}{2}+\tfrac{1}{6}\left(q_B+2q_A\right)lx\,.$$

Wir veranschaulichen den Verlauf von Querkraft- und Momentenfläche qualitativ in Abb. 1.6.25.

1.6.9 Schnittgrößen am gekrümmten Träger II

Problemstellung

Für den dargestellten Kranhaken sollen alle Schnittgrößen bestimmt und über der Profillinie gezeichnet werden.

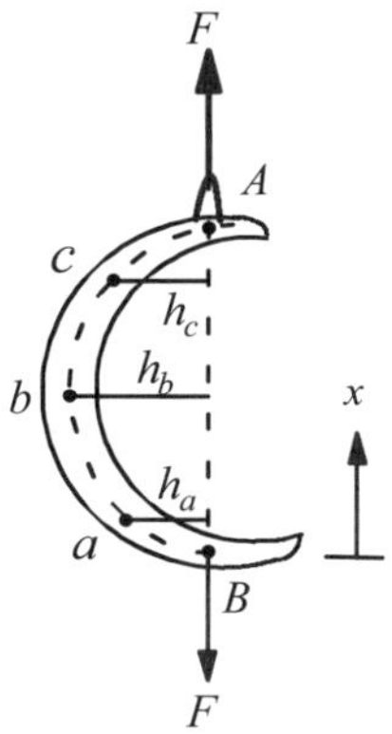

Abb. 1.6.26: Kreisförmig gekrümmter Träger unter Punktlasten.

Lösung

Wir berechnen gemäß der Formel Kraft × Hebelarm die Biegemomente bezüglich der Schwerachsen:

$$M_A=0\;,\; M_B=0\;,\; M_c=F\,h_c\;,\; M_b=F\,h_b\;,\; M_a=F\,h_a\,. \qquad (1.6.78)$$

Das Vorzeichen ist positiv, wenn wir die Zugzone entlang der Innenseite des Hakens als Referenzlinie wählen. Für die Querkräfte (diese liegen in der jeweiligen senkrecht zur gezeichneten Schwerachse stehenden Querschnittsfläche) notieren wir:

$$|Q_A|=F\;,\; |Q_B|=F\;,\; Q_b=0\,. \qquad (1.6.79)$$

Und schließlich folgt für die Normalkräfte (diese stehen senkrecht auf der jeweils senkrecht zur gezeichneten Schwerachse stehenden Querschnittsfläche):

$$N_A=0\;,\; N_B=0\;,\; N_b=+F\;(\text{Zug})\,. \qquad (1.6.80)$$

Eine Skizze der Schnittgrößenflächen in Abb. 1.6.27 fasst die Ergebnisse zusammen:

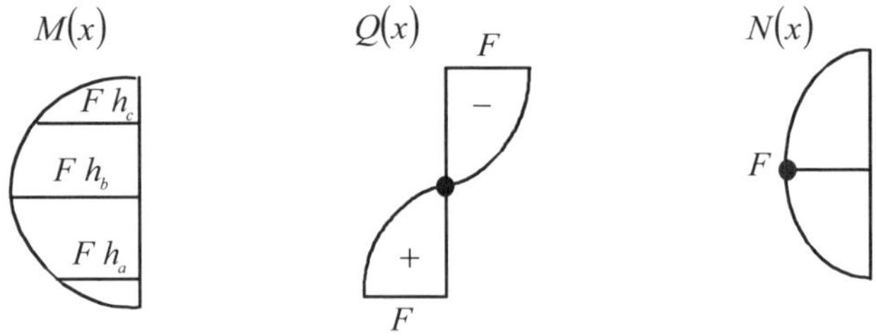

Abb. 1.6.27: Schnittgrößenverteilung.

1.6.10 Tragwerk mit Streckenlast I

Problemstellung

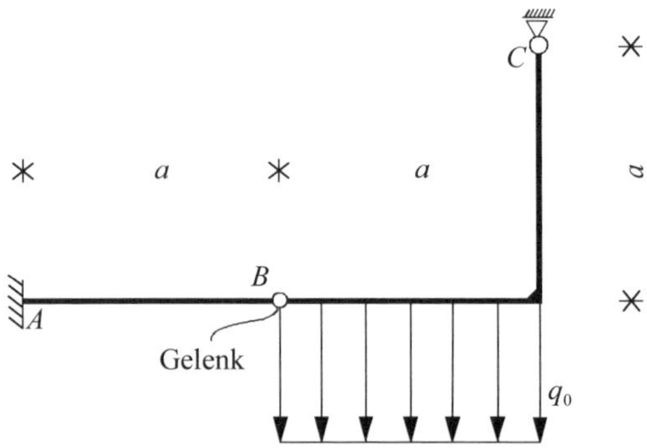

Abb. 1.6.28: Tragwerk mit Streckenlast.

Das skizzierte Tragwerk wird auf dem waagerechten Teil des gewinkelten Trägers durch eine konstante Streckenlast belastet.

(a) Begründe die statische Bestimmtheit des skizzierten Tragwerkes.

(b) Berechne die Auflagerreaktionen und die Gelenkkräfte.

(c) Skizziere den Verlauf der Schnittgrößen (qualitativ) allein aus der Kenntnis der Auflagerreaktionen und Gelenkkräfte. Zum Aufbau der Momentenfläche soll die Beanspruchung der unteren Randfaser des Tragwerks berücksichtigt werden.

(d) Bestimme nun die genaue mathematische Form der Schnittgrößenverteilungen durch (elementares) Freischneiden. Dabei sind a und q_0 gegeben.

Lösung

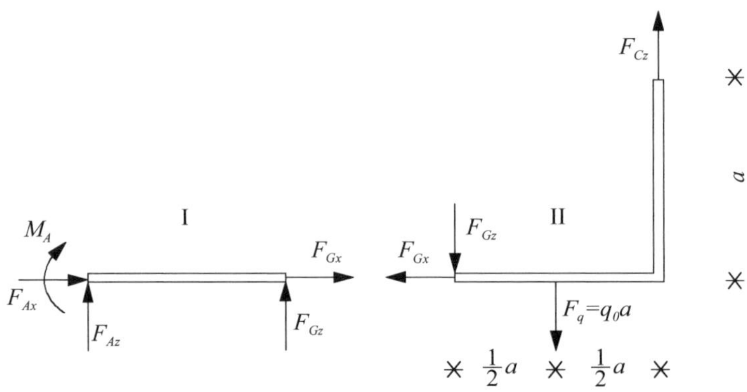

Abb. 1.6.29: Freischnitt des Tragwerkes.

(a) Die notwendige Bedingung für statische Bestimmtheit eines ebenen Tragwerkes lautet $3n = r + v$, wobei n die Anzahl der Scheiben (starre Körper), r die Anzahl der (unbekannten) Auflagerreaktionen und v die Anzahl der Reaktionen der Verbindungselemente bezeichnet. Im vorliegenden Fall haben wir $n = 2$, $r = 4$, und $v = 2$, d. h. die Relation $3 \cdot 2 = 4 + 2$ ist erfüllt. Das System ist zudem kinematisch bestimmt, da kein Systemteil (differenziell kleine) Bewegungen ausführen kann.

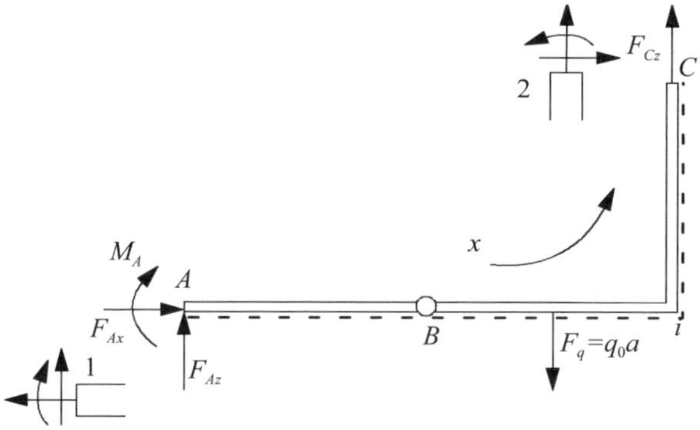

Abb. 1.6.30: Freischnitt für Querkraft- und Momentenfläche.

(b) Wir schneiden jeden einzelnen starren Körper frei, so wie in Abb. 1.6.29 gezeigt. Die Gleichgewichtsbedingungen am Teilkörper II lauten:

$$\sum F_x = 0:\ F_{Gx} = 0\ ,\ \sum M^{(B)} = 0:\ -F_q \frac{a}{2} + F_{Cz} a = 0 \ \Rightarrow\ F_{Cz} = \frac{q_0 a}{2}, \qquad (1.6.81)$$

$$\sum F_z = 0:\ -F_{Cz} + F_{Gz} + F_q = 0 \ \Rightarrow\ F_{Gz} = F_{Cz} - F_q = -\frac{q_0 a}{2}.$$

Für die Gleichgewichtsbedingungen am Teilkörper I lässt sich schreiben:

$$\sum M^{(A)} = 0: -M_A + F_{Gz} a = 0 \ \Rightarrow\ M_A = -\frac{q_0 a^2}{2},$$

$$\sum F_x = 0: F_{Ax} + F_{Gx} = 0 \ \Rightarrow\ F_{Ax} = 0, \qquad (1.6.82)$$

$$\sum F_z = 0: -F_{Az} - F_{Gz} = 0 \ \Rightarrow\ F_{Az} = -F_{Gz} = \frac{q_0 a}{2}.$$

(c) Wir kommen nun zum Aufziehen der Querkraft- und Momentenfläche. Dabei hilft Abb. 1.6.30. Die Koordinate x wird vom Lagerpunkt A über B und i nach C hin positiv aufsteigend gezählt. Unterhalb des Tragwerkes ist eine gestrichelte Linie angetragen, welche die untere Randfaser des jeweiligen Trägers charakterisiert. Außerdem wird die Schnittuferkonventionen gebraucht, speziell auch an einem linken bzw. rechten Ende 1 und 2, um das Vorzeichen der Schnittkräfte richtig zu ermitteln.

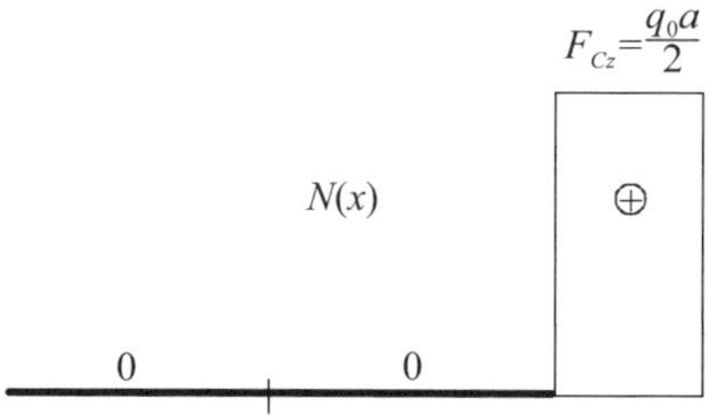

Abb. 1.6.31: Normalkraftsverlauf.

Wir beginnen mit der Normalkraftsfläche. Am Ende 1 bestimmt F_{Ax} den Betrag und das Vorzeichen von N. Nun ist zwar $F_{Ax} = 0$, es soll jedoch angemerkt werden, dass nach dem negativen Ufer 1 N größer Null wäre, wenn F_{Ax} nach links weist. Bis zum Punkt i bleibt die Normalkraft „Null", im Winkelteil von i nach C verursacht F_{Cz} jedoch einen konstanten Normalkraftanteil. Das Vorzeichen wird über das Ende 2 geregelt. $F_{Cz}(>0)$ weist in Richtung von N, womit die Normalkraft positiv ist. Gehen wir jetzt von C zum Punkt i, so gibt es keine zusätzliche Längsbelastung, weshalb die Normalkraft konstant bleibt. Der Übersichtlichkeit halber, versuchen wir die einzelnen Flächen nach außen aufzutragen. Das entsprechende Vorzeichen wird in der jeweiligen Fläche notiert. Bei der Bestimmung der Querkraftsfläche ist der Weg prinzipiell der gleiche wie beim Aufbau der Normalkraftfläche: Am linken Ende 1 wirkt $F_{Az} = \frac{1}{2} q_0 a$ und bestimmt Betrag und Vorzeichen von Q im Bereich zwischen A und B. F_{Az} weist in Richtung von Q, wodurch die Querkraft positiv ist. Im Bereich B bis i wirkt eine konstante Streckenlast, welche beim Fortschreiten nach rechts die Querkraftfläche linear abbaut. Bereits bei $x = \frac{3}{2} a$ ist F_{Az} kompensiert, d. h., die Querkraft ist „null". Geht man weiter nach rechts, wird eine negative Fläche aufgebaut, bis im Punkt i der Wert $-\frac{1}{2} q_0 a$ erreicht ist, welcher betragsmäßig der Normalkraft im oberen Teil entsprechen muss. Die Querkraft im oberen Teil ist Null, da am Ende 2 keine Querbelastung wirkt und bei Weiterschreiten von C nach i keine hinzukommt.

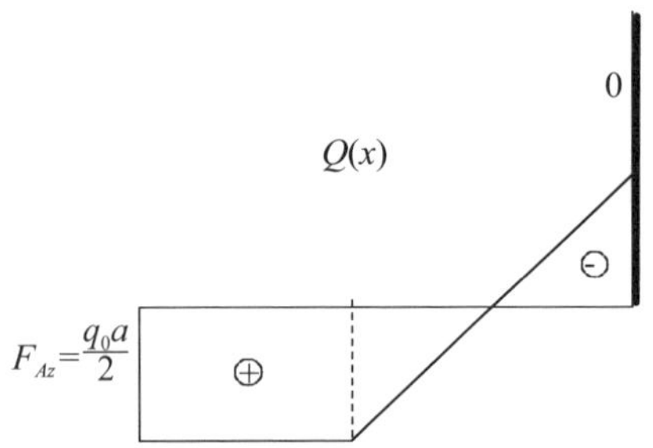

Abb. 1.6.32: Querkraftverlauf.

Beim Aufbau der Momentenfläche könnten wir uns an der Querkraftfläche orientieren, da die Steigung des Momentes der Querkraft entspricht ($M' = Q$). Zur Übung soll jedoch ein anderer Weg beschritten werden. Dazu wird unterhalb des Tragwerkes (untere Randfaser) eine gestrichelte Linie eingezeichnet. Das Moment ist proportional zur Krümmung ($M \sim \kappa$). Hieraus wird abgeleitet, dass bei Dehnung der gestrichelten Linie das Moment positiv, bei Stauchung negativ ist. Gehen wir vom linken Ende aus. Dort wirkt das Moment $M_A = -q_0 a^2/2$, die gestrichelte Linie wird gestaucht, d. h., das Schnittmoment an dieser Stelle ist negativ. Geht man sukzessive nach rechts, baut sich die negative Fläche aufgrund des Einflusses von F_{Az} linear ab, d. h., F_{Az} bewirkt einen positiven Momentanteil. Am Gelenk B ist das Moment „Null", d. h., der Einfluss von F_{Az} kompensiert das Einspannmoment. Von B zu i wirkt eine (konstante) Linienlast, welche eine Dehnung der Randfaser verursacht, weshalb das Moment positiv ist. Bei $x = \frac{3}{2} a$ hat die Querkraft einen Nulldurchgang und damit das Moment ein relatives Extremum. Anschließend wird die Momentenfläche (weiterhin parabelförmig) abgebaut, bis sie im Punkt i den Wert Null erreicht, denn im gesamten oberen Teil ist das Moment Null (man nutze das Ende 2) und damit auch an der Ecke. Hier muss das Moment Stetigkeit aufweisen (Übergangsbedingungen). Dabei wurde das Moment (des Krümmungsverhaltens wegen) nach unten positiv abgetragen!

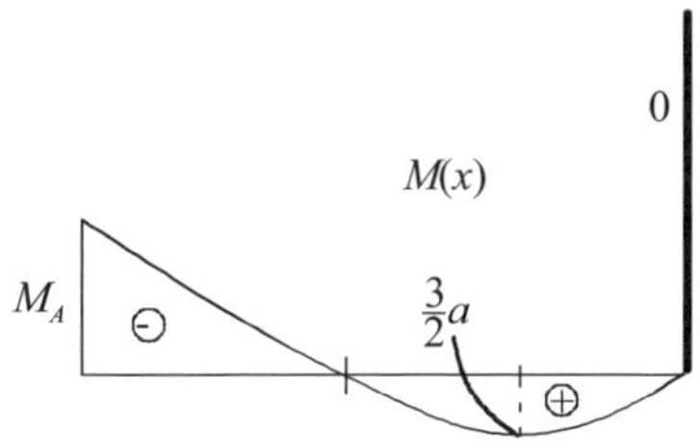

Abb. 1.6.33: Momentenverlauf.

(d) Wir bestimmen nun die Schnittgrößen durch elementares Freischneiden. Überall dort, wo sich die Geometrie bzw. die (äußere) Beanspruchung ändert, beginnt ein neuer Bereich, für welchen durch einen in diesem Bereich variablen Schnitt die Schnittgrößen sichtbar gemacht werden. Die Gleichgewichtsbedingungen führen dann auf die (bereichsweise gültigen) Schnittgrößen. Im Bereich I mit $0 \leq x \leq a$ gilt:

$$\sum F_x = 0: \; N_{\mathrm{I}}(x) = -F_{Ax} = 0 \;, \quad \sum F_z = 0: \; Q_{\mathrm{I}}(x) = F_{Az} = \frac{q_0 a}{2}, \qquad (1.6.83)$$

$$\sum M^{(S)} = 0: \; M_{\mathrm{I}}(x) - M_A - F_{Az} x = 0 \quad \Rightarrow \quad M_{\mathrm{I}}(x) = -\frac{q_0 a^2}{2} + \frac{q_0 a}{2} x .$$

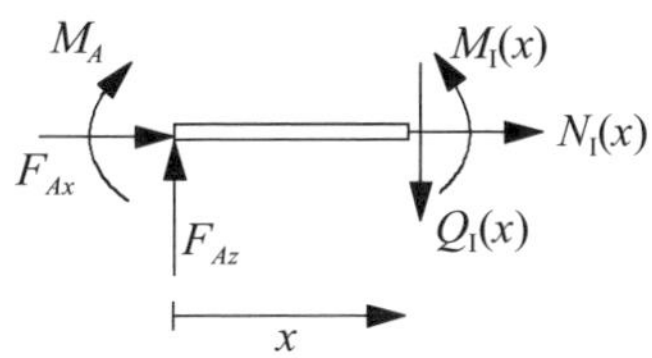

Abb. 1.6.34: Schnittlasten im Bereich I.

Im Bereich II $a \leq x \leq 2a$ folgt:

$$\sum F_x = 0: \; N_{\mathrm{II}}(x) = -F_{Ax} = 0 \,,$$

$$\sum F_x = 0: \; -F_{Az} + Q_{\mathrm{II}}(x) + q_0(x-a) = 0 \quad \Rightarrow$$

$$Q_{\mathrm{II}}(x) = \frac{q_0 a}{2} - q_0(x-a) = \frac{3}{2} q_0 a - q_0 x \,,$$

$$\sum M^{(S)} = 0: \; M_{\mathrm{II}}(x) - M_A - F_{Az} x + \frac{q_0 (x-a)^2}{2} = 0 \Rightarrow$$

$$M_{\mathrm{II}}(x) = -\frac{q_0 a^2}{2} + \frac{q_0 a}{2} x - \frac{q_0 (x-a)^2}{2} . \qquad (1.6.84)$$

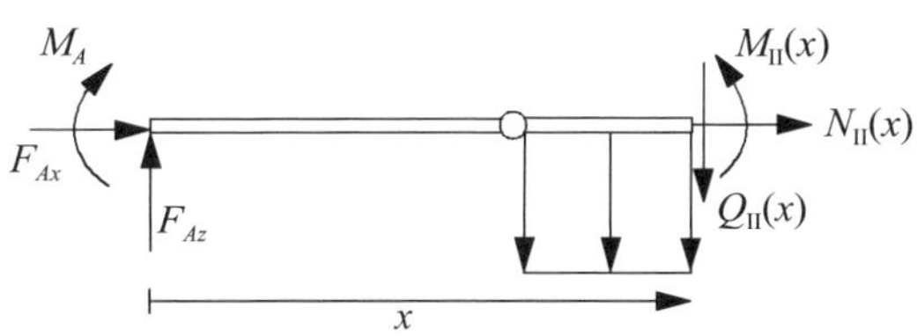

Abb. 1.6.35: Schnittlasten im Bereich II.

Natürlich könnten wir auch die entsprechenden negativen Schnittufer am rechten Teilkörper auswerten. Nun zum Bereich III zwischen $2a \leq x \leq 3a$ (x wird nach oben weiter positiv gezählt). Es ergibt sich:

$$\sum F_x = 0: \; N_{\text{III}}(x) = F_{Cz} = \frac{q_0 a}{2} \; , \; \sum F_z = 0: \; Q_{\text{III}}(x) = 0 \; , \tag{1.6.85}$$

$$\sum M^{(S)} = 0: \; M_{\text{III}}(x) = 0 \, .$$

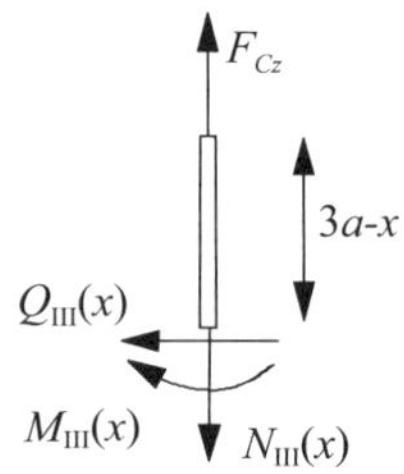

Abb. 1.6.36: Schnittlasten im Bereich III.

1.6.11 Balken mit Streckenlast II

Problemstellung

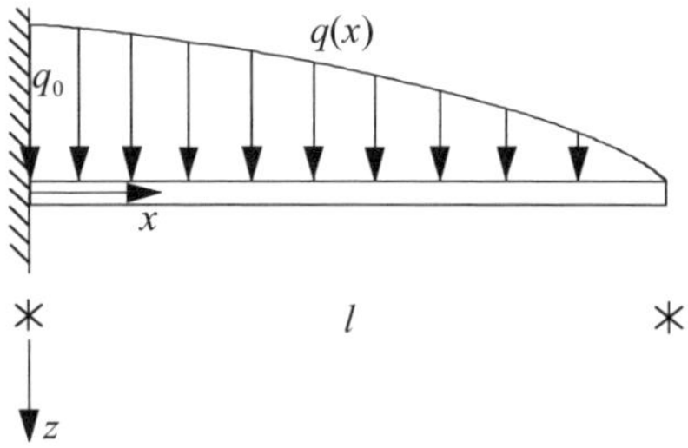

Abb. 1.6.37: Balken mit Streckenlast.

Der gezeigte Balken ist links fest eingespannt und wird durch eine kosinusförmige Streckenlast $q(x)$ belastet. Berechne den Verlauf der Schnittgrößen

(a) mithilfe des (elementaren) Schnittprinzips;

(b) durch Integration der Differenzialgleichungen für die Querkraft- bzw. Momentenfläche und skizziere diese über dem Balken.

Dabei sind q_0 und l gegeben.

Lösung

(a) Zunächst muss die Funktion der Streckenlast ermittelt werden. Hierzu setzen wir an, dass $q(x) = A\cos(Bx)$. Als Randbedingungen zur Bestimmung von A und B verwenden wir:

$$q(0) = q_0 \quad \Rightarrow \quad q_0 = A \, , \tag{1.6.86}$$

$$q(l) = 0 \quad \Rightarrow \quad 0 = A\cos(Bl) \quad \Rightarrow \quad B = \frac{\pi}{2l} \quad \Rightarrow \quad q(x) = q_0 \cdot \cos\left(\frac{\pi}{2l} x\right).$$

Auf die Ermittlung der Auflagerreaktionen wird bewusst verzichtet, da diese bei der Auswertung des rechten Teilkörpers (negatives Schnittufer) nicht explizit als unbekannte Größen auftreten. Der Freischnitt am negativen Schnittufer ist in Abb. 1.6.38 zu sehen.

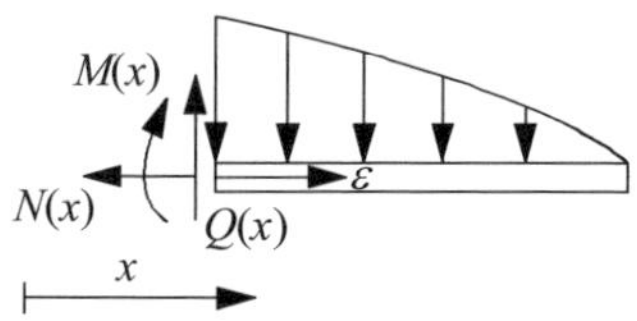

Abb. 1.6.38: Freischnitt rechte Seite.

Als Gleichgewichtsbedingungen notieren wir:

$$\sum F_x = 0:\ N(x) = 0\ ,\ \sum F_z = 0:\ -Q(x) + \int_x^l q(\tilde{x})\,\mathrm{d}\tilde{x} = 0 \tag{1.6.87}$$

$$\Rightarrow\quad Q(x) = \int_x^l q_0 \cos\left(\frac{\pi}{2l}\tilde{x}\right)\mathrm{d}\tilde{x} = \frac{q_0 2l}{\pi}\left[\sin\left(\frac{\pi}{2l}\tilde{x}\right)\right]_x^l = \frac{q_0 2l}{\pi}\left(1 - \sin\left(\frac{\pi}{2l}x\right)\right), \tag{1.6.88}$$

$$\sum M^{(S)} = 0: -M(x) - \int_0^{l-x} q(x+\varepsilon)\,\varepsilon\,\mathrm{d}\varepsilon = 0 \quad\Rightarrow\quad M(x) = -\int_0^{l-x} q_0 \cos\left(\frac{\pi}{2l}(x+\varepsilon)\right)\varepsilon\,\mathrm{d}\varepsilon\,.$$

Partielle Integration $\int u'v\,\mathrm{d}\varepsilon = [u\cdot v] - \int u\cdot v'\,\mathrm{d}\varepsilon$ ergibt mit der Abkürzung $(.)' = \frac{\mathrm{d}(.)}{\mathrm{d}\varepsilon}$ sowie Setzung:

$$u'(\varepsilon) = \cos\left(\frac{\pi}{2l}(x+\varepsilon)\right) \Rightarrow u(\varepsilon) = \frac{2l}{\pi}\sin\left(\frac{\pi}{2l}(x+\varepsilon)\right)\ ,\ v(\varepsilon) = \varepsilon \Rightarrow v'(\varepsilon) = 1 \tag{1.6.89}$$

als Ergebnis:

$$M(x) = -q_0\left[\frac{2l}{\pi}\varepsilon\sin\left(\frac{\pi}{2l}(x+\varepsilon)\right)\right]_0^{l-x} + q_0\int_0^{l-x}\frac{2l}{\pi}\sin\left(\frac{\pi}{2l}(x+\varepsilon)\right)\mathrm{d}\varepsilon = \tag{1.6.90}$$

$$-q_0\frac{2l}{\pi}(l-x) + q_0\left(\frac{2l}{\pi}\right)^2\cos\left(\frac{\pi}{2l}x\right) = q_0\frac{2l}{\pi}\left[x - l + \frac{2l}{\pi}\cos\left(\frac{\pi}{2l}x\right)\right].$$

(b) Wir finden die Schnittgrößen nun durch Integration der zugehörigen Differenzialgleichungen und Bestimmung der sich ergebenden Integrationskonstanten. Für die Querkraft- und Momentenfläche gilt:

$$Q'(x) = -q(x) = -q_0\cos\left(\frac{\pi}{2l}x\right), \tag{1.6.91}$$

$$M'(x) = Q(x) = -q_0\frac{2l}{\pi}\sin\left(\frac{\pi}{2l}x\right) + C_1 \Rightarrow M(x) = q_0\left(\frac{2l}{\pi}\right)^2\cos\left(\frac{\pi}{2l}x\right) + C_1 x + C_2\,.$$

Die Konstanten C_1 und C_2 werden aus physikalischen Randbedingungen bestimmt. Es sind zwar die Auflagerreaktionen (am linken Ende) unbekannt, jedoch verschwinden Querkraft und Moment am rechten freien Ende, was sofort ersichtlich ist. Also folgt:

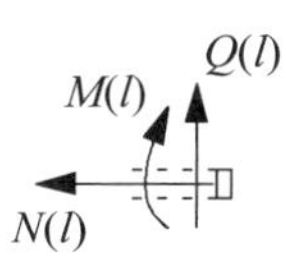

Abb. 1.6.39: Schnittlasten rechtes Ende.

$$Q(l) = 0 \quad\Rightarrow\quad C_1 = q_0\frac{2l}{\pi}\ ,\quad M(l) = 0 \quad\Rightarrow\quad C_2 = -C_1 l = -q_0\frac{2l^2}{\pi}\,,$$

$$\Rightarrow \quad Q(x)=q_0\frac{2l}{\pi}\left(1-\sin\left(\frac{\pi}{2l}x\right)\right), \quad M(x)=q_0\frac{2l}{\pi}\left[x-l+\frac{2l}{\pi}\cos\left(\frac{\pi}{2l}x\right)\right]. \qquad (1.6.92)$$

Es sei bemerkt, dass auch für die Normalkraft eine entsprechende Differenzialgleichung existiert, nämlich $N'(x)=-n(x)$. Dabei stellt $n(x)$ die Funktion der Linienlast in Längsrichtung des Balkens dar. Diese tritt im vorliegenden Fall jedoch nicht auf. Also ist $N'(x)=0$ und $N(x)=C_3$. Nun verschwindet am freien Ende (s. o.) auch die Normalkraft, d. h. $N(l)=0$ und es gilt somit $C_3=0$ und folglich $N(x)=0$. Querkraft- und Momentenfläche sind in Abb. 1.6.40 veranschaulicht.

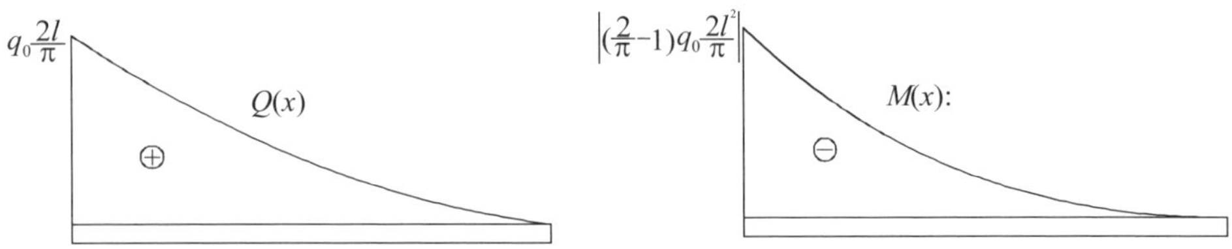

Abb. 1.6.40: Querkraft- und Momentenverlauf.

Man erinnere sich, dass ein positives Moment (nach Konvention) nach unten abgetragen werden soll. Die Randwerte sind lediglich betragsmäßig an die Flächen geschrieben. Das Vorzeichen wird durch + bzw. – innerhalb der Flächen festgelegt.

1.6.12 Tragwerk mit Streckenlast II

Problemstellung

Das skizzierte Tragwerk wird auf dem waagerechten Teil des gewinkelten Trägers durch eine parabolische Streckenlast beansprucht.

(a) Berechne alle Auflagerreaktionen und Gelenkkräfte.

(b) Bestimme alle Schnittgrößen durch (elementares) Freischneiden, skizziere diese über dem Tragwerk und diskutiere die Momentenfläche unter Berücksichtigung der Verformung der unteren Randfaser.

Gegeben sind a, q_0 und der Scheitelwert bei $\frac{3}{2}q_0$.

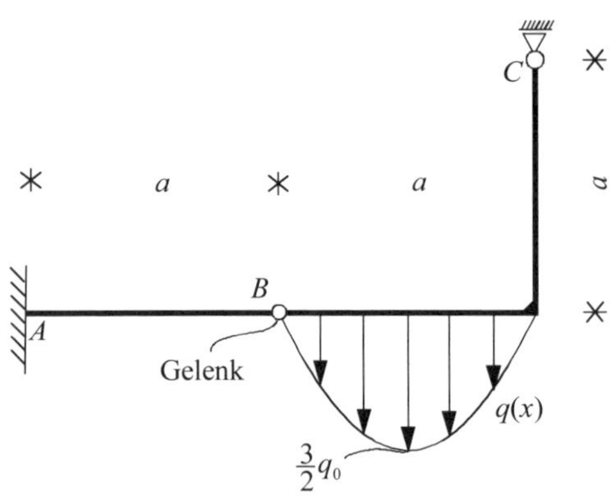

Abb. 1.6.41: Tragwerk mit Streckenlast.

Lösung

(a) Zur Bestimmung von Auflagerreaktionen und Gelenkkräften schneiden wir zunächst beide starre Körper frei: Abb. 1.6.42.

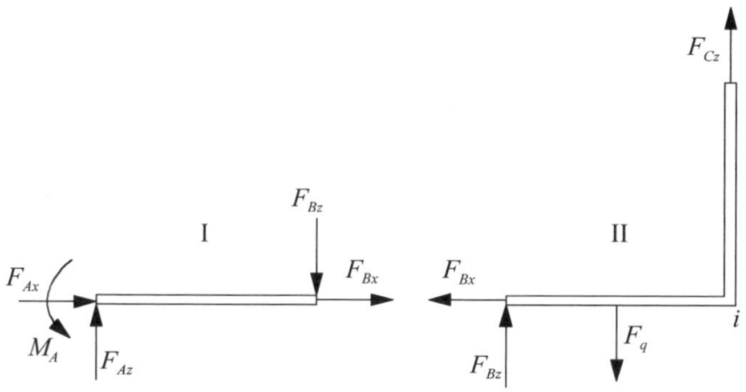

Abb. 1.6.42: Freischnitt des Tragwerkes.

Zunächst muss die Funktion $q(x)$ gefunden werden. Wir wollen wiederum die Koordinate x vom linken Ende aus nach rechts über B bis i und dann weiter nach oben positiv zählen, d. h. $0 \le x \le 3a$. Die Funktion $q(x)$ soll einen parabelförmigen Verlauf zwischen $a \le x \le 2a$ besitzen. Daher setzen wir allgemein an, dass $q(x) = Ax^2 + Bx + C$. Die Konstanten bestimmen wir aus Rand- und Stützwerten:

$$q(a) = 0 \ , \quad q(2a) = 0 \ , \quad q\left(\frac{3}{2}a\right) = \frac{3}{2}q_0$$

$$\Rightarrow \quad Aa^2 + Ba + C = 0 \ , \quad 4Aa^2 + 2Ba + C = 0 \ , \quad \frac{9}{4}Aa^2 + \frac{3}{2}Ba + C = \frac{3}{2}q_0 \qquad (1.6.93)$$

$$\Rightarrow \quad A = -\frac{6q_0}{a^2} \ , \quad q'\left(x = \frac{3}{2}a\right) = 0 \Rightarrow B = -3Aa = 18\frac{q_0}{a} \ , \quad C = -12q_0 \, .$$

Also ist:

$$q(x) = -\frac{6q_0}{a^2}x^2 + \frac{18}{a}q_0 x - 12q_0 = 6q_0\left[-\left(\frac{x}{a}\right)^2 + 3\left(\frac{x}{a}\right) - 2\right]. \qquad (1.6.94)$$

Die Resultierende der Streckenlast ergibt sich wie folgt:

$$F_q = \int_a^{2a} q(x)\,\mathrm{d}x = 6q_0 \int_a^{2a}\left[-\left(\frac{x}{a}\right)^2 + 3\left(\frac{x}{a}\right) - 2\right]\mathrm{d}x = \qquad (1.6.95)$$

$$6q_0 a\left[-\frac{1}{3}\left(\frac{x}{a}\right)^3 + \frac{3}{2}\left(\frac{x}{a}\right)^2 - 2\left(\frac{x}{a}\right)\right]_a^{2a} = 6q_0 a\left(-\frac{8}{3} + 6 - 4 + \frac{1}{3} - \frac{3}{2} + 2\right) = q_0 a \, .$$

Als Gleichgewichtsbedingungen am Teilkörper II haben wir:

$$\sum F_x = 0: \ F_{Bx} = 0 \ , \quad \sum F_z = 0: \ F_{Bz} = F_q - F_{Cz} \, , \qquad (1.6.96)$$

$$\sum M^{(B)} = 0: \ F_{Cz}a - F_q\frac{a}{2} = 0 \quad \Rightarrow \quad F_{Cz} = \frac{1}{2}q_0 a \quad \Rightarrow \quad F_{Bz} = \frac{1}{2}q_0 a \, .$$

Am Teilkörper I gilt:

$$\sum F_x = 0:\ F_{Ax} = -F_{Bx} = 0\ ,\ \sum F_z = 0:\ F_{Az} = F_{Bz} = \frac{1}{2} q_0 a\,, \tag{1.6.97}$$

$$\sum M^{(A)} = 0:\ M_A - F_{Bz} a = 0 \quad \Rightarrow \quad M_A = \frac{1}{2} q_0 a^2\,.$$

(b) Nun wenden wir uns der Schnittgrößenberechnung durch (bereichsweises) elementares Freischneiden zu. Für den Bereich I $0 \le x \le a$ (vgl. Abb. 1.6.43 links) notieren wir:

$$\sum F_x = 0:\ N_{\mathrm{I}}(x) = -F_{Ax} = 0\ ,\ \sum F_z = 0:\ Q_{\mathrm{I}}(x) = F_{Az} = \frac{1}{2} q_0 a\,, \tag{1.6.98}$$

$$\sum M^{(S)} = 0:\ M_{\mathrm{I}}(x) = -M_A + F_{Az} x = \frac{1}{2} q_0 a (x-a)\,.$$

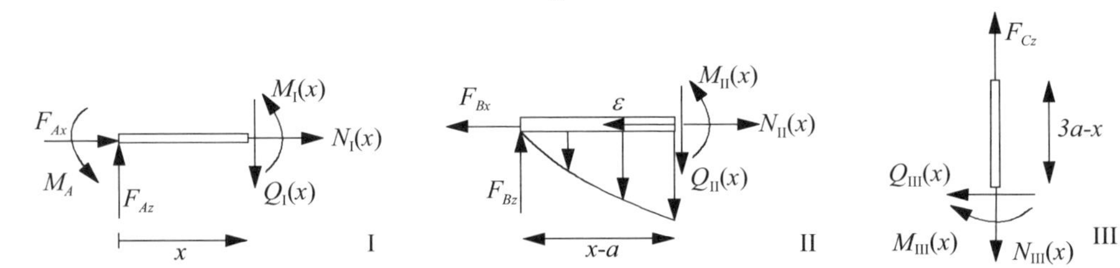

Abb. 1.6.43: Schnittlasten in den Bereichen I, II, III.

Nun zu Bereich II $a \le x \le 2a$. Da die Gelenkkräfte im Punkt B bekannt sind, ist der in Abb. 1.6.43 Mitte gezeigte Freischnitt sinnvoll. Wir notieren:

$$\sum F_x = 0:\ N_{\mathrm{II}}(x) = F_{Bx} = 0\ ,\ \sum F_z = 0:\ -F_{Bz} + Q_{\mathrm{II}}(x) + \int_a^x q(\tilde{x})\,\mathrm{d}\tilde{x} = 0$$

$$\Rightarrow \quad Q_{\mathrm{II}}(x) = F_{Bz} - 6q_0 a\left[-\frac{1}{3}\left(\frac{\tilde{x}}{a}\right)^3 + \frac{3}{2}\left(\frac{\tilde{x}}{a}\right)^2 - 2\left(\frac{\tilde{x}}{a}\right)\right]_a^x = \frac{1}{2} q_0 a - 6q_0 a\left[-\frac{1}{3}\left(\frac{x}{a}\right)^3 + \right.$$

$$\left.\frac{3}{2}\left(\frac{x}{a}\right)^2 - 2\left(\frac{x}{a}\right)\right] + 6q_0 a\left(-\frac{1}{3} + \frac{3}{2} - 2\right) = -6q_0 a\left[-\frac{1}{3}\left(\frac{x}{a}\right)^3 + \frac{3}{2}\left(\frac{x}{a}\right)^2 - 2\left(\frac{x}{a}\right) + \frac{3}{4}\right]$$

$$\sum M^{(S)} = 0:\ -F_{Bz}\cdot(x-a) + M_{\mathrm{II}}(x) + \int_0^{x-a} q(x-\varepsilon)\varepsilon\,\mathrm{d}\varepsilon = 0 \tag{1.6.99}$$

$$\Rightarrow \quad M_{\mathrm{II}}(x) = F_{Bz}\cdot(x-a) + \int_0^{x-a} q(x-\varepsilon)\cdot(x-\varepsilon)\,\mathrm{d}\varepsilon - \int_0^{x-a} q(x-\varepsilon)x\,\mathrm{d}\varepsilon = \frac{1}{2} q_0 a (x-a) +$$

$$\int_0^{x-a} 6q_0 a\left[-\left(\frac{x\text{-}\varepsilon}{a}\right)^3 + 3\left(\frac{x-\varepsilon}{a}\right)^2 - 2\frac{x-\varepsilon}{a}\right]\mathrm{d}\varepsilon -$$

$$\int_0^{x-a} 6q_0 a\left[-\left(\frac{x\text{-}\varepsilon}{a}\right)^3 + 3\left(\frac{x-\varepsilon}{a}\right)^2 - 2\frac{x-\varepsilon}{a}\right]\mathrm{d}\varepsilon -$$

$$\frac{1}{2} q_0 a (x-a) + 6q_0 a^2\left[\frac{1}{4}\left(\frac{x\text{-}\varepsilon}{a}\right)^4 - \left(\frac{x-\varepsilon}{a}\right)^3 + \left(\frac{x-\varepsilon}{a}\right)^2\right]_0^{x-a} -$$

$$6q_0ax\left[\frac{1}{3}\left(\frac{x-\varepsilon}{a}\right)^3-\frac{3}{2}\left(\frac{x-\varepsilon}{a}\right)^2-2\left(\frac{\varepsilon}{a}\right)\right]_0^{x-a}=\frac{1}{2}q_0a(x-a)+ \quad (1.6.100)$$

$$6q_0a\left\{a\left[\tfrac{1}{4}-1+1-\tfrac{1}{4}\left(\frac{x}{a}\right)^4+\left(\frac{x}{a}\right)^3-\left(\frac{x}{a}\right)^2\right]-x\left[\tfrac{1}{3}-\tfrac{3}{2}-2\frac{x}{a}+2-\right.\right.$$

$$\left.\left.\tfrac{1}{3}\left(\frac{x}{a}\right)^3+\tfrac{3}{2}\left(\frac{x}{a}\right)^2\right]\right\}=6q_0a^2\left[\tfrac{1}{12}\left(\frac{x}{a}\right)^4-\tfrac{1}{2}\left(\frac{x}{a}\right)^3+\left(\frac{x}{a}\right)^2-\tfrac{3}{4}\left(\frac{x}{a}\right)+\tfrac{1}{6}\right].$$

Und nun der Bereich III $2a \leq x \leq 3a$ (Abb. 1.6.43 rechts):

$$\sum F_x=0:\ F_{Cz}-N_{\mathrm{III}}(x)=0 \quad\Rightarrow\quad N_{\mathrm{III}}(x)=\frac{1}{2}q_0a\,, \quad (1.6.101)$$

$$\sum F_z=0:\ Q_{\mathrm{III}}(x)=0\ ,\ \sum M^{(S)}=0:\ M_{\mathrm{III}}(x)=0\,.$$

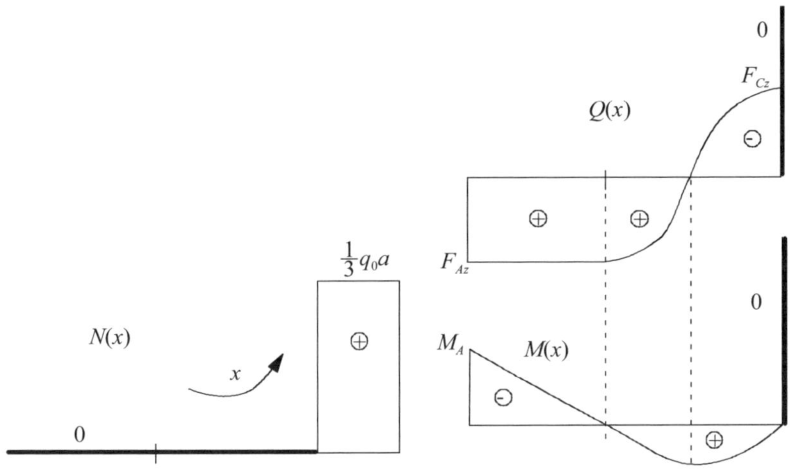

Abb. 1.6.44: Normalkrafts-, Querkrafts- und Momentenfläche.

Man betrachte wiederum, dass die x-Koordinate jetzt vertikal verläuft, die z-Koordinate horizontal. Merke, dass innerhalb eines Freischnitts die Einhaltung der Kräftegleichgewichte in horizontaler und vertikaler Richtung gewährleistet sein muss, unabhängig davon, ob innerhalb des Freischnitts eine Koordinate (konventionell eingeführt) ihre Richtung verändert (wie es hier der Fall ist). Abschließend zeichnen wir alle drei Schnittgrößen über dem Balken. $M(x)$ wurde per Konvention positiv nach unten abgetragen. Zwischen A und B ist $M(x)$ offensichtlich kleiner Null, denn das Einspannmoment wird die untere Randfaser stauchen (Druckbelastung). Am Gelenk ist das Moment Null, während es zwischen B und i positiv wird, was plausibel ist, da die Streckenlast die untere Randfaser dehnt (Zugbelastung).

1.7 Reibungsphänomene

1.7.1 COULOMBsche Reibung zwischen Keil und Klotz

Problemstellung

Das in Abb. 1.7.1 dargestellte System besteht aus zwei Keilen, die bei Überwindung der Haftreibung gegeneinander verschiebbar sind. Gesucht ist die zum Überwinden der Haftreibung und der Gewichtskraft F_G nötige Kraft F. Die Frage nach der Möglichkeit zur Selbstsperrung soll untersucht werden.

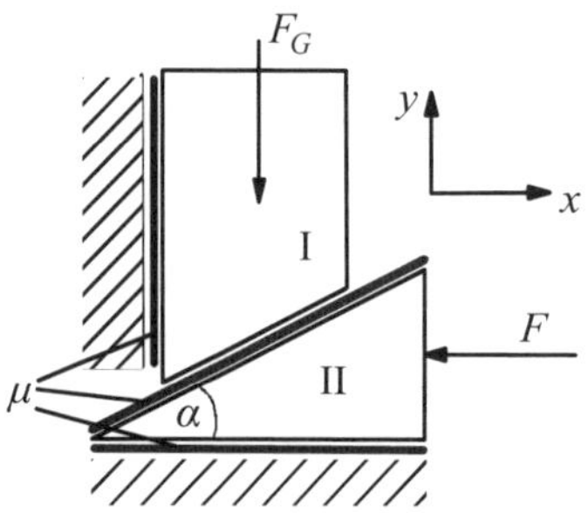

Abb. 1.7.1: Anheben eines Klotzes durch einen Keil.

Lösung

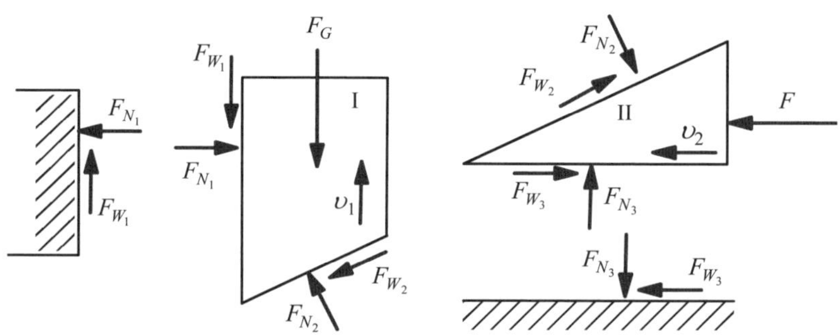

Abb. 1.7.2: Freischnitt des Systems.

Bevor an eine zahlenmäßige Lösung gegangen wird, ist freizuschneiden, so wie es in Abb. 1.7.2 zu sehen ist. Man beachte, dass die mit dem Index W gekennzeichneten Reibwiderstandskräfte jeweils der lokal herrschenden potenziellen Bewegung entgegengerichtet angetragen wurden. Die Normalkräfte (mit dem Index N gekennzeichnet) sind normal zur jeweiligen Unterlage als Druckkräfte eingezeichnet. Aus dem Freischnitt resultieren 7 Unbekannte, nämlich: F_{W_1}, F_{N_1}, F_{W_2}, F_{N_2}, F_{W_3}, und F. Mithin sind zur Bestimmung 7 Gleichungen erforderlich. Wir notieren die COULOMBschen Gleichungen, welche die Normal- und Reibwiderstandskräfte miteinander verknüpfen:

$$F_{W_1} = \mu\, F_{N_1}\,,\quad F_{W_2} = \mu\, F_{N_2}\,,\quad F_{W_3} = \mu\, F_{N_3}\,, \tag{1.7.1}$$

und für beide Systeme jeweils zwei Kräftegleichgewichtsbedingungen, so für den Klotz I:

$$\sum F_x = 0: \quad F_{N_1} - F_{W_2}\cos(\alpha) - F_{N_2}\sin(\alpha) = 0\,, \tag{1.7.2}$$

$$\sum F_y = 0: \quad -F_{W_1} - F_G - F_{W_2}\sin(\alpha) + F_{N_2}\cos(\alpha) = 0\,,$$

und für Keil II:

$$\sum F_x = 0: \quad F_{W_2}\cos(\alpha) + F_{N_2}\sin(\alpha) + F_{W_3} - F = 0\,, \tag{1.7.3}$$

$$\sum F_y = 0: \quad F_{W_2}\sin(\alpha) - F_{N_2}\cos(\alpha) + F_{N_3} = 0\,.$$

Durch Einsetzen der COULOMBschen Gleichungen entsteht aus den Kräftebilanzen:

$$F_{N_1} - F_{N_2}[\mu\cos(\alpha) + \sin(\alpha)] = 0 \quad \Rightarrow \quad F_{N_1} = F_{N_2}[\mu\cos(\alpha) + \sin(\alpha)]\,,$$

$$-F_{N_1}\,\mu - F_G - F_{N_2}[\mu\sin(\alpha) - \cos(\alpha)] = 0\,,$$

$$F_{N_2}[\mu\cos(\alpha) + \sin(\alpha)] + F_{N_3}\,\mu - F = 0\,, \tag{1.7.4}$$

$$F_{N_2}[\mu\sin(\alpha) - \cos(\alpha)] + F_{N_3} = 0 \quad \Rightarrow \quad F_{N_3} = -F_{N_2}[\mu\sin(\alpha) - \cos(\alpha)]\,.$$

Indem wir die erste umgestellte Gleichung in die zweite Beziehung einsetzen, entsteht:

$$-F_{N_2}[\mu\{\mu\cos(\alpha) + \sin(\alpha)\} + \mu\sin(\alpha) - \cos(\alpha)] - F_G = 0 \quad \Rightarrow \tag{1.7.5}$$

$$F_G = F_{N_2}\left[\cos(\alpha) - 2\,\mu\sin(\alpha) - \mu^2\cos(\alpha)\right]\,.$$

Dieses wiederum, zusammen mit der letzten Gleichung, in die dritte eingesetzt, führt auf:

$$F_{N_2}\left[\mu\cos(\alpha) + \sin(\alpha) - \mu^2\sin(\alpha) + \mu\cos(\alpha)\right] - F = 0 \quad \Rightarrow$$

$$F = F_{N_2}\left[\sin(\alpha) - \mu^2\sin(\alpha) + 2\,\mu\cos(\alpha)\right] \quad \Rightarrow \tag{1.7.6}$$

$$F = F_G\,\frac{\sin(\alpha) + 2\mu\cos(\alpha) - \mu^2\sin(\alpha)}{\cos(\alpha) - 2\mu\sin(\alpha) - \mu^2\cos(\alpha)}\,.$$

Als Nächstes soll die Frage gestellt werden, ob die Möglichkeit zur Selbstsperrung besteht, also keine noch so große Kraft in der Lage ist, eine Bewegung zu erzielen. Offenbar ist dazu nötig, dass der Nenner in der Lösung verschwindet, denn dann wird $F \to \infty$, also:

$$\cos(\alpha) - 2\,\mu\sin(\alpha) - \mu^2\cos(\alpha) = 0\,. \tag{1.7.7}$$

Dieses führt auf eine quadratische Gleichung für den hierzu notwendigen Reibungskoeffizienten:

$$\mu^2 + 2\,\mu\tan(\alpha) - 1 = 0\,, \tag{1.7.8}$$

mit der Lösung:

$$\mu_{1,2} = -\tan(\alpha) \pm \sqrt{\frac{\sin^2(\alpha)}{\cos^2(\alpha)} + 1} = -\tan(\alpha) \pm \sqrt{\frac{1}{\cos^2(\alpha)}} = -\tan(\alpha) \pm \frac{1}{\cos(\alpha)}\,. \tag{1.7.9}$$

Welche der beiden Lösungen physikalisch sinnvoll ist, muss man bei gegebenem Winkel α dadurch entscheiden, dass sich ein positiver Haftreibkoeffizient ergibt. Ist hingegen der Haftreibkoeffizient gegeben und der zur Selbstsperrung nötige Keilwinkel gesucht, so löst man Gleichung (1.7.8) einfach nach diesem auf:

$$\tan(\alpha) = \frac{1-\mu^2}{2\,\mu}. \tag{1.7.10}$$

Zum Schluss sei alternativ zur rechnerischen Methode noch eine zeichnerische Lösung angegeben. Hierzu fasst man die Reibwiderstandskräfte und die Normalkräfte jeweils zu einer mit dem Index R gekennzeichneten Resultierenden zusammen, die unter dem Winkel $\rho = \arctan(\mu)$ angesetzt und zu einem geschlossenen Kräfteeck ergänzt werden, wie in der Abb. 1.7.3 zu sehen ist. Man kann das in der Abbildung dargestellte Kräfteeck mithilfe des Sinussatzes nachrechnen:

$$\frac{F_G}{\sin[90° - (\alpha + 2\rho)]} = \frac{F_{R_2}}{\sin(90° + \rho)} \quad \Rightarrow \quad F_{R_2} = \frac{\cos(\rho)}{\cos(\alpha + 2\rho)} F_G, \tag{1.7.11}$$

$$\frac{F}{\sin(\alpha + 2\rho)} = \frac{F_{R_2}}{\sin(90° - \rho)} \quad \Rightarrow \quad F_{R_2} = \frac{\cos(\rho)}{\sin(\alpha + 2\rho)} F \quad \Rightarrow \quad F = \tan(\alpha + 2\rho) F_G.$$

Mithilfe trigonometrischer Additionstheoreme lässt sich zeigen, dass dies in der Tat dasselbe Ergebnis wie in der Gleichung (1.7.6) ist. Die Selbstsperrung ist an dieser Beziehung auch sofort zu sehen. Sie tritt ein, wenn der Tangens singulär wird:

$$\alpha + 2\rho = 90° \quad \Rightarrow \quad \alpha = 90° - 2\arctan(\mu). \tag{1.7.12}$$

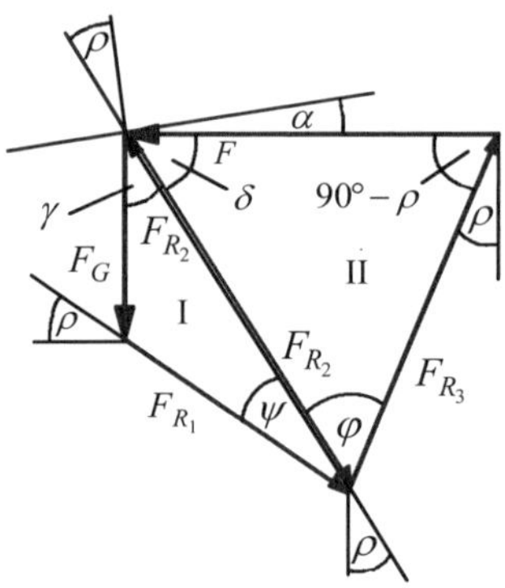

Abb. 1.7.3: Zeichnerische Lösung des Reibungsproblems.

1.7.2 Reibung zwischen Leiter und Wand

Problemstellung

Eine über einen Pendelstab an einer Wand montierte Leiter wird nacheinander an drei Positionen vertikal belastet. Berechne die Reibkoeffizienten, die nötig sind, um die jeweiligen Lasten im Gleichgewicht zu halten.

Lösung

Für jedem Fall studieren wir den dazugehörigen Freischnitt. Bei Belastung nur durch F_1 gilt offenbar (vgl. Abb. 1.7.5 links):

$$F_1 = F_{N_1}, \tag{1.7.13}$$

und es ist keine Reibkraft nötig, um statisches Gleichgewicht zu garantieren. Mithin genügt hier zu fordern, dass:

$$\mu_1 = 0 . \tag{1.7.14}$$

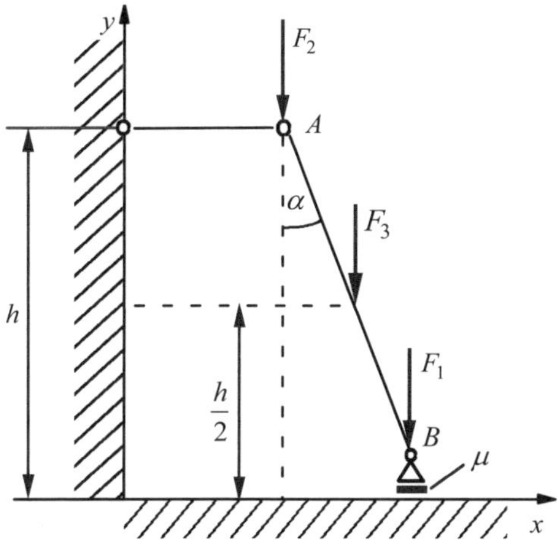

Abb. 1.7.4: An eine Wand gelehnte Leiter.

Bei Belastung nur durch F_2 hingegen gilt für die Leiter (vgl. Abb. 1.7.5 Mitte):

$$\sum F_x = 0: \quad F_A = F_{Bx} \text{ , } \sum F_y = 0: \quad F_2 = F_{By} \tag{1.7.15}$$

mit der Pendelstützenbedingung:

$$F_{Bx} = \tan(\alpha) F_{By} . \tag{1.7.16}$$

Für das Lager gilt in diesem Fall (vgl. ebenfalls Abb. 1.7.5 Mitte):

$$\sum F_x = 0: \quad F_{W_2} = F_{Bx} \text{ , } \sum F_y = 0: \quad F_{N_2} = F_{By} . \tag{1.7.17}$$

Im Grenzfall genügt es zu fordern:

$$F_{Bx} = F_{W_2} , \tag{1.7.18}$$

d. h., die Reibkraft muss mindestens (also $\geq$) die horizontale Kraftkomponente abfangen. Mit den Gleichungen (1.7.16) und aufgrund des COULOMBschen Gesetzes:

$$F_{W_2} = \mu_2 F_{N_2} \quad \Rightarrow \quad \frac{F_{W_2}}{F_{N_2}} = \mu_2 \geq \frac{F_{B_x}}{F_{B_y}} = \tan(\alpha) \tag{1.7.19}$$

folgt:

$$\mu_2 \geq \tan(\alpha) . \tag{1.7.20}$$

Schließlich ergibt sich bei Belastung durch F_3 (siehe Abb. 1.7.5 rechts):

$$\sum F_x = 0: \quad F_A = F_{Bx} \text{ , } \sum F_y = 0: \quad F_3 = F_{By} \text{ ,}$$

$$\sum M^{(B)} = 0: \quad F_A \, h - F_3 \frac{h}{2} \tan(\alpha) = 0 . \tag{1.7.21}$$

Mithin ergibt sich:

$$F_A = \frac{\tan(\alpha)}{2} F_3 \text{ , } F_{By} = F_3 \text{ , } F_{Bx} = \frac{\tan(\alpha)}{2} F_3 . \tag{1.7.22}$$

Die Kraftkomponente F_{Bx} wird durch die Reibwiderstandskraft F_{W_3} realisiert (siehe Lagerfreischnitt, Abb. 1.7.5 rechts):

$$\sum F_x = 0: \quad F_{W_3} = F_{Bx} \, , \quad \sum F_y = 0: \quad F_{N_3} = F_{By} \, . \tag{1.7.23}$$

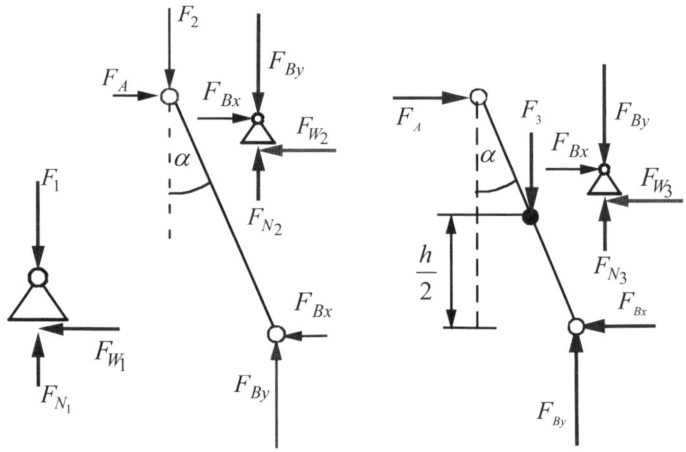

Abb. 1.7.5: Freischnitte.

Also ist zu fordern, dass mindestens gilt:

$$F_{W_3} \geq F_{Bx} = \frac{\tan(\alpha)}{2} F_3 \, . \tag{1.7.24}$$

Außerdem muß die Normalkraft F_{N_3} gerade die Komponente F_{By} abfangen:

$$F_{N_3} = F_{By} = F_3 \, . \tag{1.7.25}$$

Aufgrund des COULOMBschen Gesetzes:

$$F_{W_3} = \mu F_{N_3} \tag{1.7.26}$$

folgt so:

$$\mu_3 \geq \frac{\tan(\alpha)}{2} \, . \tag{1.7.27}$$

1.7.3 Selbstsperrung durch Hebelwirkung

Problemstellung

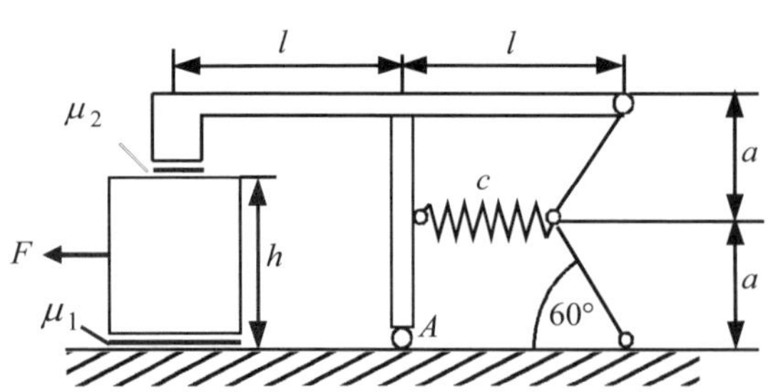

Abb. 1.7.6: Unter Vorspannung stehendes Klotz-Hebel-System.

Aus der in Abb. 1.7.6 dargestellten, über das Haftreibungsprinzip funktionierenden Halterung soll ein Klotz gezogen werden. Gesucht ist die zum Überwinden der Haftreibung und der Federvorspannung nötige Kraft F. Untersuche auch den Fall möglicher Selbstsperrung.

Lösung

Bevor an eine Lösung gegangen wird, ist freizuschneiden, so wie in Abb. 1.7.7 dargestellt ist. Beachte, dass die mit dem Index W gekennzeichneten Reibwiderstandskräfte jeweils der lokal herrschenden potenziellen Bewegung entgegengerichtet angetragen wurden. Die Normalkräfte (mit dem Index N gekennzeichnet) sind senkrecht zur jeweiligen Unterlage als Druckkräfte eingezeichnet. Die Feder ist als Druckfeder angesetzt. Auch ist deutlich zu sehen, wie sich bei Zusammensetzen der drei Teilsysteme alle Freischnittkräfte aufgrund des „actio = reactio"-Prinzips herausheben. Als Nächstes notieren wir die Gleichgewichtsbedingungen für das Teilsystem 2:

$$\sum F_x = 0: \quad -F + F_{W_1} + F_{W_2} = 0 \quad \Rightarrow \quad F = F_{W_1} + F_{W_2}. \tag{1.7.28}$$

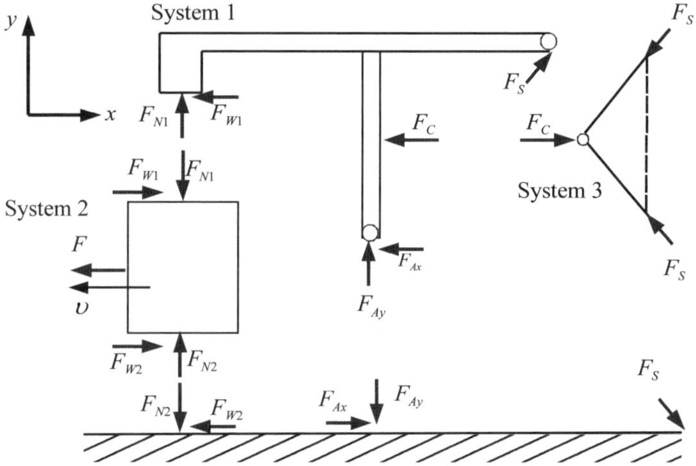

Abb. 1.7.7: Freischnitt des Klotz-Hebel-Systems.

Im Prinzip resultieren acht Unbekannte aus dem Freischnitt, nämlich: F_{W_1}, F_{N_1}, F_{W_2}, F_{N_2}, F_{Ax} F_{Ay}, F_S und F. Mithin sind zur vollständigen Bestimmung der Unbekannten acht Gleichungen erforderlich. Wir wollen uns jedoch auf die Bestimmung der Zugkraft F konzentrieren, und zu diesem Zweck bilden wir:

$$\sum F_y = 0: \quad -F_{N_1} + F_{N_2} = 0 \quad \Rightarrow \quad F_{N_1} = F_{N_2} = F_N. \tag{1.7.29}$$

Für das Teilsystem 1 wählen wir aus gleichem Grund die folgende Momentenbedingung:

$$\sum M^{(A)} = 0: \quad -F_N\, l + F_{W_1} h - F_{Sx}\, 2a + F_{Sy}\, l + F_c\, a = 0. \tag{1.7.30}$$

Und für das Teilsystem 3 schließlich noch die Kräftebilanz:

$$\sum F_x = 0: \quad F_c - 2F_{Sx} = 0 \quad \Rightarrow \quad F_{Sx} = \frac{F_c}{2}. \tag{1.7.31}$$

Ferner gilt:

$$\tan(60°) = \frac{F_{Sy}}{F_{Sx}} \equiv \sqrt{3} \quad \Rightarrow \quad F_{Sy} = F_{Sx}\sqrt{3} = \frac{\sqrt{3}}{2} F_c. \tag{1.7.32}$$

Die zwei COULOMBschen Gleichungen, die Normal- und Reibwiderstandskräfte miteinander verbinden, lauten:

$$F_{W_1} = \mu_1 F_N \ , \ F_{W_2} = \mu_2 F_N \ , \tag{1.7.33}$$

und aus Gleichung (1.7.28) folgt:

$$F = \left(\mu_1 + \mu_2\right) F_N \ . \tag{1.7.34}$$

Aus der Momentenbedingung (1.7.30) wird:

$$F_N \ l - \mu_1 F_N h + \frac{F_c}{2} 2a - \frac{F_c}{2} \sqrt{3}\, l - F_c \ a = 0 \ , \tag{1.7.35}$$

und somit:

$$F_N = F_c \frac{\sqrt{3}\, l}{2(l - \mu_1 \ h)} . \tag{1.7.36}$$

Indem man die Gleichungen (1.7.34) und (1.7.36) miteinander verknüpft, entsteht:

$$F = F_c \frac{\sqrt{3}\, l \left(\mu_1 + \mu_2\right)}{2\left(l - \mu_1 \ h\right)} . \tag{1.7.37}$$

Im Fall $F \to \infty$ resultiert Selbstsperrung des Systems, und dieser Fall kann eintreten, wenn der Nenner gegen Null geht, also folgt:

$$\left(l - \mu_1 \ h\right) = 0 \quad \Rightarrow \quad \mu_1 = \frac{l}{h} . \tag{1.7.38}$$

Abschließend sollen der Vollständigkeit halber noch die Auflagerkräfte ermittelt werden. Hierfür stehen beim System 1 noch die Kräftebilanzen zur Verfügung:

$$\sum F_x = 0: \ -F_{W_1} + F_{Sx} - F_c - F_{Ax} = 0 \quad \Rightarrow \quad F_{Ax} = -F_{W_1} - F_{Sx} + F_c \ , \tag{1.7.39}$$

$$\sum F_y = 0: \ F_{N_1} + F_{Sy} + F_{Ay} = 0 \quad \Rightarrow \quad F_{Ay} = -F_N - F_{Sy} \ .$$

Mit den zuvor erhaltenen Resultaten entsteht:

$$F_{Ax} = -\mu_1 F_N - \frac{F_c}{2} + F_c = -F_c \frac{\sqrt{3}\, l}{2(l - \mu_1 \ h)} \mu_1 + \frac{F_c}{2} = \frac{F_c}{2}\left[1 - \frac{\mu_1 \sqrt{3}\, l}{l - \mu_1 \ h}\right] , \tag{1.7.40}$$

$$F_{Ay} = -F_c \frac{\sqrt{3}\, l}{2(l - \mu_1 \ h)} - \frac{F_c}{2}\sqrt{3} = -\frac{F_c}{2}\sqrt{3}\left(1 + \frac{l}{l - \mu_1 \ h}\right) .$$

1.7.4 Malergerüst

Problemstellung

Über zwei Poller wird vermittels Seilreibung einem Gerüst vom Gewicht F_G sowie dem einer Person (verschiebbare Last F) das Gleichgewicht gehalten. Wie weit kann die Last F verschoben werden (Abstand x), ohne das Gleichgewicht zu gefährden?

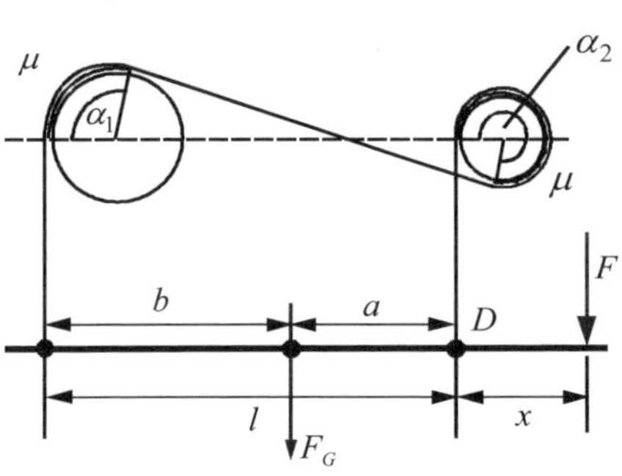

Abb. 1.7.8: Über ein Seil mit zwei Pollern verbundenes Malergerüst.

Lösung

In einem ersten Schritt untersuchen wir, wie die EULER-EYTELWEINsche Seilgleichung zu erweitern ist, wenn das Seil über zwei Poller gelegt wird. Um diese Frage zu beantworten, schneiden wir das Seil zwischen den beiden Pollern auf, indem wir an der Schnittstelle eine Hilfskraft S_3 ansetzen: Abb. 1.7.9.

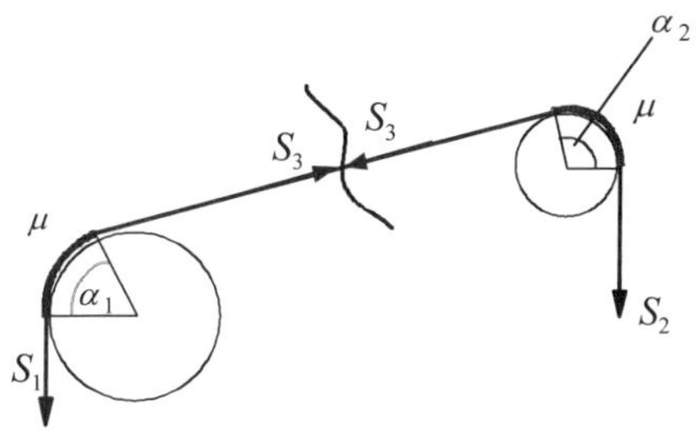

Abb. 1.7.9: EULER-EYTELWEINsche Gleichung bei mehreren Pollern.

Die EULER-EYTELWEINsche Gleichung für das linke Teilsystem lautet dann:

$$S_3 = S_1 \exp(\mu\, \alpha_1), \tag{1.7.41}$$

denn hier wird die links angelegte Kraft S_1 durch die Wirkung der Reibung verstärkt. Ebenso gilt für das rechte Teilsystem:

$$S_2 = S_3 \exp(\mu\, \alpha_2), \tag{1.7.42}$$

denn diesmal zieht die Kraft S_3 das Seil nach links und wird dabei durch Reibung verstärkt. Kombination der beiden letzten Beziehungen führt auf:

$$S_2 = S_3 \exp(\mu\, \alpha_2) = S_1 \exp(\mu\, \alpha_1)\exp(\mu\, \alpha_2) = S_1 \exp[\mu\,(\alpha_1 + \alpha_2)]\ , \tag{1.7.43}$$

d. h., die beiden Umschlingungswinkel addieren sich einfach. Wir kehren nun zurück zum eigentlichen Problem. Dazu schneiden wir frei, wie in Abb. 1.7.10 dargestellt.

Drei Unbekannte resultieren aus dem Freischnitt, nämlich: S_1, S_2 und x. Mithin sind zur ihrer Bestimmung drei Gleichungen erforderlich. Für System 2 notieren wir:

$$\sum F_y = 0: \quad S_1 + S_2 - F_G - F = 0 \ , \quad \sum M^{(D)} = 0: \quad -S_1\, l + F_G\, a - F\, x = 0\,. \tag{1.7.44}$$

Für System 1 gilt die oben hergeleitete, erweiterte EULER-EYTELWEINsche Gleichung:

$$S_2 = S_1 \exp[\mu(\alpha_1 + \alpha_2)]\ . \tag{1.7.45}$$

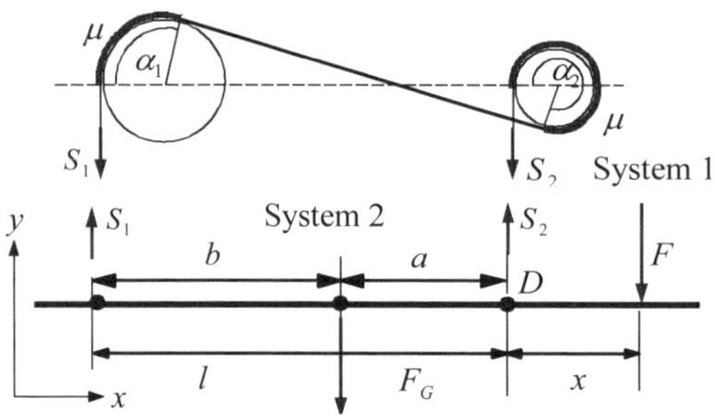

Abb. 1.7.10: Freischnitt des Gerüsts.

Gegenseitiges Einsetzen und Auflösen ergibt das Endresultat:

$$x = \frac{F_G}{F} a - \frac{\left(1 + \frac{F_G}{F}\right) l}{1 + \exp[\mu(\alpha_1 + \alpha_2)]} \ , \ S_1 = \frac{F + F_G}{1 + \exp[\mu(\alpha_1 + \alpha_2)]} \ ,$$

$$S_2 = \frac{(F + F_G)\exp[\mu(\alpha_1 + \alpha_2)]}{1 + \exp[\mu(\alpha_1 + \alpha_2)]} \ . \qquad (1.7.46)$$

1.7.5 Vertikal verschiebbare Bühne zwischen zwei Wänden

Problemstellung

Über einen im Punkt D drehbar gelagerten Schieber wird ein rechteckiger Kasten zwischen zwei Wänden herauf- und herunterbewegt. An den hervorgehobenen Punkten und Flächen herrscht Reibung, welche die Bewegung behindert. Bestimme das zum Einsetzen der Bewegung notwendige Motorenmoment M.

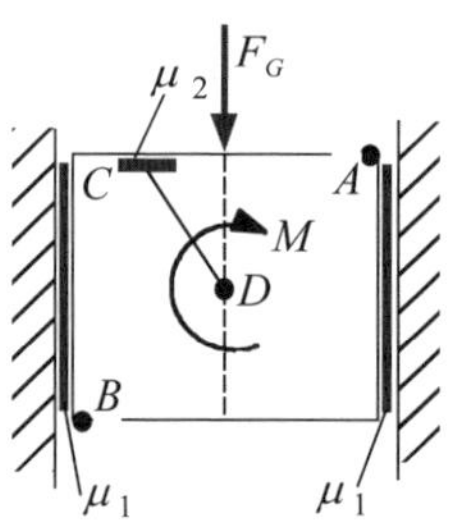

Abb. 1.7.11: Schieber zwischen zwei Wänden.

Lösung

In einem ersten Schritt werden der Kasten und der Schieber freigeschnitten: Abb. 1.7.12. Wir erhalten die beiden dargestellten Untersysteme. Beim Freischnitt ist zu beachten, dass die Reibwiderstandskräfte (durch den Index W gekennzeichnet) der potenziellen Bewegung des jeweiligen Systems entgegengerichtet sind. Die mit dem Index N gekennzeichneten Normalkräfte stehen senkrecht auf den jeweiligen Oberflächen und sind ihrer Natur nach Druckkräfte. Beide Anteile, Normalkräfte und Reibwiderstandskräfte werden für eine graphische Lösung auch oft zu einer unter dem Reibwinkel ρ stehenden Resultierenden (mit dem Index R gekennzeichnet) zusammengefasst. Nach dem Freischnitt treten die folgenden neun Unbekannten auf:

$$F_{N_A},\ F_{N_B},\ F_{N_C},\ F_{W_A},\ F_{W_B},\ F_{W_C},\ M,\ F_{Dx},\ F_{Dy} \ . \qquad (1.7.47)$$

Zu ihrer Berechnung bedarf es neun Gleichungen. Diese sind gegeben durch die Gleichgewichtsbedingungen für die Untersysteme I und II, sowie durch die COULOMBsche Formel:

$$\text{I:}\quad \sum F_x = 0\,,\ \sum F_y = 0\,,\ \sum M = 0\,,\quad \text{II:}\quad \sum F_x = 0\,,\ \sum F_y = 0\,,\ \sum M = 0\,,$$

$$F_{W_A} = \mu_1 F_{N_A}\,,\quad F_{W_B} = \mu_1 F_{N_B}\,,\quad F_{W_C} = \mu_2 F_{N_C}\,. \tag{1.7.48}$$

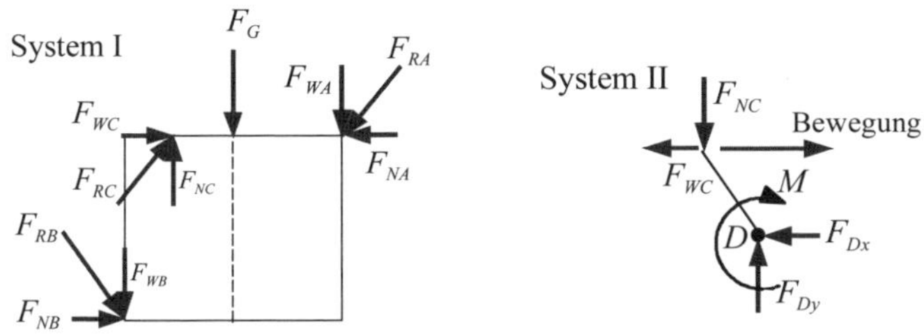

Abb. 1.7.12: Freischnitt des Schieber-Wand-Systems.

Diese Gleichungen auszuwerten ist möglich, aber etwas mühsam. Eine Alternative hierzu stellt die zeichnerische Lösung dar, die in Abb. 1.7.13 erläutert ist:

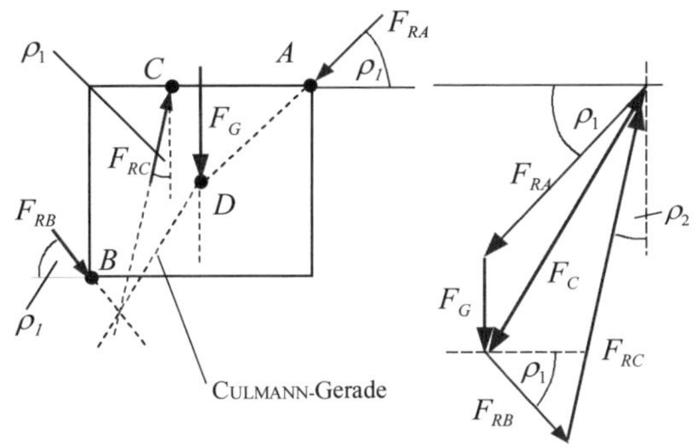

Abb. 1.7.13: Zeichnerische Lösung des Schieber-Wand-Problems.

Dabei wurde mit dem CULMANNschen Verfahren gearbeitet: Man startet mit der bekannten Kraft F_G und schließt das Kräftedreieck mit F_{RA} unter Richtung $\rho_1 = \tan^{-1}(\mu_1)$ und der CULMANN-Kraft F_C. Danach dreht man die Richtung der CULMANN-Kraft um und konstruiert wieder ein geschlossenes Kraftdreieck, wobei diesmal die Richtungen $\rho_1 = \tan^{-1}(\mu_1)$ und $\rho_2 = \tan^{-1}(\mu_2)$ vorgegeben sind.

1.7.6 Waschmaschinentrommel

Problemstellung

Ein Keilriementrieb verbindet, wie in Abb. 1.7.14 dargestellt, eine Waschmaschinentrommel (Wäsche und Maschinengewicht F_G) mit einem nach rechts drehenden Antriebsmotor. Dabei liegt der Keilriemen an der kleinen Scheibe in einer Keilnut, während er an der großen Scheibe mit seiner Unterseite flach aufliegt. Bestimme den Keilwinkel β, Auflager- und Seilkräfte und das erforderliche Antriebsmoment M. Beim Betrieb soll es nicht zum Rutschen kommen. Gefordert ist gleiche Sicherheit beider Riemenscheiben gegen Gleiten.

Lösung

In einem ersten Schritt werden beide Riemen sowie die Trommel und der Motor inklusive aller Halterungen und Lager freigeschnitten. Wir erhalten die in Abb. 1.7.15 links dargestellten Untersysteme. Beim Freischnitt ist zu beachten, dass die größere Seilkraft S_2 auf der rechten Seite angesetzt wurde, da der Motor mit dem Uhrzeigersinn drehen soll. An unbekannten Größen notieren wir:

$$F_{Ax}\,,\; F_{Ay}\,,\; F_{Bx}\,,\; F_{By}\,,\; S_1\,,\; S_2\,,\; M\,,\; \beta\,. \tag{1.7.49}$$

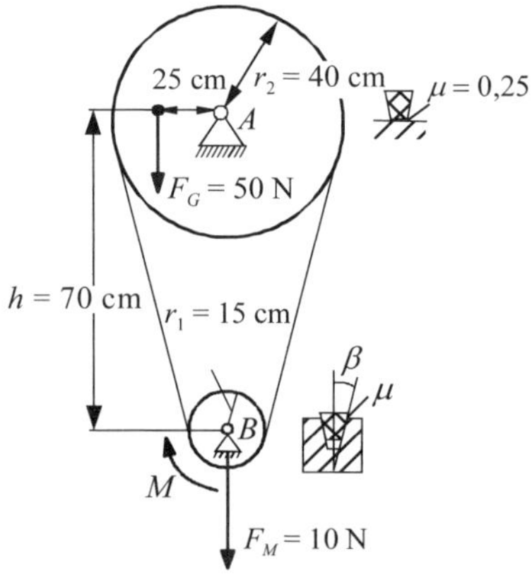

Abb. 1.7.14: Über einen Keilriemen mit einem Motor verbundeneWaschmaschinentrommel.

In einem ersten Schritt bestimmen wir den Keilriemenwinkel. Wir notieren zunächst die EULER-EYTELWEINschen Gleichungen für Seile und Keilriemen:

$$S_2 = S_1 \exp\left[\frac{\mu}{\sin(\beta)}\alpha_2\right]\,,\quad S_2 = S_1 \exp(\mu\,\alpha_1)\,. \tag{1.7.50}$$

Wir berechnen mit der rechten Zeichnung der Abb. 1.7.15 die beiden Umschlingungswinkel α_1, α_2 aus:

$$\sin(\varphi) = \frac{25\text{ cm}}{70\text{ cm}} = 0{,}357 \quad\Rightarrow\quad \varphi = 20{,}9°\,, \tag{1.7.51}$$

$$\alpha_1 = 180° + 2\varphi \;\Rightarrow\; \alpha_1 = 221{,}8°\;,\; \alpha_2 = 180° - 2\varphi \;\Rightarrow\; \alpha_2 = 138{,}2°\,.$$

Durch Kombination dieser Gleichungen mit (1.7.50) finden wir:

$$\frac{S_2}{S_1} = \exp(\mu\,\alpha_1) = \exp\left[\frac{\mu}{\sin(\beta)}\alpha_2\right]. \tag{1.7.52}$$

Also wird der gesuchte Keilwinkel bei gleicher Sicherheit gegen Gleiten:

$$\sin(\beta) = \frac{\alpha_2}{\alpha_1} = \frac{138{,}2°}{221{,}8°} = 0{,}623 \quad\Rightarrow\quad \beta = 38{,}5°\,. \tag{1.7.53}$$

In einem zweiten Schritt werden die Auflagerkräfte, die Seilkräfte und das Antriebsmoment berechnet. Für das Untersystem 1 notieren wir als Momentenbedingung:

$$\sum M^{(A)} = 0: \quad -S_2\cdot 40\text{ cm} + S_1\cdot 40\text{ cm} + F_G\cdot 25\text{ cm} = 0\,, \tag{1.7.54}$$

also:

$$S_2 - S_1 = \frac{25}{40} F_G = \frac{25}{40} \cdot 50 \text{ N} = 31{,}3 \text{ N} . \tag{1.7.55}$$

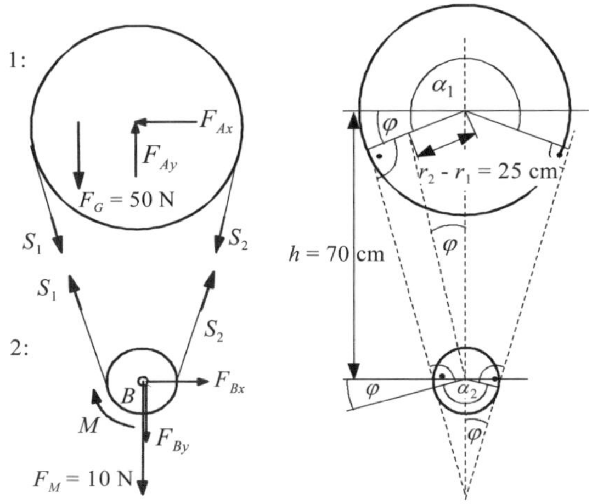

Abb. 1.7.15: Freischnitt des Systems (links) und Berechnung der Umschlingungswinkel (rechts).

Also folgt mit Gleichung (1.7.53):

$$S_2 = S_1 \exp(\mu \, \alpha_1) = S_1 \exp\left(0{,}25 \cdot \frac{221°}{360°} \cdot 2\pi\right) = S_1 \cdot 2{,}63 , \tag{1.7.56}$$

und durch Kombination beider Gleichungen:

$$S_1(2{,}63 - 1) = 31{,}3 \text{ N} \quad \Rightarrow \quad S_1 = \frac{31{,}3 \text{ N}}{1{,}63} = 19{,}2 \text{ N} \quad \Rightarrow$$

$$S_2 = 19{,}2 \text{ kN} \cdot 2{,}63 = 50{,}5 \text{ N} . \tag{1.7.57}$$

Für das Untersystem 1 gilt ferner:

$$\sum F_y = 0: \quad -F_G + F_{Ay} - (S_1 + S_2)\cos(\varphi) = 0 \quad \Rightarrow \quad F_{Ay} = 115 \text{ N} , \tag{1.7.58}$$

$$\sum F_x = 0: \quad -F_{Ax} + S_1 \sin(\varphi) - S_2 \sin(\varphi) = 0 \quad \Rightarrow \quad F_{Ax} = -11{,}2\text{N} .$$

Und für das Untersystem 2:

$$\sum M^{(B)} = 0: \quad -M - S_1 \cdot r_1 + S_2 \cdot r_1 = 0 \quad \Rightarrow \tag{1.7.59}$$

$$M = (S_2 - S_1) \cdot r_1 = (50{,}5 - 19{,}2) \cdot 0{,}15 \text{ Nm} = 4{,}7 \text{ Nm}$$

sowie:

$$\sum F_x = 0: \quad -S_1 \sin(\varphi) + S_2 \sin(\varphi) + F_{Bx} = 0 \quad \Rightarrow \quad F_{Bx} = -F_{Ax} = 11{,}2 \text{ N} . \tag{1.7.60}$$

und:

$$\sum F_y = 0: \quad S_1 \cos(\varphi) + S_2 \cos(\varphi) - F_M - F_{Bx} = 0 \quad \Rightarrow \tag{1.7.61}$$

$$F_{Bx} = (S_1 + S_2)\cos(\varphi) - F_M - F_{Bx} = (19{,}2 + 50{,}5)\cos(20{,}9°) \text{ N} - 10 \text{ N} = 55{,}1 \text{ N} .$$

2 Festigkeitslehre

2.1 Einführung, Begriffe

Versagen von Strukturen

Problemstellung

Gebe einige (spektakuläre) Beispiele, um das Versagen technischer Strukturen bei Zug, Druck (Knickung), Scherung, Torsion und Biegung aufzuzeigen.

Lösung

Zugkräfte bzw. die auf die Fläche bezogenen Zugspannungen können zum Zerreißen von Strukturen führen. Beispiele hierfür sind in Abb. 2.1.1 zu sehen (von links oben beginnend), nämlich eine durch sportliche Überbeanspruchung zerrissene Achillessehne[†], eine auf Zug beanspruchte Klebung einer Metallstange, die auf ihre Zerreißfestigkeit durch einen Traktor getestet wird; ein längs seines Umfanges durch starken Innendruck gesprengter Behälter; ein Stück des (noch nicht gerissenen) Hauptkabels der Golden Gate Bridge in San Francisco und ein aufgewickeltes Stahlseil eines Förderturmes.

Abb. 2.1.1: Beispiele unter Zug stehender Strukturen.

[†] Achillessehne: Dr. med. H. Kropshofer, Klinik Dr.Winkler, 25813 Husum, Druckbehälter: TWI, Granta Park,Great Abington, Cambridge, CB21 6AL, United Kingdom, www.twi.co.uk/twiimages/ogcase down28f1.jpg; Golden Gate Bridge Seil: M. Burkhard http://www.tierlexikon.ch/, http://creativecommons. org/licenses/by-sa/2.0/de/, Förderturmseil: J. Hemmerlein, http://creative commons.org/licenses/by-sa/2.5/ deed.de.

Hohe Drücke können auch katastrophal wirken und Strukturen samt Inhalt einfach zerquetschen. Zwei Beispiele aus der Tiefseeforschung sind in Abb. 2.1.2 zu sehen: die aus hochfestem Stahl bestehende Stahlkugel von William BEEBE (im Bild links; ging 1934 vor den Bermudas auf eine Tiefe von 923 m, also ca. 90 bar Druck) und das Bathyscaph *Trieste* von Jacques PICARD mit ihrer Spezialstahlkugel der Kruppwerke (Rekordtauchtiefe 1960 im Marianengraben von 10918 m, also mehr als 1000 bar Druck).

Abb. 2.1.2: Bathyscaphen für die Tiefseeforschung.

Stäbe unter Druck (-spannungen) können knicken. Beispiele hierfür sind in Abb. 2.1.3 dargestellt.

Abb. 2.1.3: Durch den Sturm Kyrill abgeknickter Strommast und durch Wärmespannungen ausgeknickte Gleise[†].

Die katastrophale Wirkung von Scherspannungen ist in Abb. 2.1.4 zu sehen, zum einen ein Scherbruch in einem Gebäude in der durch Erdbeben betroffenen japanischen Stadt Kobe, Scherbewegungen im Erdreich und Abscheren von Schrauben. Im letzten Bild handelt es sich streng genommen bereits um eine axiale Abscherung, die man unter der Wirkung von Torsionsspannungen beobachtet. Weitere Beispiele hierfür sind in Abb. 2.1.5 gezeigt.

[†] Strommast: Wikipedia Commons http://commons.wikimedia.org/wiki/User:Olaf2, http://creativecommons.org/licenses/by-sa/2.5/deed.de; ausgeknickte Gleise: Research and Innovative Technology Administration (RITA), U.S. Department of Transportation.

Abb. 2.1.4: Scherversagen[†].

Abb. 2.1.5: Torsionsbruch einer Welle und eines Unterschenkels[†].

Beim Biegebruch gibt es sowohl Zonen, die unter Zug, als auch Zonen, die unter Druck stehen. Wir werden dies im Zusammenhang mit der Biegespannungsformel in Balken noch sehen. Vorgreifend illustriert dies die Abb. 2.1.6.

Abb. 2.1.6: Biegebruch eines Betonträgers sowie einer Röhre[†].

[†] Scherbruch Kobe: The ACE – MRL, 2340 Hayward St., Ann Arbor, MI 48109, USA (http://ace-mrl.engin.umich.edu/NewFiles/library/column_shear_failure.jpg); abgescherte Schrauben: Equipment Review von http://diecastcars.wordpress.com/about/; Strassenschäden: U.S. Department of the Interior U.S. Geological Survey, http://earthquake.usgs.gov/learning/glossary.php?term=creep; Welle: Institut für wissenschaftliche Veröffentlichungen Lampertheim www.institut-wv.dehttp://www.institut-wv.de/uploads/ RTE-magicC___Seite_242_Bild_0001_01.jpg; Knochenbruch: AO Foundation, Davos, http://www.ao foundation.org/AOFileServerSurgery/MyPortalFiles ?FilePath=/Surgery/Active/_img/ surgery/01-Diagnosis/32/32_ C1.jpg, Betonträger: M. Ebner, TU Graz http://www.flickr.com/photos/mebner/211725087/; Röhre: Dilworth Flood Damage Cleanup Professionals - Emergency Flood Damage in Dilworth Dilworth, MN (USA), http://media.merchantcircle.com/29985125/256_medium.jpeg.

2.2 Zug- und Druckbeanspruchung

2.2.1 Parallelschaltung elastischer Stäbe

Problemstellung

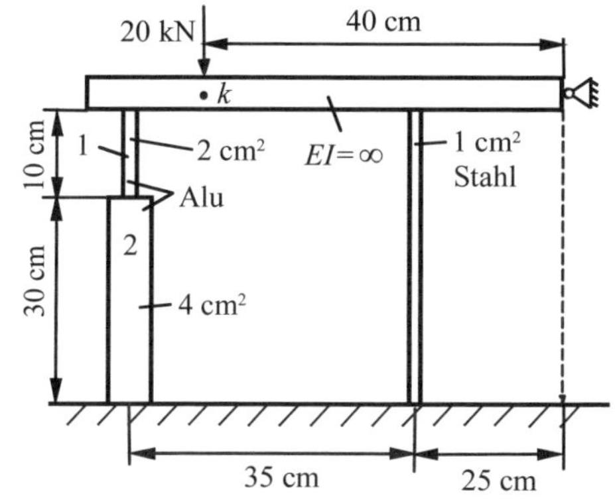

Abb. 2.2.1: Über einen starren Hebel parallel geschaltete elastische Stäbe.

Ein starrer Hebelarm wird verwendet, um mit einer vorgegebenen Kraft $F = 20\,\text{kN}$ parallel geschaltete Aluminium- (Index A) und Stahlstäbe (Index S) zu deformieren. Errechne mithilfe der angegebenen Daten die Längenänderungen dieser Stäbe. Vorgegeben sind: $E_A = 70 \cdot 10^3 \frac{\text{N}}{\text{mm}^2}$, $E_S = 210 \cdot 10^3 \frac{\text{N}}{\text{mm}^2}$ und die in der Abb. 2.2.1 gezeigten Daten.

Lösung

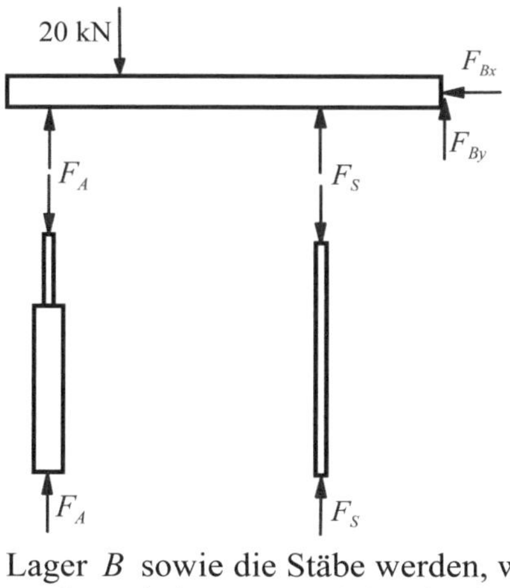

Abb. 2.2.2: Freischnitt.

Das Lager B sowie die Stäbe werden, wie in Abb. 2.2.2 gezeigt, freigeschnitten. Offenbar gibt es vier unbekannte Reaktionskräfte. Also handelt es sich um ein einfach statisch unbestimmtes System, und die drei Gleichgewichtsbedingungen müssen um eine Verformungsbedingung ergänzt werden. Diese ist wie in Abb. 2.2.3 gezeichnet per Strahlensatz ableitbar (der Hebel soll starr sein bzw. wesentlich starrer als die verwendeten Stahl- und Aluminiumstäbe), und es gilt:

$$\frac{\Delta l_A}{60\,\text{cm}} = \frac{\Delta l_S}{25\,\text{cm}} \quad \Rightarrow \quad \Delta l_A = \frac{60}{25}\Delta l_S \,. \qquad (2.2.1)$$

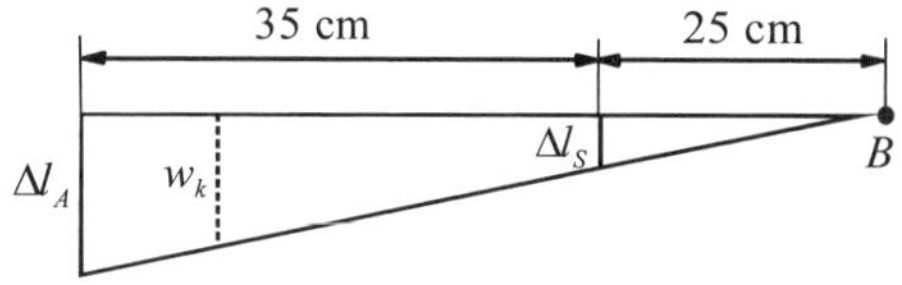

Abb. 2.2.3: Zur Ermittlung der Verformungsbedingungen über den Strahlensatz.

Um sofort die hier hauptsächlich interessierenden Stabkräfte zu berechnen, die benötigt werden, um die Längenänderungen zu ermitteln, verwenden wir die Momentenbedingung:

$$\sum M^{(B)} = 0: \quad -F_A \cdot 60\ \text{cm} - F_S \cdot 25\ \text{cm} + 20\ \text{kN} \cdot 40\ \text{cm} = 0\,. \tag{2.2.2}$$

Die Gleichungen (2.2.1/2) dienen zur Bestimmung der Längenänderungen und der beiden unbekannten Stabkräfte. Beachte, dass in jedem Aluminiumstab die gleiche Kraft wirkt. Um nun genügend Gleichungen aufzustellen, sei an das HOOKEsche Gesetz erinnert, das Kräfte und Längenänderungen verknüpft:

$$\frac{\Delta l}{l} = \frac{\sigma}{E} = \frac{F}{E\,A} \quad \Rightarrow \quad \Delta l = \frac{F\,l}{E\,A}\,. \tag{2.2.3}$$

Also folgt für den Stahlstab (im Falle einer Druckkraft):

$$\Delta l_S = -\frac{F_S\, l_S}{E_S\, A_S} \tag{2.2.4}$$

und für die Aluminiumstäbe:

$$\Delta l_A = \Delta l_1 + \Delta l_2 = -\frac{F_A\, l_1}{E_A\, A_1} - \frac{F_A\, l_2}{E_A\, A_2} = -\frac{F_A}{E_A}\left(\frac{l_1}{A_1} + \frac{l_2}{A_2}\right) = -\frac{60}{25}\frac{F_S\, l_S}{E_S A_S}\,. \tag{2.2.5}$$

Indem man die Gleichungen (2.2.1/3-5) sukzessive ineinander einsetzt, entsteht:

$$F_A = \frac{60}{25}\frac{E_A}{E_S}\frac{\dfrac{l_S}{A_S}}{\dfrac{l_1}{A_1} + \dfrac{l_2}{A_2}} F_S \quad \Rightarrow \quad \left(\frac{60^2}{25}\frac{E_A}{E_S}\frac{\dfrac{l_S}{A_S}}{\dfrac{l_1}{A_1} + \dfrac{l_2}{A_2}} + 25\right) F_S = 20 \cdot 40\ \text{kN}\,, \tag{2.2.6}$$

also:

$$F_S = \frac{20 \cdot 40\ \text{kN}}{\dfrac{60^2}{25}\dfrac{E_A}{E_S}\dfrac{l_S/A_S}{l_1/A_1 + l_2/A_2} + 25} = \frac{800\ \text{kN}}{\dfrac{60^2}{25} \cdot \dfrac{70}{210} \cdot \dfrac{40}{5+7{,}5} + 25} = 4{,}48\ \text{kN}\,, \tag{2.2.7}$$

$$F_A = \frac{60}{25} \cdot \frac{70}{210} \cdot \frac{40}{5+7{,}5}\, 4{,}48\ \text{kN} = 11{,}5\ \text{kN}\,.$$

Hieraus lassen sich wiederum die in den Stäben herrschenden Druckspannungen ermitteln, und diese sind diesmal für beide Aluminiumstäbe aufgrund des unterschiedlichen Querschnitts verschieden:

$$\sigma_S = -\frac{F_S}{A_S} = -\frac{4{,}48 \cdot 10^3\ \text{N}}{100\ \text{mm}^2} = -44{,}8\frac{\text{N}}{\text{mm}^2} < \sigma_{S,\text{Zul}} = -140\frac{\text{N}}{\text{mm}^2}\,, \tag{2.2.8}$$

$$\sigma_{A_1} = 2\sigma_{A_2} = -\frac{F_A}{A_1} = -\frac{11{,}5 \cdot 10^3\ \text{N}}{200\ \text{mm}^2} = -57{,}5\frac{\text{N}}{\text{mm}^2} < \sigma_{A,\text{Zul}} = -70\frac{\text{N}}{\text{mm}^2}\,.$$

Zum Vergleich sind auch noch die kritischen Druckspannungen für Stahl und Aluminium angegeben worden, die wie angedeutet nicht überschritten werden. Wir ermitteln nun noch die Absenkung des Hebelpunktes k per Strahlensatz:

$$w_k = \frac{40}{25}\Delta l_S = \frac{40}{25}\frac{F_S\, l_S}{A_S\, E_S} = \frac{40}{25}\frac{4{,}48\cdot 10^3\,\text{N}\cdot 400\,\text{mm}}{100\,\text{mm}^2\cdot 210\cdot 10^3\,\frac{\text{N}}{\text{mm}^2}} = 0{,}136\,\text{mm}\,. \tag{2.2.9}$$

Man denke schließlich auch noch daran, dass bei Kenntnis der Querkontraktionszahl eines Werkstoffes es möglich ist, die Querdehnung ε_Q eines daraus gefertigten, axial um ε_L gedehnten Stabes zu ermitteln (vgl. Abb. 2.2.4):

$$\nu = -\frac{\varepsilon_Q}{\varepsilon_L} \quad \Rightarrow \quad \varepsilon_Q = -\nu\,\varepsilon_L\,. \tag{2.2.10}$$

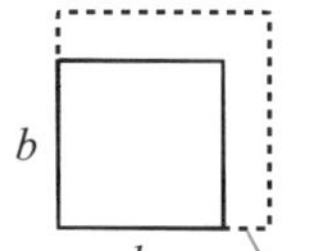

Abb. 2.2.4: Zur Ermittlung der Querkontraktion.

Also ergibt sich im vorliegenden Fall etwa für den sich unter Druck verdickenden Stahlstab ($\nu_S = 0{,}3\,, b = 10\,\text{mm}$):

$$\Delta b = b\,\varepsilon_Q = -\nu_S\, b\,\frac{\Delta l_S}{l_S} = \frac{0{,}3\cdot 10\,\text{mm}\cdot 4{,}48\cdot 10^3\,\text{N}}{100\,\text{mm}^2\cdot 210\cdot 10^3\,\frac{\text{N}}{\text{mm}^2}} = 0{,}00064\,\text{mm}\,. \tag{2.2.11}$$

2.2.2 Verlängerung eines Drahtseils unter Eigengewicht

Problemstellung

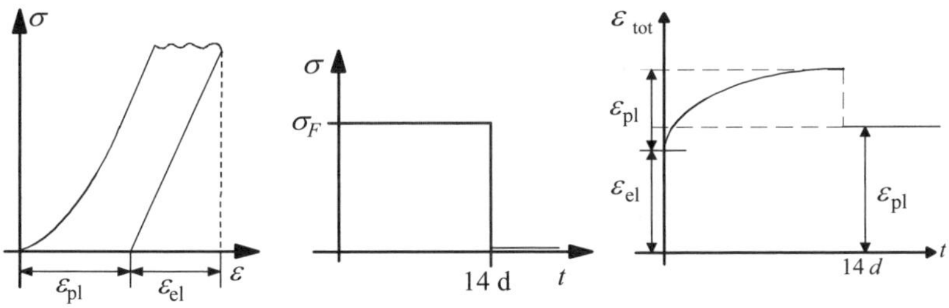

Abb. 2.2.5: Spannungs-Dehnungsverlauf in einem Stahlseil.

Für eine Hängebrücke soll ein Drahtseil wohlbestimmter Länge zu Verfügung stehen. Es ist darauf zu achten, die Eingangslänge geringer als die letztendlich notwendige Spannlänge $l_0 = 367{,}524\,\text{m}$ zu halten, denn das Kabel wird sich unter Wirkung seines eigenen Gewichtes plastisch, also bleibend verlängern. Abb. 2.2.5 illustriert das zugehörige Spannungs-Dehnungsdiagramm des Seils, sowie sein Dehnungsverhalten über der Zeit. Nach mehrwöchiger Dauerbelastung auf Fließspannungsniveau beträgt die (gemessene) plastische Dehnung $\varepsilon_{\text{pl}} = 0{,}31\cdot 10^{-3}$, die Fließspannung ist gegeben durch $\sigma_F = 52\,\frac{\text{N}}{\text{mm}^2}$ und der Elastizitätsmodul beträgt $E = 170\cdot 10^3\,\frac{\text{N}}{\text{mm}^2}$. Berechne die notwendige Eingangslänge.

Lösung

Wir starten mit dem HOOKEschen Gesetz:

$$\sigma = E\,\varepsilon_{\text{el}} \tag{2.2.12}$$

und schätzen den elastischen Dehnungsanteil mit der Fließspannung ab:

$$\varepsilon_{\text{el}} = \frac{\sigma_F}{E} = \frac{52\,\frac{\text{N}}{\text{mm}^2}}{170\cdot 10^3\,\frac{\text{N}}{\text{mm}^2}} = 0{,}306\cdot 10^{-3}\,. \tag{2.2.13}$$

Wir nehmen ferner an, dass die totale Dehnung sich additiv aus plastischer und elastischer Dehnung zusammensetzt:

$$\varepsilon_{\text{tot}} = \varepsilon_{\text{pl}} + \varepsilon_{\text{el}} = 0{,}31\cdot 10^{-3} + 0{,}31\cdot 10^{-3} = 0{,}62\cdot 10^{-3}\,. \tag{2.2.14}$$

Folglich gilt für die gesamte Längenänderung:

$$\Delta l = l_0 \cdot \varepsilon_{\text{tot}} = 367{,}524\ \text{mm}\cdot 0{,}62\cdot 10^{-3} = 228\ \text{mm}\,, \tag{2.2.15}$$

und die Eingangslänge ist gegeben durch:

$$l = l_0 - \Delta l = 367{,}524\ \text{m} - 0{,}228\ \text{m} = 367{,}296\ \text{m}\,. \tag{2.2.16}$$

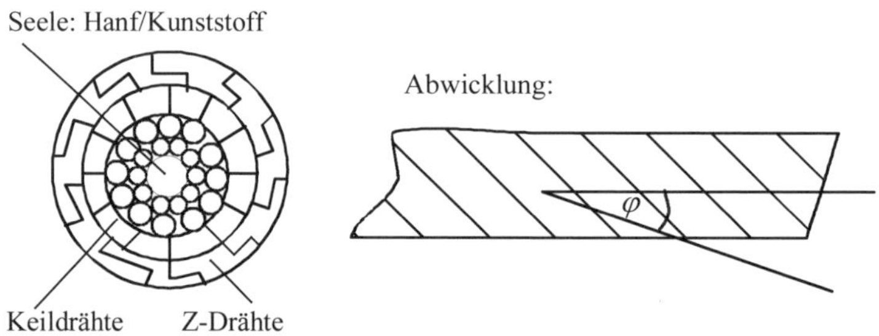

Abb. 2.2.6: Innerer Aufbau eines Stahlseils.

Die Prinzipskizze in Abb. 2.2.6 zeigt den schematischen Aufbau eines Drahtseiles, was erklärt, dass der zugehörige Elastizitätsmodul nicht einfach der von Eisen bzw. Stahl ist, sondern sich diesem gegenüber reduziert.

2.2.3 Zweifach eingespannter Stab

Problemstellung

Ein beidseitig fest eingespannter Balken (statisch unbestimmtes System) der Länge l mit dem Elastizitätsmodul E und dem Querschnitt A wird mittig mit der Kraft F belastet. Bestimme die resultierende Durchbiegung in der Trägermitte.

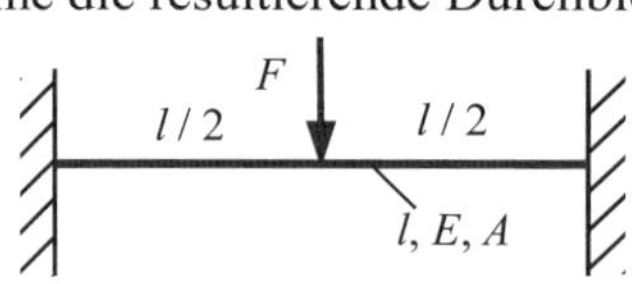

Abb. 2.2.7: Zweifach eingespannter Stab unter Mittenlast.

Lösung

Das gegebene System ist statisch unbestimmt. Um den Kraft-Dehnungszusammenhang

$$F = F(\delta) \tag{2.2.17}$$

zu finden, argumentieren wir folgendermaßen. Die Durchbiegung δ der Stabmitte ist eine kleine Größe und mit der generellen Stabverlängerung Δl verknüpft, die mit der im Stab herrschenden Axialkraft S_1 gemäß dem HOOKEschen Gesetz verknüpft ist:

$$\Delta l = \frac{S_1 l_1}{E\,A}. \tag{2.2.18}$$

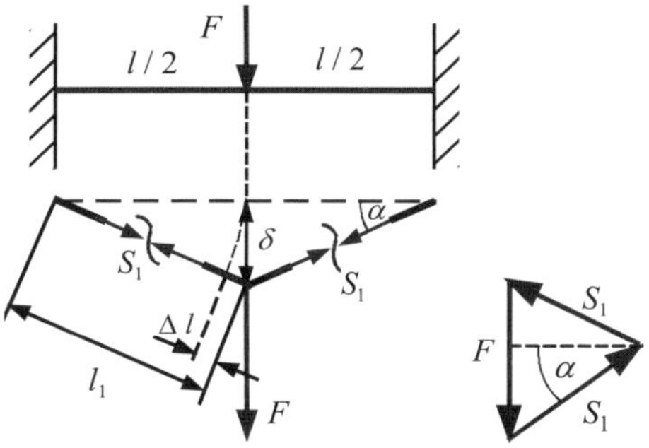

Abb. 2.2.8: Freischnitt des statisch unbestimmten Systems.

Der Abb. 2.2.8 (links) können folgende geometrische Zusammenhänge entnommen werden:

$$\Delta l = l_1 - \frac{l}{2} \quad \Rightarrow \quad l_1 = \Delta l + \frac{l}{2}, \tag{2.2.19}$$

$$\delta^2 = l_1^{\,2} - \left(\frac{l}{2}\right)^2 = \Delta l^2 + \Delta l \cdot l + \frac{l^2}{4} - \frac{l^2}{4} \approx l \cdot \Delta l \quad \Rightarrow \quad \Delta l = \frac{\delta^2}{l}.$$

Ferner ist nach Abb. 2.2.8 (rechts):

$$\sin(\alpha) = \frac{F}{2\,S_1} \approx \tan(\alpha) = \frac{2\delta}{l} \quad \Rightarrow \quad S_1 = \frac{l\,F}{4\delta}. \tag{2.2.20}$$

Indem wir dies in das HOOKEsche Gesetz (2.2.18) einbringen, entsteht:

$$\frac{\delta^2}{l} = \frac{l\,F\left(\Delta l + \frac{l}{2}\right)}{4\,\delta\,E\,A} \approx \frac{l\,F\,l}{8\,\delta\,E\,A} \quad \Rightarrow \quad F(\delta) = \frac{8E\,A}{l^3}\delta^3. \tag{2.2.21}$$

Bemerkenswert ist, dass sich ein nichtlinearer Zusammenhang zwischen Querlast F und Durchbiegung δ ergibt.

2.2.4 Thermospannungen in einem eingespannten Stab

Problemstellung

Für den in Abb. 2.2.9 dargestellten, zwischen zwei starren Wänden eingespannten Stab ist die Druckspannung zu berechnen, die sich einstellt, wenn man ihn aus seinem spannungsfreien Zustand um ϑ Grad erwärmt.

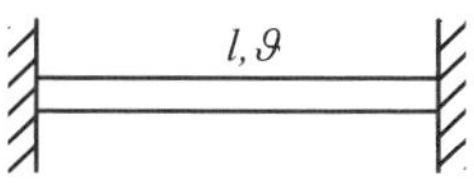

Abb. 2.2.9: Zwischen zwei starren Wänden eingespannter Stab unter thermischer Last.

Lösung

Es handelt sich bei diesem Problem um ein statisch unbestimmtes System. Um die gesuchte Druckkraft/Druckspannung im Stab zu bestimmen, ist eine Verformungsbedingung erforderlich. Um sie zu gewinnen, schneiden wir frei und lassen den Stab sich unter Wirkung der Temperaturerhöhung ϑ ausdehnen und zwar um die Länge (zweite Zeichnung in Abb. 2.2.10):

$$\Delta l_\vartheta = \alpha_\vartheta \cdot \vartheta \cdot l\,. \tag{2.2.22}$$

Im vorliegenden Fall wird die thermische Ausdehnung jedoch durch als starr angenommene Wände verhindert, und daher ist es nötig, die soeben ermittelte Längenänderung durch Aufprägen einer Kraft F rückgängig zu machen (dritte Zeichnung in Abb. 2.2.10). Die effektive Verformung ist nämlich Null:

$$\Delta l_F = \frac{F\,l}{E\,A} \tag{2.2.23}$$

mit der Verformungsbedingung:

$$\Delta l_\vartheta + \Delta l_F = 0\,. \tag{2.2.24}$$

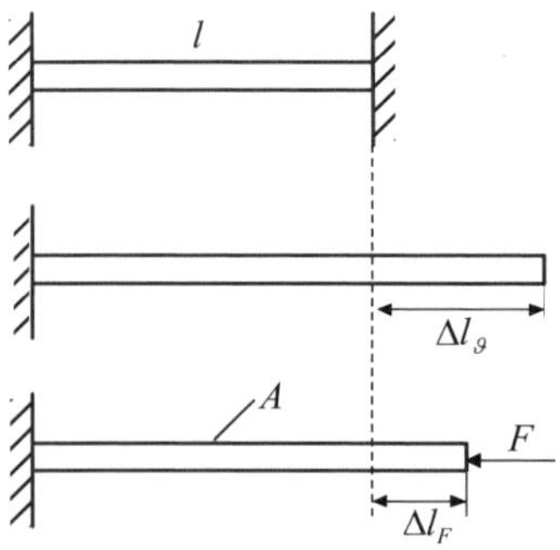

Abb. 2.2.10: Freischnitt des thermisch belasteten Stabes.

Es folgt für die gesuchte Druckkraft und Druckspannung:

$$F = -E\,A\alpha_\vartheta \vartheta \quad \Rightarrow \quad \sigma = \frac{F}{A} = -E\,\alpha_\vartheta \vartheta\,. \tag{2.2.25}$$

2.2.5 Wärmespannungen in hintereinander geschalteten Stäben

Problemstellung

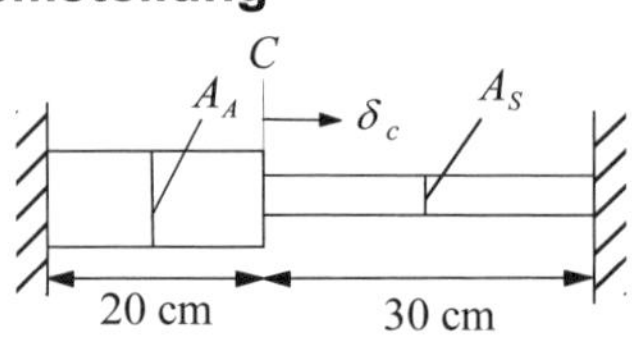

Abb. 2.2.11: Hintereinander geschaltete Stäbe unter Wärmelast.

Für die in der Abb. 2.2.11 dargestellte Kombination eines Aluminium- und eines Stahlstabs (Indizes A und S), die zwischen zwei starren Wänden eingespannt sind, sollen die Spannungen berechnet werden, die sich einstellen, wenn man lediglich den Aluminiumstab aus seinem spannungsfreien Zustand um $\vartheta_A = 30\,\text{K}$ erwärmt. Folgende Daten sind gegeben: $A_A = 3\,\text{cm}^2$, $A_S = 1\,\text{cm}^2$, $\alpha_A = 24\cdot 10^{-6}\,\frac{1}{\text{K}}$, $\alpha_S = 12\cdot 10^{-6}\,\frac{1}{\text{K}}$, $l_A = 20\,\text{cm}$, $l_S = 30\,\text{cm}$, $E_A = 70\cdot 10^3\,\frac{\text{N}}{\text{mm}^2}$ und $E_S = 210\cdot 10^3\,\frac{\text{N}}{\text{mm}^2}$.

Lösung

Es handelt sich bei diesem Problem um ein statisch unbestimmtes System. Um die gesuchte Druckkraft/Druckspannung in den Stäbe zu bestimmen, ist eine Verformungsbedingung erforderlich. Um sie zu gewinnen, schneiden wir wie in Abb. 2.2.12 dargestellt frei und lassen die Stäbe sich unter Wirkung der Temperaturerhöhung $\vartheta_A = 30\,\text{K}$ frei ausdehnen und zwar um die Länge:

$$\Delta l_{\vartheta A} = \alpha_{\vartheta A}\cdot\vartheta_A\cdot l_A = 24\cdot 10^{-6}\,\frac{1}{\text{K}}\cdot 30\,\text{K}\cdot 20\,\text{cm} = 1{,}44\cdot 10^{-2}\,\text{cm}\,. \tag{2.2.26}$$

Im vorliegenden Fall wird die freie thermische Ausdehnung jedoch durch als starr angenommene Wände verhindert, und daher ist es nötig, die soeben ermittelte Längenänderung durch Aufprägen einer Kraft F rückgängig zu machen. Prägt man diese rechts auf (siehe Abb. 2.2.12 unten), so wirkt sie in gleicher Stärke auf beide Stäbe, führt aber auf unterschiedliche Längenänderungen: Δl_{FA} und Δl_{FS}. Die effektive Verformung jedoch ist Null:

$$\Delta l_{\vartheta A} + \Delta l_{FA} + \Delta l_{FS} = 0\,. \tag{2.2.27}$$

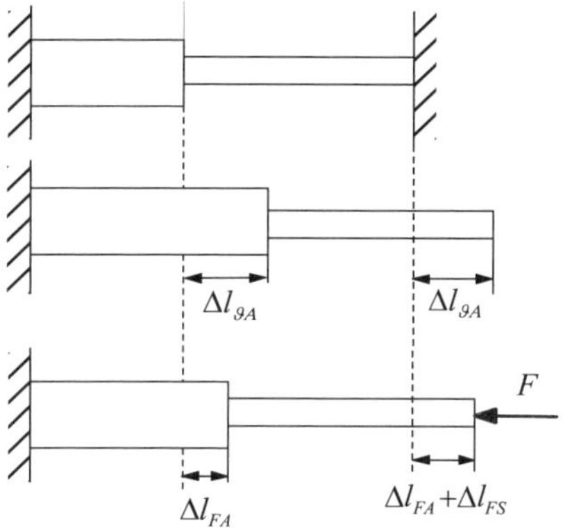

Abb. 2.2.12: Freischnitt der hintereinander geschalteten Stäbe.

Dies ist die besagte Verformungsbedingung. Indem man das HOOKEsche Gesetz einbringt:

$$\Delta l_F = \frac{F\,l}{E\,A} \tag{2.2.28}$$

resultiert:

$$\Delta l_{FA} + \Delta l_{FS} = \frac{F\,l_A}{E_A\,A_A} + \frac{F\,l_S}{E_S\,A_S} = \tag{2.2.29}$$

$$F\left(\frac{20\,\text{cm}}{0{,}7\cdot 10^4\,\frac{\text{kN}}{\text{cm}^2}\cdot 3\text{cm}^2} + \frac{30\,\text{cm}}{2{,}1\cdot 10^4\,\frac{\text{kN}}{\text{cm}^2}\cdot 1\text{cm}^2}\right) = F\cdot 2{,}38\cdot 10^{-3}\,\frac{\text{cm}}{\text{kN}}\,.$$

Durch Kombination der Gleichungen (2.2.25/26/28) entsteht:

$$F = -\frac{1{,}44\cdot 10^{-2}\,\text{cm}}{2{,}38\cdot 10^{-3}\,\frac{\text{cm}}{\text{kN}}} = -6{,}05\,\text{kN}\,. \tag{2.2.30}$$

Hieraus folgen die Druckspannungen in den Stäben:

$$\sigma_A = \frac{F}{A_A} = -\frac{6{,}05\ \text{kN}}{3\ \text{cm}^2} = -20{,}2\frac{\text{N}}{\text{mm}^2},\ \sigma_S = \frac{F}{A_S} = -\frac{6{,}05\ \text{kN}}{1\ \text{cm}^2} = -60{,}5\frac{\text{N}}{\text{mm}^2}. \quad (2.2.31)$$

Sicherzustellen ist, dass die zulässige Druckspannung für St37 nicht überschritten wird:

$$\sigma_{\text{zul}} = -140\ \tfrac{\text{N}}{\text{mm}^2}. \quad (2.2.32)$$

Für die Verschiebung des Punktes C (siehe Abb. 2.2.11) ergibt sich noch:

$$\delta_C = \Delta l_{\vartheta A} + \Delta l_{FA} = -\Delta l_{FS} = \frac{l_S\ F}{E_S\ A_S} = \frac{30\ \text{cm}\cdot 6{,}05\ \text{kN}}{2{,}1\cdot 10^4\cdot \frac{\text{kN}}{\text{cm}^2}\cdot 1\cdot \text{cm}^2} = 0{,}864\cdot 10^{-2}\ \text{cm}. \quad (2.2.33)$$

2.2.6 Symmetrisch parallel geschaltete elastische Stäbe unter thermischer Last

Problemstellung

Betrachte die in Abb. 2.2.13 dargestellte Situation symmetrisch parallel geschalteter Stäbe unterschiedlicher Sorte A und B, mit $A_A \neq A_B$, $E_A \neq E_B$, $l_A = l_B = l$, die über ein starres Querhaupt miteinander verbunden sind. Auf das Stabsystem wird die thermische Last $\Delta T > 0$ aufgeprägt. Nimm an, dass für die thermischen Ausdehnungskoeffizienten $\alpha_A > \alpha_B$ gilt und berechne die sich in den Stäben einstellenden Thermospannungen. Handelt es sich dabei um Zug- oder Druckspannungen?

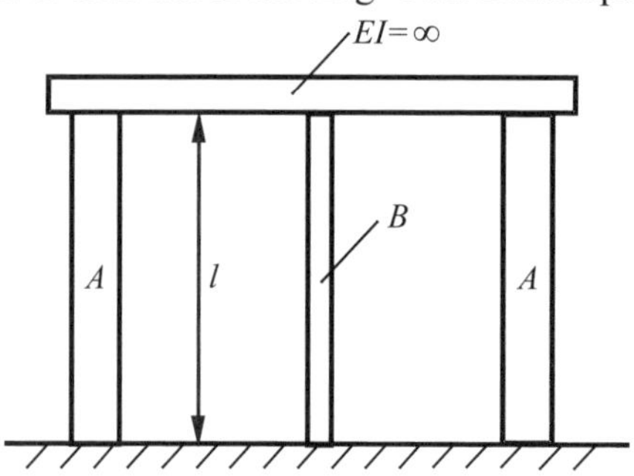

Abb. 2.2.13: Über einen starren Hebel symmetrisch parallel geschaltete elastische Stäbe verschiedener Art.

Lösung

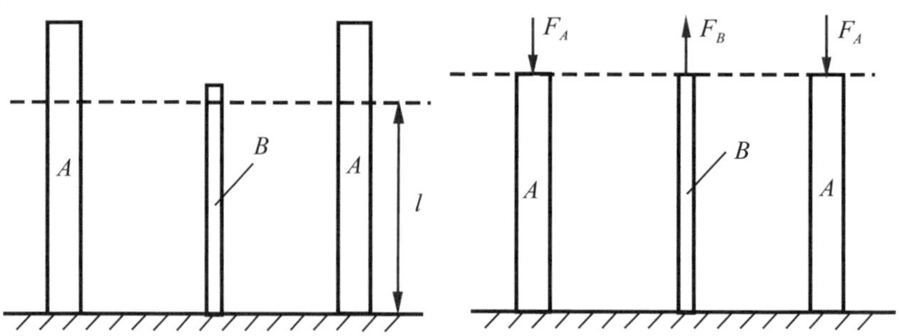

Abb. 2.2.14: Freischnitt.

Zur Lösung betrachten wir den in der Abb. 2.2.14 dargestellten Freischnitt. Links ist zu sehen, was passiert, wenn das starre Querhaupt nicht vorhanden wäre und die Stäbe sich ungestört ausdehnen können. Durch das Querhaupt wird ein Zwang ausgeübt, und zwar muss sich bei Temperaturänderung aufgrund der Symmetrie des Problems in allen drei

Stäben die gleiche Endlänge einstellen. Das bedeutet, dass der Stab B weiter verlängert und die Stäbe A jeweils um denselben Betrag gestaucht werden müssen, so dass für die totale Längenänderung gilt:

$$\Delta l_A^{\text{tot}} = \Delta l_B^{\text{tot}} = \Delta l^{\text{tot}} . \tag{2.2.34}$$

Um die herrschenden Stabkräfte zu berechnen, die für eine solche Längenänderung benötigt werden, stellen wir zunächst fest, dass es sich im Fall des Stabes B um eine Zugkraft F_B, im Falle der beiden Stäbe A hingegen um eine Druckkraft F_A handeln muss, so wie in Abb. 2.2.14 rechts eingezeichnet. Zu ihrer Bestimmung erinnern wir das HOOKEsche Gesetz in der Form:

$$\frac{\Delta l}{l} = \frac{\sigma}{E} + \alpha \Delta T = \frac{F}{E\,A} + \alpha \Delta T \tag{2.2.35}$$

und folgern, dass gilt:

$$\frac{\Delta l_A^{\text{tot}}}{l} = -\frac{\sigma}{E} + \alpha \Delta T . \tag{2.2.36}$$

Also folgt für den Stahlstab (im Falle einer Druckkraft):

$$\Delta l_S = -\frac{F_S\, l_S}{E_S\, A_S} \tag{2.2.37}$$

und für die Aluminiumstäbe:

$$\Delta l_A = \Delta l_1 + \Delta l_2 = -\frac{F_A\, l_1}{E_A\, A_1} - \frac{F_A\, l_2}{E_A\, A_2} = -\frac{F_A}{E_A}\left(\frac{l_1}{A_1} + \frac{l_2}{A_2}\right) = -\frac{60}{25}\frac{F_S\, l_S}{E_S A_S} . \tag{2.2.38}$$

Indem man die Gleichungen (2.2.33/35–37) sukzessive ineinander einsetzt, entsteht:

$$F_A = \frac{60}{25}\frac{E_A}{E_S}\frac{\frac{l_S}{A_S}}{\frac{l_1}{A_1} + \frac{l_2}{A_2}} F_S \quad \Rightarrow \quad \left(\frac{60^2}{25}\frac{E_A}{E_S}\frac{\frac{l_S}{A_S}}{\frac{l_1}{A_1} + \frac{l_2}{A_2}} + 25\right) F_S = 20 \cdot 40\ \text{kN} , \tag{2.2.39}$$

also:

$$F_S = \frac{20 \cdot 40\ \text{kN}}{\frac{60^2}{25}\frac{E_A}{E_S}\frac{l_S/A_1}{l_1/A_1 + l_2/A_2} + 25} = \frac{800\ \text{kN}}{\frac{60^2}{25} \cdot \frac{70}{210} \cdot \frac{40}{5+7{,}5} + 25} = 4{,}48\ \text{kN} , \tag{2.2.40}$$

$$F_A = \frac{60}{25} \cdot \frac{70}{210} \cdot \frac{40}{5+7{,}5}\, 4{,}48\ \text{kN} = 11{,}5\ \text{kN} .$$

Hieraus lassen sich wiederum die in den Stäben herrschenden Druckspannungen ermitteln, und diese sind diesmal für beide Aluminiumstäbe aufgrund des unterschiedlichen Querschnitts verschieden:

$$\sigma_S = -\frac{F_A}{A_S} = -\frac{4{,}48 \cdot 10^3\ \text{N}}{100\ \text{mm}^2} = -44{,}8\ \frac{\text{N}}{\text{mm}^2} < \sigma_{S,\text{Zul}} = -140\ \frac{\text{N}}{\text{mm}^2} , \tag{2.2.41}$$

$$\sigma_{A1} = 2\sigma_{A_2} = -\frac{F_A}{A_1} = -\frac{11{,}5 \cdot 10^3\ \text{N}}{200\ \text{mm}^2} = -57{,}5\ \frac{\text{N}}{\text{mm}^2} < \sigma_{A,\text{Zul}} = -70\ \frac{\text{N}}{\text{mm}^2} .$$

Zum Vergleich sind auch noch die kritischen Druckspannungen für Stahl und Aluminium angegeben worden, die wie angedeutet nicht überschritten werden. Wir ermitteln nun noch die Absenkung des Hebelpunkts k per Strahlensatz:

$$w_k = \frac{40}{25}\Delta l_S = \frac{40}{25}\frac{F_S\, l_S}{A_S\, E_S} = \frac{40}{25}\frac{4{,}48\cdot 10^3\,\mathrm{N}\cdot 400\,\mathrm{mm}}{100\,\mathrm{mm}^2\cdot 210\cdot 10^3\,\frac{\mathrm{N}}{\mathrm{mm}^2}} = 0{,}136\,\mathrm{mm}\,. \tag{2.2.42}$$

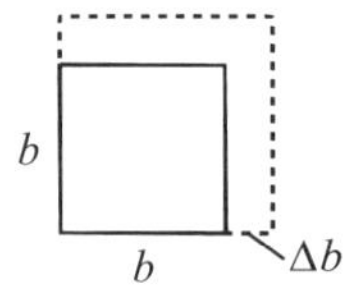

Abb. 2.2.15: Zur Ermittlung der Querkontraktion.

Man denke schließlich auch noch daran, dass bei Kenntnis der Querkontraktionszahl eines Werkstoffes es möglich ist, die Querdehnung ε_Q eines daraus gefertigten, axial um ε_L gedehnten Stabes zu ermitteln (vgl. Abb. 2.2.15):

$$\nu = -\frac{\varepsilon_Q}{\varepsilon_L} \quad \Rightarrow \quad \varepsilon_Q = -\nu\,\varepsilon_L\,. \tag{2.2.43}$$

Also ergibt sich im vorliegenden Fall etwa für den sich unter Druck verdickenden Stahlstab ($\nu_S = 0{,}3\,, b = 10\,\mathrm{mm}$):

$$\Delta b = b\,\varepsilon_Q = -\nu_S\, b\,\frac{\Delta l_S}{l_S} = \frac{0{,}3\cdot 10\,\mathrm{mm}\cdot 4{,}48\cdot 10^3\,\mathrm{N}}{100\,\mathrm{mm}^2\cdot 210\cdot 10^3\,\frac{\mathrm{N}}{\mathrm{mm}^2}} = 0{,}00064\,\mathrm{mm}\,. \tag{2.2.44}$$

2.2.7 Parallel geschaltete Stäbe unter thermischer Last

Problemstellung

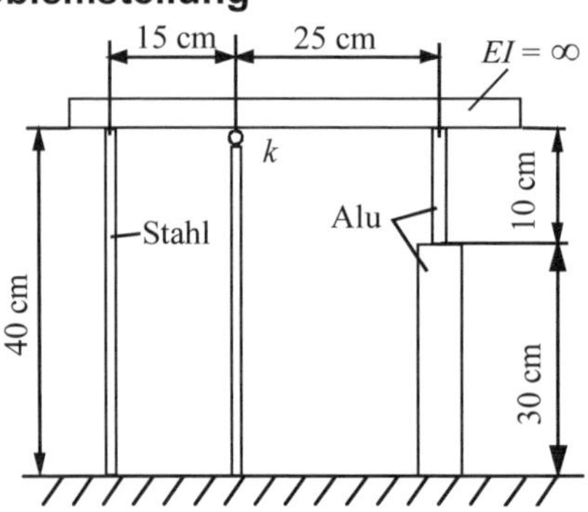

Abb. 2.2.16: Über einen starren Hebel parallel geschaltete, elastische Stäbe unter thermischer Last.

In dem dargestellten System wird ein Stahlstab (Index S) um $\Delta T = 25\,\mathrm{K}$ erwärmt und dehnt sich daraufhin aus. Die als starr angenommene Wippe überträgt die Längenänderung auf die hintereinander geschalteten Aluminiumstäbe (Index A). Gesucht sind die im Gleichgewicht resultierenden Spannungen in allen Stäben. Dazu sind gegeben für Stahl: $E_S = 210\cdot 10^3\,\frac{\mathrm{N}}{\mathrm{mm}^2}$, $\alpha_S = 12\cdot 10^{-6}\,\frac{1}{\mathrm{K}}$, $A_S = 1\,\mathrm{cm}^2$ und für Aluminium: $E_A = 70\cdot 10^3\,\frac{\mathrm{N}}{\mathrm{mm}^2}$, $A_1 = 2\,\mathrm{cm}^2$, $A_2 = 4\,\mathrm{cm}^2$, $l_1 = 10\,\mathrm{cm}$, $l_2 = 30\,\mathrm{cm}$.

Lösung

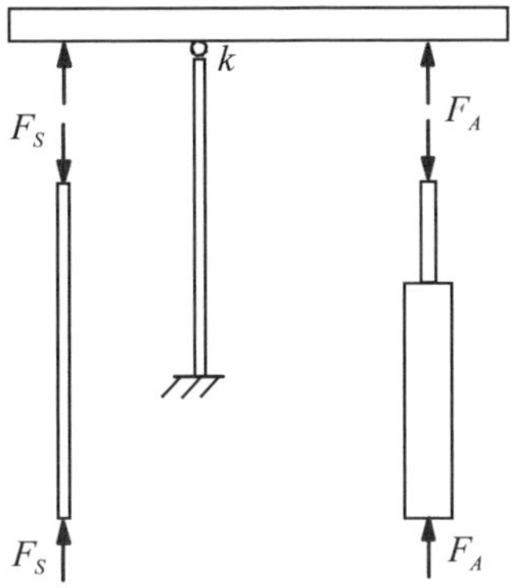

Abb. 2.2.17: Freischnitt.

Beim Freischnitt konzentrieren wir uns aus rechenökonomischen Gründen ganz auf die Stäbe. Das Lager bei k interessiert bei der Bestimmung der Verformungen und Spannungen nicht weiter. Man beachte, dass in beiden Aluminiumstäben die gleiche Kraft F_A herrscht. Für das Momentengleichgewicht um den Punkt k notieren wir:

$$\sum M^{(k)} = 0: \quad -F_S \cdot 15\text{ cm} + F_A \cdot 25\text{ cm} = 0\,, \tag{2.2.45}$$

und somit (Achtung: Beide Kräfte sind Druckkräfte, vgl. Abb. 2.2.17):

$$F_S = \frac{5}{3} F_A\,. \tag{2.2.46}$$

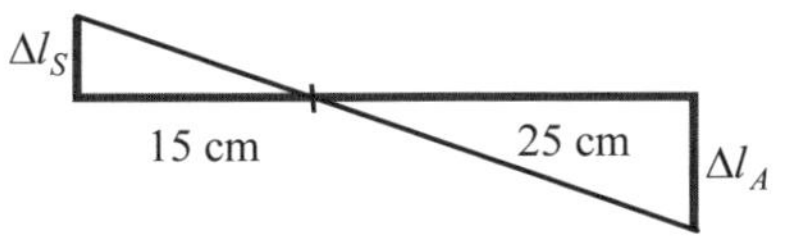

Abb. 2.2.18: Ableitung der Verformungsbedingungen über den Strahlensatz.

Dies ist offenbar nur eine Gleichung für zwei unbekannte Kräfte (es handelt sich im vorliegenden Fall um ein einfach statisch unbestimmtes System), und wir ergänzen sie um folgende, per Strahlensatz (starrer Hebel, vgl. Abb. 2.2.18) ableitbare Verformungsbedingung:

$$\frac{\Delta l_S}{15} = -\frac{\Delta l_A}{25} \quad \Rightarrow \quad \Delta l_S = -\frac{3}{5}\Delta l_A\,. \tag{2.2.47}$$

Dies bringt neue Unbekannte ins Spiel, nämlich die Verformungen. Diese aber stehen mit den Kräften über das HOOKEsche Gesetz bzw. über das um die Wärmeausdehnung erweiterte HOOKEsche Gesetz in Verbindung:

$$\Delta l_A = \Delta l_1 + \Delta l_2 = -\frac{F_A l_1}{E_A A_1} - \frac{F_A l_2}{E_A A_2} = -\frac{F_A}{E_A}\left(\frac{l_1}{A_1} + \frac{l_2}{A_2}\right), \tag{2.2.48}$$

$$\Delta l_S = \alpha_{\vartheta S}\, \Delta T\, l_S - \frac{F_S\, l_S}{E_S\, A_S}\,.$$

Durch sukzessives Einsetzen der Gleichungen (2.2.46–48) resultiert:

$$F_A = \frac{\alpha_{\vartheta S}\, \Delta T\, l_S}{\frac{5}{3}\frac{l_S}{E_S\, A_S} + \frac{3}{5}\frac{1}{E_A}\left(\frac{l_1}{A_1} + \frac{l_2}{A_2}\right)} = 2{,}83\text{ kN}\,, \tag{2.2.49}$$

Festigkeitslehre

$$F_S = \frac{5}{3} F_A = \frac{5}{3} \cdot 2{,}83\ \text{kN} = 4{,}72\ \text{kN}\ .$$

Damit lassen sich sofort die in den Stäben herrschenden Druckspannungen ermitteln:

$$\sigma_S = -\frac{F_S}{A_S} = -\frac{4{,}72 \cdot 10^3\ \text{N}}{100\ \text{mm}^2} = -47{,}2\,\tfrac{\text{N}}{\text{mm}^2}\,, \tag{2.2.50}$$

$$\sigma_{A_1} = -\frac{F_A}{A_1} = -\frac{2{,}83\ \text{kN}}{200\ \text{mm}^2} = -14{,}2\,\tfrac{\text{N}}{\text{mm}^2}\ ,\quad \sigma_{A_2} = -\frac{F_A}{A_2} = -\frac{2{,}83\ \text{kN}}{400\ \text{mm}^2} = -7{,}08\,\tfrac{\text{N}}{\text{mm}^2}\ .$$

Beachte, dass sich in den Aluminiumstäben trotz gleicher Kräfte aufgrund der unterschiedlichen Querschnitte unterschiedliche Spannungen ergeben.

2.3 Schubbeanspruchung und HOOKEsches Gesetz

Zusammenhang zwischen Elastizitäts- und Schermodul

Problemstellung

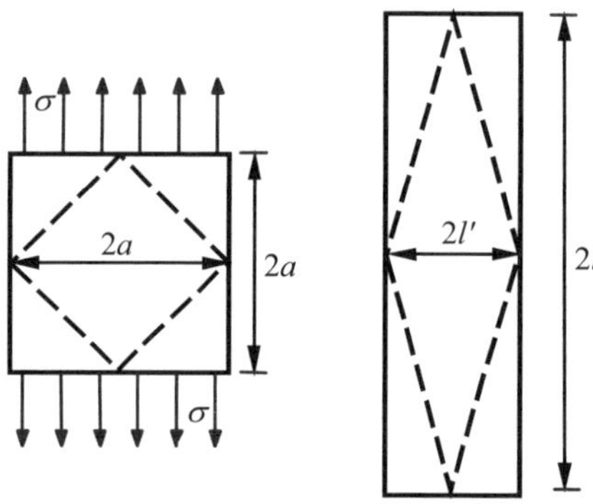

Abb. 2.3.1: Ursprünglich quadratische Scheibe verformt unter einachsigem Zug (stark vergrößert).

Erinnere an den Zusammenhang zwischen Elastizitäts- und Schermodul, wonach:

$$G = \frac{E}{2(1+\nu)}\ . \tag{2.3.1}$$

Führe den Beweis zu dieser Beziehung und analysiere zu diesem Zweck die in der Abb. 2.3.1 gezeigte quadratische bzw. rechteckige Scheibe (vor und nach der Deformation) sowie die gestrichelt gezeichneten Innenbereiche hinsichtlich der jeweils herrschenden Zug- und Scherbelastungen.

Lösung

Wie in Abb. 2.3.1 links gezeigt, schneiden wir zunächst die untere rechte Ecke des Quadrats frei und studieren Kräftegleichgewicht an der nicht deformierten Struktur:

$$\sum F_x = 0 : -\sigma\sqrt{2}ad + \tau\sqrt{2}ad = 0 \quad \Rightarrow \quad \sigma' = \tau \tag{2.3.2}$$

$$\sigma' ad + \tau ad - \sigma ad = 0 \quad \Rightarrow \quad \tau = \frac{\sigma}{2}\ .$$

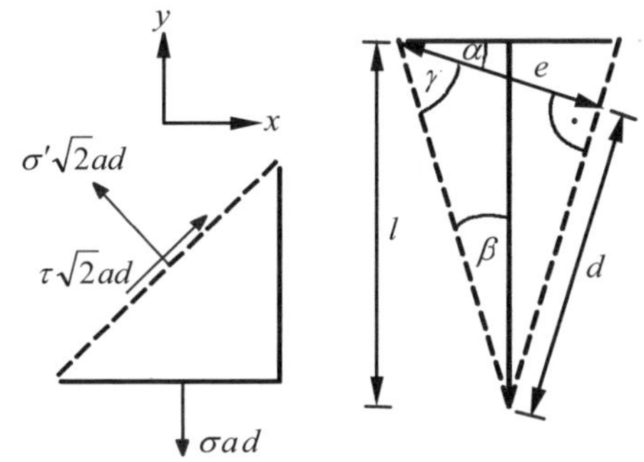

Abb. 2.3.2: Freischnitte.

Wir erinnern nun an die Definitionen des Elastizitäts- und des Schermoduls:

$$\sigma = E\varepsilon \ , \ \tau = G\gamma \,. \tag{2.3.3}$$

Also folgt mit den Ergebnissen aus (2.3.2):

$$G = \frac{E}{2}\frac{\varepsilon}{\gamma} \,. \tag{2.3.4}$$

Offenbar bleibt noch die Aufgabe das Verhältnis zwischen Axialdehnung ε und Scherwinkel γ in der vorliegenden Situation zu berechnen. Wir beginnen mit der Axialdehnung, für die gemäß Grunddefinition im vorliegenden Fall gilt (vgl. Abb. 2.3.1 rechts):

$$\varepsilon = \frac{l-a}{a} \quad \Rightarrow \quad l = a(1+\varepsilon) \,. \tag{2.3.5}$$

Mit der Querdehnung folgt unter Verwendung der Poisson-Zahl ν:

$$\varepsilon_Q = \frac{l'-a}{a} \equiv -\nu\varepsilon \quad \Rightarrow \quad l' = a(1-\nu\varepsilon) \,. \tag{2.3.6}$$

Der Geometrie der Abb. 2.3.2 rechts entnehmen wir ferner, dass:

$$\alpha + \beta + \gamma + 90^\circ = 180^\circ \ , \ \gamma + 90^\circ + 2\beta = 180^\circ \quad \Rightarrow \quad \beta = \frac{90^\circ - \gamma}{2} \ , \ \alpha + \frac{\gamma}{2} = 45^\circ \,. \tag{2.3.7}$$

Wir beachten die folgende trigonometrische Hilfsformel:

$$\tan(\gamma + \alpha) = \frac{\tan(\gamma) + \tan(\alpha)}{1 - \tan(\gamma)\tan(\alpha)} \tag{2.3.8}$$

und schließen unter Berücksichtigung von Abb. 2.3.2 rechts auf:

$$\tan(\gamma + \alpha) = \frac{l}{l'} = \frac{1+\varepsilon}{1-\nu\varepsilon} = \tan\left(45^\circ + \tfrac{\gamma}{2}\right) = \frac{\tan(45^\circ) + \tan\left(\tfrac{\gamma}{2}\right)}{1 - \tan(45^\circ)\tan\left(\tfrac{\gamma}{2}\right)} = \frac{1 + \tan\left(\tfrac{\gamma}{2}\right)}{1 - \tan\left(\tfrac{\gamma}{2}\right)} \approx \frac{1 + \tfrac{\gamma}{2}}{1 - \tfrac{\gamma}{2}} \,, \tag{2.3.9}$$

wobei wir bereits aufgrund der Kleinheit des Scherwinkels γ den jeweiligen Tangens durch sein Argument ersetzt haben. Ausmultiplizieren dieser Gleichung und Vernachlässigung von Größen zweiter Ordnung liefert schließlich:

$$\left(1 - \tfrac{\gamma}{2}\right)(1+\varepsilon) = (1 - \upsilon\varepsilon) + \tfrac{\gamma}{2} \quad \Rightarrow \quad \gamma \approx (1+\nu)\varepsilon \,. \tag{2.3.10}$$

Setzen wir dies in Gleichung (2.3.4) ein, so ergibt sich die Behauptung (2.3.1).

2.4 Biegebeanspruchung des Balkens

2.4.1 Flächenträgheitsmoment eines sechseckigen Stabquerschnitts

Problemstellung

Für das dargestellte regelmäßige Sechseck ist das Trägheits- und das Widerstandsmoment zu bestimmen.

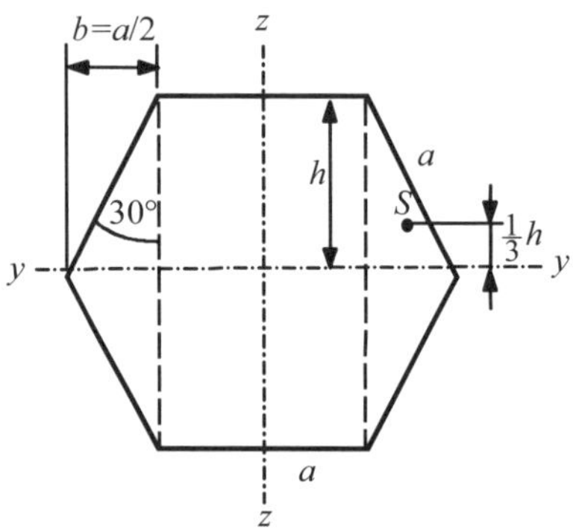

Abb. 2.4.1: Zur Geometrie eines regelmäßigen Sechsecks.

Lösung

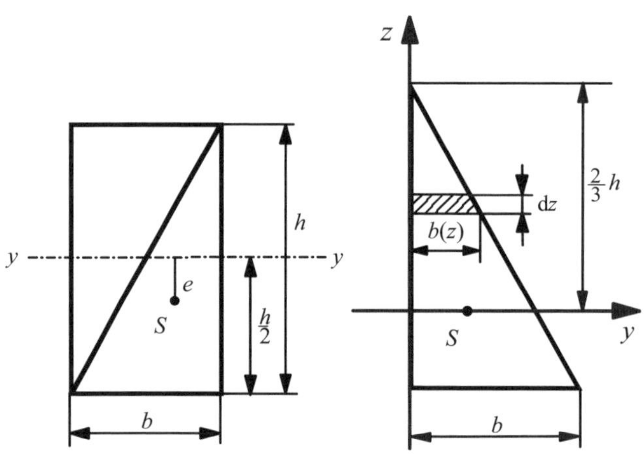

Abb. 2.4.2: Zur Berechnung der Dreiecksbeiträge.

Aufgrund der in Abb. 2.4.1 angedeuteten Symmetrie gilt:

$$I_{yy} = I_{\text{Rechteck}} + 4\, I_{\text{Dreieck}} \,. \tag{2.4.1}$$

Das Trägheitsmoment I_{Dreieck} lässt sich letztendlich über den STEINERschen Satz oder per Integration ermitteln. Der linken Skizze in Abb. 2.4.2 entnimmt man zunächst einmal, dass:

$$e = \frac{h}{2} - \frac{h}{3} = \frac{1}{6} h \,, \quad A_{\text{Dreieck}} = \frac{b \cdot h}{2} \,. \tag{2.4.2}$$

Für das Eigenträgheitsmoment des ganzen Vierecks gilt:

$$I_{yy} = I_{\text{Viereck}} = \frac{b\,h^3}{12} = 2\left(e^2\,A_{\text{Dreieck}} + I_0\right), \tag{2.4.3}$$

wobei I_0 das Eigenträgheitsmoment des Dreiecks ist, also:

$$I_0 = \frac{I_{\text{Viereck}}}{2} - e^2\,A_{\text{Dreieck}} = \frac{b\,h^3}{24} - \frac{h^2}{36}\cdot\frac{b\,h}{2} = \left(\frac{3}{72} - \frac{1}{72}\right)b\,h^3 = \frac{1}{36}b\,h^3\,. \tag{2.4.4}$$

Alternativ findet man dieses Ergebnis auch per Integration (siehe die rechte Skizze in Abb. 2.4.2) aus:

$$I_0 = \int\limits_{\text{Dreieck}} z^2\,\mathrm{d}A\,. \tag{2.4.5}$$

Ferner gilt:

$$\mathrm{d}A = b(z)\,\mathrm{d}z = \left(\frac{2}{3}h - z\right)\frac{b}{h}\,\mathrm{d}z\,. \tag{2.4.6}$$

Also folgt durch Einsetzen:

$$I_0 = \int_{-\frac{1}{3}h}^{+\frac{2}{3}h} z^2\left(\frac{2}{3}h - z\right)\frac{b}{h}\,\mathrm{d}z = \frac{2}{3}b\int_{-\frac{1}{3}h}^{+\frac{2}{3}h} z^2\,\mathrm{d}z - \frac{b}{h}\int_{-\frac{1}{3}h}^{+\frac{2}{3}h} z^3\,\mathrm{d}z =$$

$$\tfrac{2}{3}b\left.\frac{z^3}{3}\right|_{-\frac{1}{3}h}^{\frac{2}{3}h} - \left.\frac{b}{h}\frac{z^4}{4}\right|_{-\frac{1}{3}h}^{\frac{2}{3}h} = \tfrac{2}{3}b\,h^3\left(\tfrac{8}{81} + \tfrac{1}{81}\right) - \frac{bh^3}{4}\left(\tfrac{16}{81} - \tfrac{1}{81}\right) = \left(\tfrac{6}{81} - \tfrac{5}{108}\right)b\,h^3 = \frac{bh^3}{36}\,. \tag{2.4.7}$$

Zur Berechnung des Eigenträgheitsmomentes (2.4.1) des Sechsecks notieren wir wegen $h = a\cos(30°) = \frac{a}{2}\sqrt{3}$, dass:

$$I_{\text{Rechteck}} = \frac{a\,(2\,h)^3}{12} = \frac{a^4}{12}3\sqrt{3} = \frac{\sqrt{3}}{4}a^4\,, \tag{2.4.8}$$

und mit dem soeben gefundenen Ergebnis für das Eigenträgheitsmoment des Dreiecks ergibt sich ($b = a/2$):

$$I_{\text{Dreieck}} = e^2 A_{\text{Dreieck}} + I_0 = \frac{h^2}{9}\cdot\frac{1}{2}\cdot\frac{a}{2}\cdot h + \frac{1}{36}\cdot\frac{a}{2}\cdot h^3 =$$

$$a\,h^3\left(\frac{2}{72} + \frac{1}{72}\right) = a^4\cdot\frac{3\sqrt{3}}{8}\cdot\frac{1}{24} = a^4\,\frac{\sqrt{3}}{64}\,. \tag{2.4.9}$$

Also gilt insgesamt:

$$I_{yy} = \frac{\sqrt{3}}{4}a^4 + 4\,\frac{\sqrt{3}}{64}\,a^4 = a^4\sqrt{3}\,\frac{5}{16}\,. \tag{2.4.10}$$

Als Nächstes stellen wir die Frage nach dem Flächenträgheitsmoment des regelmäßigen Sechsecks bei Biegung um die z-Achse, also I_{zz}. Man könnte, wie zuvor für I_{yy} dargestellt, dieses durch direkte Rechnung ermitteln. Einfacher jedoch ist es, für den vorliegenden Querschnitt die Trägheitsellipse zu betrachten und daraus einen Rückschluss auf I_{zz} zu ziehen. Es gilt:

$$I_{yy} = i_{yy}^2 A\,, \tag{2.4.11}$$

wobei die Fläche des Sechsecks gegeben ist durch:

$$A = 2ha + 4\frac{1}{2}h\frac{a}{2} = 3ha = \frac{3}{2}\sqrt{3}a^2 . \tag{2.4.12}$$

Also ist:

$$i_{yy} = \sqrt{\frac{5}{24}}a . \tag{2.4.13}$$

Dieser Radius wurde in Abb. 2.4.3 sechsmal (nicht maßstabsgerecht) eingetragen (Symmetrie). Man erkennt, dass die resultierende Trägheitsellipse im vorliegenden Fall in einen Trägheitskreis entartet. Also gilt:

$$i_{zz} = i_{yy} \quad \Rightarrow \quad I_{zz} = I_{yy} . \tag{2.4.14}$$

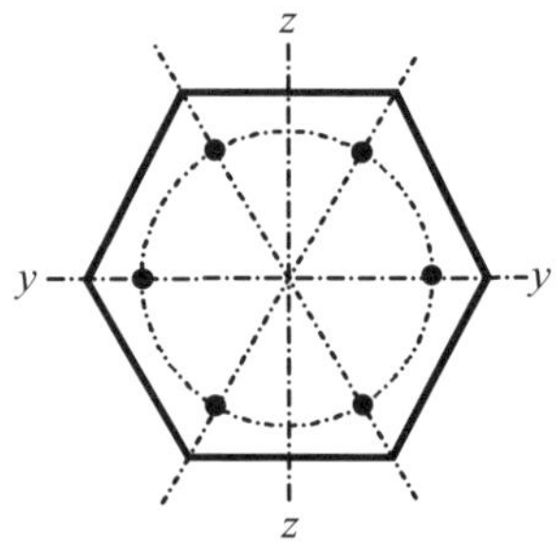

Abb. 2.4.3: Zur Biegung des sechseckigen Querschnittes um andere Achsen.

Schließlich finden wir noch mit den Abständen der maximal beanspruchten Randfasern $h = \frac{\sqrt{3}}{2}a$ bzw. a für die Widerstandsmomente:

$$W_y = \frac{I_{yy}}{\frac{\sqrt{3}}{2}a} = \frac{a^4\sqrt{3}\cdot 5\cdot 2}{16\sqrt{3}\,a} = \frac{5}{8}a^3 , \quad W_z = \frac{I_{zz}}{a} = \frac{a^4\sqrt{3}\cdot 5}{16\,a} = \sqrt{3}\,\frac{5}{16}a^3 \tag{2.4.15}$$

und somit:

$$W_y > W_z . \tag{2.4.16}$$

Der Unterschied beträgt ca. 13,3 %.

2.4.2 Flächenträgheitsmoment eines zusammengesetzten Trägerprofils

Problemstellung

Berechne anhand der Tabellenmethode das Trägheits- und Widerstandsmoment für das in Abb. 2.4.4 dargestellte zusammengesetzte Profil (alle Maße in mm).

Lösung

In der nachfolgenden Tabelle (alle Werte in Potenzen von cm) wurde verwendet, dass für den Schwerpunkt gilt:

$$z_S = \frac{\sum A_i\, z_i}{\sum A_i} = \frac{67{,}3}{16}\,\text{cm} = 4{,}2\,\text{cm} . \tag{2.4.17}$$

Die Rechnung wird besonders einfach, wenn man die innere Rechteckfläche als negative Größe behandelt. Für die Widerstandsmomente findet sich an den in der Abbildung eingezeichneten Stellen:

$$W_{y1} = \frac{I_{yy}}{e_o} = \frac{148{,}2\ \text{cm}^4}{(11-4{,}2)\,\text{cm}} = 21{,}8\ \text{cm}^3\ ,\quad W_{y2} = \frac{I_{yy}}{z_S} = \frac{148{,}2\ \text{cm}^4}{4{,}2\ \text{cm}} = 35{,}3\ \text{cm}^3. \qquad (2.4.18)$$

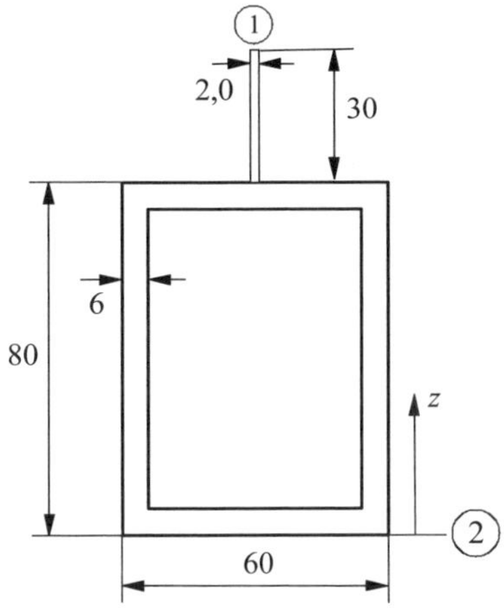

Abb. 2.4.4: Zusammengesetztes Trägerprofil.

Profil [mm]	A_i	z_i	$A_i z_i$	$a_i = \lvert z_i - z_S \rvert$	$a_i^2 A_i$	I_0
	0,6	9,5	5,7	5,29	16,8	0,5
	48,0	4,0	192,0	0,21	2,1	256,0
	−32,6	4,0	−130,4	0,21	−1,4	−125,8
$\sum_{i=1}^{3}$	16,0		67,3		$I_{yy} = 148{,}2\ \text{cm}^4$	

Also gilt:

$$W_{y2} > W_{y1}, \qquad (2.4.19)$$

und die höchste Spannung wird an der Stelle 1 mit dem kleinsten Widerstandsmoment auftreten.

2.4.3 Spannungsnachweis eines Trägers unter schiefer Biegung

Problemstellung

Der in Abb. 2.4.5 gezeichnete Doppel-T-Träger wird mit einer zur Vertikalen geneigten, durch seinen Schwerpunkt gehenden Kraft F belastet. Die aus dieser schiefen Biegung resultierende Spannungsverteilung ist zu berechnen.

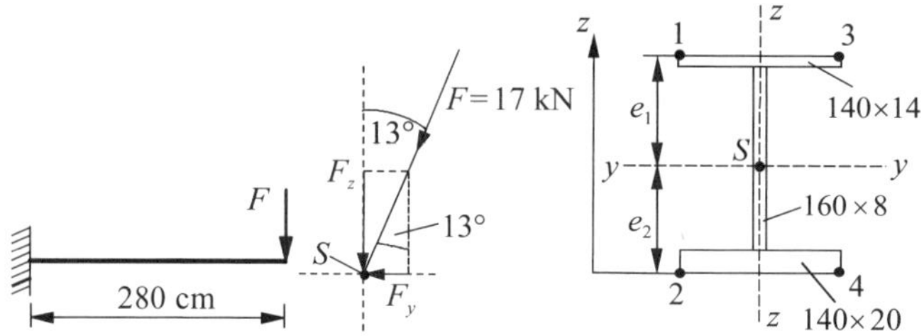

Abb. 2.4.5: Geometrie und Belastung eines Trägers.

Lösung

Profil [mm]	A_i	z_i	$A_i z_i$	$a_i = \lvert z_i - z_S \rvert$	$a_i^2 A_i$	I_0
(Flansch oben)	19,6	18,7	366	10,1	1999	–
(Steg)	12,8	10,0	128	1,4	25	273
(Flansch unten)	28,0	1,0	28	7,6	1617	–
$\sum_{i=1}^{3}$	60,4		522		$I_{yy} = 3914\ \text{cm}^4$	

Indem wir die angreifende Kraft in ihre horizontale und vertikale Richtung aufteilen, gelingt es, das Problem auf Biegungen um die y- und die z-Achse zurückzuführen. Für beide Biegeanteile berechnen wir mit der Tabellenmethode die dazugehörigen Trägheitsmomente (alle Angaben in Potenzen von cm). Es wurde verwendet, dass für den Schwerpunkt gilt:

$$z_S = \frac{522}{60,4}\ \text{cm} = 8,6\ \text{cm} = e_2 \quad \Rightarrow \quad e_1 = 10,8\ \text{cm}. \tag{2.4.20}$$

Ferner:

$$I_{zz} = \frac{2 \cdot 14^3}{12}\ \text{cm}^4 + \frac{1,4 \cdot 14^3}{12}\ \text{cm}^4 = 777\ \text{cm}^4. \tag{2.4.21}$$

Somit folgt für die Widerstandmomente beider Richtungen in den in der Zeichnung angegebenen Punkten:

$$W_{1/3}^y = \frac{I_{yy}}{e_1} = \frac{3914\ \text{cm}^4}{10,8\ \text{cm}} = 362\ \text{cm}^3\ , \tag{2.4.22}$$

$$W_{2/4}^y = \frac{I_{yy}}{e_2} = \frac{3914\ \text{cm}^4}{8,6\ \text{cm}} = 455\ \text{cm}^3\ ,\quad W_{1/2}^z = \frac{I_{zz}}{7\ \text{cm}} = \frac{777\ \text{cm}^4}{7\ \text{cm}} = 111\ \text{cm}^3 = W_{3/4}^z .$$

Indem wir die Kraftkomponenten zerlegen, gewinnen wir:

$$F_y = \sin(13°) \cdot 17\ \text{kN} = 3,8\ \text{kN}\ ,\quad F_z = \cos(13°) \cdot 17\ \text{kN} = 16,6\ \text{kN}, \tag{2.4.23}$$

und es folgt für die zugehörigen Biegemomente:

$$M_z = F_y \cdot 280\ \text{cm} = 3,8\ \text{kN} \cdot 280\ \text{cm} = 1064\ \text{kNcm}, \tag{2.4.24}$$

$$M_y = F_z \cdot 280\ \text{cm} = 16,6\ \text{kN} \cdot 280\ \text{cm} = 4648\ \text{kNcm}.$$

Mit der Biegespannungsformel:

$$\sigma = \frac{M_{y/z}}{W^{y/z}} \tag{2.4.25}$$

ergibt sich für die zur jeweiligen Biegung gehörigen Spannungsbeiträge:

$$y-y: \quad \sigma_{1,3} = \frac{4648\,\text{kNcm}}{362\,\text{cm}^3} = 12{,}8\,\frac{\text{kN}}{\text{cm}^2}\,,\quad \sigma_{2,4} = -\frac{4648\,\text{kNcm}}{455\,\text{cm}^3} = -10{,}2\,\frac{\text{kN}}{\text{cm}^2}\,, \tag{2.4.26}$$

$$z-z: \quad \sigma_{3,4} = \frac{1064\,\text{kNcm}}{111\,\text{cm}^3} = 9{,}6\,\frac{\text{kN}}{\text{cm}^2}\,,\quad \sigma_{1,2} = -\frac{1064\,\text{kNcm}}{111\,\text{cm}^3} = -9{,}6\,\frac{\text{kN}}{\text{cm}^2}\,.$$

Mithin resultieren bei vorzeichengerechter Superposition die folgenden Gesamtspannungen in den vier Eckpunkten des Trägers:

$$\sigma_1^{\text{tot}} = 12{,}8\,\frac{\text{kN}}{\text{cm}^2} - 9{,}6\,\frac{\text{kN}}{\text{cm}^2} = 3{,}2\,\frac{\text{kN}}{\text{cm}^2}\,,\quad \sigma_2^{\text{tot}} = -10{,}2\,\frac{\text{kN}}{\text{cm}^2} - 9{,}6\,\frac{\text{kN}}{\text{cm}^2} = -19{,}8\,\frac{\text{kN}}{\text{cm}^2}\,, \tag{2.4.27}$$

$$\sigma_3^{\text{tot}} = 12{,}8\,\frac{\text{kN}}{\text{cm}^2} + 9{,}6\,\frac{\text{kN}}{\text{cm}^2} = 22{,}4\,\frac{\text{kN}}{\text{cm}^2}\,,\quad \sigma_4^{\text{tot}} = -10{,}2\,\frac{\text{kN}}{\text{cm}^2} + 9{,}6\,\frac{\text{kN}}{\text{cm}^2} = -0{,}6\,\frac{\text{kN}}{\text{cm}^2}\,.$$

Die Verteilung der Spannungen über dem Trägerprofil ist in der nachstehenden Abbildung skizziert. Hervorgehoben ist die Lage der Linie verschwindender Spannungen, also der neutralen Faser, oder auch der $\sigma = 0-$Linie. Um ihre Lage zu genau zu ermitteln, benutzen wir u. a. den Strahlensatz (vgl. Abb. 2.4.6):

$$\frac{0{,}6\,\frac{\text{kN}}{\text{cm}^2}}{a} = \frac{(22{,}4+0{,}6)\,\frac{\text{kN}}{\text{cm}^2}}{19{,}4\,\text{cm}} \quad\Rightarrow\quad a = \frac{19{,}4}{23}\cdot 0{,}6\,\text{cm} = 0{,}5\,\text{cm}\,, \tag{2.4.28}$$

$$b = 8{,}6\,\text{cm} - a = 8{,}6\,\text{cm} - 0{,}5\,\text{cm} = 8{,}1\,\text{cm}\,.$$

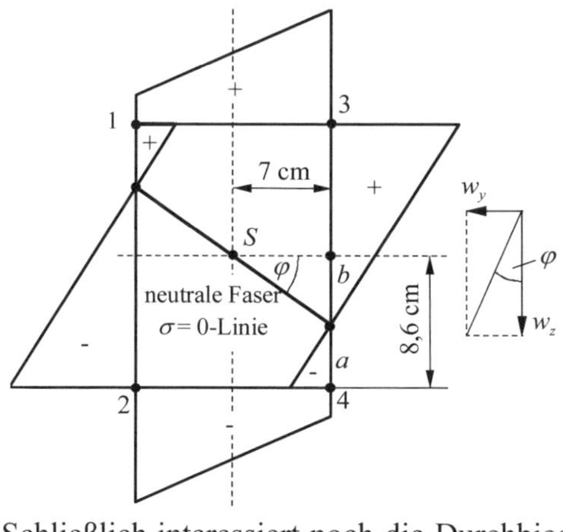

Abb. 2.4.6: Zur Berechnung der Verschiebungen bei schiefer Biegung.

Schließlich interessiert noch die Durchbiegung. Auch hier hilft das Superpositionsprinzip. Für die Durchbiegung am Ende eines einseitig fest eingespannten, unter der Last F stehenden Träger gilt:

$$w = \frac{F\,l^3}{3\,E\,I}\,. \tag{2.4.29}$$

Also:

$$w_y = \frac{F_y l^3}{3\,E\,I_{zz}}\ ,\quad w_z = \frac{F_z l^3}{3\,E\,I_{yy}}\ . \tag{2.4.30}$$

Der Neigungswinkel der neutralen Linie, die senkrecht auf dem Verschiebungsvektor (w_y, w_z) steht, ist:

$$\tan(\varphi) = \frac{w_y}{w_z} = \frac{I_{yy}}{I_{zz}}\frac{F_y}{F_z} = \frac{3914}{777}\frac{3{,}8}{16{,}6} = 1{,}15 \quad \Rightarrow \quad \varphi = 49{,}1°\ , \tag{2.4.31}$$

wie man auch direkt hätte feststellen können:

$$\tan(\varphi) = \frac{b}{a} = \frac{8{,}1}{7} = 1{,}16 \quad \Rightarrow \quad \varphi = 49{,}1°\ . \tag{2.4.32}$$

2.5 Schub infolge Querkraft beim Biegeträger

2.5.1 Spannungsnachweis für einen symmetrisch belasteten Träger mit Lamelle

Problemstellung

Gefordert ist der Spannungsnachweis in den Querschnitten $a-a$ und $b-b$ für den in Abb. 2.5.1 dargestellten Träger mit vorgegebenem Querschnitt (alle Maße in mm).

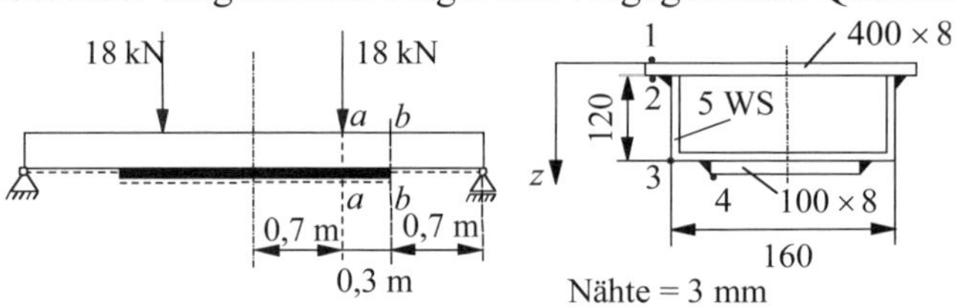

Abb. 2.5.1: Geometrie eines lamellenverstärkten Trägers.

Lösung

Mithilfe des Tabellenverfahrens (Einträge in cm-Potenzen) errechnen wir die Lage des Schwerpunktes und des Flächenträgheitsmomentes im Punkt b des Trägers (unverstärkt). Dabei wird verwendet, dass gilt:

$$z_S = \frac{188{,}9}{51{,}5}\ \text{cm} = 3{,}7\ \text{cm}\ . \tag{2.5.1}$$

Indem wir die in der Momentenfläche der Abb. 2.5.2 eingezeichneten Zahlenwerte verwenden, gelingt der Spannungsnachweis für den unverstärkten Querschnitt im Schnitt $b-b$ wie folgt. Zunächst ermitteln wir die Widerstandmomente und danach die Spannungen für alle drei geforderten Punkte des Querschnitts:

$$W_1 = \frac{I_{yy}}{e_1} = \frac{1201\ \text{cm}^4}{3{,}7\ \text{cm}} = 325\ \text{cm}^3 \quad \Rightarrow \quad \sigma_1 = -\frac{1260\ \text{kNcm}}{325\ \text{cm}^3} = -38{,}8\ \frac{\text{N}}{\text{mm}^2}\ ,$$

$$W_2 = \frac{I_{yy}}{e_2} = \frac{1201\ \text{cm}^4}{2{,}9\ \text{cm}} = 414\ \text{cm}^3 \quad \Rightarrow \quad \sigma_2 = -\frac{1260\ \text{kNcm}}{414\ \text{cm}^3} = -30{,}4\ \frac{\text{N}}{\text{mm}^2}\ , \tag{2.5.2}$$

$$W_3 = \frac{I_{yy}}{e_3} = \frac{1201\ \text{cm}^4}{9{,}1\ \text{cm}} = 132\ \text{cm}^3 \quad \Rightarrow \quad \sigma_3 = +\frac{1260\ \text{kNcm}}{132\ \text{cm}^3} = 95{,}5\ \frac{\text{N}}{\text{mm}^2}.$$

Profil [mm]	A_i	z_i	$A_i z_i$	$a_i = \lvert z_i - z_S \rvert$	$a_i^2 A_i$	I_0
	32,0	0,4	12,8	3,3	348	–
	12,0	6,8	81,6	3,1	115	144
	7,5	12,6	94,5	8,9	594	–
$\sum_{i=1}^{3}$	51,5		188,9		$I_{yy} = 1201\ \text{cm}^4$	

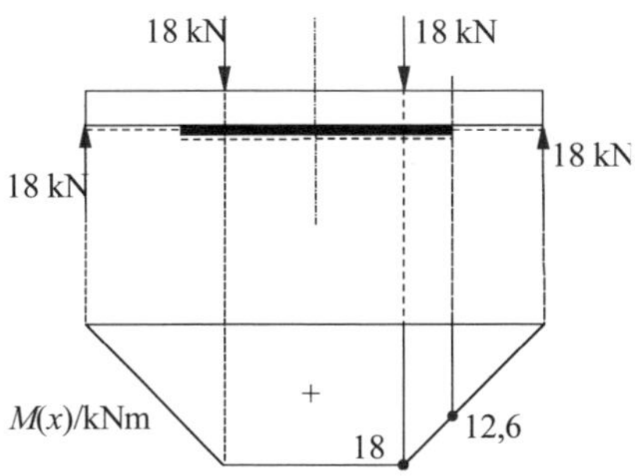

Abb. 2.5.2: Momentenverlauf am lamellenverstärkten Träger.

Der Biegespannungsverlauf ist in Abb. 2.5.3 über dem Trägerquerschnitt illustriert.

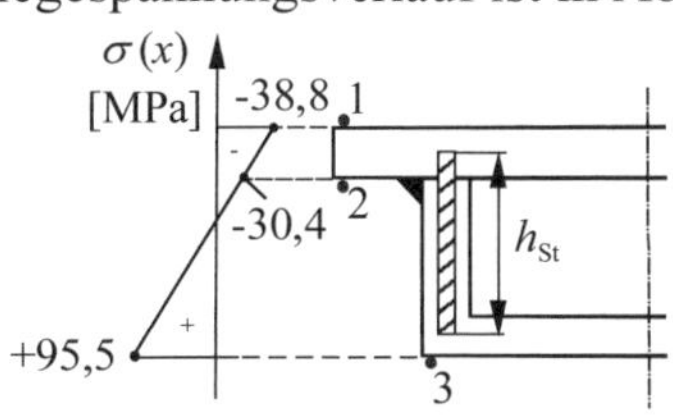

Abb. 2.5.3: Verlauf der Biegespannungen über dem Träger (ohne Lamelle).

Die zulässigen Normalspannungen für St37 werden also weder für Zug noch für Druck überschritten, da gilt:

$$\text{Zug: } \sigma_{\text{zul}} = +160\ \frac{\text{N}}{\text{mm}^2}, \quad \text{Druck: } \sigma_{\text{zul}} = -140\ \frac{\text{N}}{\text{mm}^2}. \tag{2.5.3}$$

Die zulässige Schubhöchstspannung für St37 gilt es ebenso zu überprüfen:

$$\tau_{\text{zul}} = 92\ \frac{\text{N}}{\text{mm}^2}. \tag{2.5.4}$$

Für die Schubspannung im Steg stoßen wir jedoch näherungsweise auf den deutlich kleineren Wert:

$$\tau_{\text{St}} = \frac{Q}{A_{\text{St}}} = \frac{18\ \text{kN}}{12{,}15 \cdot 2 \cdot 0{,}5\ \text{cm}^2} = 15\ \frac{\text{N}}{\text{mm}^2}, \quad A_{\text{St}} = 2 \cdot h_{\text{St}} \cdot 0{,}5\ \text{cm}, \tag{2.5.5}$$

$$h_{\text{St}} = (12{,}0 - 0{,}25 + 0{,}4)\ \text{cm} = 12{,}15\ \text{cm}.$$

Um die Schubspannung in den Schweißnähten zu überprüfen, berechnen wir mit dem letzten Ergebnis zuerst den Schubfluss:

$$T = \tau_{St} \cdot 5\text{ mm} = \tfrac{\text{N}}{\text{mm}^2} \qquad (2.5.6)$$

und damit näherungsweise für die Schubspannung in der Schweißnaht:

$$\tau_2 \approx \frac{T}{3\text{ mm}} = \frac{75\text{ N}}{3\text{ mm}^2} = 25\tfrac{\text{N}}{\text{mm}^2}, \qquad (2.5.7)$$

was dem Vergleich mit der exakten Beziehung ohne Weiteres standhält:

$$\tau_2 = \frac{QS_y^*}{I_{yy}b} = \frac{18\text{ kN}\cdot 32\cdot 3{,}3\text{ cm}^3}{1201\text{ cm}^4\cdot 2\cdot 0{,}3\text{ cm}} = 26\tfrac{\text{N}}{\text{mm}^2}. \qquad (2.5.8)$$

Mit den Zahlenwerten der Momentenfläche gelingt der Spannungsnachweis für den verstärkten Querschnitt im Punkt $a-a$ in analoger Weise. Die Tabelle lautet für diesen Fall (man beachte, dass in der ersten Zeile die Ergebnisse der ersten Tabelle übernommen werden können):

Profil [mm]	A_i	z_i	$A_i z_i$	$a_i = \lvert z_i - z_S \rvert$	$a_i^2 A_i$	I_0
(Profil mit Lamelle)	51,5	3,7	190,6	1,3	87	1201
(Rechteckprofil)	8,0	13,2	105,6	8,2	538	–
$\sum_{i=1}^{2}$	59,5		296,2		$I_{yy} = 1826\text{ cm}^4$	

wobei verwendet wurde, dass:

$$z_S = \frac{296{,}2}{59{,}5}\text{ cm} = 5\text{ cm}: \qquad (2.5.9)$$

Nun folgen die Widerstandmomente und danach die Spannungen für alle vier geforderten Punkte des Querschnitts:

$$\begin{aligned}
W_1 &= \frac{I_{yy}}{e_1} = \frac{1826\text{ cm}^4}{5\text{ cm}} = 365\text{ cm}^3 &\Rightarrow\quad \sigma_1 &= -\frac{1800\text{ kNcm}}{365\text{ cm}^3} = -49\tfrac{\text{N}}{\text{mm}^2},\\
W_2 &= \frac{I_{yy}}{e_2} = \frac{1826\text{cm}^4}{4{,}2\text{ cm}} = 435\text{ cm}^3 &\Rightarrow\quad \sigma_2 &= -\frac{1800\text{ kNcm}}{435\text{ cm}^3} = -41\tfrac{\text{N}}{\text{mm}^2},\\
W_3 &= \frac{I_{yy}}{e_3} = \frac{1826\text{ cm}^4}{7{,}8\text{ cm}} = 234\text{ cm}^3 &\Rightarrow\quad \sigma_3 &= +\frac{1800\text{ kNcm}}{234\text{ cm}^3} = 77\tfrac{\text{N}}{\text{mm}^2},\\
W_4 &= \frac{I_{yy}}{e_4} = \frac{1826\text{ cm}^4}{8{,}6\text{ cm}} = 212\text{ cm}^3 &\Rightarrow\quad \sigma_4 &= +\frac{1800\text{ kNcm}}{212\text{ cm}^3} = 85\tfrac{\text{N}}{\text{mm}^2}.
\end{aligned} \qquad (2.5.10)$$

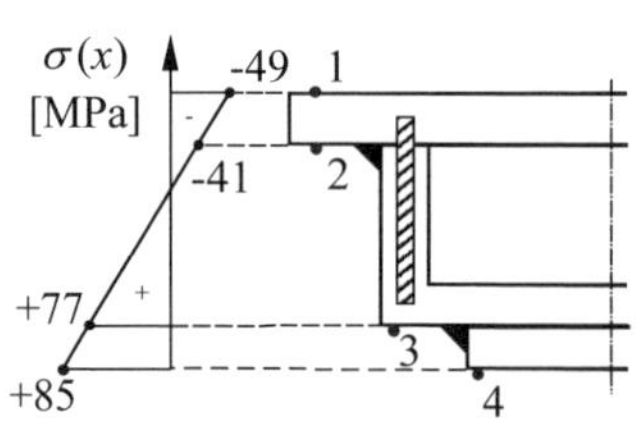

Abb. 2.5.4: Verlauf der Biegespannungen über dem Träger (mit Lamelle).

Für die Schubspannung im Steg finden wir wieder:

$$\tau_{St} = \frac{Q}{A_{St}} = \frac{18\,\text{kN}}{12{,}15 \cdot 2 \cdot 0{,}5\,\text{cm}^2} = 15\,\tfrac{\text{N}}{\text{mm}^2} \tag{2.5.11}$$

und für die Schubspannung in den Schweißnähten:

$$\tau_2 = \frac{QS_y^*}{I_{yy}b} = \frac{18\,\text{kN} \cdot 32 \cdot 4{,}6\,\text{cm}^3}{1826\,\text{cm}^4 \cdot 2 \cdot 0{,}3\,\text{cm}} = 24\,\tfrac{\text{N}}{\text{mm}^2} \tag{2.5.12}$$

bzw.:

$$\tau_3 = \frac{QS_y^*}{I_{yy}b} = \frac{18\,\text{kN} \cdot 8{,}0 \cdot 8{,}2\,\text{cm}^3}{1826\,\text{cm}^4 \cdot 2 \cdot 0{,}3\,\text{cm}} = 11\,\tfrac{\text{N}}{\text{mm}^2}\,. \tag{2.5.13}$$

2.5.2 Spannungsnachweis für einen Träger mit Lamelle

Problemstellung

Für den in Abb. 2.5.5 teilverstärkten Träger ist unter Berücksichtigung des Eigengewichts der Spannungsnachweis durchzuführen.

Lösung

Als zulässige Belastung sei vorab notiert:

$$\text{Druck: } \sigma_{zul} = -140\,\tfrac{\text{N}}{\text{mm}^2}\,,\ \text{Zug: } \sigma_{zul} = 160\,\tfrac{\text{N}}{\text{mm}^2}\,,\ \text{Schub: } \tau_{zul} = 0{,}65 \cdot \sigma_{zul}\,. \tag{2.5.14}$$

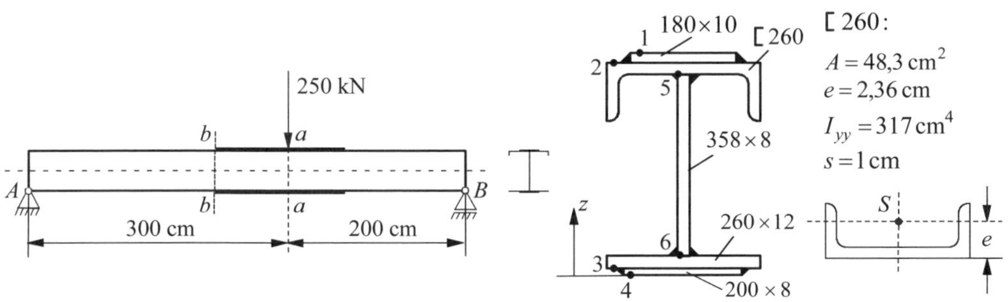

Abb. 2.5.5: Geometrie eines lamellenverstärkten Trägers.

Für den Spannungsnachweis berechnen wir in einem ersten Schritt das Flächenträgheitsmoment im verstärkten Teil des Trägers mit der Tabellenmethode (Zahlenwerte in Potenzen von cm). In der Tabelle wurden geringfügige Eigenanteile horizontal liegender Rechteckprofile vernachlässigt und im Übrigen von folgender Formel Gebrauch gemacht:

$$I_0 = \frac{b\,h^3}{12}\,. \tag{2.5.15}$$

Für den Schwerpunkt wurde in der Tabelle verwendet, dass gilt:

$$z_S = \frac{\sum A_i\,z_i}{\sum A_i} = \frac{3084}{142{,}1}\,\text{cm} = 21{,}7\,\text{cm}\,. \tag{2.5.16}$$

Profil [mm]	A_i	z_i	$A_i z_i$	$a_i = \lvert z_i - z_S \rvert$	$a_i^2 A_i$	I_0
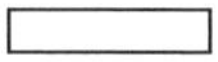	18,0	39,3	707	17,6	5576	–
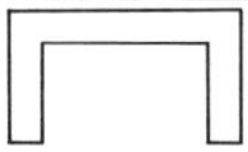	48,3	36,4	1758	14,7	10437	317
	28,6	19,9	569	1,8	93	3059
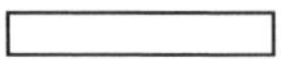	31,2	1,4	44	20,3	12857	–
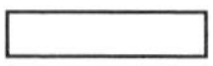	16,0	0,4	6	21,3	7259	–
$\sum_{i=1}^{5}$	142,1		3084		$I_{yy} = 39598\ \text{cm}^4$	

Im zweiten Schritt wird das Flächenträgheitsmoment im unverstärkten Teil des Trägers analog ermittelt (vgl. nächste Tabelle). Für den Schwerpunkt wurde diesmal verwendet:

$$z_S = \frac{\sum A_i z_i}{\sum A_i} = \frac{2371}{108,1}\ \text{cm} = 21,9\ \text{cm}\,. \tag{2.5.17}$$

Profil [mm]	A_i	z_i	$A_i z_i$	$a_i = \lvert z_i - z_S \rvert$	$a_i^2 A_i$	I_0
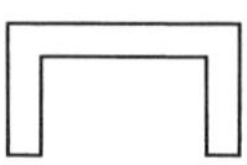	48,3	36,4	1758	14,5	10155	317
	28,6	19,9	569	2,0	114	3059
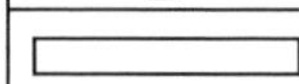	31,2	1,4	44	20,5	13112	–
$\sum_{i=1}^{3}$	108,2		2371		$I'_{yy} = 26757\ \text{cm}^4$	

Beim Spannungsnachweis starten wir mit den Biegespannungen, also mit:

$$\sigma = \frac{M}{W_y}\,. \tag{2.5.18}$$

Für die Widerstandmomente ergibt sich in den Positionen der Skizze:

$$W_{y1} = \frac{I_{yy}}{e_1} = \frac{39598\ \text{cm}^4}{18,1\ \text{cm}} = 2188\ \text{cm}^3\ ,\quad W_{y4} = \frac{I_{yy}}{e_4} = \frac{39598\ \text{cm}^4}{21,7\ \text{cm}} = 1825\ \text{cm}^3\,, \tag{2.5.19}$$

$$W_{y2} = \frac{I'_{yy}}{e_2} = \frac{26757\ \text{cm}^4}{16,1\ \text{cm}} = 1662\ \text{cm}^3\ ,\quad W_{y3} = \frac{I'_{yy}}{e_3} = \frac{26757\ \text{cm}^4}{21,9\ \text{cm}} = 1222\ \text{cm}^3\,.$$

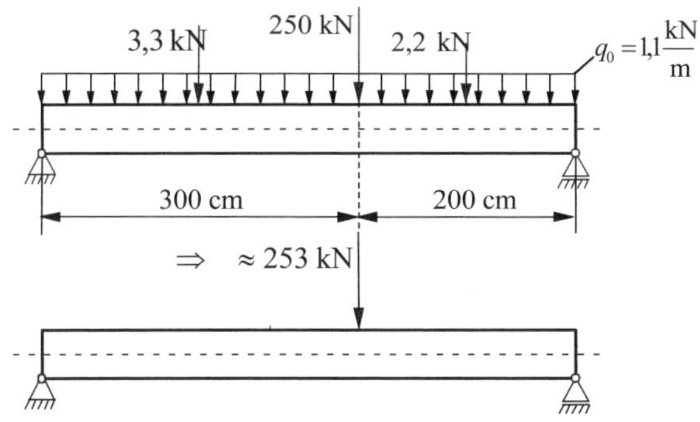

Abb. 2.5.6: Zur Berücksichtigung des Eigengewichts des Trägers.

Das Trägereigengewicht berücksichtigen wir mit folgender Überschlagsrechnung (vgl. Abb. 2.5.6). Zunächst einmal ist der größere Trägerquerschnitt gegeben durch (siehe Tabelle):

$$A_{\text{max}} = 142{,}1\ \text{cm}^2 . \tag{2.5.20}$$

Mithin schätzen wir das Gewicht des Eisenträgers ab zu:

$$G \approx \rho \cdot l \cdot A_{\text{max}} \cdot g = 7{,}85 \cdot 10^3 \tfrac{\text{kg}}{\text{m}^3} \cdot 5\ \text{m} \cdot 142{,}1 \cdot 10^{-4}\,\text{m}^2 g \approx 5{,}5\ \text{kN} , \tag{2.5.21}$$

was folgender Gleichstreckenlast entspricht:

$$q_0 = \frac{G}{l} = \frac{5{,}5\ \text{kN}}{5\ \text{m}} = 1{,}1\ \tfrac{\text{kN}}{\text{m}} . \tag{2.5.22}$$

Links vor der eingeprägten Last $250\ \text{kN}$ sammeln sich somit $1{,}1 \frac{\text{N}}{\text{m}} \cdot 3\ \text{m} = 3{,}3\ \text{kN}$ und in rechts davon $1{,}1 \frac{\text{N}}{\text{m}} \cdot 2\ \text{m} = 2{,}2\ \text{kN}$, was wir je zur Hälfte den $250\ \text{kN}$ zufügen (siehe Abb. 2.5.6):

$$F_{\text{tot}} \approx 250\ \text{kN} + 2{,}75\ \text{kN} \approx 253\ \text{kN} . \tag{2.5.23}$$

Dies ist fürwahr eine sehr geringe Änderung. Es resultiert die in Abb. 2.5.7 aufgezeichnete Querkraft- und Momentenverteilung, wobei $F_B = 253\ \text{kN} \cdot 3{,}0/5{,}0 = 152\ \text{kN}$, also:

$$M_{\text{max}} = 2\ \text{m} \cdot 152\ \text{kN} = 30400\ \text{kNcm} . \tag{2.5.24}$$

Damit können wir Gleichung (2.4.5) auswerten:

$$\sigma_1 = \frac{M_{\text{max}}}{W_{y1}} = \frac{30400\ \text{kNcm}}{2188\ \text{cm}^3} = 139 \tfrac{\text{N}}{\text{mm}^2} \approx 140 \tfrac{\text{N}}{\text{mm}^2} , \tag{2.5.25}$$

$$\sigma_4 = \frac{M_{\text{max}}}{W_{y4}} = \frac{30400\ \text{kNcm}}{1825\ \text{cm}^3} = 167 \tfrac{\text{N}}{\text{mm}^2} \approx 160 \tfrac{\text{N}}{\text{mm}^2} .$$

Dies liegt, wie angedeutet, sehr nahe an den zulässigen Grenzwerten für St37. Eine Verstärkung des Balkens ist also erforderlich. Wir wollen wissen, wie weit diese über der Stelle der Krafteinleitung angebracht werden muss. Dazu argumentieren wir wie folgt. Es muss gelten:

$$\sigma_3 = \frac{M(x_l)}{W_{y3}} = \sigma_{\text{zul}}(\text{Zug}) . \tag{2.5.26}$$

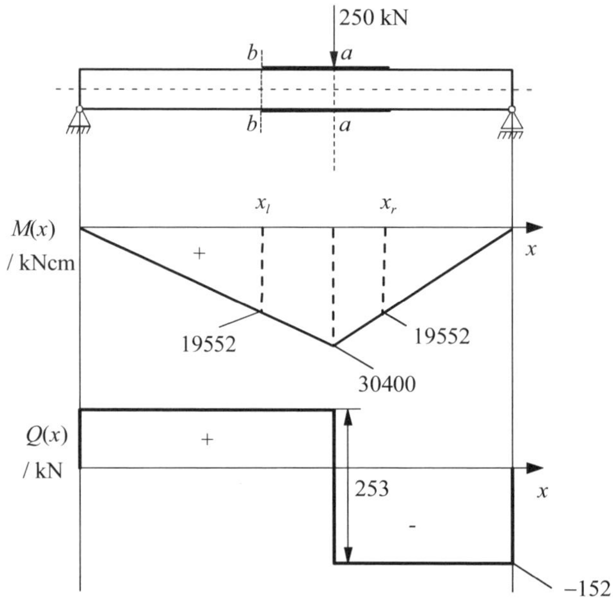

Abb. 2.5.7: Schnittgrößenverteilung.

Und somit:

$$M_{\text{zul}} = M(x_l) = \sigma_{\text{zul}}(\text{Zug})\, W_{y3} = 160\frac{\text{N}}{\text{mm}^2}\cdot 1222\ \text{cm}^3 = 19552\ \text{kN cm}\,, \qquad (2.5.27)$$

also:

$$\frac{M_{\max}}{3\ \text{m}} = \frac{M_{\text{zul}}}{x_l} \quad \Rightarrow \quad x_l = \frac{M_{\text{zul}}}{M_{\max}}\cdot 3\ \text{m} = \frac{19552}{30400}\cdot 3\ \text{m} = 1{,}93\ \text{m}\,. \qquad (2.5.28)$$

Als Nächstes untersuchen wir die noch verbliebene Stelle 2 im Profil:

$$\sigma_2 = \frac{M(x_l')}{W_{y2}} = \sigma_{\text{zul}}\ (\text{Druck})\,. \qquad (2.5.29)$$

Analog:

$$M_{\text{zul}}' = M(x_l') = \sigma_{\text{zul}}(\text{Druck})\, W_{y2} = 140\frac{\text{N}}{\text{mm}^2}\cdot 1682\ \text{cm}^3 = 23268\ \text{kN cm}\,, \qquad (2.5.30)$$

also:

$$\frac{M_{\max}}{3\ \text{m}} = \frac{M_{\text{zul}}}{x_l'} \quad \Rightarrow \quad x_l' = \frac{M_{\text{zul}}}{M_{\max}}\cdot 3\ \text{m} = \frac{23268}{30400}\cdot 3\ \text{m} = 2{,}3\ \text{m}\,. \qquad (2.5.31)$$

Entsprechend für die rechte Seite, also z. B.:

$$\frac{M_{\max}}{2\ \text{m}} = \frac{M_{\text{zul}}}{5\ \text{m} - x_r} \quad \Rightarrow \quad x_r = 5\ \text{m} - \frac{M_{\text{zul}}}{M_{\max}}\cdot 2\ \text{m} = 5\ \text{m} - \frac{19552}{30400}\cdot 2\ \text{m} = 3{,}7\ \text{m}\,. \qquad (2.5.32)$$

Der Schubspannungsnachweis gelingt wie folgt. Für den Steg verwenden wir eine Näherungsformel. Es gilt:

$$A_{\text{St}} = \left(35{,}8 + \frac{1}{2}\times(1{,}2 + 1{,}0)\right)\times 0{,}8\ \text{cm}^2 = 30\ \text{cm}^2\,, \qquad (2.5.33)$$

und $Q_{\max} = F_B = 152\ \text{kN}$:

$$\tau_{\text{St}} = \frac{152\ \text{kN}}{30\ \text{cm}^2} = 51\,\tfrac{\text{N}}{\text{mm}^2} < 0{,}65 \cdot 140\,\tfrac{\text{N}}{\text{mm}^2} = 91\,\tfrac{\text{N}}{\text{mm}^2}\,. \tag{2.5.34}$$

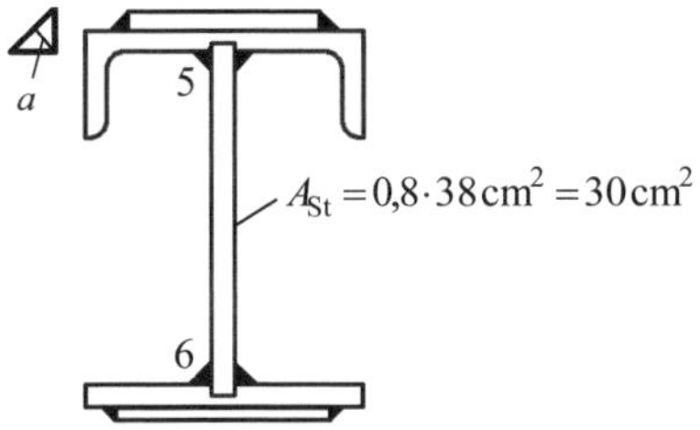

Abb. 2.5.8: Zur Berechnung der Schubspannungen über dem Trägerquerschnitt.

In den Schweißnähten (Stärke $a = 3$ mm) finden wir mit der Formel

$$\tau = \frac{QS_y^*}{I_{yy}a} \tag{2.5.35}$$

die folgenden Zahlenwerte:

$$\tau_5 = \frac{152\ \text{kN}\left(18\ \text{cm}^2 \cdot 17{,}6\ \text{cm} + 48{,}3 \cdot 14{,}7\ \text{cm}^3\right)}{39598\ \text{cm}^4 \cdot 2 \cdot 0{,}3\ \text{cm}} = 66\,\tfrac{\text{N}}{\text{mm}^2}, \tag{2.5.36}$$

$$\tau_6 = \frac{152\ \text{kN}\left(31{,}2\ \text{cm}^2 \cdot 20{,}3\ \text{cm} + 16{,}0 \cdot 21{,}3\ \text{cm}^3\right)}{39598\ \text{cm}^4 \cdot 2 \cdot 0{,}3\ \text{cm}} = 62\,\tfrac{\text{N}}{\text{mm}^2}\,.$$

Die Zahlen bei der Berechnung der statischen Momente stammen aus den obigen Tabellen.

2.5.3 Spannungsnachweis für ein Kastenprofil

Problemstellung

Eine Lamelle soll an einen unter einer Gleichstreckenlast $q_0 = 6\,\frac{\text{kN}}{\text{m}}$ (siehe Abb. 2.5.9) stehenden Träger genietet werden. Zur Auslegung des Nietprofils (Nietabstand x) berechne man die Normalspannungen an den kritischen Stellen und die Schubspannungen in den Nieten.

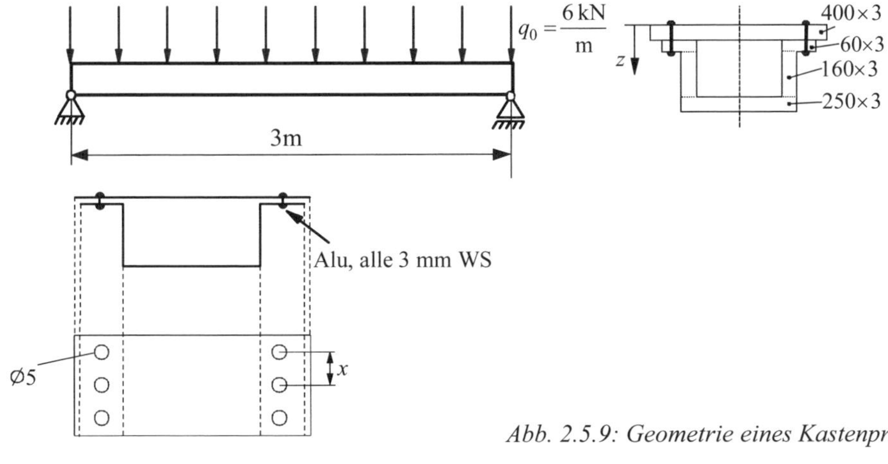

Abb. 2.5.9: Geometrie eines Kastenprofils.

Festigkeitslehre

Lösung

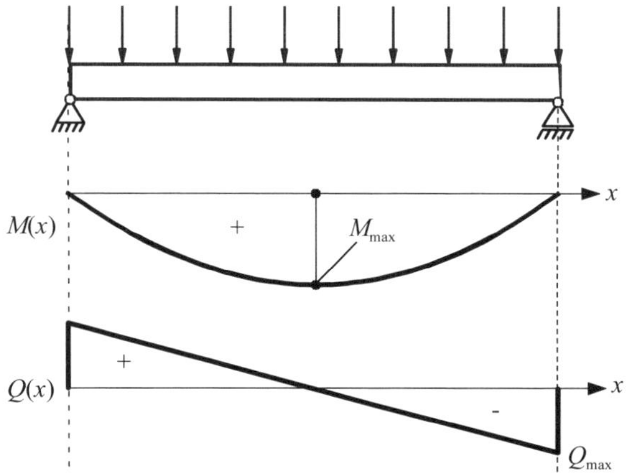

Abb. 2.5.10: Schnittgrößenverteilung.

Die zur Gleichstreckenlast gehörigen Momenten- und Querkraftflächen sind in Abb. 2.5.10 bereits eingezeichnet. Wir notieren als Extremwerte:

$$M_{\max} = \frac{q_0\, l^2}{8} = \frac{6\,\frac{\text{kN}}{\text{m}} \cdot 9\ \text{m}^2}{8} = 675\ \text{kNcm}\ ,\ Q_{\max} = \frac{q_0\, l}{2} = \frac{6\,\frac{\text{kN}}{\text{m}} \cdot 3\ \text{m}}{2} = 9\ \text{kN} \quad (2.5.37)$$

und führen den Spannungsnachweis wie folgt. Zuerst wird das Flächenträgheitsmoment für das Nietprofil per Tabellenmethode bestimmt. Für die Schwerpunktskoordinate z_S wurde in der Tabelle verwendet, dass gilt:

$$z_S = \frac{211,6}{32,7}\ \text{cm} = 6,5\ \text{cm}\ . \quad (2.5.38)$$

Profil [mm]	A_i	z_i	$A_i z_i$	$a_i = \lvert z_i - z_S \rvert$	$a_i^2 A_i$	I_0
▭	12,0	0,15	1,8	6,4	492	_
▭ ▭	3,6	0,45	1,6	6,1	134,0	_
▯ ▯	9,6	8,6	82,6	2,1	42,3	204,8
▭	7,5	16,75	125,6	10,3	795,7	_
$\sum_{i=1}^{4}$	32,7		211,6		$I_{yy} = 1668,8$	

Das Eigenträgheitsmoment der Stegblechquerschnitte ist $I_0 = 0,6 \cdot 16^3/12\,\text{cm}^4 = 204,8\ \text{cm}^4$. Die Eigenanteile horizontal liegender Rechteckprofile wurden vernachlässigt. Mithin ergibt sich für die Widerstandsmomente am oberen/unteren Profilrand:

$$W_{yo} = \frac{I_{yy}}{e_o} = \frac{1668,8\ \text{cm}^4}{6,5\ \text{cm}} = 256,7\ \text{cm}^3\ ,\ W_{yu} = \frac{I_{yy}}{e_u} = \frac{1668,8\ \text{cm}^4}{10,4\ \text{cm}} = 160,5\ \text{cm}^3, \quad (2.5.39)$$

und die Biegespannungen ergeben sich zu:

$$\sigma_o = \frac{M_{max}}{W_{yo}} = \frac{675 \text{ kNcm}}{256{,}7 \cdot 100 \text{ cm mm}^2} = 26{,}3 \tfrac{\text{N}}{\text{mm}^2} < \sigma_{zul}, \tag{2.5.40}$$

$$\sigma_u = \frac{M_{max}}{W_{yu}} = \frac{675 \text{ kNcm}}{160{,}5 \cdot 100 \text{ cm mm}^2} = 42{,}1 \tfrac{\text{N}}{\text{mm}^2} < \sigma_{zul}.$$

Für die zulässige Zugspannung von Aluminium sei notiert:

$$\sigma_{zul} \approx 50 \tfrac{\text{N}}{\text{mm}^2}. \tag{2.5.41}$$

Also wird diese hier nicht überschritten. Für die Schubspannung gilt:

$$\tau_N = \frac{QS_y^*}{I_{yy}\, 2\, \frac{A_N}{x}}, \tag{2.5.42}$$

wobei S_y^* für das statische Moment und A_N für die Querschnittsfläche des Niets steht. Der Faktor „2“ resultiert von der vorgesehenen doppelten Reihe an Nieten. Wir notieren:

$$S_y^* = 12{,}0 \text{ cm}^2 \cdot 6{,}4 \text{ cm}^2 = 76{,}8 \text{ cm}^3 \;, \quad A_N = \pi \frac{d^2}{4} = \pi \frac{0{,}5^2}{4} \text{ cm}^2 = 0{,}2 \text{ cm}^2. \tag{2.5.43}$$

Es ergibt sich für den notwendigen Nietabstand:

$$x = \frac{\tau_N\, I_{yy}\, 2\, A_N}{Q\, S_y^*} = \frac{3{,}3 \tfrac{\text{kN}}{\text{cm}^2} \cdot 1668{,}8 \text{ cm}^4 \cdot 2 \cdot 0{,}2 \text{ cm}^2}{9 \text{ kN} \cdot 76{,}8 \text{ cm}^3} = 3{,}2 \text{ cm}, \tag{2.5.44}$$

wobei gesetzt wurde:

$$\tau_N = \tau_{max} = 0{,}65\, \sigma_{zul} = 33 \tfrac{\text{N}}{\text{mm}^2} = 3{,}3 \tfrac{\text{kN}}{\text{cm}^2}. \tag{2.5.45}$$

In einem weiteren Schritt wird nun der Schubspannungsnachweis an gewissen Stellen des Profils geführt, die in Abb. 2.4.11 eingezeichnet sind:

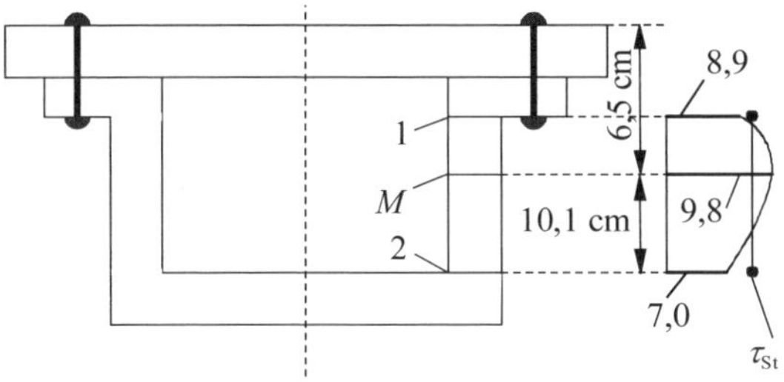

Abb. 2.5.11: Zur Berechnung des Schubspannungsverlaufs.

Generell gilt:

$$\tau = \frac{Q}{I_{yy}\, b} S_y^* = \frac{9 \text{ kN}}{1668{,}8 \cdot 0{,}3 \text{ cm}^5} S_y^* = 18{,}0 \tfrac{\text{N}}{\text{cm}^5} S_y^*. \tag{2.5.46}$$

Das statische Moment S_y^* wird nun für jede interessierende Stelle getrennt ermittelt:

$$\tau_M = 18{,}0 \tfrac{\text{N}}{\text{cm}^5} (6{,}0 \cdot 6{,}4 + 1{,}8 \cdot 6{,}1 + 0{,}3 \cdot 5{,}9 \cdot 3) \text{ cm}^3 = 9{,}8 \tfrac{\text{N}}{\text{mm}^2}, \tag{2.5.47}$$

$$\tau_1 = 18{,}0 \tfrac{\text{N}}{\text{cm}^5} (6{,}0 \cdot 6{,}4 + 1{,}8 \cdot 6{,}1) \text{ cm}^3 = 8{,}9 \tfrac{\text{N}}{\text{mm}^2},$$

$$\tau_2 = 18{,}0 \tfrac{\text{N}}{\text{cm}^5} \frac{7{,}5}{2} \cdot 10{,}3 \text{ cm}^3 = 7{,}0 \tfrac{\text{N}}{\text{mm}^2}.$$

Festigkeitslehre

Es sei darauf hingewiesen, dass die verwendeten Daten für die statischen Momente (Klammerausdrücke) im Wesentlichen direkt aus der obigen Tabelle abgelesen werden können. Dabei ist ein Faktor „2" zu beachten (nur das halbe Profil wird bewertet). Für den Steg notieren wir zum Schluss noch die Näherungsformel:

$$\tau_{\mathrm{St}} = \frac{9\,\mathrm{kN}}{10{,}0\,\mathrm{cm}^2} = 9\,\tfrac{\mathrm{N}}{\mathrm{mm}^2}\,, \tag{2.5.48}$$

wobei auch dieser Wert in der Skizze für die Schubspannungsverteilung in Abb. 2.5.11 eingezeichnet wurde.

2.5.4 Spannungsnachweis für einen Doppel-T-Träger unter Querlast

Problemstellung

Auf das Ende zweier einseitig eingespannter Doppel-T-Träger unterschiedlicher Länge (1300 mm bzw. 350 mm), aber mit gleichem, vorgegebenem Profil, wirkt eine Querlast F_1 bzw. F_2. Führe den Spannungsnachweis unter der Annahme durch, dass der Träger unter „kritischer" Last steht. Beachte, dass für die zulässigen Biegespannungen unter Zug/Druck gilt: $\sigma_{\mathrm{zul}} = 160\,\frac{\mathrm{N}}{\mathrm{mm}^2}$ / $\sigma_{\mathrm{zul}} = -140\,\frac{\mathrm{N}}{\mathrm{mm}^2}$ und für die zulässige Schubspannung: $\tau_{\mathrm{zul}} = 0{,}65 \cdot \sigma_{\mathrm{zul}}$.

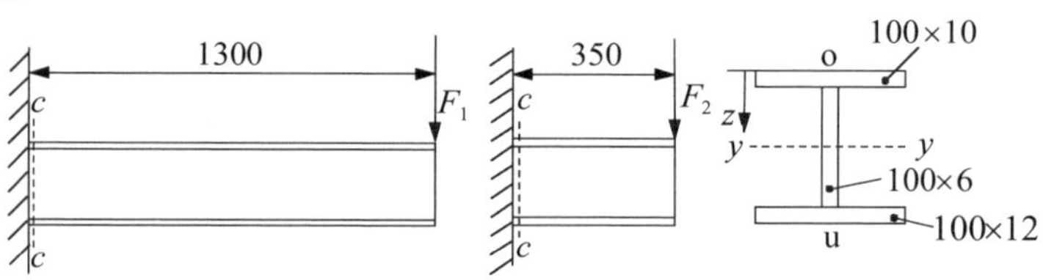

Abb. 2.5.12: Geometrie und Belastung unterschiedlich langer Doppel-T-Träger.

Lösung

In einem ersten Schritt wird das Flächenträgheitsmoment mit Hilfe des Tabellenverfahrens ermittelt.

Profil [mm]	A_i	z_i	$A_i z_i$	$a_i = \lvert z_i - z_S \rvert$	$a_i^2 A_i$	I_0
	10,0	0,5	5,0	5,9	348,1	1,0
	6,0	6,0	36,0	0,4	1,0	50
	12,0	11,6	139,2	5,2	324,5	1,4
$\sum_{i=1}^{3}$	28,0		180,2		$I_{yy} = 726\,\mathrm{cm}^4$	

Dabei wurden die Eigenanteile I_0 gemäß der für Rechteckprofile gültigen Formel

$$I_0 = \frac{b\,h^3}{12} \tag{2.5.49}$$

berechnet. Bei der Berechnung des Schwerpunktes wurde verwendet, dass:

$$z_S = \frac{\sum A_i\, z_i}{\sum A} = \frac{180{,}2}{28}\ \text{cm} = 6{,}4\ \text{cm}\,. \tag{2.5.50}$$

Für die Widerstandmomente am oberen und unterem Rand darf man schreiben:

$$W_{yo} = \frac{I_{yy}}{e_o} = \frac{726\ \text{cm}^4}{6{,}4\ \text{cm}} = 113\ \text{cm}^3\ ,\quad W_{yu} = \frac{I_{yy}}{e_u} = \frac{726\ \text{cm}^4}{5{,}8\ \text{cm}} = 125\ \text{cm}^3\,. \tag{2.5.51}$$

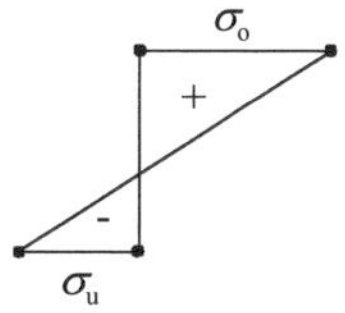

Abb. 2.5.13: Biegespannungsverlauf über dem Trägerprofil.

Für die Spitzenwerte der linearen Biegespannungsverteilung findet sich:

$$\sigma_o = \frac{M}{W_{yo}}\ ,\quad \sigma_u = \frac{M}{W_{yu}}\,. \tag{2.5.52}$$

Der Biegespannungsverlauf über dem Träger ist in Abb. 2.5.13 skizziert. Wir führen nun den Spannungsnachweis auf Biegespannung im Schnitt $c-c$ (für Druck und Zug bei beiden Trägern). Zunächst bestimmen wir dazu die Momente für Träger 1/2:

$$M_1 = F_1\, l_1\ ,\quad l_1 = 130\ \text{cm}\ ,\quad M_2 = F_2\, l_2\ ,\quad l_2 = 35\ \text{cm} \tag{2.5.53}$$

und damit:

$$\sigma_{o,1} = \frac{F_1\, l_1}{W_{yo}}\ ,\quad \sigma_{u,1} = \frac{F_1\, l_1}{W_{yu}}\ ,\quad \sigma_{o,2} = \frac{F_2\, l_2}{W_{yo}}\ ,\quad \sigma_{u,2} = \frac{F_2\, l_2}{W_{yu}}\,. \tag{2.5.54}$$

Bei der Berechnung der maximal zulässigen Kräfte fordern wir nun zuerst:

$$\sigma_{o,1} = \sigma_{zul}\ (\text{Zug}),\ \sigma_{o,2} = \sigma_{zul}\ (\text{Zug}) \tag{2.5.55}$$

und finden im Falle des Lastfalls „Zug“:

$$F_1 = \frac{\sigma_{zul}(\text{Zug})\cdot W_{yo}}{l_1} = \frac{160\cdot\frac{\text{N}}{0{,}01\ \text{cm}^2}\cdot 113\ \text{cm}^3}{130\ \text{cm}} = 13{,}9\ \text{kN}\,, \tag{2.5.56}$$

$$F_2 = \frac{\sigma_{zul}(\text{Zug})\cdot W_{yo}}{l_2} = \frac{160\cdot\frac{\text{N}}{0{,}01\ \text{cm}^2}\cdot 113\ \text{cm}^3}{35\ \text{cm}} = 51{,}7\ \text{kN}\,.$$

Ähnlich gelingt die Berechnung für den Lastfall „Druck“:

$$\sigma_{u,1} = \sigma_{zul}\ (\text{Druck})\ ,\quad \sigma_{u,2} = \sigma_{zul}\ (\text{Druck})\ ,\quad \sigma_{u,1} = \frac{F_1\, l_1}{W_{yu}}\ ,\quad \sigma_{u,2} = \frac{F_2\, l_2}{W_{yu}} \tag{2.5.57}$$

und wir finden:

Festigkeitslehre

$$F_1 = \frac{\sigma_{\text{zul}}(\text{Druck})\, W_{yu}}{l_1} = \frac{140 \cdot \dfrac{\text{N}}{0{,}01\ \text{cm}^2} \cdot 125\ \text{cm}^3}{130\ \text{cm}} = 13{,}5\ \text{kN}\,, \tag{2.5.58}$$

$$F_2 = \frac{\sigma_{\text{zul}}(\text{Druck}) \cdot W_{yu}}{l_2} = \frac{140 \cdot \dfrac{\text{N}}{0{,}01\ \text{cm}^2} \cdot 125\ \text{cm}^3}{35\ \text{cm}} = 50\ \text{kN}\,.$$

Offensichtlich wird die maximale Druckspannung bei beiden Trägern mit einer kleineren Kraft erreicht als die entsprechenden maximalen Zugspannungen. Somit sind die beiden letzten Ergebnisse die gesuchten Belastungsgrenzen. Als Nächstes erfolgt der Spannungsnachweis auf Schub: Abb. 2.5.14.

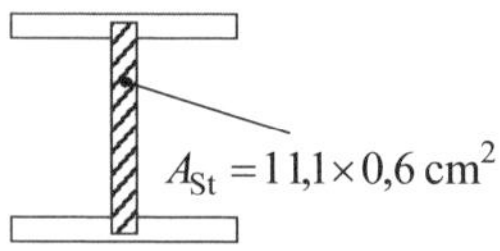

Abb. 2.5.14: Zur Abschätzung der Schubspannung im Steg.

Zur Abschätzung der Schubspannung im Steg verwenden wir die Gleichung:

$$\tau_{\text{St}} = \frac{Q}{A_{\text{St}}}\,. \tag{2.5.59}$$

Und somit für Träger 1/2:

$$Q = F_1 \quad \Rightarrow \quad \tau_{\text{St},1} = \frac{F_1}{A_{\text{St}}}, \quad Q = F_2 \quad \Rightarrow \quad \tau_{\text{St},2} = \frac{F_2}{A_{\text{St}}}\,. \tag{2.5.60}$$

Unsere Forderung lautet:

$$\tau_{\text{St},1}, \tau_{\text{St},2} < \tau_{\text{zul}} = 0{,}65\, \sigma_{\text{zul}}(\text{Druck}) = 0{,}65 \cdot 140 \tfrac{\text{N}}{\text{mm}^2} = 91 \tfrac{\text{N}}{\text{mm}^2}\,. \tag{2.5.61}$$

und es ergibt sich konkret:

$$\tau_{\text{St},1} = \frac{13{,}5\ \text{kN}}{6{,}7 \cdot 100\ \text{mm}^2} = 20{,}1 \tfrac{\text{N}}{\text{mm}^2} < \tau_{\text{zul}}\,,$$

$$\tau_{\text{St},2} = \frac{50{,}0\ \text{kN}}{6{,}7 \cdot 100\ \text{mm}^2} = 74{,}6 \tfrac{\text{N}}{\text{mm}^2} \approx \tau_{\text{zul}}\,. \tag{2.5.62}$$

Man muss feststellen, dass der kurze Träger schon fast auf Schubspannung ausgelastet ist, was die Bedeutung von Schubspannungen im Spannungsnachweis unterstreicht.

2.5.5 Spannungsnachweis für eine Lasttraverse

Problemstellung

Für die dargestellte Lasttraverse mit vorgegebenem Querschnitt (Winkeleisen mit 140 mm Höhe) soll im Schnitt $c-c$ ein Spannungsnachweis durchgeführt werden. Beachte, dass sich unter der Wirkung der aufgeschweißten Lamelle der Schwerpunkt des Winkeleisens um den Exzenterabstand e verschiebt. Analysiere insbesondere die Situation in den eingezeichneten Querschnittspunkten 1, 2 und 3.

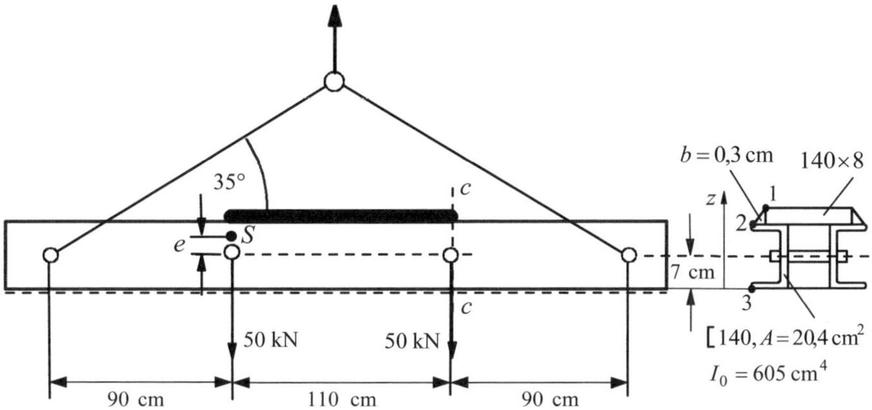

Abb. 2.5.15: Träger unter Last.

Lösung

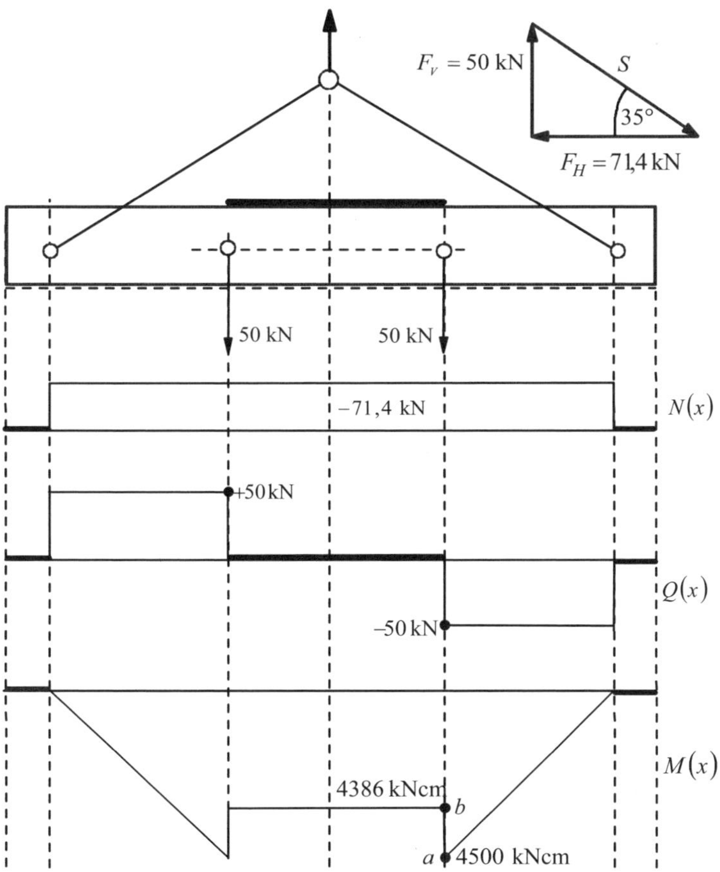

Abb. 2.5.16: Schnittgrößenverlauf und Kräfteaufteilung.

Mit einem einfachen Symmetrieargument teilen wir die Gewichtskraft auf und zerlegen die resultierenden Kraftanteile dann in eine horizontal bzw. vertikal angreifende Kraftkomponente (siehe auch Abb. 2.5.16 rechts oben), wie folgt:

$$F_V = 50\ \text{kN}\,,\ \frac{F_V}{F_H} = \tan(35°)\ \Rightarrow\ F_H = \frac{F_V}{\tan(35°)} = \frac{50\ \text{kN}}{\tan(35°)} = 71{,}4\ \text{kN}\,. \qquad (2.5.63)$$

Die horizontale Kraft wirkt als Druckkraft normal zur Traversenquerschnittsfläche, die mit S bezeichnete Kraft ist die Seilkraft. Es gelingt so unmittelbar, die in Abb. 2.5.17 dargestellten Normal- und Querkraftverläufe einzuzeichnen. Auf den Verlauf der Biegemomente kommen wir noch zurück. Das zum Spannungsnachweis relevante Flächenträgheitsmoment folgt aus einer Tabelle:

Profil [mm]	A_i	z_i	$A_i z_i$	$a_i = \lvert z_i - z_S \rvert$	$a_i^2 A_i$	I_0
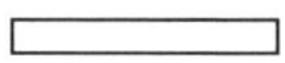	11,2	14,4	161	5,8	377	–
	40,8	7,0	286	1,6	104	1210
$\sum_{i=1}^{2}$	52,0		447		$I_{yy} = 1691\ \text{cm}^4$	

Bei der Rechnung wurde folgendes Ergebnis für die Schwerpunktslage verwendet:

$$z_S = \frac{447}{52{,}0} = 8{,}6\ \text{cm}\,. \qquad (2.5.64)$$

Als nächstes errechnen wir die Widerstandsmomente in den in der Skizze angegebenen Punkten:

$$W_{y1} = \frac{I_{yy}}{e_1} = \frac{1691\ \text{cm}^4}{(14{,}8 - 8{,}6)\ \text{cm}} = 273\ \text{cm}^3\,, \qquad (2.5.65)$$

$$W_{y2} = \frac{I_{yy}}{e_2} = \frac{1691\ \text{cm}^4}{(14{,}0 - 8{,}6)\ \text{cm}} = 313\ \text{cm}^3\ ,\ W_{y3} = \frac{I_{yy}}{e_3} = \frac{1691\ \text{cm}^4}{8{,}6\ \text{cm}} = 196\ \text{cm}^3\,.$$

Bei der Berechnung der Normalspannungen müssen wir darauf achten, dass es sich hier um eine Kombination von Biege- und Normalspannungen handelt, was wir in folgender Formel berücksichtigen:

$$\sigma = \frac{F}{A} \pm \frac{M}{W}\,. \qquad (2.5.66)$$

Um die Momentenwirkung richtig zu erfassen, benötigen wir den in Abb. 2.5.15 eingetragenen Exzenterabstand e:

$$e = (8{,}6 - 7{,}0)\ \text{cm} = 1{,}6\ \text{cm}\,. \qquad (2.4.67)$$

Damit wird in den mit a und b bezeichneten Punkten der Abb. 2.5.16:

$$M_a = +F_V \cdot 90\ \text{cm} = 50 \cdot 90\ \text{kNcm} = 4500\ \text{kNcm}\,, \qquad (2.5.68)$$

$$M_b = +F_V \cdot 90\ \text{cm} - e \cdot F_H = (50 \cdot 90 - 71{,}4 \cdot 1{,}6)\ \text{kNcm} = 4386\ \text{kNcm}\,.$$

Um die Vorzeichen richtig zu erfassen, wurde auf die in der Skizze eingezeichnete gestrichelte Linie bezogen. Wir erinnern noch an die für St 52 zulässigen Spannungsdaten:

$$\sigma_{\text{Druck}} = -210\,\tfrac{\text{N}}{\text{mm}^2}\,, \quad \sigma_{\text{Zug}} = +240\,\tfrac{\text{N}}{\text{mm}^2} \tag{2.5.69}$$

und finden:

$$\begin{aligned}
\sigma_1 &= -\frac{71{,}4\text{ kN}}{52{,}00\text{ cm}^2} - \frac{4385\text{ kNcm}}{273\text{ cm}^3} = (-13{,}7-160{,}6)\tfrac{\text{N}}{\text{mm}^2} = -174{,}4\,\tfrac{\text{N}}{\text{mm}^2}\,,\\
\sigma_2 &= -\frac{71{,}4\text{ kN}}{52{,}00\text{ cm}^2} - \frac{4385\text{ kNcm}}{313\text{ cm}^3} = (-13{,}7-140)\tfrac{\text{N}}{\text{mm}^2} = -154\,\tfrac{\text{N}}{\text{mm}^2}\,, \qquad (2.5.70)\\
\sigma_3 &= -\frac{71{,}4\text{ kN}}{52{,}00\text{ cm}^2} + \frac{4385\text{ kNcm}}{196\text{ cm}^3} = (-13{,}7+222{,}6)\frac{\text{N}}{\text{mm}^2} = 209\,\tfrac{\text{N}}{\text{mm}^2}\,,
\end{aligned}$$

d. h., die zulässigen Werte werden nicht überschritten. Für die Schubspannung in den Schweißnähten folgt:

$$\tau_2 = \frac{Q\,S_y^*}{I_{yy}\,2b} = \frac{50\cdot 11{,}2\cdot 5{,}8\text{ Ncm}^3}{1691\text{ cm}^4\cdot 2\cdot 0{,}3\text{ cm}} = 32\,\tfrac{\text{N}}{\text{mm}^2}\,. \tag{2.5.71}$$

Dabei wurde von einer Schweißnaht von $b = 0{,}3$ cm Tiefe ausgegangen. Beachte, dass die Daten für das statische Moment S_y^* aus der ersten Zeile in der Tabelle folgen.

Festigkeitslehre

2.6 Die elastische Linie des Biegeträgers (Biegelinie)

2.6.1 Durchbiegung des Mastes einer Windkraftanlage

Problemstellung

Das dargestellte Windrad wird durch Windkräfte in Schwingungen versetzt. Die auf das Windrad wirkenden Kräfte sind in drei charakteristischen Punkten zusammengefasst und zahlenmäßig angegeben. Die MOHRsche Analogie soll verwendet werden, um die resultierende Biegelinie zeichnerisch zu ermitteln. Der Bequemlichkeit halber wird das Windrad dazu in Horizontallage gezeichnet. Gegeben sind ferner folgende Flächenträgheitsmomente: $I_1 = 5{,}0\cdot 10^4\text{ cm}^4$, $I_2 = 2{,}9\cdot 10^4\text{ cm}^4$, $I_3 = 1{,}7\cdot 10^4\text{ cm}^4$ sowie $E = 2{,}1\cdot 10^4\,\dfrac{\text{kN}}{\text{cm}^2}$. Beachte nochmals, dass der Windradmast in der zweiten Skizze der Abb. 2.6.1 bereits um 90° gedreht ist.

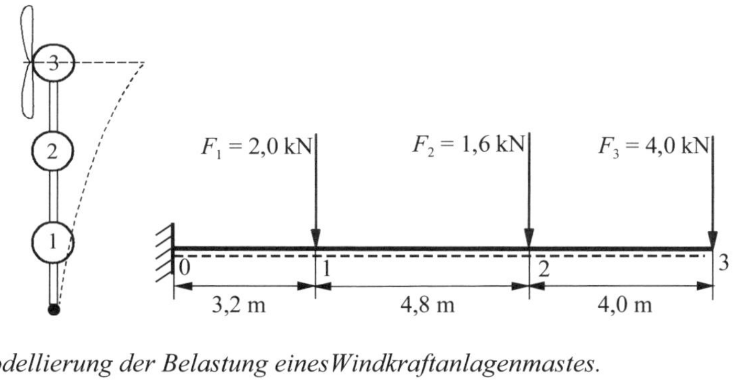

Abb. 2.6.1: Modellierung der Belastung einesWindkraftanlagenmastes.

Lösung

Mit den gegebenen Daten errechnen wir die effektiven Steifigkeiten des Systems:

$$EI_1 = 10{,}5 \cdot 10^4\,\mathrm{kNm}^2\,,\; EI_2 = 6{,}09 \cdot 10^4\,\mathrm{kNm}^2\,,\; EI_3 = 3{,}57 \cdot 10^4\,\mathrm{kNm}^2\,. \tag{2.6.1}$$

Für die Momente in den interessierenden Punkten des Windrades (siehe Abb. 2.6.1) folgt:

$$\begin{aligned} M_2 &= -4{,}0\,\mathrm{kN} \cdot 4{,}0\,\mathrm{m} = -16{,}0\,\mathrm{kNm}\,, \\ M_1 &= -4{,}0\,\mathrm{kN} \cdot 8{,}8\,\mathrm{m} - 1{,}6\,\mathrm{kN} \cdot 4{,}8\,\mathrm{m} = -42{,}9\,\mathrm{kNm}\,, \\ M_0 &= -4{,}0\,\mathrm{kN} \cdot 12{,}0\,\mathrm{m} - 1{,}6\,\mathrm{kN} \cdot 8{,}0\,\mathrm{m} - 2{,}0\,\mathrm{kN} \cdot 3{,}2\,\mathrm{m} = -67{,}2\,\mathrm{kNm}\,. \end{aligned} \tag{2.6.2}$$

Mithin erhält man die reduzierten Momente zu (Indizes folgen aus Abb. 2.6.2):

$$\begin{aligned} \left.\frac{M}{EI}\right|_0 &= \frac{-67{,}2\,\mathrm{kNm}}{10{,}5 \cdot 10^4\,\mathrm{kNm}^2} = -0{,}640 \cdot 10^{-3}\,\tfrac{1}{\mathrm{m}}\,, \\ \left.\frac{M}{EI}\right|_1^L &= \frac{-42{,}9\,\mathrm{kNm}}{10{,}5 \cdot 10^4\,\mathrm{kNm}^2} = -0{,}409 \cdot 10^{-3}\,\tfrac{1}{\mathrm{m}}\,, \\ \left.\frac{M}{EI}\right|_1^R &= \frac{-42{,}9\,\mathrm{kNm}}{6{,}09 \cdot 10^4\,\mathrm{kNm}^2} = -0{,}704 \cdot 10^{-3}\,\tfrac{1}{\mathrm{m}}\,, \\ \left.\frac{M}{EI}\right|_2^L &= \frac{-16{,}0\,\mathrm{kNm}}{6{,}09 \cdot 10^4\,\mathrm{kNm}^2} = -0{,}263 \cdot 10^{-3}\,\tfrac{1}{\mathrm{m}} \\ \left.\frac{M}{EI}\right|_2^R &= \frac{-16{,}0\,\mathrm{kNm}}{3{,}57 \cdot 10^4\,\mathrm{kNm}^2} = -0{,}448 \cdot 10^{-3}\,\tfrac{1}{\mathrm{m}}\,. \end{aligned} \tag{2.6.3}$$

Diese Werte wurden oben verwendet, um die reduzierte Momentenfläche zu zeichnen: Abb. 2.6.3. Man beachte, dass diese aufgrund der unterschiedlichen Steifigkeiten unstetig ist, d. h. lokal „springt" (was auch durch die Indizes L und R (links und rechts) in den obigen Gleichungen angedeutet ist).

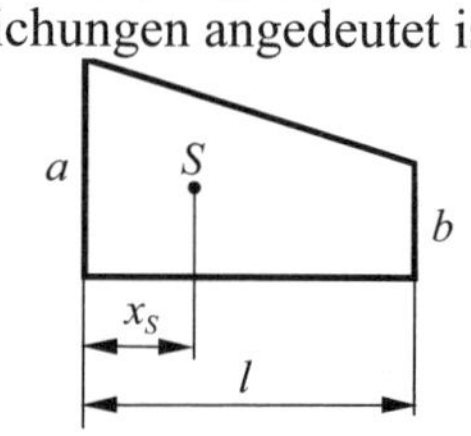

Abb. 2.6.2: Zur Berechnung des Schwerpunktes eines Trapezes.

Für die Schwerpunkte der resultierenden Trapezflächen sei notiert (siehe auch Abb. 2.6.2):

$$x_S = \frac{2b + a}{3(a + b)}\, l\,. \tag{2.6.4}$$

Also folgt:

$$x_S^I = \frac{2 \cdot 0{,}409 + 0{,}64}{3 \cdot (0{,}409 + 0{,}64)} \cdot 3{,}2\,\mathrm{m} = 1{,}44\,\mathrm{m}\,, \tag{2.6.5}$$

$$x_S^{\mathrm{II}} = \frac{2 \cdot 0{,}263 + 0{,}704}{3 \cdot (0{,}704 + 0{,}263)} \cdot 4{,}8\,\mathrm{m} = 2{,}04\,\mathrm{m}\;,\quad x_S^{\mathrm{III}} = 1{,}33\,\mathrm{m}\,.$$

Die weitere Lösung erfolgt gemäß dem Lösungsschema der MOHRschen Analogie. Wir bestimmen die Größe der im Schwerpunkt der Trapeze liegenden Ersatzkräfte aus den Trapezflächen:

$$(F_a) = 3{,}2\,\mathrm{m} \cdot \tfrac{1}{2}(0{,}409 + 0{,}640) \cdot 10^{-3}\,\tfrac{1}{\mathrm{m}} = 1{,}68 \cdot 10^{-3}\,, \tag{2.6.6}$$

$$(F_b) = 4{,}8\,\text{m} \cdot \tfrac{1}{2}(0{,}263 + 0{,}704) \cdot 10^{-3}\,\tfrac{1}{\text{m}} = 2{,}32 \cdot 10^{-3}\;,$$
$$(F_c) = 4{,}0\,\text{m} \cdot \tfrac{1}{2} \cdot 0{,}448 \cdot 10^{-3}\,\tfrac{1}{\text{m}} = 0{,}90 \cdot 10^{-3}$$

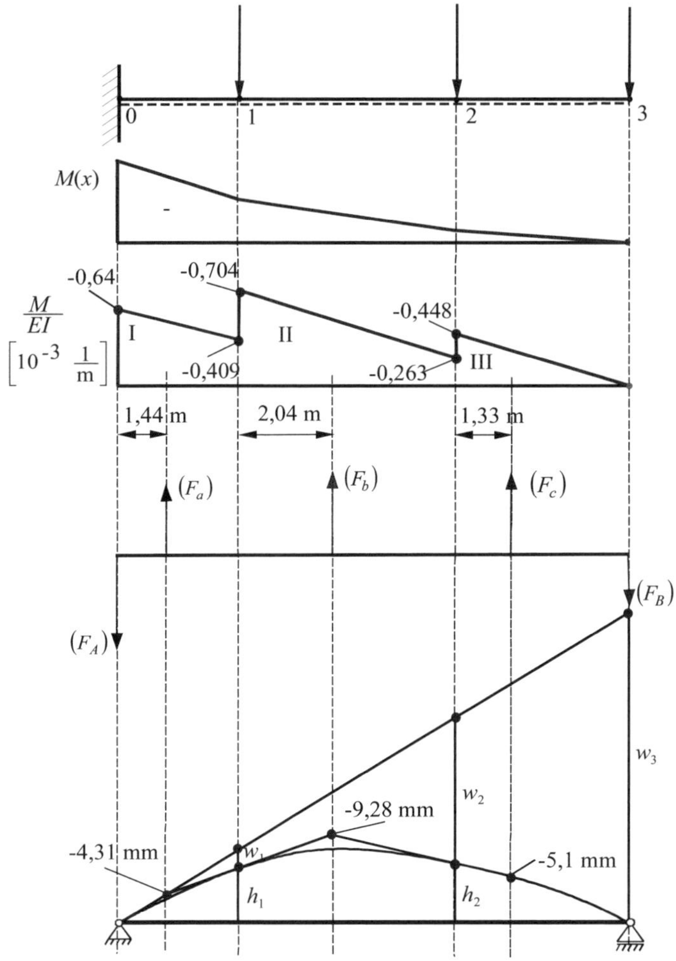

Abb. 2.6.3: Lösungsschema zur Bestimmung der Biegelinie gemäß der MOHRschen Analogie.

und aus den Gleichgewichtsbedingungen:

$$-(F_A) \cdot 12\,\text{m} + (F_a) \cdot 10{,}56\,\text{m} + (F_b) \cdot 6{,}76\,\text{m} + (F_c) \cdot 2{,}67\,\text{m} = 0 \quad \Rightarrow$$

$$(F_A) = \frac{1}{12}(1{,}68 \cdot 10{,}56 + 2{,}32 \cdot 6{,}76 + 0{,}9 \cdot 2{,}67) \cdot 10^{-3} = 2{,}99 \cdot 10^{-3}\,, \tag{2.6.7}$$

$$(F_B) = (1{,}68 + 2{,}32 + 0{,}9 - 2{,}99) \cdot 10^{-3} = 1{,}91 \cdot 10^{-3}\,.$$

Diese Größen sind dimensionslos. Es handelt sich bei ihnen, anschaulich gesprochen, um Neigungen, also Winkel. Für die Ersatzmomente notieren wir in relevanten Punkten:

$$(M_a) = (F_A) \cdot 1{,}44\,\text{m} = -4{,}31\,\text{mm}\;,\quad (M_b) = (F_A) \cdot 5{,}24\,\text{m} - F_a \cdot 3{,}8\,\text{m} = -9{,}28\,\text{mm}\,,$$
$$(M_c) = (F_B) \cdot 2{,}67\,\text{m} = 1{,}91 \cdot 2{,}67\,\text{mm} = -5{,}1\,\text{mm}\,, \tag{2.6.8}$$

und diese Werte wurden nun als Stützpunkte verwendet, um die Biegelinie, wie oben dargestellt, hineinzulegen. Um spezielle Werte der Biegelinie abzugreifen, ist es noch erforderlich, die Schlusslinie zu zeichnen. Da es sich beim linken Lager um eine feste Einspannung handelt, muss die Schlusslinie durch diesen Punkt gehen und eine Tangente an die

Biegelinie bilden. Nunmehr greifen wir die Durchbiegung als Differenz zwischen den beiden gezeichneten Linien ab und erhalten zum Beispiel:

$$\frac{w_3}{12\text{ m}}=\frac{-4{,}31\text{ mm}}{1{,}44\text{ m}} \quad\Rightarrow\quad w_3=-12\cdot\frac{4{,}31}{1{,}44}\text{ mm}=-35{,}92\text{ mm}, \tag{2.6.9}$$

$$\frac{w_2-h_2}{8\text{ m}}=\frac{-4{,}31\text{ mm}}{1{,}44\text{ m}} \quad\Rightarrow\quad w_2=-8\cdot\frac{4{,}31}{1{,}44}\text{ mm}+h_2=-17{,}48\text{ mm},$$

wobei verwendet wurde, dass:

$$\frac{-9{,}28-h_2}{4{,}8-2{,}04}=\frac{h_2+5{,}1}{1{,}33} \quad\Rightarrow\quad h_2=-6{,}46\text{ mm}\;,\quad \frac{-9{,}28-h_1}{2{,}04}=\frac{h_1+4{,}31}{3{,}2-1{,}44} \quad\Rightarrow \tag{2.6.10}$$

$$h_1=-\left(\frac{4{,}31}{3{,}2-1{,}44}+\frac{9{,}28}{2{,}04}\right)\Big/\left(\frac{1}{3{,}2-1{,}44}+\frac{1}{2{,}04}\right)=-6.61\text{ mm}$$

und:

$$\frac{w_1+h_1}{3{,}2\text{ m}}=-\frac{4{,}31\text{ mm}}{1{,}44\text{ m}} \quad\Rightarrow\quad w_1=-3{,}2\cdot\frac{4{,}31}{1{,}44}\text{ mm}-h_1=-2{,}97\text{ mm}. \tag{2.6.11}$$

Es sei abschließend vermerkt, dass diese Ergebnisse dazu benutzt werden können, die Eigenfrequenz ω_0 und die Eigenschwingdauer T_0 des durch die Windböen angeregten Systems Windrad zu berechnen. Es gilt:

$$\omega_0=\sqrt{\frac{g\sum(Gw)}{\sum(Gw^2)}} \quad\Rightarrow\quad T_0=\frac{2\pi}{\omega_0}=2\pi\sqrt{\frac{\sum(Gw^2)}{g\sum(Gw)}}. \tag{2.6.12}$$

Dabei sind die Größen G die Gewichte der Einzelmassen des schwingenden Systems, also die eingangs angegebenen Kräfte, ferner ist g die Erdschwere. Wir erhalten:

$$T_0=2\pi\sqrt{\frac{\left(2{,}0\cdot 2{,}97^2+1.6\cdot 17{,}48^2+4{,}0\cdot 35{,}92^2\right)\text{kN}\cdot\text{mm}^2}{9810\text{ mm/s}^2\left(2{,}0\cdot 2{,}97+1{,}6\cdot 17{,}48+4{,}0\cdot 35{,}92\right)\text{kN}\cdot\text{mm}}}=0{,}36\text{ s}. \tag{2.6.13}$$

2.6.2 Biegelinie eines beidseitig eingespannten Trägers

Problemstellung

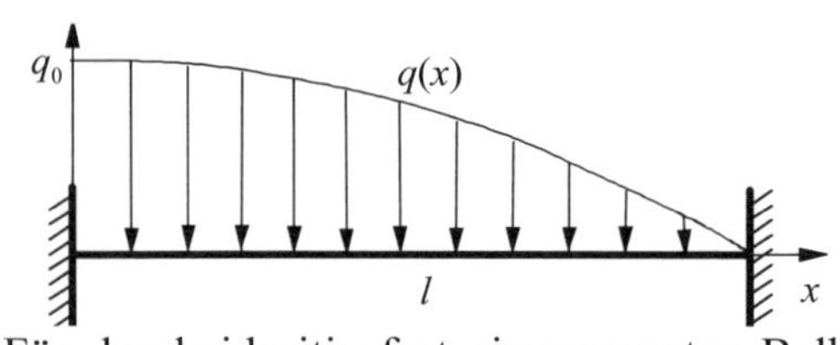

Abb. 2.6.4: Unter veränderlicher Last stehender, an beiden Enden eingespannter Träger.

Für den beidseitig fest eingespannten Balken unter kosinusförmiger Streckenlast ist die Biegelinie gesucht. Gegeben sind: $q_0=2\,\frac{\text{kN}}{\text{m}}$, $l=3\text{ m}$, $EI=240\text{ kNm}^2$.

Lösung

Die Aufgabe besteht darin, die Biegelinie durch Integration der zugehörigen Differenzialgleichungen zu ermitteln. Zu diesem Zweck ist es nötig, vorab über einen mathematischen Ausdruck für die Streckenlast zu verfügen. Da diese durch eine Kosinusfunktion ausgedrückt werden soll, setzen wir an:

$$q(x) = A\cos(Bx). \tag{2.6.14}$$

Die unbekannten Konstanten A, B passen wir an Randbedingungen wie folgt an:

$$q(x=0) = q_0 = A\ ,\ q(x=l) = 0 = A\cos(B\,l) \ \Rightarrow\ B\,l = \frac{\pi}{2} \ \Rightarrow\ B = \frac{\pi}{2\,l}. \tag{2.6.15}$$

Mithin resultiert:

$$q(x) = q_0 \cos\left(\frac{\pi\,x}{2\,l}\right). \tag{2.6.16}$$

Die Integration der Differenzialgleichungen für die Kraftgrößen gestaltet sich wie folgt:

$$\begin{aligned} Q(x) &= -\int q(x)\,\mathrm{d}x + C_1 = -q_0 \int \cos\left(\frac{\pi x}{2l}\right)\mathrm{d}x + C_1 = -q_0 \frac{2\,l}{\pi}\sin\left(\frac{\pi x}{2l}\right) + C_1\,, \\ M(x) &= \int Q(x)\,\mathrm{d}x + C_2 = -q_0 \frac{2\,l}{\pi}\int \sin\left(\frac{\pi\,x}{2l}\right)\mathrm{d}x + C_1 x + C_2 = \\ &\quad q_0 \left(\frac{2l}{\pi}\right)^2 \cos\left(\frac{\pi x}{2l}\right) + C_1 x + C_2\,. \end{aligned} \tag{2.6.17}$$

Die Integration der Differenzialgleichungen für die Verformungsgrößen ist analog:

$$\begin{aligned} w'' &= -\frac{M}{EI} \ \Rightarrow \\ w'(x) &= -\frac{1}{EI}\int M(x)\,\mathrm{d}x + C_3 = -\frac{1}{EI}\left(q_0\left(\frac{2l}{\pi}\right)^2 \int \cos\left(\frac{\pi\,x}{2l}\right)\mathrm{d}x + C_1 \int x\,\mathrm{d}x + C_2 x\right) + C_3 = \\ &\quad -\frac{1}{EI}\left[q_0\left(\frac{2l}{\pi}\right)^3 \sin\left(\frac{\pi\,x}{2l}\right) + \frac{C_1}{2}x^2 + C_2 x\right] + C_3 \ \Rightarrow \\ w(x) &= -\frac{1}{EI}\left[-q_0\left(\frac{2l}{\pi}\right)^4 \cos\left(\frac{\pi\,x}{2l}\right) + \frac{C_1}{6}x^3 + \frac{C_2}{2}x^2\right] + C_3 x + C_4\,. \end{aligned} \tag{2.6.18}$$

Zur Bestimmung der vier auftretenden Integrationskonstanten dienen die folgenden vier Randbedingungen:

$$w(x=0) = 0\ ,\ w'(x=0) = 0\ ,\ w(x=l) = 0\ ,\ w'(x=l) = 0\,. \tag{2.6.19}$$

Anschaulich bedeuten diese, dass aufgrund der an beiden Enden festen Einspannung keine Verschiebung auftreten kann und außerdem die Biegelinie dort horizontal einmündet. Aus der ersten Bedingung folgt:

$$0 = +\frac{1}{EI}q_0\left(\frac{2l}{\pi}\right)^4 + C_4 \ \Rightarrow\ C_4 = -\frac{1}{EI}q_0\left(\frac{2l}{\pi}\right)^4. \tag{2.6.20}$$

Aus der dritten wird:

$$0 = -\frac{1}{EI}\left[\frac{C_1}{6}l^3 + \frac{C_2}{2}l^2\right] + C_3 l + C_4 = -\frac{1}{EI}\left[\frac{C_1}{6}l^3 + \frac{C_2}{2}l^2\right] + C_3 l - \frac{1}{EI}q_0\left(\frac{2l}{\pi}\right)^4 \tag{2.6.21}$$

und aus der zweiten:

$$0 = -\frac{1}{EI}[0] + C_3 \ \Rightarrow\ C_3 = 0\,. \tag{2.6.22}$$

Setzt man dies in die vorherige Gleichung ein, so entsteht:

Festigkeitslehre

$$\frac{l}{3} C_1 + C_2 = -q_0 \frac{32\, l^2}{\pi^4} . \tag{2.6.23}$$

Schließlich noch die vierte Randbedingung:

$$0 = -\frac{1}{EI}\left[q_0 \left(\frac{2l}{\pi} \right)^3 + \frac{C_1}{2} l^2 + C_2 l \right] . \tag{2.6.24}$$

Kombination der Gleichungen (2.6.23) und (2.6.24) ergibt:

$$C_1 \frac{l}{6} = -q_0 \frac{8\, l^2}{\pi^3} \left(1 - \frac{4}{\pi} \right) \quad \Rightarrow \quad C_1 = q_0 \frac{48\, l}{\pi^3} \left(\frac{4}{\pi} - 1 \right) . \tag{2.6.25}$$

Damit erhält man abschließend:

$$C_2 = -q_0 \frac{8l^2}{\pi^3} - q_0 \frac{24\, l^2}{\pi^3} \left(\frac{4}{\pi} - 1 \right) = -q_0 \frac{8l^2}{\pi^3} \left[1 + \frac{12}{\pi} - 3 \right] = -q_0 \frac{8l^2}{\pi^3} \left[\frac{12}{\pi} - 2 \right] . \tag{2.6.26}$$

Somit ergibt sich die Biegelinie als:

$$w(x) = -\frac{1}{EI}\left[-q_0 \left(\frac{2l}{\pi} \right)^4 \cos\left(\frac{\pi x}{2l} \right) + q_0 \frac{8l}{\pi^3} \left(\frac{4}{\pi} - 1 \right) x^3 - q_0 \frac{4l^2}{\pi^3} \left(\frac{12}{\pi} - 2 \right) x^2 \right] - \frac{1}{EI} q_0 \left(\frac{2l}{\pi} \right)^4 . \tag{2.6.27}$$

Um diese einfacher zeichnen zu können, empfiehlt sich folgende dimensionslose Schreibweise:

$$w(x) = A \left[1 - \cos\left(\frac{\pi x}{2l} \right) + \frac{4 - \pi}{2} \left(\frac{x}{l} \right)^3 - \frac{6 - \pi}{2} \left(\frac{x}{l} \right)^2 \right] , \quad A = -\frac{1}{EI} q_0 \left(\frac{2l}{\pi} \right)^4 . \tag{2.6.28}$$

Abb. 2.6.5 illustriert das Ergebnis.

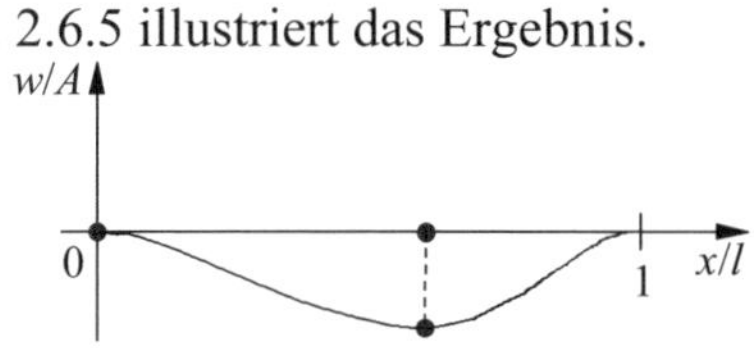

Abb. 2.6.5: Skizze der Biegelinie.

Sukzessive finden wir durch Differenziation in ähnlicher Form für die Neigung:

$$w'(x) = -\frac{1}{E\,I} q_0 \left(\frac{2l}{\pi} \right)^3 \left[\sin\left(\frac{\pi x}{2l} \right) + \frac{3}{\pi} (4 - \pi) \left(\frac{x}{l} \right)^2 - \frac{2(6 - \pi)}{\pi} \frac{x}{l} \right] , \tag{2.6.29}$$

die Krümmung:

$$w''(x) = -\frac{1}{EI} q_0 \left(\frac{2\,l}{\pi} \right)^2 \left[\cos\left(\frac{\pi x}{2l} \right) + \frac{12}{\pi^2} (4 - \pi) \frac{x}{l} - \frac{4(6 - \pi)}{\pi^2} \right] , \tag{2.6.30}$$

das Moment:

$$M(x) = q_0 \left(\frac{2l}{\pi} \right)^2 \left[\cos\left(\frac{\pi x}{2l} \right) + \frac{12}{\pi^2} (4 - \pi) \frac{x}{l} - \frac{4(6 - \pi)}{\pi^2} \right] , \tag{2.6.31}$$

die Querkraft:

$$Q(x) = q_0 \left(\frac{2l}{\pi} \right) \left[-\sin\left(\frac{\pi x}{2l} \right) + \frac{24}{\pi^3} (4 - \pi) \right] \tag{2.6.32}$$

und schließlich die Streckenlast:

$$q(x) = -q_0\left(\frac{2\,l}{\pi}\right)\left[-\cos\left(\frac{\pi\,x}{2l}\right)\frac{\pi}{2l}\right] = q_0\cos\left(\frac{\pi\,x}{2l}\right), \tag{2.6.33}$$

von der wir ausgegangen waren. Abschließend fassen wir die Ergebnisse zahlenmäßig zusammen:

$$q(x) = q_0\,\cos\left(\frac{\pi\,x}{2l}\right) = 2\cos(0{,}524x)\frac{\mathrm{kN}}{\mathrm{m}},$$

$$Q(x) = q_0\left(\frac{2\,l}{\pi}\right)\left[-\sin\left(\frac{\pi\,x}{2l}\right)+\frac{24}{\pi^3}(4-\pi)\right] = [-3{,}820\sin(0{,}524x)+2{,}538]\,\mathrm{kN},$$

$$M(x) = q_0\left(\frac{2l}{\pi}\right)^2\left[\cos\left(\frac{\pi\,x}{2l}\right)+\frac{12}{\pi^2}(4-\pi)\frac{x}{l}-\frac{4(6-\pi)}{\pi^2}\right] =$$
$$[7{,}295\cos(0{,}524x)+2{,}538x-8{,}451]\,\mathrm{kNm},$$

$$w'(x) = -\frac{1}{EI}q_0\left(\frac{2l}{\pi}\right)^3\left[\sin\left(\frac{\pi\,x}{2l}\right)+\frac{3}{\pi}(4-\pi)\left(\frac{x}{l}\right)^2-\frac{2(6-\pi)}{\pi}\frac{x}{l}\right] = \tag{2.6.34}$$
$$\left[-58{,}05\sin(0{,}524x)-5{,}29x^2+35{,}21x\right]\cdot 10^{-3},$$

$$w(x) = -\frac{1}{EI}q_0\left(\frac{2l}{\pi}\right)^4\left[1-\cos\left(\frac{\pi\,x}{2l}\right)+\frac{4-\pi}{2}\left(\frac{x}{l}\right)^3-\frac{6-\pi}{2}\left(\frac{x}{l}\right)^2\right] =$$
$$\left[-110{,}87+110{,}87\cos(0{,}524x)-1{,}76x^3+17{,}61x^2\right]\cdot 10^{-3}\,\mathrm{m}.$$

Man beachte die Kleinheit der Winkel und Auslenkungen. In Abb. 2.6.6 sind alle soeben errechneten Verläufe graphisch dargestellt.

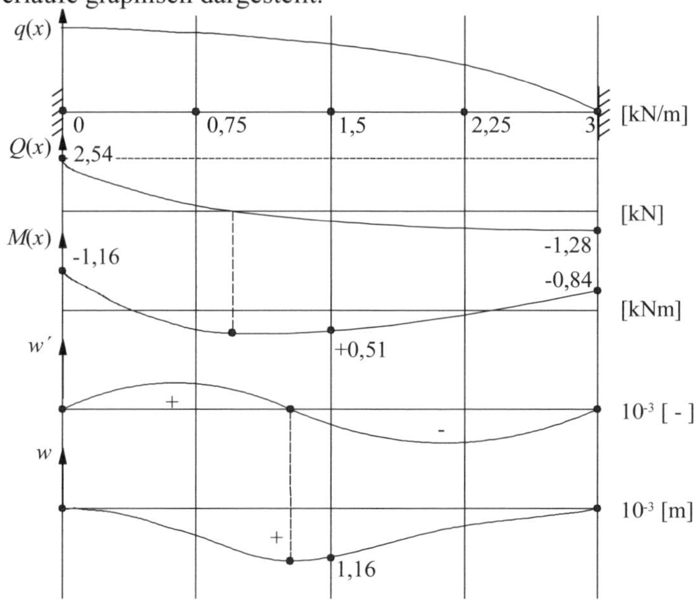

Abb. 2.6.6: Verlauf der Schnitt- und Verformungsgrößen über dem Träger.

2.6.3 Durchbiegung eines abgestuften Trägers

Problemstellung

Ein abgestufter Balken ist an den Stellen A und B gelagert und mit zwei Einzellasten versehen. Finde die Biegelinie mit Hilfe der MOHRschen Analogie sowie Zahlenwerte für die Durchbiegungen w_i und w_k in den Punkten i und k sowie den Neigungswinkel φ_k im Punkte k. Gegeben sind ferner: $EI_1 = 1500\,\text{kNm}^2$ und $EI_2 = 2200\,\text{kNm}^2$.

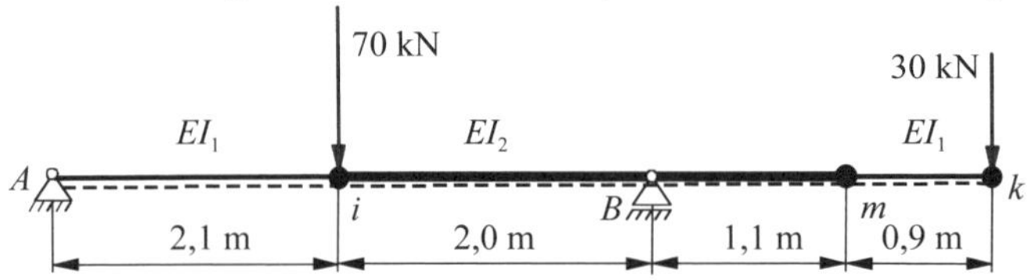

Abb. 2.6.7: Zur Geometrie und Belastung eines abgestuften Trägers.

Lösung

Zur Bestimmung wichtiger Zahlenwerte der Momentenfläche ermitteln wir zuerst die Kraft im linken Auflager:

$$\sum M^{(B)} = 0: \quad -F_A\, 4{,}1\,\text{m} - 70\,\text{kN}\cdot 2\,\text{m} - 30\,\text{kN}\cdot 2\,\text{m} = 0 \quad \Rightarrow \tag{2.6.35}$$

$$F_A = \frac{1}{4{,}1}(140 - 60)\,\text{kN} = 19{,}5\,\text{kN}\,.$$

Damit wird:

$$M_i = 19{,}5\,\text{kN}\cdot 2{,}1\,\text{m} = 41{,}0\,\text{kNm}\;, \quad M_B = -30\,\text{kN}\cdot 2\,\text{m} = -60{,}0\,\text{kNm}\,, \tag{2.6.36}$$

$$M_m = -30\,\text{kN}\cdot 0{,}9\,\text{m} = -27{,}0\,\text{kNm}\,.$$

Für die reduzierten Momente resultiert:

$$\frac{M_i}{EI_1} = \frac{41{,}0\,\text{kNm}}{1500\,\text{kNm}^2} = 27{,}3\cdot 10^{-3}\,\tfrac{1}{\text{m}}\;, \quad \frac{M_i}{EI_2} = \frac{41{,}0\,\text{kNm}}{2200\,\text{kNm}^2} = 18{,}6\cdot 10^{-3}\,\tfrac{1}{\text{m}}\,, \tag{2.6.37}$$

$$\frac{M_B}{EI_2} = \frac{-60{,}0\,\text{kNm}}{2200\,\text{kNm}^2} = -27{,}3\cdot 10^{-3}\,\tfrac{1}{\text{m}}\;, \quad \frac{M_m}{EI_2} = \frac{-27{,}0\,\text{kNm}}{2200\,\text{kNm}^2} = -12{,}3\cdot 10^{-3}\,\tfrac{1}{\text{m}}\,.$$

Die ursprüngliche sowie die reduzierte Momentenfläche wurden in Abb. 2.6.9 vorzeichengerecht (in Bezug auf die strichlierte Linie) gezeichnet. Der Punkt des Nulldurchgangs liegt bei:

$$\frac{27{,}3 + 18{,}6}{2} = \frac{18{,}6}{x} \quad \Rightarrow \quad x = \frac{37{,}2}{45{,}9}\,\text{m} = 0{,}81\,\text{m}\,. \tag{2.6.38}$$

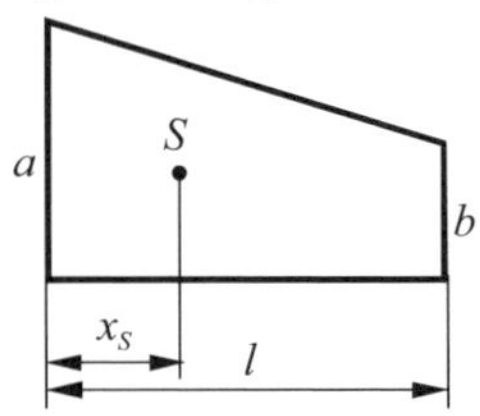

Abb. 2.6.8: Zur Berechnung des Schwerpunktes eines Trapezes.

Zur Bestimmung des korrekten Angriffspunktes der Ersatzlasten (= Flächen der reduzierten Momentenflächen) ist es u. a. nötig, den Schwerpunkt einer Trapezfläche (siehe Abb. 2.6.8) zu kennen. Hierfür gilt:

$$x_S = \frac{2b+a}{3(a+b)}\,l = \frac{24{,}6+27{,}3}{3\cdot 37{,}6}\,1{,}1\,\text{m} = 0{,}51\,\text{m}\,. \tag{2.6.39}$$

Für die Größe der Ersatzlasten folgt sukzessive durch Flächenberechnung:

$$(F_a) = \frac{1}{2}\,2{,}1\cdot 27{,}3\cdot 10^{-3} = 28{,}7\cdot 10^{-3}\;,\quad (F_b) = \frac{1}{2}\,18{,}6\cdot 0{,}81\cdot 10^{-3} = 7{,}5\cdot 10^{-3}\,, \tag{2.6.40}$$

$$(F_c) = \frac{1}{2}\,27{,}3\cdot 1{,}19\cdot 10^{-3} = 16{,}2\cdot 10^{-3}\;,\quad (F_d) = \frac{1}{2}\,(12{,}3+27{,}3)\cdot 1{,}1\cdot 10^{-3} = 21{,}8\cdot 10^{-3}\,,$$

$$(F_e) = \frac{1}{2}\,0{,}9\cdot 18\cdot 10^{-3} = 8{,}1\cdot 10^{-3}\,.$$

Sie wurden in Abb. 2.6.10 eingezeichnet. Die Ersatzlasten in den Ersatzauflagern an den Balkenenden folgen aus Gleichgewichtsbedingungen:

$$\Sigma\left(M^{(k)}\right) = 0: -(F_A)\cdot 6{,}1 + (F_a)\cdot 4{,}7 + (F_b)\cdot 3{,}7 - (F_c)\cdot 2{,}4 - (F_d)\cdot 1{,}5 - (F_e)\cdot 0{,}6 = 0 \;\Rightarrow$$

$$(F_A) = \frac{1}{6{,}1}\left(28{,}7\cdot 4{,}7 + 7{,}5\cdot 3{,}7 - 16{,}2\cdot 2{,}4 - 21{,}8\cdot 1{,}5 - 8{,}1\cdot 0{,}6\right)\cdot 10^{-3} = 14{,}1\cdot 10^{-3}\,,$$

$$\Sigma(F_y) = 0:\;\; (F_A) - (F_a) - (F_b) + (F_c) + (F_d) + (F_e) - (F_k) = 0 \;\Rightarrow \tag{2.6.41}$$

$$(F_k) = (14{,}1 - 28{,}7 - 7{,}5 + 16{,}2 + 21{,}8 + 8{,}1)\cdot 10^{-3} = 24{,}0\cdot 10^{-3}.$$

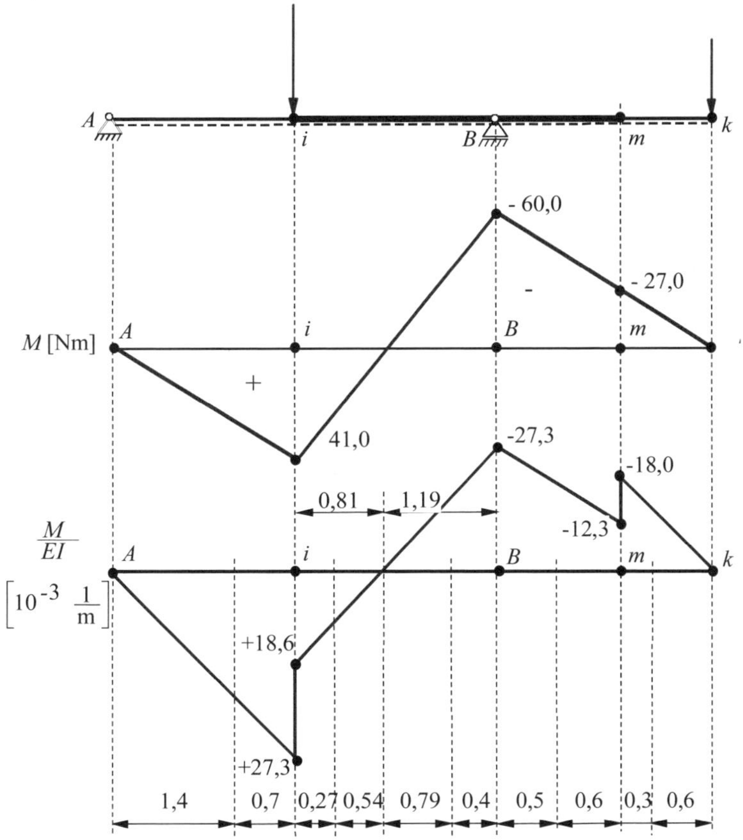

Abb. 2.6.9: Lösungsschema zur Bestimmung der Biegelinie gemäß der MOHRschen Analogie.

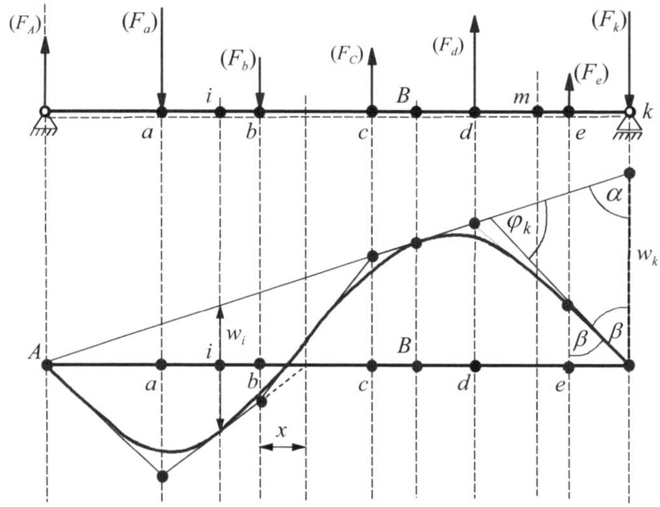

Abb. 2.6.10: Ersatzkräfte und Verlauf der Biegelinie.

Alle Kräfte sind in Abb. 2.6.10 eingetragen. Daraus werden nun die Ersatzmomente berechnet:

$$(M_a) = (F_A) \cdot 1{,}4\ \text{m} = 14{,}1 \cdot 10^{-3}\ 1{,}4\ \text{m} = 19{,}7\ \text{mm}\,,$$

$$(M_b) = (F_A) \cdot 2{,}37\ \text{m} - F_a \cdot 0{,}97\ \text{m} = (14{,}1 \cdot 2{,}37 - 28{,}7 \cdot 0{,}97) \cdot 10^{-3}\ \text{m} = 5{,}6\ \text{mm}\,,$$

$$(M_c) = (F_A) \cdot 3{,}7\ \text{m} - F_a \cdot 2{,}3\ \text{m} - F_b \cdot 1{,}33\ \text{m} = \qquad (2.6.42)$$

$$(14{,}1 \cdot 3{,}7 - 28{,}7 \cdot 2{,}3 - 7{,}5 \cdot 1{,}33)\ \text{mm} = -23{,}8\ \text{mm}\,,$$

$$(M_d) = -(F_k) \cdot 1{,}5\ \text{m} + (F_e) \cdot 0{,}9\ \text{m} = (-24 \cdot 1{,}5 + 8{,}1 \cdot 0{,}9)\ \text{mm} = -28{,}7\ \text{mm}\,, \qquad (2.6.43)$$

$$(M_e) = -(F_k) \cdot 0{,}6\ \text{m} = -24 \cdot 10^{-3} \cdot 0{,}6\ \text{m} = -14{,}4\ \text{mm}\,.$$

Mit diesen Stützpunkten gelingt es, die Biegelinie wie in Abb. 2.6.10 angedeutet zu skizzieren. Wichtig ist noch die Lage der Schlusslinie, relativ zu der die Durchbiegungen abgegriffen werden können. Im vorliegenden Fall gibt es zwei wahre Auflager, nämlich A und B, und dort muss die Durchbiegung verschwinden, also die Schlusslinie hindurchgehen. Für die Durchbiegung im Punkte i finden wir schließlich:

$$w_i = w_i^{\text{o}} - w_i^{\text{u}} = -(13{,}5 + 9{,}5)\ \text{mm} = -23\ \text{mm}\,, \qquad (2.6.44)$$

mit:

$$w_i^{\text{o}} = \frac{(M_c)\,2{,}1}{3{,}7}\ \text{mm} = -\frac{23{,}8 \cdot 2{,}1}{3{,}7}\ \text{mm} = -13{,}5\ \text{mm}\,, \qquad (2.6.45)$$

$$\frac{(M_b)}{x} = \frac{w_i^{\text{u}}}{0{,}27 + x} \quad \Rightarrow \quad w_i^{\text{u}} = \frac{0{,}27 + 0{,}39}{0{,}39}\,5{,}6\ \text{mm} = 9{,}5\ \text{mm}\,, \qquad (2.6.46)$$

da für die Strecke x in Abb. 2.6.10 gilt:

$$\frac{(M_a)}{0{,}97 + x} = \frac{(M_b)}{x} \Rightarrow x\left[(M_a) - (M_b)\right] = 0{,}97\,(M_b)\,, \quad x = \frac{0.97 \cdot 5{,}6}{19{,}7 - 5{,}6} = 0{,}39\ \text{m}\,. \qquad (2.6.47)$$

Und für die Durchbiegung im Punkt k wird:

$$\frac{w_k}{6{,}1\ \text{m}} = \frac{(M_c)}{3{,}7\ \text{m}} = -\frac{23{,}8\ \text{mm}}{3{,}7\ \text{m}} \quad \Rightarrow \quad w_k = -\frac{23{,}8 \cdot 6{,}1}{3{,}7}\ \text{mm} = -39{,}2\ \text{mm}\,. \qquad (2.6.48)$$

Für die eingezeichneten Hilfswinkel gilt somit:

$$\tan(\beta) = \frac{0{,}6 \cdot 10^3 \text{ mm}}{14{,}4 \text{ mm}} \quad \Rightarrow \quad \beta = 88{,}6°, \tag{2.6.49}$$

$$\tan(\alpha) = \frac{6{,}1 \cdot 10^3 \text{ mm}}{39{,}2 \text{ mm}} \quad \Rightarrow \quad \alpha = 89{,}6°$$

und es folgt aufgrund der Winkelsumme im Dreieck schließlich:

$$\alpha + \beta + \varphi_k = 180° \quad \Rightarrow \quad \varphi_k = 180° - 88{,}6° - 89{,}6° = 1{,}8°, \tag{2.6.50}$$

also:

$$\tan(\varphi_k) = 31 \cdot 10^{-3}. \tag{2.6.51}$$

2.7 Axiale Verdrehung/Torsion

2.7.1 Auslegung dreier Trägerprofile unter Torsion

Problemstellung

Zu untersuchen sind drei Stäbe, deren Querschnittsflächen in der nachfolgenden Skizze dargestellt sind. Gesucht sind zunächst das Flächenträgheits- und Widerstandsmoment des Vollkreisprofils. Für die beiden anderen Profile sollen die Wandstärken dann so bestimmt werden, dass für die polaren Trägheitsmomente gilt: $I_p^1 = I_p^2 = I_p^3$.

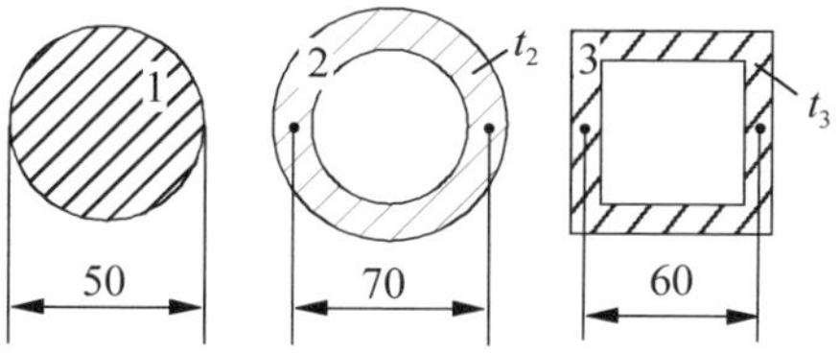

Abb. 2.7.1: Geometrie verschiedener Trägerquerschnitte.

Lösung

Für das polare Flächenträgheitsmoment des Vollkreisprofils gilt mit den angegebenen Maßen:

$$I_p^1 = \frac{\pi d^4}{32} = \frac{\pi}{32} 5^4 \text{ cm}^4 = 61{,}4 \text{ cm}^4, \tag{2.7.1}$$

für sein polare Widerstandsmoment:

$$W_p^1 = \frac{\pi}{16} d^3 = \frac{\pi}{16} 5^3 \text{cm}^3 = 24{,}5 \text{ cm}^3 \tag{2.7.2}$$

und schließlich für seine Fläche:

$$A_1 = \pi \frac{d^2}{4} = \pi \frac{5^2}{4} \text{ cm}^2 = 19{,}6 \text{cm}^2. \tag{2.7.3}$$

Wird mit diesem Profil ein Stab aus Eisen gefertigt, so gilt für dessen Massendichte:

$$\rho = 7800 \tfrac{\text{kg}}{\text{m}^3} = 0{,}78 \tfrac{\text{kg}}{\text{cm}^3\text{m}}, \tag{2.7.4}$$

und damit ergibt sich eine Masse pro Längeneinheit von:

$$A_1 \rho = 19{,}6 \text{ cm}^2 0{,}78 \tfrac{\text{kg}}{\text{cm}^3\text{m}} = 15{,}3 \tfrac{\text{kg}}{\text{m}}. \tag{2.7.5}$$

Bei gleichem Torsionswiderstand, also unter Beachtung der Forderung:

$$I_p^1 = I_p^2 = I_p^{3*} \tag{2.7.6}$$

soll nun durch Wahl der anderen Profile eine Gewichtsersparnis erzielt werden. Mit der BREDTschen Formel wird für das Hohlkreisprofil (zu den Bezeichnungen vergleiche auch Abb. 2.7.1):

$$I_\mathrm{p}^2 = \frac{4\,A_m^2}{\oint \frac{\mathrm{d}u}{t}} = \frac{4\left(\frac{\pi}{4}\,d_m^2\right)^2 t}{\pi\,d_m} = \frac{\pi\,d_m^3\,t}{4} \quad \Rightarrow \quad I_\mathrm{p}^2 = 2\pi\,r_m^3\,t\,. \tag{2.7.7}$$

Also wird bei Beachtung der Gleichung (2.7.1):

$$I_\mathrm{p}^2 = 2\pi\,r_m^3\,t_2 = 2\pi\,3{,}5^3\ \mathrm{cm}^3\,t_2 = 61{,}4\ \mathrm{cm}^4 \quad \Rightarrow \quad t_2 = \frac{61{,}4}{2\pi\,3{,}5^3}\,\mathrm{cm} = 0{,}23\ \mathrm{cm}\,, \tag{2.7.8}$$

was einem ca. 2 mm starken Blech entspricht. Für das polare Widerstandsmoment ergibt sich:

$$W_\mathrm{p}^2 = 2A_m t_2 = 2\pi\frac{d_m^{\ 2}}{4}t_2 \quad \Rightarrow \quad W_\mathrm{p}^2 = 2\pi\,r_m^2\,t_2 \quad \Rightarrow \tag{2.7.9}$$

$$W_\mathrm{p}^2 = \frac{I_\mathrm{p}^2}{r_m} = \frac{61{,}4\ \mathrm{cm}^4}{3{,}5\ \mathrm{cm}} = 17{,}5\ \mathrm{cm}^3\,,$$

also ein kleinerer Wert als beim Vollkreisprofil. Für die zugehörige Fläche finden wir:

$$A_2 = \pi\,d_m\,t_2 = \pi\,7{,}0\ \ 0{,}23\ \mathrm{cm}^2 = 5{,}1\ \mathrm{cm}^2\,, \tag{2.7.10}$$

und mithin erhält man ca. ein Viertel an Gewichtsersparnis im Vergleich zum Vollkreis. Für das polare Flächenträgheitsmoment des offenen Quadratprofils liefert die BREDTsche Formel:

$$I_\mathrm{p}^3 = \frac{4\,A_m^2}{\sum_i \frac{l_i}{t_i}} = \frac{4\cdot 6^4\mathrm{cm}^4\,t_3}{4\cdot 6\ \mathrm{cm}^2} = 6^3\mathrm{cm}^3\,t_3 = 61{,}4\ \mathrm{cm}^4 \Rightarrow t_3 = \frac{61{,}4}{6^3}\,\mathrm{cm} = 0{,}28\ \mathrm{cm}\,. \tag{2.7.11}$$

Für das polare Widerstandsmoment ergibt sich:

$$W_\mathrm{p}^3 = 2\,A_m\,t_3 = 2\cdot 6^2\mathrm{cm}^2\cdot 0{,}28\ \mathrm{cm} = 20{,}2\ \mathrm{cm}^3\,, \tag{2.7.12}$$

also auch ein kleinerer Wert als beim Vollkreisprofil. Für die zugehörige Fläche entsteht:

$$A_3 = 4\cdot 6\cdot 0{,}28\ \mathrm{cm}^2 = 6{,}72\ \mathrm{cm}^2\,, \tag{2.7.13}$$

was im Vergleich zum Vollkreis ebenfalls eine erhebliche Gewichtsersparnis bedeutet.

2.7.2 Torsion rechteckiger Querschnitte

Problemstellung

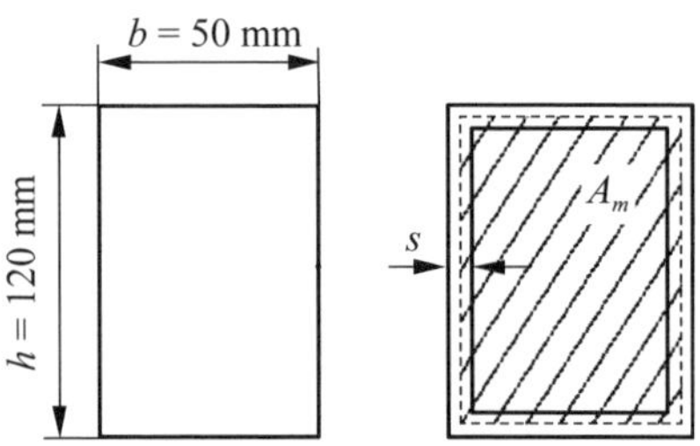

Abb. 2.7.2: Rechteck- und gleichgroßer Hohlkastenquerschnitt.

Mit der BREDTschen Formel soll die Wandstärke s des Hohlquerschnittes so bestimmt werden, dass für die polaren Widerstandsmomente beider Profile gilt: $W_p^1 = W_p^2$.

Lösung

Die Gleichungen für die Widerstandsmomente eines Rechteckquerschnittes bzw. eines dünnwandigen Rechtecks (BREDTsche Formel, vgl. auch Abb. 2.7.2) lauten:

$$W_p^1 \approx \frac{2}{9} b^2 h \,, \quad W_p^2 = 2\, s\, A_m \,, \tag{2.7.14}$$

und somit ist:

$$W_p^1 = \frac{2}{9} b^2 h = \frac{2}{9} 5^2 \cdot 12 \text{ cm}^3 = 66{,}7 \text{ cm}^3 \,, \tag{2.7.15}$$

$$W_p^2 = 2\, A_m\, s = 2\left(5 \text{ cm} - s\right)\left(12 \text{ cm} - s\right) s = 120 \text{ cm}^2 s - 34 \text{ cm}\, s^2 + 2s^3 \,.$$

Für die gesuchte Wandstärke s ergibt sich somit eine Gleichung dritten Grades:

$$s^3 - 17 \text{ cm}\, s^2 + 60 \text{ cm}^2 s - 33{,}4 \text{ cm}^3 = 0 \,. \tag{2.7.16}$$

Wir erwarten, dass es sich um eine kleine Wandstärke handelt und setzen daher zur Vereinfachung der Lösung:

$$s^2 >> s^3 \approx 0 \,. \tag{2.7.17}$$

Die resultierende quadratische Gleichung ist einfach zu lösen:

$$s^2 - \frac{60}{17} \text{ cm}\, s + \frac{33{,}4}{17} \text{ cm}^2 = 0 \quad \Rightarrow \tag{2.7.18}$$

$$s_{1,2} = \left(\frac{30}{17} \pm \sqrt{\frac{30^2}{17^2} - \frac{33{,}4}{17}} \right) \text{cm} = \begin{cases} s_1 = 0{,}693 \text{ cm} \\ s_2 = 2{,}83 \text{ cm} \,. \end{cases}$$

Die zweite Lösung verwerfen wir aus physikalischen Gründen, d. h. $s = 0{,}7$ cm. Die Materialeinsparung ist beträchtlich, nämlich etwa 40 %:

$$\Delta A = b \cdot h - \left(b - 2s\right) \cdot \left(h - 2s\right) = 2s \cdot \left(h + b\right) - 4s^2 \quad \Rightarrow \tag{2.7.19}$$

$$\frac{\Delta A}{bh} \approx 2s \frac{h+b}{bh} = 1{,}4 \cdot \frac{12+5}{5 \cdot 12} = 0{,}397 \,.$$

2.8 Zusammengesetzte Beanspruchung

2.8.1 Träger unter Biege- und Torsionsbelastung

Problemstellung

Für den dargestellten Doppel-T-Träger soll bei gleicher Kraft ein Spannungsnachweis einmal ohne und einmal mit exzentrischer Belastung durchgeführt werden. Vorgegeben ist $I_{yy} = 1940 \text{ cm}^4$.

Festigkeitslehre

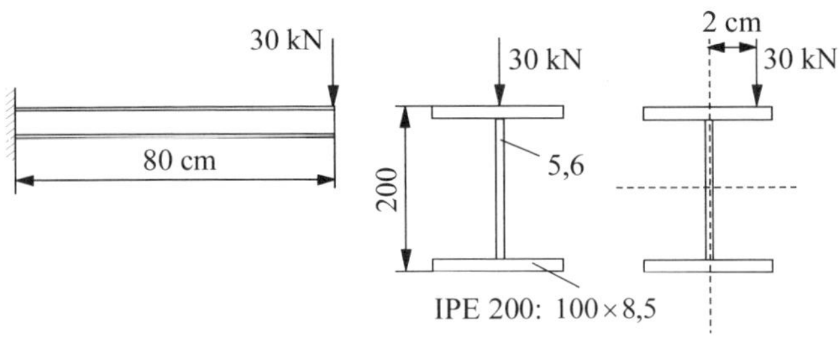

Abb. 2.8.1: Geometrie und Belastung eines Doppel-T-Trägers.

Lösung

Für das Widerstandsmoment bei reiner Biegung um die y-Achse folgt:

$$W_y = \frac{1940}{10}\,\text{cm}^3 = 194\,\text{cm}^3 . \tag{2.8.1}$$

Bei der Berechnung eventueller Torsionsanteile verwenden wir Näherungen:

$$I_\text{p} = \tfrac{1,3}{3}\sum_i t_i^{\,3} h_i = \tfrac{1,3}{3}\left[2\cdot 0,85^3\cdot 10 + (20-1,7)\cdot 0,56^3\right]\text{cm}^4 = 6,7\,\text{cm}^4\ ,\ W_\text{p} = \frac{I_\text{p}}{t_\text{max}} . \tag{2.8.2}$$

Vor der Spannungsüberlagerung in ausgewählten Punkten sei an die zulässigen Spannungen für St37 erinnert:

$$\sigma^\text{Zug} = +160\,\tfrac{\text{N}}{\text{mm}^2},\ \sigma^\text{Druck} = -140\,\tfrac{\text{N}}{\text{mm}^2},\ \tau = 92\,\tfrac{\text{N}}{\text{mm}^2} . \tag{2.8.3}$$

Im Fall der reinen Biegung (siehe links in der obigen Skizze) gilt für den Torsionsanteil:

$$\tau_T = 0\,, \tag{2.8.4}$$

und ferner folgt mit Gleichung (2.8.1):

$$\sigma = \frac{M}{W_y} = \pm\frac{30\,\text{kN}\cdot 80\,\text{cm}}{194\,\text{cm}^3} = \pm 124\,\tfrac{\text{N}}{\text{mm}^2} \tag{2.8.5}$$

und näherungsweise für die Schubspannungen im Steg:

$$\tau_Q = \frac{Q}{A_\text{St}} = \frac{30}{19,2\cdot 0,56}\,\tfrac{\text{kN}}{\text{cm}^2} = 27\,\tfrac{\text{N}}{\text{mm}^2} . \tag{2.8.6}$$

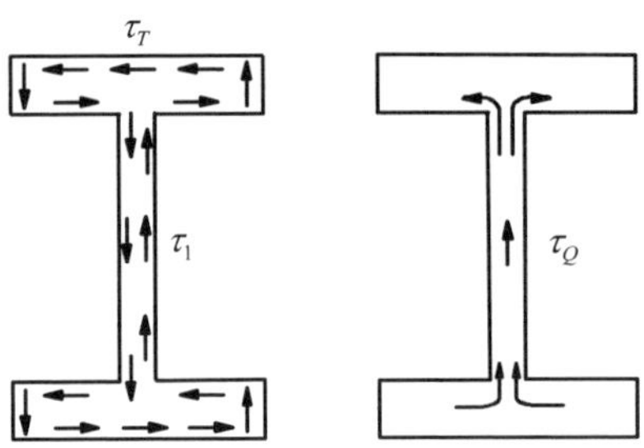

Abb. 2.8.2: Schubspannungsverlauf im Doppel-T-Träger.

Im Fall der exzentrischen Belastung (siehe den rechten Querschnitt in Abb. 2.8.1) gilt zunächst ebenfalls:

$$\tau_Q = 27\,\tfrac{\text{N}}{\text{mm}^2} \tag{2.8.7}$$

und zusätzlich (siehe Abb. 2.8.2) im Flansch:

$$W_\text{p} = \frac{I_\text{p}}{t_\text{max}} = \frac{6,7}{0,85}\,\text{cm}^3 = 7,9\,\text{cm}^3 \quad\Rightarrow\quad \tau_\text{T} = \frac{M_\text{T}}{W_\text{p}} = \frac{30\,\text{kN}\cdot 2\,\text{cm}}{7,9\,\text{cm}^3} = 76\,\tfrac{\text{N}}{\text{mm}^2}, \tag{2.8.8}$$

bzw. im Steg (vgl. Abb. 2.8.2):

$$W_1 = \frac{6{,}7}{0{,}56}\,\text{cm}^3 = 12\,\text{cm}^3 \quad \Rightarrow \quad \tau_1 = \frac{60\,\text{kNcm}}{12\,\text{cm}^2} = 50\,\tfrac{\text{N}}{\text{mm}^2}, \tag{2.8.9}$$

also bei Überlagerung der Schubspannungen:

$$\tau_{\text{ges}} = (27+50)\,\tfrac{\text{N}}{\text{mm}^2} = 77\,\tfrac{\text{N}}{\text{mm}^2}, \tag{2.8.10}$$

was uns fast an die zulässige Grenze bringt. Für den Verdrillwinkel notieren wir noch:

$$\varphi = \frac{M_\text{T}\,l}{G\,I_\text{p}} = \frac{60\,\text{kNcm}\cdot 80\,\text{cm}}{0{,}81\cdot 10^4\,\tfrac{\text{kN}}{\text{cm}^2}\cdot 6{,}7\,\text{cm}^4} = 0{,}09 \quad \Rightarrow \quad \varphi \approx 5°, \tag{2.8.11}$$

wobei mit einem Schubmodul für Stahl von:

$$G = 0{,}81\cdot 10^4\,\tfrac{\text{kN}}{\text{cm}^2} \tag{2.8.12}$$

gerechnet wurde. In Abb. 2.8.2 ist abschließend der Schubfluss aufgrund von Torsion (links) und Querkraft (rechts) zu sehen.

2.8.2 Das Grundproblem des MOHRschen Spannungskreises

Problemstellung

Erinnere an die Argumente zum MOHRschen Spannungskreis aus dem Kapitel 2.8.6 des Lehrbuches. Nimm an, dass sowohl die drei charakteristischen Spannungswerte für einen ebenen Spannungszustand σ_{xx}, σ_{yy}, σ_{xy} als auch ein Ebenenwinkel φ gegeben sind (vgl. Abb. 2.8.3 links) und erläutere, warum die in dieser Ebene herrschende Normalspannung σ_s sowie die Tangentialspannung τ_s zeichnerisch wie folgt ermittelt werden können (vgl. Abb. 2.8.3 rechts):

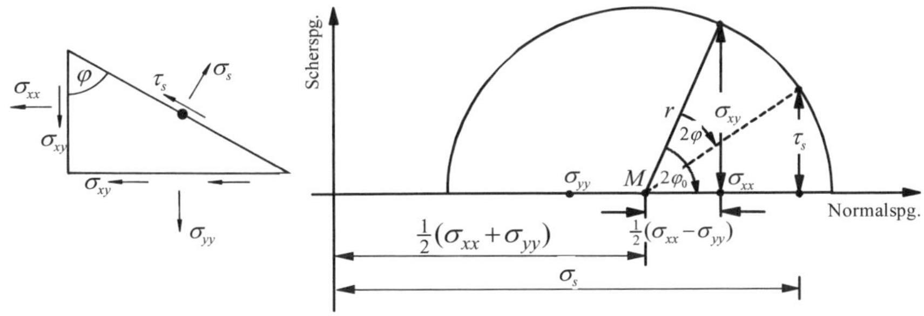

Abb. 2.8.3: MOHRscher Spannungskreis (Spannungen in MPa).

- Trage σ_{xx} und σ_{yy} vorzeichengerecht auf der Achse für die Normalspannungen ein.
- Trage σ_{xy} positiv über σ_{xx} und negativ über σ_{yy} parallel zur Achse für die Scherspannungen ein.
- Verbinde die beiden Punkte und bringe die Verbindungslinie zum Schnitt mit der Achse für die Normalspannungen im Punkt M.
- Schlage um den Schnittpunkt M einen Kreis, der die Verbindungslinie zum Durchmesser hat.

Festigkeitslehre

- Trage im Schnittpunkt M den Winkel 2φ im Uhrzeigersinn von der Verbindungslinie ab, d. h., erzeuge eine um den Winkel 2φ in M gegenüber der Verbindungslinie gedrehte Gerade.
- Ermittle den Schnittpunkt dieser Geraden mit dem MOHRschen Kreis.
- Dann sind σ_s bzw. τ_s als Achsenabschitte auf der Normal- bzw. der Schubachse ablesbar.

Lösung

In Abb. 2.8.3 rechts sind alle in den Spiegelpunkten genannten Aktionen durchgeführt worden. Ferner sind die Winkel 2φ und $2\varphi_0$ sowie zwei Abstände $\frac{1}{2}(\sigma_{xx}-\sigma_{yy})$ und $\frac{1}{2}(\sigma_{xx}+\sigma_{yy})$ eingetragen. Letztere folgen in offensichtlicher Weise aus den eingezeichneten Punkten σ_{xx} und σ_{yy}. Für die angeblich in der Ebene herrschenden Normal- und Scherspannungen findet man aus rein geometrischen Überlegungen sowie unter Verwendung einiger Additionstheoreme:

$$\begin{aligned}\sigma_s &= \tfrac{1}{2}(\sigma_{xx}+\sigma_{yy})+r\cos[2(\varphi_0-\varphi)] = \\ &\tfrac{1}{2}(\sigma_{xx}+\sigma_{yy})+r[\cos(2\varphi_0)\cos(2\varphi)+\sin(2\varphi_0)\sin(2\varphi)] \equiv \\ &\tfrac{1}{2}(\sigma_{xx}+\sigma_{yy})+\tfrac{1}{2}(\sigma_{xx}-\sigma_{yy})\cos(2\varphi)+\sigma_{xy}\sin(2\varphi), \\ \tau_s &= r\sin[2(\varphi_0-\varphi)] = r[\sin(2\varphi_0)\cos(2\varphi)-\cos(2\varphi_0)\sin(2\varphi)] \equiv \\ &\sigma_{xy}\cos(2\varphi)-\tfrac{1}{2}(\sigma_{xx}-\sigma_{yy})\sin(2\varphi).\end{aligned} \tag{2.8.13}$$

Das jedoch sind genau die Ergebnisse, die im Lehrbuchabschnitt 2.8.6 rein rechnerisch gefunden wurden. Mithin ist der geometrische Lösungsweg analytisch abgesichert.

2.8.3 Scheibe im ebenen Spannungszustand

Problemstellung

Die dargestellte rechteckige Scheibe befindet sich in einem ebenen (sog. zweiachsigen) Spannungszustand. Sie ist durch die Spannungen $\sigma_{xx}=-5\,\frac{\mathrm{N}}{\mathrm{m}^2}$, $\sigma_{yy}=21\,\frac{\mathrm{N}}{\mathrm{m}^2}$ und $\sigma_{xy}=0\,\frac{\mathrm{N}}{\mathrm{m}^2}$ belastet. Im Folgenden sollen der MOHRsche Kreis gezeichnet sowie graphisch und rechnerisch die Normal- und Schubspannung für $\varphi=60°$, die maximale Schubspannung $\tau_{\max}$ und der zugehörige Winkel als auch die Hauptnormalspannungen $\sigma_{\min}$ und $\sigma_{\max}$ sowie die zugehörigen Winkel bestimmt werden. Analog soll für den Fall verfahren werden, dass die Scheibe zusätzlich durch eine Schubspannung $\sigma_{xy}=10\,\frac{\mathrm{N}}{\mathrm{m}^2}$ belastet wird.

Lösung

Im Folgenden gilt es, die Gleichungen und Regeln des Lehrbuchkapitels 2.8.6 zu beachten. Abb. 2.8.4 links zeigt den entsprechend konstruierten Kreis für $\sigma_{xx}=-5\,\frac{\mathrm{N}}{\mathrm{m}^2}$, $\sigma_{yy}=21\,\frac{\mathrm{N}}{\mathrm{m}^2}$ und $\sigma_{xy}=0\,\frac{\mathrm{N}}{\mathrm{m}^2}$. Die graphische Bestimmung der Normal- und Schubspannung für $\varphi=60°$ erfolgt, indem man den Winkel 2φ von der Strecke Mittelpunkt $\rightarrow S$ im Uhrzeigersinn um den Mittelpunkt anträgt und dann σ bzw. τ bei gegebenen Winkel φ am Schnittpunkt S' mit dem Kreisbogen abliest. Es ergibt sich hier:

$$\sigma(\varphi = 60°) = 14{,}5\,\tfrac{\mathrm{N}}{\mathrm{m}^2}\ ,\quad \tau(\varphi = 60°) = 11{,}25\,\tfrac{\mathrm{N}}{\mathrm{m}^2}\,. \tag{2.8.14}$$

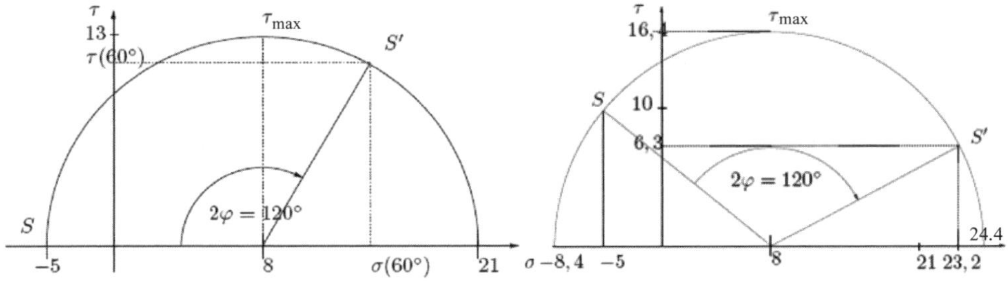

Abb. 2.8.4: MOHRsche Spannungskreise (Spannungen in MPa).

Die rechnerische Bestimmung der Normal- und Schubspannung für $\varphi = 60°$ erfolgt durch Einsetzen von $\sigma_{xx} = -5\,\frac{\mathrm{N}}{\mathrm{m}^2}$, $\sigma_{yy} = 21\,\frac{\mathrm{N}}{\mathrm{m}^2}$ und $\sigma_{xy} = 0\,\frac{\mathrm{N}}{\mathrm{m}^2}$ in die entsprechenden Gleichungen des Lehrbuchs:

$$\sigma = \frac{-5+21}{2}\,\tfrac{\mathrm{N}}{\mathrm{m}^2} + \frac{-5+21}{2}\,\tfrac{\mathrm{N}}{\mathrm{m}^2}\cos(120°) + 0 = 14{,}5\,\tfrac{\mathrm{N}}{\mathrm{m}^2}\ , \tag{2.8.15}$$

$$\tau_{S'} = \frac{-5+21}{2}\,\tfrac{\mathrm{N}}{\mathrm{m}^2}\sin(120°) + 0 = 11{,}25\,\tfrac{\mathrm{N}}{\mathrm{m}^2}\,.$$

Durch Ablesen kann aus Abb. 2.8.4 die maximale Scherspannung direkt ermittelt werden:

$$\tau_{\max} = 13\,\tfrac{\mathrm{N}}{\mathrm{m}^2} \quad \text{für} \quad 2\varphi = 90° \tag{2.8.16}$$

oder auch durch Benutzung der entsprechenden Gleichung des Lehrbuchs:

$$\tau_{\max} = \sqrt{0 + \left(\frac{-5+21}{2}\right)^2}\,\tfrac{\mathrm{N}}{\mathrm{m}^2} = 13\,\tfrac{\mathrm{N}}{\mathrm{m}^2}\,. \tag{2.8.17}$$

Ferner kann der Winkel berechnet werden, für den die Schubspannung maximal wird:

$$\tan(2\varphi_1) = \frac{21+5}{2\cdot 0} = \infty \quad\Rightarrow\quad 2\varphi_1 = \frac{\pi}{2} \pm n\,\pi\,. \tag{2.8.18}$$

Für die Hauptspannungen lesen wir aus Abb. 2.8.4 links sofort ab, dass:

$$\sigma_{\min} = -5\,\tfrac{\mathrm{N}}{\mathrm{m}^2} \ \text{für}\ 2\varphi_0 = 0°\ ,\quad \sigma_{\max} = 21\,\tfrac{\mathrm{N}}{\mathrm{m}^2} \ \text{für}\ 2\varphi_0 = 180°\,. \tag{2.8.19}$$

Das lässt sich natürlich auch per Rechnung bestätigen:

$$\sigma_{\substack{\min\\ \max}} = \frac{\sigma_{xx}+\sigma_{yy}}{2} \mp \sqrt{\sigma_{xy}^2 + \left(\frac{\sigma_{xx}-\sigma_{yy}}{2}\right)^2} = \frac{\sigma_{xx}+\sigma_{yy}}{2} \mp \frac{|\sigma_{xx}-\sigma_{yy}|}{2} = \begin{cases}\sigma_{xx}\\ \sigma_{yy}\,.\end{cases} \tag{2.8.20}$$

Ein analoges Vorgehen für den Fall $\sigma_{xx} = -5\,\frac{\mathrm{N}}{\mathrm{m}^2}$, $\sigma_{yy} = 21\,\frac{\mathrm{N}}{\mathrm{m}^2}$ und $\sigma_{xy} = 10\,\frac{\mathrm{N}}{\mathrm{m}^2}$ liefert den in Abb. 2.8.4 rechts dargestellten MOHRschen Kreis und die folgenden Resultate:

$$\sigma(2\varphi = 120°) = 23{,}16\,\tfrac{\mathrm{N}}{\mathrm{m}^2}\ ,\quad \tau(2\varphi = 120°) = 6{,}26\,\tfrac{\mathrm{N}}{\mathrm{m}^2}\ ,\quad \tau_{\max} = 16{,}4\,\tfrac{\mathrm{N}}{\mathrm{m}^2}\,. \tag{2.8.21}$$

$$\sigma_{\min} = -8{,}4\,\tfrac{\mathrm{N}}{\mathrm{m}^2}\ ,\quad \sigma_{\max} = 24{,}4\,\tfrac{\mathrm{N}}{\mathrm{m}^2}\,.$$

Der Winkel unter dem maximale Schubspannung auftritt, folgt zu:

$$\tan(2\varphi_1) = \frac{\sigma_{yy}-\sigma_{xx}}{2\sigma_{xy}} = \frac{21-(-5)}{20} = \frac{26}{20} \quad\Rightarrow\quad \varphi_1 \approx 26{,}2° + n\,\pi\,. \tag{2.8.22}$$

und für die Richtungen der Hauptspannungen auftreten, gilt:

$$\tan(2\varphi_0) = \frac{20}{-5-21} = -\frac{20}{26} \quad \Rightarrow \quad \varphi_0 \approx -18{,}8° + n\frac{\pi}{2}. \tag{2.8.23}$$

Damit ist $\sigma_{min} = -8{,}4\frac{\text{N}}{\text{m}^2}$ für $\varphi_0 \approx -18{,}8°$ und $\sigma_{max} = 24{,}4\frac{\text{N}}{\text{m}^2}$ für $\varphi_0 \approx 71{,}2°$.

2.9 Stabilitätsprobleme

2.9.1 Auslegung auf gleiche Knicksicherheit

Problemstellung

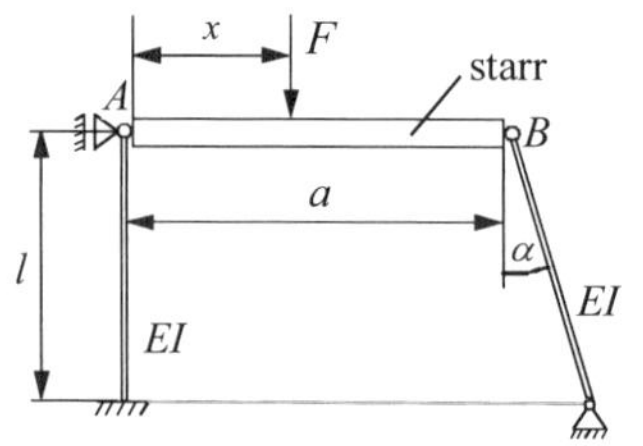

Abb. 2.9.1: Knickstäbe in Reihenschaltung.

Definiere die sog. Knicksicherheit ν in einem Stab als Quotienten aus kritischer Last F_{kr} und tatsächlicher Drucklast F. Betrachte die in Abb. 2.9.1 dargestellte Situation. An welcher Stelle x muss die Kraft F angreifen, so dass die Knicksicherheit in beiden Stäben gleich ist? Vorgegeben sind neben der Last F die Biegesteifigkeit EI sowie die Abmaße a, x, l und α.

Lösung

Wir bestimmen zunächst die Stabkräfte S_1 und S_2 durch Freischnitt der starren Platte (vgl. Abb. 2.9.2) aus den Gleichgewichtsbedingungen:

$$\sum F_x = 0: \quad F_{Ax} - S_2 \sin(\alpha) = 0 \;, \quad \sum F_y = 0: \quad -F + S_1 + S_2 \cos(\alpha) = 0 \,, \tag{2.9.1}$$
$$\sum M^{(B)} = 0: \quad -S_1 a + F(a-x) = 0 \,.$$

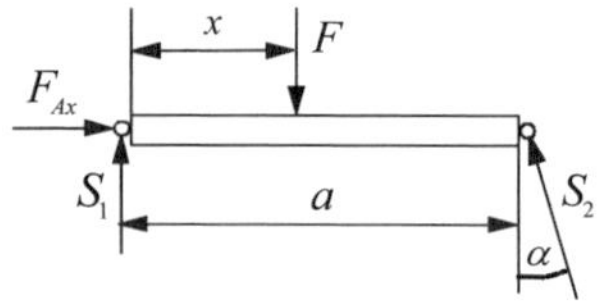

Abb. 2.9.2: Freischnitt der starren Platte.

Es ergibt sich:

$$S_1 = F\left(1 - \frac{x}{a}\right), \quad S_2 = F\frac{x}{a\cos(\alpha)}. \tag{2.9.2}$$

Für die weitere Auswertung sei auf Abschnitt 2.9.5 hingewiesen, wo die vier klassischen EULERschen Knickfälle samt den dazugehörigen kritischen Lastkoeffizienten vorgestellt werden. Im Falle des linken, senkrecht stehenden Stabes aus der Abbildung 2.9.1, der im Folgenden mit dem Index 1 gekennzeichnet wird, handelt es sich um den 3. EULER-Fall (Loslager und feste Einspannung). Wir finden somit für die Knicksicherheit dieses Stabes:

$$F_{\mathrm{kr1}} = \frac{EI\pi^2}{0{,}7^2 l^2} \quad \Rightarrow \quad \nu_1 = \frac{F_{\mathrm{kr1}}}{S_1} = 2{,}04 \frac{(\pi/l)^2 EI}{F\left(1-\dfrac{x}{a}\right)}. \tag{2.9.3}$$

Im Falle des rechten, geneigten Stabes der Länge $l/\cos(\alpha)$ liegt der 2. EULER-Fall (Los- und Festlager) vor. Somit findet man für die zugehörige Knicksicherheit:

$$F_{\mathrm{kr2}} = \frac{EI\pi^2}{[l/\cos(\alpha)]^2} \quad \Rightarrow \quad \nu_2 = \frac{F_{\mathrm{kr2}}}{S_2} = \frac{(\pi/l)^2 EI \cos^3(\alpha)}{F\dfrac{x}{a}}. \tag{2.9.4}$$

Wir setzen nun beide Ausdrücke für die Knicksicherheiten gleich und bestimmen den gesuchten Abstand:

$$\nu_1 = \nu_2 \quad \Rightarrow \quad 2{,}04 \frac{(\pi/l)^2 EI}{F\left(1-\dfrac{x}{a}\right)} = \frac{(\pi/l)^2 EI \cos^3(\alpha)}{F\dfrac{x}{a}} \quad \Rightarrow \quad x = \frac{a}{\dfrac{2{,}04}{\cos^3(\alpha)}+1}. \tag{2.9.5}$$

2.9.2 Gleiche Sicherheit zweier Knickstäbe

Problemstellung

Betrachte die in Abb. 2.9.3 dargestellte Situation. Erinnere an die Definition der Knicksicherheit aus Aufgabe 2.9.1 und bestimme das Verhältnis der Biegesteifigkeiten EI_1/EI_2 beider Stäbe so, dass beide gleiche Knicksicherheit aufweisen. Vorgegeben sind die Länge l und die Streckenlasthöhe q_0.

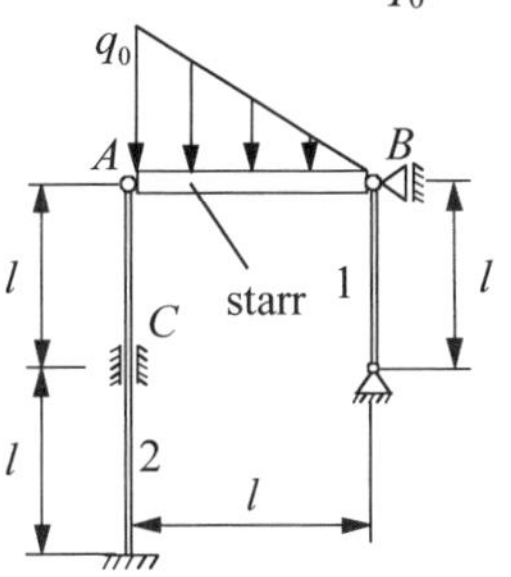

Abb. 2.9.3: Knickstäbe in Reihenschaltung.

Lösung

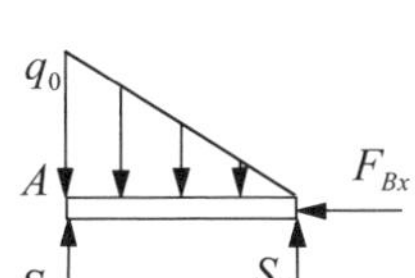

Abb. 2.9.4: Freischnitt der starren Platte.

Wir bestimmen zunächst die Stabkräfte S_1 und S_2 durch Freischnitt der starren Platte (vgl. Abb. 2.9.4) aus den Gleichgewichtsbedingungen:

$$\sum F_x = 0: \quad -F_{Bx} = 0\,, \quad \sum F_y = 0: \quad S_1 + S_2 - q_0 \frac{l}{2} = 0\,, \tag{2.9.6}$$

$$\sum M^{(B)} = 0: \quad -S_2 l + q_0 \frac{l}{2}\frac{2}{3} l = 0\,.$$

Es ergibt sich:

$$S_1 = \frac{1}{6} q_0 l \ , \quad S_2 = \frac{1}{3} q_0 l \, . \tag{2.9.7}$$

Für die weitere Auswertung sei auf Abschnitt 2.9.5 des Lehrbuches hingewiesen, wo die vier klassischen EULERschen Knickfälle samt den dazugehörigen kritischen Lastkoeffizienten vorgestellt werden. Im Falle des Stabes 1 handelt es sich um den 2. EULER-Fall (Los- und Festlager). Wir finden somit für die kritische Last dieses Stabes:

$$F_{\mathrm{kr1}} = \frac{EI_1 \pi^2}{l^2} \, . \tag{2.9.8}$$

Den linken Stab 2 mit Gleitlager in der Stabmitte interpretieren wir als zwei Stäbe, wobei der obere Anteil als EULER-Fall 3 (Loslager oben, feste Einspannung unten) und den unteren Anteil als EULER-Fall 4 (feste Einspannung oben und unten) deuten. Somit wird:

$$F_{\mathrm{kr2oben}} = 2{,}04 \frac{EI_2 \pi^2}{l^2} \ , \quad F_{\mathrm{kr2unten}} = 4 \frac{EI_2 \pi^2}{l^2} \, . \tag{2.9.9}$$

Die eigentliche Knicklast für den Stab 2 ist also durch den oberen Teil gegeben, da gilt:

$$F_{\mathrm{kr2oben}} < F_{\mathrm{kr2unten}} \, . \tag{2.9.10}$$

Für die zugehörigen Knicksicherheiten findet sich somit:

$$\nu_1 = \frac{F_{\mathrm{kr1}}}{S_1} = 6 \frac{EI_1 \pi^2}{l^2 q_0 l} \ , \quad \nu_2 = \frac{F_{\mathrm{kr2oben}}}{S_2} = 3 \frac{2{,}04 EI_2 \pi^2}{l^2 q_0 l} \tag{2.9.11}$$

und die Forderung nach gleicher Knicksicherheit ergibt das gesuchte Verhältnis der Flächenträgheitsmomente:

$$\nu_1 = \nu_2 \quad \Rightarrow \quad \frac{EI_1}{EI_2} = \frac{2{,}04}{2} = 1{,}02 \, . \tag{2.9.12}$$

2.9.3 Auslegung auf vorgegebene Knicksicherheit

Problemstellung

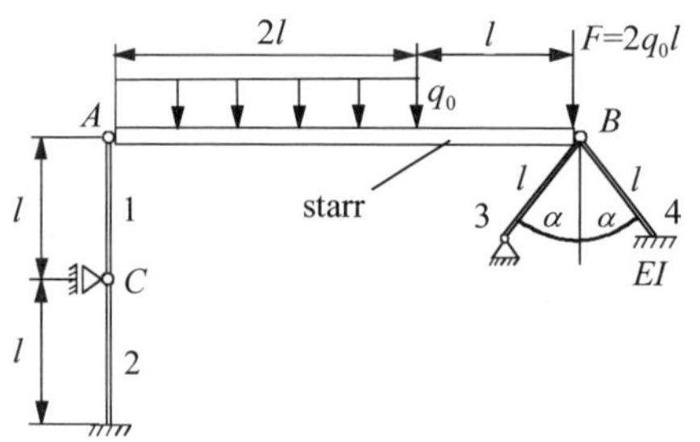

Abb. 2.9.5: Knickstäbe in Reihenschaltung.

Betrachte die in Abb. 2.9.5 dargestellte Situation. Bestimme über Freischnitt die Stabkräfte S_1 bis S_4. Berechne damit die kritischen Lasten F_{kr1} bis F_{kr4}. Erinnere schließlich an die Definition der Knicksicherheit ν eines Stabes aus Aufgabe 2.9.1 und bestimme die Flächenträgheitsmomente (bei gleichen Elastizitätsmoduli E) I_1 bis I_4 so, dass für alle vier Stäbe die Knicksicherheit $\nu = 6$ beträgt. Vorgegeben sind die Abmaße l und α sowie der Elastizitätsmodul E und die Streckenlasthöhe q_0.

Lösung

Wir bestimmen zunächst die Stabkräfte S_1 bis S_4 durch Freischnitt der starren Platte (vgl. Abb. 2.9.6 links) aus den Gleichgewichtsbedingungen:

$$\sum F_x = 0: \quad S_1 \sin(\alpha) - S_4 \sin(\alpha) = 0 \,,$$
$$\sum F_y = 0: \quad -2q_0 l - F + S_1 + (S_3 + S_4)\cos(\alpha) = 0 \,, \tag{2.9.13}$$
$$\sum M^{(B)} = 0: \quad 4q_0 l^2 - 3lS_1 = 0 \,.$$

Es ergibt sich:

$$S_1 = \frac{4}{3} q_0 l \,, \quad S_3 = S_4 = \frac{4}{3} \frac{q_0 l}{\cos(\alpha)} \,. \tag{2.9.14}$$

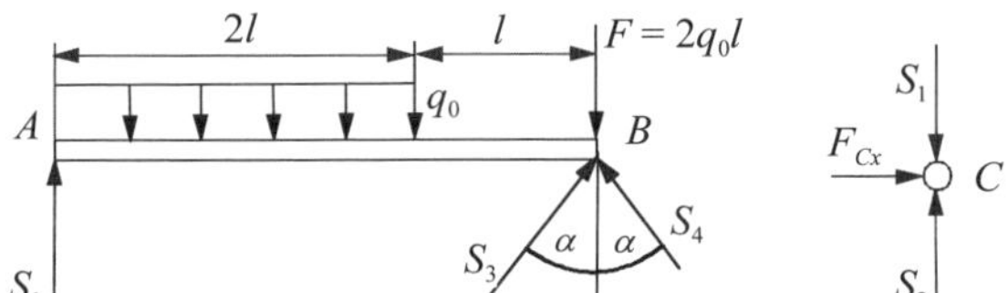

Abb. 2.9.6: Freischnitte.

Zur Bestimmung der noch fehlenden Stabkraft betrachten wir den rechts in Abb. 2.9.6 dargestellten Freischnitt des Punktes C. Die Gleichgewichtsbedingungen lauten:

$$\sum F_x = 0: \quad F_{Cx} \sin(\alpha) = 0 \,, \quad \sum F_y = 0: \quad -S_1 + S_2 = 0 \tag{2.9.15}$$

und somit:

$$S_2 = \tfrac{4}{3} q_0 l \,. \tag{2.9.16}$$

Für die weitere Auswertung sei auf Abschnitt 2.9.5 des Lehrbuches hingewiesen, wo die vier klassischen EULERschen Knickfälle samt den dazugehörigen kritischen Lastkoeffizienten vorgestellt werden. Im Falle der Stäbe 1 und 3 handelt es sich um den 2. und bei den Stäben 2 und 4 um den 3. EULER-Fall (Los- und Festlager bzw. Loslager und feste Einspannung). Wir finden somit für die kritischen Lasten dieser Stäbe:

$$F_{\mathrm{kr1}} = \frac{EI_1\pi^2}{l^2} \,, \quad F_{\mathrm{kr2}} = \frac{EI_2\pi^2}{0{,}7^2 l^2} \,, \quad F_{\mathrm{kr3}} = \frac{EI_3\pi^2}{l^2} \,, \quad F_{\mathrm{kr4}} = \frac{EI_4\pi^2}{0{,}7^2 l^2} \,. \tag{2.9.17}$$

Mit der Forderung nach einer Knicksicherheit $\nu = 6$ finden sich damit die gesuchten Flächenträgheitsmomente. So wird z. B. für den ersten Stab:

$$\nu = \frac{F_{\mathrm{kr1}}}{S_1} \quad \Rightarrow \quad 6 = \frac{EI_1\pi^2}{l^2 \, \frac{4}{3} q_0 l} \quad \Rightarrow \quad I_1 = \frac{8q_0 l^3}{\pi^2 E} \,. \tag{2.9.18}$$

und entsprechend:

$$I_2 = \frac{8q_0 l^3}{2{,}04\pi^2 E} \,, \quad I_3 = \frac{8q_0 l^3}{\pi^2 E \cos(\alpha)} \,, \quad I_4 = \frac{8q_0 l^3}{2{,}04\pi^2 E \cos(\alpha)} \,. \tag{2.9.19}$$

2.9.4 Hintereinandergeschaltete Knickstäbe

Problemstellung

Wie in Abb. 2.9.7 dargestellt, sind zwei hintereinandergeschaltete EULERsche Knickstäbe der gleichen Länge $l/2$, aber jeweils unterschiedlicher Biegesteifigkeit $E_1 I_1$ bzw. $E_2 I_2$

der gemeinsamen Drucklast F ausgesetzt. Gesucht ist die kritische Last für den Fall $(E_1 I_1)/(E_2 I_2) = 2$.

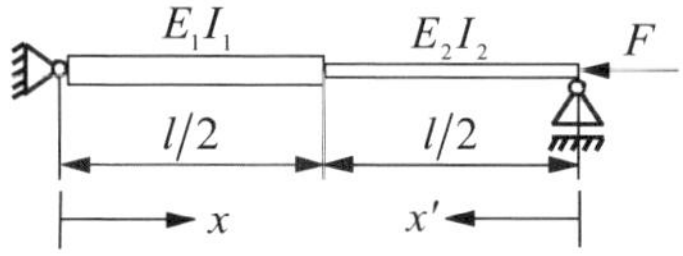

Abb. 2.9.7: Knickstäbe in Reihenschaltung.

Lösung

Wir starten mit der im Buchabschnitt 2.9.4 für einen Stab hergeleiteten Knickgleichung, die wir für jeden Stab getrennt ansetzen:

$$w_1'' + \frac{F}{E_1 I_1} w_1 = 0 \;, \quad w_2'' + \frac{F}{E_2 I_2} w_2 = 0 \,. \tag{2.9.20}$$

Zur Lösung der Differenzialgleichungen verwenden wir den bekannten linearen Ansatz:

$$w_{1/2} \sim \exp(\mathrm{i}\alpha_{1/2} x) \quad \Rightarrow \quad \alpha_{1/2}^2 = \frac{F}{E_{1/2} I_{1/2}} \,. \tag{2.9.21}$$

Für die weitere Auswertung ist es günstig, die folgende, zu (2.9.21)$_1$ alternative Darstellung zu verwenden:

$$w_1 = A_1 \cos(\alpha_1 x) + B_1 \sin(\alpha_1 x) \;, \quad w_2 = A_2 \cos(\alpha_2 x') + B_2 \sin(\alpha_2 x') \,. \tag{2.9.22}$$

Es gilt nämlich, diverse Rand- und Übergangsbedingungen zu erfüllen. Zum Ersten verschwindet die Durchbiegung in den Lagern:

$$w_1(x=0) = 0 \quad \Rightarrow \quad A_1 = 0 \;, \quad w_2(x'=0) = 0 \quad \Rightarrow \quad A_2 = 0 \,. \tag{2.9.23}$$

Zum Zweiten müssen auch die Momente an den Auflagern verschwinden:

$$w_1''(x=0) = 0 \quad \Rightarrow \quad A_1 = 0 \;, \quad w_2''(x'=0) = 0 \quad \Rightarrow \quad A_2 = 0 \,. \tag{2.9.24}$$

Hieraus erhalten wir also keine neue Information. Zum Dritten ist zu fordern, dass an der Übergangsstelle sowohl die Durchbiegung als auch die Neigung stetig ineinander übergehen:

$$w_1\left(x = \frac{l}{2}\right) = w_2\left(x' = \frac{l}{2}\right) , \quad w_1'\left(x = \frac{l}{2}\right) = w_2'\left(x' = \frac{l}{2}\right) . \tag{2.9.25}$$

Somit entsteht das folgende homogene, lineare Gleichungssystem:

$$B_1 \sin\left(\alpha_1 \frac{l}{2}\right) - B_2 \sin\left(\alpha_2 \frac{l}{2}\right) = 0 \;, \quad B_1 \alpha_1 \cos\left(\alpha_1 \frac{l}{2}\right) + B_2 \alpha_2 \cos\left(\alpha_2 \frac{l}{2}\right) = 0 \,, \tag{2.9.26}$$

was sich auch schreiben lässt als:

$$\begin{bmatrix} \sin\left(\alpha_1 \frac{l}{2}\right) & -\sin\left(\alpha_2 \frac{l}{2}\right) \\ \alpha_1 \cos\left(\alpha_1 \frac{l}{2}\right) & \alpha_2 \cos\left(\alpha_2 \frac{l}{2}\right) \end{bmatrix} \cdot \begin{bmatrix} B_1 \\ B_2 \end{bmatrix} = \begin{bmatrix} 0 \\ 0 \end{bmatrix} . \tag{2.9.27}$$

Bedingung für die Existenz einer nichttrivialen Lösung ist das Verschwinden der Koeffizientendeterminante:

$$\alpha_2 \sin\left(\tfrac{1}{2}\alpha_1 l\right)\cos\left(\tfrac{1}{2}\alpha_2 l\right) + \alpha_1 \sin\left(\tfrac{1}{2}\alpha_2 l\right)\cos\left(\tfrac{1}{2}\alpha_1 l\right) = 0 \quad \Rightarrow$$

$$\alpha_2 \tan\left(\tfrac{1}{2}\alpha_1 l\right) + \alpha_1 \tan\left(\tfrac{1}{2}\alpha_2 l\right) = 0 \,. \tag{2.9.28}$$

Mit der Forderung:

$$\frac{E_1 I_1}{E_2 I_2} = 2 \quad \Rightarrow \quad \alpha_2 = \sqrt{2}\alpha_1 \tag{2.9.29}$$

folgt aus Gleichung (2.9.28):

$$\sqrt{2}\tan\left(\tfrac{1}{2}\alpha_1 l\right) + \tan\left(\tfrac{1}{\sqrt{2}}\alpha_1 l\right) = 0\,. \tag{2.9.30}$$

Für die erste von Null verschiedene Wurzel finden wir durch numerische Lösung dieser transzendenten Gleichung:

$$\tfrac{1}{2}\alpha_1 l = 1{,}2657\,, \tag{2.9.31}$$

und dies führt gemäß Gleichung (2.9.21) auf den folgenden Ausdruck für die kritische Last:

$$F_{\mathrm{kr}} = E_1 I_1 \alpha_1^2 \approx 6{,}408\frac{E_1 I_1}{l^2}\,. \tag{2.9.32}$$

2.9.5 Die exakte Lösung des 1. EULER-Falls

Problemstellung*

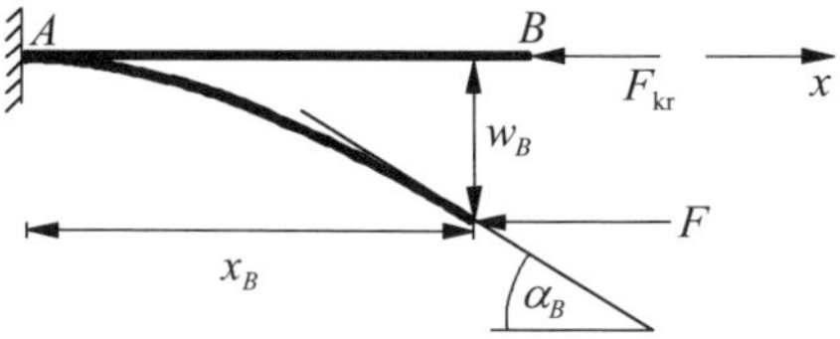

Abb. 2.9.8: Der 1. EULER-Fall.

Betrachte die in Abb. 2.9.8 dargestellte Situation des 1. EULER-Falls. Zeige zunächst mithilfe der linearisierten Biegeliniendifferenzialgleichung, dass für die Auslenkung $w(x)$ an einer beliebigen Stelle x gelten muss:

$$w(x) = w_B\left[1 - \cos\left(\frac{\pi}{2}\frac{x}{l}\right)\right]. \tag{2.9.33}$$

Beachte, dass die Auslenkung w_B am freien Ende B des Stabes der Länge l im Rahmen der linearisierten Theorie unbestimmt bleibt. Verwende daher nun die nichtlinearisierte Form der Biegeliniendifferenzialgleichung, um zu finden, dass folgender Zusammenhang zwischen dem Winkel α_B am freien Ende und der über der kritischen Last F_{kr} liegenden, aktuellen Druckkraft F gilt:

$$F = F_{\mathrm{kr}}\left(\frac{K(p)}{\pi/2}\right)^2 \;,\quad p = \sin\left(\frac{\alpha_B}{2}\right). \tag{2.9.34}$$

Erläutere graphisch, wie es diese Gleichung erlaubt, den Neigungswinkel α_B bei vorgegebener Druckkraft F zu bestimmen. Zeige außerdem, dass sich für die Durchbiegung w_B und die axiale Lage x_B des Stabendpunktes ergibt:

$$w_B = \frac{2p}{K(p)}l \;,\quad x_B = \left[2\frac{E(p)}{K(p)} - 1\right]l \tag{2.9.35}$$

mit den vollständigen elliptischen Integralen 1. und 2. Art:

* Für die Anregung zu dieser Aufgabe ist Dr.-Ing. Torsten Hauck aus Tüntenhausen zu danken.

Festigkeitslehre

$$K(p)=\int_0^{\pi/2}\frac{\mathrm{d}\varphi}{\sqrt{1-p^2\sin(\varphi)}}\,,\quad E(p)=\int_0^{\pi/2}\sqrt{1-p^2\sin(\varphi)}\,\mathrm{d}\varphi\,. \tag{2.9.36}$$

Lösung

Wir erinnern zunächst an die linearisierte Differenzialgleichung der Biegelinie:

$$EI\frac{\mathrm{d}^2w}{\mathrm{d}x^2}=-M(x)\,. \tag{2.9.37}$$

Für das Moment an einer beliebigen Stelle x des Stabes müssen wir schreiben:

$$M(x)=-F[w_B-w(x)]\,. \tag{2.9.38}$$

Einsetzen ergibt die Differenzialgleichung:

$$\frac{\mathrm{d}^2w}{\mathrm{d}x^2}+k^2w=k^2w_B\,,\quad k^2=\frac{F}{EI}\,. \tag{2.9.39}$$

Wir lösen diese inhomogene Differenzialgleichung 2. Ordnung mit dem Ansatz:

$$w(x)=A\cos(kx)+B\sin(kx)+w_B\,. \tag{2.9.40}$$

Die zwei Integrationskonstanten A und B bestimmen wir aus den geometrischen Randbedingungen

$$w(x=0)=0\,,\quad \left.\frac{\mathrm{d}w}{\mathrm{d}x}\right|_{x=0}=0 \tag{2.9.41}$$

zu:

$$A=-w_B\,,\quad B=0\quad\Rightarrow\quad w(x)=w_B[1-\cos(kx)]\,. \tag{2.9.42}$$

Weiterhin muss die Verschiebung am freien Ende den (unbekannten) Wert w_B annehmen, also folgt aus der letzten Gleichung:

$$w_B\cos(kl)=0\quad\Rightarrow\quad kl=(2n-1)\tfrac{\pi}{2}\,,\quad n=1,2,3,\cdots\,. \tag{2.9.43}$$

In Verbindung mit der Definitionsgleichung $(2.3.39)_2$ lässt sich so die kritische Last bestimmen (für $n=1$), bei welcher der Stab ausknicken wird:

$$kl=\frac{\pi}{2}\equiv l\sqrt{\frac{F}{EI}}\quad\Rightarrow\quad F_{\mathrm{kr}}=\frac{\pi^2EI}{4l^2}\,. \tag{2.9.44}$$

Dies entspricht dem Ergebnis in Abschnitt 2.9.5 des Lehrbuchs (beachte, dass dort anstelle von k^2 die Bezeichnung α^2 gewählt wurde, was wir wegen des im Folgenden mehrfach auftretenden Neigungswinkels $\alpha(x)$ hier vermeiden wollen). Mithin folgt die Gleichung (2.9.33), in welcher noch die unbekannte Amplitude w_B auftritt. Um diese zu bestimmen, starten wir nun von der nichtlinearisierten Biegeliniendifferenzialgleichung aus Abschnitt 2.6.1 des Lehrbuchs:

$$EI\kappa=-M(x)\,,\quad \kappa\equiv\frac{\mathrm{d}\alpha}{\mathrm{d}s}\,, \tag{2.9.45}$$

wobei die Krümmung κ ja nichts anderes als die Änderung des Neigungswinkels α mit zunehmender Bogenlänge s ist. Mit dem Moment aus (2.9.38) folgt nun als Differenzialgleichung:

$$EI\frac{\mathrm{d}\alpha}{\mathrm{d}s}=F[w_B-w(s)]\quad\Rightarrow\quad EI\frac{\mathrm{d}^2\alpha}{\mathrm{d}s^2}=-F\frac{\mathrm{d}w}{\mathrm{d}s}\,. \tag{2.9.46}$$

Geometrische Überlegungen führen auf:

$$\frac{\mathrm{d}w}{\mathrm{d}s} = \sin(\alpha)\ ,\quad \frac{\mathrm{d}x}{\mathrm{d}s} = \cos(\alpha)\ , \tag{2.9.47}$$

und es entsteht:

$$EI\frac{\mathrm{d}^2\alpha}{\mathrm{d}s^2} = -F\sin(\alpha) \ \Rightarrow\ \frac{1}{2}\frac{\mathrm{d}}{\mathrm{d}s}\left[\left(\frac{\mathrm{d}\alpha}{\mathrm{d}s}\right)^2\right]\mathrm{d}s = k^2\mathrm{d}[\cos(\alpha)], \tag{2.9.48}$$

was man integrieren kann:

$$\frac{1}{2}\left(\frac{\mathrm{d}\alpha}{\mathrm{d}s}\right)^2 = k^2\cos(\alpha)+C\,. \tag{2.9.49}$$

Da am freien Ende $s = l$ des genickten Stabes das Moment verschwinden muss, ist wegen $(2.9.45)_1$ auch die Krümmung gleich Null, und es lässt sich die Integrationskonstante C bestimmen:

$$\left.\frac{\mathrm{d}\alpha}{\mathrm{d}s}\right|_{s=l} = 0 \ \Rightarrow\ C = -k^2\cos(\alpha_B) \ \Rightarrow\ \frac{\mathrm{d}\alpha}{\mathrm{d}s} = \pm k\sqrt{2}\sqrt{\cos(\alpha)-\cos(\alpha_B)}\,. \tag{2.9.50}$$

Das negative Vorzeichen müssen wir im Hinblick auf die in der Abb. 2.9.8 gezeigten Verhältnisse ausschließen, es entspräche einem Ausknicken „nach oben". Beachte ferner, dass die Wurzel aus einer positiven Zahl gezogen wird. Einfache Umstellung und Integration über den gesamten geknickten Balken bringt:

$$l = \int \mathrm{d}s = \int_0^{\alpha_B}\frac{\mathrm{d}\alpha}{k\sqrt{2}\sqrt{\cos(\alpha)-\cos(\alpha_B)}} = \frac{1}{2k}\int_0^{\alpha_B}\frac{\mathrm{d}\alpha}{\sqrt{\sin^2(\alpha_B/2)-\sin^2(\alpha/2)}}, \tag{2.9.51}$$

wenn wie nur annehmen, dass die Gesamtlänge l sich nicht ändert und wir die Regeln für trigonometrische Funktionen beachten. Das Integral ist nun in einer Form, die es erlaubt, es mit dem in Gleichung (2.9.36) definierten vollständigen elliptischen Integral 1. Art in Verbindung zu bringen. Wir definieren zunächst:

$$p = \sin\left(\frac{\alpha_B}{2}\right)\ ,\quad \sin(\varphi) = \frac{1}{p}\sin\left(\frac{\alpha}{2}\right) \ \Rightarrow\ \varphi_A = 0\ ,\ \varphi_B = \frac{\pi}{2}\,. \tag{2.9.52}$$

Durch Differenzieren und algebraisches Umformen stellt man fest, dass:

$$\mathrm{d}\alpha = \mathrm{d}\varphi\frac{2p\cos(\varphi)}{\sqrt{1-p^2\sin^2(\varphi)}}\ , \tag{2.9.53}$$

$$\sqrt{\sin^2\left(\frac{\alpha_B}{2}\right)-\sin^2\left(\frac{\alpha}{2}\right)} = \sqrt{p^2-p^2\sin^2(\varphi)} = p\cos(\varphi), \tag{2.9.53}$$

und es folgt aus (2.9.51):

$$l = \frac{1}{k}\int_0^{\pi/2}\frac{\mathrm{d}\varphi}{\sqrt{1-p^2\sin^2(\varphi)}} \equiv \frac{K(p)}{k}\,. \tag{2.9.54}$$

Man beachte, dass nach dem Knicken, also bei kleinen Auslenkungen w_B, anschaulich auch der Neigewinkel α_B am Ende klein sein sollte, also aus der letzten Gleichung folgt (der Wert für $K(0)$ findet sich z. B. im BRONSTEIN/SEMENDJAJEW):

$$p = \sin\left(\frac{\alpha_B}{2}\right) \approx 0 \ \Rightarrow \tag{2.9.55}$$

$$K(p \approx 0) \approx \frac{\pi}{2} \quad \Rightarrow \quad l = \frac{1}{k}\frac{\pi}{2} = \sqrt{\frac{EI}{F}}\frac{\pi}{2} \quad \Rightarrow \quad F_{\text{kr}} = \frac{\pi^2 EI}{4l^2}.$$

Mithin ergibt sich das aus der linearen Theorie bekannte Ergebnis für die kritische Last. Die Gleichung (2.9.54) gestattet es aber, darüber hinauszugehen! Mit ihr lässt sich nämlich implizit errechnen, welcher Biegewinkel α_B sich am freien Ende für Kräfte $F > F_{\text{kr}}$ ergibt (N. b.: Bei F_{kr} ergibt sich $\alpha_B = 0$):

$$l = \sqrt{\frac{EI}{F}}K(p)\,,\quad l = \sqrt{\frac{EI}{F_{\text{kr}}}}K(0) = \sqrt{\frac{EI}{F_{\text{kr}}}}\frac{\pi}{2} \quad \Rightarrow \quad F = F_{\text{kr}}\left(\frac{K(p)}{\pi/2}\right)^2. \tag{2.9.56}$$

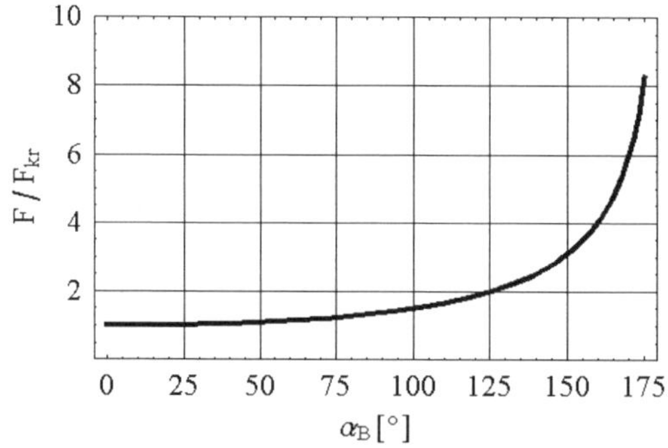

Abb. 2.9.9: Zusammenhang zwischen Druckkraft und sich einstellendem Neigungswinke am Balkenende.

Diese Beziehung wurde in Abb. 2.9.9 graphisch ausgewertet. Die Abbildung erlaubt es, für eine vorzugebende Kraft $F > F_{\text{kr}}$, den zugehörigen Neigungswinkel am Balkenende abzulesen. Um nun die Absenkung am Balkenende zu bestimmen, starten wir von der Gleichung $(2.9.47)_1$ und finden durch einfaches Umformen unter Beachtung von (2.9.52):

$$\mathrm{d}w = \frac{2p}{k}\sin(\varphi)\mathrm{d}\varphi \quad \Rightarrow \quad w_B = \frac{2p}{k}\int_{\varphi=0}^{\pi/2}\sin(\varphi)\mathrm{d}\varphi = \frac{2p}{k} \quad \Rightarrow \quad w_B = \frac{2p}{K(p)}l\,, \tag{2.9.57}$$

wobei im letzten Schritt von Gleichung (2.9.54) Gebrauch gemacht wurde. Die Verschiebung in axialer Richtung am Balkenende bestimmen wir mithilfe von $(2.9.47)_2$:

$$\mathrm{d}x = \cos(\alpha)\,\mathrm{d}s = \frac{1}{2k}\frac{\cos(\alpha)\,\mathrm{d}\alpha}{\sqrt{\sin^2(\alpha_B/2) - \sin^2(\alpha/2)}} = \frac{\left[1 - 2p^2\sin^2(\varphi)\right]\mathrm{d}\varphi}{k\sqrt{1 - p^2\sin^2(\varphi)}} = \tag{2.9.58}$$

$$\frac{\mathrm{d}\varphi}{k\sqrt{1 - p^2\sin^2(\varphi)}} + \frac{2p}{k}\frac{\partial}{\partial p}\sqrt{1 - p^2\sin^2(\varphi)}\,\mathrm{d}\varphi\,.$$

Durch Nachrechnen weist man mithilfe der Grunddefinitionen (2.9.36) nach, dass:

$$\frac{\partial E(p)}{\partial p} = \frac{1}{p}\left[E(p) - K(p)\right]. \tag{2.9.59}$$

Damit aber folgert man aus (2.9.58) mit (2.9.54):

$$x_B = \frac{1}{k}\int_{\varphi=0}^{\pi/2}\frac{\mathrm{d}\varphi}{\sqrt{1 - p^2\sin^2(\varphi)}} + \frac{2p}{k}\frac{\partial}{\partial p}\int_{\varphi=0}^{\pi/2}\sqrt{1 - p^2\sin^2(\varphi)}\,\mathrm{d}\varphi = \tag{2.9.60}$$

$$l + \frac{2}{k}\left[E(p) - K(p)\right] = \left[2\frac{E(p)}{K(p)} - 1\right]l\,.$$

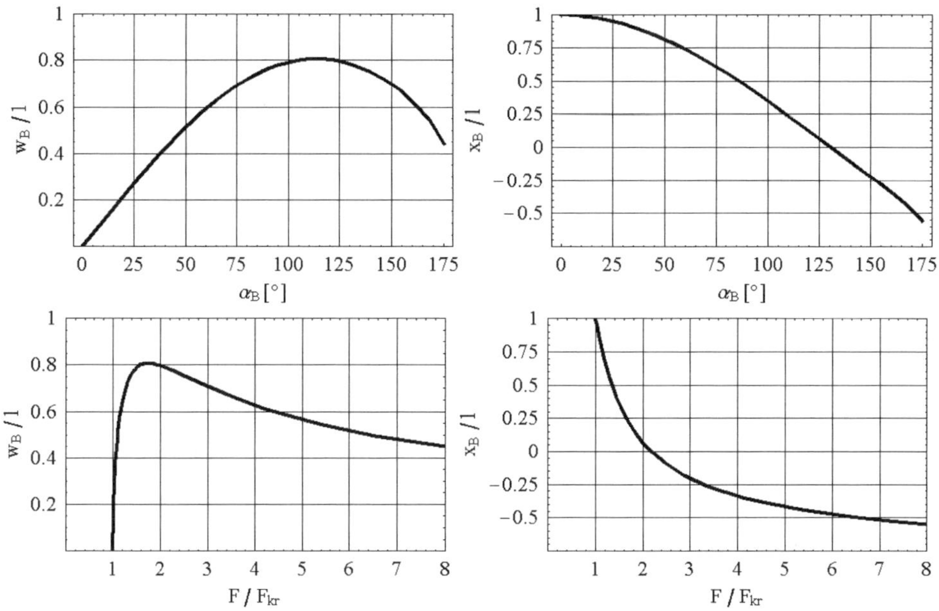

Abb. 2.9.10: Durchbiegung und axiale Position des Balkenendes als Funktion des Neigungswinkels bzw. der aktuellen Druckkraft.

Somit sind wir in der Lage, sowohl w_B als auch x_B als Funktion des Neigungswinkels am Balkenende (und mithilfe von (2.9.56) bzw. Abb. 2.9.9 auch als Funktion der aktuellen Druckkraft) zu zeichnen. Das Ergebnis ist in Abb. 2.9.10 dargestellt. Die Tatsache, dass w_B ein Maximum erreicht, ist darauf zurückzuführen, dass der Balken bei hohen Lasten sich zurückkrümmt und dabei an Durchbiegung verliert.

3 Dynamik

3.1 Punktförmige Masse

3.1.1 Ein Marschflugkörper

Problemstellung

Wie in Abb. 3.1.1 dargestellt, hebt ein Marschflugkörper mit der gegenüber der Erdschwere effektiven, konstanten Beschleunigung $\underline{a} = \underline{a}_0$ senkrecht vom Erdboden ab. Ein im Koordinatenursprung befindlicher General benutzt ein Peilsystem und verfolgt interessiert den zunehmenden Abstand des von seinem Standort als Punkt zu idealisierenden Sprengkopfes. An seinen Adjutanten erteilt er daraufhin den Befehl, unverzüglich die Momentanposition des Kopfes gegenüber der Basis in Polarkoordinaten als Funktion der Ausgangsdaten anzusagen. Ferner ist ihm daran gelegen, nicht allzu schnell seinen eigenen Kopf in Bewegung setzen zu müssen, und darum stellt er insbesondere auch die Frage nach der maximalen Winkelgeschwindigkeit der Rakete sowie nach seinem Halsverdrehwinkel.

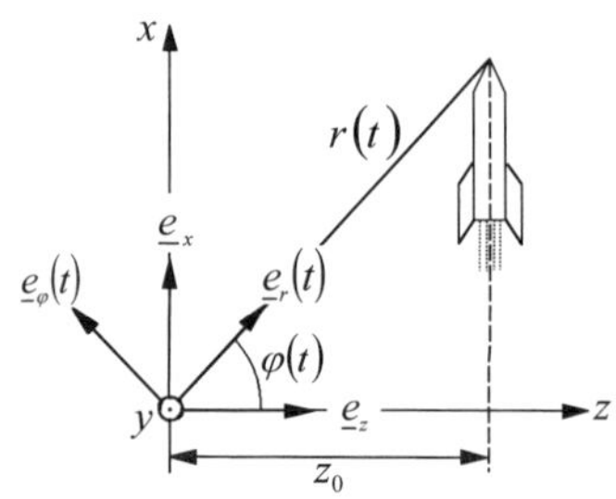

Abb. 3.1.1: Eine startende Rakete.

Lösung

Für den Ortsvektor des Sprengkopfes lässt sich in Polarkoordinaten schreiben:

$$\underline{x} = r(t)\,\underline{e}_r(t) + 0\,\underline{e}_\varphi(t) = (r(t)\,,\,0). \tag{3.1.1}$$

Alternativ gewinnt man im eingezeichneten kartesischen System den Ausdruck:

$$\underline{x} = x(t)\,\underline{e}_x + z_0\,\underline{e}_z(t) = (x(t)\,,\,z_0). \tag{3.1.2}$$

Zwischen den zeitabhängigen Einheitsvektoren $\underline{e}_r(t)$ und $\underline{e}_\varphi(t)$ sowie den zeitunabhängigen Einheitsvektoren $\underline{e}_x$ und $\underline{e}_z$ besteht folgender Zusammenhang:

$$\underline{e}_r(t) = \sin[\varphi(t)]\;\underline{e}_x + \cos[\varphi(t)]\;\underline{e}_z\;,\quad \underline{e}_\varphi(t) = \cos[\varphi(t)]\;\underline{e}_x - \sin[\varphi(t)]\;\underline{e}_z\,. \tag{3.1.3}$$

Indem man diese beide Gleichungen jeweils nach der Zeit differenziert und die Kettenregel verwendet, stellt man fest, dass:

$$\dot{\underline{e}}_r(t) = \dot{\varphi}\,(\cos[\varphi(t)]\;\underline{e}_x - \sin[\varphi(t)]\;\underline{e}_z) = \dot{\varphi}\,\underline{e}_\varphi(t), \tag{3.1.4}$$
$$\dot{\underline{e}}_\varphi(t) = -\dot{\varphi}\,(\sin[\varphi(t)]\;\underline{e}_x + \cos[\varphi(t)]\;\underline{e}_z) = -\dot{\varphi}\,\underline{e}_r(t).$$

Indem man dies beachtet, ermittelt man durch sukzessive Differenziation nach der Zeit aus der Gleichung (3.1.1) leicht die momentane Geschwindigkeit bzw. Beschleunigung:

$$\underline{\upsilon} = \dot{\underline{x}} = \dot{r}(t)\,\underline{e}_r(t) + r\,\dot{\underline{e}}_r = \dot{r}\,\underline{e}_r + r\dot{\varphi}\,\underline{e}_\varphi = (\dot{r}\,,\,r\dot{\varphi}), \tag{3.1.5}$$

$$\underline{a} = \dot{\underline{\upsilon}} = \ddot{\underline{x}} = \left(\ddot{r} - r\dot{\varphi}^2\ , r\ddot{\varphi} + 2\dot{r}\dot{\varphi}\right) \equiv a_0\left(\sin[\varphi(t)], \cos[\varphi(t)]\right),$$

wobei im letzten Schritt der konstante, vertikal nach oben gerichtete Beschleunigungsvektor in seine radiale sowie seine Winkelkomponente zerlegt wurde. Die Bewegung kann selbstverständlich auch in Bezug auf das zeitunabhängige Koordinatensystem ausgedrückt werden:

$$\underline{x} = x(t)\,\underline{e}_x + z_0\ \underline{e}_z\,, \tag{3.1.6}$$

woraus folgt:

$$\underline{\upsilon} = \dot{\underline{x}} = \dot{x}(t)\,\underline{e}_x\ ,\quad \underline{a} = \dot{\underline{\upsilon}} = \ddot{\underline{x}} = \ddot{x}(t)\,\underline{e}_x \equiv a_0\ \underline{e}_x\,. \tag{3.1.7}$$

Aufgrund des Lehrsatzes von PYTHAGORAS und trigonometrischen Überlegungen folgt als Verbindung zwischen kartesischen und Polarkoordinaten:

$$r(t) = \sqrt{x^2(t) + z_0^2}\ ,\quad \varphi(t) = \tan^{-1}\left(\frac{x(t)}{z_0}\right). \tag{3.1.8}$$

Die Gleichungen (3.1.7) kann man sukzessive nach der Zeit integrieren:

$$\dot{x} = a_0 t + \upsilon_0 \quad \Rightarrow \quad x = \frac{a_0}{2}t^2 + \upsilon_0 t + x_0\,. \tag{3.1.9}$$

Mit den Anfangsbedingungen:

$$\upsilon_0 = 0\ ,\quad x_0 = 0 \tag{3.1.10}$$

wird hieraus:

$$x = \frac{a_0}{2}t^2 \quad \Rightarrow \quad t = \sqrt{\frac{2x}{a_0}}\,. \tag{3.1.11}$$

Dieses wiederum lässt sich in Gleichung (3.1.8) einsetzen:

$$r(t) = \sqrt{\tfrac{1}{4}a_0^2 t^4 + z_0^2}\ ,\quad \varphi(t) = \tan^{-1}\left(\tfrac{1}{2}\frac{a_0 t^2}{z_0}\right). \tag{3.1.12}$$

Damit ist ein wesentliches Ziel erreicht, nämlich die momentane Bewegung in Polarkoordinaten, ausgedrückt durch die Anfangsbedingungen, zu erfassen. Durch Differenziation stellt man leicht fest, dass:

$$\dot{r}(t) = \frac{a_0^2 t^3}{2\sqrt{\tfrac{1}{4}a_0^2 t^4 + z_0^2}}\ ,\quad \ddot{r}(t) = \frac{6a_0^2 t^2\left(\tfrac{1}{4}a_0^2 t^4 + z_0^2\right) - a_0^4 t^6}{4\left(\tfrac{1}{4}a_0^2 t^4 + z_0^2\right)^{3/2}}\,, \tag{3.1.13}$$

$$\dot{\varphi}(t) = \frac{\frac{a_0 t}{z_0}}{1 + \frac{1}{4}\frac{a_0^2 t^4}{z_0^2}}\ ,\quad \ddot{\varphi}(t) = \frac{\frac{a_0}{z_0} - \frac{3}{4}\frac{a_0^3 t^4}{z_0^3}}{\left(1 + \frac{1}{4}\frac{a_0^2 t^4}{z_0^2}\right)^2}\,,$$

was in die Gleichungen (3.1.5) für die Geschwindigkeit bzw. Beschleunigung einzusetzen ist. Um schließlich noch die maximale Winkelgeschwindigkeit $\dot{\varphi}_{\max}$ zu bestimmen, starten wir mit der Extremalbedingung:

Dynamik

$$\ddot{\varphi}(t_{\max}) = \frac{\frac{a_0}{z_0} - \frac{3}{4}\frac{a_0^3 t_{\max}^4}{z_0^3}}{\left(1 + \frac{1}{4}\frac{a_0^2 t_{\max}^4}{z_0^2}\right)^2} = 0 \quad \Rightarrow \quad t_{\max} = \left(\frac{4}{3}\frac{z_0^2}{a_0^2}\right)^{1/4}. \tag{3.1.14}$$

Die dazugehörige Winkelgeschwindigkeit ermitteln wir mithilfe der Gleichung $(3.1.13)_3$:

$$\omega(t_{\max}) = \dot{\varphi}(t_{\max}) = \frac{3}{4}\frac{a_0}{z_0}\left(\frac{4z_0^2}{3a_0^2}\right)^{1/4} \tag{3.1.15}$$

und den dazugehörigen Verdrehwinkel des Generalhalses aus Gleichung $(3.1.12)_2$:

$$\varphi(t_{\max}) = \tan^{-1}\left(\frac{1}{2}\frac{a_0 t_{\max}^2}{z_0}\right) = \tan^{-1}\left(\frac{1}{\sqrt{3}}\right) = 30^\circ. \tag{3.1.16}$$

3.1.2 Kinematik eines Massenschwerpunkts

Problemstellung

Es soll die Bewegung eines Massenschwerpunkts in der Ebene untersucht werden. In Bezug auf ein feststehendes kartesisches Koordinatensystem mit den Einheitsvektoren $\underline{e}_x$ und $\underline{e}_y$ ist der Radialstrahl $r(t)$ sowie der Drehwinkelverlauf $\varphi(t)$ als Funktion der Zeit bekannt: $r(t) = c\exp(kt)$, $\varphi(t) = \omega_0 t$ mit vorgegebenen Konstanten c, k und ω_0. Gesucht sind der Geschwindigkeitsvektor $\underline{\upsilon}$ und der Beschleunigungsvektor $\underline{a}$, und zwar sowohl in kartesischen als auch in Polarkoordinaten. Ferner sind die Beträge beider Größen zu berechnen. Zum Übergang zwischen kartesischen und Polarkoordinaten sind insbesondere die beiden folgenden Gleichungen zu beweisen:

$$\dot{\underline{e}}_r(t) = \underline{\omega} \times \underline{e}_r(t) \equiv \dot{\varphi}\,\underline{e}_\varphi(t)\ ,\quad \dot{\underline{e}}_\varphi(t) = \underline{\omega} \times \underline{e}_\varphi(t) \equiv -\dot{\varphi}\,\underline{e}_r(t) \quad \text{wobei} \quad \underline{\omega} = \dot{\varphi}\underline{e}_z\,. \tag{3.1.17}$$

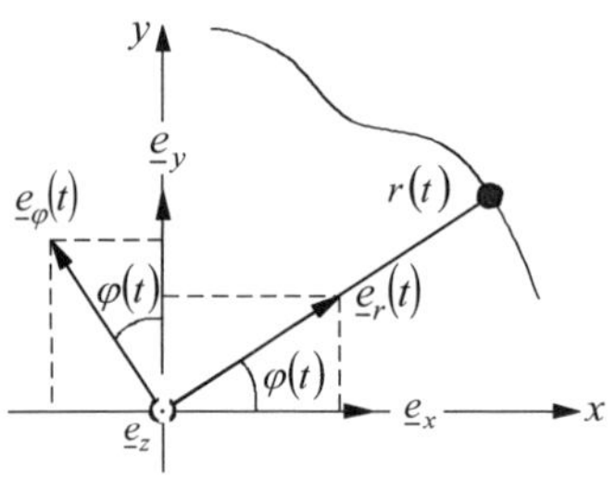

Abb. 3.1.2: Zur Beschreibung der Bewegung eines Massenpunktes in der Ebene.

Lösung

Mit einfachen geometrischen Überlegungen folgt aus der Abb. 3.1.2 sofort:

$$\underline{e}_r(t) = \cos[\varphi(t)]\,\underline{e}_x + \sin[\varphi(t)]\,\underline{e}_y\ ,\quad \underline{e}_\varphi(t) = -\sin[\varphi(t)]\,\underline{e}_x + \cos[\varphi(t)]\,\underline{e}_y\,. \tag{3.1.18}$$

Durch Differenziation nach der Zeit folgt hieraus:

$$\begin{aligned} \dot{\underline{e}}_r(t) &= \dot{\varphi}(t)\left(-\sin[\varphi(t)]\ \underline{e}_x + \cos[\varphi(t)]\ \underline{e}_y\right) = \dot{\varphi}(t)\,\underline{e}_\varphi, \\ \dot{\underline{e}}_\varphi(t) &= -\dot{\varphi}(t)\left(\cos[\varphi(t)]\,\underline{e}_x + \sin[\varphi(t)]\,\underline{e}_y\right) = -\dot{\varphi}(t)\,\underline{e}_r\,. \end{aligned} \tag{3.1.19}$$

Bemerke, dass diese Gleichungen mit denen aus Abschnitt 3.1.1 des Lehrbuchs übereinstimmen, damals jedoch ein geometrisches Argument zur ihrer Herleitung gewählt wurde, ohne die kartesischen Einheitsvektoren überhaupt zu verwenden. Wir definieren nun in Übereinstimmungen mit Abschnitt 3.3.1 des Lehrbuchs den Winkelgeschwindigkeitsvektor:

$$\underline{\omega}(t) = \dot{\varphi}(t)\,\underline{e}_z \tag{3.1.20}$$

und erhalten im hier vorliegenden Fall:

$$\underline{\omega}(t) = \omega_0\,\underline{e}_z\ ,\quad \dot{\underline{e}}_r(t) = \omega_0\,\underline{e}_\varphi\ ,\quad \dot{\underline{e}}_\varphi(t) = -\omega_0\,\underline{e}_r\,. \tag{3.1.21}$$

Ferner lässt sich mithilfe der Determinantenregel für das Kreuzprodukt aus Abschnitt 1.3.4 des Lehrbuchs und unter Beachtung der Gleichungen (3.1.2/4) schreiben:

$$\underline{\omega}\times\underline{e}_r = \begin{vmatrix} \underline{e}_x & \underline{e}_y & \underline{e}_z \\ 0 & 0 & \omega \\ \cos(\varphi) & \sin(\varphi) & 0 \end{vmatrix} = \dot{\varphi}\begin{pmatrix} -\sin(\varphi) \\ \cos(\varphi) \\ 0 \end{pmatrix} \equiv \dot{\varphi}\underline{e}_\varphi\,, \tag{3.1.22}$$

$$\underline{\omega}\times\underline{e}_\varphi = \begin{vmatrix} \underline{e}_x & \underline{e}_y & \underline{e}_z \\ 0 & 0 & \dot{\varphi} \\ -\sin(\varphi) & \cos(\varphi) & 0 \end{vmatrix} = \dot{\varphi}\begin{pmatrix} -\cos(\varphi) \\ -\sin(\varphi) \\ 0 \end{pmatrix} \equiv -\dot{\varphi}\underline{e}_r\,,$$

womit die alternative Schreibweise der Gleichungen (3.1.19) mithilfe des Kreuzproduktes zwischen Winkelgeschwindigkeitsvektor und Einheitsvektoren in Polarkoordinaten etabliert ist. Man beachte, dass sich dieses Ergebnis in etwas anderem Kontext auch in Abschnitt 3.3.1 des Lehrbuchs findet. Für den Ortsvektor des Massenpunktes lässt sich in Polarkoordinaten generell schreiben:

$$\underline{x} = r(t)\,\underline{e}_r(t)\,. \tag{3.1.23}$$

Durch Differenziation nach der Zeit wird daraus bei Beachtung der nunmehr bewiesenen Gleichungen (3.1.17) allgemein für die Geschwindigkeit und für die Beschleunigung in Polarkoordinaten:

$$\underline{\upsilon} \equiv \dot{\underline{x}} = \dot{r}(t)\,\underline{e}_r(t) + r(t)\,\dot{\underline{e}}_r(t) = \dot{r}(t)\,\underline{e}_r(t) + r(t)\,\dot{\varphi}(t)\,\underline{e}_\varphi(t), \tag{3.1.24}$$

$$\underline{a} \equiv \dot{\underline{\upsilon}} = \ddot{r}(t)\,\underline{e}_r(t) + \dot{r}(t)\,\dot{\underline{e}}_r(t) + [\dot{r}(t)\,\dot{\varphi}(t) + \dot{r}(t)\ddot{\varphi}(t)]\,\underline{e}_\varphi(t) + r(t)\,\dot{\varphi}(t)\,\dot{\underline{e}}_\varphi(t) =$$

$$[\ddot{r}(t) - r(t)\,\dot{\varphi}^2(t)]\,\underline{e}_r(t) + [2\dot{r}(t)\,\dot{\varphi}(t) + r(t)\,\ddot{\varphi}(t)]\,\underline{e}_\varphi(t)\,.$$

In diese Gleichungen sind die Beziehungen (3.1.18) einzusetzen, falls eine Darstellung in kartesischen Einheitsvektoren gewünscht ist:

$$\underline{x} = r\left[\cos(\varphi)\,\underline{e}_x + \sin(\varphi)\,\underline{e}_y\right]\ ,$$

$$\underline{\upsilon} = [\dot{r}\cos(\varphi) - r\dot{\varphi}\sin(\varphi)]\,\underline{e}_x + [\dot{r}\sin(\varphi) + r\dot{\varphi}\cos(\varphi)]\,\underline{e}_y\,, \tag{3.1.25}$$

$$\underline{a} = \left[\ddot{r}\cos(\varphi) - 2\dot{r}\dot{\varphi}\sin(\varphi) - r\ddot{\varphi}\sin(\varphi) - r\dot{\varphi}^2\cos(\varphi)\right]\,\underline{e}_x +$$

$$\left[\ddot{r}\sin(\varphi) + 2\dot{r}\dot{\varphi}\cos(\varphi) + r\ddot{\varphi}\cos(\varphi) - r\dot{\varphi}^2\sin(\varphi)\right]\,\underline{e}_y\,.$$

Speziell im hier interessierenden Fall wird unter Beachtung von Gleichung (3.1.21):

$$\underline{x} = c\exp(kt)\underline{e}_r(t)\ ,\quad \underline{\upsilon} = c\exp(kt)\left(k\underline{e}_r + \omega_0\underline{e}_\varphi\right),$$

$$\underline{a} = c\exp(kt)\left[\left(k^2 - \omega_0^2\right)\underline{e}_r + 2k\omega_0\underline{e}_\varphi\right]\ , \tag{3.1.26}$$

bzw. in kartesischen Koordinaten:

$$\underline{x} = c\exp(kt)\left[\cos(\omega_0 t)\,\underline{e}_x + \sin(\omega_0 t)\,\underline{e}_y\right],$$
$$\underline{\upsilon} = c\exp(kt)\left(\left[k\cos(\omega_0 t) - \omega_0\sin(\omega_0 t)\right]\underline{e}_x + \left[k\sin(\omega_0 t) + \omega_0\cos(\omega_0 t)\right]\underline{e}_y\right), \qquad (3.1.27)$$
$$\underline{a} = c\exp(kt)\Big(\left[k^2\cos(\omega_0 t) - 2k\omega_0\sin(\omega_0 t) - r\omega_0^2\cos(\omega_0 t)\right]\underline{e}_x +$$
$$\left[k^2\sin(\omega_0 t) + 2k\omega_0\cos(\omega_0 t) - \omega_0^2\sin(\omega_0 t)\right]\underline{e}_y\Big).$$

Um den Betrag des Geschwindigkeits- und des Beschleunigungsvektors zu finden, gehen wir vom Skalarprodukt aus und können wegen der Orthonormalität der Einheitsvektorpaare $\underline{e}_r$ und $\underline{e}_\varphi$ bzw. $\underline{e}_x$ und $\underline{e}_y$ sowohl die Gleichungen (3.1.26) als auch (3.1.27) einfach verwenden:

$$\upsilon = \sqrt{\underline{\upsilon}\cdot\underline{\upsilon}} = c\exp(kt)\sqrt{k^2+\omega_0^2}\;,\quad a = \sqrt{\underline{a}\cdot\underline{a}} = c\exp(kt)\left(k^2+\omega_0^2\right). \qquad (3.1.28)$$

3.1.3 Kinematik eines Zusammenstoßes

Problemstellung

Betrachte Abb. 3.1.3, in der zwei Schwerpunkte von Fahrzeugen zu sehen sind, die aufeinander zusteuern. In Bezug auf ein feststehendes kartesisches Koordinatensystem mit den Einheitsvektoren $\underline{e}_x$ und $\underline{e}_y$ ist die Anfangsposition des ersten Fahrzeugschwerpunktes sowie die dazugehörige Anfangsgeschwindigkeit gegeben durch $\underline{x}_1(t=0) = -y_0\,\underline{e}_y$ bzw. $\underline{\upsilon}_1(t=0) = \upsilon_0\,\underline{e}_x + 2\upsilon_0\,\underline{e}_y$ mit den Konstanten (siehe Abb. 3.1.1) y_0 und υ_0. Seine Beschleunigung nimmt im Laufe der Zeit exponentiell ab gemäß $\underline{a}_1(t) = a_0\exp(-\omega t)\,\underline{e}_x$ mit vorgegebenen Konstanten a_0 und ω. Für den zweiten Punkt ist bekannt, dass $\underline{x}_2(t=0) = x_0\,\underline{e}_x$, $\underline{\upsilon}_2(t=0) = -\upsilon_0\,\underline{e}_x$ und $\underline{a}_2(t) = -\alpha\,a_0\,t\,\underline{e}_x$ (verzögernde, linear in der Zeit veränderliche Beschleunigung = zeitlich linear ansteigende Bremswirkung) mit den vorgegebenen Konstanten x_0 und $\alpha > 0$. Gesucht sind die Schwerpunktsbewegungen beider Fahrzeuge als Funktion der Zeit. Ferner ist der Parameter α so zu bestimmen, dass ein Zusammenstoß im Punkt S erfolgt.

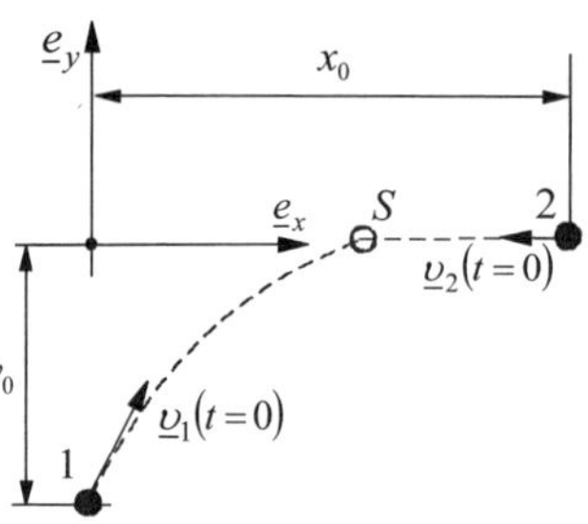

Abb. 3.1.3: Zusammenstoß zweier beschleunigter Fahrzeuge.

Lösung

Durch unbestimmte Integration beider Ausdrücke für die Beschleunigungen findet man:

$$\underline{\upsilon}_1(t) = -\frac{a_0}{\omega}\exp(-\omega t)\,\underline{e}_x + \underline{C}_1\;,\quad \underline{x}_1(t) = \frac{a_0}{\omega^2}\exp(-\omega t)\,\underline{e}_x + \underline{C}_1 t + \underline{C}_2 \qquad (3.1.29)$$

und:

$$\underline{v}_2(t) = -\frac{\alpha}{2} a_0 t^2 \underline{e}_x + \underline{C}_3 \ , \ \ \underline{x}_2(t) = -\frac{\alpha}{6} a_0 t^3 \underline{e}_x + \underline{C}_3 t + \underline{C}_4 . \qquad (3.1.30)$$

Darin bezeichnen $\underline{C}_1$, $\underline{C}_2$, $\underline{C}_3$ und $\underline{C}_4$ vektorwertige Integrationskonstanten, die sich aus den Anfangsbedingungen berechnen lassen wie folgt:

$$\underline{v}_1(t=0) = v_0\, \underline{e}_x + 2v_0\, \underline{e}_y = -\frac{a_0}{\omega}\exp(0)\underline{e}_x + \underline{C}_1 \quad \Rightarrow \quad \underline{C}_1 = \left(v_0 + \frac{a_0}{\omega}\right)\underline{e}_x + 2v_0\, \underline{e}_y ,$$

$$\underline{x}_1(t=0) = -y_0\, \underline{e}_y = \frac{a_0}{\omega^2}\exp(0)\underline{e}_x + \underline{C}_1 0 + \underline{C}_2 \quad \Rightarrow \quad \underline{C}_2 = -\frac{a_0}{\omega^2}\underline{e}_x - y_0\, \underline{e}_y , \qquad (3.1.31)$$

$$\underline{v}_2(t=0) = -v_0\, \underline{e}_x == -\frac{\alpha}{2} a_0 0\, \underline{e}_x + \underline{C}_3 \quad \Rightarrow \quad \underline{C}_3 = -v_0\, \underline{e}_x ,$$

$$\underline{x}_2(t=0) = x_0\, \underline{e}_x = -\frac{\alpha}{6} a_0 0\, \underline{e}_x + \underline{C}_3 0 + \underline{C}_4 \quad \Rightarrow \quad \underline{C}_4 = x_0\, \underline{e}_x .$$

Wir erhalten somit für die beiden Bewegungen:

$$\underline{x}_1(t) = \left[\frac{a_0}{\omega^2}\exp(-\omega t) + \left(v_0 + \frac{a_0}{\omega}\right)t - \frac{a_0}{\omega^2}\right]\underline{e}_x + (2v_0 t - y_0)\underline{e}_y , \qquad (3.1.32)$$

$$\underline{x}_2(t) = \left[-\frac{\alpha}{6} a_0\, t^3 - v_0\, t + x_0\right]\underline{e}_x .$$

Für einen Zusammenstoß müssen sich beide Schwerpunkte am selben Ort S befinden. Also muss zum Zeitpunkt t_S des Stoßes gelten (wir setzen einfach die zu den Einheitsvektoren $\underline{e}_x$ und $\underline{e}_y$ gehörigen Vorfaktoren einander gleich):

$$\underline{e}_x : \quad \frac{a_0}{\omega^2}\exp(-\omega t_S) + \left(v_0 + \frac{a_0}{\omega}\right)t_S - \frac{a_0}{\omega^2} = -\frac{\alpha}{6} a_0\, t_S^3 - v_0\, t_S + x_0 \ ,$$

$$\underline{e}_y : \quad 2v_0\, t_S - y_0 = 0 . \qquad (3.1.33)$$

Aus der zweiten Gleichung bestimmt man die Zeit bis zum Zusammenstoß:

$$t_S = \frac{y_0}{2v_0} . \qquad (3.1.34)$$

Indem man dieses Ergebnis in die erste Gleichung einsetzt, gelingt es, den besagten Parameter α so zu bestimmen, dass der Zusammenstoß zustande kommt:

$$\alpha = -\frac{6}{a_0}\left(\frac{2v_0}{y_0}\right)^3\left[\frac{a_0}{\omega^2}\exp\left(-\omega\frac{y_0}{2v_0}\right) + \left(v_0 + \frac{a_0}{\omega}\right)\frac{y_0}{2v_0} - \frac{a_0}{\omega^2} + \frac{y_0}{2} - x_0\right] . \qquad (3.1.35)$$

3.1.4 Kinematik kombinierter Bewegungen

Problemstellung

Betrachte Abb. 3.1.4. Ein Massenpunkt bewegt sich in einer Nut der Länge $2a$ einer zentral mit der konstanten Winkelgeschwindigkeit ω_0 drehenden Kreisscheibe. Die Nut ist gerade und im Abstand b zum Scheibenursprung gefräst. Die Bewegung entlang der Nut ist periodisch. Sie beginnt im Zentrum der Nut und ist in Bezug auf dieses Zentrum gegeben durch die Gleichung $x(t)=a\sin(\omega_m t)$ mit der konstanten Winkelgeschwindigkeit ω_m. Man bestimme den Geschwindigkeits- und den Beschleunigungsvektor des Massenpunktes in Bezug auf das in der Abbildung eingezeichnete, sich im Ursprung der Kreisscheibe mitdrehende Koordinatensystem $\underline{e}_r$ und $\underline{e}_\varphi$.

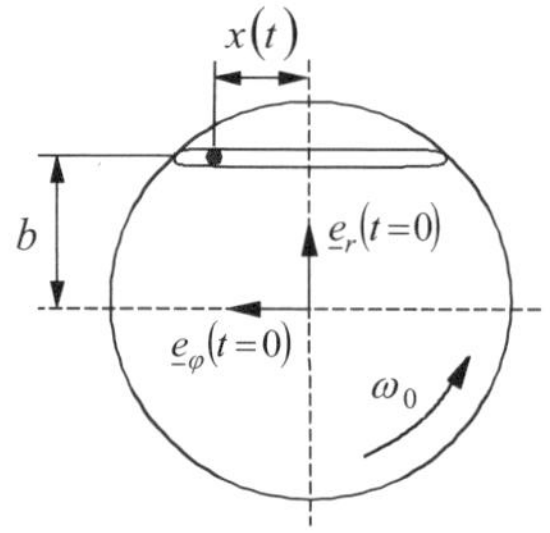

Abb. 3.1.4: Zusammengesetzte Bewegung.

Lösung

Für den Ortsvektor des Massenpunktes lässt sich im mitbewegten Koordinatensystem schreiben:

$$\underline{x}(t)=b\,\underline{e}_r(t)+x(t)\,\underline{e}_\varphi(t)=b\,\underline{e}_r(t)+a\sin(\omega_m t)\,\underline{e}_\varphi(t). \tag{3.1.36}$$

Indem man nach der Zeit differenziert, gewinnt man den Geschwindigkeitsvektor:

$$\underline{\upsilon}(t)=b\,\dot{\underline{e}}_r(t)+a\omega_m\cos(\omega_m t)\,\underline{e}_\varphi(t)+a\sin(\omega_m t)\,\dot{\underline{e}}_\varphi(t). \tag{3.1.37}$$

In Aufgabe 3.1.2 wie auch im Lehrbuch Abschnitt 3.1.1 war gezeigt worden, dass gilt:

$$\dot{\underline{e}}_r(t)=\dot{\varphi}\,\underline{e}_\varphi(t)\ ,\quad \dot{\underline{e}}_\varphi(t)=-\dot{\varphi}\,\underline{e}_r(t). \tag{3.1.38}$$

Im vorliegenden Fall ist:

$$\dot{\varphi}=\omega_0, \tag{3.1.39}$$

und daher entsteht aus Gleichung (3.1.37) der Ausdruck:

$$\underline{\upsilon}(t)=-a\omega_0\sin(\omega_m t)\,\underline{e}_r(t)+\left[a\omega_m\cos(\omega_m t)+b\omega_0\right]\underline{e}_\varphi(t). \tag{3.1.40}$$

Nochmalige Differenziation dieses Ausdruckes nach der Zeit ergibt den Beschleunigungsvektor:

$$\underline{a}(t)=-a\omega_0\omega_m\cos(\omega_m t)\,\underline{e}_r(t)-a\omega_0\sin(\omega_m t)\,\dot{\underline{e}}_r(t)- \tag{3.1.41}$$

$$a\omega_m^2\sin(\omega_m t)\,\underline{e}_\varphi(t)+\left[a\omega_m\cos(\omega_m t)+b\omega_0\right]\dot{\underline{e}}_\varphi(t).$$

Indem man erneut die Beziehungen (3.1.38/39) berücksichtigt, entsteht:

$$\underline{a}(t)=-\left[b\omega_0^2+2a\omega_0\omega_m\cos(\omega_m t)\right]\underline{e}_r(t)-a\left(\omega_m^2+\omega_0^2\right)\sin(\omega_m t)\,\underline{e}_\varphi(t). \tag{3.1.42}$$

3.1.5 Dynamik des Schleuderballs

Problemstellung

Ein Ball der Masse m wird an einem Seil fester Länge R befestigt und vertikal auf einer Kreisbahn geschleudert. Bestimme die im unteren Scheitelpunkt notwendige Anfangsgeschwindigkeit so, dass das Seil stets unter Zugkraft steht. Verwende zur Lösung Polarkoordinaten, wie in der Abb. 3.1.5 zu sehen. Erinnere ferner an den aus der Schule bekannten

Begriff der Zentrifugalkraft. Definiere einen allgemeinen Ausdruck für diese Größe und diskutiere das Problem auch unter diesem Aspekt. Analysiere und spezialisiere ferner den Energiesatz für diese Fragestellung.

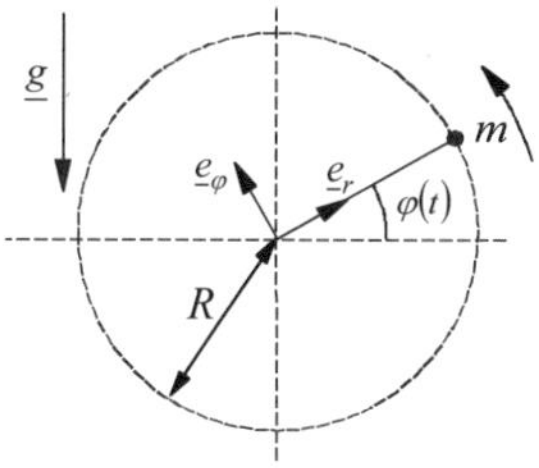

Abb. 3.1.5: Schleudern eines Balls auf kreisförmiger, vertikaler Bahn.

Lösung

Wir schneiden zunächst frei, wie in der Abb. 3.1.6 dargestellt. Dabei nehmen wir die Seilkraft $\underline{S}$ als Zugkraft an. Dies ist nötig, da ein Seil keine Druckkräfte übertragen kann. Wir erinnern an den allgemeinen Ausdruck für die Beschleunigung in Polarkoordinaten aus dem Lehrbuchabschnitt 3.1.1 und spezialisieren auf den Fall eines Seiles mit unveränderlicher Länge ($r = R \;\Rightarrow\; \dot{r} = 0\,, \ddot{r} = 0$):

$$\underline{a} = \left(\ddot{r} - r\dot{\varphi}^2\right)\underline{e}_r(t) + \left(r\ddot{\varphi} + 2\dot{r}\dot{\varphi}\right)\underline{e}_\varphi(t) = -R\dot{\varphi}^2\,\underline{e}_r(t) + R\ddot{\varphi}\,\underline{e}_\varphi(t). \tag{3.1.43}$$

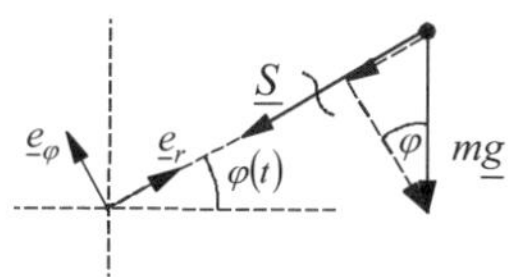

Abb. 3.1.6: Freischnitt am Ball.

Indem wir das NEWTONsche Grundgesetz verwenden, gelingt es, Differenzialgleichungen für die beiden unbekannten Größen zu formulieren, also für die Seilkraft $\underline{S}$ und für den Winkel φ. Diese entstehen, indem wir die zu $\underline{e}_r$ und $\underline{e}_\varphi$ gehörigen Komponenten der linken und der rechten Seite der NEWTONschen Grundgleichung einander gleichsetzen:

$$m\underline{a} = \underline{F} \;\Rightarrow\; m\left(-R\dot{\varphi}^2\,\underline{e}_r + R\ddot{\varphi}\,\underline{e}_\varphi\right) = -S\underline{e}_r - mg\sin(\varphi)\,\underline{e}_r - mg\cos(\varphi)\,\underline{e}_\varphi \tag{3.1.44}$$

$$\Rightarrow\; -mR\dot{\varphi}^2 = -S - mg\sin(\varphi),\quad mR\ddot{\varphi} = -mg\cos(\varphi).$$

Die erste Beziehung dient zur Bestimmung der Seilkraft:

$$S = mR\dot{\varphi}^2 - mg\sin(\varphi) \tag{3.1.45}$$

und die zweite zur Berechnung der Winkelgeschwindigkeit:

$$\ddot{\varphi} = -\frac{g}{R}\cos(\varphi). \tag{3.1.46}$$

Zu diesem Zweck multiplizieren wir sie mit $\dot{\varphi}$ und integrieren danach sofort von $\varphi = -\pi/2$ bis zu einem beliebigem Winkel φ:

$$\left(\dot{\varphi}^2\right)^{\cdot} = -\frac{2g}{R}\left[\sin(\varphi)\right]^{\cdot} \;\Rightarrow\; \dot{\varphi}^2 = \dot{\varphi}_0^2 - \frac{2g}{R}\left[\sin(\varphi) + 1\right] \tag{3.1.47}$$

mit der (noch unbekannten) Eingangswinkelgeschwindigkeit am unteren Tiefpunkt:

$$\dot{\varphi}_0 = \dot{\varphi}\left(\varphi = -\tfrac{\pi}{2}\right). \tag{3.1.48}$$

Damit wird die Seilkraft berechenbar:

Dynamik

$$S(\varphi) = mR\left(\dot{\varphi}_0^2 - \frac{2g}{R}[\sin(\varphi)+1]\right) - mg\sin(\varphi) = mR\left(\dot{\varphi}_0^2 - \frac{g}{R}[3\sin(\varphi)+2]\right). \quad (3.1.49)$$

Gefordert ist, dass die Seilkraft nie negativ wird. Mithin wählen wir die Eingangswinkelgeschwindigkeit so, dass die Seilkraft am oberen Scheitelpunkt gerade verschwindet und prüfen im Nachhinein, ob damit die Forderung nach Nichtnegativität in allen anderen Winkelstellungen gesichert ist:

$$S(\varphi = \tfrac{\pi}{2}) = 0 = mR\left(\dot{\varphi}_0^2 - \frac{g}{R}[3+2]\right) \quad \Rightarrow \quad \varphi_0 = \sqrt{\frac{5g}{R}}. \quad (3.1.50)$$

Also wird:

$$S(\varphi) = 3mg(1-\sin(\varphi)). \quad (3.1.51)$$

Dieser Ausdruck ist offenbar für jede Wahl von φ größer oder höchstens gleich Null. Die Seilkraft wird minimal am oberen Scheitelpunkt (nämlich gleich Null), und am unteren Scheitelpunkt ist sie maximal und gegeben durch:

$$S(\varphi = -\tfrac{\pi}{2}) = 6mg. \quad (3.1.52)$$

Für die Winkelgeschwindigkeit wird nach Gleichung (3.1.47):

$$\dot{\varphi} = \sqrt{\frac{g}{R}[3 - 2\sin(\varphi)]}. \quad (3.1.53)$$

Wir definieren die sogenannte **Zentrifugalkraft** $\underline{F}_z$ allgemein als das Produkt aus Masse und dem mit einem *negativen* Vorzeichen versehenen, dem Quadrat der Winkelgeschwindigkeit proportionalen Anteil aus dem Beschleunigungsvektor in Richtung $\underline{e}_r$. Wir dürfen also mit Gleichung (3.1.43) schreiben:

$$\underline{F}_z = -m\left(-r\dot{\varphi}^2\right)\underline{e}_r. \quad (3.1.54)$$

Im vorliegenden Fall entsteht hieraus:

$$\underline{F}_z = mR\dot{\varphi}^2\,\underline{e}_r = mg[3 - 2\sin(\varphi)]\underline{e}_r. \quad (3.1.55)$$

Offenbar ergeben sich speziell im unteren und im oberen Scheitelpunkt:

$$\underline{F}_z(\varphi = -\tfrac{\pi}{2}) = -5mg\,\underline{e}_y, \quad \underline{F}_z(\varphi = \tfrac{\pi}{2}) = mg\,\underline{e}_y, \quad (3.1.56)$$

wobei auf den zeitlich festen Einheitsvektor $\underline{e}_y$ in positiver Vertikalrichtung bezogen wurde. Mit ihm lässt sich für die auf den Ball stets wirkende Gravitationskraft auch schreiben:

$$\underline{F}_{\text{grav}} = -mg\,\underline{e}_y. \quad (3.1.57)$$

Mithin gelingt folgende aus der Schule bekannte Interpretation. Am unteren Scheitelpunkt addieren sich Gravitations- und Zentrifugalkraft zum Gesamtvektor $-6mg\,\underline{e}_y$, eine Kraft, die vom Seil gehalten werden muss, wie wir aus Gleichung (3.1.52) bereits wissen. Am oberen Scheitelpunkt heben sich beide dagegen gerade auf und der Nullvektor resultiert: $\underline{F}_z(\varphi = \tfrac{\pi}{2}) + \underline{F}_{\text{grav}} = mg\,\underline{e}_y - mg\,\underline{e}_y = \underline{0}$. Es herrscht mit anderen Worten Schwerelosigkeit, und das Seil muss keine Kraft tragen. Um die Energiebilanz des Systems zu untersuchen, notieren wir für die kinetische Energie des Balls bei einer beliebigen Winkelstellung aufbauend auf der allgemeinen Gleichung für die Geschwindigkeit in Polarkoordinaten:

$$\underline{\upsilon} = \dot{r}\,\underline{e}_r(t) + r\dot{\varphi}\,\underline{e}_\varphi(t) = R\dot{\varphi}\,\underline{e}_\varphi(t) \tag{3.1.58}$$

sofort unter Verwendung der Lösung für die Winkelgeschwindigkeit (3.1.53):

$$E^{\text{kin}} = \tfrac{1}{2}m\underline{\upsilon}^2 = \tfrac{1}{2}mR^2\dot{\varphi}^2 = \tfrac{1}{2}mgR[3 - 2\sin(\varphi)]. \tag{3.1.59}$$

Für die potenzielle Energie ergibt sich, wenn man das Nullniveau in das Zentrum des Kreises legt:

$$E^{\text{pot}} = mgy = mgR\sin(\varphi). \tag{3.1.60}$$

Die Summe beider Energien liefert die Gesamtenergie, welche offenbar gleich einem konstanten Wert ist, so wie es bei nicht dissipativen Systemen auch sein muss:

$$E^{\text{tot}} = E^{\text{pot}} + E^{\text{kin}} = \tfrac{3}{2}mgR. \tag{3.1.61}$$

Man kann dieses Ergebnis als diejenige Energie interpretieren, die dem System bei Beginn der Bewegung am unteren Scheitelpunkt ursprünglich mitgegeben wurde, nämlich ein potenzieller Energieanteil in Höhe von:

$$E^{\text{pot}}\left(\varphi = -\tfrac{\pi}{2}\right) = -mgR. \tag{3.1.62}$$

sowie mit den Gleichungen (3.1.47/58) ein kinetischer Energiebeitrag der Stärke:

$$E^{\text{kin}}\left(\varphi = -\tfrac{\pi}{2}\right) = \tfrac{1}{2}m\underline{\upsilon}^2\left(\varphi = -\tfrac{\pi}{2}\right) = \tfrac{1}{2}mR^2\dot{\varphi}_0^2 = \tfrac{1}{2}mR^2\frac{5g}{R} = \tfrac{5}{2}mgR, \tag{3.1.63}$$

also insgesamt $\tfrac{3}{2}mgR$.

3.1.6 Dynamik der Überschlagschiffschaukel

Problemstellung

Eine Schiffschaukel der Masse m wird an einer Stange fester Länge R befestigt und vertikal geschleudert. Die im unteren Scheitelpunkt notwendige Anfangsgeschwindigkeit soll so gewählt werden, dass die Schiffschaukel im oberen Scheitelpunkt gerade zum Halten kommt. Bestimme die dann in der Stange bei beliebiger Winkelstellung φ herrschende Kraft. Diskutiere das Vorzeichen dieser Kraft bei sich änderndem Winkel φ. Bei welchem Winkel verschwindet die Stangenkraft? Verwende zur Lösung Polarkoordinaten, wie in der Abb. 3.1.7 zu sehen. Erinnere ferner an den aus der Schule bekannten Begriff der Zentrifugalkraft. Definiere einen allgemeinen Ausdruck für diese Größe und diskutiere das Problem auch unter diesem Aspekt. Fallen bei der gewählten Anfangsgeschwindigkeit Passagiere, die sich nicht an der Stange festhalten, im oberen Scheitelpunkt aus der Gondel oder nicht? Analysiere und spezialisiere ferner den Energiesatz für diese Fragestellung.

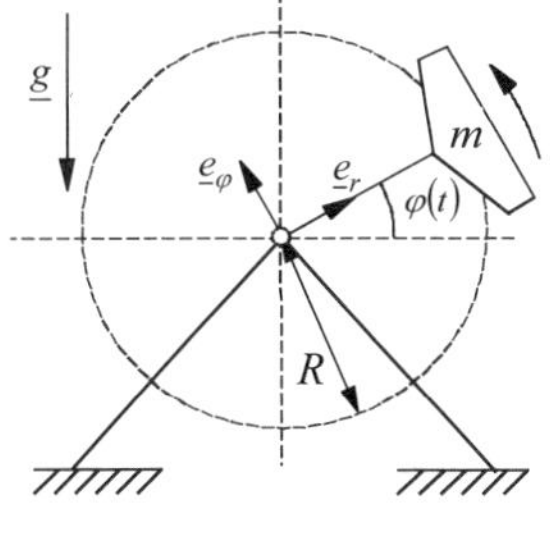

Abb. 3.1.7: Eine Überschlagschiffschaukel.

Lösung

Wir schneiden zunächst frei, wie in der Abb. 3.1.8 dargestellt. Dabei nehmen wir die Stangenkraft $\underline{S}$ ohne Beschränkung der Allgemeinheit als Zugkraft an. Eine Vorzeichenumkehr im Endergebnis bedeutet dann, dass die Zugkraft in Druckkraft umschlägt. Dies ist bei einer Stange kein Problem, denn sie kann sowohl Zug als auch Druck übertragen. Wir erinnern an den allgemeinen Ausdruck für die Geschwindigkeit und für Beschleunigung in Polarkoordinaten aus dem Lehrbuchabschnitt 3.1.1 und spezialisieren auf den Fall einer Stange mit unveränderlicher Länge ($r = R \quad \Rightarrow \quad \dot{r} = 0\,, \ddot{r} = 0$):

$$\underline{a} = \left(\ddot{r} - r\dot{\varphi}^2\right)\underline{e}_r(t) + \left(r\ddot{\varphi} + 2\dot{r}\dot{\varphi}\right)\underline{e}_\varphi(t) = -R\dot{\varphi}^2\,\underline{e}_r(t) + R\ddot{\varphi}\,\underline{e}_\varphi(t), \tag{3.1.64}$$

$$\underline{\upsilon} = \dot{r}\,\underline{e}_r(t) + r\dot{\varphi}\,\underline{e}_\varphi(t) = R\dot{\varphi}\,\underline{e}_\varphi(t).$$

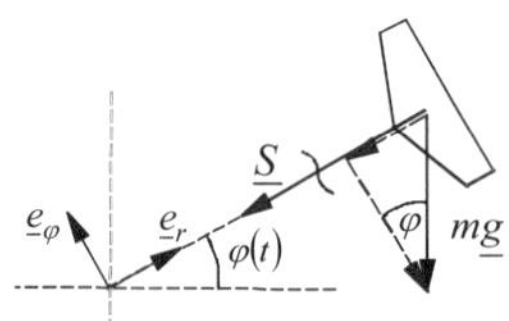

Abb. 3.1.8: Freischnitt der Schaukel mit Stange.

Indem wir das NEWTONsche Grundgesetz verwenden, gelingt es, Differenzialgleichungen für die beiden unbekannten Größen zu formulieren, also für die Stangenkraft $\underline{S}$ und für den Winkel φ. Diese entstehen, indem wir die zu $\underline{e}_r$ und $\underline{e}_\varphi$ gehörigen Komponenten der linken und der rechten Seite der NEWTONschen Grundgleichung gleichsetzen:

$$m\underline{a} = \underline{F} \quad \Rightarrow \quad m\left(-R\dot{\varphi}^2\,\underline{e}_r + R\ddot{\varphi}\,\underline{e}_\varphi\right) = -S\underline{e}_r - mg\sin(\varphi)\underline{e}_r - mg\cos(\varphi)\underline{e}_\varphi \tag{3.1.65}$$

$$-mR\dot{\varphi}^2 = -S - mg\sin(\varphi), \quad mR\ddot{\varphi} = -mg\cos(\varphi).$$

Analog zur Aufgabe 3.1.5 dient die erste Beziehung zur Bestimmung der Stangenkraft:

$$S = mR\dot{\varphi}^2 - mg\sin(\varphi) \tag{3.1.66}$$

und die zweite zur Berechnung der Winkelgeschwindigkeit $\dot{\varphi}$:

$$\ddot{\varphi} = -\frac{g}{R}\cos(\varphi). \tag{3.1.67}$$

Um $\dot{\varphi}$ zu bestimmen, multiplizieren wir diesen Ausdruck mit $\dot{\varphi}$ und integrieren danach sofort von $\varphi = -\pi/2$ bis zu einem beliebigem Winkel φ:

$$\left(\dot{\varphi}^2\right)^{\cdot} = -\frac{2g}{R}\left[\sin(\varphi)\right]^{\cdot} \quad \Rightarrow \quad \dot{\varphi}^2 = \dot{\varphi}_0^2 - \frac{2g}{R}\left[\sin(\varphi) + 1\right] \tag{3.1.68}$$

mit der (noch unbekannten) Eingangswinkelgeschwindigkeit am Tiefpunkt der Schaukel:

$$\dot{\varphi}_0 = \dot{\varphi}\left(\varphi = -\tfrac{\pi}{2}\right). \tag{3.1.69}$$

Damit wird die Stangenkraft berechenbar:

$$S(\varphi) = mR\left(\dot{\varphi}_0^2 - \frac{2g}{R}\left[\sin(\varphi) + 1\right]\right) - mg\sin(\varphi) = mR\left(\dot{\varphi}_0^2 - \frac{g}{R}\left[3\sin(\varphi) + 2\right]\right). \tag{3.1.70}$$

Gefordert ist, dass die Schaukel im oberen Scheitelpunkt gerade ruht. Mithin gilt gemäß der Gleichung (3.1.64):

$$\underline{\upsilon}(\varphi = \tfrac{\pi}{2}) = \underline{0} = R\dot{\varphi}(\varphi = \tfrac{\pi}{2})\underline{e}_\varphi(t) \quad \Rightarrow \quad \dot{\varphi}(\varphi = \tfrac{\pi}{2}) = 0 \tag{3.1.71}$$

und mit Gleichung (3.1.68) folgt:

$$0^2 = \dot{\varphi}_0^2 - \frac{2g}{R}\left[\sin(\tfrac{\pi}{2}) + 1\right] \quad \Rightarrow \quad \dot{\varphi}_0 = 2\sqrt{\frac{g}{R}}. \tag{3.1.72}$$

Diesen Ausdruck setzen wir in die Gleichung (3.1.70) für die Winkelgeschwindigkeit und für die Stangenkraft ein:

$$\dot{\varphi}^2 = \frac{2g}{R}[1 - \sin(\varphi)], \quad S(\varphi) = mg[2 - 3\sin(\varphi)]. \tag{3.1.73}$$

Im oberen Todpunkt wird die Stangenkraft also negativ und unter Druck belastet:

$$S(\varphi = \tfrac{\pi}{2}) = -mg. \tag{3.1.74}$$

Im Tiefstpunkt hingegen herrscht Zug:

$$S(\varphi = -\tfrac{\pi}{2}) = 5mg. \tag{3.1.75}$$

Der Übergang zwischen Zug und Druck erfolgt bei der Winkelstellung:

$$0 = mg[2 - 3\sin(\varphi_{\pm 0})] \quad \Rightarrow \quad \varphi_{\pm 0} = \arcsin(\tfrac{2}{3}) = 41{,}8°. \tag{3.1.76}$$

Wir erinnern an die Definition für die sogenannte **Zentrifugalkraft** $\underline{F}_z$ aus Aufgabe 3.1.1 als Produkt aus Masse und dem mit einem *negativen* Vorzeichen versehenen, dem Quadrat der Winkelgeschwindigkeit proportionalen Anteil aus dem Beschleunigungsvektor in Richtung $\underline{e}_r$:

$$\underline{F}_z = -m\left(-r\dot{\varphi}^2\right)\underline{e}_r = mR\dot{\varphi}^2\,\underline{e}_r = 2mg[1 - \sin(\varphi)]\underline{e}_r. \tag{3.1.77}$$

Offenbar ergeben sich speziell im unteren und im oberen Scheitelpunkt:

$$\underline{F}_z\left(\varphi = -\frac{\pi}{2}\right) = -4mg\,\underline{e}_y, \quad \underline{F}_z\left(\varphi = \frac{\pi}{2}\right) = \underline{0} \tag{3.1.78}$$

aufgrund der Tatsache, dass:

$$\underline{e}_r\left(\varphi = -\frac{\pi}{2}\right) = -\underline{e}_y. \tag{3.1.79}$$

Mit dem feststehenden Einheitsvektor $\underline{e}_y$ in positiver Vertikalrichtung („nach oben“) lässt sich für die auf die Schiffschaukel wirkende Gravitationskraft auch schreiben:

$$\underline{F}_{\text{grav}} = -mg\,\underline{e}_y. \tag{3.1.80}$$

Mithin gelingt folgende aus der Schule bekannte Interpretation. Am unteren Scheitelpunkt addieren sich Gravitations- und Zentrifugalkraft zum Gesamtvektor $-5mg\,\underline{e}_y$, eine Gesamtkraft, die von der Stange unter Zug gehalten werden muss, wie wir aus Gleichung (3.1.75) bereits wissen. Am oberen Scheitelpunkt wirkt aufgrund der geforderten Ruhe der Schaukel keine Zentrifugalkraft. Die Stange steht unter Druck und muss die Gravitationskraft tragen: $\underline{F}_z(\varphi = \tfrac{\pi}{2}) + \underline{F}_{\text{grav}} = -mg\,\underline{e}_y$, und wenn man sich nicht an der Stange festhält, fällt man aus der Gondel heraus. Um die Energiebilanz des Systems zu untersuchen, notieren wir für die kinetische Energie der Schaukel bei beliebiger

Winkelstellung aufbauend auf der allgemeinen Lösung (3.1.73) für die Geschwindigkeit in Polarkoordinaten:

$$E^{\text{kin}} = \frac{1}{2} m \underline{\upsilon}^2 = \frac{1}{2} m R^2 \dot{\varphi}^2 = mgR[1 - \sin(\varphi)]. \tag{3.1.81}$$

Für die potenzielle Energie ergibt sich, wenn man das Nullniveau in das Zentrum des Kreises legt:

$$E^{\text{pot}} = mgy = mgR \sin(\varphi). \tag{3.1.82}$$

Die Summe beider Energien liefert die Gesamtenergie, welche offenbar gleich einem konstanten Wert ist, so wie es bei nicht dissipativen Systemen auch sein muss:

$$E^{\text{tot}} = E^{\text{pot}} + E^{\text{kin}} = mgR\,. \tag{3.1.83}$$

Man kann dieses Ergebnis als diejenige Energie interpretieren, die dem System bei Beginn der Bewegung am unteren Scheitelpunkt ursprünglich mitgegeben wurde, nämlich ein potenzieller Energieanteil in Höhe von:

$$E^{\text{pot}}\left(\varphi = -\frac{\pi}{2}\right) = -mgR\,. \tag{3.1.84}$$

sowie mit den Gleichungen (3.1.9) ein kinetischer Energiebeitrag der Stärke:

$$E^{\text{kin}}\left(\varphi = -\frac{\pi}{2}\right) = \frac{1}{2} m \underline{\upsilon}^2\left(\varphi = -\frac{\pi}{2}\right) = \frac{1}{2} m R^2 \dot{\varphi}_0^2 = \frac{1}{2} m R^2 \frac{4g}{R} = 2mgR\,, \tag{3.1.85}$$

also insgesamt mgR.

Dynamik

3.1.7 Die CORIOLIS-Kraft

Problemstellung

Abb. 3.1.9: Futuristische Raumstation.

In der Eingangssequenz zu Stanley KUBRICKs berühmten Film „2001: Odyssee im Weltraum" ist unter den Klängen des STRAUSSschen Donauwalzers eine sich zentral mit konstanter Winkelgeschwindigkeit ω_0 drehende Raumstation zu sehen, etwa so wie in Abb. 3.1.9. Ein Astronaut bewegt sich vom Zentrum der Station mit in Bezug auf das Zentrum konstanter Geschwindigkeit υ_0 entlang des Speichenkorridors nach außen und hält sich dabei am Geländer und am Fußboden fest. Schneide frei und studiere die auf ihn wirkenden Beschleunigungen, respektive Kräfte. Definiere insbesondere die aus der Schule bekannten Größen Zentrifugal- und CORIOLIS-Kraft. Wie groß muss ω_0 sein, um bei bekannter Speichenlänge R im Außenringbereich die Erdschwere g durch die resultierende Zentrifugalbeschleunigung zu simulieren? Gibt es im Ringbereich eine Beeinflussung der Bewegung aufgrund der CORIOLIS-Kraft?

Lösung

Wir erinnern an den allgemeinen Ausdruck für die Geschwindigkeit und für Beschleunigung in Polarkoordinaten aus dem Lehrbuchabschnitt 3.1.1 und spezialisieren auf den hier vorliegenden Fall:

$$\dot{r} = \upsilon_0 \ , \ \dot{\varphi} = \omega_0 \ \Rightarrow \ r = \upsilon_0 t \ , \ \ddot{r} = 0 \ , \ \ddot{\varphi} = 0 \ , \tag{3.1.86}$$

so dass entsteht

$$\underline{\upsilon} = \dot{r}\,\underline{e}_r(t) + r\dot{\varphi}\,\underline{e}_\varphi(t) = \upsilon_0\,\underline{e}_r(t) + \upsilon_0 t\omega_0\,\underline{e}_\varphi(t), \tag{3.1.87}$$

$$\underline{a} = \left(\ddot{r} - r\dot{\varphi}^2\right)\underline{e}_r(t) + \left(r\ddot{\varphi} + 2\dot{r}\dot{\varphi}\right)\underline{e}_\varphi(t) = -\upsilon_0 t\omega_0^2\,\underline{e}_r(t) + 2\upsilon_0\omega_0\,\underline{e}_\varphi(t).$$

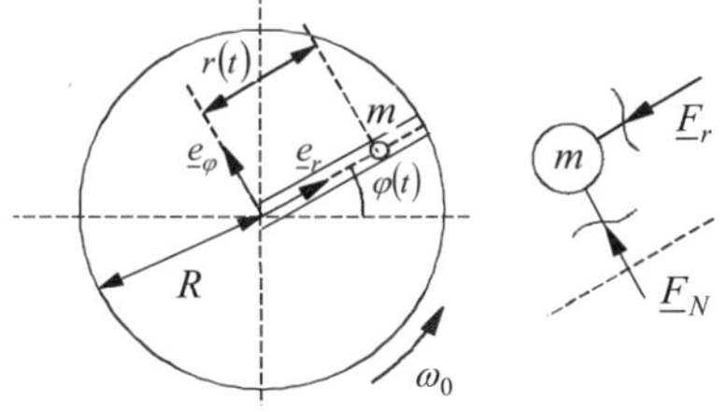

Abb. 3.1.10: Freischnitt des Astronauten an Geländerstange.

Wir schneiden dann frei, wie in der Abb. 3.1.10 dargestellt. Dabei nehmen wir die Stangen- und Fußbodenkraft $\underline{F}_N$ bzw. $\underline{F}_r$ als Druckkräfte an. Indem wir das NEWTONsche Grundgesetz verwenden, gelingt es, Differenzialgleichungen für diese beiden unbekannten Größen zu formulieren, also für $\underline{F}_r = -F_r\underline{e}_r$ und für $\underline{F}_N = F_N\underline{e}_\varphi$. Diese entstehen, indem wir die zu $\underline{e}_r$ und $\underline{e}_\varphi$ gehörigen Komponenten der linken und der rechten Seite der NEWTONschen Grundgleichung einander gleichsetzen:

$$m\underline{a} = \underline{F} \ \Rightarrow \ m\left(-\upsilon_0 t\omega_0^2\,\underline{e}_r + 2\upsilon_0\omega_0\,\underline{e}_\varphi\right) = -F_r\underline{e}_r + F_N\underline{e}_\varphi \ \Rightarrow \tag{3.1.88}$$

$$F_r = m\upsilon_0\omega_0^2 t \ , \ F_N = 2m\upsilon_0\omega_0 \, .$$

Die Geländerkraft ist also konstant, wohingegen die entgegen dem Radialvektor weisende Fußbodenkraft umso größer wird, je weiter sich der Astronaut vom Zentrum wegbewegt. Wir erinnern nun an die Definition für die sogenannte **Zentrifugalkraft** $\underline{F}_z$ aus Aufgabe 3.1.1 als Produkt aus Masse und dem mit einem *negativen* Vorzeichen versehenen, dem Quadrat der Winkelgeschwindigkeit proportionalen Anteil aus dem Beschleunigungsvektor in Richtung $\underline{e}_r$, was im vorliegenden Fall sich auf den folgenden Ausdruck spezialisiert:

$$\underline{F}_z = -m\left(-r\dot{\varphi}^2\right)\underline{e}_r = m\upsilon_0\omega_0^2 t\,\underline{e}_r \, . \tag{3.1.89}$$

Wir stellen fest, dass die Zentrifugalkraft und die Fußbodenkraft sich das Gleichgewicht halten, denn es gilt:

$$\underline{F}_z + \underline{F}_r = m\upsilon_0\omega_0^2 t\,\underline{e}_r - m\upsilon_0\omega_0^2 t\,\underline{e}_r = \underline{0} \, . \tag{3.1.90}$$

In ähnlicher Weise ist die sogenannte **CORIOLIS-Kraft** $\underline{F}_C$ allgemein als Produkt aus der Masse und dem mit einem *negativen* Vorzeichen versehenen, der Winkelgeschwindigkeit proportionalen Anteil aus dem Beschleunigungsvektor in Richtung $\underline{e}_\varphi$ definiert, womit im vorliegenden Fall folgt:

$$\underline{F}_C = -2m\dot{r}\dot{\varphi}\,\underline{e}_\varphi(t) = -2m\upsilon_0\omega_0\,\underline{e}_\varphi . \tag{3.1.91}$$

Offenbar steht die CORIOLIS-Kraft mit der Geländerkraft im Gleichgewicht:

$$\underline{F}_C + \underline{F}_N = -2m\upsilon_0\omega_0\,\underline{e}_\varphi + 2m\upsilon_0\omega_0\,\underline{e}_\varphi = \underline{0} . \tag{3.1.92}$$

Damit im Außenringbereich bei $r = R$ durch Eigendrehung die Erdbeschleunigung simuliert wird, ist es nötig, die Winkelgeschwindigkeit so zu wählen, dass die Radialbeschleunigungskomponente betragsmäßig gleich $g \approx 10\,\text{m}/\text{s}^2$ wird:

$$r\dot{\varphi}^2 \equiv R\omega_0^2 = g \quad \Rightarrow \quad \omega_0 = \sqrt{\frac{g}{R}} . \tag{3.1.93}$$

Wenn man den Durchmesser der Raumstation mit 200 m annimmt, so ergibt sich:

$$\omega_0 = \sqrt{\frac{10}{100}\frac{1}{\text{s}}} = 0{,}32\,\tfrac{1}{\text{s}} , \tag{3.1.94}$$

also ca. eine Umdrehung in $(2\pi)/0{,}32 \approx 20$ Sekunden, was ca. drei Rotationen pro Minute entspricht. Selbstverständlich gibt es im Außenringbereich auch eine Beeinflussung der Bewegung durch die CORIOLIS-Kraft. Diese ist allerdings relativ gering. Z. B. ergibt sich für eine Astronautin mit 50 kg Masse bei einer Radialgeschwindigkeit von $1\,\text{m}/\text{s}$:

$$F_C = 2m\upsilon_0\omega_0 = 100\,\text{kg} \times 1\,\tfrac{\text{m}}{\text{s}} \times 0{,}32\,\tfrac{1}{\text{s}} = 32\,\text{N} . \tag{3.1.95}$$

3.1.8 Dynamik des Raketenschlittens im Looping

Problemstellung

In den siebziger Jahren des vergangenen Jahrhunderts machte der Daredevil Evel KNIEVEL durch seine gewagten Stunts mit dem Motorrad und dem Auto Furore. Es wird gesagt, dass es in seinem Körper keinen Knochen gäbe, den er sich nicht wenigstens einmal gebrochen hätte. Um die Versicherungsunternehmen von der sicheren Durchführbarkeit eines Loopinglaufs zu überzeugen, wird die folgende Untersuchung durchgeführt: Evel KNIEVEL startet in einem Raketenschlitten der Masse m auf einer geraden Bahn von rechts kommend, erreicht im Punkt A die Geschwindigkeit υ_0 und soll danach mit abgeschalteten Raketen, wie in der Abb. 3.1.11 angedeutet, einen kreisförmigen Looping vom Radius R ohne zu fallen durchlaufen. In einem ersten Schritt soll die Reibung vernachlässigt und die dazu nötige Mindestanfangsgeschwindigkeit υ_0 ermittelt werden. Verwende zur Lösung ein mitbewegtes Koordinatensystem, wie in der Abbildung zu sehen ist. Erinnere ferner an den aus der Schule bekannten Begriff der Zentrifugalkraft. Definiere einen allgemeinen Ausdruck für diese Größe im mitbewegten Koordinatensystem und diskutiere das Problem auch unter diesem Aspekt. Analysiere und spezialisiere ferner den Energiesatz auf die vorliegende Fragestellung. In einem zweiten Schritt ist die COULOMBsche Reibung im Looping zu berücksichtigen. Die zugehörigen Bewegungsgleichungen sind (in dimensionsloser Form) für die Gleitreibungskoeffizienten $\mu = 0{,}1$ und $0{,}3$ mithilfe einer geeigneten Rechensoftware (wie etwa Mathematica®) numerisch zu lösen. Für eine bei Abwesenheit von Reibung für eine sichere Fahrt genügend hohe Anfangsgeschwindigkeit (etwa $\upsilon_0 = \sqrt{10Rg}$) sind die Normal- und Zentrifugalkraft sowie die Gesamtenergie des Systems als Funktion des zurückgelegten Winkels $\varphi(t)$ zu zeichnen und ihr Verlauf zu diskutieren.

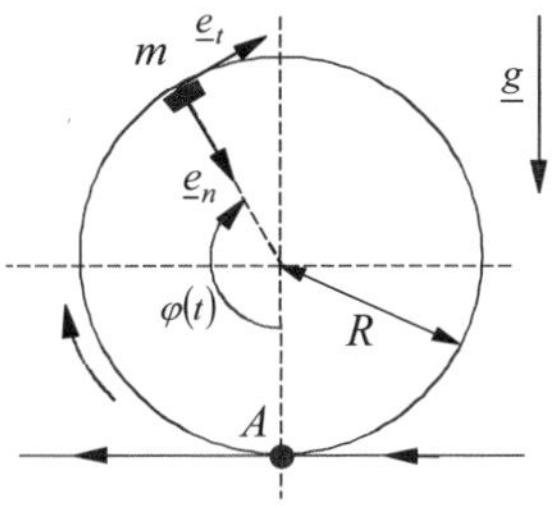

Abb. 3.1.11: Loopingfahrt eines Raketenschlittens.

Lösung

Wir schneiden zunächst frei, wie in der Abb. 3.1.12 links dargestellt. Dabei nehmen wir die Normalkraft $\underline{F}_N$ als Druckkraft an, was aus Sicherheitsgründen nötig ist. Wir erinnern an den allgemeinen Ausdruck für die Geschwindigkeit in mitbewegten Koordinaten aus dem Lehrbuchabschnitt 3.1.1 und spezialisieren auf den Fall eines Loopings fest vorgegebenen Durchmessers ($\rho = R$):

$$\underline{\upsilon} = \dot{s}\,\underline{e}_t(t)\,,\quad s = R\varphi(t) \quad\Rightarrow\quad \dot{s} = R\dot{\varphi}(t)\,,\quad \ddot{s} = R\ddot{\varphi}(t). \tag{3.1.96}$$

Somit wird für die Beschleunigung:

$$\underline{a} = \ddot{s}\,\underline{e}_t(t) + \frac{\dot{s}^2}{\rho}\,\underline{e}_n(t) = R\left(\ddot{\varphi}\,\underline{e}_t + \dot{\varphi}^2\,\underline{e}_n\right). \tag{3.1.97}$$

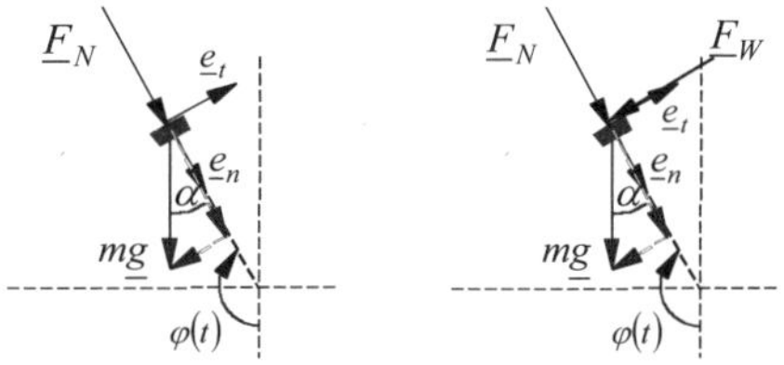

Abb. 3.1.12: Freischnitt am Raketenschnitten ohne und mit Reibung.

Indem wir das NEWTONsche Grundgesetz verwenden, gelingt es, Differenzialgleichungen für die beiden unbekannten Größen zu formulieren, also für die Normalkraft $\underline{F}_N$ und für den Winkel φ. Diese entstehen, indem wir die zu $\underline{e}_t$ und $\underline{e}_n$ gehörigen Komponenten der linken und der rechten Seite der NEWTONschen Grundgleichung gleichsetzen:

$$m\underline{a} = \underline{F} \quad\Rightarrow\quad mR\left(\ddot{\varphi}\,\underline{e}_t + \dot{\varphi}^2\,\underline{e}_n\right) = F_N\,\underline{e}_n - mg\sin(\alpha)\,\underline{e}_t + mg\cos(\alpha)\,\underline{e}_n \tag{3.1.98}$$

$$\Rightarrow\quad mR\ddot{\varphi} = -mg\sin(\alpha),\quad mR\dot{\varphi}^2 = F_N + mg\cos(\alpha).$$

Die erste Beziehung dient zur Berechnung der Winkelgeschwindigkeit, wobei zu beachten ist, dass $\alpha = 180° - \varphi$, also $\sin(\alpha) = \sin(180° - \varphi) = \sin(\varphi)$:

$$\ddot{\varphi} = -\frac{g}{R}\sin(\varphi) \tag{3.1.99}$$

und die zweite zur Bestimmung der Normalkraft mit $\cos(\alpha) = \cos(180° - \varphi) = -\cos(\varphi)$:

$$F_N = mR\dot{\varphi}^2 + mg\cos(\varphi). \tag{3.1.100}$$

Dynamik

Zur Lösung multiplizieren wir Gleichung (3.1.99) mit $\dot{\varphi}$ und integrieren danach sofort von $\varphi = 0$ bis zu einem beliebigem Winkel φ:

$$\left(\dot{\varphi}^2\right)^{\cdot} = \frac{2g}{R}\left[\cos(\varphi)\right]^{\cdot} \quad \Rightarrow \quad \dot{\varphi}^2 = \dot{\varphi}_0^2 + \frac{2g}{R}\left[\cos(\varphi) - 1\right] \tag{3.1.101}$$

mit der (noch unbekannten) Eingangswinkelgeschwindigkeit am unteren Tiefpunkt:

$$\dot{\varphi}_0 = \dot{\varphi}(\varphi = 0). \tag{3.1.102}$$

Diese lässt sich mithilfe von Gleichung (3.1.96) auch in Form der Eingangsgeschwindigkeit ausdrücken:

$$\upsilon_0 = R\dot{\varphi}_0 \quad \Rightarrow \quad \dot{\varphi}^2 = \frac{\upsilon_0^2}{R^2} + \frac{2g}{R}\left[\cos(\varphi) - 1\right]. \tag{3.1.103}$$

Damit ergibt sich für die Normalkraft nach Gleichung (3.1.100):

$$F_N = mR\left(\frac{\upsilon_0^2}{R^2} + \frac{2g}{R}\left[\cos(\varphi) - 1\right]\right) + mg\cos(\varphi) = mg\left(\frac{\upsilon_0^2}{Rg} + 3\cos(\varphi) - 2\right). \tag{3.1.104}$$

Gefordert ist, dass die Normalkraft nie negativ wird. Mithin wählen wir die Eingangswinkelgeschwindigkeit so, dass F_N am oberen Scheitelpunkt gerade verschwindet, und prüfen im Nachhinein, ob damit die Forderung nach Nichtnegativität in allen anderen Winkelstellungen gesichert ist:

$$0 \leq F_N(\varphi = \pi) = mR\left(\frac{\upsilon_0^2}{Rg} + 3\cos(\pi) - 2\right) \quad \Rightarrow \quad \frac{\upsilon_0^2}{Rg} \geq 5 \quad \Rightarrow \quad \upsilon_0 \geq \sqrt{5Rg}\,. \tag{3.1.105}$$

Wir definieren die sogenannte **Zentrifugalkraft** $\underline{F}_z$ allgemein als das Produkt aus Masse und dem mit einem *negativen* Vorzeichen versehenen, dem Quadrat der Winkelgeschwindigkeit proportionalen Anteil aus dem Beschleunigungsvektor in Richtung $-\underline{e}_n$. Wir dürfen also mit Gleichung (3.1.97) schreiben:

$$\underline{F}_z = -m\frac{\dot{s}^2}{\rho}\,\underline{e}_n = -mR\dot{\varphi}^2\,\underline{e}_n. \tag{3.1.106}$$

Im vorliegenden Fall ergibt sich somit mit Gleichung (3.1.8):

$$\underline{F}_z = -mR\dot{\varphi}^2\,\underline{e}_n = -mg\left(\frac{\upsilon_0^2}{Rg} + 2\left[\cos(\varphi) - 1\right]\right)\underline{e}_n. \tag{3.1.107}$$

Offenbar ergibt sich speziell im unteren und im oberen Scheitelpunkt bei Wahl der Mindestgeschwindigkeit nach Gleichung (3.1.96):

$$\underline{F}_z\big|_{\varphi=0} = -5mg\,\underline{e}_n\big|_{\varphi=0} = -5mg\,\underline{e}_y\,, \quad \underline{F}_z\big|_{\varphi=\pi} = -mg\,\underline{e}_n\big|_{\varphi=\pi} = mg\,\underline{e}_y\,, \tag{3.1.108}$$

wobei auf den zeitlich festen Einheitsvektor $\underline{e}_y$ in positiver Vertikalrichtung bezogen wurde. Mit ihm lässt sich für die auf den Raketenschlitten stets wirkende Gravitationskraft auch schreiben:

$$\underline{F}_{\text{grav}} = -mg\,\underline{e}_y\,. \tag{3.1.109}$$

Dynamik

Mithin gelingt folgende aus der Schule bekannte Interpretation. Am unteren Scheitelpunkt addieren sich Gravitations- und Zentrifugalkraft zum Gesamtvektor $-6mg\,\underline{e}_y$, eine Kraft, die von der Unterlage getragen werden muss, wie wir aus Gleichung (3.1.104) bereits wissen. Am oberen Scheitelpunkt heben sich beide dagegen gerade auf und der Nullvektor resultiert: $\underline{F}_z\left(\varphi=\frac{\pi}{2}\right)+\underline{F}_{\text{grav}}=mg\,\underline{e}_y-mg\,\underline{e}_y=\underline{0}$. Es herrscht mit anderen Worten Schwerelosigkeit, und auf die Unterlage wirkt keine Kraft. Um die Energiebilanz des Systems zu untersuchen, notieren wir für die kinetische Energie des Raketenschlittens bei einer beliebigen Winkelstellung aufbauend auf der allgemeinen Gleichung für die Geschwindigkeit in mitbewegten Koordinaten nach Gleichung (3.1.96) sofort unter Verwendung der Lösung für die Winkelgeschwindigkeit (3.1.106):

$$E^{\text{kin}}=\tfrac{1}{2}m\underline{\upsilon}^2=\tfrac{1}{2}mR^2\dot{\varphi}^2=\tfrac{1}{2}mgR\left[\frac{\upsilon_0^2}{Rg}+2[\cos(\varphi)-1]\right]. \qquad (3.1.110)$$

Für die potenzielle Energie ergibt sich, wenn man das Nullniveau in den unteren Tiefpunkt des Loopings legt:

$$E^{\text{pot}}=mgy=mgR[\sin(\varphi-90°)+1]=mgR\,[1-\cos(\varphi)]. \qquad (3.1.111)$$

Die Summe beider Energien liefert die Gesamtenergie, welche offenbar gleich einem konstanten Wert ist, so wie es bei nicht dissipativen Systemen auch sein muss:

$$E^{\text{tot}}=E^{\text{pot}}+E^{\text{kin}}=\tfrac{1}{2}mgR\frac{\upsilon_0^2}{Rg}=\tfrac{1}{2}m\upsilon_0^2. \qquad (3.1.112)$$

Man kann dieses Ergebnis als diejenige Energie interpretieren, die dem System bei Beginn der Bewegung am unteren Scheitelpunkt ursprünglich mitgegeben wurde, nämlich ein potenzieller Energieanteil in Höhe von:

$$E^{\text{pot}}(\varphi=0)=0 \qquad (3.1.113)$$

sowie mit den Gleichungen (3.1.110) ein kinetischer Energiebeitrag der Stärke:

$$E^{\text{kin}}(\varphi=0)=\tfrac{1}{2}m\upsilon_0^2, \qquad (3.1.114)$$

also insgesamt das Ergebnis von Gleichung (3.1.112). Um nun den Einfluss der COULOMBsche Reibung zu studieren, starten wir mit dem in Abb. 3.1.12 rechts gezeigten Freischnitt. Die Reibwiderstandskraft $\underline{F}_W$ ist entgegen der Richtung $\underline{e}_t$ eingetragen. Mithin ändert sich in den Bewegungsgleichungen lediglich etwas in Gleichung (3.1.99):

$$mR\ddot{\varphi}=-mg\sin(\varphi)-F_W. \qquad (3.1.115)$$

Unter Verwendung des COULOMBschen Reibungsgesetzes

$$F_W=\mu F_N \qquad (3.1.116)$$

lässt sich mit dem weiterhin gültigen Ausdruck (3.1.100) für die Normalkraft schreiben:

$$\ddot{\varphi}=-\frac{g}{R}[\sin(\varphi)+\mu\cos(\varphi)]-\mu\dot{\varphi}^2. \qquad (3.1.117)$$

Diese nichtlineare gewöhnliche Differenzialgleichung 2. Ordnung lässt sich nicht mehr durch Multiplikation mit $\dot{\varphi}$ wie in Gleichung (3.1.101) umformen und integrieren (das erste Integral der Bewegung, also das auf die Energieerhaltung führende Integral, ist bei Anwesenheit von Reibung eben nicht mehr geschlossen durchführbar). Eine numerische

Behandlung ist notwendig. Es empfiehlt sich, eine dimensionslose Zeit einzuführen wie folgt:

$$\hat{t} = \sqrt{\frac{g}{R}}\, t\,. \tag{3.1.118}$$

Dann entsteht aus Gleichung (3.1.117):

$$\frac{\mathrm{d}^2\varphi}{\mathrm{d}\hat{t}^2} + \mu\left(\frac{\mathrm{d}\varphi}{\mathrm{d}\hat{t}}\right)^2 + \sin(\varphi) + \mu\cos(\varphi) = 0\,. \tag{3.1.119}$$

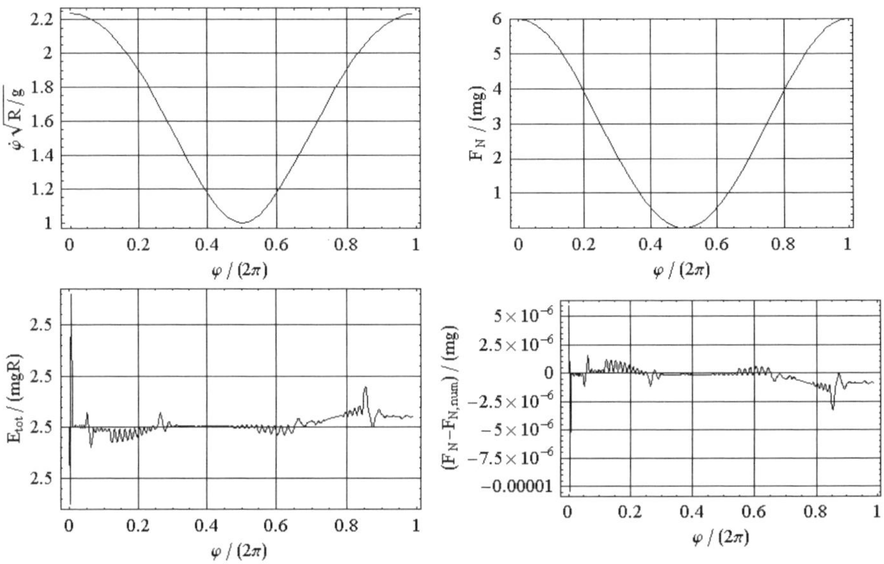

Abb. 3.1.13: Diverse numerische Studien des Bewegungsablaufs bei abwesender Reibung mit zum sicheren Betrieb minimal notwendiger Anfangsgeschwindigkeit.

Diese Gleichung wurde mit Hilfe des Rechenprogrammes Mathematica® numerisch gelöst. Um die Genauigkeit zu testen, wurde zuerst der oben bereits analytisch gelöste, reibungsfreie Fall $\mu = 0$ erneut studiert. Abb. 3.1.13 zeigt das Resultat dieser Untersuchung für die zum sicheren Durchlaufen des Loopings minimal nötige Anfangsgeschwindigkeit $\upsilon_0 = \sqrt{5Rg}$. Wir stellen insbesondere bei Betrachten der Darstellung $(F_N - F_{N,\mathrm{num}})/(mg)$ über φ fest, dass die größten Ungenauigkeiten sich bei kleinen Werten von φ ergeben und auch dann im Bereich $10^{-6} - 10^{-5}$ liegen. Außerdem liegt die nach Gleichung (3.1.112) berechnete Gesamtenergie fast perfekt auf dem konstanten Wert $\frac{1}{2}m\upsilon_0^2 = \frac{5}{2}mgR$ (vgl. Gleichung (3.1.112)).

Der Vorbereitung der Untersuchungen mit Reibung dient die Sequenz von Darstellungen in Abb. 3.1.14. Hier wurde die Gleichung (3.1.119) numerisch für den reibungsfreien Fall gelöst, aber mit deutlich über der minimalen Anfangsgeschwindigkeit liegendem $\upsilon_0 = \sqrt{10Rg}$. Man erkennt, wie die Normalkraft für alle Winkel φ durchweg positiv ist und deutlich über der Null steht.

Die Abb. 3.1.15-16 widmen sich dem Studium des Einflusses der Reibung für den Fall der Anfangsgeschwindigkeit $\upsilon_0 = \sqrt{10Rg}$. Speziell zeigt Abb. 3.1.15, dass die maximale Winkelgeschwindigkeit abnimmt, da dem System aufgrund der Reibung Energie entzogen wird, die nicht weiter für das Wechselspiel zwischen Heben/Senken und der Bewegung zur Verfügung steht. Je größer der Reibkoeffizient, desto ausgeprägter ist dieser Effekt, so wie man es ja auch erwartet. Abb. 3.1.16 zeigt die gemäß der folgenden Gleichung berechnete Summe aus potenzieller und kinetischer Energie im reibungsfreien sowie im reibungsbehafteten Fall:

$$E^{\text{tot}} = E^{\text{pot}} + E^{\text{kin}} = mgR\left[1 - \cos(\varphi)\right] + \tfrac{1}{2} mR^2 \dot{\varphi}^2 . \qquad (3.1.120)$$

Es ist deutlich erkennbar, wie die Reibung Energie verzehrt. Um zu berechnen, wieviel aufgebraucht wird, ermitteln wir die der Reibungskraft zuzuschreibende Verlustarbeit W_W aus der Grunddefinition über das Skalarprodukt zwischen Kraft und Weg mithilfe der Gleichungen (3.1.96/116) wie folgt:

$$W_W = \int_{\tilde{t}=0}^{t} \underline{F}_W \cdot \underline{\upsilon} \, \mathrm{d}\tilde{t} = -\underline{e}_t \cdot \underline{e}_t R \int_{\tilde{t}=0}^{t} F_W \dot{\varphi} \, \mathrm{d}\tilde{t} = -R\mu \int_{\tilde{\varphi}=0}^{\varphi} F_N \, \mathrm{d}\tilde{\varphi} \qquad (3.1.121)$$

also mit Gleichung (3.1.5):

$$W_W = -\mu mgR \int_{\tilde{\varphi}=0}^{\varphi} \left[\frac{R}{g} \dot{\varphi}^2 + \cos(\varphi) \right] \mathrm{d}\tilde{\varphi} = -\mu mgR \left[\int_{\tilde{\varphi}=0}^{\varphi} \frac{R}{g} \dot{\varphi}^2 \, \mathrm{d}\tilde{\varphi} + \sin(\varphi) \right]. \qquad (3.1.122)$$

$-W_W$ ist durch numerische Lösung des verbliebenen Integrals in Gleichung (3.1.122) für diskrete Werte des Durchlaufwinkels φ in Abb. 3.1.17 dargestellt. Zusätzlich ist der bereits aus Abb. 3.1.6 bekannte Verlauf der Gesamtenergie (durchgezogene Kurve) zu sehen. Die Übereinstimmung ist offensichtlich.

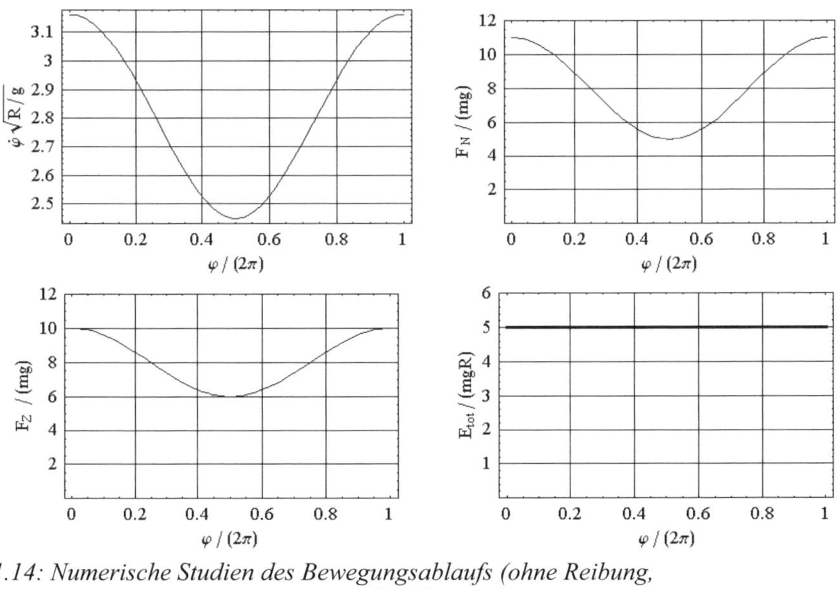

Abb. 3.1.14: Numerische Studien des Bewegungsablaufs (ohne Reibung, Anfangsgeschwindigkeit $\upsilon_0 = \sqrt{10Rg}$).

Man mag als Nächstes die Frage stellen, warum die Gesamtenergie aus Abb. 3.1.16 für den Fall $\mu = 0{,}3$ mit zunehmendem Durchlaufwinkel φ nicht stetig absinkt, so wie dies für $\mu = 0{,}1$ der Fall ist, sondern in einem gewissen Bereich wieder ansteigt. In der Tat erwartet man intuitiv ein stetiges Abfallen, denn kinetische und potenzielle Energie werden durch die Reibung verbraucht und stetig in Wärme umgewandelt. Die Lösung zu diesem Phänomen liegt darin, dass in diesem Fall die Normalkraft ihr Vorzeichen zum Negativen hin wechselt und somit das gesamte Reibungsmodell hinfällig wird: Abb. 3.1.18.

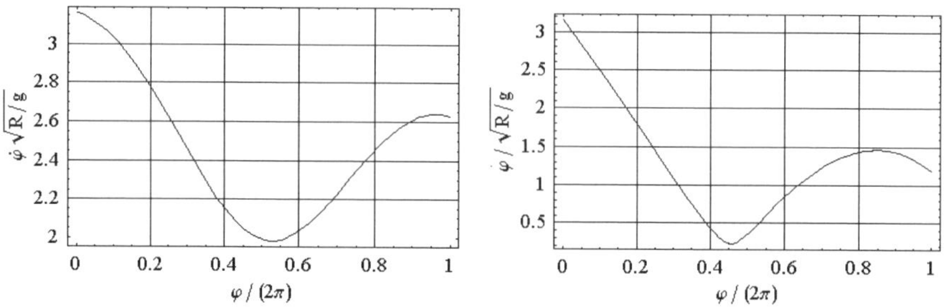

Abb. 3.1.15: Numerische Studien des Verlaufs der Winkelgeschwindigkeit $\dot{\varphi}$ für $\mu = 0{,}1$ und $\mu = 0{,}3$.

Auch sollte man fragen, wie es denn kommt, dass, wie in Abb. 3.1.13$_2$ gezeigt, der Raketenschlitten bei Beginn der Bewegung im Looping, also für den Wert $\varphi = 0$, mit der sechsfachen Gewichtskraft auf den Boden drückt, wo er einen Moment zuvor von der geraden Bahn her kommend doch nur mit seinem Eigengewicht wirkt. Dies liegt daran, dass der Radius des Schmiegekreises an die Bahnkurve im Punkt A dann gerade springt und zwar vom Wert $\rho = \infty$ auf den endlichen Wert $\rho = R$. Als Konsequenz hiervon springt die Zentrifugalkraft ebenfalls von Null auf das Fünffache des Eigengewichtes.

Zur Übung bestimmen wir zum Schluss noch die zur Überwindung der Schwerkraft nötige Arbeit gemäß der Grunddefinitionsgleichung:

$$W_{\text{grav}} = \int_{\tilde{t}=0}^{t} \underline{F}_{\text{grav}} \cdot \underline{\upsilon}\, \mathrm{d}\tilde{t} = R \int_{\tilde{t}=0}^{t} \left[-mg\sin(\alpha)\underline{e}_t + mg\cos(\alpha)\underline{e}_n \right] \cdot \underline{e}_t \dot{\varphi}\, \mathrm{d}\tilde{t} = \tag{3.1.123}$$

$$-Rmg \int_{\tilde{t}=0}^{t} \sin(\varphi)\dot{\varphi}\, \mathrm{d}\tilde{t} = -Rmg \int_{\tilde{\varphi}=0}^{\varphi} \sin(\varphi)\, \mathrm{d}\tilde{\varphi} = Rmg\left[\cos(\varphi) - 1\right],$$

was in Übereinstimmung mit Gleichung (3.1.111) steht, denn diese Arbeit ist gleich dem Negativen der potenziellen Energie.

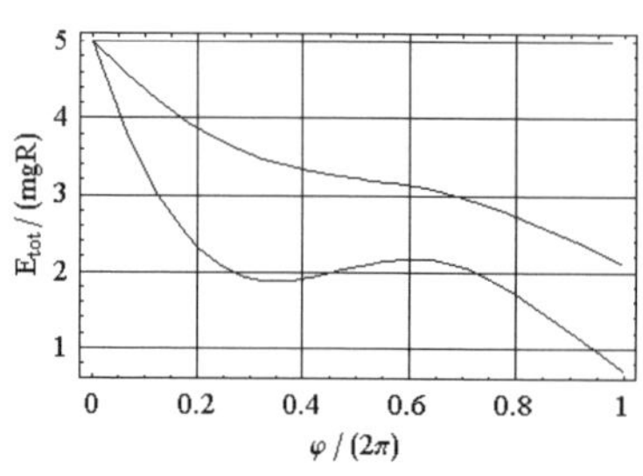

Abb. 3.1.16: Studien zum Verlauf der Gesamtenergie (reibungsfrei und mit $\mu = 0{,}1$ und $\mu = 0{,}3$).

Dynamik

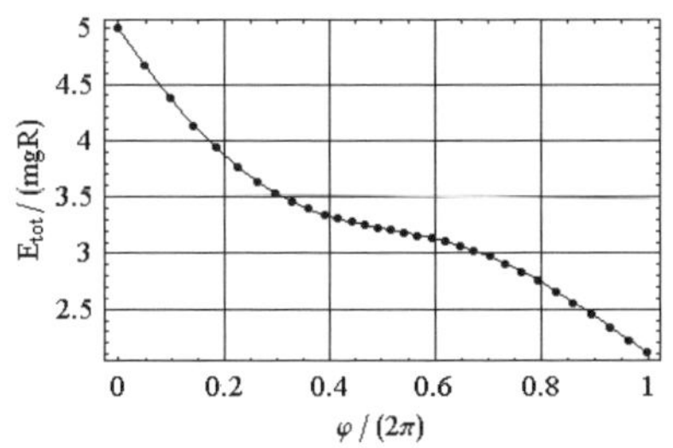

Abb. 3.1.17: Reibarbeit und Verlauf der Gesamtenergie über durchlaufendem Bahnwinkel für $\mu = 0{,}3$.

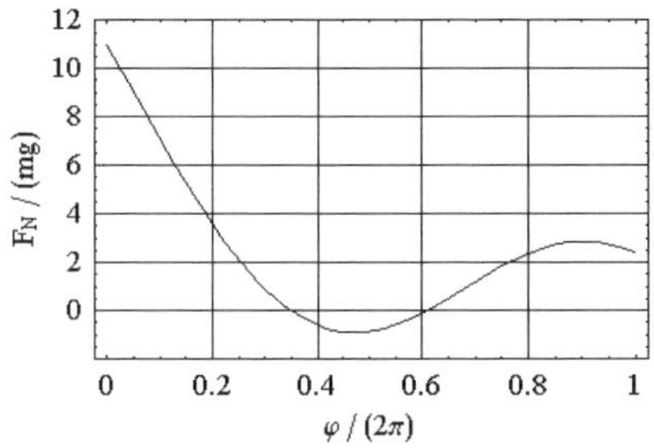

Abb. 3.1.18: Verlauf der Normalkraft über dem Bahnwinkel für $\mu = 0{,}3$.

3.1.9 Gebremste Flugbewegung im Erdschwerefeld

Problemstellung

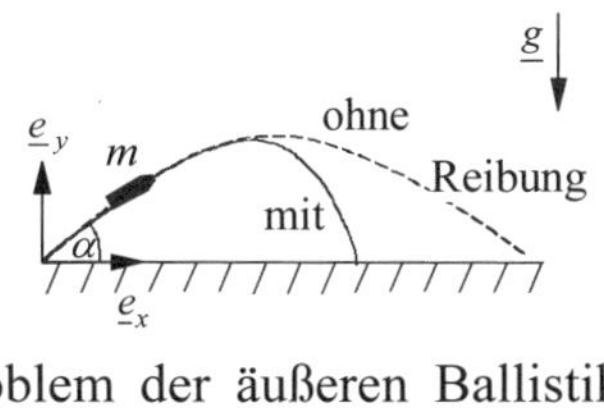

Abb. 3.1.19: Abflachen der Flugbahn durch Luftreibung.

Ein Problem der äußeren Ballistik besteht darin, den Einfluss der Luftreibung auf die Flugbahn des Geschosses im erdnahen Schwerefeld zu quantifizieren: Abb. 3.1.19. Nimm an, dass die Luftreibung der STOKESschen Gleichung genügt, dass also für die Reibwiderstandskraft $\underline{F}_W = -k\,\underline{\upsilon}$ gilt mit als bekannt vorausgesetzter Reibungskonstante k und momentanem Geschwindigkeitsvektor $\underline{\upsilon}$. Stelle die Bewegungsgleichungen im gezeigten kartesischen Koordinatensystem auf und löse sie unter Verwendung der Anfangsbedingungen für den Ort $\underline{x}_0 = 0\,\underline{e}_x + 0\,\underline{e}_y$ und die Geschwindigkeit $\underline{\upsilon}_0 = \upsilon_0 \cos(\alpha)\underline{e}_x + \upsilon_0 \sin(\alpha)\underline{e}_y$. Zeichne für verschiedene Startwinkel α, respektive Anfangsgeschwindigkeiten, für festes k die Bahnkurven $y = y(x)$. Untersuche in den Lösungen für die Geschwindigkeits- und Ortskomponenten den Grenzfall verschwindender Reibung. Studiere schließlich den Energiehaushalt des reibungsbehafteten Fluges.

Lösung

Wir schneiden zunächst frei, wie in der Abb. 3.1.20 dargestellt. Wir erinnern an den allgemeinen Ausdruck für die Geschwindigkeit in kartesischen Koordinaten aus dem Lehrbuchabschnitt 3.1.1 und schreiben für die Geschwindigkeit in zwei Dimensionen:

$$\underline{\upsilon} = \dot{x}(t)\,\underline{e}_x + \dot{y}(t)\,\underline{e}_y \tag{3.1.124}$$

und für die 2D-Beschleunigung:

$$\underline{a} = \ddot{x}(t)\,\underline{e}_x + \ddot{y}(t)\,\underline{e}_y\,. \tag{3.1.125}$$

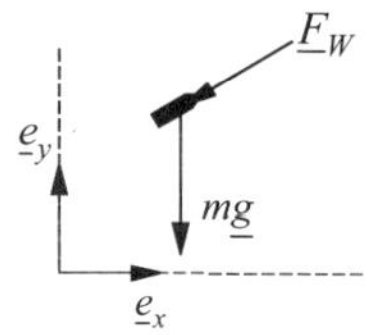

Abb. 3.1.20: Freischnitt am Flugkörper inklusive Luftreibung.

Indem wir das NEWTONsche Grundgesetz verwenden, gelingt es, Differenzialgleichungen für die beiden unbekannten Größen zu formulieren, also für die Positionen $x(t)$ und $y(t)$. Diese entstehen, indem wir die zu $\underline{e}_x$ und $\underline{e}_y$ gehörigen Komponenten der linken und der rechten Seite der NEWTONschen Grundgleichung gleichsetzen:

$$m\underline{a}=\underline{F} \quad\Rightarrow\quad m\left[\ddot{x}(t)\,\underline{e}_x+\ddot{y}(t)\,\underline{e}_y\right]=-mg\,\underline{e}_y-k\left[\dot{x}(t)\,\underline{e}_x+\dot{y}(t)\,\underline{e}_y\right] \quad\Rightarrow \tag{3.1.126}$$
$$m\,\ddot{x}(t)=-k\,\dot{x}(t),\ \ m\,\ddot{y}(t)=-mg-k\,\dot{y}(t).$$

Diese Differenzialgleichungen lassen sich ohne Schwierigkeiten integrieren. Für die x-Komponente entsteht bei der ersten Integration nach der Zeit unter Verwendung der in der Aufgabenstellung genannten Anfangsbedingung:

$$\frac{\mathrm{d}\dot{x}}{\dot{x}}=-\frac{k}{m}\mathrm{d}t \quad\Rightarrow\quad \dot{x}=\upsilon_0\cos(\alpha)\exp\left(-\frac{k}{m}t\right) \tag{3.1.127}$$

und für die y-Komponente:

$$\frac{\mathrm{d}\dot{y}}{1+\dfrac{k}{mg}\dot{y}}=-g\mathrm{d}t \quad\Rightarrow\quad \dot{y}=\frac{mg}{k}\left(\left[1+\frac{k\upsilon_0\sin(\alpha)}{mg}\right]\exp\left(-\frac{k}{m}t\right)-1\right). \tag{3.1.128}$$

Auch die zweite Integration gelingt mit der Anfangsbedingung für den Ort (Ursprung bei Null) ohne Schwierigkeiten:

$$\mathrm{d}x=\upsilon_0\cos(\alpha)\exp\left(-\frac{k}{m}t\right)\mathrm{d}t \quad\Rightarrow\quad x=\frac{m\upsilon_0\cos(\alpha)}{k}\left[1-\exp\left(-\frac{k}{m}t\right)\right] \tag{3.1.129}$$

und:

$$\mathrm{d}y=\frac{mg}{k}\left(\left[1+\frac{k\upsilon_0\sin(\alpha)}{mg}\right]\exp\left(-\frac{k}{m}t\right)-1\right)\mathrm{d}t \quad\Rightarrow \tag{3.1.130}$$
$$y=\frac{m^2g}{k^2}\left(1+\frac{k\upsilon_0\sin(\alpha)}{mg}\right)\left(1-\exp\left(-\frac{k}{m}t\right)\right)-\frac{mg}{k}t.$$

Um eine Darstellung $y=y(x)$ zu gewinnen, empfiehlt es sich bei der Fülle auftretender Parameter, eine dimensionslose Zeit $\hat{t}$, einen dimensionslosen Parameter $\hat{A}$ sowie dimensionslose Koordinaten $\hat{x}$ und $\hat{y}$ zu definieren wie folgt:

$$\hat{t}=\frac{k}{m}t\ ,\ \ \hat{A}=\frac{k\upsilon_0}{mg}\ ,\ \ \hat{x}=\frac{x}{L}\ ,\ \ \hat{y}=\frac{y}{L}\ ,\ \ L=\frac{m^2g}{k^2}. \tag{3.1.131}$$

Somit entsteht:

$$\hat{x}=\hat{A}\cos(\alpha)\left[1-\exp(-\hat{t})\right],\ \ \hat{y}=\left[1+\hat{A}\sin(\alpha)\right]\left[1-\exp(-\hat{t})\right]-\hat{t}. \tag{3.1.132}$$

und daraus:

$$\frac{\mathrm{d}\hat{x}}{\mathrm{d}\hat{t}} = \hat{A}\cos(\alpha)\exp(-\hat{t})\,, \quad \frac{\mathrm{d}\hat{y}}{\mathrm{d}\hat{t}} = \left[1+\hat{A}\sin(\alpha)\right]\exp(-\hat{t})-1\,. \tag{3.1.133}$$

In Abb. 3.1.21 ist für die Parameterwahl $\hat{A}=3$ und vier verschiedene Anfangswinkel (nämlich $\alpha = 15°$, $35°$, $45°$, $55°$) zu sehen, wie die Wurfparabel unter der Wirkung der Luftreibung abflacht.

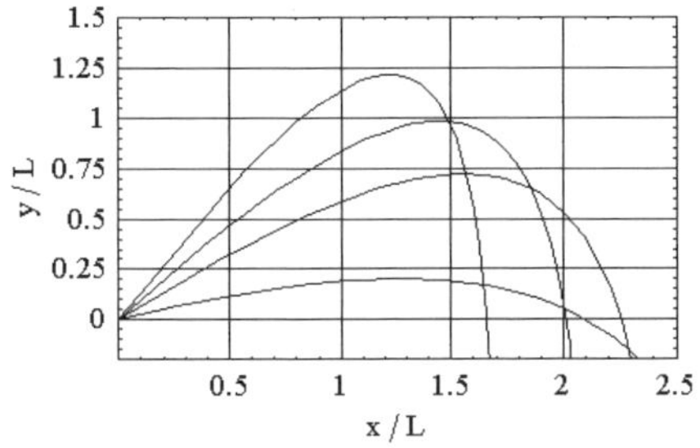

Abb. 3.1.21: Normierte Wurfparabeln unter Berücksichtigung der Luftreibung.

Die Bewegung für den Fall fehlender Reibung ergibt sich aus den Gleichungen (3.1.127-130) im Grenzfall $k \to 0$. Allerdings steht bei der Auswertung der Gleichungen dann sofort vor dem Fall uneigentlicher Grenzwerte vom Typus $0/0$. Aus diesem Dilemma hilft die Reihenentwicklung für die Exponentialfunktion:

$$\exp(x) = \sum_{n=0}^{\infty} \frac{x^n}{n!}\,. \tag{3.1.134}$$

Somit entsteht der Reihe nach für die Komponenten der Geschwindigkeit und des Ortes im Grenzfall $k \to 0$:

$$\begin{aligned}
&\lim_{k\to 0}(\dot{x}) = \upsilon_0\cos(\alpha)\exp(-0) = \upsilon_0\cos(\alpha)\,,\\
&\lim_{k\to 0}(\dot{y}) = \tfrac{mg}{k}\left(\left[1+\frac{k\upsilon_0\sin(\alpha)}{mg}\right]\left(1-\tfrac{k}{m}t \pm \cdots\right)-1\right) = -gt+\upsilon_0\sin(\alpha)\,,\\
&\lim_{k\to 0}(x) = \frac{m\upsilon_0\cos(\alpha)}{k}\left[1-\left(1-\tfrac{k}{m}t\pm\cdots\right)\right] = \upsilon_0\cos(\alpha)\,t\,,\\
&\lim_{k\to 0}(y) = \tfrac{m^2 g}{k^2}\left(1+\frac{k\upsilon_0\sin(\alpha)}{mg}\right)\left(1-\left(1-\tfrac{k}{m}t+\tfrac{k^2}{m^2}t^2\mp\cdots\right)\right)-\tfrac{mg}{k}t = -\tfrac{g}{2}t^2+\upsilon_0\sin(\alpha)\,t\,.
\end{aligned} \tag{3.1.135}$$

In der Tat ist das identisch mit der Lösung aus Abschnitt 3.1.2 des Lehrbuchs. Um die Frage nach dem Energiehaushalt zu beantworten, berechnen wir zunächst die potenzielle Energie wie folgt (bei Beginn der Bewegung im Nullpunkt wird angesetzt, dass die potenzielle Energie verschwindet):

$$E^{\text{pot}} = mgh(t) = mg\,y(t) = mgL\left(\left[1+\hat{A}\sin(\alpha)\right]\left[1-\exp(-\hat{t})\right]-\hat{t}\right). \tag{3.1.136}$$

Für die kinetische Energie entsteht mithilfe der Definitionen für dimensionslose Größen aus Gleichung (3.1.131):

$$E^{\mathrm{kin}}=\frac{m}{2}\left[\dot{x}^2(t)+\dot{y}^2(t)\right]=mg\,y=mg\frac{L}{2}\left[\left(\frac{\mathrm{d}\hat{x}}{\mathrm{d}\hat{t}}\right)^2+\left(\frac{\mathrm{d}\hat{y}}{\mathrm{d}\hat{t}}\right)^2\right]. \qquad (3.1.137)$$

Wir wollen untersuchen, was mit diesen Ausdrücken im Grenzfall verschwindender Reibung geschieht. Dazu beachten wir bei der potenziellen Energie, Gleichung $(3.1.135)_4$, was in Gleichung (3.1.136) eingesetzt ergibt:

$$E^{\mathrm{pot}}=mgh(t)=mg\,y(t)=mg\left[-\tfrac{g}{2}t^2+\upsilon_0\sin(\alpha)\,t\right]. \qquad (3.1.138)$$

Für die kinetische Energie verwenden wir die Gleichungen $(3.1.135)_{1,2}$ in Kombination mit Gleichung (3.1.137) und finden:

$$E^{\mathrm{kin}}=\frac{m}{2}\left[\dot{x}^2(t)+\dot{y}^2(t)\right]=\frac{m}{2}\left[(\upsilon_0\cos(\alpha))^2+(-gt+\upsilon_0\sin(\alpha))^2\right]= \qquad (3.1.139)$$

$$\frac{m}{2}\left[\upsilon_0^2+g^2t^2-2gt\upsilon_0\sin(\alpha)\right].$$

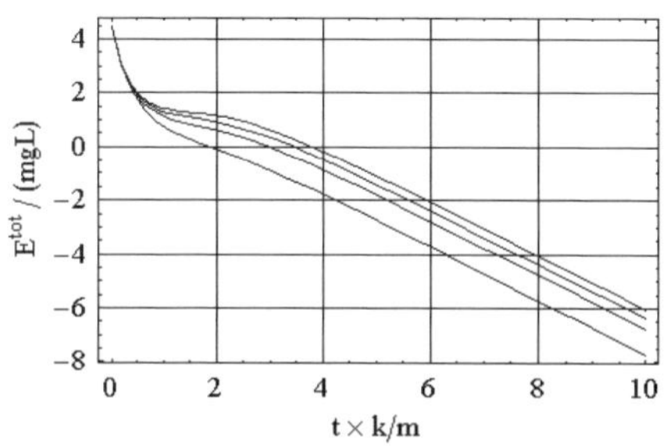

Abb. 3.1.22: Verlauf der Gesamtenergie als Funktion der normierten Zeit unter Berücksichtigung der Luftreibung für α = 15°, 35°, 45°, 55°.

Also erhält man einen zeitunabhängigen Wert für die Gesamtenergie in Höhe von:

$$E^{\mathrm{tot}}=E^{\mathrm{pot}}+E^{\mathrm{kin}}=\tfrac{1}{2}m\upsilon_0^2, \qquad (3.1.140)$$

und das macht Sinn, denn bei konservativen Kräften (also keine Reibung) darf sich die Gesamtenergie des Systems zeitlich nicht ändern. Und der Energiewert ist de facto gleich der eingangs dem Geschoss mitgegebenen kinetischen Energie! Hingegen zeigt Abb. 3.1.22 für die Wahl $\hat{A}=3 \;\Rightarrow\; E^{\mathrm{tot}}(t=0)/(mgL)=\hat{A}^2/2=4{,}5$, dass bei Anwesenheit von Luftreibung die Gesamtenergie keineswegs konstant bleibt, sondern sich stetig verringert. Dieser Effekt ist offenbar umso größer, je flacher der Winkel α gewählt wird. Die momentane Gesamtenergie wurde mit Hilfe der Gleichungen (3.1.136/137) numerisch gemäß folgender Formel berechnet:

$$E^{\mathrm{tot}}=E^{\mathrm{pot}}+E^{\mathrm{kin}}. \qquad (3.1.141)$$

3.1.10 Arbeit längs der schiefen Ebene

Problemstellung

Betrachte den in Abb. 3.1.23 dargestellten Körper, der eine schiefe Ebene zunächst hinauf- und dann wieder zum Anfangsort hinuntergeschoben wird. Die Bewegung erfolgt im erdbodennahen Schwerefeld unter COULOMBscher Gleitreibung. Berechne für beide Bewegungen die der Gravitations- sowie der Reibkraft zuzuschreibenden Arbeiten unter Verwendung des eingetragenen Koordinatensystems. Interpretiere die Vorzeichen bei den Arbeiten. Ist die Wahl des Koordinatensystems für das Endergebnis relevant? Wie groß sind die jeweiligen Gesamtarbeiten? Was lässt sich hinsichtlich der Wegunabhängigkeit der Arbeiten sagen? Zeige, dass allgemein der Arbeitsaufwand bei Bewegung einer Masse längs eines geschlossenen Weges im Gravitationsfeld der Erde (Nah- sowie Fernfeld) verschwindet. Was hat dies mit Wegunabhängigkeit zu tun? Wie lautet der Ausdruck für das Potenzial im Falle des allgemeinen NEWTONschen Gravitationsgesetzes?

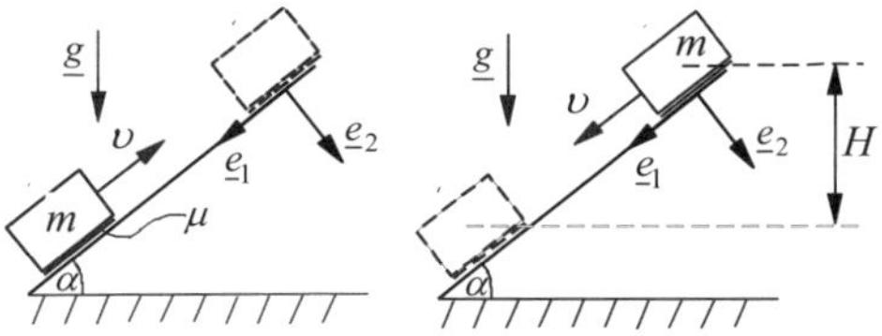

Abb. 3.1.23: Unter Wirkung der Gravitation und COULOMBscher Reibung eine schiefe Ebene hinauf und herunter geschobener Körper.

Lösung

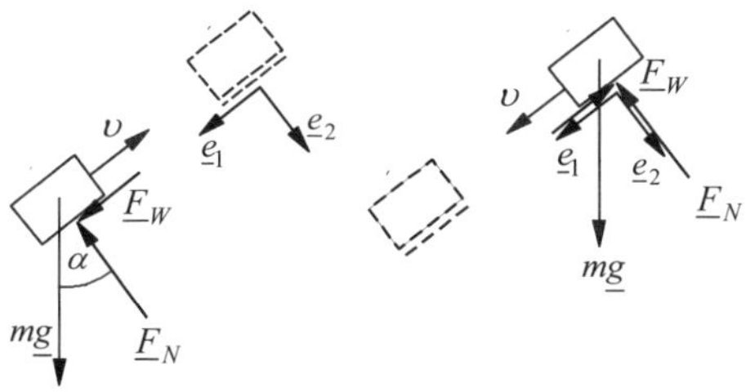

Abb. 3.1.24: Freischnitt am Körper während des Auf- und Abstiegs.

Wir schneiden zunächst frei, wie in der Abb. 3.1.24 dargestellt. Die Situation während des Aufstiegs ist links, die für den Abstieg rechts dargestellt. Wir erinnern an den allgemeinen Ausdruck für die Arbeit aus dem Lehrbuchabschnitt 3.1.4 und schreiben zunächst für den der Gravitation zuzuschreibenden Anteil beim Aufstieg respektive Abstieg:

$$W^{\text{grav,up}} = \int_{\underline{x}_A^{\text{up}}}^{\underline{x}_E^{\text{up}}} \underline{F}^{\text{grav}} \cdot \mathrm{d}\underline{x} = \int_{\underline{x}_A^{\text{up}}}^{\underline{x}_E^{\text{up}}} m\underline{g} \cdot \mathrm{d}\underline{x} \ , \quad W^{\text{grav,down}} = \int_{\underline{x}_A^{\text{down}}}^{\underline{x}_E^{\text{down}}} m\underline{g} \cdot \mathrm{d}\underline{x} \, . \tag{3.1.142}$$

Für die vier in den Integralen auftretenden Ortsvektoren gilt in Bezug auf das in Abb. 3.1.23 dargestellte Koordinatensystem:

$$\underline{x}_A^{\text{up}} = \underline{x}_E^{\text{down}} = \frac{H}{\sin(\alpha)} \underline{e}_1 + 0 \, \underline{e}_2 \ , \quad \underline{x}_E^{\text{up}} = \underline{x}_A^{\text{down}} = 0 \, \underline{e}_1 + 0 \, \underline{e}_2 \, . \tag{3.1.143}$$

Um die in den Integralen auftretenden Skalarprodukte zu berechnen, schreiben wir:

$$\mathrm{d}\underline{x} = \mathrm{d}x_1 \, \underline{e}_1 + 0 \, \underline{e}_2 \ , \quad m\underline{g} = mg\sin(\alpha)\underline{e}_1 + mg\cos(\alpha) \, \underline{e}_2 \, . \tag{3.1.144}$$

Beachte, dass über das Vorzeichen von $\mathrm{d}x_1$ keine Aussage gemacht wird. Die Vorzeichen der Anfangs- und Endorte wurden nämlich bereits in Gleichung festgelegt, und damit ist bereits entschieden, wie sich die Vorzeichen längs des Weges ändern müssen. Somit wird:

$$W^{\text{grav,up}} = \int_{x_1 = H/\sin(\alpha)}^{x_1=0} mg\sin(\alpha)\,\mathrm{d}x_1 = mg\sin(\alpha)\left(0 - \tfrac{H}{\sin(\alpha)}\right) = -mgH \tag{3.1.145}$$

und entsprechend:

$$W^{\text{grav,down}} = \int_{x_1=0}^{x_1 = H/\sin(\alpha)} mg\sin(\alpha)\,\mathrm{d}x_1 = mg\sin(\alpha)\left(\tfrac{H}{\sin(\alpha)} - 0\right) = mgH \, . \tag{3.1.146}$$

Man kann die Vorzeichen in diesen Ergebnissen dahingehend interpretieren, dass man bei der Aufwärtsbewegung gegen die Gravitation anläuft, was Energie kostet und ein negatives Vorzeichen zur Folge hat. Bei der Abwärtsbewegung hingegen läuft man mit der Erdschwere, was Energiefreisetzung, also ein positives Vorzeichen zur Folge hat. Dieses Ergebnis ist unabhängig von der Wahl der Basis, da ein Skalarprodukt ja gerade eine Zahl ergibt, und diese muss in jedem Koordinatensystem denselben Wert haben. Man sieht das explizit, indem man die Rechnung zum Beispiel mit den Einheitsvektoren der Abb. 3.1.23 des Lehrbuchs durchführt. Diese sind gegenüber den Einheitsvektoren der Abb. 3.1.23 gerade um 180° im Uhrzeigersinn gedreht. Für die Ortsvektoren der Grenzen in den Arbeitsintegralen bedeutet das:

$$\underline{x}_A^{\text{up}} = \underline{x}_E^{\text{down}} = -\frac{H}{\sin(\alpha)}\underline{e}_1 + 0\,\underline{e}_2 \ , \ \underline{x}_E^{\text{up}} = \underline{x}_A^{\text{down}} = 0\,\underline{e}_1 + 0\,\underline{e}_2 \tag{3.1.147}$$

und für die miteinander skalar zu multiplizierenden Vektoren:

$$\mathrm{d}\underline{x} = \mathrm{d}x_1\,\underline{e}_1 + 0\,\underline{e}_2 \ , \ m\underline{g} = -mg\sin(\alpha)\underline{e}_1 - mg\cos(\alpha)\,\underline{e}_2 , \tag{3.1.148}$$

so dass sich ergibt:

$$W^{\text{grav,up}} = -\int_{x_1=-H/\sin(\alpha)}^{x_1=0} mg\sin(\alpha)\,\mathrm{d}x_1 = -mg\sin(\alpha)\left[0-\left(-\tfrac{H}{\sin(\alpha)}\right)\right] = -mgH \tag{3.1.149}$$

und

$$W^{\text{grav,down}} = -\int_{x_1=0}^{x_1=-H/\sin(\alpha)} mg\sin(\alpha)\,\mathrm{d}x_1 = -mg\sin(\alpha)\left(-\tfrac{H}{\sin(\alpha)}-0\right) = mgH , \tag{3.1.150}$$

also dasselbe Ergebnis wie in Gleichung (3.1.146). Im gleichen Geist berechnen wir nun die beim Aufstieg wie beim Abstieg zur Überwindung der Reibung notwendigen Arbeiten. Für die Reibungskraft gilt bei Verwendung des in der Abb. 3.1.24 dargestellten Koordinatensystems:

$$\underline{F}_W^{\text{up}} = F_W\,\underline{e}_1 \ , \ \underline{F}_W^{\text{down}} = -F_W\,\underline{e}_1 . \tag{3.1.151}$$

Den Betrag der Reibwiderstandskraft ermittelt man aus der aus dem Freischnitt in $\underline{e}_2$-Richtung folgenden, von der Bewegungsrichtung unabhängigen Gleichung:

$$mg\cos(\alpha)\underline{e}_1 - F_N\,\underline{e}_1 = \underline{0} \tag{3.1.152}$$

in Verbindung mit dem COULOMBschen Gleitreibungsgesetz:

$$F_W = \mu F_N . \tag{3.1.153}$$

Es resultiert für die Arbeiten:

$$W^{W,\text{up}} = \int_{x_1=H/\sin(\alpha)}^{x_1=0} \mu mg\cos(\alpha)\,\mathrm{d}x_1 = \mu mg\cos(\alpha)\left[0-\tfrac{H}{\sin(\alpha)}\right] = -\mu mgH\,\tfrac{\cos(\alpha)}{\sin(\alpha)} \tag{3.1.154}$$

und

$$W^{W,\text{down}} = -\int_{x_1=0}^{x_1=H/\sin(\alpha)} \mu mg\cos(\alpha)\,\mathrm{d}x_1 = -\mu mg\cos(\alpha)\left(\tfrac{H}{\sin(\alpha)}-0\right) = -\mu mgH\,\tfrac{\cos(\alpha)}{\sin(\alpha)} , \tag{3.1.155}$$

also in beiden Fällen ein negatives Vorzeichen, da Arbeit zur Überwindung der Reibung auf beiden Wegen notwendig ist. Mithin resultiert als Gesamtarbeit für einen geschlossenen Weg:

$$W^{\text{grav,tot}} = W^{\text{grav,up}} + W^{\text{grav,down}} = 0 \;,\; W^{W,\text{tot}} = W^{W,\text{up}} + W^{W,\text{down}} = -2\mu mgH \,. \quad (3.1.156)$$

Diese Ergebnisse sollen nun vom Standpunkt der Konzepte des sogenannten Potenzials/der potenziellen Energie sowie konservativer bzw. nicht konservativer Kräften beleuchtet werden. Allgemein wurde im Lehrbuchabschnitt 3.1.4 gezeigt, dass aus dem NEWTONschen Grundgesetz folgt (t_A und t_E bezeichnen die zum Anfang und zum Ende des Bewegungsprozesses gehörigen Zeiten, $\underline{x}_A$ und $\underline{x}_E$ die zugehörigen Ortsvektorpositionen der Masse):

$$E^{\text{kin}}(t_E) - E^{\text{kin}}(t_A) = W \quad \text{mit } W \equiv \int_{t_A}^{t_E} \underline{F} \cdot \underline{\upsilon}\, \mathrm{d}t = \int_{\underline{x}_A}^{\underline{x}_E} \underline{F} \cdot \mathrm{d}\underline{x} \,. \quad (3.1.157)$$

Sogenannte konservative oder auch Potenzialkräfte sind dadurch definiert, dass sie sich durch Ortsableitung einer skalaren Feldgröße $E_{\text{pot}}(\underline{x})$, genannt Potenzial oder potenzielle Energie, ermitteln lassen. Die Gewichtskraft ist eine solche Kraft und man schreibt oft formal:

$$\underline{F}^{\text{grav}} = -\frac{\partial}{\partial \underline{x}} E_{\text{pot}}(\underline{x}) \equiv -\underline{\nabla} E_{\text{pot}}(\underline{x}) \,. \quad (3.1.158)$$

Man nennt die Vektorgröße $\underline{\nabla}$ auch den Nabla-Operator. Diese allgemeinen Schreibweisen nutzen bei Berechnungen jedoch im Algemeinen wenig, doch speziell bei der Wahl des Koordinatensystems aus Abb. 3.1.24 gelingt es, verbindlich zu werden und zu schreiben:

$$E^{\text{pot}}(\underline{x}) = -mg\,[x_1 \sin(\alpha) + x_2 \cos(\alpha)] \,. \quad (3.1.159)$$

Wir prüfen kurz für den vorliegenden, zweidimensionalen Fall nach (siehe Gleichung (3.1.144)):

$$\underline{\nabla} = \underline{e}_1 \frac{\partial}{\partial x_1} + \underline{e}_2 \frac{\partial}{\partial x_2} \quad \Rightarrow \quad -\underline{\nabla} E^{\text{pot}}(\underline{x}) = mg[\sin(\alpha)\,\underline{e}_1 + \cos(\alpha)\,\underline{e}_2] \equiv \underline{F}^{\text{grav}} \,. \quad (3.1.160)$$

Über die beim Potenzial immer vorhandene Normierungskonstante wurde in Gleichung (3.1.159) so verfügt, dass die potenzielle Energie im Koordinatenursprung aus Abb. 3.1.24 verschwindet. Wir stellen fest, dass sich die zur Gravitationskraft gehörigen Arbeiten aus den Gleichungen (3.1.149/150) durch Differenzen in den potenziellen Energien zu Beginn/Ende des Hinaufschleppens bzw. des Abstieges ausdrücken lassen wie folgt:

$$E^{\text{pot}}(\underline{x}_E^{\text{up}}) - E^{\text{pot}}(\underline{x}_A^{\text{up}}) = 0 - mg\left[\tfrac{H}{\sin(\alpha)} \sin(\alpha) + 0\right] = -mgH \equiv W^{\text{grav,up}} \,, \quad (3.1.161)$$
$$E^{\text{pot}}(\underline{x}_E^{\text{down}}) - E^{\text{pot}}(\underline{x}_A^{\text{down}}) = mg\left[\tfrac{H}{\sin(\alpha)} \sin(\alpha) + 0\right] - 0 = mgH \equiv W^{\text{grav,down}} \,.$$

Die potenzielle Energie am Beginn des Hinaufgleitens ist gleich der potenziellen Energie bei Beendigung des Hinabgleitens, nämlich mgH, und somit ist die Gesamtarbeit, die auch dann immer noch als Differenz zwischen den potenziellen Energien am Ende und am Anfang zu berechnen ist, für den geschlossenen Weg gleich Null. Dies ist ein allgemeines Ergebnis, welches für jeden geschlossenen Weg gilt und nicht nur für den hier gewählten speziellen. Dieses sieht man am einfachsten, indem man unter Verwendung eines beliebigen dreidimensionalen kartesischen Systems $\underline{e}_1$, $\underline{e}_2$, $\underline{e}_3$ schreibt:

$$W^{\text{grav}} = \int_{\underline{x}_A}^{\underline{x}_E} \underline{F}^{\text{grav}} \cdot \mathrm{d}\underline{x} = -\int_{\underline{x}_A}^{\underline{x}_E} \underline{\nabla} E_{\text{pot}}(\underline{x}) \cdot \frac{\mathrm{d}\underline{x}}{\mathrm{d}t}\, \mathrm{d}t =$$

$$-\int_{\underline{x}_A}^{\underline{x}_E} \left(\underline{e}_1 \frac{\partial}{\partial x_1} + \underline{e}_2 \frac{\partial}{\partial x_2} + \underline{e}_3 \frac{\partial}{\partial x_3} \right) E_{\text{pot}}(\underline{x}) \cdot \left(\frac{\mathrm{d}x_1}{\mathrm{d}t} \underline{e}_1 + \frac{\mathrm{d}x_2}{\mathrm{d}t} \underline{e}_2 + \frac{\mathrm{d}x_3}{\mathrm{d}t} \underline{e}_3 \right) \mathrm{d}t = \tag{3.1.162}$$

$$-\int_{\underline{x}_A}^{\underline{x}_E} \left(\frac{\partial E_{\text{pot}}(\underline{x})}{\partial x_1} \frac{\mathrm{d}x_1}{\mathrm{d}t} + \frac{\partial E_{\text{pot}}(\underline{x})}{\partial x_2} \frac{\mathrm{d}x_2}{\mathrm{d}t} + \frac{\partial E_{\text{pot}}(\underline{x})}{\partial x_3} \frac{\mathrm{d}x_3}{\mathrm{d}t} \right) \mathrm{d}t = -\int_{\underline{x}_A}^{\underline{x}_E} \frac{\mathrm{d}E_{\text{pot}}}{\mathrm{d}t}\, \mathrm{d}t = -\left[E_{\text{pot}}(\underline{x}_E) - E_{\text{pot}}(\underline{x}_A) \right].$$

Fallen nun der Anfangs- und der Endort zusammen, so folgt wegen der Eindeutigkeit der Potenzialfunktion (im Linienintegral wird die Geschlossenheit des Weges oft durch einen Kreis symbolisiert):

$$W^{\text{grav}} = \oint \underline{F}^{\text{grav}} \cdot \mathrm{d}\underline{x} = 0\,. \tag{3.1.163}$$

Man kann dies auch direkt nachrechnen. Wählen wir die Einheitsbasis so, dass:

$$\underline{F}^{\text{grav}} = -mg\, \underline{e}_3 \tag{3.1.164}$$

und nehmen einen beliebig gerichteten Verschiebungsvektor an gemäß:

$$\mathrm{d}\underline{x} = \mathrm{d}x_1\, \underline{e}_1 + \mathrm{d}x_2\, \underline{e}_2 + \mathrm{d}x_3\, \underline{e}_3\,, \tag{3.1.165}$$

so wird:

$$\underline{F}^{\text{grav}} \cdot \mathrm{d}\underline{x} = -mg\, \mathrm{d}x_3 = -\mathrm{d}E^{\text{pot}} \quad \Rightarrow \quad E^{\text{pot}} = mgx_3 + \text{const.} \tag{3.1.166}$$

Dieses Ergebnis ist zunächst einmal unabhängig von den Raumrichtungen x_1 und x_2, gleichgültig, wie der (geschlossene) Weg in diesen beiden Richtungen verläuft. Für einen geschlossenen Weg muss man naturgemäß irgendwann einmal wieder in positiver x_3-Richtung gehen, sobald man einmal in negativer x_3-Richtung gegangen ist. Dies ist in der Abb. 3.1.25 angedeutet, und sie zeigt sehr schön, dass $\mathrm{d}x_3$ positiv wie negativ sein kann. So ist für den gezeichneten Durchlaufsinn der Kurve $\mathrm{d}x_3$ negativ, wenn man vom in Bezug auf die x_3-Achse höchsten Punkt $\underline{x}^{\max}$ hinuntersteigt auf den niedrigsten Punkt $\underline{x}^{\min}$ und umgekehrt. Analoges gilt für die beiden anderen Raumrichtungen, von denen das Ergebnis die Arbeit allerdings ohnehin nicht abhängt.

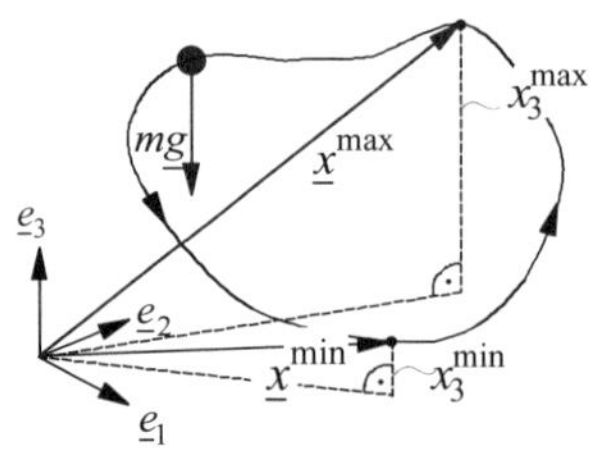

Abb. 3.1.25: Arbeit im Erdschwerefeld (3D).

Mithin folgt für einen geschlossenen Weg:

$$W^{\text{grav}} = \oint \underline{F}^{\text{grav}} \cdot \mathrm{d}\underline{x} = -mg \oint \mathrm{d}x_3 = 0 \,. \tag{3.1.167}$$

Das gleiche Ergebnis erhält man auch, wenn man für die Gravitationskraft dem NEWTONschen Gravitationsgesetz gemäß schreibt:

$$\underline{F}^{\text{grav}} = -\gamma \frac{mM}{r^2} \underline{e}_r = -\gamma \frac{mM}{R^2\left(1-\frac{r^2}{R^2}\right)} \underline{e}_r = -m \frac{g}{1-\frac{r^2}{R^2}} \underline{e}_r \,. \tag{3.1.168}$$

wobei M die Masse der Erde vom Durchmesser $2R$ und γ die Gravitationskonstante bezeichnen. Ferner wurde in der letzten Gleichung die Schwerebeschleunigung an der Erdoberfläche wie folgt identifiziert:

$$g = -\gamma \frac{M}{R^2} \,. \tag{3.1.169}$$

Außerdem haben wir ein Kugelkoordinatensystem gewählt und in das Zentrum der Erde gesetzt, so dass die Richtung $\underline{e}_r$ auf die Probemasse m zeigt. Mithin wird mit

$$\mathrm{d}\underline{x} = \mathrm{d}x_r \, \underline{e}_r + \mathrm{d}x_\vartheta \, \underline{e}_\vartheta + \mathrm{d}x_\varphi \, \underline{e}_\varphi \tag{3.1.170}$$

und

$$\mathrm{d}x_r \equiv \mathrm{d}r \tag{3.1.171}$$

sofort:

$$W^{\text{grav}} = \int_{\underline{x}_A}^{\underline{x}_E} \underline{F}^{\text{grav}} \cdot \mathrm{d}\underline{x} = -\int_{r_A}^{r_E} \gamma \frac{mM}{r^2} \, \mathrm{d}r = \gamma m M \left(\frac{1}{r_E} - \frac{1}{r_A} \right) . \tag{3.1.172}$$

Sind die Anfangs- und Endpositionsvektoren $\underline{x}_A$ und $\underline{x}_E$ also gleich, so sind dies auch die Anfangs- und Endradialabstände r_A und r_E, und es folgt für geschlossene Wege C das Verschwinden der Arbeit im Gravitationsfeld. Man kann somit alternativ auch sagen, dass gleichgültig, auf welchen Wegen C_1 oder C_2 (vgl. Abb. 3.1.26) man vom Punkt $\underline{x}_A$ zum Punkt $\underline{x}_E$ gelangt, immer die gleiche Arbeit benötigt bzw. freigesetzt wird, denn es gilt:

$$0 = \oint_C \underline{F}^{\text{grav}} \cdot \mathrm{d}\underline{x} = \int_{r_A, C_1}^{r_E} \underline{F}^{\text{grav}} \cdot \mathrm{d}\underline{x} + \int_{r_E, C_2}^{r_A} \underline{F}^{\text{grav}} \cdot \mathrm{d}\underline{x} \quad \Rightarrow \tag{3.1.173}$$

$$\int_{r_A, C_1}^{r_E} \underline{F}^{\text{grav}} \cdot \mathrm{d}\underline{x} = -\int_{r_E, C_2}^{r_A} \underline{F}^{\text{grav}} \cdot \mathrm{d}\underline{x} = \int_{r_A, C_2}^{r_E} \underline{F}^{\text{grav}} \cdot \mathrm{d}\underline{x} \,.$$

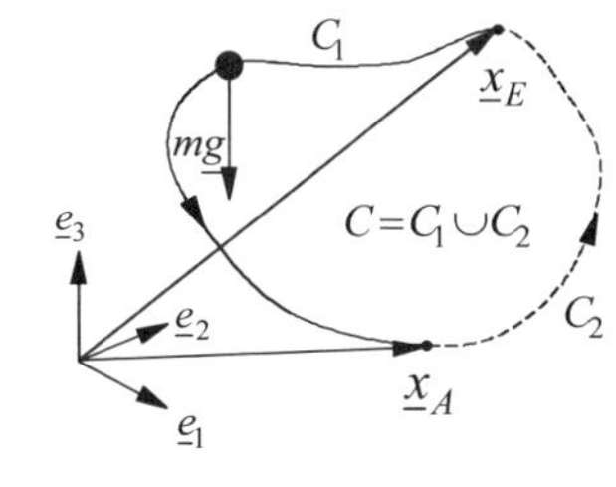

Abb. 3.1.26: Wegunabhängigkeit der Arbeit im Erdschwerefeld (3D).

Die Gleichung (3.1.167) ermöglicht es auch (im Vergleich mit dem Vorgehen im Zusammenhang mit den Gleichungen (3.1.162/166)), einen Ausdruck für das Potenzial des allgemeinen NEWTONschen Gravitationsfeldes anzugeben. Es gilt:

$$E^{\text{pot, grav}} = -\gamma \frac{mM}{r} \equiv -\gamma \frac{mM}{\sqrt{x_1^2 + x_2^2 + x_3^2}}, \tag{3.1.174}$$

wobei im letzten Ausdruck von Kugelkoordinaten auf die kartesische Basis umgeschwenkt wurde, die ebenfalls im Zentrum der Erdkugel angetragen wird. Mit dem dreidimensionalen kartesischen Nabla-Operator aus Gleichung (3.1.158) wird es nun möglich zu bestätigen, dass Gleichung (3.1.173) in der Tat das Potenzial zu der Gravitationskraft nach Gleichung (3.1.168) darstellt, denn wie man durch Differenziation bestätigt, gilt zunächst:

$$-\left(\underline{e}_1 \frac{\partial}{\partial x_1} + \underline{e}_2 \frac{\partial}{\partial x_2} + \underline{e}_3 \frac{\partial}{\partial x_3} \right) E^{\text{pot, grav}} = -\gamma \frac{mM\left(x_1 \underline{e}_1 + x_2 \underline{e}_2 + x_3 \underline{e}_3\right)}{\left(x_1^2 + x_2^2 + x_3^2\right)^{3/2}}. \tag{3.1.175}$$

Darüber hinaus ist aber:

$$\underline{x} = x_1 \underline{e}_1 + x_2 \underline{e}_2 + x_3 \underline{e}_3 \text{ mit } |\underline{x}| = r = \sqrt{x_1^2 + x_2^2 + x_3^2}. \tag{3.1.176}$$

Also ist:

$$-\left(\underline{e}_1 \frac{\partial}{\partial x_1} + \underline{e}_2 \frac{\partial}{\partial x_2} + \underline{e}_3 \frac{\partial}{\partial x_3} \right) E^{\text{pot, grav}} = -\gamma \frac{mM}{r^2} \frac{\underline{x}}{r} \equiv \underline{F}^{\text{grav}}, \tag{3.1.177}$$

denn es gilt:

$$\underline{e}_r = \frac{\underline{x}}{r}. \tag{3.1.178}$$

Abschließend bleibt festzuhalten, dass bei nicht konservativen Kräften, also etwa der Reibung, die Wegunabhängigkeit des zugeordneten Arbeitsintegrals, respektive das Verschwinden des Arbeitsintegrals bei geschlossenem Weg, nicht gegeben ist, wie Gleichung $(3.1.156)_2$ lehrt. In diesem Fall existiert auch kein eindeutiges Potenzial, aus welchem sich die Reibungskraft durch Differenziation nach dem Ort ableiten lässt. Diese letzte Aussage verwundert jedoch gerade im Zusammenhang der vorliegenden Aufgabe, denn haben wir nicht gesehen, dass gemäß der Gleichungen (3.1.152/153) sich die Reibwiderstandskraft als im Wesentlichen proportional zur Gravitationskraft ergibt und diese war doch gerade konservativ? Die Beantwortung dieses (lösbaren) Kuriosums überlassen wir einer weiteren Übungsaufgabe 3.11, wo wir auch noch ein differenzielles Kriterium kennenlernen werden, mit dessen Hilfe es möglich wird zu entscheiden, ob eine gegebene Kraft konservativ ist oder nicht, ohne mühsam Wegintegrale zu berechnen.

3.2 Die Dynamik von Massenpunktsystemen

3.2.1 Abbremsen eines Düsenjägers auf einem Flugzeugträger

Problemstellung

Wie in Abb. 3.2.1 dargestellt, wird ein auf einem Flugzeugträger landender Düsenjäger mithilfe eines Kettensystems abgebremst, das dieser stetig in seine Bewegung hineinzieht.

Das Flugzeug hat die Masse m_F und bei Landung die Geschwindigkeit υ_0. Wie lang müsste die Landebahn des Flugzeugträgers mindestens sein, wenn keine Ketten eingefangen werden und das Flugzeug die Bremswirkung $a_0 = -\upsilon_0^2/(16L)$ aufweist ($2L$: Gesamtkettenlänge, siehe Abb. 3.2.1)? Nimm nun an, dass unmittelbar bei Landung Kettenglieder eingeklinkt werden. Die aktuelle Gesamtkettenlänge betrage $x(t)$ und die Masse pro Einheitslänge sei mit ρ bezeichnet. Nimm ferner an, dass die einzelnen Kettenglieder schlagartig aus dem Ruhezustand in den bewegten Zustand übergehen, d. h. die Momentangeschwindigkeit $\upsilon(t)$ annehmen. Stelle eine Beziehung zwischen $x(t)$ und $\upsilon(t)$ auf. Berechne die Geschwindigkeit des Flugzeuges in dem Moment, wo das letzte Kettenglied in die Bewegung eingebracht wird. Erarbeite eine Beziehung zwischen Weg und Zeit und skizziere den Zusammenhang.

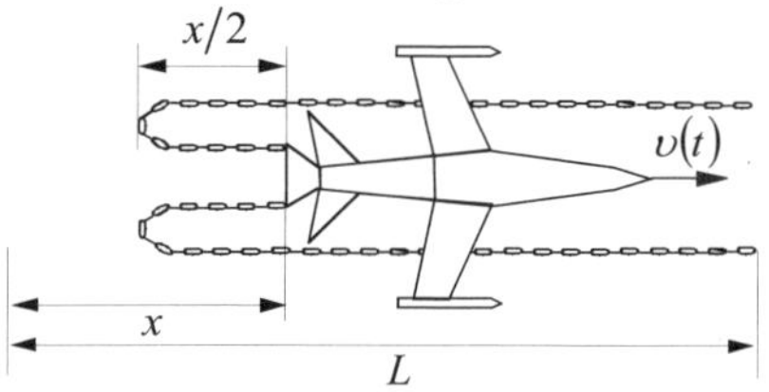

Abb. 3.2.1: Ein landender Düsenjäger mit Fangketten.

Lösung

Für eine eindimensionale Bewegung unter konstanter Beschleunigung a_0 findet man durch Integration der Gleichung:

$$\ddot{x}(t) = a_0 \tag{3.2.1}$$

sofort:

$$\upsilon(t) = \dot{x}(t) = a_0 t + \upsilon_0 \quad \Rightarrow \quad x(t) = a_0 \frac{t^2}{2} + \upsilon_0 t + x_0 . \tag{3.2.2}$$

Im Falle der vollständigen Abbremsung des Jägers ohne Ketten ist in der letzten Gleichung folgende Zeit einzusetzen:

$$CA:\ \underline{x}^{CA} = \sqrt{a^2 + a^2}\,\underline{e}_r = \sqrt{2}a\underline{e}_r . \tag{3.2.3}$$

Also wird:

$$x_0 = 0 \quad \Rightarrow \quad x(t_{\text{stop}}) = a_0 \frac{t_{\text{stop}}^2}{2} + \upsilon_0 t_{\text{stop}} = -\frac{\upsilon_0^2}{16L}\frac{1}{2}\left(\frac{16L}{\upsilon_0}\right)^2 + \upsilon_0 \frac{16L}{\upsilon_0} = 8L . \tag{3.2.4}$$

Um den Vorgang der Abbremsung durch die Ketten zu untersuchen, startet man am besten vom NEWTONschen Grundgesetz, also dem Impulssatz, so wie im Lehrbuchkapitel 3.2 ausgeführt. Da externe Kräfte nicht auftreten, darf man schreiben:

$$\frac{\mathrm{d}}{\mathrm{d}t}[m(t)\,\upsilon(t)] = 0 \quad \Rightarrow \quad \dot{m}(t)\,\upsilon(t) + m(t)\,\dot{\upsilon}(t) = 0 . \tag{3.2.5}$$

Die aktuelle Masse ist die Masse des Jägers zuzüglich der aktuellen Kettenmasse, also gegeben durch:

$$\underline{\upsilon}^P = \underline{\upsilon}^A + \underline{\omega}_A \times \underline{x}^{AP} , \tag{3.2.6}$$

woraus folgt:

$$\dot{m}(t) = \rho\,\dot{x}(t) . \tag{3.2.7}$$

Ferner ist aufgrund des Einflusses der angenommenen momentanen Beschleunigung der Kettenglieder auf die Geschwindigkeit des Flugzeuges natürlich:

$$\upsilon(t) = \dot{x}(t) \equiv \frac{\mathrm{d}x}{\mathrm{d}t}. \tag{3.2.8}$$

Mithin schreibt sich Gleichung (3.2.5):

$$-\frac{\mathrm{d}\upsilon}{\upsilon} = \frac{\mathrm{d}m}{m} = \frac{\rho\,\mathrm{d}x}{m_F + \rho x}. \tag{3.2.9}$$

Dieses ist leicht zu integrieren:

$$-\int_{\upsilon_0}^{\upsilon} \frac{\mathrm{d}\tilde{\upsilon}}{\tilde{\upsilon}} = \int_0^x \frac{\rho\,\mathrm{d}\tilde{x}}{m_F + \rho\tilde{x}} \quad\Rightarrow\quad -\ln\left|\frac{\upsilon}{\upsilon_0}\right| = \ln\left|\frac{m_F + \rho x}{m_F}\right| \quad\Rightarrow\quad \upsilon = \upsilon_0 \frac{m_F}{m_F + \rho x}. \tag{3.2.10}$$

Dies ist die gesuchte Beziehung zwischen momentan in der Bewegung befindlicher Kettenlänge und der momentanen Geschwindigkeit des gesamten Aggregats. Um die Geschwindigkeit zu dem Zeitpunkt zu ermitteln, bei dem die gesamte Kette aufgebraucht ist, setzen wir in der Gleichung (3.2.10) einfach $x = L$ und finden, dass:

$$\upsilon(x = L) = \upsilon_0 \frac{1}{1 + \rho\, L/m_F}. \tag{3.2.11}$$

Um den Weg-Zeit-Verlauf zu ermitteln, starten wir mit Gleichung (3.2.8) und setzen das Ergebnis aus Gleichung (3.2.10) ein, trennen die Variablen und integrieren:

$$\int_0^t \upsilon_0\,\mathrm{d}\tilde{t} = \int_0^x \frac{m_F + \rho\tilde{x}}{m_F}\mathrm{d}\tilde{x} \quad\Rightarrow\quad \upsilon_0 t = \left[\tilde{x} + \frac{\rho}{2m_F}\tilde{x}^2\right]_0^x. \tag{3.2.12}$$

Man erhält also eine quadratische Gleichung:

$$x^2 + \frac{2m_F}{\rho}x - \frac{2m_F\upsilon_0}{\rho}t = 0 \quad\Rightarrow\quad x_{1/2} = -\frac{m_F}{\rho} \pm \sqrt{\left(\frac{m_F}{\rho}\right)^2 + \frac{2m_F\upsilon_0}{\rho}t}. \tag{3.2.13}$$

Offenbar ist die erste Lösung aus physikalischen Gründen zu verwerfen. Mithin erhalten wir als Weg-Zeit-Verlauf eine $\sqrt{t}$ –Abhängigkeit, die in Abb. 3.2.2 skizziert ist:

$$x = \frac{m_F}{\rho}\left(-1 + \sqrt{1 + \frac{2\upsilon_0\rho}{m_F}t}\right). \tag{3.2.14}$$

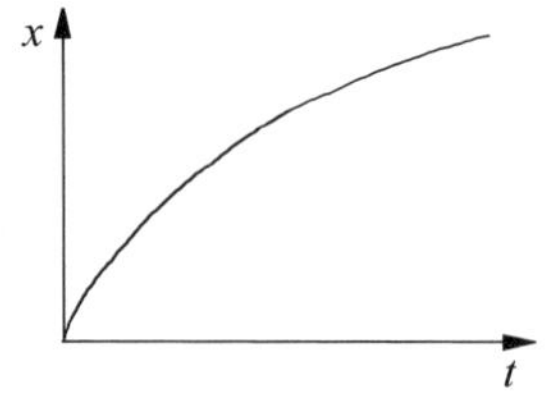

Abb. 3.2.2: Weg-Zeit-Verlauf während der Abbremsung.

3.2.2 Doppelter Flaschenzug vektoriell gerechnet

Problemstellung

Erinnere an das im Abschnitt 3.2.2 des Buches diskutierte Problem des doppelten Flaschenzugs mit zwei Rollen vom gleichen Radius R, deren Massenträgheit vernachlässigt wird. Das die beiden Massen verbindende Seil ist über die Rollen wie gezeichnet gehängt und rollt ideal ab. Die Bewegungsgleichungen sind unter Verwendung der in der Abb. 3.2.3 dargestellten Vektorsymbole erneut abzuleiten. Auf anfängliche Unterschiede und die sich zum Schluss ergebende Gleichwertigkeit zu dem im Lehrbuch abgehandelten eindimensionalen Zugang ist einzugehen. Schließlich gilt es, den Energiehaushalt des Systems zu untersuchen.

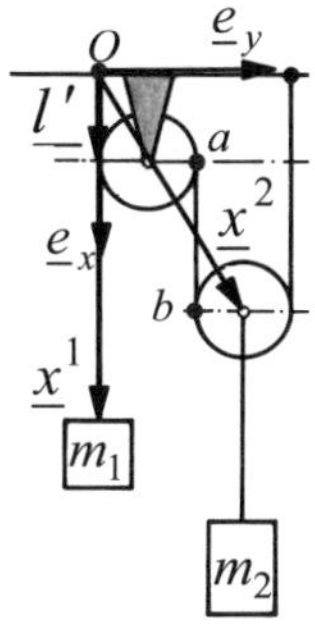

Abb. 3.2.3: Doppelter Flaschenzug mit relevanten Positionsvektoren.

Lösung

Wir erinnern an die in Abb. 3.2.4 dargestellten Freischnitte. Die NEWTONschen Bewegungsgleichungen für die aus m_1 und m_2 bestehenden Systeme lauten in vektorieller Schreibweise:

$$m_1 \ddot{\underline{x}}^1(t) = \underline{S}_1 + m_1 \underline{g} \ , \ m_2 \ddot{\underline{x}}^2(t) = \underline{S}_2 + \underline{S}_3 + m_2 \underline{g} \, . \tag{3.2.15}$$

Wir beziehen uns auf die in Abb. 3.2.3 dargestellte raumfeste Basis e_x und e_y sowie die dargestellten Ortsvektoren und schreiben:

$$\underline{x}^1(t) = x^1(t)\underline{e}_x \ , \ \underline{x}^2(t) = x^2(t)\underline{e}_x + 3R\underline{e}_y \tag{3.2.16}$$

und erhalten somit bei zweifacher Differenziation nach der Zeit:

$$\ddot{\underline{x}}^1 = \ddot{x}^1 \underline{e}_x \ , \ \ddot{\underline{x}}^2 = \ddot{x}^2 \underline{e}_x \, . \tag{3.2.17}$$

Für die Kraftvektoren der Freischnitte lässt sich schreiben:

$$\underline{S}_i = -S_i \underline{e}_x \ , \ i = 1, 2, 3 \ , \ m_j \underline{g} = m_j g \underline{e}_x \ , \ j = 1, 2 \, . \tag{3.2.18}$$

Mithin ergibt sich nach Einsetzen in die Gleichungen (3.2.15) durch Vergleich der Vorfaktoren in e_x:

$$m_1 \ddot{x}^1 = -S_1 + m_1 g \ , \ m_2 \ddot{x}^2(t) = -S_2 - S_3 + m_2 g \, . \tag{3.2.19}$$

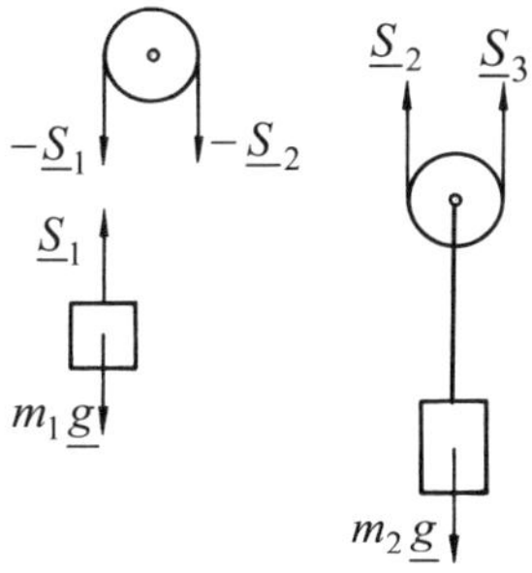

Abb. 3.2.4: Freischnitte.

Die entsprechenden, durch Vergleich der Vorfaktoren in e_y gewonnenen Beziehungen sind Ausdrücke der Form $0 = 0$, liefern also keine weitere Information. Wir wenden uns nun der Nebenbedingung fester Seillänge l zu. Wir notieren dazu folgende Ortsvektoren:

$$\underline{l}' = l'\underline{e}_x \ , \quad \underline{x}^{Oa} = \underline{l}' + 2R\underline{e}_y \ , \quad \underline{x}^{ab} = \underline{x}^2 - \underline{x}^{Oa} - R\underline{e}_y \, . \tag{3.2.20}$$

und daraus die folgenden Beträge:

$$\left|\underline{x}^1\right| = x^1 \ , \quad \left|\underline{l}'\right| = l' \ , \quad \underline{x}^{Oa} = \underline{l}' + 2R\underline{e}_y \, , \tag{3.2.21}$$

$$\Rightarrow \quad \underline{x}^{ab} = x^2\,\underline{e}_x + 3R\underline{e}_y - l'\underline{e}_x - 2R\underline{e}_y - R\underline{e}_y = \left(x^2 - l'\right)\underline{e}_x \quad \Rightarrow \quad \left|\underline{x}^{ab}\right| = x^2 - l' \, .$$

Für die feste Gesamtlänge des Seiles gilt somit:

$$l = \text{const.}_t = \left|\underline{x}^1\right| - \left|\underline{l}'\right| + \pi R + \left|\underline{x}^{ab}\right| + \pi R + \left|\underline{x}^{ab}\right| + \left|\underline{l}'\right| = x^1 + 2x^2 + 2\pi R - 2l' \, . \tag{3.2.22}$$

Differenziert man dies nach der Zeit, so folgt:

$$\ddot{x}^1 = -2\ddot{x}^2 \, . \tag{3.2.23}$$

Bei Reibungsfreiheit ist ferner:

$$S_1 = S_2 = S_3 = S \, , \tag{3.2.24}$$

und durch Einsetzen in die Bewegungsgleichungen (3.2.19) entsteht:

$$\ddot{x}^1 = -2\frac{m_2 - 2m_1}{4m_1 + m_2} g \ , \quad \ddot{x}^2 = \frac{m_2 - 2m_1}{4m_1 + m_2} g \, . \tag{3.2.25}$$

Mithin ergibt sich für den Fall $m_2 > 2m_1$ für die Masse 1 eine Beschleunigung in die negative, für die Masse 2 hingegen eine Beschleunigung in die positive e_x-Richtung. Anders ausgedrückt, die Masse 1 geht nach oben, die Masse 2 hingegen nach unten. Diese Bewegung wurde in Abb. 3.2.3 des Lehrbuches von vornherein als positive Bewegungen gewählt (siehe die Pfeile neben den Symbolen x^1 und x^2). In Bezug darauf waren die Bewegungsgleichungen (3.2.17) im Lehrbuch formuliert worden. Bei der Formulierung der Nebenbedingung im Lehrbuch, Gleichung (3.2.8), ist eingegangen, dass Längen nach oben positiv gezählt werden, was den dortigen Beitrag $-2x^2$ erklärt. Welchen Weg der Lösung man wählt, ist Geschmacksfrage. Man mag festhalten, dass bei eindimensionalen Problemen (und um ein solches handelt es sich hier tatsächlich) die vektorielle Auswertung etwas langwierig, aber dafür sicher ist, wohingegen die skalare Interpretation mehr an Erfahrung bedarf, aber schneller formuliert werden kann. Zur Untersuchung des Energiehaushaltes des Systems starten wir mit dem Ausdruck für die potenzielle Energie der beteiligten Massen. Wir erinnern, dass die potenzielle Energie definiert ist gemäß:

$$\underline{F}^j = -\frac{\partial E^{\text{pot},j}}{\partial x^j}\underline{e}_x - \frac{\partial E^{\text{pot},j}}{\partial y^j}\underline{e}_y \ , \quad j = 1{,}2 \, , \tag{3.2.26}$$

wobei für die Gewichtskraft feststeht, dass bezüglich der raumfesten Basis e_x und e_y der Abb. 3.2.3 gilt:

$$\underline{F}^j = m_j\, g\, \underline{e}_x \ , \quad j = 1{,}2 \, . \tag{3.2.27}$$

Also ergibt sich durch Kombination der beiden letzten Gleichungen und nachfolgender Integration:

$$\frac{\partial E^{\text{pot},j}}{\partial x^j} = -m_j g \ , \quad \frac{\partial E^{\text{pot},j}}{\partial y^j} = 0 \quad \Rightarrow \quad E^{\text{pot},j} = -m_j x^j\, g \ , \quad j = 1{,}2 \, . \tag{3.2.28}$$

Dynamik

Dabei haben wir die Integrationskonstanten so gewählt, dass die potenzielle Energie für $x^j = 0$ verschwindet. Die kinetischen Energien der Massen berechnen sich aus der Definitionsgleichung:

$$E^{\mathrm{kin},j} = \tfrac{1}{2} m_j \left(\dot{\underline{x}}^j\right)^2 = \tfrac{1}{2} m_j \left(\dot{x}^j\right)^2 \ , \quad j = 1{,}2 \, . \tag{3.2.29}$$

Die Gesamtenergie ist die Summe der vier einzelnen Energiebeiträge:

$$E^{\mathrm{tot}} = E^{\mathrm{pot},1} + E^{\mathrm{pot},2} + E^{\mathrm{kin},1} + E^{\mathrm{kin},2} = -\left(m_1 x^1 + m_2 x^2\right) g + \tfrac{1}{2} m_1 \left(\dot{x}^1\right)^2 + \tfrac{1}{2} m_2 \left(\dot{x}^2\right)^2 . \tag{3.2.30}$$

Da es sich um ein konservatives Kraftfeld handelt, das sich durch Ortsdifferenziation eines Potenzials ergibt und keine Reibungskräfte in Rechnung gestellt werden, ist die Gesamtenergie eine Konstante in der Zeit. Wenn man also die letzte Gleichung nach der Zeit differenziert, so wird:

$$\frac{\mathrm{d}E^{\mathrm{tot}}}{\mathrm{d}t} = 0 = -\left(m_1 \dot{x}^1 + m_2 \dot{x}^2\right) g + m_1 \dot{x}^1 \ddot{x}^1 + m_2 \dot{x}^2 \ddot{x}^2 . \tag{3.2.31}$$

Aufgrund der Nebenbedingung (3.2.22) erhält man jedoch nicht nur Gleichung (3.2.23), sondern auch die folgende Beziehung:

$$\dot{x}^1 = -2\dot{x}^2 . \tag{3.2.32}$$

Setzen wir dies nun in Gleichung (3.2.31) ein, so entsteht nach kurzer Umformung:

$$\ddot{x}^1 = -2\frac{m_2 - 2m_1}{4m_1 + m_2} g \ , \quad \ddot{x}^2 = \frac{m_2 - 2m_1}{4m_1 + m_2} g \, , \tag{3.2.33}$$

also die Bewegungsgleichungen, die wir schon aus Gleichung (3.2.25) her kennen.

3.2.3 Fallendes Seil und fallende Kette

Problemstellung

Betrachte die in Abb. 3.2.5 dargestellten Situationen. Über einem glatten Tisch (von Reibung ist im Folgenden abzusehen) rutscht ein homogenes Seil, respektive eine Kette mit Gliedern gleicher Masse herunter. Vom Seil der Gesamtlänge l hängt anfangs das Stück x_0 herab, x sei die vertikal hängende Länge zur Zeit t. Die Seilmasse pro Längeneinheit sei mit ρ bezeichnet. Die Kette ist anfangs zusammengeschoben, außer dem bereits herunterhängenden Teil der Länge x^0, und völlig bewegungslos, bis die überhängende Kette beginnt, die anderen Kettenglieder sukzessive in die Bewegung hineinzuziehen. Man berechne die Geschwindigkeit und die Position des tiefsten Systempunktes als Funktion der Zeit. Außerdem studiere man den mechanischen Energiehaushalt beider Systeme. Es ist zu zeigen, dass im Falle der Kette ein Energieverlust auftritt, im Falle des Seiles hingegen nicht. Worin manifestiert sich der Energieverlust? Studiere dazu auch den einfachen Fall zweier Kettenglieder, von denen eines am Anfang ruht und das andere sich mit einer vorgegebenen Geschwindigkeit bewegt. Nach dem Ineinanderhaken sollen sich beide Kettenglieder mit einer gemeinsamen Geschwindigkeit bewegen. Berechne diese und studiere die kinetischen Energien während des Bewegungsvorganges.

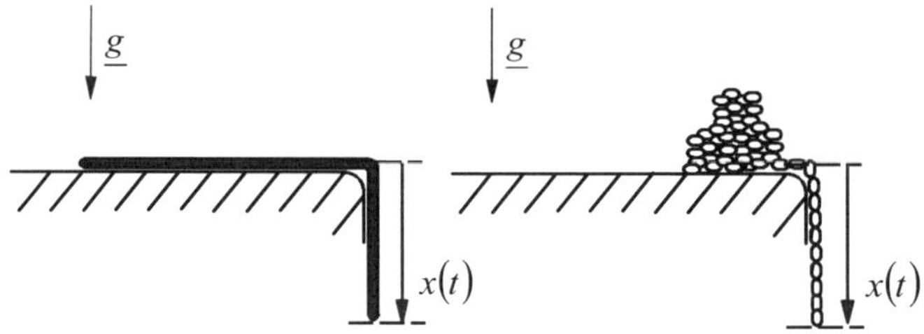

Abb. 3.2.5: Seil und Kette von einem glatten Tisch fallend.

Lösung

In beiden Fällen handelt es sich um eindimensionale offene Systeme. Beim Seil ist stets die gesamte Masse in Bewegung, also $m_S = \rho l$ mit dem Impuls $p_S = \rho l\, \dot{x}(t)$, denn alle das Seil aufbauenden Teilchen bewegen sich mit derselben Geschwindigkeit $\dot{x}(t)$. Es ist allerdings so, dass nur ein Teil der Masse über ihr Eigengewicht als Antriebskraft dient, nämlich das Stück, welches momentan über den Tisch hängt, eben $F = \rho\, x(t) g$. Mithin gilt die NEWTONsche Grundgleichung in folgender Form:

$$\frac{\mathrm{d}p_S}{\mathrm{d}t} = F \quad \Rightarrow \quad m_S \ddot{x}(t) = \rho g\, x(t) \quad \Rightarrow \quad \ddot{x}(t) = \frac{g}{l} x(t). \tag{3.2.34}$$

Bei der Kette ist nur der Teil in Bewegung, der momentan über der Tischkante hängt. Dessen Masse ist $\rho\, x(t)$ (ρ bezeichnet die Kettenmasse pro Einheitslänge) und die zugehörige Geschwindigkeit ist in jedem Punkt gleich und beträgt $\dot{x}(t)$. Also ist der zugehörige Impuls des Systems gegeben durch $p_K = \rho x \dot{x}$. Als Antrieb dient über ihr Eigengewicht die herunterhängende Kettenmasse $F = \rho\, x(t) g$ und somit schreibt sich das NEWTONsche Grundgesetz für den Fall der Kette:

$$\frac{\mathrm{d}p_K}{\mathrm{d}t} = F \quad \Rightarrow \quad \frac{\mathrm{d}}{\mathrm{d}t}(\rho x \dot{x}) = \rho g\, x(t) \quad \Rightarrow \quad \dot{x}^2(t) + x(t)\ddot{x}(t) = g\, x(t). \tag{3.2.35}$$

Die beiden resultierenden Differenzialgleichungen sind also völlig verschieden. Wir ermöglichen die Integration der Bewegungsgleichung für das Seil, also von Gleichung (3.2.34), durch Multiplikation mit $\dot{x}(t)$ und geschickte Umformung:

$$\ddot{x}(t)\dot{x}(t) = \frac{g}{l} x(t)\dot{x}(t) \quad \Rightarrow \quad \frac{\mathrm{d}}{\mathrm{d}t}\left(\frac{\dot{x}^2(t)}{2}\right) = \frac{\mathrm{d}}{\mathrm{d}t}\left(\frac{g}{l}\frac{x^2(t)}{2}\right). \tag{3.2.36}$$

Die Integration nach der Zeit bringt:

$$\dot{x}(t) = \sqrt{\frac{g}{l}}\sqrt{x^2(t) - x_0^2}\,, \tag{3.2.37}$$

denn am Anfang ruht das Seil und hängt mit der Länge x_0 über der Tischkante herunter. Die zweite Integration gelingt hieraus durch Trennung der Veränderlichen:

$$\frac{\mathrm{d}x}{\sqrt{x^2 - x_0^2}} = \sqrt{\frac{g}{l}}\mathrm{d}t \tag{3.2.38}$$

und unter Verwendung der folgenden Stammfunktion:

$$\int \frac{dx}{\sqrt{x^2 - x_0^2}} = \ln\left(x + \sqrt{x^2 - x_0^2}\right) + C \,, \tag{3.2.39}$$

so dass sich ergibt:

$$\int_{\tilde{x}=x_0}^{x} \frac{d\tilde{x}}{\sqrt{\tilde{x}^2 - x_0^2}} = \ln \frac{x + \sqrt{x^2 - x_0^2}}{x_0} = \sqrt{\frac{g}{l}}\, t \,. \tag{3.2.40}$$

Einfache Umformungen führen auf das Endergebnis:

$$x = \frac{x_0}{2}\left[\exp\left(\sqrt{\frac{g}{l}}\, t\right) + \exp\left(-\sqrt{\frac{g}{l}}\, t\right)\right]. \tag{3.2.41}$$

Nun verfahren wir bei gleicher Zielrichtung mit der Bewegungsgleichung der Kette wie folgt. Wir substituieren:

$$x = \sqrt{u} \quad \Rightarrow \quad u = x^2 \quad \Rightarrow \quad \dot{u} = 2x\dot{x} \quad \Rightarrow \quad \ddot{u} = 2\left(x\ddot{x} + \dot{x}^2\right) \tag{3.2.42}$$

und setzen in Gleichung (3.2.35) ein:

$$\ddot{u} = 2g\sqrt{u} \,. \tag{3.2.43}$$

Wir multiplizieren diese Gleichung mit $\dot{u}$ und formen um:

$$\dot{u}\ddot{u} = 2gu^{1/2}\dot{u} \quad \Rightarrow \quad \frac{d}{dt}\left(\frac{\dot{u}^2}{2}\right) = \frac{d}{dt}\left(\frac{4g}{3}u^{3/2}\right). \tag{3.2.44}$$

Integrieren zwischen Anfangszeitpunkt $t = 0$ (für den nach Gleichung (3.2.42) gilt, dass $u(t=0) \equiv u_0 = x_0^2$, $\dot{u}(t=0) = 2x_0\dot{x}(t=0) = 0$) und beliebigem Zeitpunkt t bringt:

$$\dot{u}^2 = \frac{8g}{3}\left(u^{3/2} - u_0^{3/2}\right) \quad \Rightarrow \quad x^2\dot{x}^2 = \frac{2g}{3}\left(x^3 - x_0^3\right) \quad \Rightarrow \quad \dot{x} = \sqrt{\frac{2g}{3}}\sqrt{x - \frac{x_0^3}{x^2}} \,. \tag{3.2.45}$$

Indem wir nun die Veränderlichen trennen und integrieren, folgt:

$$\frac{x\,dx}{\sqrt{x^3 - x_0^3}} = \sqrt{\frac{2g}{3}}\,dt \quad \Rightarrow \quad \int_{\tilde{x}=x_0}^{x} \frac{\tilde{x}\,d\tilde{x}}{\sqrt{\tilde{x}^3 - x_0^3}} = \sqrt{\frac{2g}{3}}\, t \,. \tag{3.2.46}$$

Das verbleibende Integral kann auch gelöst werden. Es ist durch elliptische Integrale darstellbar, und diese muss man numerisch lösen. Daher verzichten wir an dieser Stelle auf eine explizite Formel. Wir wenden uns nun dem Studium des mechanischen Energiehaushaltes beider Systeme zu. Für das Seil findet sich:

$$E^{\text{kin}}(t) + E^{\text{pot}}(t) = \frac{\rho l g}{2}\dot{x}^2 - \rho x g \frac{x}{2} \,. \tag{3.2.47}$$

Dass diese Gleichung so und nicht anders lautet, liegt daran, dass bei der Berechnung der kinetischen Energie die gesamte Masse einfließt, also ρl. Für die potenzielle Energie ist nur die herunterhängende Masse ρx an der Stelle des Schwerpunktes, also bei $x/2$, anzusetzen. Das Minus ist daraus zu verstehen, dass wir die Bewegungskoordinate positiv nach unten zählen, also in Richtung der Schwerkraft, und das Nullniveau auf Tischplattenhöhe liegen soll. Mit der Lösung aus Gleichung (3.2.41) ergibt sich so:

$$E^{\text{kin}}(t) + E^{\text{pot}}(t) = -\frac{\rho g}{2} x_0^2 \,. \tag{3.2.48}$$

Die gesamte mechanische Energie ist also unabhängig von der Zeit konstant und zwar gegeben durch die gesamte Energie des Systems am Anfang der Bewegung, welche ausschließlich potenzieller Natur ist, nämlich dem Produkt aus der Masse des herunterhängenden Seiles ρx_0 mit dem zugehörigen, bei $x_0/2$ befindlichen Schwerpunkt. Im Falle des Seiles liegt also Energieerhaltung vor. Dies ist bei der Kette nicht so. Wir finden in Analogie zur Gleichung (3.2.14) für diesen Fall, dass:

$$E^{\text{kin}}(t)+E^{\text{pot}}(t)=\frac{\rho x}{2}\dot{x}^2-\rho xg\frac{x}{2}=\frac{\rho x}{2}\left(\dot{x}^2-gx\right). \tag{3.2.49}$$

Mit der Lösung aus Gleichung (3.2.45) formen wir weiter um:

$$E^{\text{kin}}(t)+E^{\text{pot}}(t)=-\frac{\rho g}{6x}\left(x^3+2x_0^3\right)<0. \tag{3.2.50}$$

Offenbar nimmt die gesamte mechanische Energie im Laufe der Zeit stetig weiter ab. Zur Anfangszeit gilt:

$$E^{\text{kin}}(t=0)+E^{\text{pot}}(t=0)=-\frac{\rho g}{2}x_0^2=-\rho x_0 g\frac{x_0}{2}, \tag{3.2.51}$$

und dieses Ergebnis macht Sinn, denn am Anfang gibt es nur potenzielle Energie für die herunterhängende Masse ρx_0, die man sich im Schwerpunkt bei $x_0/2$ zusammengefasst denken kann. Dass die Energie nicht erhalten ist, ist eine Folge des inelastischen Stoßprozesses, welcher der Bewegung der Kettenglieder eigentümlich ist. Betrachten wir zum Verständnis zwei Kettenglieder, die auf dem Tisch liegen. Eines habe bereits eine Geschwindigkeit $\dot{x}$, das andere ruhe. Durch die Bewegung wird das erste Kettenglied das zweite beschleunigen, bis beide schließlich dieselbe Geschwindigkeit $\dot{x}'$ besitzen. Da keine externen Kräfte wirken, muss der Gesamtimpuls vorher gleich dem Gesamtimpuls nachher sein, was es gestattet, die Geschwindigkeit $\dot{x}'$ zu berechnen:

$$m\dot{x}=2m\dot{x}' \quad\Rightarrow\quad \dot{x}'=\tfrac{1}{2}\dot{x}. \tag{3.2.52}$$

Die Gesamtenergie nachher abzüglich der Gesamtenergie vorher lässt sich einfach berechnen, denn es gibt in diesem Fall nur kinetische Energien:

$$\left(E^{\text{kin}}\right)'-E^{\text{kin}}=\frac{2m}{2}\left(\dot{x}'\right)^2-\tfrac{1}{2}m\dot{x}^2=-\tfrac{1}{4}m\dot{x}^2. \tag{3.2.53}$$

Somit sehen wir auch hier klar einen Energieverlust, denn die beiden Kettenglieder müssen sich miteinander bewegen, und das geht nur, wenn ein vollständig plastischer Stoßvorgang stattfindet.

3.3 Die Dynamik des starren Körpers

3.3.1 Starrkörperkinematik

Problemstellung

Drei starre Stangen sind, wie in Abb. 3.3.1 dargestellt, über Gelenke miteinander verbunden. Um den Punkt C wird mit der senkrecht aus der Zeichenebene hinausweisenden Winkelgeschwindigkeit $\underline{\omega}_C$ angetrieben. Bestimme die momentanen Geschwindigkeiten sowie Winkelgeschwindigkeiten in den Punkten A und B mithilfe der EULERschen Formel.

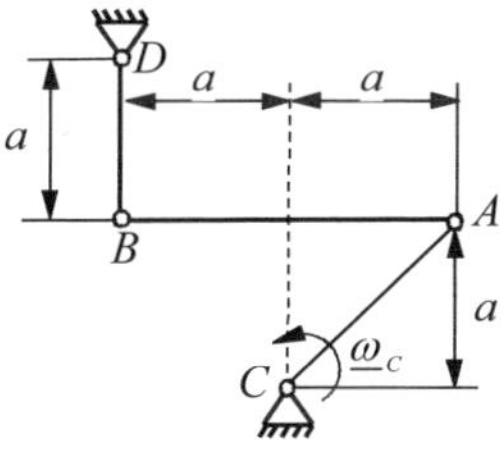

Abb. 3.3.1: Ein Stangenantrieb.

Lösung

Die EULERsche Formel in Bezug auf zwei Starrkörperpunkte A und P lautet (vgl. Buchabschnitt 3.3.1 zu den Bezeichnungen und deren Bedeutung):

$$\underline{\upsilon}^P = \underline{\upsilon}^A + \underline{\omega}_A \times \underline{x}^{AP} . \quad (3.3.1)$$

Betrachten wir als Erstes die Strecke CA: $\underline{x}^{CA} = \sqrt{a^2 + a^2}\,\underline{e}_r = \sqrt{2}a\underline{e}_r$, so wird daraus:

$$\underline{\upsilon}^A = \underline{\upsilon}^C + \underline{\omega}_C \times \underline{x}^{CA} = \underline{0} + (\omega_C \underline{e}_3) \times \left(\sqrt{2}a\underline{e}_r\right) = \sqrt{2}a\omega_C \underline{e}_\varphi , \quad (3.3.2)$$

da gilt (siehe Abb. 3.3.2):

$$\underline{e}_3 \times \underline{e}_r = \underline{e}_\varphi . \quad (3.3.3)$$

Mithin folgt:

$$\upsilon^A = \sqrt{2}a\omega_C . \quad (3.3.4)$$

Die Bestimmung der Winkelgeschwindigkeit $\underline{\omega}_A$ erfolgt über die Momentanpunktgleichung (vgl. Buchabschnitt 3.3.6):

$$\underline{\upsilon}^A = \underline{\omega}_A \times \underline{x}^{\Pi_A A} . \quad (3.3.5)$$

Der Momentanpol Π_A ergibt sich, indem man, wie in Abb. 3.3.2 zu sehen, den Schnittpunkt zwischen den senkrecht zu den Geschwindigkeitsvektoren $\underline{\upsilon}^A$ und $\underline{\upsilon}^B$ stehenden Geraden bildet. Die Richtung von $\underline{\upsilon}^A$ ergibt sich aus Gleichung (3.3.2), die Richtung von $\underline{\upsilon}^B$ kann nur identisch mit derjenigen der Stabachse AB sein. Für den Ortsvektor $\underline{x}^{\Pi_A A}$ gilt somit:

$$\underline{x}^{\Pi_A A} = 2\sqrt{2}a\underline{e}_r . \quad (3.3.6)$$

Eingesetzt in Gleichung (3.3.5) folgt somit:

$$\underline{\upsilon}^A = (\omega_A \underline{e}_3) \times \left(2\sqrt{2}a\underline{e}_r\right) = 2\sqrt{2}a\omega_A \underline{e}_\varphi , \quad (3.3.7)$$

und es ergibt sich im Vergleich mit Gleichung (3.3.2):

$$\omega_A = \frac{1}{2}\omega_C \;, \quad \underline{\omega}_A = \frac{1}{2}\underline{\omega}_C . \quad (3.3.8)$$

Um die Geschwindigkeit $\underline{\upsilon}^B$ zu ermitteln, benutzen wir die EULERsche Gleichung, angewandt auf die starre Stange AB (siehe auch das Dreibein aus Abb. 3.3.2):

$$\underline{\upsilon}^B = \underline{\upsilon}^A + \underline{\omega}_A \times \underline{x}^{AB} = \sqrt{2}a\omega_C \underline{e}_\varphi + \left(\frac{\omega_C}{2}\underline{e}_3\right) \times \left(\sqrt{2}a\underline{e}_\varphi - \sqrt{2}a\underline{e}_r\right) = \quad (3.3.9)$$

$$\sqrt{2}a\omega_C \underline{e}_\varphi + \frac{\omega_C}{\sqrt{2}} a\left(\underline{e}_3 \times \underline{e}_\varphi - \underline{e}_3 \times \underline{e}_r\right) = \frac{a\omega_C}{\sqrt{2}}\left(\underline{e}_\varphi - \underline{e}_r\right).$$

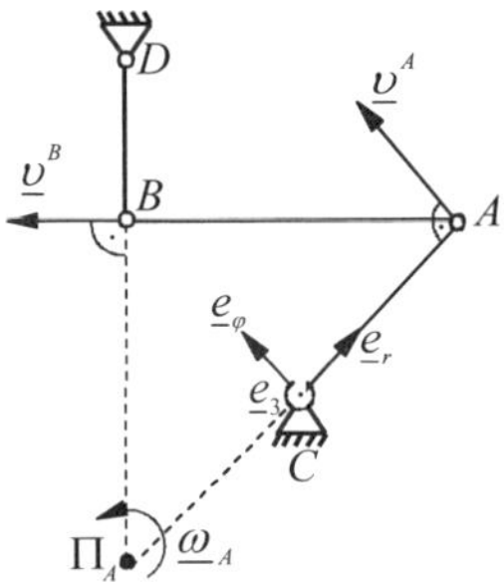

Abb. 3.3.2: Zur Bestimmung der Momentanpole.

Also ist:

$$\upsilon^B = a\omega_C . \tag{3.3.10}$$

Um schließlich noch die Winkelgeschwindigkeit $\underline{\omega}_B$ zu bestimmen, starten wir mit der Momentanpolgleichung:

$$\underline{\upsilon}^B = \underline{\omega}_B \times \underline{x}^{\Pi_B B} . \tag{3.3.11}$$

Der Momentanpol Π_B ist identisch mit dem Punkt D, denn schließlich ist dieser fest gelagert und mit B über eine starre Stange verbunden. Also gilt:

$$\underline{x}^{\Pi_B B} = -\frac{1}{\sqrt{2}}\left(\underline{e}_\varphi + \underline{e}_r\right). \tag{3.3.12}$$

Andererseits kann aufgrund der Tatsache, dass es sich um ein ebenes Problem handelt, nur gelten:

$$\underline{\omega}_B = \omega_B \underline{e}_3 . \tag{3.3.13}$$

Eingesetzt in Gleichung (3.3.11) ergibt sich so:

$$\underline{\upsilon}^B = -\frac{1}{\sqrt{2}} a\omega_B \underline{e}_3 \times \left(\underline{e}_\varphi + \underline{e}_r\right) = \frac{1}{\sqrt{2}} a\omega_B \left(\underline{e}_r - \underline{e}_\varphi\right). \tag{3.3.14}$$

Im Vergleich mit (3.3.12) schließt man so auf:

$$\omega_B = -\omega_C . \tag{3.3.15}$$

Mithin zeigt der Vektor $\underline{\omega}_B$ in die Zeichenebene hinein.

3.3.2 Starrkörperkinematik kommunizierender Walzen

Problemstellung

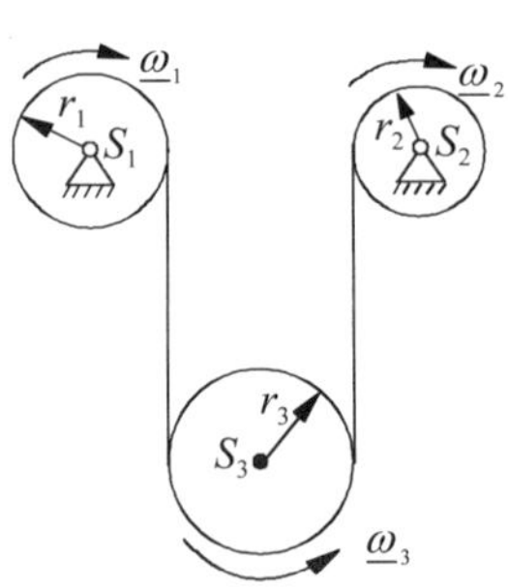

Abb. 3.3.3: Walzen im Verbund.

Über drei Walzen mit unterschiedlichen Radien r_1, r_2 und r_3 rollt Papier ab, so wie in Abb. 3.3.3 dargestellt. Die beiden oberen, feststehenden Walzen arbeiten rechtsdrehend mit den bekannten Winkelgeschwindigkeiten $\underline{\omega}_1$ bzw. $\underline{\omega}_2$. Bestimme mit der EULERschen Formel die Winkelgeschwindigkeit $\underline{\omega}_3$ der dritten, freihängenden Walze sowie die Geschwindigkeit ihres Schwerpunkts $\underline{\upsilon}^{S_3}$.

Lösung

Die EULERsche Formel in Bezug auf zwei Starrkörperpunkte A und P lautet (vgl. Buchabschnitt 3.3.1 zu den Bezeichnungen und deren Bedeutung):

$$\underline{\upsilon}^P = \underline{\upsilon}^A + \underline{\omega}_A \times \underline{x}^{AP}. \tag{3.3.16}$$

Wir wenden sie als Erstes auf die in Abb. 3.3.4 dargestellte Strecke S_1A an. Hier gilt in Bezug auf das eingezeichnete, mit der Walze 1 verbundene mitbewegte Koordinatensystem:

$$\underline{\omega}_1 = -\omega_1 \underline{e}_3 \ , \quad \underline{x}^{S_1A} = r_1 \underline{e}_r \ , \quad \underline{\upsilon}^{S_1} = \underline{0}. \tag{3.3.17}$$

Also folgt:

$$\underline{\upsilon}^A = \underline{\omega}_1 \times \underline{x}^{S_1A} = (-\omega_1 \underline{e}_3) \times (r_1 \underline{e}_r) = -\omega_1 r_1 \underline{e}_3 \times \underline{e}_r = -\omega_1 r_1 \underline{e}_\varphi , \tag{3.3.18}$$

und das macht Sinn, denn die Bewegung des in A auf der Walze abrollenden Papiers geht augenscheinlich nach unten. Mehr noch! Das Papier wird an die Walze 3 weitergereicht, und daher muss in dem in Abb. 3.3.4 eingezeichneten Punkt B gelten:

$$\underline{\upsilon}^B = \underline{\upsilon}^A = -\omega_1 r_1 \underline{e}_\varphi . \tag{3.3.19}$$

In analoger Weise wie bei der Walze 1 findet man für den Punkt D der Walze 2:

$$\underline{\omega}_2 = -\omega_2 \underline{e}_3 \ , \quad \underline{x}^{S_2D} = -r_2 \underline{e}_r \ , \quad \underline{\upsilon}^{S_2} = \underline{0}. \tag{3.3.20}$$

und somit für den Punkt D die Walze 2 mithilfe der sinngemäß auf die Strecke S_2D angewandten EULERschen Formel:

$$\underline{\upsilon}^D = \underline{\omega}_2 \times \underline{x}^{S_2D} = (-\omega_2 \underline{e}_3) \times (-r_2 \underline{e}_r) = \omega_2 r_2 \underline{e}_3 \times \underline{e}_r = \omega_2 r_2 \underline{e}_\varphi . \tag{3.3.21}$$

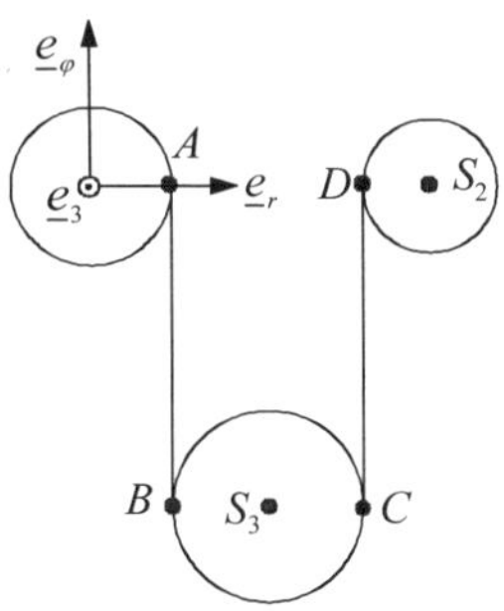

Abb. 3.3.4: Zur Bestimmung der Momentanpole.

Auch das macht Sinn, denn das Papier wird im Punkte D augenscheinlich vertikal nach oben transportiert. Damit muss im Punkte C der Walze gelten:

$$\underline{\upsilon}^C = \underline{\upsilon}^D = \omega_2 r_2 \underline{e}_\varphi . \tag{3.3.22}$$

Die EULERschen Formel wird nun noch auf die Strecken S_3B und S_3C der Walze 3 angesetzt:

$$\underline{\upsilon}^B = \underline{\upsilon}^{S_3} + \underline{\omega}_3 \times \underline{x}^{S_3B} \ , \quad \underline{\upsilon}^C = \underline{\upsilon}^{S_3} + \underline{\omega}_3 \times \underline{x}^{S_3C} . \tag{3.3.23}$$

Für die darin auftretenden Ortsvektoren notieren wir:

$$\underline{x}^{S_3B} = -r_3\underline{e}_r\ ,\quad \underline{x}^{S_3C} = r_3\underline{e}_r\ . \tag{3.3.24}$$

Also folgt bei Addition der beiden in (3.3.20) gezeigten Gleichungen:

$$\underline{\upsilon}^{S_3} = \frac{1}{2}\left(\underline{\upsilon}^B + \underline{\upsilon}^C\right) = \frac{1}{2}\left(\omega_2 r_2 - \omega_1 r_1\right)\underline{e}_\varphi \tag{3.3.25}$$

und bei Subtraktion:

$$2r_3\underline{\omega}_3 \times \underline{e}_r = \underline{\upsilon}^C - \underline{\upsilon}^B \quad \Leftrightarrow \quad 2r_3\left(\omega_3\underline{e}_3\right)\times\underline{e}_r = \left(\omega_1 r_1 + \omega_2 r_2\right)\underline{e}_\varphi\ . \tag{3.3.26}$$

Da ferner gilt:

$$\underline{e}_3 \times \underline{e}_r = \underline{e}_\varphi\ . \tag{3.3.27}$$

folgt als Endergebnis:

$$\underline{\omega}_3 = \frac{\omega_1 r_1 + \omega_2 r_2}{2r_3}\underline{e}_3\ . \tag{3.3.28}$$

Der Schwerpunkt der dritten Walze bewegt sich also vertikal nach oben und nicht etwa auch seitwärts.

3.3.3 Eine Hebevorrichtung

Problemstellung

Über ein drehbar gelagertes Antriebsrad (Masse m_1, Massenträgheitsmoment $\frac{1}{2}m_1r_1^2$, Radius r_1, Antriebsmoment M_0) wird ein abgestuftes Heberad in Bewegung (Masse $m_2 + m_3$, Massenträgheitsmoment $\frac{1}{2}m_2r_2^2 + \frac{1}{2}m_3r_3^2$, Radien r_2, r_3) gesetzt. Durch geeignete Vorspannung in horizontaler Richtung ist dafür gesorgt, dass beide Räder aufeinander abrollen. Am inneren Absatz des Heberades ist eine punktförmige Masse m_4 per Seil angebunden. Die Bewegungsgleichungen sind aufzustellen und zu entkoppeln. Ermittle ferner bei bekannten Reibkoeffizienten μ_0 die zum Einhalten des Rollens notwendige Vorspannkraft.

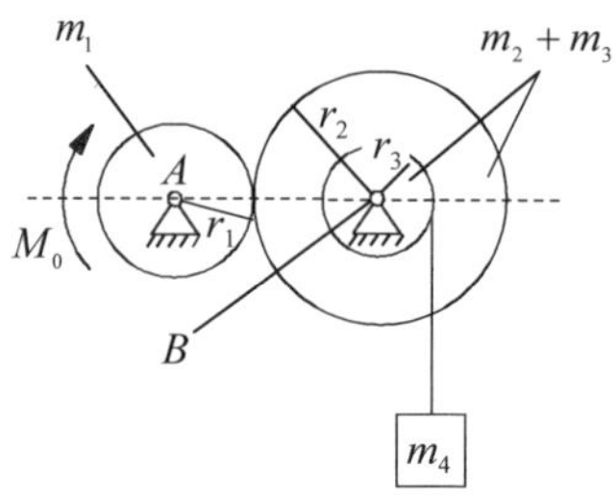

Abb. 3.3.5: Reibräder mit Punktmasse.

Lösung

Es wird, wie in Abb. 3.3.6 gezeigt, freigeschnitten. Gemäß dem Drall- und Schwerpunktsatz gelingt es so unter Verwendung der in der Abbildung gezeigten Koordinaten, die folgenden, miteinander gekoppelten Bewegungsgleichungen aufzustellen. Für das Antriebsrad:

$$-\frac{1}{2}m_1r_1^2\ddot{\varphi}_1 = -M_0 + F_W r_1\ ,\quad m_1\ddot{x}^A = F_{Ax} - F_N\ ,\quad m_1\ddot{y}^A = -m_1 g + F_{Ay} + F_W\ , \tag{3.3.29}$$

für das Heberad:

$$-\frac{1}{2}\left(m_2 r_2^2 + m_3 r_3^2\right)\ddot{\varphi}_2 = F_W r_2 - S r_3, \tag{3.3.30}$$

$$\left(m_2 + m_3\right)\ddot{x}^B = F_N + F_{BX}\ , \ \left(m_2 + m_3\right)\ddot{y}^B = -F_W + F_{By} - \left(m_2 + m_3\right)g - S$$

und für die Punktmasse:

$$m_4 \ddot{y} = -S + m_4 g\,. \tag{3.3.31}$$

Mithin zählen wir dreizehn Unbekannte, nämlich φ_1, F_W, x^A, y^A, F_{Ax}, F_{Ay}, φ_2, S, x^B, y^B, F_{Bx}, F_{By} und y. Beachte, dass sich die Normalkraft F_N darunter erst einmal nicht befindet. Diese ist wie gesagt genügend stark vorzugeben, um reines Abrollen zu ermöglichen. Davon später.

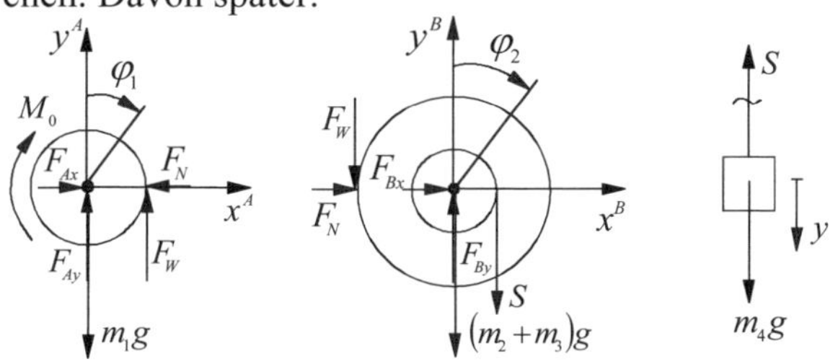

Abb. 3.3.6: Freischnitte am Mehrkörpersystem.

Wir komplettieren die sieben Gleichungen (3.3.29-31) durch sechs kinematische Bedingungen. Die Räder sind fest gelagert, also:

$$\mathrm{d}x^A = 0\ ,\ \mathrm{d}y^A = 0\ ,\ \mathrm{d}x^B = 0\ ,\ \mathrm{d}y^B = 0\,. \tag{3.3.32}$$

Ferner sind Seil- und Rollbedingungen einzuhalten:

$$r_1\ddot{\varphi}_1 = -r_2\ddot{\varphi}_2\ ,\ \ddot{y} = r_3\ddot{\varphi}_2\,. \tag{3.3.33}$$

Wir konzentrieren uns im Folgenden auf die Bestimmung einer Gleichung, die nurmehr y als Unbekannte enthält. Dazu dienen insbesondere alle Gleichungen, die nicht die Auflagerreaktionen enthalten. Wir finden aus Gleichung $(3.3.29)_1$:

$$F_W = -\frac{1}{2} m_1 r_1 \ddot{\varphi}_1 + \frac{M_0}{r_1}, \tag{3.3.34}$$

aus den Gleichungen $(3.3.30)_1$, (3.3.33):

$$\frac{1}{2}\left[\left(m_1 + m_2\right) r_2^2 + m_3 r_3^2\right]\ddot{y} = -M_0 \frac{r_2 r_3}{r_1} + S r_3^2 \tag{3.3.35}$$

und aus Gleichung (3.3.31):

$$S = -m_4 \ddot{y} + m_4 g\,, \tag{3.3.36}$$

was in die vorherige Gleichung eingesetzt auf folgendes Ergebnis führt:

$$\ddot{y} = \frac{2\left(m_4 r_3^2 g - M_0 \dfrac{r_2 r_3}{r_1}\right)}{\left(m_1 + m_2\right) r_2^2 + \left(m_3 + 2m_4\right) r_3^2}\,. \tag{3.3.37}$$

Dies ermöglicht es wiederum, die Kraft F_W aus den Gleichungen (3.3.33/34) explizit zu berechnen:

$$F_W = \frac{m_1 m_4 r_2 r_3 g + \left[(m_1+m_2)\frac{r_2^2}{r_1} + (m_3+2m_4)\frac{r_3^2}{r_1} - m_1\frac{r_2^2}{r_1}\right] M_0}{(m_1+m_2)r_2^2 + (m_3+2m_4)r_3^2}. \tag{3.3.38}$$

Hat man diese, so wird es möglich, die notwendige Vorspannung zu ermitteln, wenn man den Reibkoeffizienten zwischen den beiden Räderoberflächen kennt und sich des COULOMBschen Gesetzes bedient:

$$F_N = \frac{F_W}{\mu_0}. \tag{3.3.39}$$

3.3.4 Eine beschwingte Schlittenfahrt

Problemstellung

Ein Schlitten (Masse *M*) ist, wie in der Abb. 3.3.7 zu sehen, mit einer Feder der Steife c verbunden und wird mit einer zeitlich veränderlichen Kraft $F(t)$ auf einer reibungsfreien Oberfläche in Bewegung gesetzt. Auf dem Schlitten befindet sich eine Walze (Radius r, Masse *m*), die wieder über eine Feder der Steife c mit der Schlittenwand verbunden ist. Die Bewegung der Walze soll rein rollend ablaufen. Man stelle die zugehörigen Bewegungsgleichungen auf.

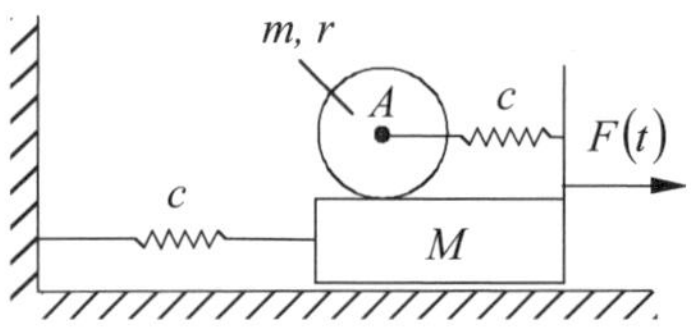

Abb. 3.3.7: Walze auf Schlitten.

Lösung

Es wird, wie in Abb. 3.3.8 gezeigt, freigeschnitten. Gemäß dem Drall- und Schwerpunktsatz gelingt es so unter Verwendung der in der Abbildung gezeigten Koordinaten, die folgenden, miteinander gekoppelten Bewegungsgleichungen aufzustellen. Für die Walze:

$$\frac{m}{2}r^2\ddot{\varphi} = F_W r \ , \quad m\ddot{x}^A = F_W + F_{c_2} \ , \quad m\ddot{y}^A = F_{N_1} - mg \ , \tag{3.3.40}$$

und für den Schlitten:

$$M\,\ddot{x}^S = -F_{c_1} - F_{c_2} + F(t) - F_W \ , \quad M\,\ddot{y}^S = -F_{N_1} + F_{N_2} - Mg \ . \tag{3.3.41}$$

Für die Federkräfte ist jeweils die relative Extension zu berücksichtigen:

$$F_{c_1} = cx^S \ , \quad F_{c_2} = c\left(x^S - x^A\right). \tag{3.3.42}$$

Mithin zählen wir acht Unbekannte, nämlich φ, F_W, x^A, y^A, F_{N_1}, F_{N_2}, x^S und y^S. Wir komplettieren die fünf Gleichungen (3.3.40-41) durch drei kinematische Bedingungen. In vertikaler Richtung unterbleibt die Bewegung, also:

$$\mathrm{d}y^A = 0 \ , \quad \mathrm{d}y^S = 0 \ . \tag{3.3.43}$$

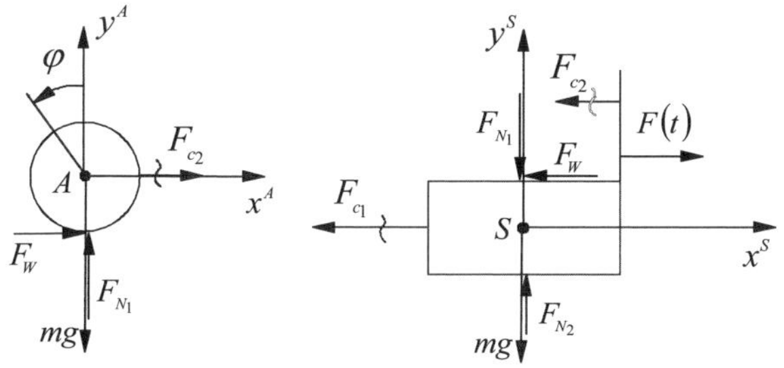

Abb. 3.3.8: Freischnitte am Mehrkörpersystem.

Aufgrund des Abrollens ist folgende Beziehung sichergestellt:

$$\mathrm{d}x^A = \mathrm{d}x^S - r\mathrm{d}\varphi \quad \Rightarrow \quad \ddot{x}^S - \ddot{x}^A = r\ddot{\varphi}\,. \tag{3.3.44}$$

Wir konzentrieren uns im Folgenden auf die Bestimmung zweier Bewegungsgleichungen, die nunmehr den Winkel φ und den Schwerpunkt x^S als Unbekannte enthalten. In diesem Sinne finden wir mit Gleichung (3.3.40)₁:

$$F_W = \frac{1}{2} m r \ddot{\varphi}\,, \tag{3.3.45}$$

aus den Gleichungen $(3.3.40)_2$, $(3.3.42)_2$ und (3.3.44):

$$m\left(\ddot{x}^S - r\ddot{\varphi}\right) = F_W + c\left(x^S - x^A\right). \tag{3.3.46}$$

Elimination von F_W aus beiden Gleichungen führt unter Beachtung von Gleichung (3.3.44) auf:

$$\tfrac{3}{2} m r \ddot{\varphi} - m\ddot{x}^S = -c\left(x^S - x^A\right) \equiv -cR\varphi\,. \tag{3.3.47}$$

Aus den Gleichungen $(3.3.41)_1$, $(3.3.40)_1$ und (3.3.42/44) folgt:

$$M\,\ddot{x}^S + c\left(2x^S - x^A\right) + F_W = F(t)\,, \quad m\left(\ddot{x}^S - r\ddot{\varphi}\right) - F_W - c\left(x^S - x^A\right) = 0\,. \tag{3.3.48}$$

Addition beider Resultate führt auf:

$$M\,\ddot{x}^S + m\ddot{x}^A + cx^S = F(t)\,, \tag{3.3.49}$$

was sich vermöge Gleichung (3.3.44) auch folgendermaßen schreiben lässt:

$$(M+m)\,\ddot{x}^S - m r \ddot{\varphi} + c x^S = F(t)\,. \tag{3.3.50}$$

Die Gleichungen (3.3.47) und (3.3.50) sind die gesuchten Beziehungen.

3.3.5 Ein Fallrad

Problemstellung

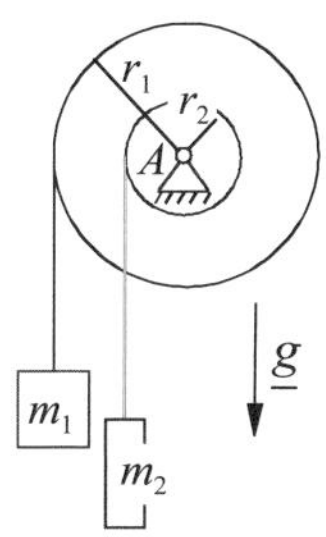

Abb. 3.3.9: Fallrad mit zwei Punktmassen.

An einem abgestuften Fallrad hängen, wie in Abb. 3.3.9 dargestellt, zwei punktförmige Massen m_1 und m_2, die sich unter der Wirkung der Erdschwere beginnen, in Bewegung zu setzen. Bestimme durch Analyse aller relevanten Bewegungsgleichungen das Massenträgheitsmoment θ_{AA} des Fallrades so, dass eine ungestörte Bewegung gewährleistet ist.

Lösung

Es wird, wie in Abb. 3.3.10 gezeigt, freigeschnitten. Gemäß dem Drall- und Schwerpunktsatz gelingt es so unter Verwendung der in der Abbildung gezeigten Koordinaten, die folgenden, miteinander gekoppelten Bewegungsgleichungen aufzustellen. Für das Fallrad:

$$\theta_{AA}\ddot{\varphi} = r_1 S_1 + r_2 S_2 , \tag{3.3.51}$$

und für die Punktmassen:

$$m_1\ddot{x}_1 = m_1 g - S_1 \ , \ \ m_2\ddot{x}_2 = m_2 g - S_2 . \tag{3.3.52}$$

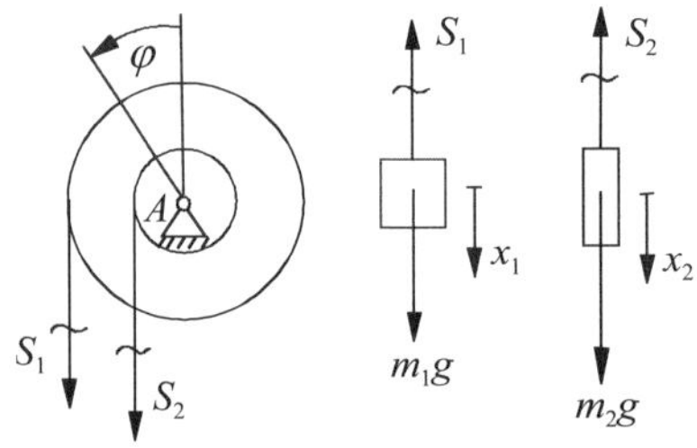

Abb. 3.3.10: Freischnitte am Mehrkörpersystem.

Wir komplettieren diese Gleichungen durch kinematische Bedingungen (Seil- und Rollbedingungen) wie folgt:

$$r_1 \mathrm{d}\varphi = \mathrm{d}\, x_1 \ , \ \ r_2 \mathrm{d}\varphi = \mathrm{d}\, x_2 . \tag{3.3.53}$$

Setzt man dies in die obigen Bewegungsgleichungen ein, so resultiert:

$$\ddot{\varphi} = \frac{r_1}{\theta_{AA}} S_1 + \frac{r_2}{\theta_{AA}} S_2 \ , \ \ \ddot{\varphi} = \frac{g}{r_1} - \frac{S_1}{m_1 r_1} \ , \ \ \ddot{\varphi} = \frac{g}{r_2} - \frac{S_2}{m_2 r_2} . \tag{3.3.54}$$

Durch gegenseitiges Einsetzen gelingt es, hieraus die beiden unbekannten Seilkräfte zu bestimmen:

$$S_1 = m_1 g \frac{\theta_{AA} - m_2 r_2 (r_1 - r_2)}{\theta_{AA} + m_1 r_1^2 + m_2 r_2^2} \ , \ \ S_2 = m_2 g \frac{\theta_{AA} + m_1 r_1 (r_1 - r_2)}{\theta_{AA} + m_1 r_1^2 + m_2 r_2^2} . \tag{3.3.55}$$

Man erkennt, dass es zu einem „Durchhänger" kommen kann, wenn der Zähler der Seilkraft S_1 negativ wird. Also muss man fordern, dass:

$$S_1 > 0 \ \ \Rightarrow \ \ \theta_{AA} > m_2 r_2 (r_1 - r_2) . \tag{3.3.56}$$

3.3.6 Bewegung einer Tänzerwalze

Problemstellung

Eine Tänzerwalze (Radius r_2, Masse m_2) wird über ein feststehendes Rad (Radius r_1, Masse m_1) mithilfe einer vorgegebenen Kraft F in rotatorisch-translatorische Bewegung versetzt, wie in Abb. 3.3.11 gezeigt. Es sollen die Bewegungsgleichungen für die Tänzerwalze und alle Seilkräfte bestimmt werden.

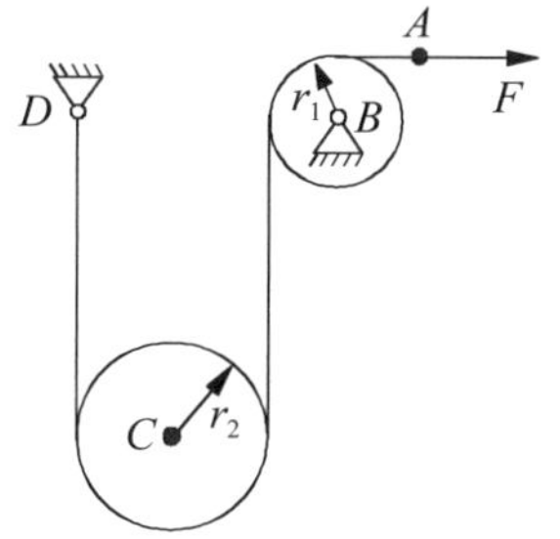

Abb. 3.3.11: Tänzerwalze im Verbund mit feststehendem Rad.

Lösung

Es wird, wie in Abb. 3.3.12 gezeigt, freigeschnitten. Gemäß dem Drall- und Schwerpunktsatz gelingt es so unter Verwendung der in der Abbildung gezeigten Koordinaten, die folgenden, miteinander gekoppelten Bewegungsgleichungen aufzustellen. Für die feststehende Walze:

$$-\theta_{BB}\ddot{\varphi}_1 = -S_1 r_1 + S_2 r_1 \ , \ \theta_{BB} = \frac{m_1}{2} r_1^2 \ , \tag{3.3.57}$$

für die Tänzerwalze:

$$\theta_{CC}\ddot{\varphi}_2 = S_2 r_2 - S_3 r_2 \ , \ m_2 \ddot{y} = S_3 + S_2 - m_2 g \ , \ \theta_{CC} = \frac{m_2}{2} r_2^2 \tag{3.3.58}$$

und für das (masselos angenommene) Seilstück am Punkt A:

$$S_1 = F \ . \tag{3.3.59}$$

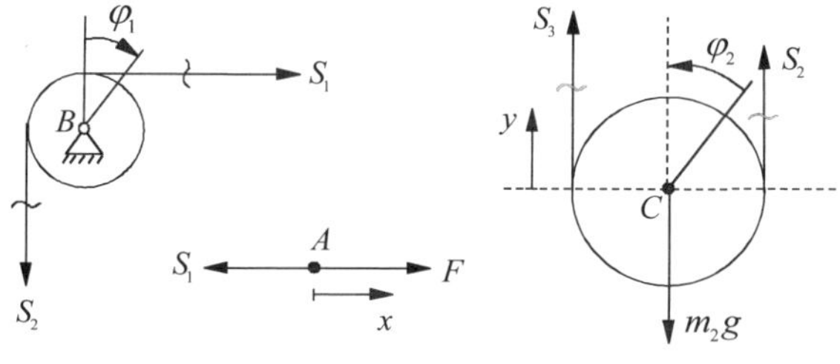

Abb. 3.3.12: Freischnitte zur Bestimmung der Seilkräfte.

Wir ergänzen diese Gleichungen durch kinematische Bedingungen. Zunächst gelten folgende offensichtliche Seil- und Rollbedingungen für die feststehende Walze:

$$\mathrm{d}x = r_1 \mathrm{d}\varphi_1 \ , \ \mathrm{d}y = r_2 \mathrm{d}\varphi_2 \ . \tag{3.3.60}$$

Würde sich die Tänzerwalze nicht translatorisch bewegen, dann wäre außerdem:

$$\mathrm{d}x \equiv \mathrm{d}x' = r_2 \mathrm{d}\varphi_2 \ . \tag{3.3.61}$$

Nun bewegt sich die Tänzerwalze aber nach oben, und zwar um $\mathrm{d}y = r_2\mathrm{d}\varphi_2$, denn bei reinem Rollen eines Rades um den Betrag $r_2\mathrm{d}\varphi_2$ längs seines Umfanges bewegt sich der Schwerpunkt um denselben Betrag vorwärts, also in unserem Fall nach oben und damit, übertragen durch das Seil auf die feststehende Rolle, nach rechts. Dieser Anteil kommt also zu $\mathrm{d}x'$ noch hinzu und daher ist:

$$\mathrm{d}x = r_2 \mathrm{d}\varphi_2 + r_2 \mathrm{d}\varphi_2 = 2 r_2 \mathrm{d}\varphi_2 \ . \tag{3.3.62}$$

Die Bewegungsgleichungen lassen sich damit auf folgende Form bringen:

Dynamik

$$\theta_{BB}\ddot{x} = (F - S_2)r_1^2 \ , \ \theta_{CC}\ddot{x} = 2(S_2 - S_3)r_2^2 \ , \ \frac{m_2}{2}\ddot{x} = S_3 + S_2 - m_2 g \ . \tag{3.3.63}$$

Dies sind drei Gleichungen für drei verbliebene Unbekannte, nämlich S_2, S_3 und $\ddot{x}$. Wir finden bei gegenseitigem Einsetzen unter Verwendung der expliziten Ausdrücke für die Massenträgheitsmomente:

$$S_2 = \frac{3F + 2m_1 g}{3 + 4m_1/m_2} \ , \ S_3 = \frac{F + (2m_1 + m_2)g}{3 + 4m_1/m_2} \ , \ \ddot{x} = \frac{8F/m_2 - 4g}{3 + 4m_1/m_2} \ . \tag{3.3.64}$$

3.3.7 Massenträgheitsmoment von Voll- und Hohlkugel

Problemstellung

Betrachte die in Abb. 3.3.13 dargestellte homogene Vollkugel vom Radius R. Ihre Gesamtmasse sei mit M bezeichnet. Berechne zunächst das Massenträgheitsmoment bei Drehung um die z–Achse. Verwende dazu das in der Abb. 3.3.13 für einen inneren Kugelpunkt dargestellte Koordinatensystem (r, θ, φ) wie gezeichnet. Bestimme in einem zweiten Schritt das Massenträgheitsmoment einer durch Drehung eines Viertelkreisrings um die z–Achse erzeugten halben Hohlkugel mit Innenradius R_i und Außenradius R_a.

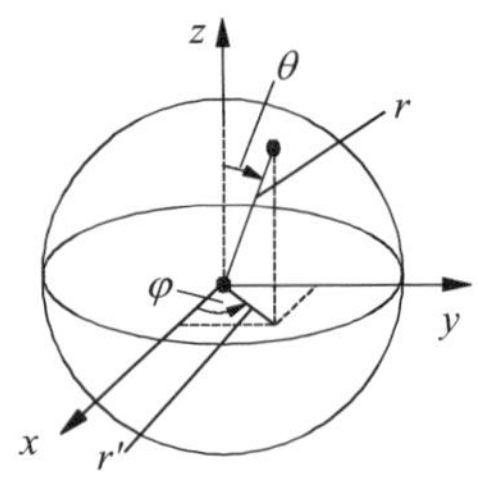

Abb. 3.3.13: Vollkugel mit Polarkoordinatensystem.

Lösung

Wir verwenden ohne Beschränkung der Allgemeinheit die z–Achse als Drehachse und erinnern an die Grunddefinition für das Massenträgheitsmoment (zu den verwendeten Symbolen vgl. den Buchabschnitt 3.3.2):

$$\theta_{zz} = \int_M (r')^2 \, \mathrm{d}m = \rho \int_V r^2 \sin^2(\theta) \, \mathrm{d}V \ . \tag{3.3.65}$$

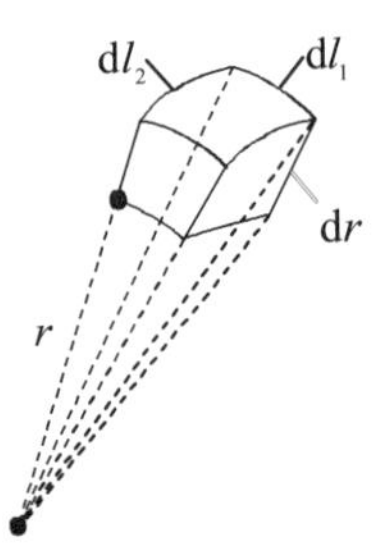

Abb. 3.3.14: Volumenelement in Kugelkoordinaten.

Für das Volumenelement in Kugelkoordinaten dürfen wir schreiben (siehe auch Abb. 3.3.14)

$$\mathrm{d}V = \mathrm{d}r \, \mathrm{d}l_1 \, \mathrm{d}l_2 \ , \ \mathrm{d}l_1 = r \, \mathrm{d}\theta \ , \ \mathrm{d}l_2 = r' \, \mathrm{d}\varphi = r \sin(\theta) \, \mathrm{d}\varphi \ . \tag{3.3.66}$$

Also ist:

$$\mathrm{d}V = r^2 \sin(\theta)\,\mathrm{d}r\,\mathrm{d}\theta\,\mathrm{d}\varphi\,. \tag{3.3.67}$$

Damit lässt sich wie folgt integrieren:

$$\theta_{zz} = \rho \int\limits_{r=0}^{R} r^4 \mathrm{d}r \int\limits_{\varphi=0}^{2\pi} \mathrm{d}\varphi \int\limits_{\theta=0}^{\pi} \sin^3(\theta)\,\mathrm{d}\theta = \rho \frac{R^5}{5} 2\pi\left[-\cos(\theta) + \tfrac{1}{3}\cos^3(\theta)\right]\Big|_0^{\pi} = \tfrac{8\pi}{15}\rho R^5\,. \tag{3.3.68}$$

Da aber für die Masse gilt:

$$M = \tfrac{4\pi}{3}\rho\,R^3 \tag{3.3.69}$$

lässt sich dieses Ergebnis auch umschreiben in:

$$\theta_{zz} = \tfrac{2}{5} M R^2\,. \tag{3.3.70}$$

Um das Massenträgheitsmoment der halben Hohlkugel zu ermitteln, sind in Gleichung (3.3.68) lediglich andere Integrationsgrenzen einzusetzen:

$$\theta_{zz} = \rho \int\limits_{r=R_i}^{R_a} r^4 \mathrm{d}r \int\limits_{\varphi=0}^{2\pi} \mathrm{d}\varphi \int\limits_{\theta=0}^{\pi/2} \sin^3(\theta)\mathrm{d}\theta = \tag{3.3.71}$$

$$\rho\frac{R^5}{5} 2\pi\left[-\cos(\theta) + \frac{1}{3}\cos^3(\theta)\right]\Bigg|_0^{\pi/2} = \tfrac{4\pi}{5}\rho\left(R_a^5 - R_i^5\right).$$

3.3.8 Die Bewegung des Rades oder die *Rota Aristotelis*

Problemstellung

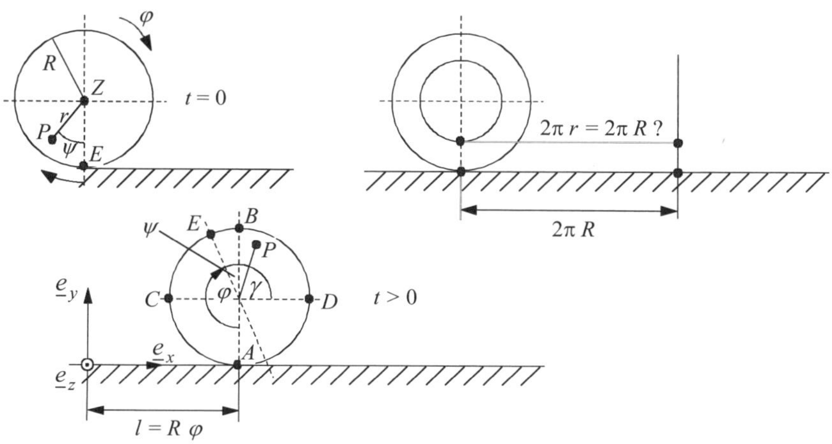

Abb. 3.3.15: Geometrie des rollenden Rades.

Betrachte die in Abb. 3.3.15 dargestellte Situation. Ein starres Rad vom Radius R rollt rechts herum auf einer horizontalen Unterlage. Beschreibe in einem ersten Schritt die Bewegung (also Position, Geschwindigkeit und Beschleunigung) eines beliebigen Aufpunktes P mit Hilfe der in der Abbildung angegebenen Koordinaten, d. h. unter Verwendung des Rollwinkels φ, der Radialabstandes φ, $(0 \le r \le R)$, und des festen, in Bezug auf den Punkt E des Rades bezogenen Positionswinkels φ, $0 \le \psi \le 2\pi$. Verwende dazu die in der Abbildung dargestellte, raumfeste Basis $\underline{e}_x$ und $\underline{e}_y$. Ermittle durch Spezialisierung der Ergebnisse die Geschwindigkeitsverteilung längs der vertikalen und der horizontalen Linien *AB* bzw. *CD*, wie gezeichnet. Erläutere die Bedeutung des Punktes *A* als Momentanpol, Π. Erinnere nun an die allgemeinen Gleichungen zur Beschreibung der Starrkörperbewegung aus Abschnitt 3.3.1 des Lehrbuches. Spezialisiere diese auf den zweidimensionalen Fall und leite die zuvor abgeleiteten Beziehungen ein zweites Mal aus den allgemeinen Gleichungen ab. Diskutiere erneut die Lage und Bedeutung des Momentanpols. Finde die *Rastpolbahn*, also den geometrischen Ort aller Punkte in der *ruhenden* Ebene, die der Momentanpol durchläuft. Bestimme auch die sogenannte *Gangpolbahn*, also die Kurve, welcher der Momentanpol, von einem *körperfesten* Koordinatensystem aus betrachtet, durchläuft.

Kommentieren Sie schließlich kompetent den folgenden, dem Philosophen ARISTOTELES zugeschriebenen Unsinn (siehe auch Abb. 3.3.15 rechts): „Eine andere Überlegung, aus der die Unmöglichkeit einer atomistischen Struktur der Materie zu folgen scheint, ist unter dem Namen ‚Rota Aristotelis' berühmt geworden: Zwei konzentrierte Räder, die fest miteinander verbunden sind, aber verschiedene Radien haben, rollen auf einer geraden Linie ab. Die abgerollte Strecke ist für beide Kreise gleich lang (etwa bei 1 Umdrehung des großen Rades $2\pi R$). Wie aber kann das kleinere, innere Rad auch einen offenbar doch kontinuierlichen Weg $2\pi R$ ablaufen, wenn es eigentlich doch nur $2\pi r$ zurückgelegt haben dürfte? Der Verfasser eines dem Aristoteles zugeschriebenen Büchleins löst das Problem mit dem Hinweis, dass beide Räder an ihrer Lauffläche gleichviel Punkte -nämlich unendlich viele- haben. So und nur so sei es möglich, dass die abgerollten kontinuierlichen Spuren beider Kreise gleich lang seien. Wäre die Zahl der Punkte auf der Lauffläche der Räder endlich (etwa bestimmt durch eine endliche Zahl von Oberflächenatomen), könnte die abgelaufene Strecke des kleineren Rades niemals gleich der des großen sein." (aus Rupert LAY, Die Welt des Stoffes, 1. Band, Paul Pattloch Verlag, Aschaffenburg, 1969, S. 31f).

Dynamik

Lösung

Den Gesetzen für Vektoraddition folgend dürfen wir schreiben:

$$\underline{x}^P = \underline{x}^Z + r\cos(\gamma)\,\underline{e}_x + r\sin(\gamma)\,\underline{e}_y\,. \tag{3.3.72}$$

Für den Winkel gilt:

$$\gamma = \frac{3}{2}\pi - (\varphi + \psi) \quad \Rightarrow \quad \sin(\gamma) = -\cos(\varphi+\psi)\,,\ \cos(\gamma) = -\sin(\varphi+\psi)\,. \tag{3.3.73}$$

Ferner beträgt die in horizontaler Richtung abgelaufene Strecke aufgrund des Abrollens gerade $R\varphi$, und daher gilt für den zum Radzentrum weisenden Vektor:

$$\underline{x}^Z = R\varphi\,\underline{e}_x + R\,\underline{e}_y\,. \tag{3.3.74}$$

Wir erhalten somit:

$$\underline{x}^P = [R\varphi - r\sin(\varphi+\psi)]\,\underline{e}_x + [R - r\cos(\varphi+\psi)]\,\underline{e}_y\,. \tag{3.3.75}$$

Darin ist die einzige von der Zeit abhängige Größe der Winkel φ, und nur diese Größe muss man differenzieren, um die Geschwindigkeit und die Beschleunigung zu erhalten:

$$\underline{\upsilon}^P = \underline{\dot{x}}^P = \dot{\varphi}\big([R - r\cos(\varphi+\psi)]\,\underline{e}_x + r\sin(\varphi+\psi)\,\underline{e}_y\big)\,,\ \underline{a}^P = \underline{\dot{\upsilon}}^P = \tag{3.3.76}$$

$$\ddot{\varphi}\big([R - r\cos(\varphi+\psi)]\,\underline{e}_x + r\sin(\varphi+\psi)\,\underline{e}_y\big) + \dot{\varphi}^2 r\big(\sin(\varphi+\psi)\,\underline{e}_x + \cos(\varphi+\psi)\,\underline{e}_y\big).$$

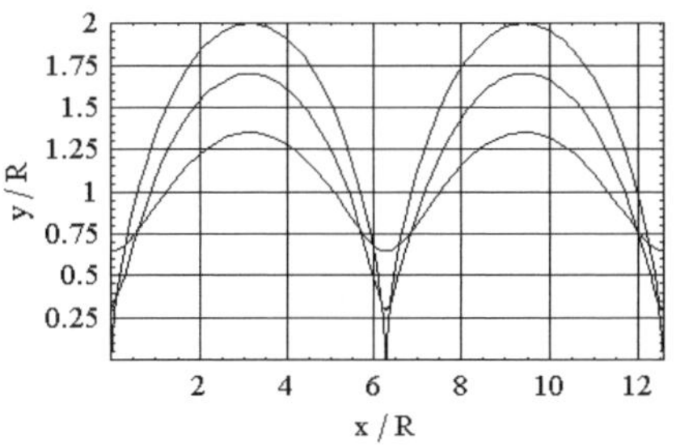

Abb. 3.3.16: Zykloiden für $\psi=0$, $r/R=0{,}3$, $0{,}7$ und 1.

Es sei darauf hingewiesen, dass es sich bei den durch Gleichung (3.3.75) beschriebenen Kurven um sogenannte *Zykloiden* handelt, deren Form für typische Wahlen von r/R der Abb. 3.3.16 entnommen werden kann. Wir bestimmen nun mithilfe der Gleichung $(3.3.76)_1$ die Geschwindigkeit entlang der horizontalen/vertikalen Linien *AB* und *CD* aus Abb. 3.3.15. Entlang *AB* gilt für den oberen Teil *ZB* $\varphi+\psi=\pi$ sowie $0 \le r \le R$ und im unteren Teil *AZ* $\varphi+\psi=2\pi$ sowie $0 \le r \le R$. Deshalb wird:

$$ZB: \quad \underline{\upsilon}^P = \underline{\upsilon}^P(\varphi+\psi=\pi) = \dot{\varphi}\big([R - r\cos(\pi)]\underline{e}_x + r\sin(\pi)\underline{e}_y\big) = \dot{\varphi}(R+r)\underline{e}_x, \qquad (3.3.77)$$

$$AZ: \quad \underline{\upsilon}^P = \underline{\upsilon}^P(\varphi+\psi=2\pi) = \dot{\varphi}\big([R - r\cos(2\pi)]\underline{e}_x + r\sin(2\pi)\underline{e}_y\big) = \dot{\varphi}(R-r)\underline{e}_x.$$

Die Geschwindigkeitsvektor zeigt hier also ausschließlich in Richtung $\underline{e}_x$ und ändert sich linear vom Wert null am Punkt *B* auf den Maximalwert $2R\dot{\varphi}$ im Punkt A. Im Zentrum *Z* beträgt die Geschwindigkeit $R\dot{\varphi}$. Analog gilt längs *CZ* $\varphi+\psi=\pi/2$ sowie $0 \le r \le R$ und für *ZD* $\varphi+\psi=3\pi/2$ sowie $0 \le r \le R$. Deshalb gilt hier:

$$CZ: \underline{\upsilon}^P = \underline{\upsilon}^P(\varphi+\psi=\tfrac{\pi}{2}) = \dot{\varphi}\big([R - r\cos(\tfrac{\pi}{2})]\underline{e}_x + r\sin(\tfrac{\pi}{2})\underline{e}_y\big) = \dot{\varphi}\big(R\,\underline{e}_x + r\,\underline{e}_y\big), \qquad (3.3.78)$$

$$ZD: \underline{\upsilon}^P = \underline{\upsilon}^P(\varphi+\psi=\tfrac{3\pi}{2}) = \dot{\varphi}\big([R - r\cos(\tfrac{3\pi}{2})]\underline{e}_x + r\sin(\tfrac{3\pi}{2})\underline{e}_y\big) = \dot{\varphi}\big(R\,\underline{e}_x - r\,\underline{e}_y\big).$$

Mithin ist die Geschwindigkeit in $\underline{e}_x$ konstant, und zwar gleich der bereits festgestellten Zentrumsgeschwindigkeit, also $R\dot{\varphi}$. Die Geschwindigkeit in $\underline{e}_y$-Richtung hingegen variiert linear zwischen demselben Wert $+R\dot{\varphi}$ im Punkt *C* und dem Negativen $-R\dot{\varphi}$ im Punkt *D*. Diese Ergebnisse sind in Abb. 3.3.17 allesamt veranschaulicht. Darüber hinaus zeigt die Abbildung, dass man sich die Starrkörperbewegung des rollenden Rades als Linearkombination einer reinen Translation in Richtung $\underline{e}_x$ vom Geschwindigkeitsbetrag $R\dot{\varphi}$ und einer Rotation mit der Winkelgeschwindigkeit $\omega=\dot{\varphi}$ vorstellen darf.

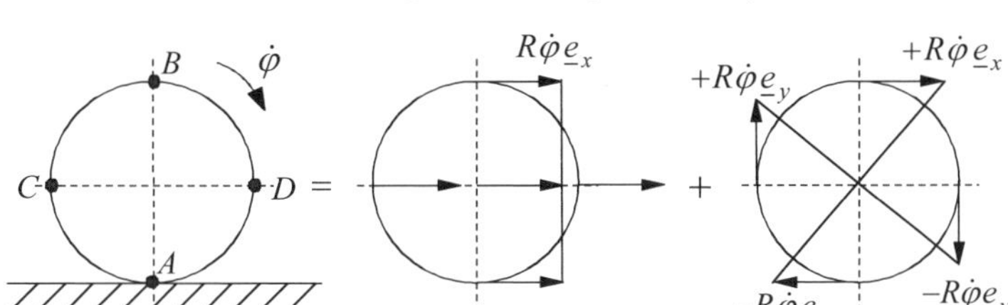

Abb. 3.3.17: Geschwindigkeitsverteilungen längs charakteristischer Linien.

Wie man der Abbildung auch entnehmen kann, gibt es genau einen Punkt, in welchem sich die aus der Translation und der Rotation herrührenden Geschwindigkeiten gerade auslöschen. Dieser **Momentanpol** Π liegt im Punkte *A*. Man hätte, um ihn aufzufinden, auch die im Lehrbuch in Abb. 3.3.9 angedeutete graphische Konstruktion durchführen können. Diese ist in Abb. 3.3.18 gezeigt. Als besonders prägnante Punkte dienen B und D. Die dortigen Geschwindigkeiten sind bei Überlagerung der Translations- und Rotationsbewegung unmittelbar einsichtig.

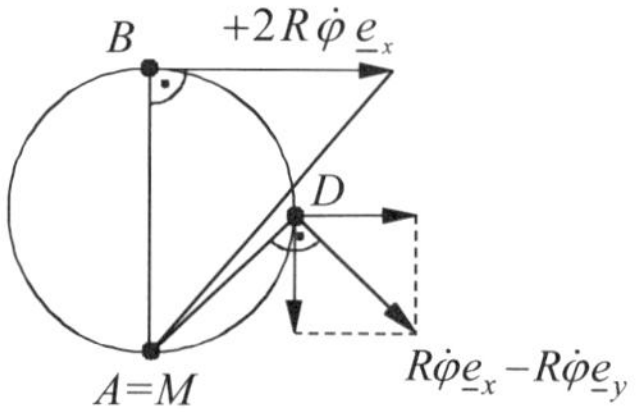

Abb. 3.3.18 Auffinden des Momentanpols beim rollenden Rad.

Es ist nun unmittelbar einsichtig, dass die **Rastpolbahn** identisch mit der Erdoberfläche ist. Wir untersuchen das Problem nun mithilfe der allgemeinen Gleichungen für Starrkörperbewegungen aus dem Lehrbuchabschnitt 3.3.1:

$$\underline{x}^p = \underline{x}^a + \underline{x}^{ap} \;,\; \underline{\upsilon}^p = \underline{\upsilon}^a + \underline{\omega}\times\underline{x}^{ap}\,, \tag{3.3.79}$$

$$\underline{a}^p = \underline{a}^a + \underline{\dot{\omega}}\times\underline{x}^{ap} + \underline{\omega}\times\left(\underline{\omega}\times\underline{x}^{ap}\right) = \underline{a}^a + \underline{\dot{\omega}}\times\underline{x}^{ap} + \left(\underline{\omega}\,\underline{\omega}\cdot\underline{x}^{ap} - \underline{x}^{ap}\,\underline{\omega}^2\right),$$

wobei a und p zwei beliebige Punkte des starren Körpers bezeichnen. Wir wählen speziell $a = Z$ sowie $p = P$ und finden dann für die zur Auswertung notwendigen Vektoren mit den Bezeichnungen der Abb. 3.3.15:

$$\underline{x}^{ZP} = r\cos(\gamma)\,\underline{e}_x + r\sin(\gamma)\,\underline{e}_y \;,\; \underline{\omega} = -\dot{\varphi}\,\underline{e}_z\,. \tag{3.3.80}$$

Wenn man noch bedenkt, dass gilt:

$$\underline{e}_z\times\underline{e}_x = \underline{e}_y \;,\; \underline{e}_z\times\underline{e}_y = -\underline{e}_x \tag{3.3.81}$$

und:

$$\underline{e}_z\cdot\underline{e}_x = 0 \;,\; \underline{e}_z\cdot\underline{e}_y = 0 \;\Rightarrow\; \underline{\omega}\cdot\underline{x}^{ZP} = 0\,, \tag{3.3.82}$$

so folgen bei Einsetzen in die Gleichungen (3.3.79) unter Beachtung der Beziehung (3.3.74) sofort die bereits bekannten Ergebnisse (3.3.72/76). Wählen wir nun in den Gleichungen (3.3.79) für P den Momentanpol Π und für den Punkt A weiterhin das Zentrum Z, so ist mit den Bezeichnungen der Abb. 3.3.15 offenbar:

$$\underline{x}^{Z\Pi} = -R\,\underline{e}_y\,. \tag{3.3.83}$$

und durch Einsetzen in die Gleichungen $(3.3.79)_1$ folgt mit Gleichung (3.3.74):

$$\underline{x}^{\Pi} = \underline{x}^Z + \underline{x}^{Z\Pi} = R\varphi\,\underline{e}_x + R\,\underline{e}_y - R\,\underline{e}_y = R\varphi\,\underline{e}_x\,. \tag{3.3.84}$$

Für die Geschwindigkeit wird nach Gleichung $(3.3.79)_2$:

$$\underline{\upsilon}^{\Pi} = \underline{\upsilon}^Z + \underline{\upsilon}^{Z\Pi} = R\dot{\varphi}\,\underline{e}_x + \underline{0} = R\dot{\varphi}\,\underline{e}_x\,. \tag{3.3.85}$$

In dieser Form erscheint die Geschwindigkeit des Momentanpols als Resultat der Translationsbewegung des Zentrums Z. Man kann Gleichung $(3.3.79)_2$ aber auch anders interpretieren, indem man für A den Momentanpol wählt und für P irgendeinen anderen beliebigen Punkt des starren Körpers:

$$\underline{\upsilon}^P = \underline{\upsilon}^{\Pi} + \underline{\omega}\times\underline{x}^{\Pi P}\,. \tag{3.3.86}$$

Aus den Betrachtungen um Abb. 3.3.17 wissen wir bereits, welche Geschwindigkeit der Momentanpol hat, nämlich Null:

$$\underline{\upsilon}^{\Pi} = \underline{0}\,. \tag{3.3.87}$$

Ferner ist natürlich:

$$\underline{x}^{\Pi P} = x_x^{\Pi P}\, \underline{e}_x + x_y^{\Pi P}\, \underline{e}_y \tag{3.3.88}$$

und somit:

$$\underline{\upsilon}^P = \underline{0} + \underline{\omega} \times \underline{x}^{\Pi P} = -\dot{\varphi}\, R\, \underline{e}_z \times \left(x_x^{\Pi P}\, \underline{e}_x + x_y^{\Pi P}\, \underline{e}_y\right) = +\dot{\varphi}\, R \left(x_y^{\Pi P}\, \underline{e}_x - x_x^{\Pi P}\, \underline{e}_y\right). \tag{3.3.89}$$

Der zur jeweiligen Zeit im Momentanpol gelegene materielle Körperpunkt des Rades ruht eben momentan, und um ihn drehen sich momentan alle anderen materiellen Punkte des Rades. Nun gilt es, das Aristotelische Paradox zu klären. Wir berechnen einfach die von einem *beliebigen* Punkt P bei einmaliger Umdrehung zurückgelegten Weg in horizontaler bzw. in vertikaler Richtung. Dabei benutzen wir die Gleichung (3.3.76)$_1$ für die Geschwindigkeit, welche wir einfach in $\underline{e}_x$ bzw. e_y-Richtung integrieren. Damit wir wirklich den Weg und nicht die Position ermitteln, ist von Beträgen der Integranden auszugehen:

$$\underline{e}_x: \quad s_x = \int_{t(\varphi=0)}^{t(\varphi=2\pi)} \left|\dot{\varphi}\left[R - r\cos(\varphi+\psi)\right]\right| \mathrm{d}t = \int_{\varphi=0}^{\varphi=2\pi} \left[R - r\cos(\varphi+\psi)\right] \mathrm{d}\varphi =$$

$$R2\pi + r\sin(\varphi+\psi)\Big|_{\varphi=0}^{\varphi=2\pi} = 2\pi\, R \tag{3.3.90}$$

sowie:

$$\underline{e}_y: \quad s_y = \int_{t(\varphi=0)}^{t(\varphi=2\pi)} \left|\dot{\varphi}\, r\sin(\varphi+\psi)\right| \mathrm{d}t = \int_{\varphi=0}^{\varphi=2\pi} r\left|\sin(\varphi+\psi)\right| \mathrm{d}\varphi = \tag{3.3.91}$$

$$-2r\cos(\varphi+\psi)\Big|_{\varphi=0}^{\varphi=\pi} = +4r\,,$$

und das erste Ergebnisse ist unabhängig vom Radius r, also für alle Punkte gleich. Bei einem fest auf ein großes, rollendes Rad aufgesetztem kleinen Rad ist eben kein reines Rollen möglich, und die Wegdifferenz durch Rotationen, also $2\pi\,(R-r)$, wird durch Translation bewerkstelligt und durch Schlupf sichergestellt. Beschäftigen wir uns nun abschließend noch mit der Gangpolbahn: Abb. 3.3.19. Das Ziel ist es, den Momentanpol Π von einem körperfesten Koordinatensystem, gegeben durch die Einheitsvektoren $\underline{e}_r$ bzw. $\underline{e}_\varphi$, zu fixieren. Nach den Regeln der Vektorrechnung halten wir fest, dass vom Ursprung Z aus betrachtet zunächst einmal gilt:

$$\underline{x}^{Z\Pi} = -R\, \underline{e}_y\,. \tag{3.3.92}$$

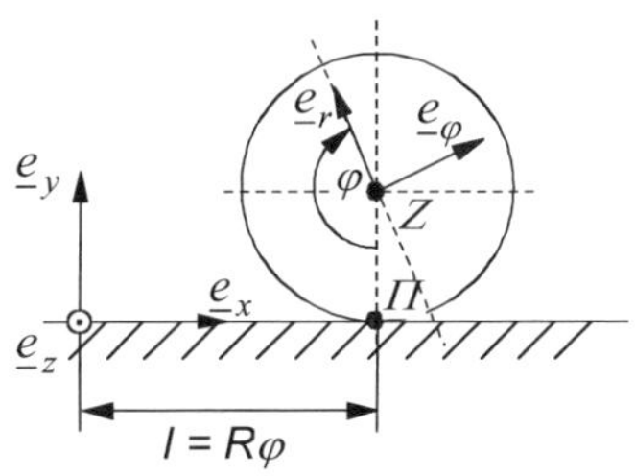

Abb. 3.3.19 Auffinden der Gangpolbahn.

Andererseits entnimmt man der Abb. 3.3.19:

$$\underline{e}_r = -\cos(\varphi - 90°)\,\underline{e}_x + \sin(\varphi - 90°)\,\underline{e}_y = -\sin(\varphi)\,\underline{e}_x - \cos(\varphi)\,\underline{e}_y\,, \tag{3.3.93}$$

$$\underline{e}_\varphi = \cos(180° - \varphi)\,\underline{e}_x + \sin(180° - \varphi)\,\underline{e}_y = -\cos(\varphi)\,\underline{e}_x + \sin(\varphi)\,\underline{e}_y$$

und somit auch:

$$\underline{e}_x = -\sin(\varphi)\,\underline{e}_r - \cos(\varphi)\,\underline{e}_\varphi\ ,\quad \underline{e}_y = -\cos(\varphi)\,\underline{e}_r + \sin(\varphi)\,\underline{e}_\varphi\ . \tag{3.3.94}$$

Also folgt durch Einsetzen in Gleichung (3.3.92):

$$\underline{x}^{Z\Pi} = R\left(\cos(\varphi)\,\underline{e}_r - \sin(\varphi)\,\underline{e}_\varphi\right). \tag{3.3.95}$$

Das jedoch ist eine **Kreisgleichung**, denn es gilt:

$$\left|\underline{x}^{Z\Pi}\right| = R\,\sqrt{\cos^2(\varphi) + [-\sin(\varphi)]^2} = R\ . \tag{3.3.96}$$

Die Gangpolbahn ist also ein Kreis, nämlich die Peripherie des Rades selbst.

3.4 Schwingungen

3.4.1 Ein schwingfähiges Mehrkörpersystem

Problemstellung

Über ein drehbar gelagertes Rad (Masse M, Massenträgheitsmoment θ_{AA}, Radius R) ist eine punktförmige Masse m per Seil mit einer Feder der Steife c verbunden. Die Punktmasse wird leicht aus ihrer statischen Ruhelage ausgelenkt, und unter der Wirkung der Erdschwere beginnt eine Schwingung, wobei angenommen werden soll, dass das Seil auf dem Rad abrollt. Die dazugehörige Schwingungsgleichung ist unter Verwendung der genannten Systemparameter aufzustellen. Der Fall statischer Ruhe ist zu diskutieren und in die Form der endgültigen Bewegungsgleichung geeignet einzubringen.

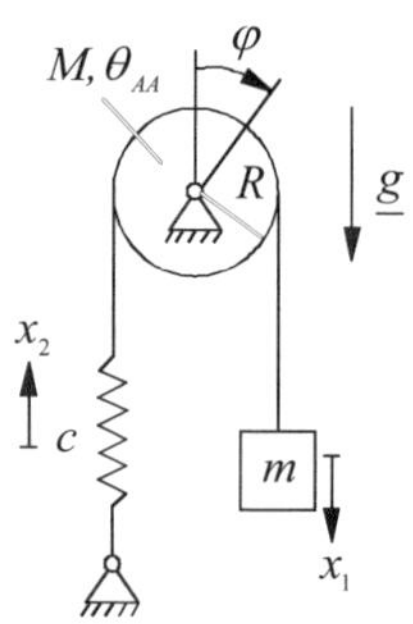

Abb. 3.4.1: Das Mehrkörpersystem.

Lösung

Es wird, wie in Abb. 3.4.2 gezeigt, freigeschnitten. Gemäß dem Drall- und Schwerpunktsatz gelingt es so unter Verwendung der in der Abbildung gezeigten Koordinaten, die folgenden, miteinander gekoppelten Bewegungsgleichungen aufzustellen:

$$-\theta_{AA}\ddot{\varphi} = -RS_1 + Rcx_2\ ,\quad M\ddot{x}^A = F_{Ax}\ ,\quad M\ddot{y}^A = F_{Ay} - cx_2 - S_1\ ,\quad m\ddot{x}_1 = mg - S_1\ . \tag{3.4.1}$$

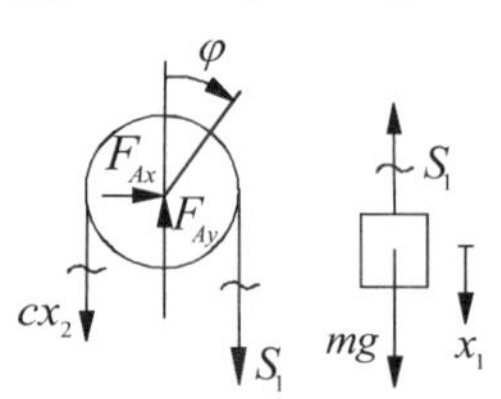

Abb. 3.4.2: Freischnitte am Mehrkörpersystem.

Weiterhin gilt es, kinematische Bedingungen zu notieren. Das Rad ist fest gelagert, also:

$$\mathrm{d}x^A = 0\ ,\quad \mathrm{d}y^A = 0\,. \tag{3.4.2}$$

Die Seil- und Rollbedingung ist einzuhalten:

$$\mathrm{d}x_1 = \mathrm{d}x_2 = R\mathrm{d}\varphi\,. \tag{3.4.3}$$

Mithin folgt aus den Gleichungen $(3.4.1)_{1,4}$:

$$-\theta_{AA}\ddot{\varphi} = -Rmg + R^2 m\ddot{\varphi} + R^2 c\varphi \quad \Rightarrow \quad \left(\theta_{AA} + mR^2\right)\ddot{\varphi} + R^2 c\varphi = Rmg\,. \tag{3.4.4}$$

Diese Differenzialgleichung 2. Ordnung kann verwendet werden, um den Gleichgewichtszustand festzulegen:

$$\ddot{\varphi} = 0 \quad \Rightarrow \quad \varphi_{\mathrm{eq}} = \frac{mg}{Rc}\,. \tag{3.4.5}$$

Wir definieren hiermit nun eine neue Winkelkoordinate:

$$\tilde{\varphi} = \varphi - \varphi_{\mathrm{eq}} \quad \Rightarrow \quad \ddot{\tilde{\varphi}} = \ddot{\varphi}\,. \tag{3.4.6}$$

Eingesetzt in Gleichung (3.4.4) folgt mit elementaren Umformungen die altbekannte Gleichung des linearen Schwingers:

$$\ddot{\tilde{\varphi}} + \omega^2\tilde{\varphi} = 0\ ,\quad \omega^2 = \frac{R^2 c}{\theta_{AA} + mR^2}\,. \tag{3.4.7}$$

Abschließend sei bemerkt, dass sich mit den Gleichungen $(3.4.1)_{2,3}$ unter Beachtung der kinematischen Bedingungen (3.4.2) die Auflagerkräfte in der Radnabe errechnen lassen.

3.4.2 Das verstellbare Uhrpendel

Problemstellung

Stelle die Schwingungsgleichung für das in der Abb. 3.4.3 dargestellte, mit der Verstellmasse M versehene Uhrpendel auf. Gegeben sind neben M die Stabmasse m, die Stablänge l, der Radius r und der Abstand a. Finde für den Fall $m = M$ und $\eta = r/l << 1$ heraus, für welches Längenverhältnis $\xi = a/l$ die Eigenfrequenz des Systems extremal wird.

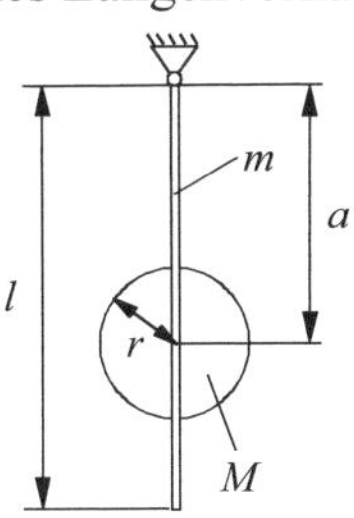

Abb. 3.4.3: Ein Uhrpendel.

Lösung

Es wird, wie in Abb. 3.4.4 gezeigt, freigeschnitten. Indem wir den Drallsatz um den Punkt A ansetzen, entsteht:

$$\theta_{AA}\ddot{\varphi} = \left(-mg\frac{l}{2} - Mga\right)\sin(\varphi)\,, \tag{3.4.8}$$

wobei für das Massenträgheitsmoment gemäß der Ausführungen im Buchabschnitt 3.3.2 zu setzen ist:

$$\theta_{AA} = \frac{Mr^2}{2} + Ma^2 + \frac{ml^2}{3} \,. \tag{3.4.9}$$

Es folgt die nichtlineare Schwingungsgleichung:

$$\ddot{\varphi} + \omega^2 \sin(\varphi) = 0 \;,\quad \omega^2 = \frac{g\left(\dfrac{ml}{2} + Ma\right)}{M\left(\dfrac{r^2}{2} + a^2\right) + \dfrac{ml^2}{3}} \,. \tag{3.4.10}$$

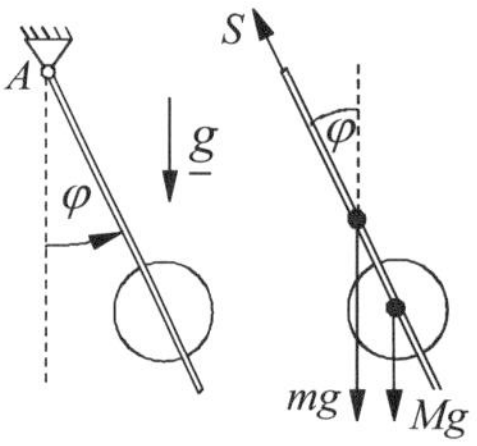

Abb. 3.4.4: Auslenkung und Freischnitt am Pendel.

Indem wir $m = M$ setzen, die dimensionslosen Parameter $\xi = a/l$ und $\eta = r/l << 1$ einführen und schließlich Größen höherer Ordnung in η vernachlässigen, wird aus dem Quadrat der Eigenfrequenz:

$$\omega^2 = \frac{g\left(\frac{1}{2} + \xi\right)}{l\left(\frac{1}{2}\eta^2 + \xi^2 + \frac{1}{3}\right)} \approx \frac{g}{l}\frac{3(1+2\xi)}{2\left(1+3\xi^2\right)} \,. \tag{3.4.11}$$

Um das Extremum zu finden, bilden wir:

$$\frac{\mathrm{d}\omega^2}{\mathrm{d}\xi} = 0 \quad\Rightarrow\quad \frac{2}{1+3\xi^2} - \frac{6\xi(1+2\xi)}{\left(1+3\xi^2\right)^2} = 0 \quad\Rightarrow\quad \xi^2 + \xi - \tfrac{1}{3} = 0 \,. \tag{3.4.12}$$

Von den beiden Lösungen der verbleibenden quadratischen Gleichung verwerfen wir aus physikalischen Gründen diejenige mit negativem Vorzeichen und schließen, dass:

$$\xi = -\tfrac{1}{2}\left(1 - \sqrt{\tfrac{7}{3}}\right). \tag{3.4.13}$$

Stellen wir also die verschiebbare Masse diesem Verhältnis gemäß ein, so wird die Schwingungsdauer des Pendels extremal.

3.4.3 Pendel mit Drehfeder

Problemstellung

Stelle die Schwingungsgleichung für das in der Abb. 3.4.5 dargestellte Drehfederpendel mit Torsionsfederkonstante c_T auf. Die Feder ist bei der Winkelstellung $\varphi = 0$ entspannt und steuert mit zunehmendem Winkel ein der Auslenkung aus der Ruhelage entgegenwirkendes, linear ansteigendes Moment bei. Gegeben ist neben der Pendelmasse m die Stablänge l und das Massenträgheitsmoment θ_{AA}. Vernachlässige die Stangenmasse. Die Drehfederkonstante ist ferner so zu bestimmen, dass sich die statische Gleichgewichtslage bei 30° einstellt. Diskutiere den Einfluss der statischen Gleichgewichtslage auf die Form der Schwingungsgleichung bei kleinen Auslenkungen.

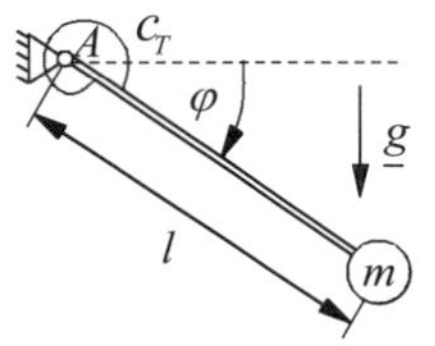

Abb. 3.4.5: Ein Drehfederpendel.

Lösung

Es wird, wie in Abb. 3.4.6 gezeigt, freigeschnitten und der Drallsatz um den Punkt A angewendet:

$$-\theta_{AA}\ddot{\varphi} = M_T - mgl\cos(\varphi) = c_T\varphi - mgl\cos(\varphi)\ ,\quad \theta_{AA} = ml^2\ . \tag{3.4.14}$$

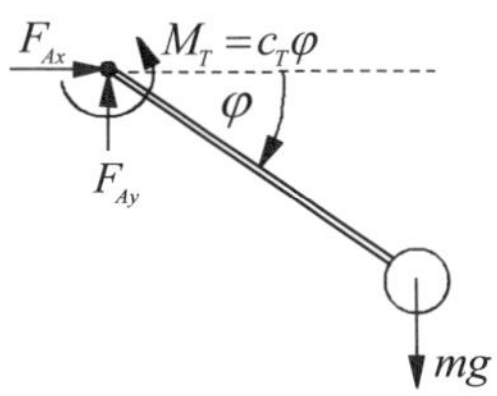

Abb. 3.4.6: Auslenkung und Freischnitt am Drehfederpendel.

Es resultiert eine nichtlineare, inhomogene Differenzialgleichung 2. Ordnung:

$$\ddot{\varphi} + \frac{c_T}{ml^2}\varphi = \frac{g}{l}\cos(\varphi)\ . \tag{3.4.15}$$

Soll die statische Gleichgewichtslage sich bei $\varphi_{\text{stat}} = 30°$ einstellen, so folgt hieraus, dass gelten muss:

$$\frac{c_T}{ml^2}\varphi_{\text{stat}} = \frac{g}{l}\cos(\varphi_{\text{stat}}) \quad\Rightarrow\quad c_T = \frac{3\sqrt{3}}{\pi}mgl\ . \tag{3.4.16}$$

Wir untersuchen nun kleine Schwingungen um die statische Gleichgewichtslage. Dazu definieren wir eine neue Winkelkoordinate gemäß:

$$\tilde{\varphi} = \varphi - \varphi_{\text{stat}} \quad\Rightarrow\quad \ddot{\tilde{\varphi}} = \ddot{\varphi} \quad \text{mit } |\tilde{\varphi}| << 1\ . \tag{3.4.17}$$

Wird in die Schwingungsgleichung (3.4.2) eingegangen, entsteht bei Linearisierung:

$$\ddot{\tilde{\varphi}} + \frac{c_T}{ml^2}(\tilde{\varphi} + \varphi_{\text{stat}}) = \frac{g}{l}\cos(\tilde{\varphi} + \varphi_{\text{stat}}) = \frac{g}{l}[\cos(\varphi_{\text{stat}})\cos(\tilde{\varphi}) - \sin(\varphi_{\text{stat}})\sin(\tilde{\varphi})] \approx \tag{3.4.18}$$

$$\frac{g}{l}[\cos(\varphi_{\text{stat}}) - \sin(\varphi_{\text{stat}})\tilde{\varphi}] = \frac{g}{2l}\left(\sqrt{3} - \tilde{\varphi}\right).$$

Bei Einsetzen der Gleichung (3.4.16) ergibt sich die Differenzialgleichung des linearen Schwingers:

$$\ddot{\tilde{\varphi}} + \omega^2\tilde{\varphi} = 0\ ,\quad \omega^2 = \frac{g}{l}\left(\frac{3\sqrt{3}}{\pi} + \frac{1}{2}\right). \tag{3.4.19}$$

3.4.4 Passive Entstörung eines Messgeräts

Problemstellung

Auf einem schwingungsberuhigend gestalteten Messtisch (Masse m, Federkonstante c, Dämpferkonstante κ) befindet sich ein empfindliches Messgerät. Um möglichen Störungen durch Schwingungen vorzubeugen, ist die Verstärkungsfunktion des Systems für den

Fall zu ermitteln, dass der Tisch wie dargestellt einer dynamischen Bodenverschiebung der Stärke $x_A = X_A \sin(\Omega\, t)$ unterworfen wird.

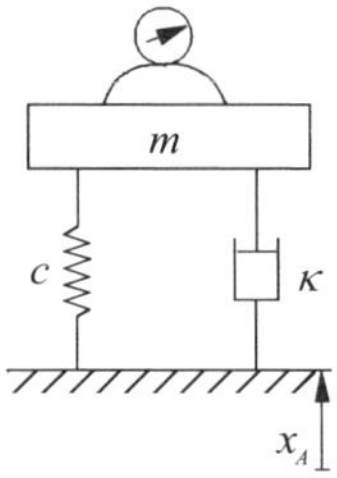

Abb. 3.4.7: Schwingungsberuhigend gelagerter Tisch mit Messgerät.

Lösung

Der Messtisch wird, wie in Abb. 3.4.8 gezeigt, freigeschnitten. Gemäß dem Schwerpunktsatz gelingt es so unter Verwendung der in der Abbildung gezeigten Koordinate, die folgende Bewegungsgleichung aufzustellen:

$$m\ddot{x} = -c(x - x_A) - \kappa(\dot{x} - \dot{x}_A). \qquad (3.4.20)$$

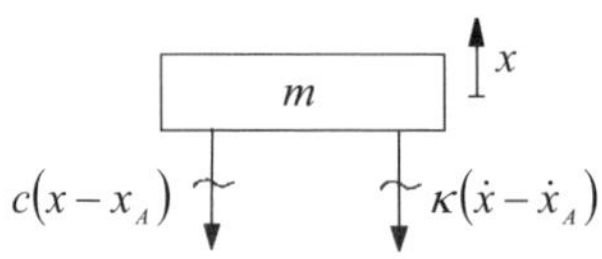

Abb. 3.4.8: Freischnitt des Messtischs.

Hierin setzt man die in der Aufgabenstellung angegebene Erregung ein und gewinnt als inhomogene Schwingungsgleichung:

$$m\ddot{x} + \kappa\dot{x} + cx = X_A c \sin(\Omega t) + X_A \kappa\, \Omega \cos(\Omega t). \qquad (3.4.21)$$

Wir konzentrieren uns nun auf den eingeschwungenen Zustand. Hier erwartet man eine phasenverschobene Schwingung mit der anfachenden Frequenz Ω der Form $X \sin(\Omega t - \varphi)$, was wir aus rechentechnischen Gründen gemäß des Additionstheorems für den Sinus auch folgendermaßen schreiben können:

$$x = X_1 \sin(\Omega t) + X_2 \cos(\Omega t), \qquad (3.4.22)$$

$$\dot{x} = X_1 \Omega \cos(\Omega t) - X_2 \Omega \sin(\Omega t)\ , \quad \ddot{x} = -X_1 \Omega^2 \cos(\Omega t) - X_2 \Omega^2 \cos(\Omega t).$$

Setzt man dies in die Schwingungsgleichung (3.4.2) ein, so entsteht:

$$\left[X_1\left(c - m\Omega^2\right) - X_2 \kappa\, \Omega\right] \sin(\Omega t) + \left[X_1 \kappa\, \Omega + X_2\left(c - m\Omega^2\right)\right] \cos(\Omega t) = \qquad (3.4.23)$$
$$X_A c \sin(\Omega t) + X_A \kappa\, \Omega \cos(\Omega t).$$

Durch Koeffizientenvergleich schließen wir auf:

$$X_1\left(c - m\Omega^2\right) - X_2 \kappa\, \Omega = X_A c\ , \quad X_1 \kappa\, \Omega + X_2\left(c - m\Omega^2\right) = X_A \kappa\, \Omega\,. \qquad (3.4.24)$$

Für die Amplituden erhält man durch Anwendung der CRAMERschen Regel:

$$X_1 = \frac{1}{D} \begin{vmatrix} X_A c & -\kappa\, \Omega \\ X_A \kappa\, \Omega & c - m\Omega^2 \end{vmatrix} = \frac{X_A}{D}\left(c^2 - mc\, \Omega^2 + \kappa^2 \Omega^2\right), \qquad (3.4.25)$$

$$X_2 = \frac{1}{D} \begin{vmatrix} c - m\Omega^2 & X_A c \\ \kappa\, \Omega & X_A \kappa\, \Omega \end{vmatrix} = -\frac{X_A}{D} m\kappa\, \Omega^3\ ,$$

$$D = \begin{vmatrix} c - m\Omega^2 & -\kappa\, \Omega \\ \kappa\, \Omega & c - m\Omega^2 \end{vmatrix} = \left(c - m\Omega^2\right)^2 + \kappa^2 \Omega^2\,.$$

Hieraus lässt sich Amplitude X und Phasenwinkel φ ermitteln. Nach den Additionstheoremen gilt:

$$x = X_1 \sin(\Omega t) + X_2 \cos(\Omega t) \equiv X \sin(\Omega t - \varphi) = \tag{3.4.26}$$

$$X[\sin(\Omega t)\cos(\varphi) - \cos(\Omega t)\sin(\varphi)] \quad \Rightarrow \quad X_1 = X\cos(\varphi)\ , \quad X_2 = -X\sin(\varphi).$$

Und daher folgt:

$$\tan(\varphi) = -\frac{X_2}{X_1} = \frac{m\kappa\,\Omega^3}{c^2 - mc\,\Omega^2 + \kappa^2\Omega^2}, \tag{3.4.27}$$

$$X = \sqrt{X_1^2 + X_2^2} = \frac{X_A}{D}\sqrt{\left(m\kappa\,\Omega^3\right)^2 + \left(c^2 - mc\Omega^2 + \kappa^2\Omega^2\right)^2}\ .$$

Für die Verstärkung wird somit:

$$V = \frac{X}{X_A} = \sqrt{\frac{\left(m\kappa\,\Omega^3\right)^2 + \left(c^2 - mc\Omega^2 + \kappa^2\Omega^2\right)^2}{\left[\left(c - m\Omega^2\right)^2 + \kappa^2\Omega^2\right]^2}}\ . \tag{3.4.28}$$

3.4.5 Schwingungstilgung beim Zweimassenschwinger

Problemstellung

In dem in Abb. 3.4.9 dargestellten, aus zwei federgekoppelten Massen m_1 und m_2 bestehenden, schwingfähigen System greift eine harmonische Kraft $F(t) = F_0\cos(\Omega t)$ an. Bestimme diejenige Frequenz, genannt Tilgerfrequenz, bei der die erste Masse zur Ruhe kommt. Nimm dazu an, dass beide Massen reibungsfrei auf der Auflage gleiten und in vertikaler Richtung die Bewegung geeignet unterbunden wird.

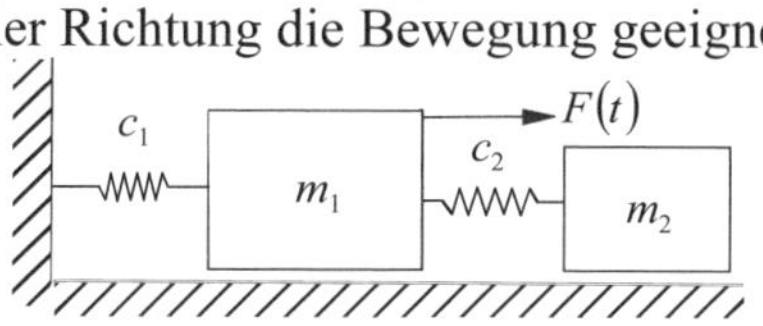

Abb. 3.4.9: Zweimassenschwinger.

Lösung

Die beiden Massen werden, wie in Abb. 3.4.10 gezeigt, freigeschnitten. Gemäß dem Schwerpunktsatz gelingt es so unter Verwendung der in der Abb. 3.4.10 gezeigten Koordinaten, Bewegungsgleichungen aufzustellen:

$$m_1\ddot{x}_1 = -c_1x_1 + c_2(x_2 - x_1) + F(t)\ , \quad m_2\ddot{x}_2 = -c_2(x_2 - x_1). \tag{3.4.29}$$

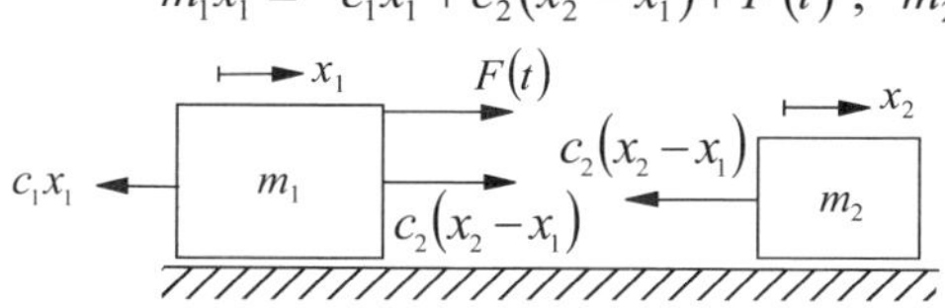

Abb. 3.4.10: Freischnitte am Mehrkörpersystem.

Oder umgeschrieben:

$$m_1\ddot{x}_1 + (c_1 + c_2)x_1 - c_2x_2 = F_0\cos(\Omega t)\ , \quad m_2\ddot{x}_2 + c_2x_2 - c_2x_1 = 0\ . \tag{3.4.30}$$

Wir konzentrieren uns im Folgenden bei der Lösung auf den partikulären Anteil der Gleichung. Dabei ist die Argumentation so, dass im realen, reibungsbehafteten System die homogene, also Eigenschwingungslösung ohnehin „ausstirbt". Damit wird angesetzt:

$$x_i = X_i\cos(\Omega t) \quad \Rightarrow \quad \ddot{x}_i = -X_i\Omega^2\cos(\Omega t) = -x_i\Omega^2\ , \quad i = 1, 2\ . \tag{3.4.31}$$

Setzt man dies in die Schwingungsgleichung (3.4.2) ein, so entsteht:

$$\left(c_1 + c_2 - m_1\Omega^2\right)X_1 - c_2 X_2 = F_0 \,, \quad -c_2 X_1 + \left(c_2 - m_2\Omega^2\right)X_2 = 0 \,. \tag{3.4.32}$$

und daraus folgt mit der CRAMERschen Regel:

$$X_1 = \frac{1}{D}\begin{vmatrix} F_0 & -c_2 \\ 0 & c_2 - m_2\Omega^2 \end{vmatrix} = \frac{F_0}{D}\left(c_2 - m_2\Omega^2\right) \,, \quad X_2 = \frac{1}{D}\begin{vmatrix} c_1 + c_2 - m_1\Omega^2 & F_0 \\ -c_2 & 0 \end{vmatrix} = \frac{F_0 c_2}{D} \,,$$

$$D = \begin{vmatrix} c_1 + c_2 - m_1\Omega^2 & -c_2 \\ -c_2 & c_2 - m_2\Omega^2 \end{vmatrix} = \left(c_1 + c_2 - m_1\Omega^2\right)\left(c_2 - m_2\Omega^2\right) - c_2^2 \,. \tag{3.4.33}$$

Offenbar gelingt es, den Zähler im Ausdruck für die Amplitude der ersten Masse zu Null zu zwingen, wenn man die folgende Anregungsfrequenz wählt:

$$c_2 - m_2\Omega^2 = 0 \quad \Rightarrow \quad \Omega = \sqrt{\frac{c_2}{m_2}} \,. \tag{3.4.34}$$

Die Tilgerfrequenz ist also gleich der Eigenfrequenz des zweiten Schwingers zu wählen.

3.4.6 Schwingender Starrkörper

Problemstellung

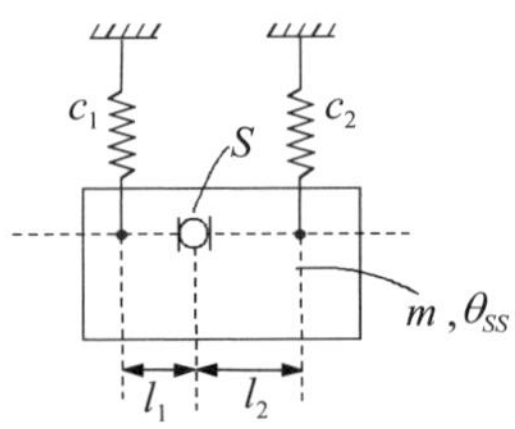

Abb. 3.4.11: Gleichgewichtslage eines an Federn aufgehängten Starrkörpers.

Für den in Abb. 3.4.11 dargestellten Starrkörper der Masse m und des Massenträgheitsmomentes θ_{SS} (in Bezug auf seinen drehbar gelagerten Schwerpunkt S) sind die Eigenschwingungsformen nach Aufstellen der zugehörigen Bewegungsgleichungen zu diskutieren.

Lösung

Der Starrkörper wird, wie in Abb. 3.4.12 gezeigt, freigeschnitten. Die Gewichtskraft ist weggelassen, d. h., die Bewegung um die Gleichgewichtsruhelage wird studiert. Zur Lösung des Problems betrachten wir zunächst, wie in Abb. 3.4.12 links gezeigt, den Fall reiner Translation (sog. **Hubschwingung**). Gemäß dem Schwerpunktsatz gelingt es unter Verwendung der in der Abbildung gezeigten Koordinate x zu schreiben:

$$m\ddot{x} = -\left(c_1 + c_2\right)x \,. \tag{3.4.35}$$

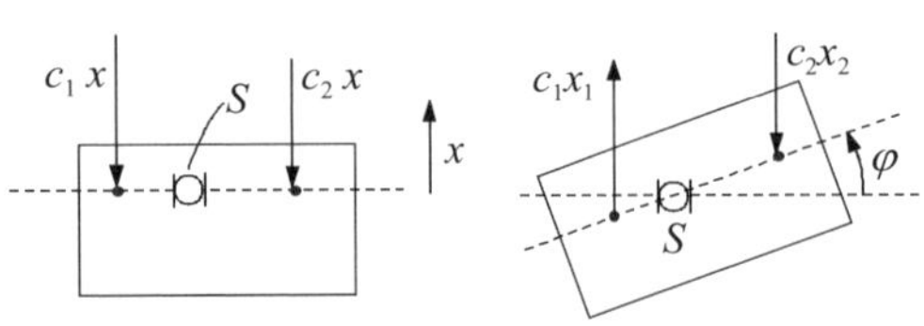

Abb. 3.4.12: Freischnitte am Mehrkörpersystem.

Die zu dieser Schwingung gehörige Eigenfrequenz ist also:

$$\omega_x = \sqrt{\frac{c_1 + c_2}{m}} \,. \tag{3.4.36}$$

Nun betrachten wir den rechts in der Abbildung dargestellten Fall der reinen Rotation (auch **Nickschwingung** genannt). Die dazugehörige Bewegungsgleichung folgt mit dem Drallsatz:

$$\theta_{SS}\ddot{\varphi} = -\left(c_1 x_1 l_1 + c_2 x_2 l_2\right). \tag{3.4.37}$$

Die beiden Auslenkungen berechnen sich bei kleinem Drehwinkel φ wie folgt:

$$x_1 \approx l_1\varphi \ , \quad x_2 \approx l_2\varphi . \tag{3.4.38}$$

Also folgt für die Bewegungsgleichung mit zugehöriger Eigenfrequenz:

$$\theta_{SS}\ddot{\varphi} = -\left(c_1 l_1^2 + c_2 l_2^2\right)\varphi \ , \quad \omega_\varphi = \sqrt{\frac{c_1 l_1^2 + c_2 l_2^2}{\theta_{SS}}} . \tag{3.4.39}$$

Nun studieren wir die gekoppelte Bewegung. Für die Extension der Federn sind die Beiträge vorzeichengerecht aus beiden Fällen zu addieren. Es ergibt sich folgendes gekoppeltes Differenzialgleichungssystem:

$$m\ddot{x} = F_1 + F_2 \ , \quad \theta_{SS}\ddot{\varphi} = F_1 l_1 + F_2 l_2 \ , \quad F_1 = -c_1\left(x - l_1\varphi\right) \ , \quad F_2 = -c_2\left(x + l_2\varphi\right). \tag{3.4.40}$$

Indem wir die Gleichungen ineinander einsetzen, entsteht:

$$\ddot{x} + \omega_x^2 x - k_1\varphi = 0 \ , \quad \ddot{\varphi} + \omega_\varphi^2\varphi - k_2 x = 0 \tag{3.4.41}$$

mit den Koppelgrößen:

$$k_1 = \frac{c_1 l_1 - c_2 l_2}{m} \ , \quad k_2 = \frac{c_1 l_1 - c_2 l_2}{\theta_{SS}} \tag{3.4.42}$$

Die zugehörige Lösung ist mathematisch analog zum Fall zweier durch Federn verbundener Massen (vgl. Lehrbuch, Abschnitt 3.4.5, Gleichung (3.4.145)). Wir notieren somit für die Eigenfrequenzen im gekoppelten Fall:

$$\omega_{1,2} = \frac{1}{\sqrt{2}}\sqrt{\left(\omega_x^2 + \omega_\varphi^2\right) \mp \sqrt{\left(\omega_x^2 - \omega_\varphi^2\right)^2 + 4k_1k_2}} . \tag{3.4.43}$$

Dynamik

4 Kontinuumsmechanik

4.1 Bilanzgleichungen der Masse

Beweisidee zum GAUSSschen Satz

Problemstellung

Skizziere einen Beweis für die folgende Gleichung (GAUSSscher Satz):

$$\oint_{\partial V} \underline{g} \cdot \underline{n} \, \mathrm{d}f = \int_V \underline{\nabla} \cdot \underline{g} \, \mathrm{d}V \quad \Leftrightarrow \quad \oint_{\partial V} g_i n_i \, \mathrm{d}f = \int_V \frac{\partial g_i}{\partial x_i} \mathrm{d}V \,. \tag{4.1.1}$$

Lösung

Wir zerlegen das Volumen in Quadergebiete (hier zweidimensional gezeichnet): Abb. 4.1.1.

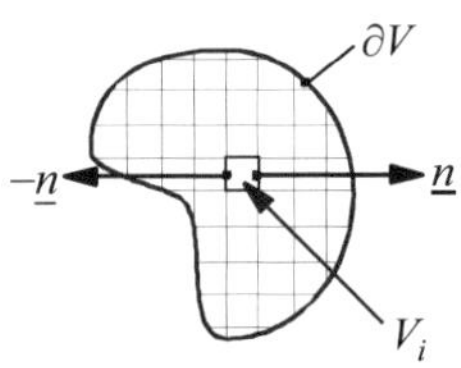

Abb. 4.1.1: Zum GAUSSschen Satz.

Das Oberflächenintegral ist dann für stetige Integranden erweiterbar, denn auf den inneren Quaderflächen findet sich zu jeder Seite immer eine Gegenseite, so dass aufgrund der jeweiligen Normalen und Gegennormalen im Grenzfall infinitesimal kleiner Quadervolumina sich die beiden zugehörigen Skalarprodukte einfach aufheben. Also gilt mit den sechs Seiten eines Quaders an der Stelle (x_1, x_2, x_3) mit der Kantenlänge $\Delta x_1, \Delta x_2, \Delta x_3$:

$$\oint_{\partial V} g_i n_i \, \mathrm{d}f = \lim_{N\to\infty} \sum_{j=1}^{N} \oint_{\partial V_j} g_i n_i \, \mathrm{d}f =$$

$$\begin{aligned} \lim_{N\to\infty} \sum_{j=1}^{\infty} \Big[& \overline{g}_1(x_1 + \Delta x_1, x_2, x_3)\, 1\, \Delta f_1^j + \overline{g}_1(x_1, x_2, x_3)\,(-1)\,\Delta f_1^j + \\ & \overline{g}_2(x_1, x_2 + \Delta x_2, x_3)\, 1\, \Delta f_2^j + \overline{g}_2(x_1, x_2, x_3)\,(-1)\,\Delta f_2^j + \\ & \overline{g}_3(x_1, x_2, x_3 + \Delta x_3)\, 1\, \Delta f_3^j + \overline{g}_3(x_1, x_2, x_3)\,(-1)\,\Delta f_3^j \Big] \,, \end{aligned} \tag{4.1.2}$$

wobei $\overline{g}_i$, i=1, 2, 3 die jeweiligen Mittelwerte auf den diversen Oberflächen bezeichnen. Weiteres Umformen ergibt die Behauptung:

$$\oint_{\partial V} g_i n_i \, \mathrm{d}f = \lim_{N\to\infty} \Bigg[\frac{\overline{g}_1(x_1 + \Delta x_1, x_2, x_3) - \overline{g}_1(x_1, x_2, x_3)}{\Delta x_1} \underbrace{\Delta f_1^j \Delta x_1}_{\Delta V_j} +$$

$$\frac{\overline{g}_2(x_1, x_2 + \Delta x_2, x_3) - \overline{g}_2(x_1, x_2, x_3)}{\Delta x_2} \underbrace{\Delta f_2^j \Delta x_2}_{\Delta V_j} +$$

$$\frac{\overline{g}_3(x_1,x_2,x_3+\Delta x_3)-\overline{g}_3(x_1,x_2,x_3)}{\Delta x_3}\underbrace{\Delta f_3^j\,\Delta x_3}_{\Delta V_j}\Bigg] = \lim_{N\to\infty}\sum_{j=1}^{\infty}\frac{\partial \overline{g}_i}{\partial x_i}\Delta V_j = \int_V \frac{\partial g_i}{\partial x_i}\mathrm{d}V \,. \quad (4.1.3)$$

4.2 Bilanzgleichungen des Impulses

4.2.1 Spannungstensor und Fließspannung

Problemstellung

Definiere den sogenannten Spannungsdeviator gemäß:

$$\Sigma_{ij} = \sigma_{ij} - \frac{1}{3}\sigma_{kk}\delta_{ij} \,. \quad (4.2.1)$$

Zeige, dass gilt:

$$\Sigma_{ll} = 0 \quad (4.2.2)$$

und interpretiere diese Eigenschaft als Spurfreiheit dieser tensoriellen Größe. Erinnere an das Konzept der Vergleichsspannung nach VON MISES-HUBER-HENCKY im Lehrbuchabschnitt 2.8.7. Definiere mithilfe des Spannungsdeviators den folgenden Ausdruck:

$$\sigma_V^2 = \frac{3}{2}\Sigma_{ij}\Sigma_{ij} \quad (4.2.3)$$

und zeige, dass sich im zweidimensionalen Fall diese Gleichung wie folgt reduziert:

$$\sigma_V^2 = \sigma_{xx}^2 + \sigma_{yy}^2 - \sigma_{xx}\sigma_{yy} + 3\sigma_{xy}^2 \,. \quad (4.2.4)$$

Spezialisiere schließlich auf den eindimensionalen Zugspannungsversuch unter der Zugspannung σ bzw. auf den eindimensionalen Schertest unter der Scherspannung τ. Zeige mit Gleichung (4.2.4), dass im Versagensfall gilt:

$$\sigma = \sqrt{3}\,\tau \,. \quad (4.2.5)$$

Lösung

Die Spurfreiheit ist leicht nachzurechnen:

$$\Sigma_{ii} = \sigma_{ii} - \frac{1}{3}\sigma_{kk}\delta_{ii} = \sigma_{ii} - \sigma_{kk} = 0 \,. \quad (4.2.6)$$

Eine Interpretation dieser Gleichung gelingt wie folgt. Bei einem EULERschen Fluid gilt:

$$\sigma_{ij} = -p\delta_{ij} \quad \Rightarrow \quad p = -\frac{1}{3}\sigma_{kk} \,. \quad (4.2.7)$$

Wenn man so will, wird bei Bildung des Spannungsdeviators der Druck quasi aus dem Spannungszustand eliminiert. Zur Beschreibung des Einsetzens des Fließens in Metallen erscheint es sinnvoll, so vorzugehen, denn man hat experimentell festgestellt, dass das Einsetzen des Fließvorganges im Allgemeinen nur sehr wenig durch Aufprägen eines Druckzustandes beeinflusst wird. Wir ermitteln nun den Spannungsdeviator in 2D:

$$\Sigma_{ij} = \begin{bmatrix} \sigma_{xx} & \sigma_{xy} & 0 \\ \sigma_{yx} & \sigma_{yy} & 0 \\ 0 & 0 & 0 \end{bmatrix} - \tfrac{1}{3}\left(\sigma_{xx} + \sigma_{yy}\right)\delta_{ij} = \tag{4.2.8}$$

$$\tfrac{1}{3}\begin{bmatrix} 2\sigma_{xx} - \sigma_{yy} & 3\sigma_{xy} & 0 \\ 3\sigma_{yx} & -\sigma_{xx} + 2\sigma_{yy} & 0 \\ 0 & 0 & -\sigma_{xx} - \sigma_{yy} \end{bmatrix}.$$

und berechnen damit die Vergleichsspannung gemäß der Gleichung (4.2.3) sowie unter Beachtung der Symmetrie $\sigma_{xy} = \sigma_{yx}$:

$$\sigma_V^2 = \frac{1}{2\cdot 3}\left[\left(2\sigma_{xx} - \sigma_{yy}\right)^2 + \left(-\sigma_{xx} + 2\sigma_{yy}\right)^2 + \left(-\sigma_{xx} - \sigma_{yy}\right)^2 + 18\sigma_{xy}^2\right] = \tag{4.2.9}$$

$$\frac{1}{2\cdot 3}\left[6\sigma_{xx}^2 + 6\sigma_{yy}^2 - (8-2)\sigma_{xx}\sigma_{yy} + 18\sigma_{xy}^2\right] = \sigma_{xx}^2 + \sigma_{yy}^2 - \sigma_{xx}\sigma_{yy} + 3\sigma_{xy}^2 .$$

Für einen eindimensionalen Zug- respektive Scherversuch mit:

$$\sigma_{xx} = \sigma \quad \text{oder} \quad \sigma_{xy} = \tau \quad \text{und} \quad \sigma_{ij} = 0 \tag{4.2.10}$$

sonst entsteht damit:

$$\sigma_V^2 = \sigma^2 = 3\tau^2 , \tag{4.2.11}$$

woraus man die Behauptung nach Gleichung (4.2.5) sofort entnimmt. Beachte, dass die Vergleichsspannung nach VON MISES-HUBER-HENCKY sich nicht ändert, wenn man statt Zug- eine negative Druckspannung $-\sigma$ wählt.

4.2.2 Koordinatentransformationen

Problemstellung

Kontinuumsmechanik

Betrachte zunächst den Positionsvektor $\underline{x}$, also:

$$\underline{x} = x_1\underline{e}_1 + x_2\underline{e}_2 + x_{3_3}\underline{e}_3 . \tag{4.2.12}$$

Wähle nun eine gegen die Orthonormalbasis $\left(\underline{e}_1, \underline{e}_2, \underline{e}_3\right)$ um den Winkel θ in der (1,2) Ebene gedrehte Orthonormalbasis $\left(\underline{e}'_1, \underline{e}'_2, \underline{e}'_3\right)$ und zeige, dass:

$$\underline{x} = x'_1\underline{e}'_1 + x'_2\underline{e}'_2 + x'_3\underline{e}'_3 \tag{4.2.13}$$

mit:

$$x'_1 = x_1\cos(\theta) + x_2\sin(\theta) \,, \quad x'_2 = -x_1\sin(\theta) + x_2\cos(\theta) \,, \quad x'_3 = x_3 . \tag{4.2.14}$$

Abstrahiere nun auf eine beliebige Drehung im Raum $\left(\underline{e}_1, \underline{e}_2, \underline{e}_3\right) \leftrightarrow \left(\underline{e}'_1, \underline{e}'_2, \underline{e}'_3\right)$ und zeige, dass:

$$x'_i = O_{ij}x_j \quad \text{mit} \quad O_{ij} = \underline{e}'_i \cdot \underline{e}_j \tag{4.2.15}$$

gilt mit:

$$O_{ij}^{-1} = O_{ij}^T = O_{ji} \quad \text{also} \quad O_{ik}O_{jk} = \delta_{ij} = O_{ki}O_{kj} \tag{4.2.16}$$

gilt.

Folgere schließlich, dass für beliebige Vektoren $\underline{A}$ gilt:

$$A_i' = O_{ik} A_k \qquad (4.2.17)$$

und für den Spannungstensor

$$\sigma_{ij}' = O_{ik} O_{il} \sigma_{kl} \,. \qquad (4.2.18)$$

gelten muss. Werte (4.2.18) für den Fall ebener Drehungen aus und finde einen Bezug zu den Formeln des MOHRschen Kreises.

Lösung

Wir starten von:

$$\underline{x} = x_1 \underline{e}_1 + x_2 \underline{e}_2 + x_3 \underline{e}_3 \equiv x_1' \underline{e}'_1 + x_2' \underline{e}'_2 + x_3' \underline{e}'_3 \qquad (4.2.19)$$

und multiplizieren hintereinander skalar mit $\underline{e}'_1, \underline{e}'_2, \underline{e}'_3$, wobei wir beachten dass:

$$\underline{e}'_1 \cdot \underline{e}_1 = \cos(\theta) \,,\; \underline{e}'_1 \cdot \underline{e}_2 = \sin(\theta) \,,\; \underline{e}'_2 \cdot \underline{e}_1 = -\sin(\theta) \; \underline{e}'_2 \cdot \underline{e}_2 = \cos(\theta) \,,\; \underline{e}'_3 \cdot \underline{e}_3 = 1 \,,$$

$$\underline{e}'_i \cdot \underline{e}_j = 0 \text{ sonst} \,,\; \underline{e}'_1 \cdot \underline{e}'_1 = 1 \,,\; \underline{e}'_2 \cdot \underline{e}'_2 = 1 \,,\; \underline{e}'_3 \cdot \underline{e}'_3 = 1 \,,\; \underline{e}'_i \cdot \underline{e}'_j = 0 \text{ sonst.} \qquad (4.2.20)$$

Letzteres folgt direkt aus der Definition des Skalarproduktes, also z. B. bei:

$$\underline{e}_1' \cdot \underline{e}_1 = |\underline{e}_1'| \, |\underline{e}_1| \cos(\theta) \equiv 1 \cdot 1 \cos(\theta) \,. \qquad (4.2.21)$$

Also ist:

$$x_1' = \cos(\theta) x_1 + \sin(\theta) x_2 \,,\; x_2' = -\sin(\theta) x_1 + \cos(\theta) x_2 \,,\; x_3' = x_3 \,, \qquad (4.2.22)$$

bzw. in Matrixschreibweise:

$$\begin{bmatrix} x_1' \\ x_2' \\ x_3' \end{bmatrix} = \begin{bmatrix} \cos(\theta) & \sin(\theta) & 0 \\ -\sin(\theta) & \cos(\theta) & 0 \\ 0 & 0 & 1 \end{bmatrix} \begin{bmatrix} x_1 \\ x_2 \\ x_3 \end{bmatrix} \quad \Rightarrow \quad x_i' = O_{ij} x_j \qquad (4.2.23)$$

mit:

$$O_{ij} = \begin{bmatrix} \cos(\theta) & \sin(\theta) & 0 \\ -\sin(\theta) & \cos(\theta) & 0 \\ 0 & 0 & 1 \end{bmatrix} \equiv \begin{bmatrix} \underline{e}'_1 \cdot \underline{e}_1 & \underline{e}'_1 \cdot \underline{e}_2 & \underline{e}'_1 \cdot \underline{e}_3 \\ \underline{e}'_2 \cdot \underline{e}_1 & \underline{e}'_2 \cdot \underline{e}_2 & \underline{e}'_2 \cdot \underline{e}_3 \\ \underline{e}'_3 \cdot \underline{e}_1 & \underline{e}'_3 \cdot \underline{e}_2 & \underline{e}'_3 \cdot \underline{e}_3 \end{bmatrix} . \qquad (4.2.24)$$

In völlig analoger Weise gilt Letzteres bei beliebiger Drehung im Raum:

$$O_{ij} = \underline{e}'_i \cdot \underline{e}_j \,. \qquad (4.2.25)$$

Nun zum Beweis der sogenannten Orthonormalrelationen (4.2.16). Jede Basis ist durch Linearkombination aus einer anderen Basis darstellbar, also speziell hier:

$$\underline{e}_k = A_{kj} \underline{e}'_j \,,\; \underline{e}'_k = B_{ki} \underline{e}_i \qquad (4.2.26)$$

Hieraus erfolgt durch Skalarmultiplikation:

$$\underline{e}_i' \cdot \underline{e}_k = A_{kj} \underline{e}_i' \cdot \underline{e}_j' = A_{kj} \delta_{ij} = A_{ki} \equiv O_{ik} \,,\; \underline{e}'_k \cdot \underline{e}_j = B_{ki} \underline{e}_i \cdot \underline{e}_j = B_{ki} \delta_{ij} = B_{kj} \equiv O_{kj} \,, \qquad (4.2.27)$$

also:

$$\underline{e}_k = O_{jk} \underline{e}'_j \,,\; \underline{e}'_k = O_{kj} \underline{e}_j \,. \qquad (4.2.28)$$

Nachdem dies bekannt ist, folgern wir sofort, dass:

$$\delta_{ik} = \underline{e}_i \cdot \underline{e}_k = \left(O_{ji}\underline{e}'_j\right)\cdot\left(O_{lk}\underline{e}'_l\right) = O_{ji}O_{lk}\underline{e}'_j \cdot \underline{e}'_l = O_{ji}O_{lk}\delta_{jl} = O_{ji}O_{jk}\,, \tag{4.2.29}$$

$$\delta_{ik} = \underline{e}'_i \cdot \underline{e}'_k = \left(O_{il}\underline{e}_l\right)\cdot\left(O_{km}\underline{e}_m\right) = O_{il}O_{km}\underline{e}_l \cdot \underline{e}_m = O_{il}O_{km}\delta_{lm} = O_{il}O_{kl}\,.$$

Also ist die Inverse zur Matrix $\underline{\underline{O}}$ durch ihre Transponierte gegeben: Gleichung (4.2.16). Der Ortsvektor $\underline{x}$ war nur ein Platzhalter für einen beliebigen Vektor $\underline{A}$, der im Ortsraum aufgespannt ist:

$$\underline{A} = A_j\underline{e}_j \equiv A'_i\underline{e}'_i\,, \tag{4.2.30}$$

und selbstverständlich gelten alle zuvor gezeigten Gleichungen analog und speziell auch:

$$A'_i = O_{ij}A_j\,. \tag{4.2.31}$$

Bei Größen mit mehreren Indizes, etwa dem Spannungstensor, muss jeder Index mit einer Matrix $\underline{\underline{O}}$ bedacht werden; also:

$$\sigma'_{ij} = O_{ik}O_{jl}\sigma_{kl}\,. \tag{4.2.32}$$

Speziell für die Drehung in der Ebene findet man mit Gleichung (4.2.24):

$$\sigma'_{ij} = O_{ik}O_{jl}\sigma_{kl} = O_{ik}\sigma_{kl}O^T_{lj} = \begin{bmatrix} \cos(\theta) & \sin(\theta) & 0 \\ -\sin(\theta) & \cos(\theta) & 0 \\ 0 & 0 & 1 \end{bmatrix}\begin{bmatrix} \sigma_{11} & \sigma_{12} & \sigma_{13} \\ \sigma_{12} & \sigma_{22} & \sigma_{23} \\ \sigma_{13} & \sigma_{23} & \sigma_{33} \end{bmatrix}\begin{bmatrix} \cos(\theta) & -\sin(\theta) & 0 \\ \sin(\theta) & \cos(\theta) & 0 \\ 0 & 0 & 1 \end{bmatrix} \tag{4.2.33}$$

$$= \begin{bmatrix} \sigma_{11}\cos^2(\theta)+\sigma_{22}\sin^2(\theta)+\sigma_{12}\sin(2\theta) & \sigma_{12}\cos(2\theta)-\frac{1}{2}(\sigma_{11}-\sigma_{22})\sin(2\theta) & \sigma_{13}\cos(\theta)+\sigma_{23}\sin(\theta) \\ \sigma_{12}\cos(2\theta)-\frac{1}{2}(\sigma_{11}-\sigma_{22})\sin(2\theta) & \sigma_{11}\sin^2(\theta)+\sigma_{22}\cos^2(\theta)-\sigma_{12}\sin(2\theta) & \sigma_{23}\cos(\theta)-\sigma_{13}\sin(\theta) \\ \sigma_{13}\cos(\theta)+\sigma_{23}\sin(\theta) & \sigma_{23}\cos(\theta)-\sigma_{13}\sin(\theta) & \sigma_{33} \end{bmatrix}.$$

Man beachte, dass gilt (vgl. Lehrbuchabschnitt 2.8.6):

$$\sigma_S \equiv \sigma'_{11}\ ,\ \ \tau_S \equiv \sigma'_{12}\,. \tag{4.2.34}$$

4.2.3 Hauptspannungen

Problemstellung

Definiere den Begriff der Hauptachsen des Spannungsvektors und stelle eine Beziehung für die sogenannte Hauptachsenspannungen auf. Zeige, wie diese sich auch aus der Spur, den Hauptminoren und der Determinante des Spannungszustandes σ_{ij} berechnen lassen. Diskutiere die Invarianz dieser Größen unter Koordinatentransformationen und stelle eine Beziehung zu den minimalen und maximalen Normalspannungen des MOHRschen Kreises her. Bestimme auch die sog. Hauptrichtungen und diskutiere ihre Eigenschaften. Gelten analoge Überlegungen auch für den Dehnungs- und den Massenträgheitstensor?

Lösung

Allgemein lässt sich ein beliebiger Spannungsvektor $\underline{t}$, der auf einer Ebene mit Normale $\underline{e}_n$ wirkt, in einen Anteil in Richtung der Normale und einen Anteil tangential zur Ebene (Richtungsvektor $\underline{e}_t$) zerlegen:

$$\underline{t} = \sigma\underline{e}_n + \tau\underline{e}_t\,. \tag{4.2.35}$$

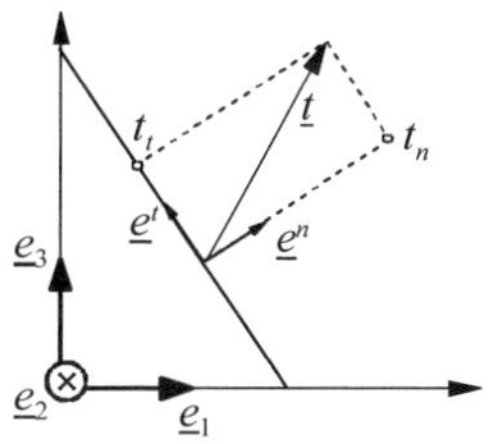

Abb. 4.2.1: Zerlegung des Spannungsvektors in Normal- und Tangentialanteil.

Die sogenannten Hauptachsen sind dadurch definiert, dass in den zugehörigen Ebenen der Spannungsvektor nur eine Normalrichtung, aber keine Tangentialrichtung hat, also gilt:

$$\underline{t} = \sigma \underline{e}^n + 0 \underline{e}^t . \tag{4.2.36}$$

Wir werden sehen, dass es drei solche Ebenen gibt, charakterisiert durch die Richtungsvektoren $\underline{n}^{\mathrm{I}}$, $\underline{n}^{\mathrm{II}}$, $\underline{n}^{\mathrm{III}}$, und wir stellen uns die Aufgabe, die dazugehörigen Hauptspannungen $\sigma_{\mathrm{I}}, \sigma_{\mathrm{II}}, \sigma_{\mathrm{III}}$ in Abhängigkeit der Spannungstensorkomponenten σ_{ij} zu berechnen. Dazu erinnern wir an Ergebnisse aus dem Lehrbuchabschnitt 4.2:

$$\begin{aligned} &\underline{\underline{\sigma}} = \sigma_{ij} \underline{e}_i \otimes \underline{e}_j , \\ &\underline{t} = t_i \underline{e}_i \equiv \underline{n} \cdot \underline{\underline{\sigma}} = (n_k \underline{e}_k) \cdot (\sigma_{ji} \underline{e}_j \otimes \underline{e}_i) = n_k \sigma_{ji} \underline{e}_k \cdot \underline{e}_j \otimes \underline{e}_i = \\ &\quad n_k \sigma_{ji} \delta_{kj} \underline{e}_i = n_j \sigma_{ji} \underline{e}_i \quad \Rightarrow \quad t_i = n_j \sigma_{ji} . \end{aligned} \tag{4.2.37}$$

Außerdem gilt natürlich:

$$\underline{e}^n = n_i \underline{e}_i , \tag{4.2.38}$$

und es folgt durch Kombination zwischen (4.2.36) und (4.2.37):

$$n_k (\sigma_{ki} - \sigma \delta_{ki}) = 0 . \tag{4.2.39}$$

Dies ist ein lineares Gleichungssystem für die unbekannten Richtungskomponenten n_k, wofür es nur dann eine nicht triviale Lösung gibt, wenn die folgende Determinantenbedingungen erfüllt ist:

$$\det(\sigma_{ki} - \sigma \delta_{ki}) = 0 . \tag{4.2.40}$$

Ausgeschrieben folgt:

$$\det \begin{bmatrix} \sigma_{11} - \sigma & \sigma_{12} & \sigma_{13} \\ \sigma_{12} & \sigma_{22} - \sigma & \sigma_{23} \\ \sigma_{13} & \sigma_{23} & \sigma_{33} - \sigma \end{bmatrix} = 0 . \tag{4.2.41}$$

Dies liefert eine Gleichung dritten Grades für die gesuchten Hauptspannungen σ in der Form:

$$\sigma^3 - J_1 \sigma^2 - J_2 \sigma - J_3 = 0 \tag{4.2.42}$$

Die sogenannten Hauptinvarianten J_1, J_2 und J_3 liest man (Entwicklung der Determinante) in (4.2.40) ab:

$$\begin{aligned} &J_1 = \sigma_{11} + \sigma_{22} + \sigma_{33} = \mathrm{Sp}(\underline{\underline{\sigma}}), \\ &J_2 = -\left(\begin{vmatrix} \sigma_{22} & \sigma_{23} \\ \sigma_{23} & \sigma_{33} \end{vmatrix} + \begin{vmatrix} \sigma_{11} & \sigma_{13} \\ \sigma_{13} & \sigma_{33} \end{vmatrix} + \begin{vmatrix} \sigma_{11} & \sigma_{12} \\ \sigma_{12} & \sigma_{22} \end{vmatrix} \right) = \tfrac{1}{2} \left[\mathrm{Sp}(\underline{\underline{\sigma}}^2) - \mathrm{Sp}(\underline{\underline{\sigma}})^2 \right], \end{aligned} \tag{4.2.43}$$

$$J_3 = \begin{vmatrix} \sigma_{11} & \sigma_{12} & \sigma_{13} \\ \sigma_{12} & \sigma_{22} & \sigma_{23} \\ \sigma_{13} & \sigma_{23} & \sigma_{33} \end{vmatrix} = \det(\underline{\underline{\sigma}}).$$

Dass dies tatsächliche Invarianten sind, die bei Koordinatenwechsel (vgl. Aufgabe 4.2.2)

$$x_i' = O_{ij} x_j \tag{4.2.44}$$

ihre Form bewahren, sieht man mithilfe von (4.2.16), wie folgt:

$$\begin{aligned} &\mathrm{Sp}(\underline{\underline{\sigma}}') = \sigma_{kk}' = O_{kr} O_{ks} \sigma_{rs} = \delta_{rs} \sigma_{rs} = \sigma_{rr} = \mathrm{Sp}(\underline{\underline{\sigma}}), \\ &\mathrm{Sp}(\underline{\underline{\sigma}}'^2) = \sigma_{ik}' \sigma_{ki}' = O_{ir} O_{ks} \sigma_{rs} O_{kp} O_{iq} \sigma_{pq} = \delta_{rq} \delta_{sp} \sigma_{rs} \sigma_{pq} = \sigma_{rp} \sigma_{pr} = \mathrm{Sp}(\underline{\underline{\sigma}}^2), \\ &\det(\underline{\underline{\sigma}}') = \tfrac{1}{6} \varepsilon_{ijk}' \varepsilon_{rst}' \sigma_{ir}' \sigma_{js}' \sigma_{kt}' = \\ &\quad \tfrac{1}{6} O_{iu} O_{jv} O_{kw} \varepsilon_{uvw} O_{rx} O_{sy} O_{tz} \varepsilon_{xyz} O_{ia} O_{rb} \sigma_{ab} O_{jc} O_{sd} \sigma_{cd} O_{ke} O_{tf} \sigma_{ef} = \\ &\quad \tfrac{1}{6} \delta_{ua} \delta_{vc} \delta_{we} \delta_{xb} \delta_{yd} \delta_{zf} \varepsilon_{uvw} \varepsilon_{xyz} \sigma_{ab} \sigma_{cd} \sigma_{ef} = \tfrac{1}{6} \varepsilon_{ace} \varepsilon_{bdf} \sigma_{ab} \sigma_{cd} \sigma_{ef} \equiv \det(\underline{\underline{\sigma}}), \end{aligned} \tag{4.2.45}$$

denn jede Determinante einer 3×3 -Matrix A_{ij} lässt sich ausdrücken durch:

$$\det \underline{\underline{A}} = \begin{vmatrix} A_{11} & A_{12} & A_{13} \\ A_{21} & A_{22} & A_{23} \\ A_{31} & A_{32} & A_{33} \end{vmatrix} = \tfrac{1}{6} \varepsilon_{ijk} \varepsilon_{rst} A_{ir} A_{js} A_{kt}, \tag{4.2.46}$$

wie man durch Nachrechnen mit den Ergebnissen aus Aufgabe 4.4.1 nachweist. Die kubische Gleichung (4.2.41) lässt sich in geschlossener Form lösen, auch wenn diese Lösungen in allgemeiner Form sehr „sperrig“ sind, weswegen wir sie hier auch nicht angeben. In jedem Fall existieren drei Lösungen, die wir mit $\sigma_{\mathrm{I}}, \sigma_{\mathrm{II}}, \sigma_{\mathrm{III}}$ bezeichnen und die wir Hauptspannungen nennen. Es ist üblich, (nachträglich) so umzubenennen, dass $\sigma_{\mathrm{I}} > \sigma_{\mathrm{II}} > \sigma_{\mathrm{III}}$ gilt. Im Zweidimensionalen haben wir sie im Zusammenhang mit dem MOHRschen Kreis bereits kennengelernt. Die damaligen Lösungen sind in den obigen Formeln enthalten. Um dies zu demonstrieren, spezialisieren wir einfach auf den Fall ebener Spannungen:

$$\underline{\underline{\sigma}} = \begin{bmatrix} \sigma_{11} & \sigma_{12} & 0 \\ \sigma_{12} & \sigma_{22} & 0 \\ 0 & 0 & 0 \end{bmatrix}. \tag{4.2.47}$$

Dann wird:

$$J_1 = \sigma_{11} + \sigma_{22}, \quad J_2 = -\sigma_{11}\sigma_{22} + \sigma_{12}^2, \quad J_3 = 0. \tag{4.2.48}$$

Also folgt aus (4.2.41):

$$\sigma^2 - J_1 \sigma - J_2 = 0 \quad \Rightarrow \quad \sigma_{\mathrm{I/II}} = \frac{\sigma_{11} + \sigma_{22}}{2} \pm \sqrt{\left(\frac{\sigma_{11} - \sigma_{22}}{2}\right)^2 + \sigma_{12}^{\ 2}}. \tag{4.2.49}$$

Dies jedoch ist genau die Lösung (2.8.34) für die maximale und minimale Normalspannung des zweidimensionalen MOHRschen Kreises. Als nächstes wenden wir uns der Aufgabe zu, die drei zu den Hauptspannungen jeweils gehörigen Hauptrichtungsvektoren $\underline{n}^{\mathrm{I}}$, $\underline{n}^{\mathrm{II}}$, $\underline{n}^{\mathrm{III}}$ zu bestimmen. Hierfür haben wir gemäß (4.2.39) zu schreiben:

$$n_k^j\left(\sigma_{ki} - \sigma_{\underline{j}}\delta_{ki}\right) = 0 \ , \quad j = \{\text{I}, \text{II}, \text{III}\}. \tag{4.2.50}$$

Der Unterstrich am j soll darauf hinweisen, dass die EINSTEINsche Summenkonvention außer Kraft gesetzt wurde und die letzte Gleichung einfach dreimal hinzuschreiben ist, nämlich für jede der drei Hauptrichtungen. Das sieht auf den ersten Blick gut aus, denn jeder der drei Hauptrichtungsvektoren hat drei Komponenten und wir brauchen auch neun Gleichungen zu ihrer Bestimmung. Dass (4.2.50) allerdings neun Gleichungen verkörpert, ist nur scheinbar, denn die drei darin einzusetzenden Hauptspannungen $\sigma_{\text{I}}, \sigma_{\text{II}}, \sigma_{\text{III}}$ wurden ja gerade aus der Determinantenbedingung (4.2.40) ermittelt, und das heißt, dass für jede Hauptrichtung nur jeweils zwei Gleichungen in (4.2.50) linear unabhängig sind. Es fehlen also drei Bedingungen. Diese geben wir vor, indem wir jede der drei Hauptnormalen auf Eins normieren:

$$\left(n_1^j\right)^2 + \left(n_2^j\right)^2 + \left(n_3^j\right)^2 = 1 \ , \quad j = \{\text{I}, \text{II}, \text{III}\}. \tag{4.2.51}$$

Damit haben wir nun wirklich neun unabhängige Gleichungen, und wir können im Prinzip an ihre Lösung gehen. Diese ist auch findbar, allerdings ergeben sich sehr komplexe Resultate, und wir wollen uns an dieser Stelle wieder darauf beschränken, den zweidimensionalen Fall zu explizieren. Hier lauten vier den neun Gleichungen im Dreidimensionalen entsprechende linear unabhängige Beziehungen:

$$\sigma_{11}n_1^{\text{I}} + \sigma_{12}n_2^{\text{I}} = \sigma_{\text{I}}n_1^{\text{I}} \ , \quad \left(n_1^{\text{I}}\right)^2 + \left(n_2^{\text{I}}\right)^2 = 1 \ , \tag{4.2.52}$$

$$\sigma_{12}n_1^{\text{II}} + \sigma_{22}n_2^{\text{II}} = \sigma_{\text{II}}n_2^{\text{II}} \ , \quad \left(n_1^{\text{II}}\right)^2 + \left(n_2^{\text{II}}\right)^2 = 1 .$$

Wir beachten die Gleichungen (4.2.49) für die beiden Hauptspannungen im Zweidimensionalen, erinnern ferner noch an den aus dem Lehrbuch Abschnitt 2.8.6 bekannte Relation für den Richtungswinkel φ_0 der Hauptspannungen:

$$\tan(2\varphi_0) = \frac{2\sigma_{12}}{\sigma_{11} - \sigma_{22}} \tag{4.2.53}$$

sowie an Additionstheoreme und finden durch gegenseitiges Einsetzen aus (4.2.52), dass:

$$\left(n_1^{\text{I}}\right)^2 = \cos^2(\varphi_0) \ , \ \left(n_2^{\text{I}}\right)^2 = \sin^2(\varphi_0) \ , \ \left(n_1^{\text{II}}\right)^2 = \sin^2(\varphi_0) \ , \ \left(n_2^{\text{II}}\right)^2 = \cos^2(\varphi_0). \tag{4.2.54}$$

Beim Ziehen der Wurzeln müssen wir vorsichtig sein, denn es ist darauf zu achten, dass die aus $(4.2.52)_{1,3}$ sowie $(4.2.49)_2$ folgenden Beziehungen:

$$n_2^{\text{I}} = \frac{\sigma_{\text{I}} - \sigma_{11}}{\sigma_{12}} n_1^{\text{I}} = +2\frac{\sin^2(\varphi_0)}{\sin(2\varphi_0)} n_1^{\text{I}} = +\frac{\sin(\varphi_0)}{\cos(\varphi_0)} n_1^{\text{I}} \ , \tag{4.2.55}$$

$$n_2^{\text{II}} = \frac{\sigma_{12}}{\sigma_{\text{II}} - \sigma_{22}} n_1^{\text{II}} = -\frac{\sin(2\varphi_0)}{2\sin^2(\varphi_0)} n_1^{\text{II}} = -\frac{\cos(\varphi_0)}{\sin(\varphi_0)} n_1^{\text{II}}$$

vorzeichenrichtig erfüllt sind. Also ergibt sich:

$$n_1^{\text{I}} = \cos(\varphi_0) \ , \ n_2^{\text{I}} = \sin(\varphi_0) \ , \ n_1^{\text{II}} = -\sin(\varphi_0) \ , \ n_2^{\text{II}} = \cos(\varphi_0). \tag{4.2.56}$$

wie man es auch erwartet hätte, weil ja φ_0 der Richtungswinkel der Hauptspannungen ist. Wir stellen zusammenfassend fest, dass $\underline{n}^{\text{I}}$ und $\underline{n}^{\text{II}}$ nicht nur auf Eins normiert sind, sondern dass sie darüber hinaus aufeinander senkrecht stehen:

$$\underline{n}^{\text{I}} \cdot \underline{n}^{\text{II}} = -\cos(\varphi_0)\sin(\varphi_0) + \sin(\varphi_0)\cos(\varphi_0) = 0 \tag{4.2.57}$$

und in der Reihenfolge $\underline{n}^{\mathrm{I}}$, $\underline{n}^{\mathrm{II}}$ ein Rechtssystem bilden. Letzteres haben wir dadurch erreicht, dass wir in $(4.2.54)_3$ die negative Wurzel gewählt haben und nicht in $(4.2.54)_4$. Im Dreidimensionalen bleibt dieses Ergebnis erhalten. Auch $\underline{n}^{\mathrm{I}}$, $\underline{n}^{\mathrm{II}}$, $\underline{n}^{\mathrm{III}}$ bilden ein orthonormales Rechtssystem:

$$\underline{n}^i \cdot \underline{n}^j = \delta_{ij} \quad \text{mit} \quad i, j \in \{\mathrm{I}, \mathrm{II}, \mathrm{III}\}, \tag{4.2.58}$$

nur ist dieses explizit zu zeigen viel aufwendiger, da im Raum drei Winkel und nicht nur einer wie im Zweidimensionalen zur vollständigen Kennzeichnung einer Richtung notwendig sind, die sog. EULERschen Winkel. Ein impliziter Beweis ist jedoch relativ einfach möglich. Wir wissen, dass bei einer Drehung des Koordinatensystems im Raum der Spannungstensor sich im Allgemeinen gemäß nach (4.2.32) transformiert. Nun wollen wir eine spezielle Drehung O_{ij}^{diag} so ausführen, dass danach der Spannungstensor in diagonalisierter Form resultiert, also gilt (vgl. auch $(4.2.16)_2$):

$$\begin{bmatrix} \sigma_{\mathrm{I}} & 0 & 0 \\ 0 & \sigma_{\mathrm{II}} & 0 \\ 0 & 0 & \sigma_{\mathrm{III}} \end{bmatrix} = O_{ik}^{\mathrm{diag}} O_{jl}^{\mathrm{diag}} \sigma_{kl}, \quad \text{mit} \quad O_{ik}^{\mathrm{diag}} O_{jk}^{\mathrm{diag}} = \delta_{ij} = O_{ki}^{\mathrm{diag}} O_{kj}^{\mathrm{diag}}. \tag{4.2.59}$$

Diese Drehung bedeutet anschaulich, dass wir ins Hauptkoordinatensystem wechseln, d. h. die Basis $(\underline{e}_1, \underline{e}_2, \underline{e}_3)$ auf die Basis $(\underline{n}^{\mathrm{I}}, \underline{n}^{\mathrm{II}}, \underline{n}^{\mathrm{III}})$ drehen. Nach den Ausführungen in Aufgabe 4.2.2 und speziell im Hinblick auf Gleichung (4.2.25) muss dann aber gelten:

$$O_{ij}^{\mathrm{diag}} = \begin{bmatrix} \underline{n}^{\mathrm{I}} \cdot \underline{e}_1 & \underline{n}^{\mathrm{I}} \cdot \underline{e}_2 & \underline{n}^{\mathrm{I}} \cdot \underline{e}_3 \\ \underline{n}^{\mathrm{II}} \cdot \underline{e}_1 & \underline{n}^{\mathrm{II}} \cdot \underline{e}_2 & \underline{n}^{\mathrm{II}} \cdot \underline{e}_3 \\ \underline{n}^{\mathrm{III}} \cdot \underline{e}_1 & \underline{n}^{\mathrm{III}} \cdot \underline{e}_2 & \underline{n}^{\mathrm{III}} \cdot \underline{e}_3 \end{bmatrix} \equiv \begin{bmatrix} n_1^{\mathrm{I}} & n_2^{\mathrm{I}} & n_3^{\mathrm{I}} \\ n_1^{\mathrm{II}} & n_2^{\mathrm{II}} & n_3^{\mathrm{II}} \\ n_1^{\mathrm{III}} & n_2^{\mathrm{III}} & n_3^{\mathrm{III}} \end{bmatrix}, \tag{4.2.60}$$

Letzteres wegen der Definition des Skalarprodukts. Wegen der Gleichungen $(4.2.59)_2$ folgt dann aber sofort die Behauptung (4.2.58). Man beachte schließlich, dass alle Argumente dieser Aufgabe sich sofort auch auf den Dehnungstensor $\underline{\underline{\varepsilon}}$ sowie den Massenträgheitstensor $\underline{\underline{\Theta}}$ übertragen lassen, die beide wie der Spannungstensor $\underline{\underline{\sigma}}$ durch symmetrische 3×3 Matrizen darstellbar sind.

Kontinuumsmechanik

4.2.4 Fließkriterium im Hauptspannungsraum

Problemstellung

Zeige, dass die Vergleichsspannung nach VON MISES durch folgende Differenzen der Hauptspannungen gegeben ist und interpretiere diese Funktion geometrisch:

$$\sigma_V = \tfrac{1}{\sqrt{2}} \sqrt{(\sigma_{\mathrm{I}} - \sigma_{\mathrm{II}})^2 + (\sigma_{\mathrm{I}} - \sigma_{\mathrm{III}})^2 + (\sigma_{\mathrm{II}} - \sigma_{\mathrm{III}})^2}\,. \tag{4.2.61}$$

Lösung

Zum Beweis der Gleichung (4.2.61) sei zunächst vermerkt, dass das Skalarprodukt aus (4.2.3) invariant gegen Koordinatentransformationen ist. Dies weist man einfach dadurch nach, dass man sich der Transformationsvorschrift für Tensoren bedient (vgl. Aufgabe 4.2.2) und auf den Spannnungsdeviator anwendet:

$$\Sigma'_{ij} = O_{ik}O_{jl}\Sigma_{kl} \quad \Rightarrow \quad \Sigma'_{ij}\Sigma'_{ij} = O_{ik}O_{jl}\Sigma_{kl}O_{ir}O_{js}\Sigma_{rs} = \Sigma_{kl}\delta_{kr}\delta_{ls}\Sigma_{rs} = \Sigma_{kl}\Sigma_{kl}\,. \tag{4.2.62}$$

Wir wählen jetzt die Drehung O_{ij}^{diag} so, dass wir ins Hauptachsensystem gelangen. Dann aber ist der Spannungstensor diagonal und ebenso der Spannungsdeviator:

$$\Sigma_{ij}^{\text{diag}} = \begin{bmatrix} \sigma_{\text{I}} & 0 & 0 \\ 0 & \sigma_{\text{II}} & 0 \\ 0 & 0 & \sigma_{\text{III}} \end{bmatrix} - \tfrac{1}{3}\left(\sigma_{\text{I}} + \sigma_{\text{II}} + \sigma_{\text{III}}\right)\begin{bmatrix} 1 & 0 & 0 \\ 0 & 1 & 0 \\ 0 & 0 & 1 \end{bmatrix} = \tag{4.2.63}$$

$$\tfrac{1}{3}\begin{bmatrix} 2\sigma_{\text{I}} - \sigma_{\text{II}} - \sigma_{\text{III}} & 0 & 0 \\ 0 & 2\sigma_{\text{II}} - \sigma_{\text{I}} - \sigma_{\text{III}} & 0 \\ 0 & 0 & 2\sigma_{\text{III}} - \sigma_{\text{I}} - \sigma_{\text{II}} \end{bmatrix}.$$

Hieraus folgt dann:

$$\sigma_V^2 = \tfrac{3}{2}\Sigma_{ij}^{\text{diag}}\Sigma_{ij}^{\text{diag}} = \tfrac{1}{6}\left[\left(2\sigma_{\text{I}} - \sigma_{\text{II}} - \sigma_{\text{III}}\right)^2 + \left(2\sigma_{\text{II}} - \sigma_{\text{I}} - \sigma_{\text{III}}\right)^2 + \left(2\sigma_{\text{III}} - \sigma_{\text{I}} - \sigma_{\text{II}}\right)^2\right] \tag{4.2.64}$$

und nach Ausmultiplizieren die Behauptung (4.2.61). In der Tat definiert diese Gleichung die Oberfläche eines Kreiszylinders im sog. **Hauptspannungsraum**. Die rechtwinkligen Koordinatenachsen dieses abstrakten Nichtortsraumes werden durch die drei Hauptspannungen σ_{I}, σ_{II} und σ_{III} mit den Einheitsvektoren $\underline{e}_{\text{I}}$, $\underline{e}_{\text{II}}$ und $\underline{e}_{\text{III}}$ aufgespannt. Die Zylinderachse bildet die Winkelhalbierende des Oktanden, so wie in Abb. 4.2.2 dargestellt.

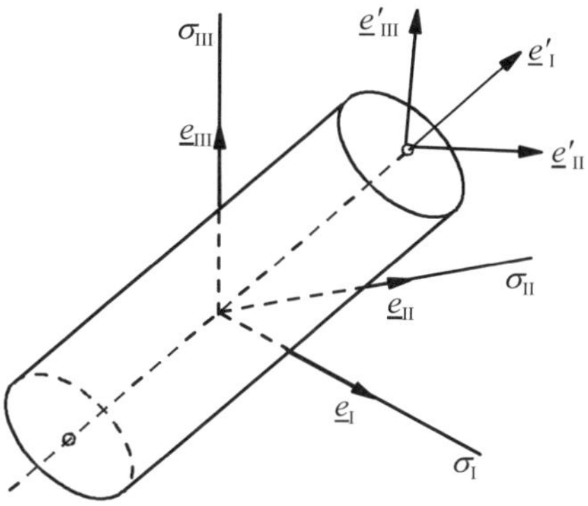

Abb. 4.2.2: VON-MISES-Zylinder.

Zum Beweis stellen wir zunächst einen beliebigen Punkt $\left(\sigma_{\text{I}}, \sigma_{\text{II}}, \sigma_{\text{III}}\right)$ in diesem Raum in einer zu $\underline{e}_{\text{I}}$, $\underline{e}_{\text{II}}$ und $\underline{e}_{\text{III}}$ geneigten Orthonormalbasis $\underline{e}'_{\text{I}}$, $\underline{e}'_{\text{II}}$ und $\underline{e}'_{\text{III}}$ dar. Der Vektor $\underline{e}'_{\text{I}}$ zeigt dabei in Richtung der Winkelhalbierenden, $\underline{e}'_{\text{II}}$ wird beliebig senkrecht dazu gewählt und $\underline{e}'_{\text{III}}$ resultiert aus dem Kreuzprodukt beider:

$$\underline{e}'_{\text{I}} = \tfrac{1}{\sqrt{3}}\left(\underline{e}_{\text{I}} + \underline{e}_{\text{II}} + \underline{e}_{\text{III}}\right)\,,\quad \underline{e}'_{\text{II}} = \tfrac{1}{\sqrt{2}}\left(\underline{e}_{\text{I}} - \underline{e}_{\text{II}}\right)\,,\quad \underline{e}'_{\text{III}} = \underline{e}'_{\text{I}} \times \underline{e}'_{\text{II}} = \tfrac{1}{\sqrt{6}}\left(\underline{e}_{\text{I}} + \underline{e}_{\text{II}} - 2\underline{e}_{\text{III}}\right). \tag{4.2.65}$$

Wir bilden nun analog zu den Ausführungen in Aufgabe 4.2.2 für den Ortsraum die zugehörige Drehmatrix im Hauptspannungsraum (vgl. Gleichung (4.2.25)):

$$O_{ij} = \begin{bmatrix} \frac{1}{\sqrt{3}} & \frac{1}{\sqrt{3}} & \frac{1}{\sqrt{3}} \\ \frac{1}{\sqrt{2}} & -\frac{1}{\sqrt{2}} & 0 \\ \frac{1}{\sqrt{6}} & \frac{1}{\sqrt{6}} & -\frac{2}{\sqrt{6}} \end{bmatrix} \quad \Rightarrow \quad O_{ij}^{-1} = O_{ij}^{T} = \begin{bmatrix} \frac{1}{\sqrt{3}} & \frac{1}{\sqrt{2}} & \frac{1}{\sqrt{6}} \\ \frac{1}{\sqrt{3}} & -\frac{1}{\sqrt{2}} & \frac{1}{\sqrt{6}} \\ \frac{1}{\sqrt{3}} & 0 & -\frac{2}{\sqrt{6}} \end{bmatrix}. \tag{4.2.66}$$

Somit folgt für den Punkt $\left(\sigma_{\text{I}}, \sigma_{\text{II}}, \sigma_{\text{III}}\right)$ analog zu Gleichung (4.2.23):

Kontinuumsmechanik

$$\begin{bmatrix} \sigma_{\mathrm{I}} \\ \sigma_{\mathrm{II}} \\ \sigma_{\mathrm{III}} \end{bmatrix} = \begin{bmatrix} \frac{1}{\sqrt{3}} & \frac{1}{\sqrt{2}} & \frac{1}{\sqrt{6}} \\ \frac{1}{\sqrt{3}} & -\frac{1}{\sqrt{2}} & \frac{1}{\sqrt{6}} \\ \frac{1}{\sqrt{3}} & 0 & -\frac{2}{\sqrt{6}} \end{bmatrix} \cdot \begin{bmatrix} \sigma'_{\mathrm{I}} \\ \sigma'_{\mathrm{II}} \\ \sigma'_{\mathrm{III}} \end{bmatrix} = \begin{bmatrix} \frac{1}{\sqrt{3}}\sigma'_{\mathrm{I}} + \frac{1}{\sqrt{2}}\sigma'_{\mathrm{II}} + \frac{1}{\sqrt{6}}\sigma'_{\mathrm{III}} \\ \frac{1}{\sqrt{3}}\sigma'_{\mathrm{I}} - \frac{1}{\sqrt{2}}\sigma'_{\mathrm{II}} + \frac{1}{\sqrt{6}}\sigma'_{\mathrm{III}} \\ \frac{1}{\sqrt{3}}\sigma'_{\mathrm{I}} - \frac{2}{\sqrt{6}}\sigma'_{\mathrm{III}} \end{bmatrix}. \tag{4.2.67}$$

Hieraus wiederum ergibt sich:

$$\sigma_{\mathrm{I}} - \sigma_{\mathrm{II}} = \sqrt{2}\sigma'_{\mathrm{II}} \ , \ \ \sigma_{\mathrm{I}} - \sigma_{\mathrm{III}} = \tfrac{1}{\sqrt{2}}\sigma'_{\mathrm{II}} + \tfrac{3}{\sqrt{6}}\sigma'_{\mathrm{III}} \ , \ \ \sigma_{\mathrm{II}} - \sigma_{\mathrm{III}} = -\tfrac{1}{\sqrt{2}}\sigma'_{\mathrm{II}} + \tfrac{3}{\sqrt{6}}\sigma'_{\mathrm{III}} . \tag{4.2.68}$$

Dies in (4.2.61) eingesetzt führt auf:

$$(\sigma'_{\mathrm{II}})^2 + (\sigma'_{\mathrm{III}})^2 = \tfrac{2}{3}\sigma_V^2 , \tag{4.2.69}$$

d. h., in der neu aufgespannten $(\sigma'_{\mathrm{II}}, \sigma'_{\mathrm{III}})$-Ebene ergibt sich ein Kreis mit dem Radius $\sqrt{\tfrac{2}{3}}\sigma_V$ bzw. in Verlängerung durch die σ'_{I}-Achse in $\underline{e}'_{\mathrm{I}}$-Richtung ein **Kreiszylinder**. Man sagt, dass, sobald der Spannungszustand in einem materiellen Punkt eines Metalls den Bereich des VON-MISES-Zylinders verlässt, das Metall sich plastisch verformt und zu fließen beginnt. Man drückt dies auch so aus: Die Vergleichsspannung hat die Fließspannungsgrenze des Metalls überschritten:

$$\sigma_V > \sigma_F . \tag{4.2.70}$$

Letztere ist eine Materialkenngröße, die man dem Spannungs-Dehnungsdiagramm des betreffenden Metalls entnimmt (vgl. Lehrbuchabschnitt 2.2.4). Verfestigt sich das Metall, so weitet sich der Radius des VON-MISES-Zylinders entsprechend und ein entsprechend höherer Fließspannungswert resultiert.

4.2.5 Die MOHRschen Kreise

Problemstellung

Analysiere im Hauptachsensystem mit der Basis $(\underline{n}^{\mathrm{I}}, \underline{n}^{\mathrm{II}}, \underline{n}^{\mathrm{III}})$ die Spannungsvektorgleichung:

$$\underline{t} = \underline{e}^n \cdot \underline{\underline{\sigma}} . \tag{4.2.71}$$

Beachte dabei die in Abbildung 4.2.1 dargestellte Zerlegung des Spannungsvektor in einen Anteil senkrecht und einen Anteil tangential in einer beliebigen, durch den Normalenvektor $\underline{e}^n$ gekennzeichneten Ebene:

$$\underline{t} = \sigma \underline{e}^n + \tau \underline{e}^t . \tag{4.2.72}$$

Zeige insbesondere, dass für die drei Komponenten n_j, $j \in \{\mathrm{I}, \mathrm{II}, \mathrm{III}\}$ des Normalenvektors $\underline{e}^n$ in der Basis des Hauptachsensystems mit:

$$\underline{e}^n = n_{\mathrm{I}} \underline{n}^{\mathrm{I}} + n_{\mathrm{II}} \underline{n}^{\mathrm{II}} + n_{\mathrm{III}} \underline{n}^{\mathrm{III}} \tag{4.2.73}$$

gilt:

$$n_{\mathrm{I}}^2 = \frac{(\sigma - \sigma_{\mathrm{II}})(\sigma - \sigma_{\mathrm{III}}) + \tau^2}{(\sigma_{\mathrm{I}} - \sigma_{\mathrm{II}})(\sigma_{\mathrm{I}} - \sigma_{\mathrm{III}})} \ , \ \ n_{\mathrm{II}}^2 = \frac{(\sigma - \sigma_{\mathrm{III}})(\sigma - \sigma_{\mathrm{I}}) + \tau^2}{(\sigma_{\mathrm{II}} - \sigma_{\mathrm{III}})(\sigma_{\mathrm{II}} - \sigma_{\mathrm{I}})} \ , \tag{4.2.74}$$

$$n_{\mathrm{III}}^2 = \frac{(\sigma - \sigma_{\mathrm{I}})(\sigma - \sigma_{\mathrm{II}}) + \tau^2}{(\sigma_{\mathrm{I}} - \sigma_{\mathrm{III}})(\sigma_{\mathrm{II}} - \sigma_{\mathrm{III}})} .$$

Lösung

Zum Beweis der Gleichungen (4.2.74) brauchen wir drei unabhängige Gleichungen. Die erste erhält man, wenn man beachtet, dass im Hauptachsensystem gilt:

$$\sigma_{ij} = \begin{bmatrix} \sigma_{\mathrm{I}} & 0 & 0 \\ 0 & \sigma_{\mathrm{II}} & 0 \\ 0 & 0 & \sigma_{\mathrm{III}} \end{bmatrix} \tag{4.2.75}$$

und die Beziehung (4.2.72) unter Beachtung von (4.2.71/73) skalar mit sich selbst multipliziert:

$$\sigma_{\mathrm{I}}^2 n_{\mathrm{I}}^2 + \sigma_{\mathrm{II}}^2 n_{\mathrm{II}}^2 + \sigma_{\mathrm{III}}^2 n_{\mathrm{III}}^2 = \sigma^2 + \tau^2 . \tag{4.2.76}$$

Dabei ist zusätzlich eingegangen, dass $\underline{e}^n$ und $\underline{e}^t$ senkrecht aufeinander stehen, also ihr Skalarprodukt verschwindet. Als nächstes beachten wir wieder die Hautachsendarstellung (4.2.75) und multiplizieren die Gleichung (4.2.72) skalar mit $\underline{e}^n$:

$$\sigma_{\mathrm{I}} n_{\mathrm{I}}^2 + \sigma_{\mathrm{II}} n_{\mathrm{II}}^2 + \sigma_{\mathrm{III}} n_{\mathrm{III}}^2 = \sigma . \tag{4.2.77}$$

Schließlich ist noch die Normierung des Normalenvektors zu beachten:

$$n_{\mathrm{I}}^2 + n_{\mathrm{II}}^2 + n_{\mathrm{III}}^2 = 1 . \tag{4.2.78}$$

Dies sind drei unabhängige Gleichungen für die unbekannten (Quadrate der) Komponenten des Normalenvektors im Hauptachsensystem, die wir in Matrixform schreiben:

$$\begin{bmatrix} 1 & 1 & 1 \\ \sigma_{\mathrm{I}} & \sigma_{\mathrm{II}} & \sigma_{\mathrm{III}} \\ \sigma_{\mathrm{I}}^2 & \sigma_{\mathrm{II}}^2 & \sigma_{\mathrm{III}}^2 \end{bmatrix} \cdot \begin{bmatrix} n_{\mathrm{I}}^2 \\ n_{\mathrm{II}}^2 \\ n_{\mathrm{III}}^2 \end{bmatrix} = \begin{bmatrix} 1 \\ \sigma \\ \sigma^2 + \tau^2 \end{bmatrix} . \tag{4.2.79}$$

Man kann es z. B. mit der CRAMERschen Regel auflösen und erhält dann genau die Darstellung (4.2.74). Wir untersuchen nun drei Spezialfälle an Ebenen, die so gewählt werden, dass immer nur zwei Hauptspannungen angesprochen werden:

$$(\sigma_{\mathrm{I}}, \sigma_{\mathrm{II}}) : n_{\mathrm{III}} = 0 \ , \quad \sigma_{\mathrm{III}} = 0 \ , \quad (\sigma_{\mathrm{I}}, \sigma_{\mathrm{III}}) : n_{\mathrm{II}} = 0 \ , \quad \sigma_{\mathrm{II}} = 0 \ , \tag{4.2.80}$$
$$(\sigma_{\mathrm{II}}, \sigma_{\mathrm{III}}) : n_{\mathrm{I}} = 0 \ , \quad \sigma_{\mathrm{I}} = 0 .$$

Indem wir etwa den ersten Fall in (4.2.74) einsetzen, entsteht:

$$n_{\mathrm{I}}^2 = \frac{(\sigma - \sigma_{\mathrm{II}})\sigma + \tau^2}{(\sigma_{\mathrm{I}} - \sigma_{\mathrm{II}})\sigma_{\mathrm{I}}} \ , \quad n_{\mathrm{II}}^2 = \frac{\sigma(\sigma - \sigma_{\mathrm{I}}) + \tau^2}{\sigma_{\mathrm{II}}(\sigma_{\mathrm{II}} - \sigma_{\mathrm{I}})} \ , \quad 0 = \frac{(\sigma - \sigma_{\mathrm{I}})(\sigma - \sigma_{\mathrm{II}}) + \tau^2}{\sigma_{\mathrm{I}}\, \sigma_{\mathrm{II}}} . \tag{4.2.81}$$

Weiterhin muss jetzt gelten:

$$n_{\mathrm{I}}^2 + n_{\mathrm{II}}^2 = 1 \ , \tag{4.2.82}$$

und aus den ersten beiden Beziehungen resultiert so:

$$(\sigma - \sigma_{\mathrm{I}})(\sigma - \sigma_{\mathrm{II}}) + \tau^2 = 0 . \tag{4.2.83}$$

Dies ist identisch mit der aus $(4.2.81)_3$ folgenden Gleichung, die somit keine neue Information liefert. (4.2.83) lässt sich auch in folgender Form schreiben:

$$\left[\sigma - \tfrac{1}{2}(\sigma_{\mathrm{I}} + \sigma_{\mathrm{II}})\right]^2 + \tau^2 = \tfrac{1}{4}(\sigma_{\mathrm{I}} - \sigma_{\mathrm{II}})^2 . \tag{4.2.84}$$

Dies ist eine Gleichung für einen Kreis mit Radius $r = \frac{1}{2}(\sigma_{\mathrm{I}} - \sigma_{\mathrm{II}})$ und Offset $a = \frac{1}{2}(\sigma_{\mathrm{I}} + \sigma_{\mathrm{II}})$ in der (σ, τ)–Ebene, eben der schon bekannte MOHRsche Kreis aus Lehrbuchabschnitt 2.8.6. In völlig analoger Weise findet man zwei weitere Kreisgleichungen für die beiden anderen Fälle der Gleichung (4.2.80):

$$\left[\sigma - \tfrac{1}{2}(\sigma_{\mathrm{I}} + \sigma_{\mathrm{III}})\right]^2 + \tau^2 = \tfrac{1}{4}(\sigma_{\mathrm{I}} - \sigma_{\mathrm{III}})^2, \left[\sigma - \tfrac{1}{2}(\sigma_{\mathrm{II}} + \sigma_{\mathrm{III}})\right]^2 + \tau^2 = \tfrac{1}{4}(\sigma_{\mathrm{II}} - \sigma_{\mathrm{III}})^2 . \quad (4.2.85)$$

Wenn wir so ordnen, dass $\sigma_{\mathrm{I}} > \sigma_{\mathrm{II}} > \sigma_{\mathrm{III}}$, ergibt sich das in Abb. 4.2.3 dargestellte Bild dreier ineinander geschachtelter Kreise.

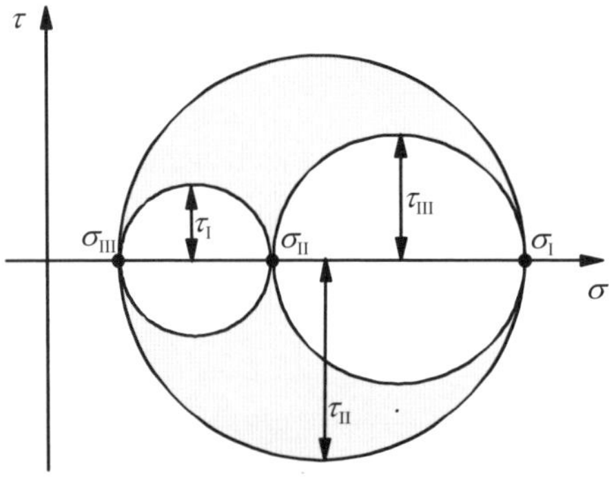

Abb. 4.2.3: Die MOHRschen Kreise.

Die MOHRschen Kreise können in der bewährten Weise verwendet werden, um Informationen über den Spannungszustand in der jeweiligen Hauptebene herauszufinden. Z. B. findet man drei Hauptschubspannungen:

$$\tau_{\mathrm{I}} = \tfrac{1}{2}(\sigma_{\mathrm{II}} - \sigma_{\mathrm{III}}), \quad \tau_{\mathrm{II}} = \tfrac{1}{2}(\sigma_{\mathrm{I}} - \sigma_{\mathrm{III}}), \quad \tau_{\mathrm{III}} = \tfrac{1}{2}(\sigma_{\mathrm{I}} - \sigma_{\mathrm{II}}), \quad (4.2.86)$$

die bereits in der Abb. 4.2.3 eingezeichnet sind. Ihre Summe verschwindet, und das muss so sein, da ja in der durch $(\sigma_{\mathrm{I}}, \sigma_{\mathrm{II}}, \sigma_{\mathrm{III}})$ definierten Hauptspannungsebene per Definition (vgl. Aufgabe 4.2.3) keine Schubspannungen herrschen.

4.2.6 EUKLIDische Transformationen

Problemstellung

Untersuche den in Abb. 4.2.4 dargestellten Beobachterwechsel: Der Ursprung einer Orthonormalbasis $(\underline{e}'_1, \underline{e}'_2, \underline{e}'_3)$ entfernt oder nähert sich in beliebiger Weise dem Ursprung einer anderen, raumfesten Orthonormalbasis $(\underline{e}_1, \underline{e}_2, \underline{e}_3)$. Darüber hinaus darf sich die Basis $(\underline{e}'_1, \underline{e}'_2, \underline{e}'_3)$ beliebig schnell gegenüber der Basis $(\underline{e}_1, \underline{e}_2, \underline{e}_3)$ drehen. Man spricht in diesem Zusammenhang auch vom Wechsel eines Inertialsystembeobachters auf einen EUKLIDischen Beobachter, bzw. von EUKLIDischer Transformation. Zeige dass für den Ortsvektor, die Geschwindigkeit und die Beschleunigung eines von beiden Basen angepeilten (materiellen) Raumpunktes P gilt:

$$\underline{x}' = \underline{x} + \underline{b} \ , \quad \underline{\upsilon}' = \underline{\upsilon} - \underline{\omega} \times \underline{x}' + \dot{\underline{b}} \ , \quad \underline{a}' = \underline{a} - 2\underline{\omega} \times \underline{\upsilon}' - \underline{\omega} \times (\underline{\omega} \times \underline{x}') - \dot{\underline{\omega}} \times \underline{x}' + \ddot{\underline{b}} , \quad (4.2.87)$$

bzw. in Komponenten:

$$x'_i = O_{ij} x_j + b'_i \ , \quad \upsilon'_i = O_{ij} \upsilon_j + \Omega_{ij} (x'_j - b'_j) + \dot{b}'_i \ , \quad (4.2.88)$$

$$a_i' = O_{ij}a_j + 2\Omega_{ij}\left(\upsilon_j' - \dot{b}_j'\right) - \Omega_{ik}\Omega_{kj}\left(x_j' - b_j'\right) + \dot{\Omega}_{ij}\left(x_j' - b_j'\right) + \ddot{b}_i' .$$

Dabei wurden als im Allgemeinen zeitabhängige Größen die Drehmatrix O_{ij}, die (antimetrische) Winkelgeschwindigkeitsmatrix $\Omega_{ik} = -\Omega_{ki}$ und der Winkelgeschwindigkeitsvektor ω_k wie folgt definiert (vgl. auch Aufgabe 4.4.4):

$$O_{ij} = O_{ij}(t) = \underline{e}'_i(t)\cdot\underline{e}_j \ , \quad \Omega_{ik} = \Omega_{ik}(t) = \dot{O}_{ij}O_{kj} \ , \quad \Omega_{ik} = \varepsilon'_{ikj}\omega'_j . \tag{4.2.89}$$

Benenne die einzelnen Terme in (4.2.87/88). Welcher Zusammenhang besteht zu den Ausführungen im Starrkörperkinematikkapitel 3.3.1 des Lehrbuches, insbesondere zur Gleichung (3.3.23)? Beachte beim Beweis auch Aufgabe 4.2.2.

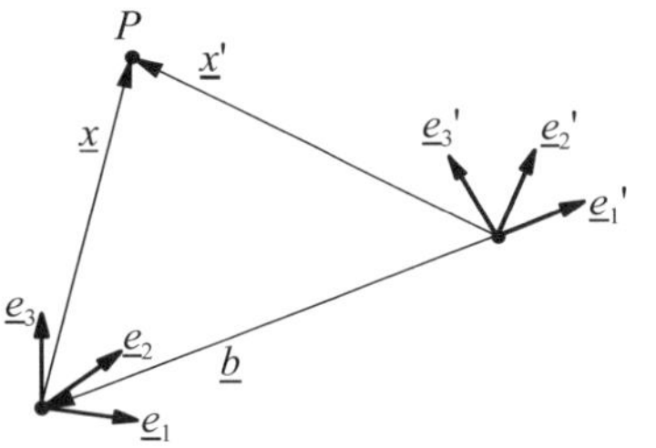

Abb. 4.2.4: Allgemeiner Beobachterwechsel.

Lösung

Aus Abb. 4.2.4 liest man sofort die folgende Vektorbeziehungen ab:

$$\underline{x}'(t) = \underline{x}(t) + \underline{b}(t) \quad \Rightarrow \quad x_k'(t)\,\underline{e}'_k(t) = x_j(t)\underline{e}_j + b_k'(t)\,\underline{e}'_k(t) . \tag{4.2.90}$$

Hierin haben im Vorgriff auf zeitliche Ableitungen alle zeitabhängigen Größen explizit gekennzeichnet. x_k' und b_k' sind also ganz klar Komponenten in der $\left(\underline{e}'_1, \underline{e}'_2, \underline{e}'_3\right)$-Basis (darum der Strich an b_k') und den x_j entsprechen Komponenten in der $\left(\underline{e}_1, \underline{e}_2, \underline{e}_3\right)$-Basis. Wir multiplizieren die letzte Gleichung nun skalar mit $\underline{e}'_i(t)$ durch und finden analog zu (4.2.19-25) mit der Definition $(4.2.89)_1$:

$$x_i'(t) = O_{ij}(t)\,x_j(t) + b_i'(t) . \tag{4.2.91}$$

Wir halten fest, dass $O_{ij}(t)$ angibt, wie die Achsen des alten Koordinatensystems gegen die Achsen des neuen verdreht sind und dass $b_i'(t)$ die Lagekomponenten des alten Koordinatensystems im neuen Koordinatensystem kennzeichnet, beides zur aktuellen Zeit *t*. Die Transformationsmatrix ist also im Unterschied zur Aufgabe 4.2.2 nun im Allgemeinen zeitabhängig, besitzt ansonsten aber die damals gezeigten Eigenschaften:

$$O_{ik}(t)\,O_{jk}(t) = \delta_{ij} = O_{ki}(t)\,O_{kj}(t) \quad \Rightarrow \quad x_j(t) = O_{kj}(t)\left[x_k'(t) - b_k'(t)\right] . \tag{4.2.92}$$

Wir differenzieren nun Gleichung (4.2.91) nach der Zeit, aber definieren zuvor:

$$\upsilon_i' = \dot{x}_i'(t) \ , \quad \upsilon_j = \dot{x}_j(t) . \tag{4.2.93}$$

Dann wird unter Beachtung der Definition $(4.2.89)_2$ der Winkelgeschwindigkeitsmatrix und der Folgerung aus Gleichung (4.2.92):

$$\upsilon_i' = O_{ij}\upsilon_j + \dot{O}_{ij}x_j + \dot{b}_i' = O_{ij}\upsilon_j + \Omega_{ik}\left(x_k' - b_k'\right) + \dot{b}_i' , \tag{4.2.94}$$

und das ist genau die gesuchte Beziehung (4.2.88)$_2$. Um die Vektorbeziehung (4.2.87)$_2$ herzuleiten, multiplizieren wir die letzte Gleichung mit $\underline{e}'_i$. Es entsteht:

$$\upsilon'_i\underline{e}'_i = \underline{e}'_i O_{ij}\upsilon_j + \underline{e}'_i \Omega_{ik}\left(x'_k - b'_k\right) + \dot{b}'_i\underline{e}'_i\,. \tag{4.2.95}$$

Nun beachten wir noch (4.2.28) und finden, dass:

$$\upsilon'_i\underline{e}'_i \equiv \underline{\upsilon}'\,,\ \underline{e}'_i O_{ij}\upsilon_j = O_{ik}\underline{e}_k O_{ij}\upsilon_j = \delta_{kj}\underline{e}_k\upsilon_j = \upsilon_j\underline{e}_j \equiv \underline{\upsilon}\,,\ \dot{\underline{b}} = \left(b'_i\underline{e}'_i\right)^{\cdot} = \dot{b}'_i\underline{e}'_i + b'_i\dot{\underline{e}}'_i\,, \tag{4.2.96}$$

$$-\underline{e}'_i\Omega_{ik}b'_k = \underline{e}'_i\Omega_{ki}b'_k = O_{il}\underline{e}_l\dot{O}_{km}O_{im}b'_k = \delta_{lm}\underline{e}_l\dot{O}_{km}b'_k = \dot{O}_{km}\underline{e}_m b'_k = \dot{\underline{e}}'_k b'_k \equiv b'_i\dot{\underline{e}}'_i\,.$$

In der letzten Gleichung haben wir von der Antimetrie der Winkelgeschwindigkeitsmatrix Gebrauch gemacht, die man sofort erkennt, wenn man die Orthonormalitätsbeziehungen aus Gleichung (4.2.92) nach der Zeit differenziert:

$$\dot{O}_{ik}\,O_{jk} + O_{ik}\,\dot{O}_{jk} = 0 \quad\Rightarrow\quad \dot{O}_{ik}\,O_{jk} = -O_{ik}\,\dot{O}_{jk} \quad\Rightarrow\quad \Omega_{ij} = -\Omega_{ji}\,. \tag{4.2.97}$$

Und da es sich um eine antimetrische Matrix handelt, darf man sie nach den Ausführungen aus Aufgabe 4.4.4 durch einen axialen Vektor – den Winkelgeschwindigkeitsvektor – gemäß Gleichung (4.2.89)$_3$ in (4.2.94) ersetzen:

$$\underline{e}'_i\Omega_{ik}x'_k = \underline{e}'_i\varepsilon'_{ikj}\omega'_j x'_k = -\underline{e}'_i\varepsilon'_{ijk}\omega'_j x'_k = -\left(\underline{\omega}\times\underline{x}'\right)_i\underline{e}'_i = -\underline{\omega}\times\underline{x}'\,. \tag{4.2.98}$$

Damit wird aus Gleichung (4.2.95):

$$\underline{\upsilon}' = \underline{\upsilon} + -\underline{\omega}\times\underline{x}' - \underline{e}'_i\Omega_{ik}b'_k + \dot{b}'_i\underline{e}'_i = \underline{\upsilon} + -\underline{\omega}\times\underline{x}' + \dot{\underline{b}}\,, \tag{4.2.99}$$

und dies beschließt den Beweis von (4.2.87)$_2$. Wir deuten nun die wegen des Koordinatensystemwechsels hinzugekommenen Terme in Gleichung (4.2.88)$_2$. Es bedeuten $\Omega_{ik}\left(x'_k - b'_k\right)$ die rotatorische und $\dot{b}'_i$ die translatorische Geschwindigkeit des alten Koordinatensystems gegen das neue. Nun wenden wir uns der Beschleunigung zu. Dazu differenzieren wir die Gleichung (4.2.94) nach der Zeit und beachten dabei (4.2.89)$_2$ und (4.2.92), die nach υ_j umgestellte Gleichung (4.2.94) sowie die folgenden Setzungen:

$$a'_i = \ddot{x}'_j(t)\,,\quad a_j = \ddot{x}_j(t)\,. \tag{4.2.100}$$

Es entsteht:

$$\begin{aligned} a'_i &= O_{ij}a_j + \dot{O}_{ij}\upsilon_j + \dot{\Omega}_{ik}\left(x'_k - b'_k\right) + \Omega_{ik}\left(\upsilon'_k - \dot{b}'_k\right) + \ddot{b}'_i = \\ &O_{ij}a_j + \dot{O}_{ij}O_{lj}\left[\upsilon'_l - \Omega_{lk}\left(x'_k - b'_k\right) - \dot{b}'_l\right] + \dot{\Omega}_{ik}\left(x'_k - b'_k\right) + \Omega_{ik}\left(\upsilon'_k - \dot{b}'_k\right) + \ddot{b}'_i = \\ &O_{ij}a_j + 2\Omega_{ik}\left(\upsilon'_k - \dot{b}'_k\right) - \Omega_{il}\Omega_{lk}\left(x'_k - b'_k\right) + \dot{\Omega}_{ik}\left(x'_k - b'_k\right) + \ddot{b}'_i\,, \end{aligned} \tag{4.2.101}$$

und das beschließt die Herleitung von (4.2.88)$_3$. Nun wenden wir uns der Herleitung der entsprechenden Vektorbeziehung (4.2.87)$_3$ zu. Wir multiplizieren (4.2.101) dazu mit $\underline{e}'_i$ und es entsteht:

$$a'_i\underline{e}'_i = \underline{e}'_i O_{ij}a_j + 2\underline{e}'_i\Omega_{ik}\left(\upsilon'_k - \dot{b}'_k\right) - \underline{e}'_i\Omega_{il}\Omega_{lk}\left(x'_k - b'_k\right) + \underline{e}'_i\dot{\Omega}_{ik}\left(x'_k - b'_k\right) + \ddot{b}'_i\underline{e}'_i\,. \tag{4.2.102}$$

Nun beachten wir wieder (4.2.28) und finden, dass:

$$a'_i\underline{e}'_i \equiv \underline{a}'\,,\quad \underline{e}'_i O_{ij}a_j = O_{ik}\underline{e}_k O_{ij}a_j = \delta_{kj}\underline{e}_k a_j = a_j\underline{e}_j \equiv a\,,$$

$$\ddot{\underline{b}} = \left(\dot{b}'_i\underline{e}'_i + b'_i\dot{\underline{e}}'_i\right)^{\cdot} = \ddot{b}'_i\underline{e}'_i + 2\dot{b}'_i\dot{\underline{e}}'_i + b'_i\ddot{\underline{e}}'_i\,,$$

$$-2\underline{e}'_i\,\Omega_{ik}\dot{b}'_k = 2\underline{e}'_i\,\Omega_{ki}\dot{b}'_k = 2O_{il}\,\underline{e}_l\,\dot{O}_{km}O_{im}\dot{b}'_k = 2\dot{O}_{km}\,\underline{e}_m\,\dot{b}'_k = 2\dot{\underline{e}}'_k\,\dot{b}'_k \equiv 2\dot{b}'_k\,\dot{\underline{e}}'_k \;, \tag{4.2.103}$$

$$\underline{e}'_i\,\Omega_{il}\Omega_{lk}b'_k = -\Omega_{il}\Omega_{kl}b'_k\,\underline{e}'_i = -\dot{O}_{im}O_{lm}\dot{O}_{kn}O_{ln}b'_k\,\underline{e}'_i = -\dot{O}_{im}\dot{O}_{kn}\delta_{mn}b'_k\,\underline{e}'_i = -\dot{O}_{im}\dot{O}_{km}b'_k\,\underline{e}'_i \;,$$

$$-\underline{e}'_i\,\dot{\Omega}_{ik}b'_k = \dot{\Omega}_{ki}b'_k\,\underline{e}'_i = \left(\dot{O}_{km}O_{im}\right)^{\cdot} b'_k O_{ip}\,\underline{e}_p = \left(\ddot{O}_{km}O_{im} + \dot{O}_{km}\dot{O}_{im}\right)b'_k O_{ip}\,\underline{e}_p =$$

$$\ddot{O}_{km}\delta_{mp}\,\underline{e}_p\,b'_k + \dot{O}_{km}\dot{O}_{im}b'_k\,\underline{e}'_i = \ddot{\underline{e}}'_k\,b'_k + \dot{O}_{km}\dot{O}_{im}b'_k\,\underline{e}'_i \;.$$

Jetzt ist noch zu beachten, dass gilt:

$$2\underline{e}'_i\,\Omega_{ik}\upsilon'_k = 2\underline{e}'_i\,\varepsilon'_{ikj}\omega'_j\upsilon'_k = -2\underline{e}'_i\,\varepsilon'_{ijk}\omega'_j\upsilon'_k = -2\left(\underline{\omega}\times\underline{\upsilon}'\right)_i\underline{e}'_i = -2\underline{\omega}\times\underline{\upsilon}' \;,$$

$$-\underline{e}'_i\,\Omega_{il}\Omega_{lk}x'_k = -\underline{e}'_i\,\varepsilon'_{ilm}\omega'_m\varepsilon'_{lkn}\omega'_n x'_k = -\underline{e}'_i\,\varepsilon'_{iml}\omega'_m\left(\underline{\omega}\times\underline{x}'\right)_l = -\underline{e}'_i\left[\underline{\omega}\times\left(\underline{\omega}\times\underline{x}'\right)\right]_i = \tag{4.2.104}$$

$$-\underline{\omega}\times\left(\underline{\omega}\times\underline{x}'\right) \;,\;\; \underline{e}'_i\,\dot{\Omega}_{ik}x'_k = \underline{e}'_i\,\varepsilon'_{ikm}\dot{\omega}'_m x'_k = -\underline{e}'_i\,\varepsilon'_{imk}\dot{\omega}'_m x'_k = -\underline{e}'_i\left(\dot{\underline{\omega}}\times\underline{x}'\right)_i = -\left(\dot{\underline{\omega}}\times\underline{x}'\right).$$

(4.2.103/104) in (4.2.102) eingesetzt resultiert in $(4.2.87)_3$. Wieder kommen wir zur Interpretation der einzelnen Terme (vgl. (4.2.101)): Man nennt $2\Omega_{ik}\left(\upsilon'_k - \dot{b}'_k\right)$ CORIOLIS-Beschleunigung, $-\Omega_{il}\Omega_{lk}\left(x'_k - b'_k\right)$ Zentrifugalbeschleunigung, $\dot{\Omega}_{ik}\left(x'_k - b'_k\right)$ EULER-Beschleunigung und $\ddot{b}'_i$ Beschleunigung der relativen Translation. Wir stellen uns abschließend dem Vergleich der Vektorbeziehungen (4.2.87) mit den Gleichungen (3.3.23) der Starrkörperkinematik aus dem Lehrbuch. Erinnere dazu an die zugehörige Abb. 4.2.5.

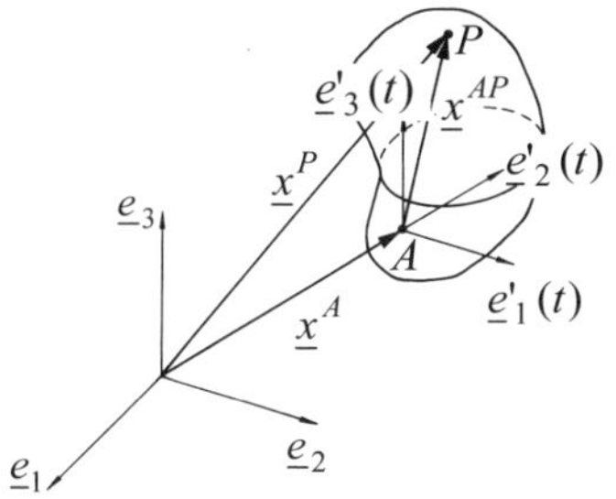

Abb. 4.2.5: Allgemeiner Beobachterwechsel bei einem starren Körper.

Die Transformationsgleichungen lauten jetzt im Hinblick auf die Bezeichnungen der Abb. 4.2.5 und mit den im Lehrbuchabschnitt 3.3.1 entwickelten Ideen zur Zeitableitung bei sich drehenden Einheitsvektoren:

$$\underline{x}^P = \underline{x}^A + \underline{x}^{AP} \;,\; \Rightarrow \; \underline{\upsilon}^P = \underline{\upsilon}^A + \dot{\underline{x}}^{AP} + \underline{\omega}\times\underline{x}^{AP} \;,\; \underline{a}^P = \underline{a}^A + \ddot{\underline{x}}^{AP} + \underline{\omega}\times\dot{\underline{x}}^{AP} + \tag{4.2.105}$$

$$\dot{\underline{\omega}}\times\underline{x}^{AP} + \underline{\omega}\times\left[\dot{\underline{x}}^{AP} + \underline{\omega}\times\underline{x}^{AP}\right] = \underline{a}^A + \ddot{\underline{x}}^{AP} + 2\underline{\omega}\times\dot{\underline{x}}^{AP} + \dot{\underline{\omega}}\times\underline{x}^{AP} + \underline{\omega}\times\left(\underline{\omega}\times\underline{x}^{AP}\right).$$

Im Zusammenhang mit starren Körpern gilt $\dot{\underline{x}}^{AP} = \underline{0}$, denn der Relativabstand zwischen zwei Körperpunkten A und B kann sich per Definition nicht ändern. Das liefert dann auch genau die Starrkörperkinematikbeziehungen (3.3.23) im Lehrbuch. Im Hinblick auf Abb. 4.2.4 identifizieren wir $\underline{x}^P \to \underline{x}$, $\underline{x}^A \to -\underline{b}$, $\underline{x}^{AP} \to \underline{x}'$, $\underline{\upsilon}^P \to \underline{\upsilon}$, $\underline{\upsilon}^A \to -\dot{\underline{b}}$, $\dot{\underline{x}}^{AP} \to \underline{\upsilon}'$, $\underline{a}^P \to \underline{a}$, $\underline{a}^A \to -\ddot{\underline{b}}$ und $\ddot{\underline{x}}^{AP} \to \underline{a}'$. Nach Einsetzen stellt man unmittelbar fest, dass die Vektorgleichungen identisch mit (4.2.87) sind.

Kontinuumsmechanik

4.2.7 Invarianz der Bilanzgleichungen

Problemstellung

Untersuche, ob die lokalen Bilanzgleichungen in regulären Punkten für die Masse und den Impuls:

$$\frac{\mathrm{d}\rho}{\mathrm{d}t}+\rho\frac{\partial \upsilon_i}{\partial x_i}=0\ ,\quad \rho\, a_i=\frac{\partial \sigma_{ji}}{\partial x_j}+\rho\, f_i \tag{4.2.106}$$

forminvariant unter EUKLIDischen Transformationen bleiben. Interpretiere das Ergebnis.

Lösung

Die Massendichte ist der Quotient aus der Masse $\mathrm{d}m$ eines materiellen Elementes und des dazugehörigen Volumenelements $\mathrm{d}V$. Daher ist die Dichte für die Beobachter im Inertial- und im EUKLIDischen System die Massendichte gleich, denn Massen und Volumen sind in der klassischen NEWTONschen Mechanik nicht vom Beobachter abhängig:

$$\rho=\frac{\mathrm{d}m}{\mathrm{d}V}\equiv\frac{\mathrm{d}m'}{\mathrm{d}V'}=\rho'\,. \tag{4.2.107}$$

Auch die Zeit ist in der klassischen NEWTONschen Mechanik unabhängig vom Beobachter ($t=t'$) und daher ist:

$$\frac{\mathrm{d}\rho}{\mathrm{d}t}=\frac{\mathrm{d}\rho'}{\mathrm{d}t'}\,. \tag{4.2.108}$$

Für die Geschwindigkeit finden wir aus Gleichung $(4.2.88)_2$:

$$\upsilon_i=O_{ji}\left[\upsilon_j'+\Omega_{jk}\left(x_k'-b_k'\right)-\dot{b}_j'\right]. \tag{4.2.109}$$

Differenziation nach dem Ort ergibt unter Beachtung der Gleichungen $(4.2.88)_1$ und (4.2.97):

$$\frac{\partial \upsilon_i}{\partial x_i}=O_{ji}\left[\frac{\partial \upsilon_j'}{\partial x_i}+\Omega_{jk}\frac{\partial x_k'}{\partial x_i}\right]=O_{ji}\left[\frac{\partial \upsilon_j'}{\partial x_l'}\frac{\partial x_l'}{\partial x_i}+\Omega_{jk}\frac{\partial x_k'}{\partial x_i}\right]= \tag{4.2.110}$$

$$O_{ji}\left[\frac{\partial \upsilon_j'}{\partial x_l'}O_{li}+\Omega_{jk}O_{ki}\right]=\frac{\partial \upsilon_j'}{\partial x_l'}\delta_{jl}+\Omega_{jk}\delta_{jk}=\frac{\partial \upsilon_j'}{\partial x_j'}+\Omega_{kk}=\frac{\partial \upsilon_j'}{\partial x_j'}\,.$$

Durch Einsetzen in $(4.2.106)_1$ stellt man fest, dass die Massenbilanz forminvariant ist, denn sie hat für den EUKLIDischen Beobachter genau dieselbe Gestalt wie im Inertialsystem:

$$\frac{\mathrm{d}\rho'}{\mathrm{d}t}+\rho'\frac{\partial \upsilon_i'}{\partial x_i'}=0\,. \tag{4.2.111}$$

Das ist sehr wichtig, denn sonst könnten wir sie nicht wirklich als Naturgesetz begreifen, das für alle Beobachter in gleicher Weise verbindlich ist, gleichgültig, was diese für einen Bewegungszustand haben. Nun zum Impuls. Es sei zuerst bemerkt, dass der aktuelle Spannungszustand nichts anderes als die aktuelle Kraft pro aktueller Fläche ist. Der Kraftvektor dreht sich bei Wechsel zu einem drehenden Beobachter, die Fläche bleibt gleich.

Also muss sich der Spannungsvektor unter EUKLIDischen Transformationen lediglich drehen, genauso wie der spezifische Kraftvektor und der Normalenvektor:

$$t'_i = O_{ij} t_j \ , \ \ f'_i = O_{ij} f_j \ , \ \ n'_i = O_{ij} n_j \ . \tag{4.2.112}$$

Es gilt ferner die CAUCHYsche Gleichung in allen Systemen:

$$t_i = n_j \sigma_{ji} \ , \ \ t'_i = n'_j \sigma'_{ji} , \tag{4.2.113}$$

und wir schließen auf:

$$\sigma'_{rs} = O_{ri} O_{sj} \sigma_{ij} \quad \Leftrightarrow \quad \sigma_{ij} = O_{ri} O_{sj} \sigma'_{rs} \ . \tag{4.2.114}$$

Daraus wiederum folgern wir mit $(4.2.88)_1$:

$$\frac{\partial \sigma_{ji}}{\partial x_j} = O_{rj} O_{si} \frac{\partial \sigma'_{rs}}{\partial x'_t} \frac{\partial x'_t}{\partial x_j} = O_{rj} O_{si} \frac{\partial \sigma'_{rs}}{\partial x'_t} O_{tj} = O_{si} \frac{\partial \sigma'_{rs}}{\partial x'_t} \delta_{rt} = O_{si} \frac{\partial \sigma'_{ts}}{\partial x'_t} \ . \tag{4.2.115}$$

Bleibt die Beschleunigung. Hierfür haben wir in $(4.2.88)_3$ gefunden, dass:

$$\frac{\mathrm{d}\upsilon_i}{\mathrm{d}t} \equiv a_i = O_{si} \left[a'_s - 2\Omega_{sk} \left(\upsilon'_k - \dot{b}'_k \right) + \Omega_{sl} \Omega_{lk} \left(x'_k - b'_k \right) - \dot{\Omega}_{sk} \left(x'_k - b'_k \right) - \ddot{b}'_s \right] . \tag{4.2.116}$$

Wenn wir dieses in $(4.2.106)_2$ einsetzen und die allen Termen gemeinsame Drehmatrix eliminieren, entsteht:

$$\rho' \left[a'_s - 2\Omega_{sk} \left(\upsilon'_k - \dot{b}'_k \right) + \Omega_{sl} \Omega_{lk} \left(x'_k - b'_k \right) - \dot{\Omega}_{sk} \left(x'_k - b'_k \right) - \ddot{b}'_s \right] = \frac{\partial \sigma'_{ts}}{\partial x'_t} + \rho' f'_s \ . \tag{4.2.117}$$

Dieses hat offenbar nicht dieselbe Form wie die Impulsbilanz im Inertialsystem, eben wegen zahlreicher bei der Transformation der Beschleunigung hinzugetretener Terme. Man trickst jedoch und schlägt diese Terme mit negativem Vorzeichen zum spezifischen Kraftvektor:

$$\rho' \hat{f}'_s = \rho' \left[f'_s + 2\Omega_{sk} \left(\upsilon'_k - \dot{b}'_k \right) - \Omega_{sl} \Omega_{lk} \left(x'_k - b'_k \right) + \dot{\Omega}_{sk} \left(x'_k - b'_k \right) + \ddot{b}' \right] . \tag{4.2.118}$$

Dann darf man schreiben:

$$\rho' a'_s = \frac{\partial \sigma'_{ts}}{\partial x'_t} + \rho' \hat{f}'_s \tag{4.2.119}$$

und hat formal Forminvarianz hergestellt. Das ist D'ALEMBERTS unsägliches Erbe, das Anlass gibt, von Trägheitskräften wie der CORIOLIS-Kraft, der Zentrifugalkraft, der EULER-Kraft und der Kraft der relativen Translation zu sprechen! Die Betonung liegt dabei stets auf dem Wort **Kraft**, die diese Größen artgleich zu der Volumenkraft machen, wo sie doch eigentlich aus der Beschleunigung allein herrühren. Wir sagen daher als Kompromiss, die Impulsbilanz ist invariant gegen EUKLIDische Transformationen, gilt also für jeden Beobachter in gleicher Weise, enthält aber systemabhängige Größen, die nur im Inertialsystem verschwinden.

4.3 Einfache Materialgleichungen

4.3.1 Die BERNOULLIsche Höhenformel

Problemstellung

Man berechne die Dichte der Atmosphäre in Abhängigkeit von der Höhe x_3, wobei die Luft als NEWTONsches Fluid angenommen wird. Die Temperaturabhängigkeit der Dichte wird dabei vernachlässigt.

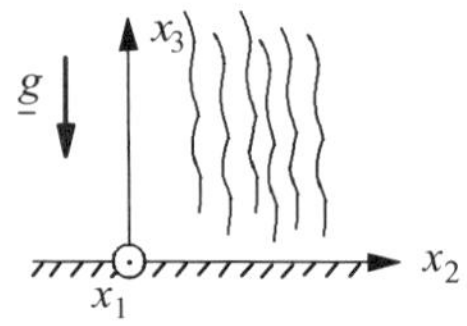

Abb. 4.3.1: Luft im Erdschwerefeld.

Lösung

Die Impulsbilanz in lokaler Form lautet allgemein:

$$\rho \frac{\partial \upsilon_i}{\partial t} + \rho \upsilon_j \frac{\partial \upsilon_i}{\partial x_j} = \frac{\partial \sigma_{ji}}{\partial x_j} + \rho f_i . \tag{4.3.1}$$

Es handelt sich im vorliegenden Fall um ein statisches Problem, d. h., es gilt:

$$\upsilon_i \equiv 0 \quad , \quad i = 1, 2, 3 . \tag{4.3.2}$$

Der Spannungstensor σ_{ji} ist dann nach NAVIER-STOKES-NEWTON gegeben durch:

$$\sigma_{ji} = -p \, \delta_{ji} . \tag{4.3.3}$$

wobei δ_{ji} das sog. KRONECKER-Symbol ist, ein Synonym für die Einheitsmatrix. In kartesischen Koordinaten, mit welchen wir momentan arbeiten, gilt einfach:

$$\delta_{ji} = \begin{cases} 1, \text{ falls } i = j \\ 0, \text{ falls } i \neq j \end{cases} \quad \Rightarrow \quad \delta_{ji} = \begin{bmatrix} 1 & 0 & 0 \\ 0 & 1 & 0 \\ 0 & 0 & 1 \end{bmatrix}_{ji} . \tag{4.3.4}$$

Ferner können wir mit dem in Abb. 4.3.1 dargestellten Koordinatensystem für die Volumenkraft schreiben:

$$\rho f_i = (0,0,-\rho g) . \tag{4.3.5}$$

Somit verbleiben in der Impulsbilanz (4.3.1) nur noch die folgenden Ausdrücke:

$$0 = -\frac{\partial}{\partial x_j} (p \delta_{ji}) + (0,0,-\rho g) = -\delta_{ji} \frac{\partial p}{\partial x_j} + (0,0,-\rho g) = -\frac{\partial p}{\partial x_i} + (0,0,-\rho g) , \tag{4.3.6}$$

was wir komponentenweise auswerten und integrieren:

$$i = 1 \quad \Rightarrow \quad \frac{\partial p}{\partial x_1} = 0 \quad \Rightarrow \quad p = p(x_2, x_3) , \tag{4.3.7}$$

$$i=2 \;\Rightarrow\; \frac{\partial p}{\partial x_2}=0 \;\Rightarrow\; p=p(x_3)\;,\; i=3 \;\Rightarrow\; \frac{\partial p}{\partial x_3}=-\rho g \;\Rightarrow\; \frac{\mathrm{d}p}{\mathrm{d}x_3}=-\rho\, g\,.$$

Um die verbliebene Beziehung (eine gewöhnliche Differenzialgleichung) zu integrieren, benötigen wir einen Zusammenhang zwischen Druck und Dichte $p=p(\rho,T)$ (die sogenannte **thermische Zustandsgleichung**). Wir verwenden im einfachsten Fall diejenige für ein ideales Gas:

$$p=\rho \tfrac{R}{M} T\;,\; R=8{,}314\,\tfrac{\mathrm{kJ}}{\mathrm{kgK}}\,. \tag{4.3.8}$$

Nehmen wir noch an, dass die Temperatur der Atmosphäre sich mit der Höhe nicht ändert:

$$T=\mathrm{const.}=T_0\,, \tag{4.3.9}$$

so lässt sich wie folgt integrieren:

$$\frac{\mathrm{d}p}{\mathrm{d}x_3}=\tfrac{R}{M}T_0\frac{\mathrm{d}\rho}{\mathrm{d}x_3}=-\rho\, g \;\Rightarrow\; \frac{\mathrm{d}\rho}{\rho}=-\frac{gM}{RT_0}\mathrm{d}x_3 \;\Rightarrow \tag{4.3.10}$$

$$\ln(\rho)\Big|_0^{x_3}=-\frac{ghM}{RT_0}\Big|_0^{x_3} \;\Rightarrow\; \rho(x_3)=\rho(x_3=0)\exp\left(-\frac{ghM}{RT}\right).$$

Die Dichte nimmt mit zunehmender Höhe also exponentiell ab. Dieser Fakt ist in Abb. 4.3.2 skizziert. Mit Gleichung (4.3.8) lässt sich aus diesem Ergebnis außerdem ermitteln, wie der Luftdruck mit zunehmender Höhe abnimmt:

$$p(x_3)=p(x_3=0)\exp\left(-\frac{gM}{RT}x_3\right). \tag{4.3.11}$$

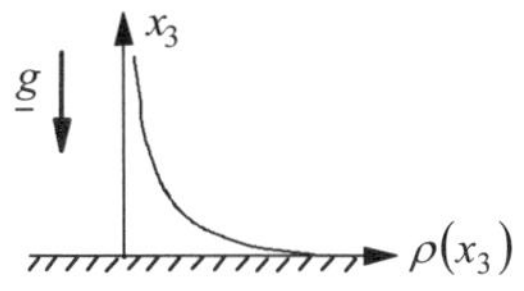

Abb. 4.3.2: Qualitativer Verlauf der Dichte mit zunehmender Höhe.

4.3.2 Kompressible Flüssigkeiten

Problemstellung

Bei der Herleitung der Gleichung (4.6.12) für die hydrostatische Druckformel gingen wir im Lehrbuch davon aus, dass die Dichte ρ einer Flüssigkeit konstant ist, d. h., es wurde das Modell einer inkompressiblen Flüssigkeit gewählt. Dies mag für „normale", in der Technik auftretende Tiefen H auch hinreichend gut erfüllt sein, für große Tiefen stellt sich jedoch die Frage, ob und wie die hydrostatische Druckformel zu korrigieren ist. Verwende bei der Untersuchung als (konstanten) Faktor die sogenannte isotherme Kompressibilität κ_T bzw. den Kompressionsmodul k:

$$\kappa_T \overset{\text{Def.}}{=} -\frac{1}{\upsilon}\left(\frac{\partial \upsilon}{\partial p}\right)_T\;,\; k=\frac{1}{\kappa_T}=\rho\left(\frac{\partial p}{\partial \rho}\right)_T\,. \tag{4.3.12}$$

Beachte bei der Aufstellung der Korrekturformel die Kleinheit der Zahlen in der Tabelle.

	Wasser	Alkohol	Quecksilber
$\kappa_T[1/\mathrm{GPa}]$	0,5	1,1	0,04

Lösung

Die im Lehrbuchabschnitt 4.6.2 vorgestellte Argumentation bei der Spezialisierung der Impulsbilanz auf ruhende Flüssigkeiten ändert sich nicht, und es gilt nach wie vor:

$$\frac{\mathrm{d}p(x_3)}{\mathrm{d}x_3} = \rho g \,. \tag{4.3.13}$$

Nun jedoch beachten wir, dass der Druck im Allg. eine Funktion der zwei Zustandsvariablen Dichte ρ und Temperatur T ist, also hier eine Materialgleichung der Form:

$$p(x_3) = p(\rho(x_3), T(x_3)) \,. \tag{4.3.14}$$

Dann folgt:

$$\frac{\mathrm{d}p(x_3)}{\mathrm{d}x_3} = \left(\frac{\partial p}{\partial \rho}\right)_T \frac{\mathrm{d}\rho}{\mathrm{d}x_3} + \left(\frac{\partial p}{\partial T}\right)_\rho \frac{\mathrm{d}T}{\mathrm{d}x_3} = \frac{1}{\rho\kappa_T}\frac{\mathrm{d}\rho}{\mathrm{d}x_3} + \left(\frac{\partial p}{\partial T}\right)_\rho \frac{\mathrm{d}T}{\mathrm{d}x_3} \,. \tag{4.3.15}$$

Wir wollen vereinfachend annehmen, dass die Temperatur sich in den Tiefen des Ozeans nicht ändert, die Dichte aber wohl. Dann wird:

$$\frac{1}{\rho\kappa_T}\frac{\mathrm{d}\rho}{\mathrm{d}x_3} = \rho g \quad\Rightarrow\quad \frac{\mathrm{d}\rho}{\rho^2} \equiv -\mathrm{d}\upsilon = g\kappa_T \mathrm{d}x_3 \quad\Rightarrow\quad -\upsilon\Big|_{\upsilon_0}^{\upsilon(H)} = g\kappa_T x_3\Big|_0^H \quad\Rightarrow \tag{4.3.16}$$

$$\upsilon(H) = \upsilon_0 - g\kappa_T H \,.$$

Das spezifische Volumen verkleinert sich also linear mit der isothermen Kompressibilität. Mit $\upsilon \equiv 1/\rho$ finden wir alternativ zu der letzten Gleichung auch den Ausdruck:

$$\rho(H) = \frac{\rho_0}{1 - \rho_0 g\kappa_T H} \approx \rho_0(1 + \rho_0 g\kappa_T H) \,, \tag{4.3.17}$$

da es sich bei $\rho_0 g\kappa_T H$ gemäß der Tabelle im Allg. um eine kleine Größe handelt. Die Dichte nimmt also linear mit der Kompressibilität zu. Wollen wir nun die Korrektur zur hydrostatischen Druckformel bei kompressiblen Flüssigkeiten ermitteln, so starten wir von Gleichung (4.3.15), die wir als Funktion des spezifischen Volumens umschreiben, und dann unter Verwendung von (4.3.16) (mit der Substitution $H \to x_3$) integrieren:

$$\frac{\mathrm{d}p(x_3)}{\mathrm{d}x_3} = \frac{1}{\rho\kappa_T}\frac{\mathrm{d}\rho}{\mathrm{d}x_3} = -\frac{1}{\kappa_T\upsilon}\frac{\mathrm{d}\upsilon}{\mathrm{d}x_3} = \frac{g}{\upsilon_0 - g\kappa_T x_3} \quad\Rightarrow \tag{4.3.18}$$

$$p(H) = p_0 - \frac{1}{\kappa_T}\ln\left|1 - \rho_0 g\kappa_T H\right| \approx p_0 + \rho_0 g H\left(1 + \tfrac{1}{2}\kappa_T \rho_0 g H\right).$$

Der in der Klammer stehende Term stellt also die Korrektur zur üblichen hydrostatischen Druckformel dar. Nehmen wir eine extreme Wassertiefe von 10 000 m an, so beträgt die Korrektur mit den Daten der Tabelle $\frac{1}{2}\kappa_T \rho_0 g H \approx 3\,\%$. Daran wird deutlich, warum man diesen Effekt meist vernachlässigt. Es ist abschließend interessant und lehrreich zu vermerken, dass der Druck auf ein Bathyscaph aufgrund der Kompressibilität des Wassers etwas höher ist, als man gemeinhin annimmt, denn das Wasser ist aufgrund seiner höheren Dichte ja schwerer. Das ist eine schlechte Nachricht für jeden Tiefseeforscher.

4.3.3 Kompressibilität in Festkörpern

Problemstellung

Zeige, dass für den Kompressionsmodul k eines linear-elastischen Materials gilt:

$$k = \tfrac{1}{3}(3\lambda + 2\mu), \tag{4.3.19}$$

wobei λ und μ die beiden LAMÉschen Konstanten bezeichnen. Versuche, mit nachstehender Tabelle die Frage zu beantworten, warum man Festkörper im Gegensatz zu Flüssigkeiten im Allg. nicht inkompressibel modelliert.

	Eisen	Kupfer	Aluminium
$k[\text{GPa}]$	170	140	76
$\kappa_T[1/\text{GPa}]$	0,006	0,007	0,013

Lösung

Erinnere an das HOOKEsche Gesetz für isotrope Festkörper aus Lehrbuchabschnitt 4.3.3:

$$\sigma_{ij} = \lambda\varepsilon_{kk}\delta_{ij} + 2\mu\varepsilon_{ij}\,. \tag{4.3.20}$$

Wir nehmen nun an, dass der Spannungszustand durch einen isotropen Druck gegeben ist:

$$\sigma_{ij} = -p\delta_{ij} \quad\Rightarrow\quad p = -\tfrac{1}{3}(3\lambda + 2\mu)\,\varepsilon_{kk}\,. \tag{4.3.21}$$

Wir erinnern ferner an die Berechnungsmöglichkeit der aktuellen Dichte aus der Referenzdichte ρ_0 bei Verformung, die ebenfalls im Lehrbuchabschnitt 4.3.3. hergeleitet wurde:

$$\rho = \rho_0(1 - \varepsilon_{kk}) \quad\Rightarrow\quad p = \tfrac{1}{3}(3\lambda + 2\mu)\frac{\rho - \rho_0}{\rho_0}\,. \tag{4.3.22}$$

Mit der Definition für den Kompressionsmodul aus Aufgabe 4.3.2 wird dann sofort:

$$k = \rho\left(\frac{\partial p}{\partial \rho}\right)_T = \tfrac{1}{3}(3\lambda + 2\mu)\frac{\rho}{\rho_0} \approx \tfrac{1}{3}(3\lambda + 2\mu), \tag{4.3.23}$$

wenn man die Spur der Dehnung vernachlässigt. In der Tat fällt beim Vergleich der Tabellen in dieser sowie in Aufgabe 4.3.2 auf, dass die Kompressibilität von Festkörpern nochmals deutlich kleiner als bei Flüssigkeiten ist. So würde man das vielleicht auch anschaulich erwarten. Dann muss man sich aber auch fragen, warum man bei Flüssigkeiten den Kompressionseffekt im Allg. vernachlässigt und bei Festkörpern nicht. Die Antwort liegt in den Lasten, die zu erdulden sind. Wir haben in 4.3.2 gesehen, dass erst Drücke in Meerestiefen von 10 000 m zu einem Effekt von einigen Prozent führen. Diese Drücke sind im Vergleich für Flüssigkeiten in den meisten technischen Anwendungen gewaltig und liegen in der Größenordnung von 1000 bar also 0,1 GPa. Betrachten wir nun einen Zugstab aus Stahl, den wir axial um 0,3 % längen, dann beträgt bei einer POISSON-Zahl von 0,3 die Spur des Dehnungstensors 0,12 %. Der dementsprechende Druck ist nach Gleichung $(4.3.21)_2$ und mit den Werten für Eisen aus der Tabelle dann aber bereits 170 GPa × 0,12 % = 0,2 GPa, also höher als der Tiefseedruck und das bei einer sehr kleinen Verformung, die leicht zu erreichen ist.

Kontinuumsmechanik

4.4 Bilanzgleichungen des Drehimpulses

4.4.1 Eigenschaften und Anwendungen des total antimetrischen Tensors

Problemstellung

Erinnere an die Definition des total antimetrischen Tensors dritter Stufe aus Lehrbuchabschnitt 4.4:

$$\varepsilon_{ijk} = \begin{cases} +1 & \text{für} \quad ijk = 123 \quad \text{und zyklische Vertauschungen} \\ -1 & \text{für} \quad ijk = 213 \quad \text{und zyklische Vertauschungen} \\ 0 & \text{sonst, etwa für } ijk = 113\,. \end{cases} \tag{4.4.1}$$

Erläutere, dass man mithilfe einer Determinante dafür auch schreiben kann:

$$\varepsilon_{ijk} = \begin{vmatrix} \delta_{i1} & \delta_{i2} & \delta_{i3} \\ \delta_{j1} & \delta_{j2} & \delta_{j3} \\ \delta_{k1} & \delta_{k2} & \delta_{k3} \end{vmatrix} = \tag{4.4.2}$$

$$\delta_{i1}\delta_{j2}\delta_{k3} - \delta_{i1}\delta_{j3}\delta_{k2} - \delta_{i2}\delta_{j1}\delta_{k3} + \delta_{i2}\delta_{j3}\delta_{k1} + \delta_{i3}\delta_{j1}\delta_{k2} - \delta_{i3}\delta_{j2}\delta_{k1}\,.$$

Zeige ferner, dass gilt:

$$\varepsilon_{ijk}\varepsilon_{klm} = \delta_{il}\delta_{jm} - \delta_{im}\delta_{jl}\,. \tag{4.4.3}$$

Wende schließlich den total antimetrischen Tensor auf den Fall des Momentenvektors an und zeige, dass gilt:

$$\underline{M} = \underline{x} \times \underline{F}\ , \quad M_i = \varepsilon_{ijk} x_j F_k\,. \tag{4.4.4}$$

Lösung

Wir überprüfen Gleichung (4.4.2) stichprobenweise und demonstrieren Übereinstimmung mit der Definitionsgleichung (4.4.1). Als repräsentative Stichproben wählen wir nacheinander $(i,j,k) = (1,2,3)$, $(i,j,k) = (2,1,3)$ und $(i,j,k) = (1,1,3)$. Es gilt dann jeweils:

$$\varepsilon_{123} = \begin{vmatrix} \delta_{11} & \delta_{12} & \delta_{13} \\ \delta_{21} & \delta_{22} & \delta_{23} \\ \delta_{31} & \delta_{32} & \delta_{33} \end{vmatrix} = \begin{vmatrix} 1 & 0 & 0 \\ 0 & 1 & 0 \\ 0 & 0 & 1 \end{vmatrix} = 1\ , \tag{4.4.5}$$

$$\varepsilon_{213} = \begin{vmatrix} \delta_{21} & \delta_{22} & \delta_{23} \\ \delta_{11} & \delta_{12} & \delta_{13} \\ \delta_{31} & \delta_{32} & \delta_{33} \end{vmatrix} = \begin{vmatrix} 0 & 1 & 0 \\ 1 & 0 & 0 \\ 0 & 0 & 1 \end{vmatrix} = -1\ , \quad \varepsilon_{113} = \begin{vmatrix} \delta_{11} & \delta_{12} & \delta_{13} \\ \delta_{11} & \delta_{12} & \delta_{13} \\ \delta_{31} & \delta_{32} & \delta_{33} \end{vmatrix} = \begin{vmatrix} 1 & 0 & 0 \\ 1 & 0 & 0 \\ 0 & 0 & 1 \end{vmatrix} = 0\,,$$

und das stimmt, wie man unschwer erkennt, mit der Grunddefinition nach Gleichung (4.4.1) überein. Wir verwenden Gleichung (4.4.2) nun, um die Beziehung (4.4.3) zu beweisen:

$$\varepsilon_{ijk}\varepsilon_{klm} = \begin{vmatrix} \delta_{i1} & \delta_{i2} & \delta_{i3} \\ \delta_{j1} & \delta_{j2} & \delta_{j3} \\ \delta_{k1} & \delta_{k2} & \delta_{k3} \end{vmatrix} \begin{vmatrix} \delta_{k1} & \delta_{k2} & \delta_{k3} \\ \delta_{l1} & \delta_{l2} & \delta_{l3} \\ \delta_{m1} & \delta_{m2} & \delta_{m3} \end{vmatrix} =$$

$$\left(\delta_{i1}\delta_{j2}\delta_{k3} - \delta_{i1}\delta_{j3}\delta_{k2} - \delta_{i2}\delta_{j1}\delta_{k3} + \delta_{i2}\delta_{j3}\delta_{k1} + \delta_{i3}\delta_{j1}\delta_{k2} - \delta_{i3}\delta_{j2}\delta_{k1}\right) \cdot \tag{4.4.6}$$
$$\left(\delta_{k1}\delta_{l2}\delta_{m3} - \delta_{k1}\delta_{l3}\delta_{m2} - \delta_{k2}\delta_{l1}\delta_{m3} + \delta_{k2}\delta_{l3}\delta_{m1} + \delta_{k3}\delta_{l1}\delta_{m2} - \delta_{k3}\delta_{l2}\delta_{m1}\right).$$

Dass dies mit der Behauptung aus Gleichung (4.4.3) übereinstimmt, macht man sich am besten durch Wahl geeigneter Indexkombinationen klar, also etwa:

$$\varepsilon_{12k}\varepsilon_{k12} = \delta_{11}\delta_{22} - \delta_{12}\delta_{21} = 1 \tag{4.4.7}$$

und aus Gleichung (4.4.6):

$$\varepsilon_{12k}\varepsilon_{k12} = \begin{vmatrix} \delta_{11} & \delta_{12} & \delta_{13} \\ \delta_{21} & \delta_{22} & \delta_{23} \\ \delta_{k1} & \delta_{k2} & \delta_{k3} \end{vmatrix} \begin{vmatrix} \delta_{k1} & \delta_{k2} & \delta_{k3} \\ \delta_{11} & \delta_{12} & \delta_{13} \\ \delta_{21} & \delta_{22} & \delta_{23} \end{vmatrix} = \tag{4.4.8}$$

$$\begin{vmatrix} 1 & 0 & 0 \\ 0 & 1 & 0 \\ \delta_{k1} & \delta_{k2} & \delta_{k3} \end{vmatrix} \begin{vmatrix} \delta_{k1} & \delta_{k2} & \delta_{k3} \\ 1 & 0 & 0 \\ 0 & 1 & 0 \end{vmatrix} = \delta_{k3}\delta_{k3} = \delta_{33} = 1,$$

also dasselbe Ergebnis, usw. Wir wenden uns nun der Umschreibung des Momentenvektors zu. Die symbolische Schreibweise aus Gleichung $(4.4.4)_1$ ist zum Rechnen im Indexkalkül ungünstig. Wir erinnern daran, dass zur Auswertung eines Kreuzproduktes in kartesischen Koordinaten die Determinantenregel verwendet wurde:

$$\underline{M} = \underline{x} \times \underline{F} = \begin{vmatrix} \underline{e}_1 & \underline{e}_2 & \underline{e}_3 \\ x_1 & x_2 & x_3 \\ F_1 & F_2 & F_3 \end{vmatrix} = \begin{pmatrix} x_2F_3 - x_3F_2 \\ x_3F_1 - x_1F_3 \\ x_1F_2 - x_2F_1 \end{pmatrix}. \tag{4.4.9}$$

Zum Beweis der Beziehung $(4.4.4)_2$ schreiben wir die Doppelsumme aus:

$$M_i = \varepsilon_{ijk}x_jF_k = \varepsilon_{i1k}x_1F_k + \varepsilon_{i2k}x_2F_k + \varepsilon_{i3k}x_3F_k = \tag{4.4.10}$$
$$\varepsilon_{i12}x_1F_2 + \varepsilon_{i13}x_1F_{3k} + \varepsilon_{i21}x_2F_1 + \varepsilon_{i23}x_2F_3 + \varepsilon_{i31}x_3F_1 + \varepsilon_{i32}x_3F_2$$

und prüfen komponentenweise mithilfe der Definition (4.4.1) des antimetrischen Tensors nach:

$$M_1 = \varepsilon_{123}x_2F_3 + \varepsilon_{132}x_3F_2 = x_2F_3 - x_3F_2\ , \tag{4.4.11}$$
$$M_2 = \varepsilon_{213}x_1F_3 + \varepsilon_{231}x_3F_1 = -x_1F_3 + x_3F_1\ ,\quad M_3 = \varepsilon_{312}x_1F_2 + \varepsilon_{321}x_2F_1 = x_1F_2 - x_2F_1\,.$$

Im Vergleich mit der Beziehung (4.4.9) ist die Richtigkeit der Gleichung (4.4.4) erwiesen.

4.4.2 Der total antimetrische Tensor und seine Anwendung beim Spatprodukt

Problemstellung

Betrachte das in der Abb. 4.4.1 dargestellte Spatvolumen, aufgespannt durch die Vektoren $\underline{a}$, $\underline{b}$ und $\underline{c}$. Erläutere, dass man für das Volumen des Spates schreiben kann:

$$V = hA = c\cos(\beta)\,ab\sin(\alpha)\ ,\quad h = c\cos(\beta)\ ,\quad A = ab\sin(\alpha) \tag{4.4.12}$$

sowie:

$$V = \underline{c}\cdot(\underline{a}\times\underline{b}). \tag{4.4.13}$$

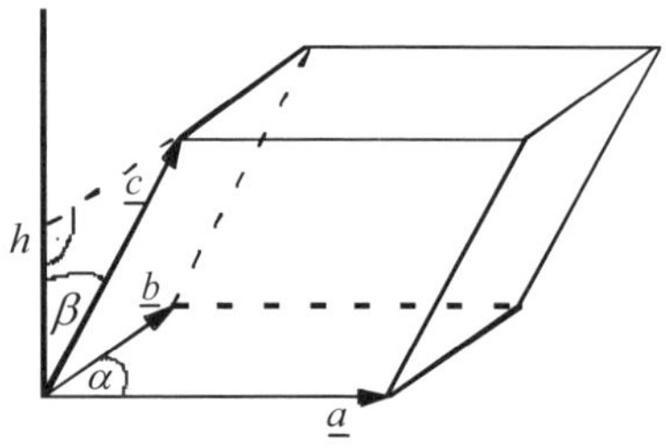

Abb. 4.4.1: Spat.

Lösung

Mit dem Hilfsvektor $\underline{d}$ und den in der Abb. 4.4.1 gezeigten Winkeln können wir aufgrund der vektoriellen Grunddefinition des Kreuz- und Skalarproduktes schreiben (A bezeichnet die Fläche des durch die Vektoren $\underline{a}$ und $\underline{b}$ aufgespannten Parallelogramms und h steht für die Spathöhe, wie in der Abbildung zu sehen):

$$\underline{d} = \underline{a}\times\underline{b} \ \text{ mit } |\underline{d}| = |\underline{a}||\underline{b}|\sin(\alpha) = A\ ,\quad \underline{c}\cdot\underline{d} = |\underline{c}||\underline{d}|\cos(\beta) = |\underline{d}|h\,. \tag{4.4.14}$$

Damit wird es leicht möglich, aus der Grunddefinition des Volumens einen Zusammenhang zu den drei Vektoren $\underline{a}$, $\underline{b}$ und $\underline{c}$ zu erarbeiten:

$$V = A\,h = \underline{c}\cdot\underline{d} = \underline{c}\cdot(\underline{a}\times\underline{b}). \tag{4.4.15}$$

Das Spatvolumen ist eine invariante Größe. Man darf zu seiner Berechnung auch die von $\underline{c}$ und $\underline{b}$ bzw. von $\underline{a}$ und $\underline{c}$ aufgespannte Grundflächen sowie die dann jeweils durch Projektion von $\underline{a}$ bzw. $\underline{b}$ auf die Normalen der Ebenen entstehenden Höhen verwenden. Im Kreuzprodukt bedeutet das, man darf die Vektoren $\underline{a}$, $\underline{b}$, und $\underline{c}$ zyklisch vertauschen wie folgt:

$$V = \underline{a}\cdot(\underline{b}\times\underline{c}) = \underline{b}\cdot(\underline{c}\times\underline{a}) = \underline{c}\cdot(\underline{a}\times\underline{b}). \tag{4.4.16}$$

Diese Aussage kann man jedoch genauso gut koordinatenbasiert beweisen. Zunächst ist:

$$V = \underline{c}\cdot\underline{d} = c_i d_i\ ,\ d_i = (\underline{a}\times\underline{b})_i = \varepsilon_{ijk}a_j b_k\ . \tag{4.4.17}$$

Damit folgt gemäß Gleichung (4.4.15):

$$\begin{aligned} V &= c_i\varepsilon_{ijk}a_j b_k = \varepsilon_{ijk}a_j b_k c_i = \varepsilon_{jik}a_i b_k c_j = a_i\varepsilon_{jik}b_k c_j = -a_i\varepsilon_{ijk}b_k c_j = \\ & a_i\varepsilon_{ikj}b_k c_j = \underline{a}\cdot(\underline{b}\times\underline{c}) = b_i\varepsilon_{kji}a_j c_k = -b_i\varepsilon_{ijk}a_j c_k = b_i\varepsilon_{ikj}c_k a_j = \underline{b}\cdot(\underline{c}\times\underline{a}). \end{aligned} \tag{4.4.18}$$

4.4.3 Der total antimetrische Tensor und seine Anwendung beim Doppelkreuzprodukt

Problemstellung

Skizziere einen Beweis für die Rechenregel beim doppelten Kreuzprodukt:

$$\underline{a}\times(\underline{b}\times\underline{c}) = \underline{b}\ \underline{a}\cdot\underline{c} - \underline{c}\ \underline{a}\cdot\underline{b}\,. \tag{4.4.19}$$

Lösung

Zum Beweis schreiben wir die linke und die rechte Seite der Gleichung (4.4.19) in den Indexkalkül um. Zuerst übertragen wir das formale Kreuzprodukt zwischen den beiden Vektoren $\underline{b}$ und $\underline{c}$:

$$(\underline{b}\times\underline{c})_i = \varepsilon_{ijk} b_j c_k \,. \tag{4.4.20}$$

Analog folgt mithilfe der Regel (4.4.21) aus Übung 4.4.1:

$$\underline{a}\times(\underline{b}\times\underline{c})_l = \varepsilon_{lmn} a_m \varepsilon_{njk} b_j c_k = (\delta_{lj}\delta_{mk} - \delta_{lk}\delta_{mj}) a_m b_j c_k = a_m b_l c_m - a_m b_m c_l \,. \tag{4.4.21}$$

Nun betrachten wir das Ergebnis auf der rechten Seite von Gleichung (4.4.19) und übertragen es ebenfalls in den Indexkalkül:

$$\underline{a}\times(\underline{b}\times\underline{c})_l = \varepsilon_{lmn} a_m \varepsilon_{njk} b_j c_k = \varepsilon_{lmn}\varepsilon_{njk} a_m b_j c_k = (\delta_{lj}\delta_{mk} - \delta_{mj}\delta_{lk}) a_m b_j c_k = \tag{4.4.22}$$

$$a_k b_l c_k - a_j b_j c_l = b_l a_k c_k - c_l a_j b_j = b_l \; \underline{a}\cdot\underline{c} - c_l \; \underline{a}\cdot\underline{b} \,.$$

Wir erkennen an der Gleichheit der Ergebnisse aus den Gleichungen (4.4.21) und (4.4.22) die Richtigkeit der Behauptung (4.4.19).

4.4.4 Eine Anwendung des antimetrischen Tensors

Problemstellung

Definiere mithilfe des total antimetrischen Tensors ε_{ijk} aus Aufgabe 4.4.1 sowie dem Winkelgeschwindigkeitsvektor ω_k den sogenannten Winkelgeschwindigkeitstensor Ω_{ij} gemäß:

$$\Omega_{ij} = \varepsilon_{ijk}\omega_k \,. \tag{4.4.23}$$

Erläutere, warum dieser Tensor antimetrisch sein muss, wobei gilt:

$$\Omega_{ij} = -\Omega_{ji} \quad \text{mit} \quad \Omega_{ij} = \begin{bmatrix} 0 & \omega_3 & -\omega_2 \\ -\omega_3 & 0 & \omega_1 \\ \omega_2 & -\omega_1 & 0 \end{bmatrix} . \tag{4.4.24}$$

Erinnere ferner an die Ergebnisse für die Zentrifugal-, bzw. CORIOLIS-Kraft aus Lehrbuchabschnitt 3.1.1 sowie aus Aufgabe 3.1.7:

$$\underline{a}^{Z} = \underline{\omega}\times(\underline{\omega}\times\underline{x}) \quad \text{und} \quad \underline{a}^{\text{Cor}} = 2\underline{\omega}\times\underline{\upsilon} \,. \tag{4.4.25}$$

Zeige unter Zuhilfenahme des Ergebnisses aus Aufgabe 4.4.1, dass man alternativ schreiben kann:

$$\underline{a}^{Z} = \underline{\underline{\Omega}}\,\underline{\underline{\Omega}}\,\underline{x} \quad \text{und} \quad \underline{a}^{\text{Cor}} = -2\underline{\underline{\Omega}}\,\underline{\upsilon} \,. \tag{4.4.26}$$

Lösung

Aus der Definition (4.4.1) folgt in Verbindung mit der Antimetrieeigenschaft $\varepsilon_{ijk} = -\varepsilon_{jik}$ sofort:

$$\Omega_{ij} = \varepsilon_{ijk}\omega_k = -\varepsilon_{jik}\omega_k = -\Omega_{ji} \,. \tag{4.4.27}$$

Kontinuumsmechanik

Wieder aufgrund der Antimetrieeigenschaft und den Grunddefinitionen $\varepsilon_{123}=1$, $\varepsilon_{\underline{ii}k}=0$ (erinnere, dass über doppelte Indizes nicht summiert wird) folgt:

$$\Omega_{11}=\varepsilon_{11k}\omega_k=0\ ,\ \Omega_{12}=\varepsilon_{12k}\omega_k=\varepsilon_{123}\omega_3=\omega_3\ ,\ \Omega_{13}=\varepsilon_{13k}\omega_k=\varepsilon_{132}\omega_2=-\omega_2\ , \tag{4.4.28}$$

$$\Omega_{22}=\varepsilon_{22k}\omega_k=0\ ,\ \Omega_{23}=\varepsilon_{23k}\omega_k=\varepsilon_{231}\omega_1=\omega_1\ ,\ \Omega_{33}=\varepsilon_{33k}\omega_k=0\ ,$$

was zusammen mit Gleichung (4.4.27) auf die Darstellung $(4.4.24)_2$ führt. Was die verschiedenen Darstellungen für die Zentrifugal- und CORIOLISbeschleunigung angeht, so starten wir mit den Kreuzprodukten aus (4.4.25), für die sich komponentenweise mit $\underline{\omega}=(\omega_1,\omega_2,\omega_3)$, $\underline{x}=(x_1,x_2,x_3)$ und $\underline{\upsilon}=(\upsilon_1,\upsilon_2,\upsilon_3)$ schreiben lässt:

$$\underline{a}^Z=\underline{\omega}\times(\underline{\omega}\times\underline{x})=\underline{\omega}\,\underline{\omega}\cdot\underline{x}-\underline{x}\,\underline{\omega}\cdot\underline{\omega}\ \Rightarrow\ \underline{a}^Z=\begin{bmatrix}\omega_1\omega_2x_2+\omega_1\omega_3x_3-\omega_2^2x_1-\omega_3^2x_1\\ \omega_1\omega_2x_1+\omega_2\omega_3x_3-\omega_1^2x_2-\omega_3^2x_2\\ \omega_1\omega_3x_1+\omega_2\omega_3x_2-\omega_1^2x_3-\omega_2^2x_3\end{bmatrix} \tag{4.4.29}$$

und:

$$\underline{a}^{\mathrm{Cor}}=2\underline{\omega}\times\underline{\upsilon}=2\begin{vmatrix}\underline{e}_1 & \underline{e}_2 & \underline{e}_3\\ \omega_1 & \omega_2 & \omega_3\\ \upsilon_1 & \upsilon_2 & \upsilon_3\end{vmatrix}=2\begin{bmatrix}\omega_2\upsilon_3-\omega_3\upsilon_2\\ -\omega_1\upsilon_3+\omega_3\upsilon_1\\ \omega_1\upsilon_2-\omega_2\upsilon_1\end{bmatrix}. \tag{4.4.30}$$

Für die in den Gleichungen (4.4.26) gezeigten Matrizenprodukte finden wir durch Nachrechnen mithilfe des Ergebnisses aus Gleichung (4.4.24)2:

$$\underline{a}^Z=\underline{\underline{\Omega}}\,\underline{\underline{\Omega}}\,\underline{x}=\begin{bmatrix}0 & \omega_3 & -\omega_2\\ -\omega_3 & 0 & \omega_1\\ \omega_2 & -\omega_1 & 0\end{bmatrix}\cdot\begin{bmatrix}0 & \omega_3 & -\omega_2\\ -\omega_3 & 0 & \omega_1\\ \omega_2 & -\omega_1 & 0\end{bmatrix}\cdot\begin{bmatrix}x_1\\ x_2\\ x_3\end{bmatrix}= \tag{4.4.31}$$

$$\begin{bmatrix}0 & \omega_3 & -\omega_2\\ -\omega_3 & 0 & \omega_1\\ \omega_2 & -\omega_1 & 0\end{bmatrix}\cdot\begin{bmatrix}\omega_3x_2-\omega_2x_3\\ -\omega_3x_1+\omega_1x_3\\ \omega_2x_1-\omega_1x_2\end{bmatrix}=\begin{bmatrix}-\omega_3^2x_1+\omega_1\omega_3x_3-\omega_2^2x_1+\omega_1\omega_2x_2\\ -\omega_3^2x_2+\omega_2\omega_3x_3+\omega_1\omega_2x_1-\omega_1^2x_2\\ \omega_2\omega_3x_2-\omega_2^2x_3+\omega_1\omega_3x_1-\omega_1^2x_3\end{bmatrix}$$

und:

$$\underline{a}^{\mathrm{Cor}}=-2\underline{\underline{\Omega}}\,\underline{\upsilon}=-2\begin{bmatrix}0 & \omega_3 & -\omega_2\\ -\omega_3 & 0 & \omega_1\\ \omega_2 & -\omega_1 & 0\end{bmatrix}\cdot\begin{bmatrix}\upsilon_1\\ \upsilon_2\\ \upsilon_3\end{bmatrix}=-2\begin{bmatrix}\omega_3\upsilon_2-\omega_2\upsilon_3\\ -\omega_3\upsilon_1+\omega_1\upsilon_3\\ \omega_2\upsilon_1-\omega_1\upsilon_2\end{bmatrix}. \tag{4.4.32}$$

Mithin sind die Darstellungen über Kreuzprodukte äquivalent zu gewissen Produkten mit schiefwinkligen Matrizen. Abschließend sei noch gesagt, dass man die obigen Matrizenprodukte auch komponentenweise über die mithilfe der EINSTEINschen Summenkonvention geschriebenen Gleichungen (4.4.26) hätte ermitteln können:

$$a_i^Z=\Omega_{ij}\Omega_{jk}x_k\ \text{ und }\ a_i^{\mathrm{Cor}}=-2\Omega_{ik}\upsilon_k\,. \tag{4.4.33}$$

4.5 Einführung in die lineare Elastizitätstheorie

4.5.1 Lösung der Schwingungsgleichung für eine Gitarrensaite

Problemstellung

Eine eingespannte Saite wird zum Zeitpunkt $t = 0$ und $x = \xi$ um den Betrag h wie gezeigt ausgelenkt.

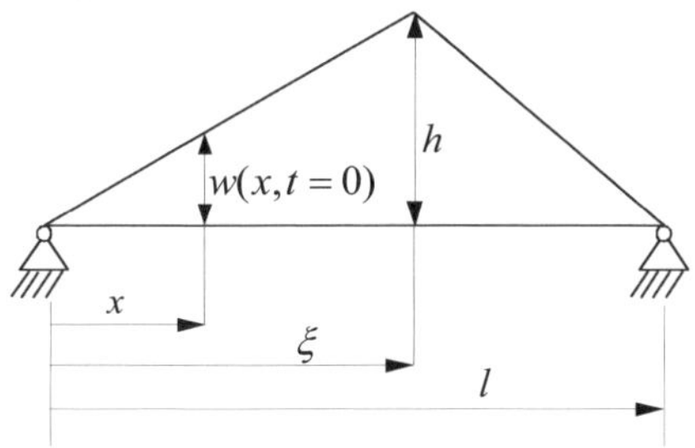

Abb. 4.5.1: Gitarrensaite.

Als Anfangsbedingung für die Auslenkung wird also vorgegeben:

$$w(x,t=0) = \begin{cases} \dfrac{hx}{\xi} & \text{für } 0 \le x \le \xi \\ \dfrac{h(l-x)}{l-\xi} & \text{für } \xi < x \le l\,. \end{cases} \tag{4.5.1}$$

Weiterhin wird die Saite nur ausgelenkt, aber nicht angeschlagen, d. h.:

$$\frac{\partial w}{\partial t}(x,t=0) = 0\,,\quad 0 \le x \le l\,. \tag{4.5.2}$$

Darüber hinaus sind die folgenden Randbedingungen zu beachten:

$$w = w(x=0,t) = 0\;,\quad w = w(x=l,t) = 0\,. \tag{4.5.3}$$

Ausgehend von der Wellengleichung:

$$\frac{\partial^2 w}{\partial t^2} = c^2 \frac{\partial^2 w}{\partial x^2}\;,\quad c^2 = \frac{N}{\mu}\;,\quad \mu = \rho A \tag{4.5.4}$$

(N: Spannkraft in N, ρ: Massendichte, A: Saitenquerschnitt) ist die Auslenkung der Gitarrensaite als Funktion von Ort und Zeit $w = w(x,t)$ gesucht.

Lösung

$w = w(x,t)$ wird nach Ort und Zeit separiert (BERNOULLI-Ansatz):

$$w = w(x,t) = A(x) \cdot B(t)\,. \tag{4.5.5}$$

Ableitung der Gleichung (4.5.5) liefert

- (a) nach dem Ort (Punkte weisen auf Zeit-, Striche auf Ortsableitungen hin):

Kontinuumsmechanik

$$\frac{\partial^2 w}{\partial x^2} = A''(x) \cdot B(t), \tag{4.5.6}$$

- (b) nach der Zeit:

$$\frac{\partial^2 w}{\partial t^2} = A(x) \cdot \ddot{B}(t). \tag{4.5.7}$$

Die Gleichungen (4.5.6) und (4.5.7) werden in (4.5.5) eingesetzt und es folgt:

$$A(x) \cdot \ddot{B}(t) = c^2 A''(x) \cdot B(t). \tag{4.5.8}$$

Nun trennen wir nach Ort und Zeit:

$$c^2 \frac{A''(x)}{A(x)} = \frac{\ddot{B}(t)}{B(t)}. \tag{4.5.9}$$

Es steht also links eine reine Orts- und rechts eine reine Zeitfunktion, die einander gleich seien müssen. Dies ist nur möglich, wenn sich die Orts- und Zeitabhängigkeiten herausheben und die Quotienten gleich einer von Ort und Zeit unabhängigen Konstanten sind. Bei der hier diskutierten Wellengleichung geht es um die Beschreibung (periodischer) Bewegungsvorgänge ohne Dämpfung. Aus diesem Grunde beschränken wir uns bei der Wahl besagter Konstante auf rein negative Werte und schreiben:

$$c^2 \frac{A''(x)}{A(x)} = \frac{\ddot{B}(t)}{B(t)} = -\omega^2 \quad \Rightarrow \quad A''(x) + \left(\frac{\omega}{c}\right)^2 A(x) = 0 \;, \quad \ddot{B}(t) + \omega^2 B(t) = 0, \tag{4.5.10}$$

haben also im Endeffekt aus einer partiellen Differenzialgleichung zwei gewöhnliche Differenzialgleichungen, eben die Schwingungsgleichungen der Saite, gewonnen. Diese werden durch die beiden trigonometrischen Funktionen Sinus bzw. Kosinus erfüllt, und wir erhalten zunächst folgende Gleichungen:

$$A(x) = A_1 \sin\left(\frac{\omega}{c} x\right) + A_2 \cos\left(\frac{\omega}{c} x\right), \quad B(t) = B_1 \sin(\omega t) + B_2 \cos(\omega t). \tag{4.5.11}$$

Damit ergibt sich die Gesamtlösung wie folgt:

$$w(x,t) = \left[A_1 \sin\left(\frac{\omega}{c} x\right) + A_2 \cos\left(\frac{\omega}{c} x\right)\right] \cdot [B_1 \sin(\omega t) + B_2 \cos(\omega t)]. \tag{4.5.12}$$

Man hat fünf unbekannte Konstanten A_1, A_2, B_1, B_2 und ω. Es gilt nun, die allgemeine Lösung (4.5.12) an Anfangs- und an Randbedingungen anzupassen, da man es hier mit endlichen Gebieten zu tun hat, in denen sich Wellen ausbreiten. Aus der ersten Randbedingung (4.5.14) erhalten wir mit der Gleichung (4.5.3):

$$w(x=0,t) = \left[\underbrace{A_1 \sin\left(\frac{\omega}{c} 0\right)}_{0} + A_2 \underbrace{\cos\left(\frac{\omega}{c} 0\right)}_{1}\right] \cdot [B_1 \sin(\omega t) + B_2 \cos(\omega t)] = 0. \tag{4.5.13}$$

Diese Gleichung ist identisch gleich Null. Das heißt, A_2 muss Null sein und nicht etwa $[B_1 \sin(\omega t) + B_2 \cos(\omega t)]$, da wir die Null für alle Zeiten erzwingen müssen.

Kontinuumsmechanik

Aus der zweiten Randbedingung $(4.5.3)_2$ und $A_2 = 0$ erhalten wir mit Gleichung (4.5.12):

$$w = w(x = l, t) = A_1 \sin\left(\frac{\omega}{c} l\right) \cdot \left[B_1 \sin(\omega t) + B_2 \cos(\omega t)\right] = 0 . \qquad (4.5.14)$$

Analog wie eben folgt:

$$A_1 = 0 \quad \text{oder} \quad \sin\left(\frac{\omega}{c} l\right) = 0 . \qquad (4.5.15)$$

Da wir aber nicht die triviale Nulllösung suchen, folgern wir, dass gelten muss:

$$\sin\left(\frac{\omega}{c} l\right) = 0 \quad \Rightarrow \quad \frac{\omega}{c} l = k\pi \quad \Rightarrow \quad \omega = \frac{ck\pi}{l}, \; k = 0, 1, 2, 3, \ldots, \qquad (4.5.16)$$

und dies bedeutet, dass wir als Gesamtlösung die Summe aller möglichen Einzellösungen zulassen müssen, wie folgt:

$$w(x,t) = \sum_{k=1}^{\infty} \sin\left(k\pi \frac{x}{l}\right) \left[b_{1,k} \sin\left(k\pi \frac{ct}{l}\right) + b_{2,k} \cos\left(k\pi \frac{ct}{l}\right) \right]. \qquad (4.5.17)$$

Je nach Eigenfrequenz wurde die verbleibende Konstante A_1 mit den Konstanten B_1 und B_2 zu neuen Konstanten $b_{1,k}$ und $b_{2,k}$ zusammengefasst. In der Tat ist es im Allgemeinen wichtig, nicht nur eine Eigenfrequenz, also mehr als einen Summanden mit verschiedenem Wert von *k*, zu berücksichtigen, denn schließlich ist es in den seltensten Fällen so, dass die Ausgangsauslenkung nur Sinusbögen mit Knotenpunkten an den Enden umfasst. Darauf werden wir weiter unten noch zu sprechen kommen. Zur Einstimmung in die Thematik konzentrieren wir uns im Moment auf derartig spezielle Anfangsbedingungen (4.5.2), wie sie in Abb. 4.5.1 zu sehen sind, und wir leiten Gleichung (4.5.17) nach der Zeit ab:

$$\frac{\partial w}{\partial t}(x,t) = \frac{\pi c}{l} \sum_{k=1}^{\infty} k \sin\left(k\pi \frac{x}{l}\right) \left[b_{1,k} \cos\left(k\pi \frac{ct}{l}\right) - b_{2,k} \sin\left(k\pi \frac{ct}{l}\right) \right]. \qquad (4.5.18)$$

Aus der zweiten Anfangsbedingung (4.5.2) erhalten wir mit Gleichung (4.5.18):

$$\frac{\partial w}{\partial t}(x, t = 0) = \frac{\pi c}{l} \sum_{k=1}^{\infty} k \sin\left(k\pi \frac{x}{l}\right) \left[b_{1,k} \underbrace{\cos\left(k\pi \frac{c0}{l}\right)}_{1} - b_{2,k} \underbrace{\sin\left(k\pi \frac{c0}{l}\right)}_{0} \right] = 0 . \qquad (4.5.19)$$

Dieses Resultat multiplizieren wir mit $\sin\left(m\pi \frac{x}{l}\right)$ und integrieren von $x = 0$ bis $x = l$.

Aufgrund der Orthogonalitätsrelationen:

$$\int_0^l \sin\left(k\pi \frac{x}{l}\right) \sin\left(m\pi \frac{x}{l}\right) \mathrm{d}x = \begin{cases} 0, & k \neq m \\ l/2, & k = m \end{cases} \qquad (4.5.20)$$

folgt hieraus:

$$m\pi \frac{c}{l} \frac{l}{2} b_{1,m} = 0 , \; m = 1, 2, 3, \cdots \quad \Rightarrow \quad b_{1,m} = 0 , \; m = 1, 2, 3, \cdots . \qquad (4.5.21)$$

Wir setzen $b_{1,k} = 0$ in (4.5.17) ein und schreiben:

Kontinuumsmechanik

$$w(x,t)=\sum_{k=1}^{\infty} b_{2,k}\sin\left(k\pi\frac{x}{l}\right)\cdot\cos\left(k\pi\frac{ct}{l}\right), \qquad (4.5.22)$$

d. h., es gilt speziell:

$$w(x,t=0)=\sum_{k=1}^{\infty} b_{2,k}\sin\left(k\pi\frac{x}{l}\right), \qquad (4.5.23)$$

was es an Gleichung (4.5.1) anzupassen gilt. Wir multiplizieren jeweils mit $\sin\left(m\pi\frac{x}{l}\right)$ und integrieren zwischen $x=0$ bis $x=l$, so dass wieder unter Beachtung der Gleichung (4.5.20) entsteht:

$$b_{2,m}\frac{l}{2}=\int_{x=0}^{x=\xi}\frac{hx}{\xi}\sin\left(m\pi\frac{x}{l}\right)\mathrm{d}x+\int_{x=\xi}^{x=l}\frac{h(l-x)}{l-\xi}\sin\left(m\pi\frac{x}{l}\right)\mathrm{d}x\,. \qquad (4.5.24)$$

Die verbleibenden Integrale lösen wir mit der Hilfsformel:

$$\int x\sin(ax)\,\mathrm{d}x=\frac{\sin(ax)}{a^2}-\frac{x\cos(ax)}{a} \qquad (4.5.25)$$

und kommen zu:

$$b_{2,m}\frac{l}{2}=\frac{l^3h\sin\left(m\pi\frac{\xi}{l}\right)}{m^2\pi^2(l-\xi)\xi} \quad\Rightarrow\quad b_{2,m}=\frac{2l^2h}{m^2\pi^2(l-\xi)\xi}\sin\left(m\pi\frac{\xi}{l}\right). \qquad (4.5.26)$$

Damit entsteht als Endlösung:

$$w(x,t)=\frac{2l^2h}{\pi^2(l-\xi)\xi}\sum_{k=1}^{\infty}\frac{1}{k^2}\sin\left(k\pi\frac{\xi}{l}\right)\sin\left(k\pi\frac{x}{l}\right)\cdot\cos\left(k\pi\frac{ct}{l}\right). \qquad (4.5.27)$$

4.5.2 Balkenschwingung

Problemstellung

Ein Biegebalken (Länge l, Massenbelegung μ, Biegesteifigkeit EI) ist wie gezeichnet bei A gelenkig gelagert und bei B in eine Hülse gesteckt, die dem Balken dort eine horizontale Tangente aufzwingt. Die Hülse (Masse m) kann auf einer starren Stange in vertikaler Richtung reibungsfrei gleiten. Der Balken soll ausschließlich in Querrichtung schwingen. Gesucht sind die Bewegungsdifferentialgleichung mit zugehörigen Randbedingungen sowie die Frequenzgleichung.

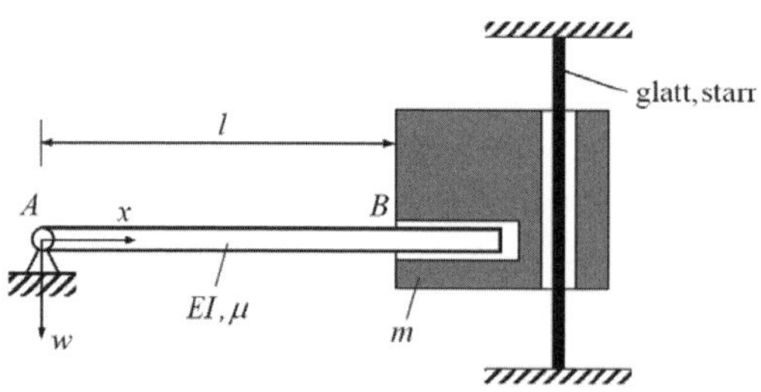

Abb. 4.5.2: Gelagerter Balken.

Lösung

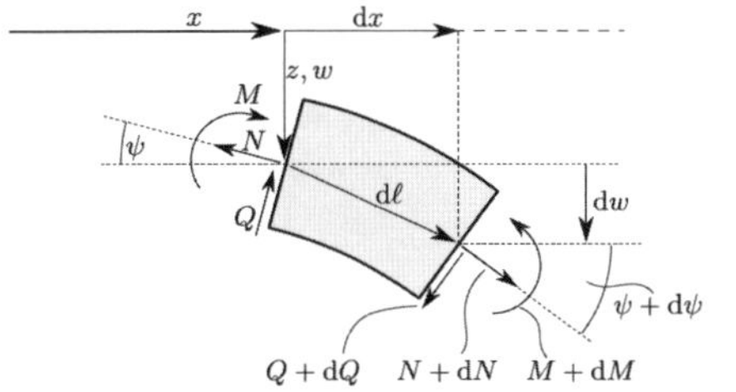

Abb. 4.5.3: Differentiell kleines Balkenelement.

Wir beginnen mit der Herleitung der Bewegungsdifferentialgleichung / Feldgleichung für den Balken. Dafür betrachten wir zuerst den Freischnitt eines differentiellen Balkenteils in Abb. 4.5.3. NEWTONs Lex Secunda in z-Richtung ausgewertet lautet dann:

$$\rho A \mathrm{d}l\ddot{w} = \sum F_z \equiv -Q\cos\psi + (Q + \mathrm{d}Q)\cos(\psi + \mathrm{d}\psi) + \tag{4.5.28}$$
$$N\sin\psi - (N + \mathrm{d}N)\sin(\psi + \mathrm{d}\psi).$$

Hieraus folgt mit den Vereinfachungen

$$\cos(\psi) \approx 1, \quad \cos(\psi + \mathrm{d}\psi) \approx 1 \tag{4.5.29}$$

aufgrund kleiner Verformungen und unter Vernachlässigung der Normalkraft N:

$$\rho A\, \mathrm{d}l\ddot{w} = \rho A \underbrace{\frac{\mathrm{d}x}{\cos\psi}}_{\approx\,\mathrm{d}x} \ddot{w} = \mathrm{d}Q \quad \Rightarrow \quad \rho A\, \frac{\partial^2 w}{\partial t^2} = \frac{\partial Q}{\partial x}. \tag{4.5.30}$$

Die folgenden Zusammenhänge werden als gegeben erachtet:

$$\frac{\mathrm{d}M}{\mathrm{d}x} = Q \quad \text{und} \quad M(x) = -EIw''(x). \tag{4.5.31}$$

Also gilt auch:

$$\frac{\partial Q}{\partial x} = -EIw^{\mathrm{IV}}. \tag{4.5.32}$$

Mit Gl. (4.5.28) folgt dann schließlich die Bewegungsdifferentialgleichung für den Balken:

$$\frac{\partial^2 w}{\partial t^2} = -c^2 \frac{\partial^4 w}{\partial x^4}, \quad c^2 = \frac{EI}{\rho A}. \tag{4.5.33}$$

Ein Ansatz, diese partielle Differentialgleichung zu lösen, ist der Separationsansatz nach BERNOULLI. Nach diesem ist die Lösung w als Produkt zweier Funktionen, die jeweils nur von einer Variablen abhängen darstellbar, also:

$$w(x,t) = X(x)T(t). \tag{4.5.34}$$

Wird dieser Ansatz in Gl. (4.5.33) eingesetzt, ergibt sich:

$$X(x)\ddot{T}(t) + c^2 X^{\mathrm{IV}} T(t) = 0. \tag{4.5.35}$$

Im nächsten Schritt separieren wir nach Variablen und erhalten:

$$\frac{\ddot{T}(t)}{T(t)} = -c^2 \frac{X^{\mathrm{IV}}(x)}{X(x)}. \tag{4.5.36}$$

Da die linke Seite nur von t abhängt und die rechte Seite nur von x, kann es sich bei beiden Seiten nur um ein- und dieselbe Konstante handeln. Würde man beispielsweise t variieren, würde sich der Ausdruck links ändern. Durch eine Variation in t entsteht jedoch keinerlei Änderung der rechten Seite, da diese nur von x abhängt. Die Gleichung wäre demnach nicht mehr erfüllt. Gleiches geschieht bei einer Änderung von x. Wir definieren also:

$$\frac{\ddot{T}(t)}{T(t)} = -c^2 \frac{X^{IV}(x)}{X(x)} = -\omega^2 = \text{const.} \tag{4.5.37}$$

Aus diesem Ausdruck erhalten wir zwei unabhängige gewöhnliche lineare Differentialgleichungen für T und X:

$$\ddot{T}(t) + \omega^2 T(t) = 0 \,, \quad X^{IV}(x) - \underbrace{\frac{\omega^2}{c^2}}_{=\lambda^4} X(x) = 0 \tag{4.5.38}$$

mit den allgemeinen Lösungen:

$$\begin{aligned} T(t) &= A\cos(\omega t) + B\sin(\omega t)\,, \\ X(x) &= C_1\cos(\lambda x) + C_2\sin(\lambda x) + C_3\cosh(\lambda x) + C_4\sinh(\lambda x)\,. \end{aligned} \tag{4.5.39}$$

Im nächsten Schritt werden Randbedingungen aufgestellt, um die Lösung an das Problem anzupassen. Drei der vier nötigen Randbedingungen sind selbsterklärend und lassen sich aus der Skizze entnehmen. Beachte, dass die Randbedingungen selbstverständlich durch die gesamte Lösung $w(x,t)=X(x)T(t)$ erfüllt werden müssen und nicht nur durch die Funktion $X(x)$:

$$\begin{aligned} w(x=0,t) = X(0)T(t) = 0 \quad &\Rightarrow \quad X(0) = 0\,, \\ w''(x=0,t) = X''(0)T(t) = 0 \quad &\Rightarrow \quad X''(0) = 0\,, \\ w'(x=l,t) = X'(l)T(t) = 0 \quad &\Rightarrow \quad X'(l) = 0\,. \end{aligned} \tag{4.5.40}$$

Für die letzte erforderliche Randbedingung machen wir einen Freischnitt am rechten Rand: Abb. 4.5.4.

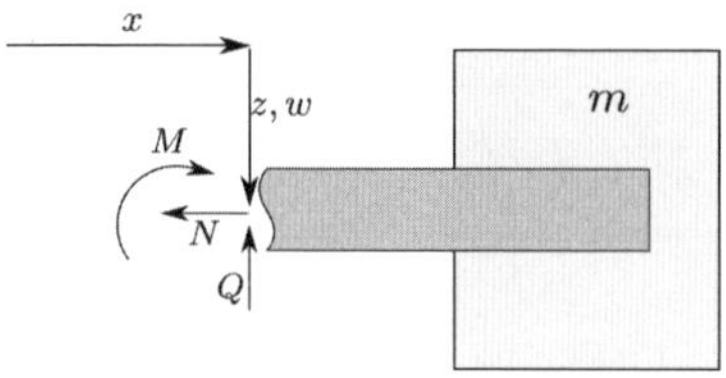

Abb. 4.5.4: Freischnitt für Randbedingung.

Indem wir NEWTONs Lex Secunda anwenden, ergibt sich:

$$m\ddot{w}(x=l,t) = \sum F_z \equiv -Q(x=l,t) = EIw'''(x=l,t)\,. \tag{4.5.41}$$

Einsetzen des Ansatzes in Gl. (4.5.56) liefert:

$$mX(l)\ddot{T}(t) = EIX'''(l)T(t)\,. \tag{4.5.42}$$

Setzen wir nun Glg. (4.5.38) in den obigen Ausdruck ein, erhalten wir:

$$-mX(l)\omega^2 T(t) = EIX'''(l)T(t) \quad \Rightarrow \quad m\omega^2 X(l) + EIX'''(l) = 0\,. \tag{4.5.43}$$

Zur Auswertung der Randbedingungen müssen Ableitungen der Funktion $X(x)$ bestimmt werden:

$$X(x) = C_1 \cos(\lambda x) + C_2 \sin(\lambda x) + C_3 \cosh(\lambda x) + C_4 \sinh(\lambda x),$$
$$X'(x) = \lambda\left[-C_1 \sin(\lambda x) + C_2 \cos(\lambda x) + C_3 \sinh(\lambda x) + C_4 \cosh(\lambda x)\right], \quad (4.5.44)$$
$$X''(x) = \lambda^2\left[-C_1 \cos(\lambda x) - C_2 \sin(\lambda x) + C_3 \cosh(\lambda x) + C_4 \sinh(\lambda x)\right],$$
$$X'''(x) = \lambda^3\left[C_1 \sin(\lambda x) - C_2 \cos(\lambda x) + C_3 \sinh(\lambda x) + C_4 \cosh(\lambda x)\right].$$

Damit können nun die Randbedingungen ausgewertet werden:

$$\text{RB1: } X(0) = C_1 \cos(\lambda 0) + C_2 \sin(\lambda 0) + C_3 \cosh(\lambda 0) + C_4 \sinh(\lambda 0) = 0$$
$$\Rightarrow \quad C_1 + C_3 = 0,$$
$$\text{RB2: } X''(0) = \lambda^2\left[-C_1 + C_3\right] = 0 \quad (4.5.45)$$
$$\Rightarrow \quad -C_1 + C_3 = 0.$$

Dieses Gleichungssystem liefert bereits als Ergebnis:

$$C_1 = C_3 = 0. \quad (4.5.46)$$

Die verbleibenden Randbedingungen führen auf:

$$\text{RB3: } X'(l) = \lambda\left[C_2 \cos(\lambda l) + C_4 \cosh(\lambda l)\right] = 0$$
$$\Rightarrow \quad C_2 \cos(\lambda l) + C_4 \cosh(\lambda l) = 0, \quad (4.5.47)$$
$$\text{RB4: } m\omega^2\left[C_2 \sin(\lambda l) + C_4 \sinh(\lambda l)\right] + EI\lambda^3\left[-C_2 \cos(\lambda l) + C_4 \cosh(\lambda l)\right] = 0$$
$$\Rightarrow \quad C_2\left[m\omega^2 \sin(\lambda l) - EI\lambda^3 \cos(\lambda l)\right] + C_4\left[m\omega^2 \sinh(\lambda l) + EI\lambda^3 \cosh(\lambda l)\right] = 0.$$

Zur einfachen Lösung dieses Gleichungssystems schreiben wir es in Matrix-Vektor-Form um:

$$\underbrace{\begin{bmatrix} \cos(\lambda l) & \cosh(\lambda l) \\ m\omega^2 \sin(\lambda l) - EI\lambda^3 \cos(\lambda l) & m\omega^2 \sinh(\lambda l) + EI\lambda^3 \cosh(\lambda l) \end{bmatrix}}_{=\boldsymbol{A}} \begin{bmatrix} C_2 \\ C_4 \end{bmatrix} = \begin{bmatrix} 0 \\ 0 \end{bmatrix}. \quad (4.5.48)$$

Um nicht-triviale Lösungen dieses Gleichungssystems zu erhalten, muss gelten:

$$\det(\boldsymbol{A}) \overset{!}{=} 0. \quad (4.5.49)$$

Die Auswertung liefert:

$$\det(\boldsymbol{A}) =$$
$$-\cosh(\lambda l)\left[m\omega^2 \sin(\lambda l) - \lambda^3 EI \cos(\lambda l)\right] + \cos(\lambda l)\left[m\omega^2 \sinh(\lambda l) + \lambda^3 EI \cosh(\lambda l)\right] \overset{!}{=} 0$$
$$\Rightarrow \quad m\omega^2\left[-\cos(\lambda l)\sinh(\lambda l) + \sin(\lambda l)\cosh(\lambda l)\right] = 2\lambda^3 EI \cosh(\lambda l)\cos(\lambda l) \quad (4.5.50)$$
$$\Leftrightarrow \quad m\omega^2\left[-\tanh(\lambda l) + \tan(\lambda l)\right] = 2\lambda^3 EI$$
$$\Leftrightarrow \quad \tan(\lambda l) - \tanh(\lambda l) = \frac{2\lambda^3 EI}{m\omega^2}.$$

Mit $\omega^2 = \lambda^4 c^2$ folgt:

$$\tan(\lambda l) - \tanh(\lambda l) = \frac{1}{\lambda}\frac{2EI}{mc^2} = \frac{1}{\lambda}\frac{2\rho A}{m}. \quad (4.5.51)$$

Kontinuumsmechanik

Diese transzendente Gleichung (d. h. Gleichungen, die nicht explizit gelöst, also nur durch numerische oder graphische Näherungen bearbeitet werden können) heißt Frequenzgleichung oder charakteristische Gleichung, da über

$$\omega = \lambda^2 c \tag{4.5.52}$$

eine Einschränkung für die Frequenz ω vorliegt. Löst man die Frequenzgleichung für λ (graphisch oder numerisch), so lassen sich Aussagen über die Frequenz treffen.

4.5.3 Saitenschwingung

Problemstellung

Eine Saite der Länge l wird mit der Normalkraft S vorgespannt und trägt pro Längeneinheit die Masse μ. Die Saite wird zur Zeit $t = 0$ wie dargestellt mit $w_A(x)$ ausgelenkt. Die Anfangsgeschwindigkeit sei Null. Berechne die Bewegung der Saite $w(x,t)$ mit dem Produktansatz nach BERNOULLI. Benutze das angegebene Koordinatensystem.

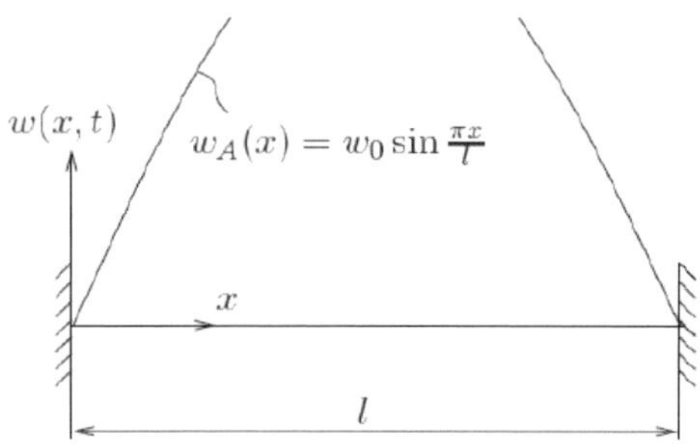

Abb. 4.5.5: Ausgelenkte Saite.

Lösung

Das Problem wird durch die Wellengleichung beschrieben:

$$c^2 \frac{\partial^2 w}{\partial x^2} = \frac{\partial^2 w}{\partial t^2}, \quad c^2 = \frac{S}{\mu}. \tag{4.5.53}$$

Setzt man die partiellen Ableitungen des Produktansatzes von BERNOULLI

$$w''(x,t) = X''(x)T(t) \quad \text{und} \quad \ddot{w} = X(x)\ddot{T}(t) \tag{4.5.54}$$

in die Wellengleichung ein, so erhält man:

$$c^2 \frac{X''(x)}{X(x)} = \frac{\ddot{T}(t)}{T(t)} = -\omega^2 \tag{4.5.55}$$

und daraus die beiden gewöhnlichen Differentialgleichungen:

$$X''(x) + \left(\frac{\omega}{c}\right)^2 X(x) = 0\,, \quad \ddot{T}(t) + \omega^2 T(t) = 0\,. \tag{4.5.56}$$

Die allgemeinen Lösungen lauten:

$$X(x) = A\sin(\lambda x) + B\cos(\lambda x)\,, \quad T(t) = C\sin(\omega t) + D\cos(\omega t)\,, \quad \lambda = \frac{\omega}{c}, \tag{4.5.57}$$

so dass wir die allgemeine Lösung für w finden:

$$w(x,t) = [A\sin(\lambda x) + B\cos(\lambda x)][C\sin(\omega t) + D\cos(\omega t)]. \qquad (4.5.58)$$

Die durch die Lagerung vorgegebenen Randbedingungen lauten:

$$w(x=0,t) = 0 \quad \text{und} \quad w(x=l,t) = 0. \qquad (4.5.59)$$

Aus der ersten Randbedingung folgt mit der allgemeinen Lösung (4.5.58) unmittelbar:

$$B=0 \qquad (4.5.60)$$

und damit dann aus der zweiten, dass:

$$A\sin(\lambda l) = 0. \qquad (4.5.61)$$

Diese Gleichung hat nicht-triviale Lösungen bei:

$$\lambda_k = \frac{k\pi}{l} \qquad (4.5.62)$$

bzw.

$$\omega_k = \frac{kc\pi}{l}, \quad k \in \mathbb{Z}. \qquad (4.5.63)$$

Für $k \in \mathbb{N}$ erhält man die gesuchten Eigenkreisfrequenzen. Nach Auswertung der Randbedingungen erhält man somit die Lösung:

$$w(x,t) = \sum_{k=1}^{\infty} \left(C_k \sin(\omega_k t) + D_k \cos(\omega_k t)\right) \sin\left(\frac{\omega_k}{c} x\right). \qquad (4.5.64)$$

Die obige Lösung wird nun an die Anfangsbedingungen

$$w(x,t=0) = w_{\mathrm{A}} \qquad (4.5.65)$$

angepasst. Die erste Anfangsbedingung liefert:

$$\sum_{k=1}^{\infty} D_k \sin\left(\frac{k\pi}{l} x\right) = w_0 \sin\left(\frac{\pi}{l} x\right). \qquad (4.5.66)$$

mit der offensichtlichen Lösung:

$$D_1 = w_0 \quad \text{und} \quad D_k = 0, \forall k \in \mathbb{N} \setminus \{1\}. \qquad (4.5.67)$$

Dieses Ergebnis führt zusammen mit der zweiten Anfangsbedingung zu:

$$\sum_{k=1}^{\infty} C_k \omega_k \sin\left(\frac{\omega_k}{c} x\right) = 0. \qquad (4.5.68)$$

Diese Gleichung ist nur erfüllt für

$$C_k = 0, \forall k \in \mathbb{N}. \qquad (4.5.69)$$

Damit haben wir die Lösung vollständig bestimmt:

$$w(x,t) = w_0 \cos\left(\frac{\pi}{l} ct\right) \sin\left(\frac{\pi}{l} x\right). \qquad (4.5.70)$$

4.5.4 Scherung eines Klotzes aus linear-elastischem Material

Problemstellung

Ein Klotz aus linear-elastischem Material wird, wie in Abb. 4.5.6 gezeigt, auf seiner Oberseite nach rechts geschert, so dass für die Verschiebung gilt $u_1(x_2 = h) = d$.

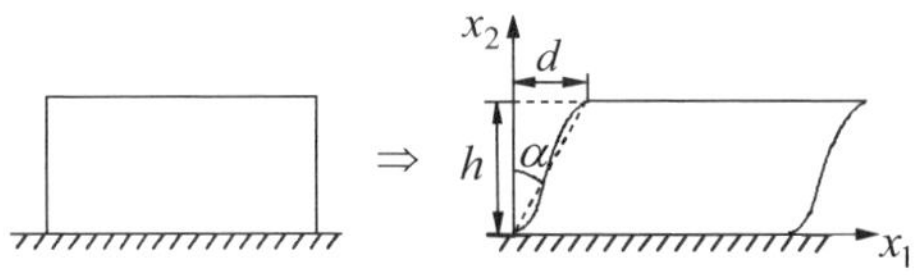

Abb. 4.5.6: Zur Scherung eines Klotzes.

Gesucht ist der Verlauf der Verschiebung über der Höhe $u_i(x_j)$. Erläutere mithilfe der Impulsbilanz und unter Verwendung des HOOKEschen Gesetzes, dass sich ein linearer Verlauf ergeben muss, gemäß:

$$u_1(x_2) = \frac{d}{h} x_2 \ , \quad u_2(x_j) = 0 \ , \quad u_3(x_j) = 0 \ . \tag{4.5.71}$$

Zeige ferner, dass sich das HOOKEsche Gesetz auf die einfache eindimensionale Form

$$\tau = G \cdot \gamma \tag{4.5.72}$$

bringen lässt, wobei G den Schermodul bezeichnet.

Lösung

Die Impulsbilanz in lokaler Form lautet allgemein:

$$\rho \left(\frac{\partial \upsilon_i}{\partial t} + \upsilon_j \frac{\partial \upsilon_i}{\partial x_j} \right) = \frac{\partial \sigma_{ji}}{\partial x_j} + \rho f_i \ . \tag{4.5.73}$$

Es handelt sich im vorliegenden Fall um ein statisches Problem, d. h., es gilt:

$$\upsilon_i = 0 \ , \quad i = 1, 2, 3 \ . \tag{4.5.74}$$

Ferner ist die Volumenkraft nicht von Belang, also gilt:

$$\rho f_i = 0 \ . \tag{4.5.75}$$

Daher reduziert sich die Impulsbilanz auf die einfache Form:

$$\frac{\partial \sigma_{ji}}{\partial x_j} = 0 \ . \tag{4.5.76}$$

Das HOOKEsches Gesetz lautet im dreidimensionalen Fall:

$$\sigma_{ij} = \frac{E}{1+\nu} \left(\varepsilon_{ij} + \frac{\nu}{1-2\nu} \varepsilon_{kk} \delta_{ij} \right) . \tag{4.5.77}$$

Darin wird der sogenannte lineare Verzerrungstensor $\underline{\underline{\varepsilon}}$ verwendet, für dessen kartesische Komponenten per Definition gilt:

$$\varepsilon_{ij} = \frac{1}{2} \left(\frac{\partial u_i}{\partial x_j} + \frac{\partial u_j}{\partial x_i} \right) , \tag{4.5.78}$$

wobei u_i die Komponenten der Verschiebung bezeichnen. Um die partiellen Differenzialgleichungen 2. Ordnung in den Verschiebungen zu lösen, welche sich aus den Beziehungen (4.5.73-78) durch sukzessives Einsetzen ergeben, wählen wir versuchsweise folgenden Ansatz (sogenannte semi-inverse Methode):

$$u_i = \left(u_1(x_2), 0, 0\right), \tag{4.5.79}$$

der sich aus Abb. 4.5.6 motiviert. In Gleichung (4.5.78) eingesetzt, führt dies auf:

$$\varepsilon_{ij} = \frac{1}{2}\left(\frac{\partial u_i}{\partial x_j} + \frac{\partial u_j}{\partial x_i}\right) = \begin{pmatrix} 0 & \frac{1}{2}\frac{\partial u_1}{\partial x_2} & 0 \\ \frac{1}{2}\frac{\partial u_1}{\partial x_2} & 0 & 0 \\ 0 & 0 & 0 \end{pmatrix}. \tag{4.5.80}$$

Hieraus erkennt man sofort, dass gilt:

$$\varepsilon_{kk} = \varepsilon_{11} + \varepsilon_{22} + \varepsilon_{33} = 0, \tag{4.5.81}$$

und damit in Gleichung (4.5.34) gegangen, ergibt:

$$\sigma_{ij} = \frac{E}{2(1+\nu)} \begin{pmatrix} 0 & \frac{\partial u_1}{\partial x_2} & 0 \\ \frac{\partial u_1}{\partial x_2} & 0 & 0 \\ 0 & 0 & 0 \end{pmatrix}. \tag{4.5.82}$$

Dies wiederum wird in die reduzierte Impulsbilanz (4.5.76) eingesetzt:

$$\begin{aligned} \frac{\partial \sigma_{j1}}{\partial x_j} &= 0 = \frac{\partial \sigma_{11}}{\partial x_1} + \frac{\partial \sigma_{21}}{\partial x_2} + \frac{\partial \sigma_{31}}{\partial x_3} = \frac{E}{2(1+\nu)}\left(0 + \frac{\partial^2 u_1}{\partial x_2 \partial x_2} + 0\right), \\ \frac{\partial \sigma_{j2}}{\partial x_j} &= 0 = \frac{\partial \sigma_{12}}{\partial x_1} + \frac{\partial \sigma_{22}}{\partial x_2} + \frac{\partial \sigma_{32}}{\partial x_3} = \frac{E}{2(1+\nu)}\left(\frac{\partial^2 u_1(x_2)}{\partial x_1 \partial x_2} + 0 + 0\right) = 0, \\ \frac{\partial \sigma_{j3}}{\partial x_j} &= 0 = \frac{\partial \sigma_{13}}{\partial x_1} + \frac{\partial \sigma_{23}}{\partial x_2} + \frac{\partial \sigma_{33}}{\partial x_3} = 0. \end{aligned} \tag{4.5.83}$$

Es resultiert die folgende, einfach zu lösende gewöhnliche Differenzialgleichung:

$$\frac{\mathrm{d}^2 u_1}{\mathrm{d}x_2^2} = 0, \tag{4.5.84}$$

die wir zweimal integrieren:

$$u_1 = A x_2 + B. \tag{4.5.85}$$

Die Integrationskonstanten A und B bestimmen wir aus folgenden, der Abb. 4.5.6 zu entnehmenden Randbedingungen:

$$u_1(x_2 = 0) = 0 \ , \ u_1(x_2 = h) = d. \tag{4.5.86}$$

Somit folgt:

Kontinuumsmechanik

$$B = 0 \ , \quad A = \frac{d}{h}, \tag{4.5.87}$$

und als Endergebnis:

$$u_1 = \frac{d}{h} x_2 = \tan(\alpha) \cdot x_2 \,. \tag{4.5.88}$$

Die Zunahme an Verschiebung erfolgt also linear mit zunehmender Höhe x_2. Wir leiten nun (4.5.88) ab:

$$\frac{\mathrm{d}u_1}{\mathrm{d}x_2} = \tan(\alpha) \tag{4.5.89}$$

und mit (4.5.80) folgt:

$$\varepsilon_{12} = \tfrac{1}{2}\left(\frac{\partial u_1}{\partial x_2} + \frac{\partial u_2}{\partial x_1} \right) = \tfrac{1}{2} \frac{\mathrm{d}u_1}{\mathrm{d}x_2} = \tfrac{1}{2} \tan(\alpha). \tag{4.5.90}$$

Schließlich schreiben wir:

$$\sigma_{12} = \frac{E}{1+\nu} \cdot \tfrac{1}{2} \tan(\alpha) \quad \Rightarrow \quad \tau = G \cdot \tan(\gamma) \approx G \cdot \gamma \,, \tag{4.5.91}$$

da:

$$\tau \equiv \sigma_{12} \ , \quad G = \frac{E}{2(1+\nu)} \ , \quad \alpha \equiv \gamma << 1 \,. \tag{4.5.92}$$

4.6 Einführung in die Hydromechanik

4.6.1 Ein mit Wasser gefüllter Eimer in Rotation

Problemstellung

Ein Eimer wurde mit Wasser gefüllt und danach auf die konstante Winkelgeschwindigkeit ω gebracht, so wie in Abb. 4.6.1 gezeigt.

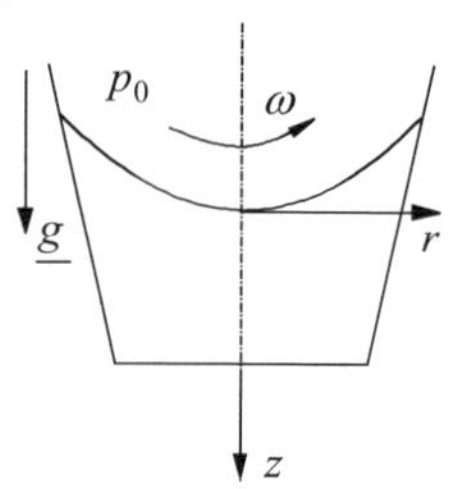

Abb. 4.6.1: Ein mit Wasser gefüllter Eimer in Rotation.

Gesucht ist die Funktion $p = p(r, z)$ für die Druckverteilung.

Lösung

Die Impulsbilanz in lokaler Form lautet allgemein:

$$\rho\left(\frac{\partial \upsilon_i}{\partial t} + \upsilon_j \frac{\partial \upsilon_i}{\partial x_j}\right) = \frac{\partial \sigma_{ji}}{\partial x_j} + \rho f_i \,. \tag{4.6.1}$$

Ferner handelt es sich um ein NAVIER-STOKES-Fluid, das aufgrund seiner Fähigkeit, Scherkräfte per Reibung zu übertragen, über die Eimerwand von der Bewegung erfasst wird, und das im mitbewegten Bezugssystem schließlich ruht:

$$\upsilon_i = 0 \;,\; i = 1, 2, 3 \;,\; \sigma_{ij} = -p\delta_{ij} \,. \tag{4.6.2}$$

Daher reduziert sich die Impulsbilanz auf die einfache Form:

$$\frac{\partial \sigma_{ji}}{\partial x_j} + \rho f_i = 0 \,. \tag{4.6.3}$$

Wir setzen Gleichung (4.6.2) in (4.6.3) ein und schreiben:

$$-\frac{\partial p}{\partial x_i} + \rho f_i = 0 \;\Rightarrow\; \frac{\partial p}{\partial x_i} = \rho f_i \,. \tag{4.6.4}$$

Zur Auswertung werden die Achsen (r, z) verwendet, so wie in Abb. 4.6.1 dargestellt, und es ergibt sich:

$$\frac{\partial p}{\partial r} = \rho r \omega^2 \;,\; \frac{\partial p}{\partial z} = \rho g \,. \tag{4.6.5}$$

Wir integrieren Gleichung (4.6.5), wobei $f(z)$ eine Konstante in Bezug auf die r-Integration und $h(r)$ eine Integrationskonstante in Bezug auf die z-Integration ist:

$$p(r,z) = \tfrac{1}{2}\rho r^2 \omega^2 + f(z) \;,\; p(r,z) = \rho g z + h(r) . \tag{4.6.6}$$

Kombination beider Gleichungen führt auf:

$$p(r,z) = \tfrac{1}{2}\rho r^2 \omega^2 + \rho g z + c \,, \tag{4.6.7}$$

wobei c unabhängig von r und z ist. Beachtet man die Randbedingungen wie folgt:

$$p(r = 0 \,,\, z = 0) = p_0 \tag{4.6.8}$$

und setzt Gleichung (4.6.9) in (4.6.8) ein, so ergibt sich:

$$p(r,z) = \tfrac{1}{2}\rho r^2 \omega^2 + \rho g z + p_0 \,. \tag{4.6.9}$$

Der Druck an einem beliebigen Punkt (r, z) in der Flüssigkeit setzt sich also aus dem wohlbekannten hydrostatischen Anteil $\rho g z$ zuzüglich einem durch die Rotation beeinflussten Anteil $\tfrac{1}{2}\rho r^2 \omega^2$ zusammen. Um die Form der Oberfläche zu bestimmen, werten wir Gleichung (4.6.9) an Oberflächenpunkten aus, für die stets gilt:

$$p(r,z) = p_0 \;\Rightarrow\; \rho g z = -\tfrac{1}{2}\rho r^2 \omega^2 \;\Rightarrow\; z(r) = -\frac{\omega^2}{2g} r^2 \,. \tag{4.6.10}$$

Das ist eine quadratische Funktion in r. Es stellt sich also ein **parabolischer Flüssigkeitsspiegel** ein.

4.6.2 Kommunizierende Röhren

Problemstellung

Wir betrachten das in Abb. 4.6.2 dargestellte System kommunizierender Röhren. Bekannt sind die Höhen h_1, h_2, h_3, h_4, h_5, die Dichten ρ_1, ρ_2 sowie die Drücke p_1, p_2. Gesucht ist die Dichte ρ_3.

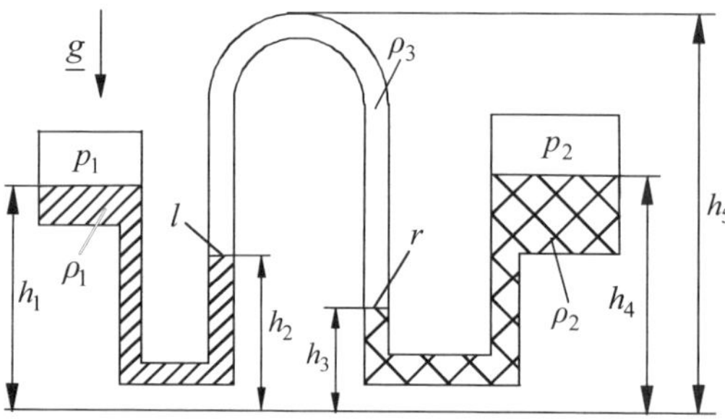

Abb. 4.6.2: Kommunizierende Röhren.

Lösung

Als Vorübung zur Lösung der Aufgabe betrachten wir Abb. 4.6.3, in der ein mit zwei verschiedenen Flüssigkeiten gefülltes U-Rohr dargestellt ist, wobei sich statisches Gleichgewicht eingestellt hat. Wir schließen, dass in diesem Fall Kräftegleichgewicht vorliegen muss, gemäß:

$$F_1 = F_2 \quad \Rightarrow \quad p_1 A = p_2 A \quad \Rightarrow \quad p_1 = p_2 . \tag{4.6.11}$$

Ferner handelt es sich im vorliegenden Fall um ein hydrostatisches Problem, d. h., es gilt die Grundgleichung:

$$p = p_0 + \rho g h . \tag{4.6.12}$$

Wegen Gleichung (4.6.12) kann man also schreiben:

$$p_2 = p_0 + \rho_2 g (h_2 - h_3) , \quad p_1 = p_0 + \rho_1 g (h_1 - h_3) . \tag{4.6.13}$$

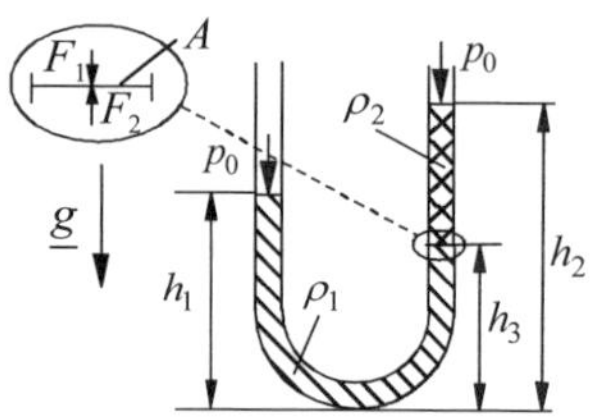

Abb. 4.6.3: Ein U-Rohr.

Daher ergibt sich wegen Gleichung (4.6.11):

$$\rho_2 = \rho_1 \frac{h_1 - h_3}{h_2 - h_3} . \tag{4.6.14}$$

Um nun das eigentliche Problem zu lösen, wenden wir diese Beziehung zweimal an. Einmal links in der Schnittfläche l und einmal rechts in der Schnittfläche r, wie in Abb. 4.6.2 dargestellt:

$$p_1 + \rho_1 g (h_1 - h_2) = \rho_3 g (h_5 - h_2) , \quad \rho_3 g (h_5 - h_3) = p_2 + \rho_2 g (h_4 - h_3) . \tag{4.6.15}$$

Jede dieser Gleichungen gestattet es, ρ_3 zu berechnen, darüber hinaus ergibt die Kombination beider Gleichungen:

$$\rho_3 = \frac{\dfrac{p_1 - p_2}{g} + \rho_1(h_1 - h_2) - \rho_2(h_4 - h_3)}{h_3 - h_2} . \qquad (4.6.16)$$

4.6.3 COUETTE-Strömung

Problemstellung

Gesucht ist die Geschwindigkeitsverteilung eines reibungsbehafteten NAVIER-STOKES-Fluids in einem Kanal zwischen einer gleichförmig bewegten Platte und dem dazu planparallelen Boden: Abb. 4.6.4 (man spricht in diesem Zusammenhang auch von der sog. COUETTE-Strömung). Wie groß ist der Massenstrom?

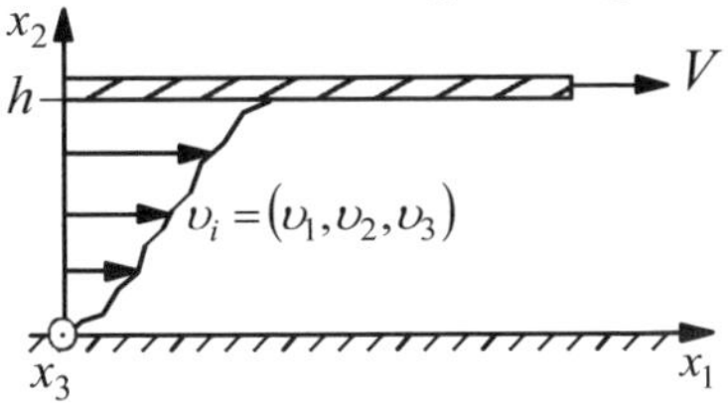

Abb. 4.6.4: Geschwindigkeitsfeld in einem Kanal.

Lösung

Für ein NAVIER-STOKES-Fluid gilt:

$$\sigma_{ji} = -p\delta_{ji} + \lambda \frac{\partial \upsilon_k}{\partial x_k} \delta_{ji} + \mu \left(\frac{\partial \upsilon_i}{\partial x_j} + \frac{\partial \upsilon_j}{\partial x_i} \right) . \qquad (4.6.17)$$

Die Impulsbilanz lautet:

$$\rho \frac{\partial \upsilon_i}{\partial t} + \rho \upsilon_j \frac{\partial \upsilon_i}{\partial x_j} = \frac{\partial \sigma_{ji}}{\partial x_j} + \rho f_i . \qquad (4.6.18)$$

Im stationären System gilt:

$$\frac{\partial \upsilon_i}{\partial t} = 0 , \qquad (4.6.19)$$

und wenn man die Volumenkraft vernachlässigt:

$$\rho f_i = 0 , \qquad (4.6.20)$$

folgt aus Gleichung (4.6.18) mit σ_{ji} aus Gleichung (4.6.17):

$$\rho \upsilon_j \frac{\partial \upsilon_i}{\partial x_j} = -\frac{\partial p}{\partial x_i} + \lambda \frac{\partial^2 \upsilon_k}{\partial x_j \partial x_k} \delta_{ji} + \mu \left(\frac{\partial^2 \upsilon_i}{\partial x_j \partial x_j} + \frac{\partial^2 \upsilon_j}{\partial x_j \partial x_i} \right) = \qquad (4.6.21)$$

$$-\frac{\partial p}{\partial x_i} + (\lambda + \mu) \frac{\partial^2 \upsilon_k}{\partial x_i \partial x_k} + \mu \frac{\partial^2 \upsilon_i}{\partial x_j \partial x_j} .$$

Im Rahmen der sog. semi-inversen Lösungsmethode „rät“ man bis zu einem gewissen Grad die Lösung. Hier erscheint es sinnvoll anzunehmen, dass die Strömung nur in horizontaler Richtung verläuft und die dazugehörige Geschwindigkeitskomponente von der jeweiligen Höhe abhängt, also gilt:

$$\upsilon_i = (\upsilon_1(x_2), 0, 0). \tag{4.6.22}$$

Für die Matrix des Spannungstensors nach Gleichung (4.6.17) erhält man so:

$$\sigma_{ji} = -p\delta_{ji} + \mu \begin{bmatrix} 0 & \partial\upsilon_1/\partial x_2 & 0 \\ \partial\upsilon_1/\partial x_2 & 0 & 0 \\ 0 & 0 & 0 \end{bmatrix}. \tag{4.6.23}$$

Ferner wird für die linke Seite der Impulsbilanz aus Gleichung (4.6.18):

$$\upsilon_j \frac{\partial \upsilon_i}{\partial x_j} = \upsilon_1 \frac{\partial \upsilon_i}{\partial x_1} + \upsilon_2 \frac{\partial \upsilon_i}{\partial x_2} + \upsilon_3 \frac{\partial \upsilon_i}{\partial x_3} = (0, 0, 0), \tag{4.6.24}$$

und es folgt aus (4.6.21):

$$0 = -\frac{\partial p}{\partial x_1} + \mu \frac{\mathrm{d}^2 \upsilon_1}{\mathrm{d}x_2^2} \; , \; 0 = -\frac{\partial p}{\partial x_2} \; , \; 0 = -\frac{\partial p}{\partial x_3}. \tag{4.6.25}$$

Aus den letzten beiden Gleichungen schließen wir:

$$p = p(x_1). \tag{4.6.26}$$

Ein Druckanstieg oder -abfall in horizontaler Richtung ist nach der Aufgabenstellung jedoch nicht vorgesehen, und somit verschwindet der erste Term auf der rechten Seite von Gleichung $(4.6.25)_1$ und es folgt:

$$\frac{\mathrm{d}^2 \upsilon_1}{\mathrm{d}x_2^2} = 0 \quad \Rightarrow \quad \upsilon_1 = Ax_2 + B. \tag{4.6.27}$$

Die Unbekannten A und B ermitteln wir über Randbedingungen. Das Fluid haftet an Platte und Boden und daher muss gelten:

$$\upsilon_1(x_2 = 0) = 0 \Rightarrow B = 0 \; , \; \upsilon_1(x_2 = h) = V \Rightarrow A = \frac{V}{h} \Rightarrow \upsilon_1(x_2) = \frac{V}{h} x_2. \tag{4.6.28}$$

Mithin ist das Strömungsprofil linear. Um den Massenstrom herauszufinden, beachten wir, dass es sich um eine stationäre Strömung handelt. Wir folgen den Argumenten aus Lehrbuchabschnitt 4.6.1 und finden, dass gilt:

$$\dot{m} = \int_A \rho \upsilon_i n_i \, \mathrm{d}A, \tag{4.6.29}$$

wobei das Symbol A eine senkrecht auf der x_1-Achse stehende, sich von $x_2 = 0$ bis $x_2 = h$ erstreckende Fläche der Tiefe t bezeichnet. Die zugehörige Normale ist dann einfach gegeben durch $\underline{n} = (1, 0, 0)$ und aus (4.6.29) folgt dann mit dem Ergebnis (4.6.28):

$$\dot{m} = \int_A \rho \upsilon_1 \, \mathrm{d}A = \rho_0 t \frac{V}{h} \int_{x_2=0}^{x_2=h} x_2 \, \mathrm{d}x_2 = \rho_0 t \frac{V}{h} \tfrac{1}{2} x_2^2 \Big|_{x_2=0}^{x_2=h} = \tfrac{1}{2} \rho_0 t h V. \tag{4.6.30}$$

Dabei haben wir wieder das Fluid als inkompressibel mit der konstanten Massendichte ρ_0 angenommen. Die gefundene Lösung für die Geschwindigkeit steht übrigens nicht im Widerspruch mit der Massenbilanz für ein inkompressibles Fluid. Diese lautet nach Abschnitt 4.1.5 des Lehrbuchs ja:

$$\frac{\partial \upsilon_i}{\partial x_i} = \frac{\partial \upsilon_1}{\partial x_1} + \frac{\partial \upsilon_2}{\partial x_2} + \frac{\partial \upsilon_3}{\partial x_3} = 0 , \tag{4.6.31}$$

und diese Beziehung ist mit der Lösung (4.6.28) identisch erfüllt.

4.6.4 HAGEN-POISEUILLE-Strömung

Problemstellung

In einem durch zwei unendlich große, feststehende Platten berandeten Kanal strömt, wie in der Abb. 4.6.5 angedeutet, stationär ein NAVIER-STOKES-Fluid, angetrieben durch einen (konstanten) Druckgradienten (Pumpendruck links gegeben durch p_l, Druck rechts durch p_r). Gesucht sind die Form des Strömungsprofils sowie der Massendurchsatz.

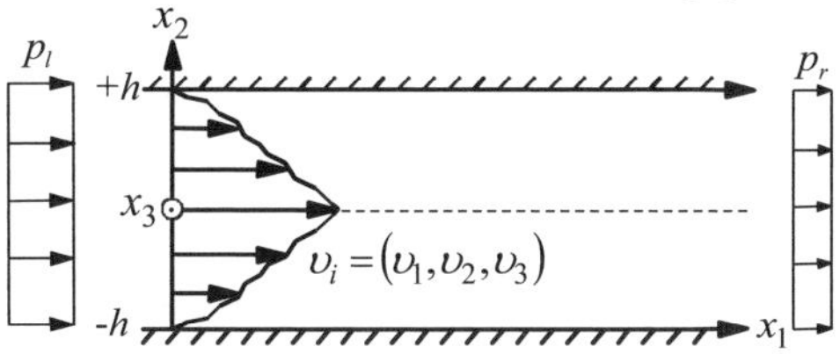

Abb. 4.6.5: Durch Druckabfall bedingte Kanalströmung.

Lösung

Wir folgen in der Argumentation den Gleichungen (4.6.17-26) aus der Aufgabe 4.6.3. Den konstanten Druckgradienten bezeichnen wir mit:

$$p' = \frac{\partial p}{\partial x_1} = \text{const.} \tag{4.6.32}$$

Die verbleibende Komponente der Impulsbilanz ist dann wie folgt zu integrieren:

$$\frac{\mathrm{d}^2 \upsilon_1}{\mathrm{d}x_2^2} = \frac{p'}{\mu} \quad \Rightarrow \quad \upsilon_1 = \frac{p'}{2\mu} x_2^2 + A x_2 + B . \tag{4.6.33}$$

Die Integrationskonstanten bestimmen wir wieder aus Randbedingungen. Das Fluid haftet wieder an beiden Platten:

$$\upsilon_1(x_2 = \pm h) = 0 \quad \Rightarrow \quad B = -\frac{p'}{2\mu} h^2 \ , \quad A = 0 . \tag{4.6.34}$$

Somit folgt als Lösung das Parabelprofil nach HAGEN-POISEUILLE:

$$\upsilon_1(x_2) = -\frac{p'}{2\mu} h^2 \left[1 - \left(\frac{x_2}{h} \right)^2 \right] . \tag{4.6.35}$$

Für den Massenstrom folgt analog zur Gleichung (4.6.30):

$$\dot{m} = \int_A \rho \upsilon_1 \, \mathrm{d}A = -\frac{p'}{2\mu} h^2 \rho_0 t \int_{x_2=-h}^{x_2=+h} \left[1 - \left(\frac{x_2}{h} \right)^2 \right] \mathrm{d}x_2 = \tag{4.6.36}$$

$$-\frac{p' \rho_0 t}{2\mu} h^2 \left(x_2 \Big|_{x_2=-h}^{x_2=+h} - \frac{1}{3} \frac{x_2^3}{h^2} \Bigg|_{x_2=-h}^{x_2=+h} \right) = -\frac{2}{3} \frac{p' \rho_0 t}{\mu} h^3 .$$

Kontinuumsmechanik

5 Energiemethoden

5.1 Energiebilanz

5.1.1 Die Wärmeleitungsgleichung

Problemstellung

Starte von der Gesamtbilanz der Energie in lokaler Form. Erinnere den folgenden, für Festkörper in erster Näherung gültigen Ausdruck für die spezifische innere Energie:

$$u = c_\varepsilon T + \text{const.}, \tag{5.1.1}$$

wobei die Konstante c_ε die spezifische Wärme des Festkörpers bei konstanter Dehnung (bei konstantem Volumen) bezeichnet, sowie das FOURIERsche Wärmeleitungsgesetz:

$$q_i = -\kappa \frac{\partial T}{\partial x_i} \tag{5.1.2}$$

mit dem (konstanten) Wärmeleitfähigkeitskoeffizienten κ. Leite damit eine partielle Differenzialgleichung her, welche die zeitlich-räumliche Entwicklung des Temperaturfeldes $T = T(\underline{x}, t)$ beschreibt, die sogenannte **Wärmeleitungsgleichung**:

$$\frac{\partial T}{\partial t} = \frac{\kappa}{\rho c_\varepsilon} \frac{\partial^2 T}{\partial x_j \partial x_j} + \frac{r}{c_\varepsilon}. \tag{5.1.3}$$

Nenne alle Voraussetzungen, unter denen diese Gleichung gilt.

Lösung

Die Energiebilanz in regulären Punkten lautet:

$$\rho \frac{\partial}{\partial t}\left(u + \frac{\upsilon^2}{2}\right) + \rho \upsilon_j \frac{\partial}{\partial x_j}\left(u + \frac{\upsilon^2}{2}\right) + \frac{\partial}{\partial x_j}\left(q_j - \upsilon_i \sigma_{ji}\right) = \rho\left(\upsilon_i f_i + r\right). \tag{5.1.4}$$

Vernachlässigen wir darin die kinetische Energiedichte sowie die Leistungen der Oberflächen- und Volumenkräfte, so entsteht:

$$\rho \frac{\partial u}{\partial t} + \frac{\partial q_j}{\partial x_j} = \rho r. \tag{5.1.5}$$

Indem man die Gleichungen (5.1.1/2) hierin einsetzt, wird:

$$\rho c_\varepsilon \frac{\partial T}{\partial t} = \kappa \frac{\partial^2 T}{\partial x_j \partial x_j} + \rho r, \tag{5.1.6}$$

was die Behauptung ergibt. Man nennt die Kombination $\frac{\kappa}{\rho c_\varepsilon}$ an Konstanten auch die Thermodiffusionskonstante, da Gleichung (5.1.3) mathematisch gesehen der Diffusionsgleichung nach FICK entspricht.

5.1.2 Wärmeleitung in einem vorgewärmten Balken

Problemstellung

Ein vorgewärmter Balken ist in eine adiabat abschirmende Folie eingewickelt worden, die nur an der Stirnfläche $x_1 = l$ offen, d. h. wärmedurchlässig, ist. Der Balken ist so gelagert, dass er sich frei ausdehnen kann, vgl. Abb. 5.1.1. Gesucht ist der zeitliche Verlauf der Temperatur in dem Balken bei gegebener Anfangstemperatur $T_A(x_1)$ (mathematische Form siehe unten). Dabei soll angenommen werden, dass der Einfluss von Gravitation und Strahlung vernachlässigbar ist. Zur Berechnung sollen folgende Materialgesetze für die innere Energie und den Wärmefluss benutzt werden:

$$u = cT + u_0\,,\quad \underline{q} = -\kappa\,\nabla T\,. \tag{5.1.7}$$

An der nicht adiabaten Fläche kann der Wärmefluss proportional zur Temperaturdifferenz über $\underline{q}\cdot\underline{n} = h(T - T_0)$ abgeschätzt werden, wobei T_0 die Außentemperatur ist.

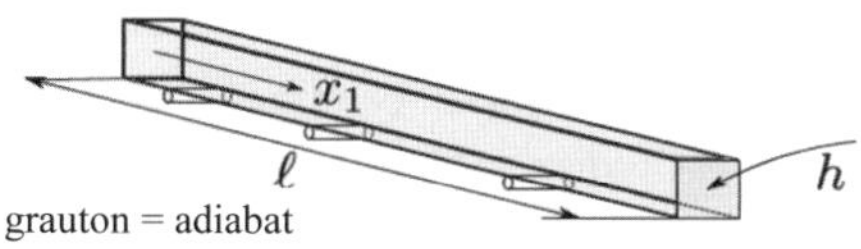

Abb. 5.1.1: Geometrie des mit $T_A(x_1) = \frac{T_0}{2}\left(3 - \frac{x_1}{l}\right)$ vorgewärmten Balkens.

Lösung

Die Bilanz der inneren Energie lautet:

$$\frac{\partial \rho u}{\partial t} + \frac{\partial}{\partial x_i}(\rho u \upsilon_i + q_i) = \underbrace{\rho r}_{=0} + \sigma_{ji}\frac{\partial \upsilon_i}{\partial x_j}\,. \tag{5.1.8}$$

Die Partikelgeschwindigkeit aufgrund der Wärmedehnung ist vernachlässigbar $\upsilon_i \approx 0$ und die Dichteänderung aufgrund der Volumendehnung wird als klein angenommen $\rho \approx \rho_0$. Also folgt:

$$\rho_0\frac{\partial u}{\partial t} + \frac{\partial q_i}{\partial x_i} = 0\,. \tag{5.1.9}$$

Indem man die Materialgleichungen einsetzt, folgt:

$$0 = \rho_0\frac{\partial u}{\partial t} + \frac{\partial q_i}{\partial x_i} = \rho_0\frac{\partial}{\partial t}(cT + u_0) + \frac{\partial}{\partial x_i}\left(-\kappa\frac{\partial T}{\partial x_i}\right) = \rho_0 c\frac{\partial T}{\partial t} - \kappa\frac{\partial^2 T}{\partial x_i \partial x_i} \tag{5.1.10}$$

oder:

$$\frac{\partial T}{\partial t} = k\,\frac{\partial^2 T}{\partial x_i \partial x_i} \qquad \text{mit} \qquad k = \frac{\kappa}{\rho_0 c}\,. \tag{5.1.11}$$

Aufgrund der adiabaten Isolation reduziert sich das Problem auf 1D:

$$T(x_1, \cancel{x_2}, \cancel{x_3}, t) \to T(x_1, t)\,, \tag{5.1.12}$$

womit folgt:

$$\frac{\partial T}{\partial t} = k\frac{\partial^2 T}{\partial x_1 \partial x_1}\,. \tag{5.1.13}$$

Die Randbedingungen lauten:

$$\text{links}:\ q_i(x_1=0)\,n_i=0\ (\text{adiabat})\,,\quad \text{rechts}:\ q_i(x_1=l)\,n_i=h(T-T_0)\,. \tag{5.1.14}$$

Um hieraus Randbedingungen für die Temperatur abzulesen, werten wir den Ausdruck $q_i n_i$ mithilfe des FOURIER-Gesetzes und des semi-inversen Ansatzes aus. Mit $\underline{q}=-\kappa\frac{\partial T}{\partial x_1}\underline{e}_1$ finden wir an den Rändern:

$$\text{links}:0\overset{!}{=}\underline{q}(x_1=0)\cdot\underline{n}=-\kappa\left.\frac{\partial T}{\partial x_1}\right|_{x_1=0}\underline{e}_1\cdot(-\underline{e}_1)\ \Rightarrow\ \left.\frac{\partial T}{\partial x_1}\right|_{x_1=0}=0\,, \tag{5.1.15}$$

$$\text{rechts}:h(T-T_0)\overset{!}{=}\underline{q}(x_1=l)\cdot\underline{n}=-\kappa\left.\frac{T}{x_1}\right|_{x_1=l}\underline{e}_1\cdot\underline{e}_1\ \Rightarrow\ \left.\frac{\partial T}{\partial x_1}\right|_{x_1=l}=-\frac{h}{\kappa}(T-T_0)\,.$$

Hier haben wir benutzt, dass die Normale am linken Rand $-\underline{e}_1$ und am rechten Rand $+\underline{e}_1$ ist. Die Anfangsdaten sind gegeben durch:

$$T_{\mathrm{A}}(x_1)=\frac{T_0}{2}\left(3-\frac{x_1}{l}\right). \tag{5.1.16}$$

An dieser Stelle ist man versucht, die Lösung des Problems über einen BERNOULLI-Separationsansatz finden. Die rechte Randbedingung ist jedoch inhomogen. Eine Reihenlösung ist direkt nur schwer zu finden, da hier die einzelnen Ortsfunktionen nicht für sich die Randbedingungen voll erfüllen können. Über eine geeignete Substitution kann man dieses Problem aber umgehen. Man wähle $\hat{T}=T-T_0$, womit die Ableitungen sich folgendermaßen schreiben:

$$\frac{\partial T}{\partial t}=\frac{\partial\hat{T}}{\partial t}\quad\text{und}\quad\frac{\partial T}{\partial x_1}=\frac{\partial\hat{T}}{\partial x_1}\,. \tag{5.1.17}$$

Damit lautet das neue Problem:

$$\frac{\partial\hat{T}}{\partial t}=k\frac{\partial^2\hat{T}}{\partial x_1\partial x_1} \tag{5.1.18}$$

mit den Rand- und Anfangsbedingungen:

$$\left.\frac{\partial\hat{T}}{\partial x_1}\right|_{x_1=0}=0\,,\ \left.\frac{\partial\hat{T}}{\partial x_1}\right|_{x_1=l}=-\frac{h}{\kappa}\hat{T}(l,t), \tag{5.1.19}$$

$$\hat{T}(x_1,0)=T_{\mathrm{A}}(x_1)-T_0=\hat{T}_{\mathrm{A}}(x_1)=\frac{T_0}{2}\left(1-\frac{x_1}{l}\right).$$

Die Randbedingungen sind nun voll homogen. Von Interesse ist die Änderung der Temperatur über die Balkenlänge l. Die Temperatur T soll bei moderaten Temperaturbereichen in der Nähe von T_0 liegen. Von welcher Größenordnung t_{p} ist dann die Dauer des Wärmetransports? Wir transformieren dazu das Problem auf dimensionslose Größen:

$$x_1=l\tilde{x}\,,\ t=t_{\mathrm{p}}\tilde{t}\quad\text{und}\quad\hat{T}=T_0\tilde{T}\,. \tag{5.1.20}$$

Die neuen dimensionslosen Größen $\tilde{x}$ $\tilde{t}$ und $\tilde{T}$ sind von der Größenordnung eins. Die Ableitungen in dimensionslosen Größen berechnen sich per Kettenregel:

$$\frac{\partial(\cdot)}{\partial x_1}=\frac{1}{l}\frac{\partial(\cdot)}{\partial\tilde{x}}\,,\ \frac{\partial(\cdot)}{\partial t}=\frac{1}{t_{\mathrm{p}}}\frac{\partial(\cdot)}{\partial\tilde{t}}\,. \tag{5.1.21}$$

Diese Ableitungen werden in die Feldgleichung eingesetzt:

$$\frac{\partial \hat{T}}{\partial t} = k \frac{\partial^2 \hat{T}}{\partial x_1 \partial x_1} \quad \Rightarrow \quad \frac{T_0}{t_\mathrm{p}} \frac{\partial \tilde{T}}{\partial \tilde{t}} = \frac{k T_0}{l^2} \frac{\partial^2 \tilde{T}}{\partial \tilde{x}^2} \quad \Rightarrow \quad \frac{\partial \tilde{T}}{\partial \tilde{t}} = \frac{k t_\mathrm{p}}{l^2} \frac{\partial^2 \tilde{T}}{\partial \tilde{x}^2} . \tag{5.1.22}$$

Wir wählen nun t_p so, dass die Wärmeleitung deutlich wird:

$$\frac{k t_\mathrm{p}}{l^2} \overset{!}{=} 1 \quad \Rightarrow \quad t_\mathrm{p} = \frac{l^2}{k} \quad \Rightarrow \quad \frac{\partial \tilde{T}}{\partial \tilde{t}} = \frac{\partial^2 \tilde{T}}{\partial \tilde{x}^2} . \tag{5.1.23}$$

Mit dieser Abschätzung der Prozesszeit hat sich die Feldgleichung weiter vereinfacht. Die Rand- und Anfangsdaten werden ebenfalls auf die neuen Koordinaten überführt:

$$\left. \frac{\partial \tilde{T}}{\partial \tilde{x}} \right|_{\tilde{x}=0} = 0 , \quad \left. \frac{\partial \tilde{T}}{\partial \tilde{x}} \right|_{\tilde{x}=1} = -\tilde{h} \tilde{T}(1, \tilde{t}) , \quad \tilde{T}_\mathrm{A}(\tilde{x}) = \tfrac{1}{2}(1 - \tilde{x}) \quad \text{mit} \quad \tilde{h} = \frac{hl}{\kappa} . \tag{5.1.24}$$

Wir versuchen eine Lösung vom Typ:

$$\tilde{T}(\tilde{x}, \tilde{t}) = \sum_{i=1}^{\infty} \tau_i(\tilde{t}) \, \chi_i(\tilde{x}) . \tag{5.1.25}$$

Ableitungen der Funktionen nach ihrem jeweiligen Argument werden mit Tilden dargestellt. Wir setzen den Ansatz in die Feldgleichung ein:

$$\frac{\partial \tilde{T}}{\partial \tilde{t}} = \frac{\partial^2 \tilde{T}}{\partial \tilde{x}^2} \quad \Leftrightarrow \quad \sum_{i=1}^{\infty} \tau_i' = \sum_{i=1}^{\infty} \chi_i'' \quad \Leftrightarrow \quad \sum_{i=1}^{\infty} (\tau_i' - \chi_i'') = 0 . \tag{5.1.26}$$

Für jedes i soll nun die Beziehung $\tau_i' = \chi_i''$ gelten, womit die Ausgangsgleichung erfüllt ist. Wir teilen durch χ_i und τ_i. Dieses geht, da diese allgemein ungleich Null sind, womit:

$$\frac{\tau_i'}{\tau_i} = \frac{\chi_i''}{\chi_i} = r_i = \text{const.}|_{\tilde{x},\tilde{t}} \in \mathbb{R} . \tag{5.1.27}$$

Diese Brüche sind offensichtlich konstant in Zeit und Ort. Da die Funktionen reell sind, müssen die Separationskonstanten r_i es auch sein. Die Frage ist nun, wie groß sind sie? Und viel wichtiger, können sie kleiner null, gleich null oder größer null sein? Für die Zeitfunktionen ist dies irrelevant, da:

$$\tau_i' = r_i \tau_i \quad \Rightarrow \quad \tau_i = C_i \exp(r_i \tilde{t}) . \tag{5.1.28}$$

Die Form der Lösung dieser gewöhnlichen Differentialgleichung ist unabhängig von der Größe von r_i. Problematisch jedoch wird es bei den Ortsfunktionen:

$$\chi_i'' = r_i \chi_i \quad \Rightarrow \quad \chi_i = \begin{cases} A_i \exp(\lambda_i \tilde{x}) + B_i \exp(-\lambda_i \tilde{x}) & \text{für} \quad r_i = \lambda_i^2 > 0 \\ A_i \tilde{x} + B_i \quad \text{für} \quad r_i = 0 \\ c_{1i} \cos(\lambda_i \tilde{x}) + c_{2i} \sin(\lambda_i \tilde{x}) & \text{für} \quad r_i = -\lambda_i^2 < 0 . \end{cases} \tag{5.1.29}$$

Sind nun alle Lösungen für χ_i zulässig? Die Antwort folgt aus den Randbedingungen. Da die Randbedingungen für die Gesamtfunktion homogen sind, dürfen wir jeweils von den einzelnen Lösungen die Erfüllung der Randbedingung fordern. Damit ist:

$$\left. \frac{\partial \tilde{T}}{\partial \tilde{x}} \right|_{\tilde{x}=0} = 0 \quad \Rightarrow \quad \tau_i(\tilde{t}) \chi_i'(0) = 0 \quad \Rightarrow \quad \chi_i'(0) = 0 \ (\text{RB1}) , \tag{5.1.30}$$

$$\left. \frac{\partial \tilde{T}}{\partial \tilde{x}} \right|_{\tilde{x}=1} = -\tilde{h} \tilde{T}(\tilde{x} = 1) \quad \Rightarrow \quad \tau_i(\tilde{t}) \chi_i'(1) = -\tilde{h} \tau_i(\tilde{t}) \chi_i(1) \quad \Rightarrow \quad \chi_i'(1) = -\tilde{h} \chi_i(1) \ (\text{RB2}) .$$

Die Zeitfunktionen sind beliebig, daher müssen die Ortsfunktionen die Bedingungen für sich erfüllen. Wir unterscheiden verschiedene Fälle. Im Fall 1 ist die Separationskonstante größer null. Für $r_i = +\lambda_i^2$ folgt für die Ortsfunktion und ihre Ableitung:

$$\chi_i = A_i \exp(\lambda_i \tilde{x}) + B_i \exp(-\lambda_i \tilde{x}), \quad \chi_i' = \lambda_i [A_i \exp(\lambda_i \tilde{x}) - B_i \exp(-\lambda_i \tilde{x})]. \tag{5.1.31}$$

Aus (RB1) folgt zunächst:

$$\lambda_i (A_i - B_i) = 0 \quad \Rightarrow \quad A_i = B_i. \tag{5.1.32}$$

Hiermit ist (RB2):

$$\lambda_i A_i [\exp(\lambda_i) - \exp(-\lambda_i)] = -\tilde{h} A_i [\exp(\lambda_i) + \exp(-\lambda_i)]. \tag{5.1.33}$$

Hier müsste für $A_i \neq 0$ gelten, dass:

$$0 < \tilde{h} = -\lambda_i \frac{\exp(\lambda_i) - \exp(-\lambda_i)}{\exp(\lambda_i) + \exp(-\lambda_i)} \leq 0. \tag{5.1.34}$$

Diese Beziehung ist nicht erfüllbar. Die einzigen Lösungen, die die Randbedingungen erfüllen, sind die trivialen $A_i = B_i = 0$. Nun zum Fall 2, bei dem die Separationskonstante gleich null ist. Die Ortsfunktion und ihre Ableitung lauten mit $r_i = 0$:

$$\chi_i = A_i \tilde{x} + B_i, \quad \chi_i' = A_i. \tag{5.1.35}$$

Aus (RB1) folgt sofort $A_i = 0$ und dann aus (RB2) auch $B_i = 0$. Erneut folgen nur triviale Lösungen. Wir kommen nun zum Fall 3, bei dem die Separationskonstante kleiner Null ist. Für $r_i = -\lambda_i^2$ folgt für die Ortsfunktion und ihre Ableitung:

$$\chi_i = A_i \cos(\lambda_i \tilde{x}) + B_i \sin(\lambda_i \tilde{x}), \quad \chi_i' = \lambda_i [-A_i \sin(\lambda_i \tilde{x}) + B_i \cos(\lambda_i \tilde{x})]. \tag{5.1.36}$$

Aus (RB1) folgt sofort, dass $B_i = 0$. Aus (RB2) jedoch folgt:

$$-A_i \lambda_i \sin(\lambda_i) = -\tilde{h} A_i \cos(\lambda_i) \quad \Rightarrow \quad \lambda_i \tan(\lambda_i) = \tilde{h}. \tag{5.1.37}$$

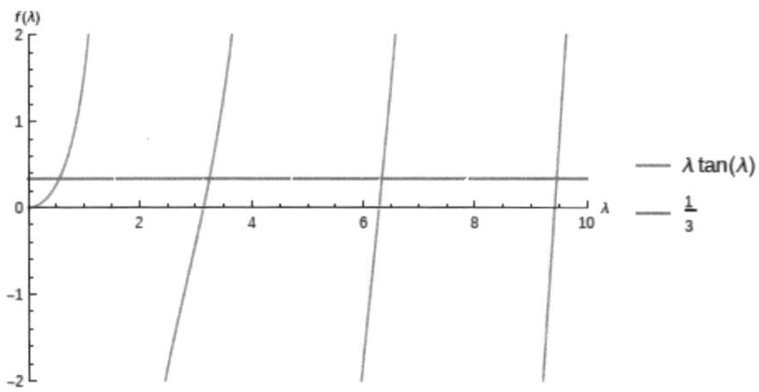

Abb. 5.1.2: Lösungen der transzendenten Gleichung mit $\tilde{h} = \frac{1}{3}$, erkennbar über Schnittpunkte.

Die Lösungen dieser transzendenten Gleichung für die λ_i sind nur numerisch bestimmbar. Für $\tilde{h} = \frac{1}{3}$ sind die ersten Lösungen in Abb. 5.1.2 ablesbar. Die Ortsfunktionen sind mit diesen berechneten λ_i gegeben durch $\chi_i = A_i \cos(\lambda_i \tilde{x})$. Damit ist gezeigt, dass in dieser Aufgabe nur Separationskonstanten mit $r_i = -\lambda_i^2$ vorhanden sind. Die Lösung lautet soweit:

$$\tilde{T}(\tilde{t}, \tilde{x}) = \sum_{i=1}^{\infty} \tau_i(\tilde{t}) \chi_i(\tilde{x}) = \sum_{i=1}^{\infty} C_i \exp(-\lambda_i^2 \tilde{t}) A_i \cos(\lambda_i \tilde{x}) = \tag{5.1.38}$$

$$\sum_{i=1}^{\infty} D_i \exp(-\lambda_i^2 \tilde{t}) \cos(\lambda_i \tilde{x})$$

mit:

$$D_i = C_i A_i \quad \text{und } \lambda_i \text{ aus} \quad \lambda_i \tan(\lambda_i) = \tilde{h}\,. \tag{5.1.39}$$

Die verbleibende Konstante D_i muss aus der Anfangsbedingung

$$\tilde{T}_{\mathrm{A}}(\tilde{x}) = \tfrac{1}{2}(1-\tilde{x})\,. \tag{5.1.40}$$

bestimmt werden, d. h. es muss gelten, dass:

$$\tilde{T}(\tilde{t}=0,\tilde{x}) = \sum_{i=1}^{\infty} D_i \cos(\lambda_i \tilde{x}) \overset{!}{=} \tilde{T}_{\mathrm{A}}(\tilde{x}) = \tfrac{1}{2}(1-\tilde{x})\,. \tag{5.1.41}$$

Da Frage ist nun, wie man diese Beziehung benutzt, um alle D_i zu bestimmen. Hierfür sind Orthogonalitätsrelationen notwendig. Wir behaupten nun, dass die Ortsfunktionen orthogonal bzgl. des dimensionslosen Gebiets sind, also gilt:

$$\int_{\tilde{x}=0}^{1} \chi_i \chi_j \mathrm{d}\tilde{x} = 0\,, \quad \text{wenn } i \neq j\,. \tag{5.1.42}$$

Zum Beweis sei folgendes gesagt. Wir wissen aus der Separation, dass $\chi_i'' = r_i \chi_i = -\lambda_i^2 \chi_i$. Wir bilden:

$$\int_{\tilde{x}=0}^{1} [\chi_i'' \chi_j - \chi_i \chi_j'']\,\mathrm{d}\tilde{x} = \int_{\tilde{x}=0}^{1} [-\lambda_i^2 \chi_i \chi_j + \lambda_j^2 \chi_i \chi_j]\,\mathrm{d}\tilde{x} = (\lambda_j^2 - \lambda_i^2) \int_{\tilde{x}=0}^{1} \chi_i \chi_j \mathrm{d}\tilde{x}\,. \tag{5.1.43}$$

Alternativ kann man auch schreiben:

$$\int_{\tilde{x}=0}^{1} [\chi_i'' \chi_j - \chi_i \chi_j'']\mathrm{d}\tilde{x} = \int_{\tilde{x}=0}^{1} [\chi_i' \chi_j - \chi_i \chi_j']'\,\mathrm{d}\tilde{x} = [\chi_i' \chi_j - \chi_i \chi_j']_{\tilde{x}=0}^{\tilde{x}=1}\,. \tag{5.1.44}$$

In diesen Randtermen setzen wir die Randbedingungen $\chi_i'(0) = 0$ und $\chi_i'(1) = -\tilde{h}\chi_i(1)$ ein und finden:

$$[\chi_i' \chi_j - \chi_i \chi_j']_{\tilde{x}=0}^{\tilde{x}=1} = \left[-\tilde{h}\chi_i(1)\chi_j(1) + \tilde{h}\chi_i(1)\chi_j(1)\right] - (0-0) = 0\,. \tag{5.1.45}$$

Da bei unseren Randbedingungen dieser Ausdruck verschwindet, wissen wir, dass:

$$(\lambda_j^2 - \lambda_i^2) \int_{\tilde{x}=0}^{1} \chi_i \chi_j \mathrm{d}\tilde{x} = 0\,. \tag{5.1.46}$$

Dies für $i = j$ erfüllt, da dann $\lambda_j^2 - \lambda_i^2 = 0$. Da alle λ_i verschieden sind, muss für $i \neq j$ das Integral verschwinden. Das beschließt den Beweis. Da in den Ortsfunktionen die Konstanten A_i multiplikativ sind, $\chi_i = A_i \cos(\lambda_i \tilde{x})$, gilt die Orthogonalitätsaussage auch direkt für $\tilde{\chi}_i = \cos(\lambda_i \tilde{x})$. Nun wollen wir diese Relation anwenden. Wir multiplizieren Glg. (5.1.41) mit $\tilde{\chi}_j$:

$$\sum_{i=1}^{\infty} D_i \tilde{\chi}_i \tilde{\chi}_j = \tilde{T}_{\mathrm{A}}(\tilde{x})\tilde{\chi}_j \quad \Leftrightarrow \quad \sum_{i=1}^{\infty} D_i \cos(\lambda_i \tilde{x})\cos(\lambda_j \tilde{x}) = \tilde{T}_{\mathrm{A}}(\tilde{x})\cos(\lambda_j \tilde{x}) \tag{5.1.47}$$

und integrieren über das Gebiet:

$$\sum_{i=1}^{\infty} D_i \int_{\tilde{x}=0}^{1} \tilde{\chi}_i \tilde{\chi}_j\,\mathrm{d}\tilde{x} = \sum_{i=1}^{\infty} D_i \delta_{ij} \int_{\tilde{x}=0}^{1} \tilde{\chi}_i^2\,\mathrm{d}\tilde{x} = D_j \int_{\tilde{x}=0}^{1} \tilde{\chi}_j^2\,\mathrm{d}\tilde{x} = \int_{\tilde{x}=0}^{1} \tilde{T}_{\mathrm{A}}(\tilde{x})\tilde{\chi}_j\,\mathrm{d}\tilde{x}\,. \tag{5.1.48}$$

Durch die Orthogonalität konnte die Summe eliminiert werden. Die Konstanten werden nun berechnet aus:

$$D_j = \int_{\tilde{x}=0}^{1} \tilde{T}_{\mathrm{A}}(\tilde{x})\tilde{\chi}_j \mathrm{d}\tilde{x} \left(\int_{\tilde{x}=0}^{1} \tilde{\chi}_j^2 \mathrm{d}\tilde{x} \right)^{-1} . \tag{5.1.49}$$

Wir berechnen die Integrale einzeln:

$$\int_{\tilde{x}=0}^{1} \tilde{\chi}_j^2 \mathrm{d}\tilde{x} = \int_{\tilde{x}=0}^{1} \cos^2(\lambda_j \tilde{x}) \mathrm{d}\tilde{x} = \frac{\lambda_j + \sin(\lambda_j)\cos(\lambda_j)}{2\lambda_j} , \tag{5.1.50}$$

da $\lambda_j > 0$. Damit folgt auch das andere Integral zu:

$$\int_{\tilde{x}=0}^{1} \tilde{T}_{\mathrm{A}}(\tilde{x})\tilde{\chi}_j \mathrm{d}\tilde{x} = \tfrac{1}{2} \int_{\tilde{x}=0}^{1} (1-\tilde{x})\cos(\lambda_j \tilde{x}) \mathrm{d}\tilde{x} = \frac{1}{2\lambda_j^2}[1-\cos(\lambda_j)] . \tag{5.1.51}$$

Die Konstanten sind hiermit:

$$D_j = \frac{1}{2\lambda_j^2}[1-\cos(\lambda_j)] \frac{2\lambda_j}{\lambda_j + \sin(\lambda_j)\cos(\lambda_j)} = \frac{1}{\lambda_j} \frac{1-\cos(\lambda_j)}{\lambda_j + \sin(\lambda_j)\cos(\lambda_j)} , \tag{5.1.52}$$

insofern die λ_j aus der transzendenten Gleichung $\lambda_i \tan(\lambda_i) = \tilde{h}$ für $\lambda_j > 0$ bestimmt worden sind, wobei $\tilde{h} = \frac{hl}{\kappa}$. Dieser Parameter ist sowohl geometrie- als auch werkstoffabhängig. Damit wurde die Anfangsbedingung ausgewertet und die Lösung ist vollständig bekannt:

$$\tilde{T}(\tilde{t},\tilde{x}) = \sum_{i=1}^{\infty} \frac{1}{\lambda_i} \frac{1-\cos(\lambda_i)}{\lambda_i + \sin(\lambda_i)\cos(\lambda_i)} \exp(-\lambda_i^2 \tilde{t})\cos(\lambda_i \tilde{x}) . \tag{5.1.53}$$

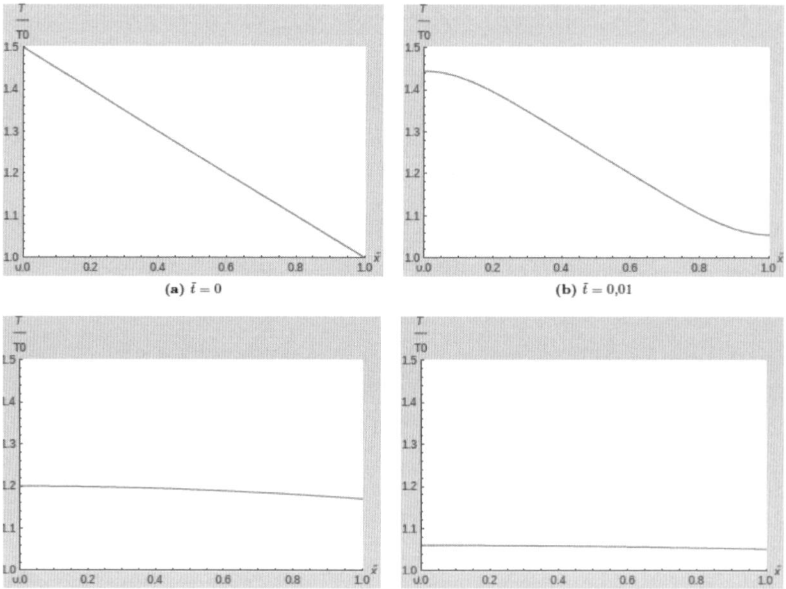

Abb. 5.1.3: Darstellung der Funktion $\frac{T}{T_0} = 1 + \tilde{T}$ über dem dimensionslosen Ort $\tilde{x} = \frac{x_1}{l}$ für vier verschiedene dimensionslose Zeiten $\tilde{t} = \frac{t}{t_{\mathrm{p}}}$. Die Lösung basiert auf der Annahme $\tilde{h} = \frac{1}{3}$.

Die gesuchte Funktion $T(x_1, t)$ folgt nach Rücktransformation mit:

$$t_{\mathrm{p}} = \frac{l^2}{k} = \frac{l^2 \rho_0 c}{\kappa} \quad \text{und} \quad T = T_0(1+\tilde{T}) \tag{5.1.54}$$

zu:

$$T(x_1,t) = T_0\left[1+\sum_{i=1}^{\infty}\frac{1}{\lambda_i}\frac{1-\cos(\lambda_i)}{\lambda_i+\cos(\lambda_i)\sin(\lambda_i)}\exp\left(-\frac{\lambda_i^2\kappa}{l^2\rho_0 c}t\right)\cos\left(\frac{\lambda_i}{l}x\right)\right]. \quad (5.1.55)$$

Der zeitliche und örtliche Verlauf des Ergebnisses ist beispielhaft in Abb. 5.1.3 dargestellt.

5.1.3 Kolben im Schwerefeld

Problemstellung

Betrachte den in Abb. 5.1.4 dargestellten, nach außen adiabaten Kolben der Masse m_K und der Grundfläche A, der einen mit einem idealen Gas der Masse m_G gefüllten, nach außen adiabaten Zylinder (mit der zum Kolben passenden Grundfläche A sowie der Masse m_Z) verschließt. Der Außendruck ist p_0. Das Gas stehe anfangs unter dem Druck $p_A \neq m_K g/A + p_0$ bei der Temperatur T_A, so dass man anfangs den Kolben in der Höhe z_A festhalten muss, damit er sich nicht bewegt. Nun wird er aber losgelassen, er beginnt sich zu bewegen und versetzt dabei das Gas in eine turbulente Strömung. Aufgrund innerer Reibung kommt die Bewegung schließlich zum Erliegen, und es ist zu beantworten, bei welcher Höhe z_E der Kolben schließlich stehen bleibt, welche Temperatur T_E das Gas, der Kolben und der Zylinder dann haben und wie groß der Druck p_E im Gas ist. Benutze bei der Antwort den Energiesatz in integraler Form, angewendet auf das in Abb. 5.1.4 dargestellte Kontrollvolumen ∂V. Spezialisiere das Ergebnis für die Höhe und für die Temperatur auf den Fall eines sehr schweren Kolbens. Diskutiere schließlich den Fall eines inwendig adiabaten Zylinders, resp. Kolbens durch Vernachlässigung der spezifischen Wärmen und vergleiche mit dem zuerst diskutierten Fall. Verwende bei den Überlegungen, dass für die spezifische innere Energie eines idealen Festkörpers bzw. eines idealen Gases gilt:

$$u = cT + \text{const.}\ ,\ u = \zeta\,\tfrac{R}{M}T + \text{const.},\ \zeta = \left\{\begin{array}{ll} 3/2 & \text{für einatomige} \\ 5/2 & \text{für zweiatomige} \\ 3 & \text{für vielatomige}\end{array}\right\}\ \text{Gase}, \quad (5.1.56)$$

wobei c die (konstante) spezifische Wärme des Festkörpers bezeichnet.

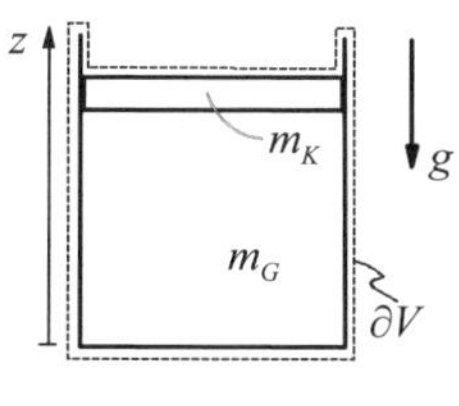

Abb. 5.1.4: Adiabat mit einem Kolben verschlossener Zylinder

Lösung

Wir starten mit der Bilanz für die Gesamtenergie:

$$\frac{\mathrm{d}}{\mathrm{d}t}\int_{V(t)}\rho\left(u+\tfrac{1}{2}\underline{\upsilon}^2\right)\mathrm{d}V = -\oint_{\partial V(t)} q_j n_j\,\mathrm{d}A + \oint_{\partial V(t)} \upsilon_i\sigma_{ji}n_j\,\mathrm{d}A + \int_{V(t)}\rho\upsilon_i f_i\,\mathrm{d}V + \int_{V(t)}\rho r\,\mathrm{d}V\ . \quad (5.1.57)$$

Da das gewählte Kontrollvolumen ∂V keinen Wärmeaustausch erlaubt, gilt:

$$\oint_{\partial V(t)} q_j n_j \, \mathrm{d}A = 0 . \tag{5.1.58}$$

Strahlungszufuhr gibt es in diesem Problem nicht:

$$\int_{V(t)} \rho \, r \, \mathrm{d}V = 0 . \tag{5.1.59}$$

Der Leistungsterm an der Oberfläche lässt sich aufgrund von $p_0 = \text{const.}$ auf ∂V wie folgt berechnen:

$$\oint_{\partial V(t)} \upsilon_i \sigma_{ji} n_j \, \mathrm{d}A = - \oint_{\partial V(t)} \upsilon_i p_0 \delta_{ji} n_j \, \mathrm{d}A = -p_0 \oint_{\partial V(t)} \upsilon_i n_i \, \mathrm{d}A = -p_0 \frac{\mathrm{d}V}{\mathrm{d}t} \equiv = -\frac{\mathrm{d}(p_0 A z)}{\mathrm{d}t} , \tag{5.1.60}$$

letzteres entweder mit dem REYNOLDSschen Transporttheorem (siehe Lehrbuchabschnitt 4.1.3)

$$\frac{\mathrm{d}}{\mathrm{d}t} \int_{V(t)} \hat{\xi}(\underline{x},t) \, \mathrm{d}V = \int_{V(t)} \frac{\partial \hat{\xi}(\underline{x},t)}{\partial t} \mathrm{d}V + \oint_{\partial V(t)} \hat{\xi}(\underline{x},t) \upsilon_i n_i \, \mathrm{d}A , \tag{5.1.61}$$

mit $\hat{\xi}(\underline{x},t) = 1$:

$$\frac{\mathrm{d}}{\mathrm{d}t} \int_{V(t)} \mathrm{d}V = \int_{V(t)} \frac{\partial 1}{\partial t} \mathrm{d}V + \oint_{\partial V(t)} 1 \, \upsilon_i n_i \, \mathrm{d}A \equiv \oint_{\partial V(t)} \upsilon_i n_i \, \mathrm{d}A \tag{5.1.62}$$

oder durch direkte Auswertung, wenn man den Kolben als starren Körper mit der Normale $n_i = (0, 0, 1)$ ansieht, der sich mit der in jedem seiner materiellen Punkte gleichen Geschwindigkeit $\upsilon_i = (0, 0, \mathrm{d}z/\mathrm{d}t)$ bewegt:

$$\oint_{\partial V(t)} \upsilon_i n_i \, \mathrm{d}A = \oint_{\partial V(t)} \frac{\mathrm{d}z}{\mathrm{d}t} \mathrm{d}A = \frac{\mathrm{d}z}{\mathrm{d}t} \oint_{\partial V(t)} \mathrm{d}A = \frac{\mathrm{d}z}{\mathrm{d}t} A = \frac{\mathrm{d}(zA)}{\mathrm{d}t} = \frac{\mathrm{d}V}{\mathrm{d}t} . \tag{5.1.63}$$

Die Gravitation ist eine konservative Kraft, die sich allgemein durch Ortsableitung eines skalaren Feldes bestimmen lässt:

$$f_i = -\frac{\partial \varphi}{\partial x_i} . \tag{5.1.64}$$

Somit folgt allgemein für die zugehörige Leistung in der Energiebilanz:

$$\int_{V(t)} \rho \upsilon_i f_i \, \mathrm{d}V = - \int_{V(t)} \rho \frac{\partial \varphi}{\partial x_i} \frac{\mathrm{d}x_i}{\mathrm{d}t} \mathrm{d}V = - \int_{V(t)} \rho \frac{\mathrm{d}\varphi}{\mathrm{d}t} \mathrm{d}V = - \int_M \frac{\mathrm{d}\varphi}{\mathrm{d}t} \mathrm{d}m = \tag{5.1.65}$$

$$- \frac{\mathrm{d}}{\mathrm{d}t} \int_M \varphi \, \mathrm{d}m = - \frac{\mathrm{d}}{\mathrm{d}t} \int_{V(t)} \rho \varphi \, \mathrm{d}V .$$

Also wird für den hier interessierenden Fall des erdnahen Schwerefeldes mit $\varphi = gz$:

$$\int_{V(t)} \rho \upsilon_i f_i \, \mathrm{d}V = - \frac{\mathrm{d}}{\mathrm{d}t} \int_{V(t)} \rho_K g z \, \mathrm{d}V - \frac{\mathrm{d}}{\mathrm{d}t} \int_{V(t)} \rho_G g z \, \mathrm{d}V = -g \left(\frac{\mathrm{d}}{\mathrm{d}t} \int_{V_K} \rho_K z \, \mathrm{d}V + \frac{\mathrm{d}}{\mathrm{d}t} \int_{V_G(t)} \rho_G z \, \mathrm{d}V \right) =$$

$$-g \left(m_K \frac{\mathrm{d}z_K^S}{\mathrm{d}t} + m_G \frac{\mathrm{d}z_G^S}{\mathrm{d}t} \right) \equiv - \frac{\mathrm{d}}{\mathrm{d}t} \left(m_K g z_K^S + m_G g z_G^S \right) . \tag{5.1.66}$$

Darin bezeichnen V_K und $V_G(t)$ die (aktuellen) Volumina des Kolbens und des eingeschlossenen Gases, wobei nur letzteres als zeitabhängig angesehen werden braucht, da der

Kolben als starrer Körper idealisiert werden kann. Ferner sind z_K^S und z_G^S die aktuellen Schwerpunktslagen in Höhenrichtung für den Kolben und für das Gas, für die per Definition gilt:

$$z_K^S = \frac{\int_{V_K} \rho_K z \, dV}{m_K} \, , \quad z_G^S = \frac{\int_{V_G} \rho_G z \, dV}{m_G} \, . \tag{5.1.67}$$

Somit wird aus der Energiebilanz (5.1.57):

$$\frac{d}{dt}\left[\int_{V(t)} \rho\left(u + \tfrac{1}{2}\underline{\upsilon}^2\right) dV + p_0 A z + m_K g z_K^S + m_G g z_G^S \right] = 0 \, . \tag{5.1.68}$$

Diese Gleichung lässt sich zwischen dem Anfangs- und dem Endzeitpunkt t_A bzw. t_E des Prozesses integrieren:

$$\int_{V(t_A)} \rho u \, dV + p_0 A z_A + m_K g z_K^S(t_A) + m_G g z_G^S(t_A) = \tag{5.1.69}$$

$$\int_{V(t_E)} \rho u \, dV + p_0 A z_E + m_K g z_K^S(t_E) + m_G g z_G^S(t_E) ,$$

denn am Anfang und am Ende sind die kinetischen Energien gleich Null, da das System in Ruhe ist. Für die Differenz der inneren Energien gilt nach (5.1.56):

$$\int_{V(t_E)} \rho u \, dV - \int_{V(t_A)} \rho u \, dV = \int_{V_K \cup V_Z} \rho c (T_E - T_A) \, dV + \int_{V_G} \rho \zeta \tfrac{R}{M} (T_E - T_A) \, dV = \tag{5.1.70}$$

$$\left[c(m_K + m_Z) + \zeta \tfrac{R}{M} m_G \right] (T_E - T_A) ,$$

wenn wir davon ausgehen, dass die Temperaturen zu Anfang und zum Ende homogen sind und ferner annehmen, dass der Kolben und der Zylinder aus demselben Material bestehen, also die gleiche spezifische Wärme haben. Beachte, dass die Konstanten in (5.1.56) bei der Differenzbildung herausfallen, denn die Massen bleiben ja während des Prozesses erhalten. Ferner folgt aus der Geometrie, dass:

$$z_K^S(t_E) - z_K^S(t_A) = 2\left[z_G^S(t_E) - z_G^S(t_A) \right] = z_E - z_A , \tag{5.1.71}$$

wobei z_E und z_A die Unterkante des Kolbens am Prozessbeginn und am Prozessende bezeichnen. Also entsteht aus (5.1.68):

$$\left[c(m_K + m_Z) + \zeta \tfrac{R}{M} m_G \right] (T_E - T_A) = -\left[\left(m_K + \tfrac{1}{2} m_G\right) g + p_0 A \right] (z_E - z_A) . \tag{5.1.72}$$

Ferner muss am Ende des Prozesses Kräftegleichgewicht erfüllt sein:

$$- m_K g - p_0 A + p_E A = 0 \, . \tag{5.1.73}$$

Die Drücke p_A und p_E im Gas am Anfang und am Ende des Prozesses genügen der idealen Gasgleichung (vgl. Lehrbuchabschnitt 4.3.1):

$$p_A V_A = m_G \tfrac{R}{M} T_A \, , \quad p_E V_E = m_G \tfrac{R}{M} T_E \, , \tag{5.1.74}$$

und es folgt aufgrund von $V_E = A z_E$:

$$T_A = \frac{p_A A}{m_G \frac{R}{M}} z_A \, , \quad T_E = \frac{m_K g + p_0 A}{m_G \frac{R}{M}} z_E \, . \tag{5.1.75}$$

Entkopplung der Gleichungen (5.1.72/75) liefert das gesuchte Ergebnis:

Energiemethoden

$$z_{\mathrm{E}} = \frac{\left(m_{\mathrm{K}} + \frac{1}{2} m_{\mathrm{G}}\right) g + p_0 A + p_{\mathrm{A}} A \zeta \left(1 + \frac{m_{\mathrm{K}} + m_{\mathrm{Z}}}{m_{\mathrm{G}}} \frac{c}{\zeta \frac{R}{M}}\right)}{\left(\zeta + \frac{m_{\mathrm{K}} + m_{\mathrm{Z}}}{m_{\mathrm{G}}} \frac{c}{\frac{R}{M}}\right)\left(m_{\mathrm{K}} g + p_0 A\right) + \left(m_{\mathrm{K}} + \frac{1}{2} m_{\mathrm{G}}\right) g + p_0 A} z_{\mathrm{A}}, \tag{5.1.76}$$

$$T_{\mathrm{E}} = \frac{m_{\mathrm{K}} g + p_0 A}{p_{\mathrm{A}} A} \frac{\left(m_{\mathrm{K}} + \frac{1}{2} m_{\mathrm{G}}\right) g + p_0 A + p_{\mathrm{A}} A \zeta \left(1 + \frac{m_{\mathrm{K}} + m_{\mathrm{Z}}}{m_{\mathrm{G}}} \frac{c}{\zeta \frac{R}{M}}\right)}{\left(\zeta + \frac{m_{\mathrm{K}} + m_{\mathrm{Z}}}{m_{\mathrm{G}}} \frac{c}{\frac{R}{M}}\right)\left(m_{\mathrm{K}} g + p_0 A\right) + \left(m_{\mathrm{K}} + \frac{1}{2} m_{\mathrm{G}}\right) g + p_0 A} T_{\mathrm{A}}.$$

Wir untersuchen einige Spezialfälle. Zunächst der Grenzfall des unendlich schweren Kolbens, also $m_{\mathrm{K}} \to \infty$. Aus (5.1.76) wird dann:

$$\lim_{m_{\mathrm{K}} \to \infty} z_{\mathrm{E}} = 0 \ , \quad \lim_{m_K \to \infty} T_{\mathrm{E}} = T_{\mathrm{A}} + \frac{g}{c} z_{\mathrm{A}}. \tag{5.1.77}$$

Wie man es erwartet, wird das Gas auf das Volumen null zusammengepresst, und die Temperatur nimmt einen endlichen Wert an. Nun vereinfachen wir (5.1.76), indem wir die spezifische Wärme des Kolbens und des Zylinders vernachlässigen, $c = 0$. Ferner nehmen wir an, dass die Gasmasse im Vergleich zur Kolbenmasse klein ist, $m_{\mathrm{G}} << m_{\mathrm{K}}$, und setzen den Außendruck zu Null, $p_0 = 0$. Dann wird aus (5.1.76):

$$z_{\mathrm{E}} = \frac{m_{\mathrm{K}} g + p_{\mathrm{A}} A \zeta}{(\zeta + 1) m_{\mathrm{K}} g} z_{\mathrm{A}} \ , \quad T_E = \frac{1}{p_{\mathrm{A}} A} \frac{m_{\mathrm{K}} g + p_{\mathrm{A}} A \zeta}{\zeta + 1} T_{\mathrm{A}}. \tag{5.1.78}$$

Im Grenzfall eines unendlich schweren Kolbens wird dann:

$$\lim_{m_{\mathrm{K}} \to \infty} z_{\mathrm{E}} = \frac{1}{\zeta + 1} z_{\mathrm{A}} \ , \quad \lim_{m_{\mathrm{K}} \to \infty} T_{\mathrm{E}} \to \infty. \tag{5.1.79}$$

Das Gas nimmt also überraschenderweise ein endliches Volumen ein, dafür jedoch ist die Temperatur unendlich hoch, denn nur mit einem solchen „Wert“ scheint eine von Null verschiedene Höhe beim unendlich schweren Kolben machbar.

5.2 Entropiebilanz und 2. Hauptsatz

5.2.1 Entropie des idealen Gases

Problemstellung

Starte von der für Gase bekannten Form der GIBBSschen Gleichung. Erinnere an die für ideale Gase gültige Form der inneren Energie:

$$u = \zeta \tfrac{R}{M} T + \text{const.}, \tag{5.2.1}$$

wobei die Konstante ζ je nachdem, ob es sich um ein ein-, zwei- oder mehratomiges ideales Gas handelt, die Werte $3/2$, $5/2$ oder 3 annehmen kann, sowie an die ideale Gasgleichung:

$$p = \frac{1}{\upsilon} \tfrac{R}{M} T. \tag{5.2.2}$$

Zeige, dass dann für die spezifische Entropie des idealen Gases gilt:

Energiemethoden

$$s_2 - s_1 = \zeta \tfrac{R}{M} \ln\left(\frac{T_2}{T_1}\right) + \tfrac{R}{M} \ln\left(\frac{\upsilon_2}{\upsilon_1}\right) , \tag{5.2.3}$$

wobei die Indizes 1 und 2 auf zwei verschiedene Zustände des idealen Gases hinweisen. Interpretiere diese Gleichung im Hinblick auf die Bedeutung der Entropie als Maß für den Zustand der Unordnung.

Lösung

Die GIBBSsche Gleichung lautet:

$$T \, \mathrm{d}s = \mathrm{d}u + p \, \mathrm{d}\upsilon . \tag{5.2.4}$$

Mittels der Gleichungen (5.2.1/2) wird daraus:

$$\mathrm{d}s = \zeta \tfrac{R}{M} \frac{\mathrm{d}T}{T} + \tfrac{R}{M} \frac{\mathrm{d}\upsilon}{\upsilon} , \tag{5.2.5}$$

woraus unmittelbar die Behauptung der Gleichung (5.2.3) erwächst. Erhöhen wir nun bei festem spezifischen Volumen, also fester Dichte, die Temperatur, so dass $T_2 > T_1$, so folgt $\ln(T_2/T_1) > 0$ und damit auch $s_2 > s_1$, d. h., die Entropie hat zugenommen. Dies erscheint einleuchtend, denn eine Erhöhung der Temperatur bedeutet eine Erhöhung der mittleren atomaren Geschwindigkeit und damit eine Erhöhung des Unordnungszustandes der Materie, denn ruhende Teilchen würden einem Höchstmaß an Ordnung entsprechen. Erhöhen wir die Dichte, so gilt:

$$\ln\left(\frac{\upsilon_2}{\upsilon_1}\right) = \ln\left(\frac{\rho_1}{\rho_2}\right) < 0 , \tag{5.2.6}$$

und damit $s_2 < s_1$, was ebenfalls Sinn macht, denn ein Verdichten der Materie entspricht einem Fokussieren der Teilchen in einem bestimmten Punkt, also augenscheinlich einer Erhöhung des Ordnungszustandes. Die Entropie muss folglich abnehmen.

5.2.2 Entropieproduktion beim fallenden Kolben

Problemstellung

Erinnere an das Problem aus Aufgabe 5.1.2 des adiabaten Kolbens, in welchem ein anfangs festgehaltener Kolben ein ideales Gas im Fall zusammendrückt und sich um die Gleichgewichtsruhelage schwingend schließlich einpendelt. Offenbar ist dies ein irreversibler Vorgang, und mit den Ausführungen im Abschnitt 5.2.1 ist die Frage zu klären, wie groß die Entropieproduktion ist, d. h., wie die Irreversibilität des Prozesses in Abhängigkeit des vormals definierten Anfangszustandes ist. Bei der Rechnung soll vereinfachend angenommen werden, dass (zu den Bezeichnungen vgl. Aufgabe 5.1.2):

$$c = 0 \ , \ m_G << m_K \ , \ p_0 = 0 . \tag{5.2.7}$$

Lösung

Nach Lehrbuchabschnitt 5.2.1 gilt für die globale Entropiebilanz:

$$\frac{\mathrm{d}S}{\mathrm{d}t} = \Phi + \Xi + \Sigma = -\oint_{\partial V(t)} \frac{q_j}{T} n_j \, \mathrm{d}A + \int_{V(t)} \frac{\rho r}{T} \, \mathrm{d}V + \int_{V(t)} \sigma \, \mathrm{d}V . \tag{5.2.8}$$

Energiemethoden

Da es im vorliegenden Fall aufgrund der Adiabasie keinen Wärmefluss über die Oberfläche und auch keine Strahlungszufuhr gibt, vereinfacht sich diese Gleichung zu:

$$\frac{\mathrm{d}S}{\mathrm{d}t} = \Sigma = \int_{V(t)} \sigma \, \mathrm{d}V \,. \tag{5.2.9}$$

Dieses lässt sich über die Prozesszeit integrieren:

$$S_E - S_A = \int_{t_A}^{t_E} \Sigma \, \mathrm{d}t \,. \tag{5.2.10}$$

Nun gilt der 2. Hauptsatz, wonach die Entropieproduktionsdichte stets positiv ist, $\sigma \geq 0$, also folgt:

$$\int_{t_A}^{t_E} \Sigma \, \mathrm{d}t \geq 0 \quad \Rightarrow \quad S_E \geq S_A \,. \tag{5.2.11}$$

Die Entropie muss im adiabaten Fall also zunehmen. Dass dem im vorliegenden Problem auch wirklich so ist, beweisen wir explizit wie folgt. Das ideale Gas ist am Anfang und am Ende im Gleichgewicht und seine jeweils zugehörige Entropie ist nach den Formeln aus Aufgabe 5.2.1 berechenbar. Wir finden mit (5.2.3):

$$\Delta S = S_E - S_A = \tfrac{m_G R}{M}\left[\zeta \ln\left(\frac{T_E}{T_A}\right) + \ln\left(\frac{V_E/m_G}{V_A/m_G}\right)\right] = \tfrac{m_G R}{M}\left[\zeta \ln\left(\frac{T_E}{T_A}\right) + \ln\left(\frac{z_E}{z_A}\right)\right]. \tag{5.2.12}$$

Wir definieren anhand der Größen der Aufgabe 5.2.1 das Ausgangsdruckverhältnis x:

$$0 \leq x = \frac{m_K g}{p_A A} < \infty \,. \tag{5.2.13}$$

Merke, dass im Wertebereich $0 \leq x < 1$ der Kolben anfangs nach oben steigen wird, wohingegen er für $1 < x < \infty$ nach unten fällt. Bei $x = 1$ ist der Anfangszustand auch gleich dem Endzustand, und der Kolben wird sich gar nicht bewegen, nachdem die Arretierung aufgehoben wurde. Nach den Gleichungen (5.1.29) dürfen wir für die in (5.2.12) auftretenden Temperatur- und Höhenverhältnisse schreiben:

$$\frac{T_E}{T_A} = \frac{1}{p_A A}\frac{m_K g + p_A A \zeta}{\zeta + 1} = \frac{x + \zeta}{\zeta + 1} \,, \quad \frac{z_E}{z_A} = \frac{m_K g + p_A A \zeta}{(\zeta + 1) m_K g} = \frac{x + \zeta}{(\zeta + 1) x} \tag{5.2.14}$$

und finden so, dass:

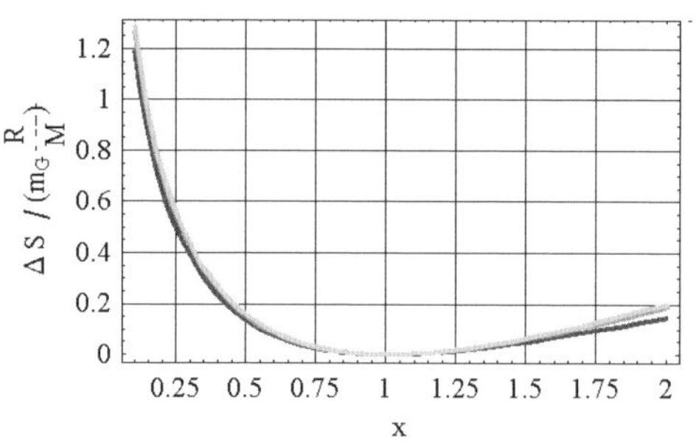

Abb. 5.2.1: Zum Entropiewachstum des Gases im adiabat verschlossenen Kolben.

$$\Delta S = S_E - S_A = m_G \tfrac{R}{M}\left[\zeta \ln\left(\frac{x + \zeta}{\zeta + 1}\right) + \ln\left(\frac{x + \zeta}{(\zeta + 1) x}\right)\right]. \tag{5.2.15}$$

Dass die Klammer im gesamten Wertebereich und für alle möglichen Werte von x immer positiv ist, zeigt der Plot in Abb. 5.2.1. Die Entropie nimmt für alle Anfangsbedingungen zu (oder bleibt gleich), und das muss so sein, denn der Prozess ist augenscheinlich irreversibel. Man beachte, dass die Wertigkeit ζ den Verlauf nur ganz geringfügig beeinflusst. Ferner sieht man, dass bei $x \to 0$ und $x \to \infty$ die Entropiedifferenz gegen unendlich geht. Beides ist verständlich: Für $x \to 0$ wird nach der Definitionsgleichung (5.2.13) der Kolben sozusagen entfernt, und das Gas kann sich ungestört bis in beliebige Höhe ausbreiten. Das entspricht maximaler Unordnung, die Entropie geht gegen unendlich! Bei $x \to \infty$ hingegen wird die Temperatur unendlich, und auch das entspricht einem Maximum an Unordnung, wenn man an die atomistische Interpretation der Temperatur, nämlich die mittlere ungeordnete kinetische Energie der Gasteilchen denkt. Bedenke schließlich, dass nach Abb. 5.2.1 für $x = 1$ die Entropie tatsächlich nicht zunimmt, wie man es erwartet, denn schließlich ändert sich der Zustand des Systems dann ja gar nicht.

5.3 Die Sätze von CASTIGLIANO, BETTI und MAXWELL

5.3.1 Eine Anwendung des 1. Satzes von CASTIGLIANO I

Problemstellung

Für die beiden in Abb. 5.3.1 dargestellten Fachwerke, die sich in der Richtung des Stabes der Nummer 6 voneinander unterscheiden, soll mit Hilfe des 1. Satzes von CASTIGLIANO untersucht werden, welche der beiden Strukturen aufgrund der Last G zu einer höheren Absenkung im Punkte B führt.

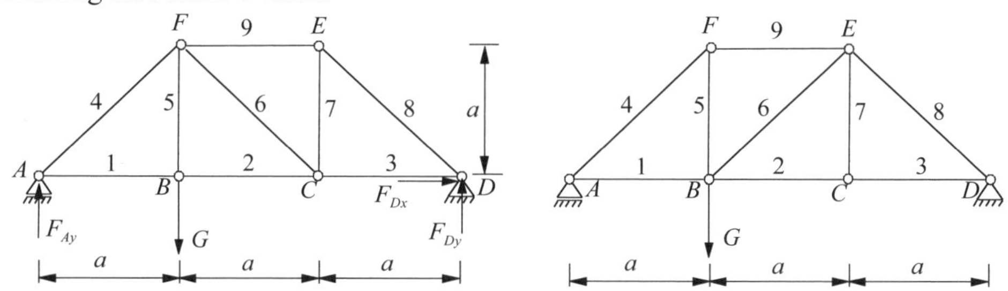

Abb. 5.3.1: Zwei Versionen eines Fachwerks.

Dabei soll angenommen werden, dass alle Stäbe denselben E-Modul und dieselbe Querschnittsfläche A aufweisen.

Lösung

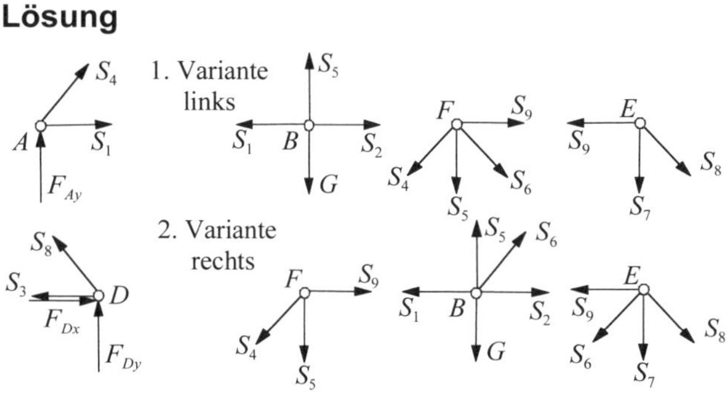

Abb. 5.3.2: Freischnitte der Knoten

In einem 1. Schritt bestimmen wir die Auflagerkräfte, wie in Abb. 5.3.1 links angedeutet:

$$\sum M^{(A)} = 0: \quad -Ga + 3aF_{Dy} = 0 \quad \Rightarrow \quad F_{Dy} = \tfrac{1}{3}G, \tag{5.3.1}$$

$$\sum F_y = 0: \quad F_{Ay} - G + F_{Dy} = 0 \quad \Rightarrow \quad F_{Ay} = -\tfrac{1}{3}G + G = \tfrac{2}{3}G, \; \sum F_x = 0: \quad F_{Dx} = 0.$$

Nun werden mit dem Knotenpunktsverfahren, wie in Abb. 5.3.2 angedeutet, sukzessive alle Stabkräfte vorzeichengerecht ermittelt. Es ist darauf zu achten, dass in beiden Versionen aufgrund der gleichen Verhältnisse an den Knoten A und D die Stabkräfte S_1, S_3, S_4 und S_8 übereinstimmen:

$$\begin{aligned}
&\sum F_y = 0: \quad \tfrac{1}{\sqrt{2}}S_8 + F_{Dy} = 0 \quad \Rightarrow \quad S_8 = -\tfrac{\sqrt{2}}{3}G, \\
&\sum F_x = 0: \quad -S_3 - \tfrac{1}{\sqrt{2}}S_8 + F_{Dx} = 0 \quad \Rightarrow \quad S_3 = -\tfrac{1}{\sqrt{2}}S_8 = \tfrac{1}{3}G, \\
&\sum F_y = 0: \quad F_{Ay} + \tfrac{1}{\sqrt{2}}S_4 = 0 \quad \Rightarrow \quad S_4 = -\tfrac{2\sqrt{2}}{3}G, \\
&\sum F_x = 0: \quad S_1 + \tfrac{1}{\sqrt{2}}S_4 = 0 \quad \Rightarrow \quad S_1 = -\tfrac{1}{\sqrt{2}}S_4 = \tfrac{2}{3}G.
\end{aligned} \tag{5.3.2}$$

Für die links in Abb. 5.3.1 gezeigte Fachwerkversion ergibt sich mit den oben in Abb. 5.3.2 dargestellten Freischnitten:

$$\begin{aligned}
&\text{Knoten } B: \sum F_x = 0 \quad \Rightarrow \quad S_2 = \tfrac{2}{3}G, \quad \sum F_y = 0 \quad \Rightarrow \quad S_5 = G, \\
&\text{Knoten } F: \sum F_y = 0 \quad \Rightarrow \quad S_6 = -\tfrac{\sqrt{2}}{3}G, \quad \sum F_x = 0 \quad \Rightarrow \quad S_9 = -\tfrac{1}{3}G, \\
&\text{Knoten } E: \sum F_y = 0 \quad \Rightarrow \quad S_7 = \tfrac{1}{3}G.
\end{aligned} \tag{5.3.3}$$

Für die rechts in Abb. 5.3.1 gezeigte Version ergibt sich mit den unten in Abb. 5.3.2 dargestellten Freischnitten hingegen:

$$\begin{aligned}
&\text{Knoten } F: \sum F_x = 0 \quad \Rightarrow \quad S_9 = -\tfrac{2}{3}G, \quad \sum F_y = 0 \quad \Rightarrow \quad S_5 = \tfrac{2}{3}G, \\
&\text{Knoten } B: \sum F_y = 0 \quad \Rightarrow \quad S_6 = \tfrac{\sqrt{2}}{3}G, \quad \sum F_x = 0 \quad \Rightarrow \quad S_2 = \tfrac{1}{3}G, \\
&\text{Knoten } E: \sum F_y = 0 \quad \Rightarrow \quad S_7 = 0.
\end{aligned} \tag{5.3.4}$$

Stab i	l_i/a	S_i/G 1. Variante	S_i/G 2. Variante
1	1	2/3	2/3
2	1	2/3	1/3
3	1	1/3	1/3
4	$\sqrt{2}$	$-2\sqrt{2}/3$	$-2\sqrt{2}/3$
5	1	1	2/3
6	$\sqrt{2}$	$-\sqrt{2}/3$	$\sqrt{2}/3$
7	1	1/3	0
8	$\sqrt{2}$	$-\sqrt{2}/3$	$-\sqrt{2}/3$
9	1	$-1/3$	$-2/3$

Damit lässt sich die obige Tabelle erstellen. Sie hilft dabei, die gesamte Formänderungsenergie des jeweiligen Fachwerks richtig zu berechnen gemäß der Formel:

$$W = \frac{1}{2EA}\int_L N^2(x)\,\mathrm{d}x = \frac{1}{2EA}\sum_{i=1}^{9} S_i^2 l_i\,. \tag{5.3.5}$$

Man erhält so für Variante 1:

$$W_1 = \frac{aG^2}{2EA}\left[\tfrac{4}{9}+\tfrac{4}{9}+\tfrac{1}{9}+\tfrac{8\sqrt{2}}{9}+1+\tfrac{2\sqrt{2}}{9}+\tfrac{1}{9}+\tfrac{2\sqrt{2}}{9}+\tfrac{1}{9}\right]=\frac{aG^2}{2EA}\left[\tfrac{20}{9}+\tfrac{4\sqrt{2}}{3}\right] \tag{5.3.6}$$

und für Variante 2:

$$W_2 = \frac{aG^2}{2EA}\left[\tfrac{4}{9}+\tfrac{1}{9}+\tfrac{1}{9}+\tfrac{8\sqrt{2}}{9}+\tfrac{4}{9}+\tfrac{2\sqrt{2}}{9}+\tfrac{2\sqrt{2}}{9}+\tfrac{4}{9}\right]=\frac{aG^2}{2EA}\left[\tfrac{14}{9}+\tfrac{4\sqrt{2}}{9}\right] \tag{5.3.7}$$

und für die im Punkte B resultierenden Verschiebungen wird jeweils nach dem 1. Satz von CASTIGLIANO:

$$u_1 = \frac{\partial W_1}{\partial G} = \frac{aG}{3EA}\left[\tfrac{20}{3}+4\sqrt{2}\right],\quad u_2 = \frac{\partial W_2}{\partial G} = \frac{aG}{3EA}\left[\tfrac{14}{3}+4\sqrt{2}\right]. \tag{5.3.8}$$

Mithin führt die Variante 2 zu kleineren Absenkungen, nämlich:

$$\frac{u_2}{u_1} = \frac{\tfrac{14}{3}+4\sqrt{2}}{\tfrac{20}{3}+4\sqrt{2}} = 84\%\,. \tag{5.3.9}$$

5.3.2 Eine Anwendung des 1. Satzes von CASTIGLIANO II

Problemstellung

Für das in Abb. 5.3.3 dargestellte, einfach statisch unbestimmte System sollen über den 1. Satz von CASTIGLIANO alle Auflagerreaktionen ermittelt werden. Vorgegeben ist die eingeprägte Dreieckslast der Stärke q_0.

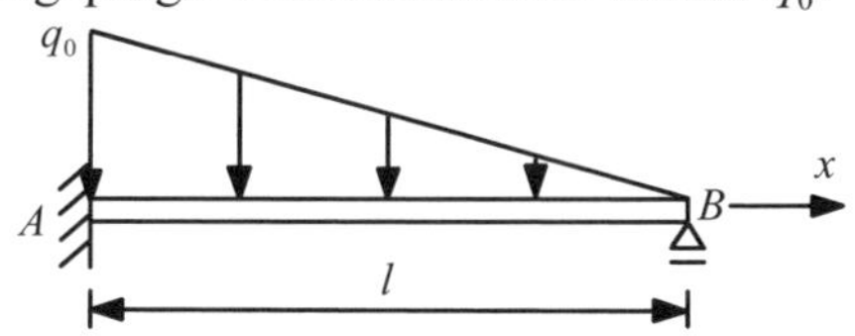

Abb. 5.3.3: Einfach statisch unbestimmter Balken

Dabei soll angenommen werden, dass der Träger schubstarr ist. Der Elastizitätsmodul E und das Flächenträgheitsmoment I sind bekannt.

Lösung

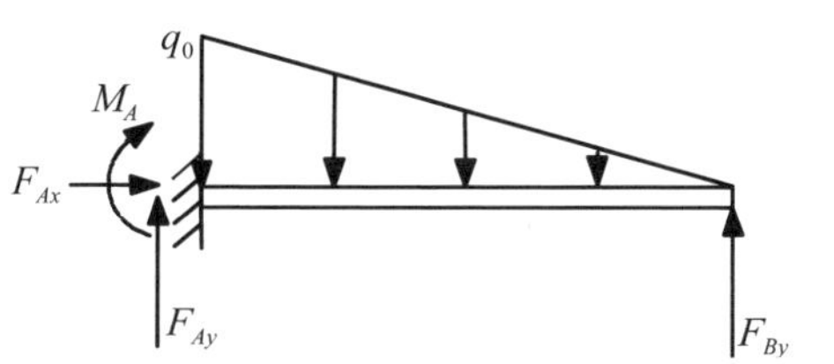

Abb. 5.3.4: Freischnitte der rechten Lagers.

Der Kunstgriff besteht darin, das Lager B freizuschneiden, so wie in Abb. 5.3.4 zu sehen. Es erscheint rechts die (unbekannte) Kraft F_{By}. Gemäß dem 1. Satz von CASTIGLIANO

Energiemethoden

können wir die zu dieser Kraft gehörige Verschiebung durch Differenziation aus der Formänderungsenergie des Balkens wie folgt berechnen:

$$u_{By} = \frac{\partial W}{\partial F_{By}} = \frac{\partial}{\partial F_{By}}\left[\frac{1}{2EI}\int_l M^2(x;F_{By})\,\mathrm{d}x\right] = \frac{1}{EI}\int_l M\frac{\partial M}{\partial F_{By}}\,\mathrm{d}x\,. \tag{5.3.10}$$

Natürlich muss die Kraft F_{By} gerade so bestimmt werden, dass die Verschiebung verschwindet, denn sie symbolisiert ja die Wirkung des Loslagers B:

$$u_{By} = 0\,. \tag{5.3.11}$$

Diese beiden Gleichungen geben eine Bestimmungsgleichung für die unbekannte Kraft F_{By}. Um sie explizit zu berechnen, müssen wir die Formänderungsenergie bzw. die Momentenverteilung $M(x)$ berechnen. Wir erhalten sie sukzessive durch Integration und bestimmen in einem ersten Schritt die Querkraftsverteilung $Q(x)$:

$$\frac{\mathrm{d}Q}{\mathrm{d}x} = -q(x) \quad\Rightarrow\quad Q(x) = -\int q(x)\,\mathrm{d}x + A\,. \tag{5.3.12}$$

Für die Querkraftsdichte $q(x)$ gilt:

$$q(x) = q_0\left(1-\frac{x}{l}\right). \tag{5.3.13}$$

Also folgt:

$$Q(x) = -q_0 l\frac{x}{l}\left(1-\frac{x}{2l}\right) + A\,. \tag{5.3.14}$$

Die Integrationskonstante gewinnt man aus der Forderung:

$$Q(x=l) = -F_{By} \tag{5.3.15}$$

und es folgt:

$$A = +q_0\frac{l}{2} - F_{By} \quad\Rightarrow\quad Q(x) = -q_0 l\frac{x}{l}\left(1-\frac{x}{2l}\right) + q_0\frac{l}{2} - F_{By}\,. \tag{5.3.16}$$

Das Moment folgt daraus mit:

$$\frac{\mathrm{d}M}{\mathrm{d}x} = Q(x) \quad\Rightarrow\quad M(x) = \int Q(x)\,\mathrm{d}x + B \tag{5.3.17}$$

zu:

$$M(x) = \frac{q_0 l^2}{2}\left[\frac{1}{3}\left(\frac{x}{l}\right)^3 - \left(\frac{x}{l}\right)^2 + \frac{x}{l}\right] - F_{By}l\frac{x}{l} + B\,. \tag{5.3.18}$$

Die Integrationskonstante B folgt aus der Forderung nach verschwindendem Moment am „freien“ Stabende:

$$M(x=l) = 0 \quad\Rightarrow\quad B = -\frac{q_0 l^2}{6} + F_{By}l\,. \tag{5.3.19}$$

Somit entsteht:

$$M(x) = \frac{q_0 l^2}{2}\left\{\frac{1}{3}\left[\left(\frac{x}{l}\right)^3 - 1\right] - \left(\frac{x}{l}\right)^2 + \frac{x}{l}\right\} - F_{By}l\left(\frac{x}{l} - 1\right). \tag{5.3.20}$$

In Vorbereitung auf die Integration in Gleichung (5.3.10) bilden wir noch:

$$\frac{\partial M}{\partial F_{By}} = -l\left(\frac{x}{l}-1\right). \tag{5.3.21}$$

Es entsteht so:

$$u_{By} = -\frac{l}{EI}\int_0^l \left\{ \frac{q_0 l^2}{2}\left[\frac{1}{3}\left(\frac{x}{l}\right)^4 - \frac{4}{3}\left(\frac{x}{l}\right)^3 + 2\left(\frac{x}{l}\right)^2 - \frac{4}{3}\frac{x}{l} + \frac{1}{3}\right] + \right.$$

$$\left. F_{By} l \left(\left(\frac{x}{l}\right)^2 - 2\frac{x}{l} + 1\right)\right\} \mathrm{d}x = -\frac{l^3}{3EI}\left[-\frac{q_0 l}{2}\frac{1}{5} - F_{By}\right] = 0 . \tag{5.3.22}$$

Mithin findet man, dass gelten muss:

$$F_{By} = -\frac{q_0 l}{10}. \tag{5.3.23}$$

Um die Reaktionen in der verbleibenden festen Einspannung zu ermitteln, schneiden wir frei, so wie in der Abb. 5.3.02 im Punkt A angedeutet, und beachten, dass die Dreieckslast durch eine äquivalente Punktlast der Stärke:

$$F = \frac{q_0 l}{2} \tag{5.3.24}$$

im Abstand $l/3$ vom Punkt A ersetzt werden kann. Damit wird:

$$\sum F_x = 0 \quad \Rightarrow \quad F_{Ax} = 0, \sum F_y = 0 \quad \Rightarrow \quad F_{Ay} - F + F_{By} = 0 \quad \Rightarrow \quad F_{Ay} = \frac{3}{5} q_0 l ,$$

$$\sum M^{(A)} = 0 \quad \Rightarrow \quad -M_A - F\frac{l}{3} + F_{By} l = 0 \quad \Rightarrow \quad M_A = -\frac{8}{30} q_0 l^2 . \tag{5.3.25}$$

Man beachte, dass das letzte Ergebnis für das Moment konsistent mit Gleichung (5.3.20) ist. Wenn man nämlich das Ergebnis (5.3.22) darin einsetzt, so entsteht:

$$M(x=0) = \frac{q_0 l^2}{2}\left(-\frac{1}{3}\right) - F_{By} l(-1) = -\frac{1}{15} q_0 l^2 . \tag{5.3.26}$$

5.3.3 Eine Anwendung des 1. Satzes von CASTIGLIANO III

Problemstellung

Eine Aufhängvorrichtung ist durch den in Abb. 5.3.5 gezeigten fest eingespannten Balken (Biegesteifigkeit EI und Dehnsteifigkeit EA) dargestellt. Der Balken wird nun mit der Kraft F belastet. Berechne mithilfe des 1. Satzes von CASTIGLIANO die benötigte Kraft F, um eine vertikale Verschiebung der Weite s am rechten Balkenende zu erzeugen. Dabei sollen Querkräfte vernachlässigt werden. Des Weiteren ist die Verdrehung am rechten Balkenende in Abhängigkeit der unbekannten Kraft F gesucht.

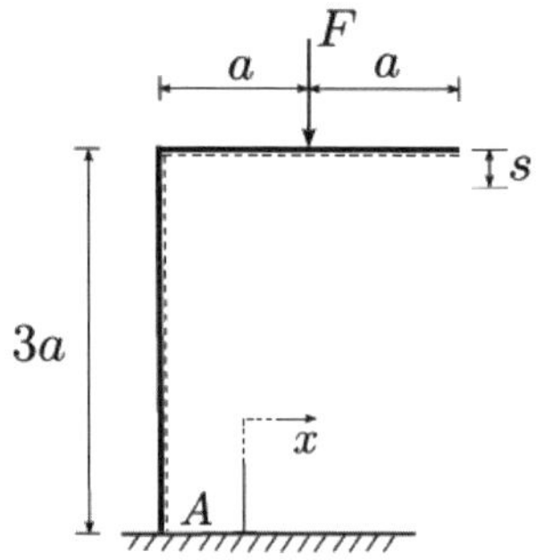

Abb. 5.3.5: Statisch unbestimmter Balken

Lösung

Zur Lösung bedarf es der Verwendung einer Hilfskraft F_H, die später bei der Anwendung des Satzes von CASTIGLIANO auf Null gesetzt wird. Diese muss dort angreifen, wo die Verschiebung gesucht ist, also am rechten Ende des Balkens. Im nächsten Schritt werden für das System samt Hilfskraft der Normalkraft- und Momentenverlauf bestimmt. Dies erfolgt hier mittels Aufziehverfahren. Abb. 5.3.6 zeigt das durch die Hilfskraft erweiterte System sowie die beiden Schnittlastenverläufe.

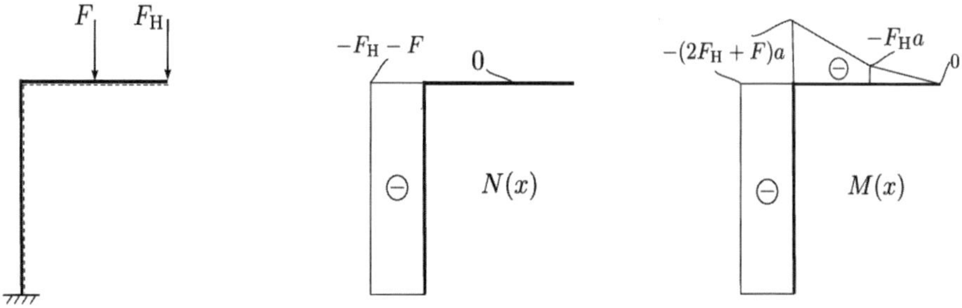

Abb. 5.3.6: System mit Hilfskraft sowie Normalkraftsverlauf $N(x)$ und Momentenverlauf $M(x)$.

Durch Kenntnis des Normalkraft- und Momentenverlaufs kann im nächsten Schritt die komplementäre Formänderungsenergie bestimmt werden:

$$W^* = \frac{1}{2EA}\int_x N^2(x)\mathrm{d}x + \frac{1}{2EI}\int_x M^2(x)\mathrm{d}x\,. \tag{5.3.27}$$

Zu beachten ist, dass die x-Achse entlang der Balkenachse verlaufen soll. Durch Verwendung der richtigen Einträge aus der Koppeltabelle erhält man:

$$W^* = \frac{3a(F_H + F)^2}{2EA} + \tag{5.3.28}$$

$$\frac{a^3}{2EI}\left[3(2F_H + F)^2 + \tfrac{1}{6}\left(2(2F_H + F)^2 + 2F_H^2 + 2(2F_H + F)F_H\right) + \tfrac{1}{3}F_H^2\right].$$

Mit dem 1. Satz von CASTIGLIANO:

$$s = \left.\frac{\partial W^*}{\partial F_H}\right|_{F_H = 0} \tag{5.3.29}$$

lässt sich nun die Kraft F bestimmen, die eine Verschiebung s erzeugt:

$$F = \frac{s}{\frac{3a}{EA} + \frac{41a^3}{6EI}}. \tag{5.3.30}$$

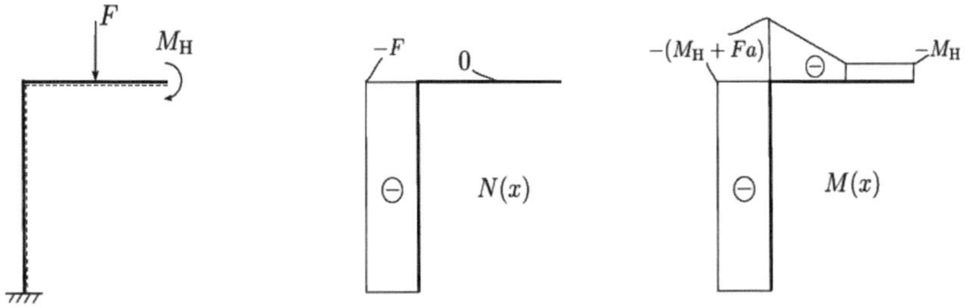

Abb. 5.3.7: System mit Hilfsmoment, Normalkraftsverlauf $N(x)$ und Momentenverlauf $M(x)$.

Die Berechnung der Verdrehung am Balkenende folgt demselben Ablauf. Anders als beim ersten Aufgabenteil wird jedoch ein Hilfsmoment am Balkenende angesetzt und dann wiederum der Normalkraft- und Momentenverlauf bestimmt, siehe Abb. 5.3.7. Die komplementäre Formänderungsenergie lautet nun:

$$W^* = \frac{3aF^2}{2EA} + \tag{5.3.31}$$

$$\frac{1}{2EI}\left[3a(M_{\mathrm{H}} + Fa)^2 + \frac{a}{6}\left(2(M_{\mathrm{H}} + Fa)^2 + 2M_{\mathrm{H}}^2 + 2(M_{\mathrm{H}} + Fa)M_{\mathrm{H}}\right) + aM_{\mathrm{H}}^2\right].$$

Der 1. Satz von CASTIGLIANO führt auch hier zum Ergebnis. Die Verdrehung φ berechnet sich zu:

$$\varphi = \left.\frac{\partial W^*}{\partial M_{\mathrm{H}}}\right|_{M_{\mathrm{H}}=0} = \frac{7Fa^2}{2EI}. \tag{5.3.32}$$

5.3.4 Formänderungsenergie am Balken unter Querkraftsbelastung

Problemstellung

Es soll die Formänderungsenergie eines Balken mit konstanter Breite b (rechteckiger Querschnitt) infolge einer Querkraftsbelastung, z. B. resultierend aus einer reinen Schubverformung, bestimmt werden. Die Herleitung folge dem in Abb. 5.3.8 skizzierten Balken und Koordinatensystem.

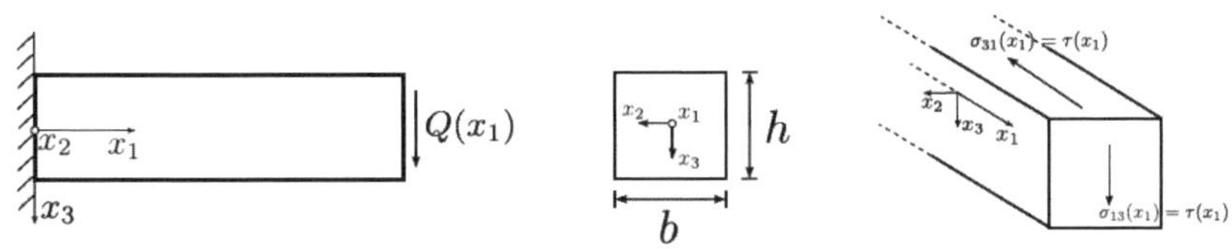

Abb. 5.3.8: Balken unter Querkraftsbelastung $Q(x_1)$ mit rechteckigem Querschnitt (links/Mitte), Illustration der wirkenden Schubspannungen τ (rechts).

Lösung

Unter Annahme eines reinen Schubverzerrungszustandes in der (x_1, x_3) Ebene:

$$\varepsilon_{ij} = \begin{pmatrix} 0 & 0 & \varepsilon_{13} \\ 0 & 0 & 0 \\ \varepsilon_{13} & 0 & 0 \end{pmatrix} \tag{5.3.33}$$

werden die Spannungen mit dem HOOKEschen Gesetz in 3D für isotropes Materialverhalten berechnet:

$$\sigma_{ij} = \lambda \varepsilon_{kk} \delta_{ij} + 2\mu \varepsilon_{ij} . \tag{5.3.34}$$

Dabei sind λ und μ die Lamé-Konstanten, und es ergibt sich folgender Spannungszustand:

$$\sigma_{ij} = \begin{pmatrix} 0 & 0 & \sigma_{13} \\ 0 & 0 & 0 \\ \sigma_{13} & 0 & 0 \end{pmatrix} \quad \text{mit} \quad \sigma_{13} = \tau = 2\mu\varepsilon_{13} . \tag{5.3.35}$$

Mit der Berechnungsformel für die Formänderungsenergiedichte bei linear elastischen Materialverhalten, $w_s = w_s^* = \frac{1}{2}\sigma_{ji}\varepsilon_{ij}$, erhält man unter Berücksichtigung der EINSTEINschen Summenkonvention:

$$w_s = \tfrac{1}{2}\left(\sigma_{13}\varepsilon_{31} + \sigma_{31}\varepsilon_{13}\right) = \sigma_{13}\varepsilon_{13} . \tag{5.3.36}$$

Mit $\varepsilon_{13} = \sigma_{13} / 2\mu$ wird diese Gleichung in den Spannungsraum überführt und man erhält die komplementäre Formänderungsenergiedichte:

$$w_s^* = \frac{\sigma_{13}^2}{2\mu} . \tag{5.3.37}$$

Die Berechnungsformel für Schubspannungen $\tau(x_1)$ über den Querschnitt am Balken ist im Kapitel elementare Festigkeitslehre diskutiert worden:

$$\tau(x_1) = \sigma_{13}(x_1) = \frac{Q(x_1)S^*}{I_{22}b(x_3)} . \tag{5.3.38}$$

In dieser Gleichung ist $Q(x_1)$ der Querkraftsverlauf, S^* das 1. statische Moment, I_{22} das Flächenträgheitsmoment um die x_2-Achse und $b(x_3)$ die potentiell höhenabhängige Breite. Setzt man die beiden letzten Gleichungen ineinander ein, erhält man letztendlich die komplementäre Formänderungsenergiedichte infolge von Querkraftsbeanspruchung:

$$w_s^* = \frac{1}{2\mu}\left(\frac{Q(x_1)S^*}{I_{22}b(x_3)}\right)^2 . \tag{5.3.39}$$

Nach Berechnung des 1. statischen Moments für einen rechteckigen Querschnitt folgt daraus:

$$w_s^* = \frac{1}{2\mu}\left(Q^2(x_1)\left(\frac{h^2}{4} - x_3^2\right)^2 \Big/ 4I_{22}^2\right)^2 . \tag{5.3.40}$$

Zur Bestimmung der (komplementären) Formänderungsenergie bleibt die Integration über das Volumen des Balkens als letzter Arbeitsschritt. Unter Berücksichtigung von $\mu = G = E/2(1+\nu)$ (isotropes Materialverhalten) resultiert die Formänderungsenergie $W = W^*$ aus Querkraftsbelastung an einem Balken mit rechteckigen Querschnitt zu:

$$W_s^{*,Q} = \frac{1}{2GA}\frac{6}{5}\int_0^l Q^2(x_1)\mathrm{d}x_1 \,. \tag{5.3.41}$$

Der Faktor 6/5 (bei Rechtecken!) wird in der Literatur generell als Schubfaktor α bezeichnet und ist abhängig vom Querschnitt des Balkens.

5.3.5 Anwendung der Sätze von BETTI und MAXWELL auf statisch unbestimmte Systeme

Problemstellung

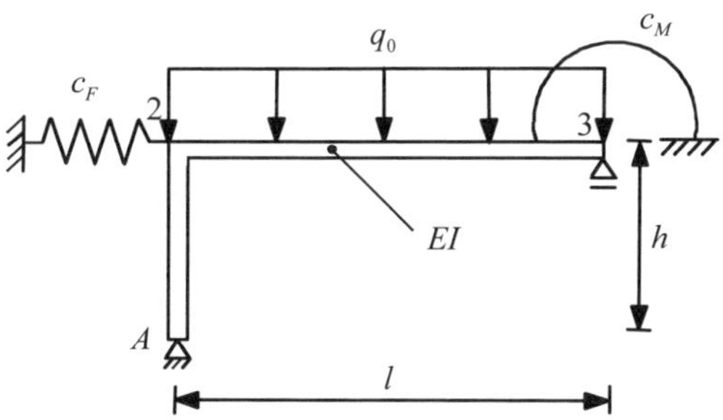

Abb. 5.3.5: Statisch unbestimmter Balken.

Für das in Abb. 5.3.5 dargestellte statisch unbestimmte System sollen über die Sätze von BETTI und MAXWELL die Reaktionen in beiden Federn ermittelt werden. Vorgegeben ist die eingeprägte Gleichstreckenlast der Stärke $q_0 = 8\ \mathrm{kN/m}$, die Längen $h = 3\ \mathrm{m}$, $l = 5\,h$ und die relativen Steifigkeiten zwischen dem Balken und der Zugfeder sowie der Drehfeder: $EI/c_F = 50\ \mathrm{m}^3$, $EI/c_M = 15\ \mathrm{m}^3$. Dabei soll angenommen werden, dass der Träger schubstarr und die Wirkung von Normalkräften auf die Verformung vernachlässigbar ist.

Lösung

Gemäß dem Superpositionsprinzip betrachten wir die unbekannte Wirkung der beiden Federn separat und schneiden wie in Abb. 5.3.6 gezeigt frei. Beachte, dass wir drei Systeme erzeugt haben und die zugehörigen Freischnittkräfte in den Lagern A und 3 entsprechend für jedes Teilsystem mit obenstehenden Indizes identifizieren: , F_{Ax}^{I}, F_{Ay}^{I}, F_{Ax}^{II}, F_{Ay}^{II}, F_{Ax}^{III}, F_{Ay}^{III}, F_{3y}^{I}, F_{3y}^{II} und F_{3y}^{III}. Ferner wurden im System II sowie im System III die (unbekannten) generalisierten Kräfte K^2 und K^3 eingezeichnet. Bei K^2 handelt es sich um eine Kraft gemessen in kN, welche die Wirkung der Zugfeder im Punkt 2 repräsentiert. K^3 hingegen ist ein Moment, das im Punkt 3 wirkt und die (unbekannte) Wirkung der Drehfeder kennzeichnet. Ferner wurde die Gleichstreckenlast zu einer äquivalenten Kraft der Stärke $K^1 = q_0 l = 120\ \mathrm{kN}$ im Schwerpunkt 1 (also die Mitte des horizontalen Balkens) zusammengefasst. In einem ersten Arbeitsschritt wird nun die für das Gesamtsystem maßgebliche Formänderungsenergie berechnet. Wir verwenden dabei die folgende Formel:

Energiemethoden

$$W = \frac{1}{2EI}\int_{x_1=0}^{x_1=h} M^2(x_1)\,\mathrm{d}x_1 + \frac{1}{2EI}\int_{x_2=0}^{x_2=l} M^2(x_2)\,\mathrm{d}x_2 \,. \tag{5.3.42}$$

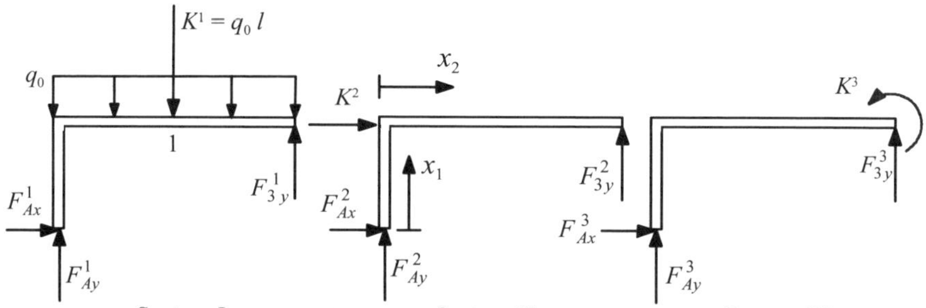

Abb. 5.3.6: Freischnitte und Superpositionsprinzip.

Dabei wurden für den vertikalen und den horizontalen Stab die Achsenkoordinaten x_1 und x_2 verwendet, die in der Abb. 5.3.6 eingezeichnet sind. Die Momentenverteilung setzt sich additiv aus den Momentenverteilungen der drei in Abb. 5.3.6 dargestellten Teilsysteme zusammen. Wir schreiben:

$$M(x_{1/2}) = M^{\mathrm{I}}(x_{1/2}) + M^{\mathrm{II}}(x_{1/2}) + M^{\mathrm{III}}(x_{1/2}) \,. \tag{5.3.43}$$

Die diversen Momente der Teilsysteme werden in gewohnter Weise bestimmt, und wir ermitteln zunächst die Auflagerreaktionen über die Gleichgewichtsbedingungen:

$$\sum F_x = 0: \quad F_{Ax}^{\mathrm{I}} = 0 \,, \quad \sum M^{(A)} = 0: \quad K^1 \frac{l}{2} - F_{3y}^{\mathrm{I}} l = 0 \quad \Rightarrow \quad F_{3y}^{\mathrm{I}} = \frac{K^1}{2} \,, \tag{5.3.44}$$

$$\sum F_y = 0: \quad F_{Ay}^{\mathrm{I}} - K^1 + F_{3y}^{\mathrm{I}} = 0 \quad \Rightarrow \quad F_{Ay}^{\mathrm{I}} = \frac{K^1}{2} \,.$$

Also folgt:

$$M^{\mathrm{I}}(x_1) = 0 \,. \tag{5.3.45}$$

Mit der Querkraftsdichte $q(x_2) = q_0$ folgt:

$$Q^{\mathrm{I}}(x_2) = -\int q(x_2)\,\mathrm{d}x_2 + C_1 = -q_0 x_2 + C_1 \quad \Rightarrow \tag{5.3.46}$$

$$M^{\mathrm{I}}(x_2) = \int Q(x_2)\,\mathrm{d}x_2 + C_2 = -\frac{q_0}{2} x_2^2 + C_1 x_2 + C_2 \,.$$

Es müssen folgende Übergangsbedingungen erfüllt sein:

$$M^{\mathrm{I}}(x_2 = 0) = M^{\mathrm{I}}(x_1 = h) = 0 \quad \Rightarrow \quad C_2 = 0 \,, \tag{5.3.47}$$

$$M^{\mathrm{I}}(x_2 = l) = 0 \quad \Rightarrow \quad C_1 = \frac{q_0}{2} l \,.$$

Also als Endresultat:

$$M^{\mathrm{I}}(x_2) = \frac{q_0 l^2}{2} \frac{x_2}{l}\left(1 - \frac{x_2}{l}\right) . \tag{5.3.48}$$

Wir gehen nun System II an und finden:

$$\sum F_x = 0: \quad F_{Ax}^{\mathrm{II}} + K^2 = 0 \quad \Rightarrow \quad F_{Ax}^{\mathrm{II}} = -K^2 \,,$$

$$\sum M^{(A)} = 0: \quad -K^2 h + F_{3y}^{\mathrm{II}} l = 0 \quad \Rightarrow \quad F_{3y}^{\mathrm{II}} = K^2 \frac{h}{l}, \tag{5.3.49}$$

$$\sum F_y = 0: \quad F_{Ay}^{\mathrm{II}} + F_{3y}^{\mathrm{II}} = 0 \quad \Rightarrow \quad F_{Ay}^{\mathrm{II}} = -K^2 \frac{h}{l}.$$

Mithin ergibt sich eine von Null an linear auf den Maximalwert $K^2 h$ ansteigende Momentenverteilung über x_1 und eine linear vom Maximalwert $K^2 h$ auf Null abfallende Momentenverteilung über x_2 (in beiden Fällen wird die unter dem Balken gedachte gestrichelte Linie aufgerissen):

$$M^{\mathrm{II}}(x_1) = K^2 x_1 \ , \quad M^{\mathrm{II}}(x_2) = K^2 h\left(1 - \frac{x_2}{l}\right). \tag{5.3.50}$$

Für System III findet man in entsprechender Weise:

$$\sum F_x = 0: \quad F_{Ax}^{3} = 0,$$

$$\sum M^{(A)} = 0: \quad K^3 + F_{3y}^{\mathrm{III}} l = 0 \quad \Rightarrow \quad F_{3y}^{\mathrm{III}} = -\frac{K^3}{l}, \tag{5.3.51}$$

$$\sum F_y = 0: \quad F_{Ay}^{\mathrm{III}} + F_{3y}^{\mathrm{III}} = 0 \quad \Rightarrow \quad F_{Ay}^{\mathrm{III}} = \frac{K^3}{l}.$$

Also verschwindet die Momentenverteilung längs x_1, und über x_2 steigt sie vom Wert Null linear auf den positiven Wert K^3 (wieder wird eine unter dem Balken gedachte, gestrichelte Linie aufgerissen):

$$M^{\mathrm{III}}(x_1) = 0 \ , \quad M^{\mathrm{III}}(x_2) = K^3 \frac{x_2}{l}. \tag{5.3.52}$$

Wir sind nun in der Lage, die Integrationen in Gleichung (5.3.42) anzugehen:

$$W = \frac{1}{2EI} \int_{x_1=0}^{x_1=h} M_2^2(x_1)\,\mathrm{d}x_1 + \frac{1}{2EI} \int_{x_2=0}^{x_2=l} [M_1(x_2) + M_2(x_2) + M_3(x_2)]^2 \mathrm{d}x_2 \quad \Rightarrow \tag{5.3.53}$$

$$2EIW = \int_{x_1=0}^{x_1=h} \left(K^2 x_1\right)^2 \mathrm{d}x_1 + \int_{x_2=0}^{x_2=l} [\left[\frac{q_0}{2}\left(l x_2 - x_2^2\right) + K^2 h\left(1 - \frac{x_2}{l}\right) + K^3 \frac{x_2}{l}\right]^2 \mathrm{d}x_2 =$$

$$\int_{x_1=0}^{x_1=h} \left(K^2 x_1\right)^2 \mathrm{d}x_1 + \int_{x_2=0}^{x_2=l} \left[\frac{q_0^2}{4}\left(l^2 x_2^2 - 2 l x_2^3 + x_2^4\right) + \left(K^2 h\right)^2\left(1 - 2\frac{x_2}{l} + \frac{x_2^2}{l^2}\right) + \frac{\left(K^3 x_2\right)^2}{l^2}\right.$$

$$\left. + q_0 K^2 h\left(l x_2 - x_2^2 - x_2^2 + \frac{x_2^3}{l}\right) + q_0 \frac{K^3}{l}\left(l x_2^2 - x_2^3\right) + 2 K^2 K^3 \frac{h}{l}\left(x_2 - \frac{x_2^2}{l}\right)\right] \mathrm{d}x_2 =$$

$$\frac{1}{120}\left(K^1\right)^2 l^3 + \frac{2}{125}\left(K^2\right)^2 l^3 + \frac{1}{3}\left(K^3\right)^2 l + \frac{1}{60} K^1 K^2 l^3 + \frac{1}{12} K^1 K^3 l^2 + \frac{1}{15} K^2 K^3 l^2 .$$

Im letzten Schritt wurde verwendet, dass gilt $K^1 = q_0 l$ und $h = l/5$. Nach den Ausführungen in den Lehrbuchabschnitten 5.3.6/5.3.8 darf man schreiben:

$$W = \frac{1}{2} \sum_{k=1}^{3} \sum_{i=1}^{3} \alpha^{ik} K^i K^k . \tag{5.3.54}$$

Mithin gelingt es, die Einflusszahlen wie folgt zu identifizieren:

$$EI\alpha^{11} = \frac{1}{120} l^3 \ , \ EI\alpha^{22} = \frac{2}{125} l^3 \ , \ EI\alpha^{33} = \frac{l}{3} \ , \tag{5.3.55}$$

$$EI\alpha^{12} = EI\alpha^{21} = \frac{1}{120} l^3 \ , \ EI\alpha^{13} = EI\alpha^{31} = \frac{1}{24} l^2 \ , \ EI\alpha^{23} = EI\alpha^{32} = \frac{1}{30} l^2 .$$

Für die Arbeiten der Zug- sowie der Drehfeder muss einerseits gelten:

$$u_F = \frac{K^2}{c_F} \ , \ \varphi_M = \frac{K^3}{c_M} . \tag{5.3.56}$$

Andererseits aber auch nach den Ausführungen in den Lehrbuchabschnitten 5.3.6/5.3.8:

$$-u_F = f^2 = \sum_{k=1}^{3} \alpha^{2k} K^k = \alpha^{12} K^1 + \alpha^{22} K^2 + \alpha^{23} K^3 , \tag{5.3.57}$$

$$-\varphi_M = f^3 = \sum_{k=1}^{3} \alpha^{3k} K^k = \alpha^{13} K^1 + \alpha^{23} K^2 + \alpha^{33} K^3 .$$

Die Begründung für die negativen Vorzeichen in Gleichung (5.3.57) ist wie folgt. Damit die Feder mit der Kraft K^2 wie gezeichnet auf den Rahmeneckpunkt wirkt, muss sie gestaucht werden, d. h., der Federweg weist in negative x_2-Richtung. Letztendlich entsteht somit folgendes lineares Gleichungssystem zur Bestimmung der beiden generalisierten Kräfte K^2 und K^3:

$$\left(\alpha^{22} + \frac{1}{c_F} \right) K^2 + \alpha^{23} K^3 = -\alpha^{12} K^1 \ , \ \alpha^{23} K^2 + \left(\alpha^{33} + \frac{1}{c_M} \right) K^3 = -\alpha^{13} K^1 . \tag{5.3.58}$$

Mit den Zahlenwerten aus der Aufgabenstellung wird für die relevanten Einflusszahlen:

$$EI\alpha^{22} = 54 \text{ m}^3 \ , \ EI\alpha^{33} = 5 \text{ m} \ , \ EI\alpha^{12} = \frac{225}{8} \text{ m}^3 \ , \tag{5.3.59}$$

$$EI\alpha^{13} = \frac{75}{8} \text{ m}^2 \ , \ EI\alpha^{23} = 7{,}5 \text{ m}^2 .$$

Also schreibt sich das Gleichungssystem in Matrizen:

$$\begin{pmatrix} 104 \text{ m}^3 & 7{,}5 \text{ m}^2 \\ 7{,}5 \text{ m}^2 & 20 \text{ m} \end{pmatrix} \cdot \begin{pmatrix} K^2 \\ K^3 \end{pmatrix} = \begin{pmatrix} -3375 \text{ kNm}^3 \\ -1125 \text{ kNm}^2 \end{pmatrix} \tag{5.3.60}$$

und es folgt:

$$K^2 = -29{,}2 \text{ kN} \ , \ K^3 = -45{,}3 \text{ kNm} . \tag{5.3.61}$$

5.4 Energiefunktionale und ihre Extrema

Eine Anwendung der Variationsrechnung: Die Brachistochrone

Problemstellung

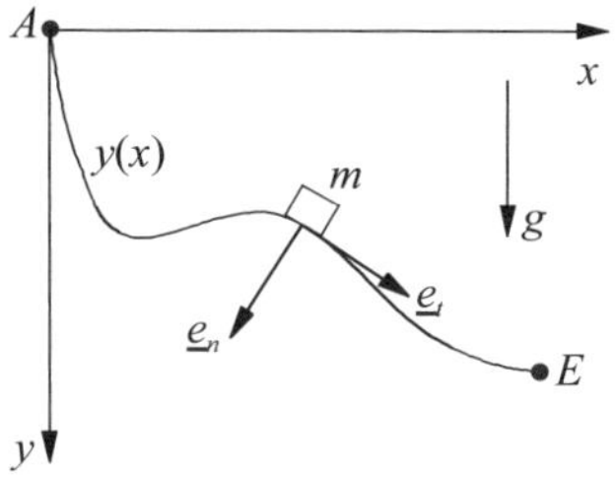

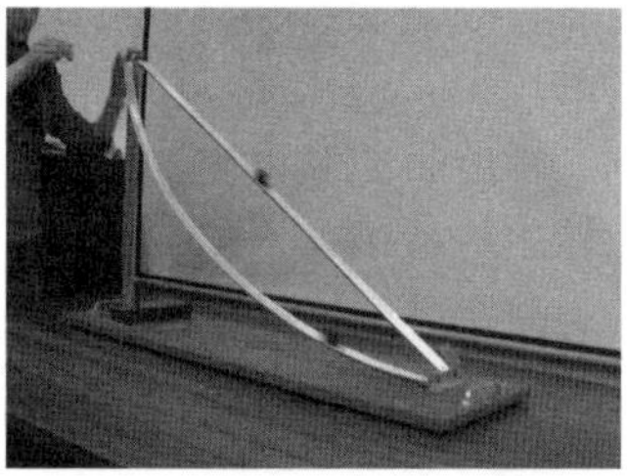

Abb. 5.4.1: Auf Bahnkurve reibungsfrei geführter Massenpunkt (links) und die Realisierung der Brachistochrone am Lehrstuhl für Kontinuumsmechanik und Materialtheorie in Berlin (rechts).

Gesucht ist die diejenige Verbindungslinie $y(x)$ zwischen zwei Punkten A und E, welche eine darauf geführte Punktmasse m reibungsfrei unter der Einwirkung des Erdschwerefeldes in kürzester Zeit T durchläuft. Man nennt diese Kurve die Brachistochrone (von griech. *brachis* = kurz und *chronos* = Zeit). Erarbeite in einem ersten Schritt mithilfe des Konzeptes eines mitgeführten Koordinatensystems $(\underline{e}_t, \underline{e}_n)$ die Bewegungsgleichung für die Punktmasse. Integriere die Gleichung und ermittle nun in integraler Darstellung über dem Ort die zum Durchlaufen der Bahn notwendige Zeit T als Funktion der unbekannten Bahnkurve und ihrer Ableitung. Leite als Nächstes im Stil des Kapitels 5.4 des Lehrbuches Differenzialgleichungen als notwendige Bedingungen zur Minimierung des Funktionals her.

$$F = \int_{x_A}^{x_E} f(x, y, y')\,\mathrm{d}x\,. \tag{5.4.1}$$

Wende diese nun auf das Brachistochronenproblem an und weise nach, dass es sich bei der gesuchten Funktion um eine Zykloide handelt.

Lösung

Wir betrachten den in Abb. 5.4.2 dargestellten Freischnitt, folgen den Argumenten aus Abschnitt 3.1.1 des Lehrbuchs und finden:

$$\underline{e}_t : ma_t = mg\sin(\alpha)\ ,\ \ \underline{e}_n : ma_n = F_N - mg\cos(\alpha) \tag{5.4.2}$$

mit:

$$a_t = \frac{\mathrm{d}^2 s}{\mathrm{d}t^2} \equiv \ddot{s}\ ,\ \ a_n = \frac{1}{\rho}\left(\frac{\mathrm{d}s}{\mathrm{d}t}\right)^2 \equiv \frac{1}{\rho}\dot{s}^2\,. \tag{5.4.3}$$

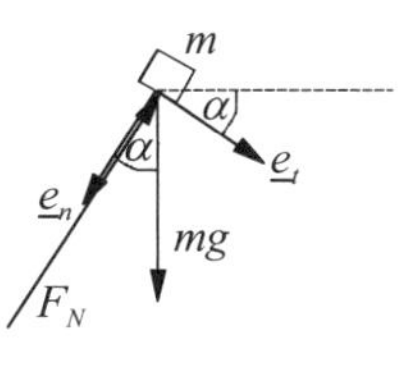

Abb. 5.4.2: Freischnitt der Punktmasse.

Ohne uns weiter um die Normalkraft zu kümmern ergibt sich:

$$\ddot{s}\dot{s} = g\sin(\alpha)\dot{s}\,. \tag{5.4.4}$$

Dieses lässt sich auch schreiben als:

$$\frac{\mathrm{d}}{\mathrm{d}t}\left(\frac{\dot{s}^2}{2}\right) = g\frac{\mathrm{d}y}{\mathrm{d}t} \quad \Rightarrow \quad \frac{\dot{s}^2}{2} = gy + C\,. \tag{5.4.5}$$

Dabei wurde das Resultat folgender Gleichungskette verwendet:

$$\frac{\mathrm{d}y}{\mathrm{d}t} = \frac{\mathrm{d}y}{\mathrm{d}s}\frac{\mathrm{d}s}{\mathrm{d}t} = \frac{\mathrm{d}y}{\sqrt{(\mathrm{d}x)^2+(\mathrm{d}y)^2}}\frac{\mathrm{d}s}{\mathrm{d}t} = \frac{\frac{\mathrm{d}y}{\mathrm{d}x}}{\sqrt{1+y'^2}}\frac{\mathrm{d}s}{\mathrm{d}t} == \frac{\tan(\alpha)}{\sqrt{1+\tan^2(\alpha)}}\frac{\mathrm{d}s}{\mathrm{d}t} = \tag{5.4.6}$$

$$\frac{\frac{\sin(\alpha)}{\cos(\alpha)}}{\sqrt{1+\frac{\sin^2(\alpha)}{\cos^2(\alpha)}}}\frac{\mathrm{d}s}{\mathrm{d}t} = \frac{\frac{\sin(\alpha)}{\cos(\alpha)}}{\frac{1}{\cos(\alpha)}\sqrt{\sin^2(\alpha)+\cos^2(\alpha)}}\frac{\mathrm{d}s}{\mathrm{d}t} = \sin(\alpha)\dot{s}\,.$$

Die Konstante C ermitteln wir aus Anfangsbedingungen (Start im Ursprung mit Anfangsgeschwindigkeit Null):

$$\dot{s}(t=0)=0\;,\; y(t=0)=0 \quad \Rightarrow \quad C=0 \quad \Rightarrow \quad \frac{\mathrm{d}s}{\mathrm{d}t} = \sqrt{2g}\,y^{\frac{1}{2}}\,. \tag{5.4.7}$$

Da gilt:

$$\mathrm{d}s = \sqrt{(\mathrm{d}x)^2+(\mathrm{d}y)^2} = \mathrm{d}x\sqrt{1+y'^2}\,, \tag{5.4.8}$$

folgt für die Gesamtzeit des Durchlaufs:

$$T = \int_{t_A}^{t_E}\mathrm{d}t = \frac{1}{\sqrt{2g}}\int_{x_A}^{x_E}\frac{\sqrt{1+y'^2}}{y^{\frac{1}{2}}}\mathrm{d}x\,. \tag{5.4.9}$$

Dies ist das zu minimierende Funktional. Wir stellen fest, dass es von $y(x)$ und $y'(x)$ abhängt. Um notwendige Bedingungen an das Minimum dieses Ausdruckes zu finden, wenden wir uns nun der Mathematik zu und studieren zunächst in leicht verallgemeinerter Weise das folgende Problem:

$$F = \int_{x_A}^{x_E} f(x,y,y')\mathrm{d}x\;,\quad \delta F = 0\,. \tag{5.4.10}$$

Wir dürfen schreiben:

$$\delta F = \delta\int_{x_A}^{x_E} f(x,y,y')\mathrm{d}x = \int_{x_A}^{x_E}\delta f(x,y,y')\mathrm{d}x\,. \tag{5.4.11}$$

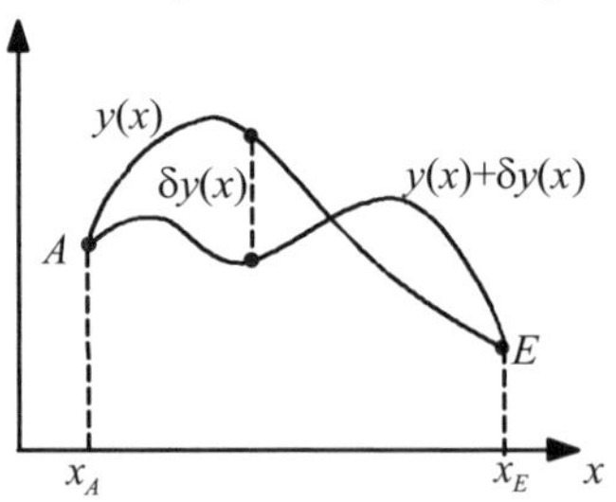

Abb. 5.4.3: Variation einer Funktion.

Die hierin auftretende Funktionalableitung berechnet sich aus ihrer Grunddefinition wie folgt (vgl. auch Abb. 5.4.3):

$$\frac{\delta f(x,y,y')}{\delta y} = \lim_{\substack{\delta y\to 0,\\ \delta y'\to 0}} \frac{1}{\delta y}\left[f(x,y+\delta y,y'+\delta y') - f(x,y,y')\right] =$$

$$\lim_{\varepsilon\to 0}\left[\frac{f(x,y+\varepsilon\eta,y'+\varepsilon\eta') - (f(x,y,y'+\varepsilon\eta')}{y+\varepsilon\eta-y}\frac{(y+\varepsilon\eta-y)}{\delta y}+\right. \tag{5.4.12}$$

$$\left.+\frac{f(x,y,y'+\varepsilon\eta') - f(x,y,y')}{y'+\varepsilon\eta'-y'}\frac{(y'+\varepsilon\eta'-y')}{\delta y}\right] = \frac{\partial f}{\partial y} + \frac{\partial f}{\partial y'}\frac{\delta y'}{\delta y}.$$

Dabei wurde folgender Kleinheitsparameter ε verwendet, dass:

$$\delta y(x) = \varepsilon\eta(x) \quad\Rightarrow\quad \delta y'(x) = \varepsilon\eta'(x), \tag{5.4.13}$$

und wir schließen auf:

$$\delta f(x,y,y') = \frac{\partial f}{\partial y}\delta y + \frac{\partial f}{\partial y'}\delta y'. \tag{5.4.14}$$

Als Nächstes werden eine partielle Integration durchgeführt und die in Abb. 5.4.3 gezeigten Randbedingungen

$$\delta y\left(x = x_{E/A}\right) = 0 \tag{5.4.15}$$

in Kombination mit Gleichung $(5.4.10)_2$ verwendet:

$$\delta F = \int_{x_A}^{x_E}\left[\frac{\partial f}{\partial y}\delta y + \frac{\partial f}{\partial y'}\delta y'\right]\mathrm{d}x = \int_{x_A}^{x_E}\left[\frac{\partial f}{\partial y}\delta y + \frac{\mathrm{d}}{\mathrm{d}x}\left(\frac{\partial f}{\partial y'}\delta y\right) - \frac{\mathrm{d}}{\mathrm{d}x}\left(\frac{\partial f}{\partial y'}\right)\delta y\right]\mathrm{d}x = \tag{5.4.16}$$

$$\int_{x_A}^{x_E}\left[\frac{\partial f}{\partial y} - \frac{\mathrm{d}}{\mathrm{d}x}\frac{\partial f}{\partial y'}\right]\delta y\,\mathrm{d}x + \frac{\partial f}{\partial y'}\delta y\Big|_{x_A}^{x_E} \equiv 0.$$

Mithin erhalten wir als notwendige Bedingungen zunächst:

$$\frac{\partial f}{\partial y} - \frac{\mathrm{d}}{\mathrm{d}x}\frac{\partial f}{\partial y'} = 0 \tag{5.4.17}$$

und unter Beachtung der (vereinfachten) Struktur $f = f(y, y')$ folgt durch konsequente Anwendung der Kettenregel:

$$\frac{\partial f}{\partial y} - \frac{\partial^2 f}{\partial y\partial y'}y' - \frac{\partial^2 f}{\partial y'^2}y'' = 0 \tag{5.4.18}$$

die gesuchte notwendige Bedingung an die Minimierung des Funktionals $(5.4.10)_1$. Letzteres lässt sich nach Multiplikation mit y' umschreiben und danach integrieren:

$$y'\left[\frac{\partial f}{\partial y} - \frac{\partial^2 f}{\partial y\partial y'}y' - y''\frac{\partial^2 f}{\partial y'\partial y'}\right] \equiv \frac{\mathrm{d}}{\mathrm{d}x}\left(f - y'\frac{\partial f}{\partial y'}\right) = 0 \quad\Leftrightarrow\quad f - y'\frac{\partial f}{\partial y'} = C_1. \tag{5.4.19}$$

Wir verwenden nun für $f = f(y, y')$ speziell die folgende, hier interessierende und in die allgemeine Kategorie von Funktionalen passende Größe aus (5.4.9):

$$f = \frac{\sqrt{1+y'^2}}{\sqrt{y}}. \tag{5.4.20}$$

In (5.4.19) eingesetzt folgt dann:

$$\frac{\left(1+y'^2\right)^{\frac{1}{2}}}{\sqrt{y}} - y'\frac{y'}{\sqrt{1+y'^2}\sqrt{y}} = \frac{1}{\sqrt{y}\sqrt{1+y'^2}} = C_1 \quad \Rightarrow \quad y\left(1+y'^2\right) = \frac{1}{C_1^2} \equiv C\,. \qquad (5.4.21)$$

Trennung der Variablen führt auf:

$$\sqrt{\frac{y}{C-y}}\,\frac{\mathrm{d}y}{\mathrm{d}t} = \frac{\mathrm{d}x}{\mathrm{d}t}\,. \qquad (5.4.22)$$

Diese Differenzialgleichung besitzt als Lösung die Zykloidengleichung in Parameterform (siehe dazu Aufgabe 3.3.8):

$$x = \frac{C}{2}\left[\omega t - \sin(\omega t)\right]\,, \quad y = \frac{C}{2}\left[1 - \cos(\omega t)\right], \qquad (5.4.23)$$

wie man durch Einsetzen in (5.4.22) nachprüfen kann. In Abb. 5.4.4 ist eine halbe Zykloide mit der Tiefe H und der Weite $\frac{\pi}{2}H$ zu sehen. Die Konstanten C und ω müssen daran angepasst werden. Man muss nämlich fordern, dass:

$$x(t=T) = \tfrac{\pi}{2}H\,, \quad y(t=T) = H \quad \text{und} \quad \omega T = \pi\,, \qquad (5.4.24)$$

letzteres aus dem Grunde, dass nur eine halbe Zykloide durchlaufen werden soll.

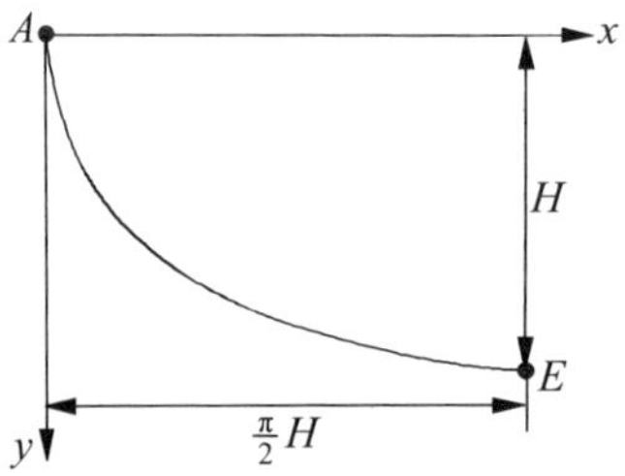

Abb. 5.4.4: Darstellung und Abmaße der Zykloide.

Aus diesen Forderungen entsteht als Lösung

$$\omega = \sqrt{\frac{2g}{H}}\,, \quad C = H \quad \text{und} \quad T = \pi\sqrt{\frac{H}{2g}}\,, \qquad (5.4.25)$$

und man kann für die gesuchte Bahnkurve schreiben:

$$x = \frac{H}{2}\left[\sqrt{\frac{2g}{H}}\,t - \sin\left(\sqrt{\frac{2g}{H}}\,t\right)\right]\,, \quad y = \frac{H}{2}\left[1 - \cos\left(\sqrt{\frac{2g}{H}}\,t\right)\right]. \qquad (5.4.26)$$

5.5 Das Prinzip der virtuellen Verschiebung (PdvV)

5.5.1 Berechnung von Gleichgewichtslagen mithilfe des Prinzips der virtuellen Verschiebung

Problemstellung

Das Prinzip der virtuellen Verschiebung soll verwendet werden, um den Gleichgewichtswinkel θ in folgendem System zweier reibungsfrei auf Stangen gleitender Kugeln vom Gewicht F_D bzw. F_E zu ermitteln. Die Kugeln sind über einen gewichtslos angenommenen Faden miteinander verbunden.

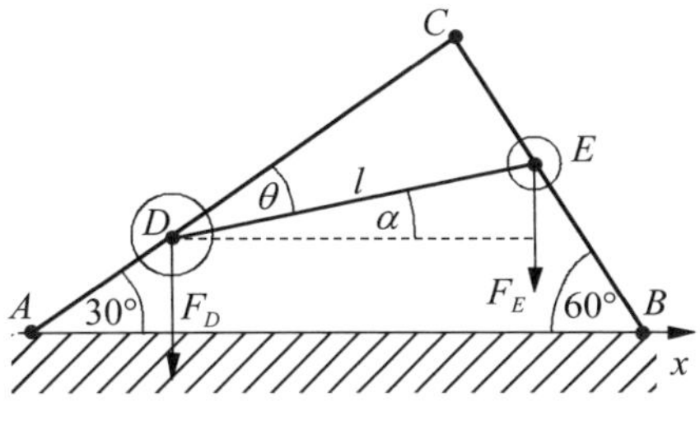

Abb. 5.5.1: System zweier reibungsfrei verschiebbarer Kugeln.

Lösung

Das PdvV sagt im vorliegenden Fall aus, dass gilt:

$$\delta A = 0 = -F_D \delta_y^D + F_E \delta_y^E , \tag{5.5.1}$$

wobei die virtuellen Verschiebungsgrößen δ_y^D und δ_y^E in Abb. 5.5.2 erklärt sind.

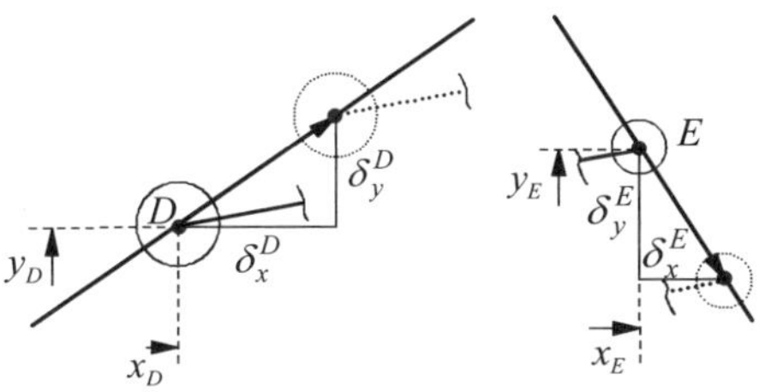

Abb. 5.5.2: Virtuelle Verschiebungen am System.

Einfache, mit Hilfe der Skizzen nachzuvollziehende geometrische Überlegungen ergeben:

$$\tan(\alpha) = \frac{y_E - y_D}{x_E - x_D} = \tan(30° - \theta) = \frac{1-\sqrt{3}\tan(\theta)}{\sqrt{3}+\tan(\theta)} , \tag{5.5.2}$$

wobei genutzt wurde, dass gilt:

$$\tan(\alpha - \beta) = \frac{\tan(\alpha) - \tan(\beta)}{1+\tan(\alpha)\tan(\beta)} . \tag{5.5.3}$$

Ferner sind die virtuellen Verschiebungen durch die kinematische Zwangsbedingung einer starren Stange vorgegebener Länge wie folgt eingeschränkt:

$$l^2 = \left(x_E + \delta_x^E - \left[x_D + \delta_x^D\right]\right)^2 + \left(y_E - \delta_y^E - \left[y_D + \delta_y^D\right]\right)^2 . \tag{5.5.4}$$

Bei Vernachlässigung quadratischer Terme in den virtuellen Verschiebungen entsteht:

$$\frac{y_E - y_D}{x_E - x_D} = \frac{\delta_x^E - \delta_x^D}{\delta_y^E + \delta_y^D} . \tag{5.5.5}$$

Durch Kombination dieses Ergebnisses mit Gleichung (5.5.2) entsteht hieraus:

$$\frac{\delta_x^E - \delta_x^D}{\delta_y^E + \delta_y^D} = \frac{1-\sqrt{3}\tan(\theta)}{\sqrt{3}+\tan(\theta)} . \tag{5.5.6}$$

Wenn man jetzt noch beachtet, dass:

$$\tan(30°) = \frac{1}{\sqrt{3}} = \frac{\delta_y^D}{\delta_x^D} , \quad \tan(60°) = \sqrt{3} = \frac{\delta_y^E}{\delta_x^E} , \tag{5.5.7}$$

so entsteht durch Kombination mit Gleichungen (5.5.1/6) das Endergebnis,

Energiemethoden

wonach:

$$\tan(\theta) = \sqrt{3}\,\frac{F_E}{F_D}\,. \tag{5.5.8}$$

5.5.2 Nürnberger Schere

Problemstellung

Am Beispiel der Nürnberger Schere soll das Prinzip der virtuellen Arbeit diskutiert und zur Berechnung der im Gelenk wie gezeichnet angreifenden Kraft F_1 verwendet werden, so dass diese der am rechten Ende aufgeprägten Kraft F das Gleichgewicht hält.

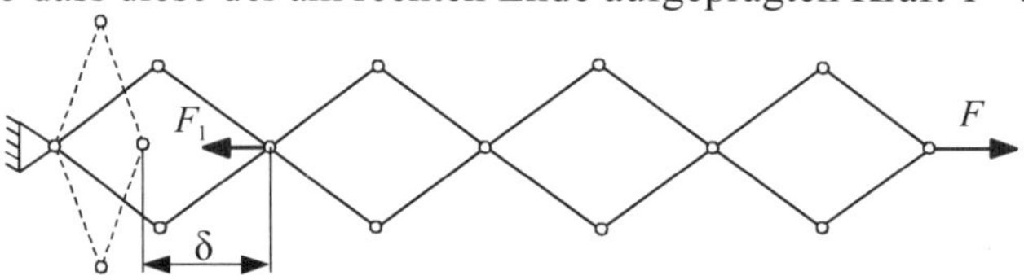

Abb. 5.5.3: Nürnberger Schere unter äußerer Kraft.

Lösung

Eine einfache Anwendung des Arbeitssatzes auf das oben ausgelenkte System ergibt:

$$\delta W = 0 = \sum F_i\,\delta_i = F_1\,\delta - F \cdot 4\delta \quad \Rightarrow \quad F_1 = 4F\,. \tag{5.5.9}$$

5.5.3 Fachwerk

Problemstellung

Das Prinzip der virtuellen Arbeit soll verwendet werden, um die Stabkraft im Mittelfeld des Untergurtes des nachstehenden Fachwerks zu ermitteln.

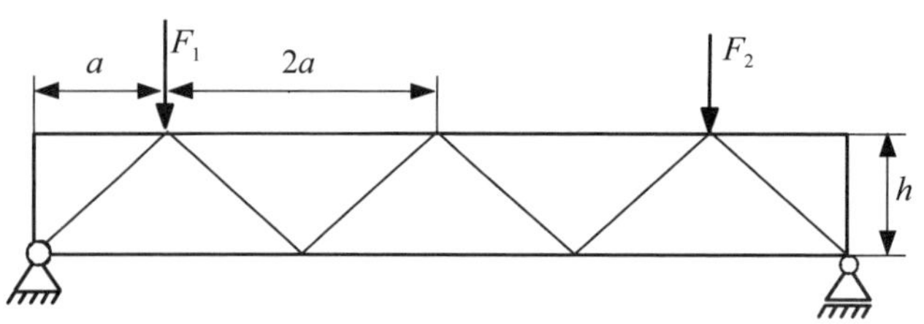

Abb. 5.5.4: Fachwerk unter äußerer Last.

Lösung

Aus der Geometrie des Problems folgt (vgl. Abb. 5.5.5):

$$\delta_u \approx 2\,\varphi\,h\;,\quad \delta_1 \approx \varphi\,a\,. \tag{5.5.10}$$

Der Arbeitssatz liefert dann:

$$\delta W = \sum_i F_i\,\delta_i = F_1\,\delta_1 + F_2\,\delta_1 - F_u\delta_u = 0\,, \tag{5.5.11}$$

und durch Kombination mit den obigen Beziehungen folgt die gesuchte Kraft:

$$F_u = \frac{(F_1+F_2)\delta_1}{\delta_u} = \frac{\varphi\,a\,(F_l+F_2)}{2\,\varphi\,h} = \frac{a(F_1+F_2)}{2\,h}\,. \tag{5.5.12}$$

Energiemethoden

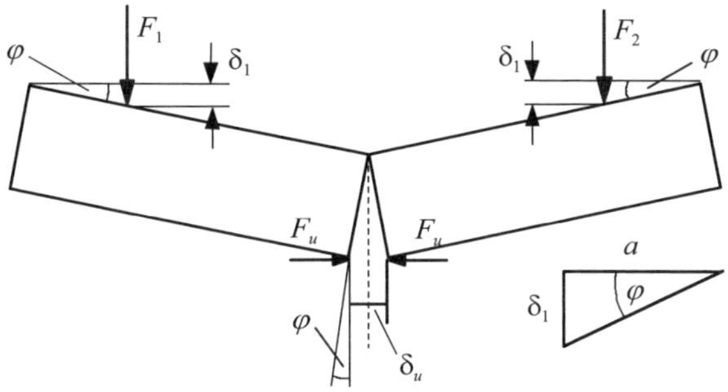

Abb. 5.5.5: Virtuelle Verschiebung des Fachwerkuntergurts.

5.6 Das Prinzip der virtuellen Kräfte (PdvK)

5.6.1 Anwendung des Prinzips der virtuellen Kraft in Fachwerken

Problemstellung

Wir betrachten das in Abb. 5.6.1 dargestellte, statisch belastete Fachwerk.

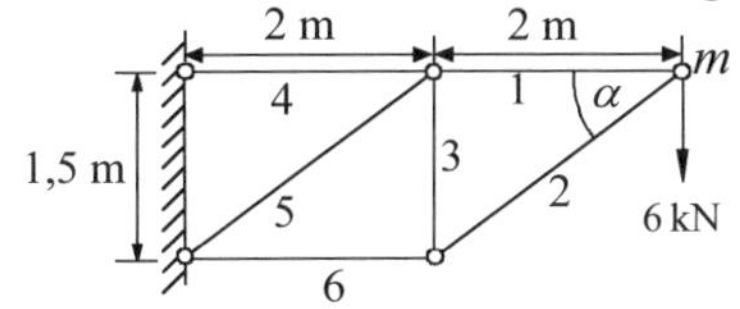

Abb. 5.6.1: Geometrie eines Fachwerks.

Gegeben ist der E-Modul des Stabmaterials (Stahl) $E = 210\,\text{GPa} = 210 \cdot 10^5\ \text{N/cm}^2$ und die Querschnittsflächen der Stäbe 1 = 8 cm^2, 2, 5 = 15 cm^2 sowie 3, 4, 6 = 12 cm^2. Gesucht ist die vertikale Verschiebung des belasteten Fachwerks im Punkt m, genannt δ_m.

Lösung

Die Verformung δ_m wird nach folgender Gleichung berechnet:

$$\delta_m = \frac{1}{E}\sum_{i=1}^{6}\frac{\overline{N}_i N_i l_i}{A_i}, \tag{5.6.1}$$

wobei $\overline{N}_i$ die durch Anbringen einer (virtuellen) Kraft im Stabe i resultierende (dimensionslose) Normalkraft bezeichnet. Die virtuelle Kraft hat dabei die Stärke Eins, wirkt an der Stelle m und weist in Richtung der interessierenden Verformung. Ferner ist N_i die sich im tatsächlichen System im Stabe i einstellende Normalkraft und l_i sowie A_i bezeichnen die Länge bzw. die Querschnittfläche des betreffenden Stabes. Konkret finden wir für in der Abb. 5.6.1 nicht angegebene Längen und Winkel:

$$l_{5,2} = \sqrt{2^2 + 1{,}5^2} = 2{,}5\ \text{m}\ ,\quad \tan(\alpha) = \frac{1{,}5}{2} \quad\Rightarrow\quad \alpha = 36{,}9^\circ\ . \tag{5.6.2}$$

Wir berechnen die Stabkräfte N_i für jeden Stab mithilfe des Knotenpunktverfahrens und finden

a) für die Kräfte N_1, N_2 (vgl. Abb. 5.6.2):

Energiemethoden

$$\sin(\alpha)=\frac{1{,}5}{2{,}5}=0{,}6\ ,\quad \cos(\alpha)=\frac{2}{2{,}5}=0{,}8\,,$$

$$\sum F_y=0:\quad -6\,\text{kN}-N_2\sin(\alpha)=0\quad\Rightarrow\quad N_2=\frac{-6\,\text{kN}}{\sin(\alpha)}=-10\,\text{kN}\,,\tag{5.6.3}$$

$$\sum F_x=0:\quad -N_1-N_2\cos(\alpha)=0\quad\Rightarrow\quad N_1=-N_2\cos(\alpha)=8\,\text{kN}\,.$$

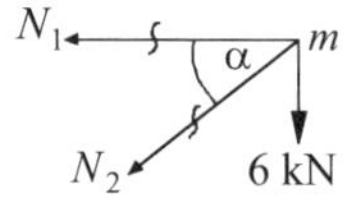

Abb. 5.6.2: Normalkräfte in den Stäben 1 und 2.

b) für die Kräfte N_3 und N_6 (vgl. Abb. 5.6.3):

$$\sum F_x=0:\quad -N_6+N_2\cos(\alpha)=0\quad\Rightarrow\quad N_6=N_2\cos(\alpha)=-8\,\text{kN}\,,\tag{5.6.4}$$

$$\sum F_y=0:\quad N_3+N_2\sin(\alpha)=0\quad\Rightarrow\quad N_3=-N_2\sin(\alpha)=6\,\text{kN}\,.$$

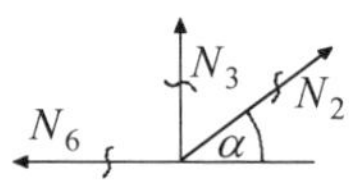

Abb. 5.6.3: Normalkräfte in den Stäben 3 und 6.

c) und schließlich für die Stabkräfte N_4 und N_5 (vgl. Abb. 5.6.4):

$$\sum F_y=0:\quad -N_3-N_5\sin(\alpha)=0\quad\Rightarrow\quad N_5=-\frac{N_3}{\sin(\alpha)}=-10\,\text{kN}\,,\tag{5.6.5}$$

$$\sum F_x=0:\quad N_1-N_4-N_5\cos(\alpha)=0\quad\Rightarrow\quad N_4=N_1-N_5\cos(\alpha)=16\,\text{kN}\,.$$

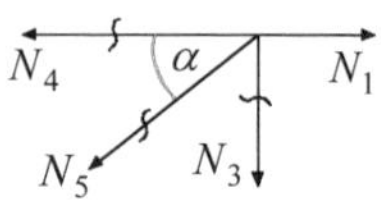

Abb. 5.6.4: Normalkräfte in den Stäben 4 und 5.

Will man nun die normierten Kraftgrößen $\overline{N}_i$ errechnen, so gelingt dieses im vorliegenden Fall sehr einfach. Die Kraft der Stärke Eins ist in demselben Punkt und in derselben Richtung wie die vormals eingeprägten 6 kN einzuzeichnen. Mithin sind alle Resultate für die Kräfte N_i einfach durch den Wert 6 zu teilen. Alle Resultate für die Kräfte werden nun in einer Tabelle zusammengefasst, was die Berechnung der Verschiebung nach Gleichung (21.2.1) sehr vereinfacht. Es resultiert:

$$\delta_m=\frac{1787\,\dfrac{\text{kN}}{\text{cm}}}{210\cdot10^5\,\dfrac{\text{N}}{\text{cm}^2}}=0{,}85\,\text{mm}\tag{5.6.6}$$

Stab	N_i [kN]	$\overline{N}_i$ [–]	A_i [cm^2]	l_i [cm]	$\frac{\overline{N}_i N_i l_i}{A_i}$ $\left[\frac{\text{kN}}{\text{cm}}\right]$
1	8	8/6	8	200	266
2	-10	-10/6	15	250	278
3	6	6/6	12	150	75
4	16	16/6	12	200	711
5	-10	-10/6	15	250	278
6	-8	-8/6	12	200	178
$\sum\limits_{1=i}^{6}$					1787

5.6.2 Beispiel zum PdvK: Reine Normalkraftbelastung in Fachwerken

Problemstellung

Wir betrachten das in Abb. 5.6.5 dargestellte, statisch belastete Fachwerk. Gegeben ist der E-Modul des Stabmaterials (Aluminium) $E = 70000\ \text{N/mm}^2$ und die Stabquerschnittsflächen $A = 150\ \text{cm}^2$. Gesucht sind die horizontale und vertikale Verschiebung des belasteten Fachwerks im Punkt k.

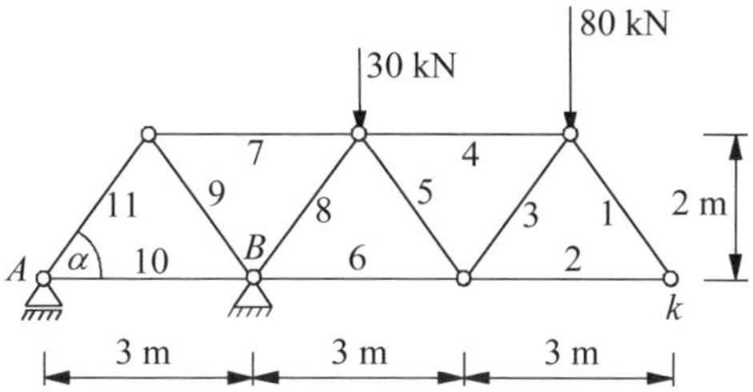

Abb. 5.6.5: Geometrie eines Fachwerks.

Lösung

Die horizontale bzw. vertikale Verschiebung $\delta_k^{x/y}$ wird nach folgender Gleichung berechnet:

$$\delta_k^{x/y} = \frac{1}{EA} \sum_{i=1}^{n} \overline{N}_i^{x/y} N_i l_i \,, \tag{5.6.7}$$

wobei $\overline{N}_i^{x/y}$ die durch Anbringen einer (virtuellen) Kraft in x- bzw. y-Richtung im Stabe i resultierende (dimensionslose) Normalkraft bezeichnet. Die virtuelle Kraft hat dabei die Stärke Eins, wird an der Stelle k angebracht und weist in Richtung der jeweils interessierenden Verformung. Ferner bezeichnet N_i die sich im tatsächlichen System im Stabe i einstellende Normalkraft, und l_i steht für die Längen der betreffenden Stäbe. Konkret finden wir für in der Abb. 5.6.5 nicht angegebenen Längen der Stäbe 1, 3, 5, 8, 9 und 11:

$$l = \sqrt{2^2 + 1{,}5^2} = 2{,}5\ \text{m} \tag{5.6.8}$$

und für den in der Abbildung eingetragenen Winkel α:

$$\tan(\alpha)=\frac{2}{1{,}5} \quad\Rightarrow\quad \alpha=53{,}1^\circ . \tag{5.6.9}$$

Wir berechnen N_i für jeden Stab mithilfe des Knotenpunktverfahrens. Zuvor ergibt sich für die Kräfte in den Lagerpunkten A und B (Vertikalkomponenten nach oben angetragen und Horizontalkomponenten nach links):

$$\sum F_x=0:\quad F_{Bx}=0\,,\quad \sum F_y=0:\quad F_{Ay}+F_{By}-110\,\text{kN}=0\,, \tag{5.6.10}$$

$$\sum M^{(A)}=0:\quad -30\,\text{kN}\cdot 4{,}5\,\text{m}-80\,\text{kN}\cdot 7{,}5\,\text{m}+F_{By}\cdot 3\,\text{m}=0\,,$$

also:

$$F_{By}=245\,\text{kN}\,,\quad F_{Ay}=-135\,\text{kN}\,. \tag{5.6.11}$$

Damit sind wir in der Lage, das RITTERschnittverfahren anzuwenden, z. B. für die Stäbe 7, 9 und 11: Abb. 5.6.6.

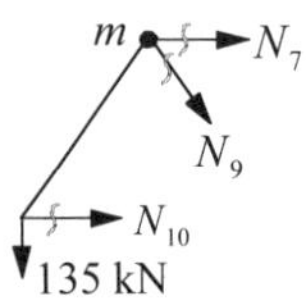

Abb. 5.6.6: Ein Schnitt durch die Fachwerkstäbe 7, 9 und 10.

Die Gleichgewichtsbedingungen lauten:

$$\sum F_y=0:\quad -135\,\text{kN}-N_9\sin(\alpha)=0 \quad\Rightarrow\quad N_9=-168{,}8\,\text{kN}\,,$$

$$\sum M^{(m)}=0:\quad N_{10}\cdot 2\,\text{m}+135\,\text{kN}\cdot 1{,}5\,\text{m}=0 \quad\Rightarrow\quad N_{10}=-101{,}4\,\text{kN}\,, \tag{5.6.12}$$

$$\sum F_x=0:\quad N_{10}+N_9\cos(\alpha)+N_7=0 \quad\Rightarrow\quad N_7=202{,}7\,\text{kN}\,.$$

Für die anderen Stäbe läuft die Rechnung analog. Alle Stabkräfte sind weiter unten in einer Tabelle zusammengefasst. Wir denken nun im Punkte k eine horizontal nach rechts weisende Einskraft angebracht und berechnen per RITTERschnittverfahren die daraus resultierenden virtuellen Kräfte $\overline{N}_i^x$ in jedem Stab i, also z. B. für die Stäbe 2, 3 und 4 wie in Abb. 5.6.7 angedeutet.

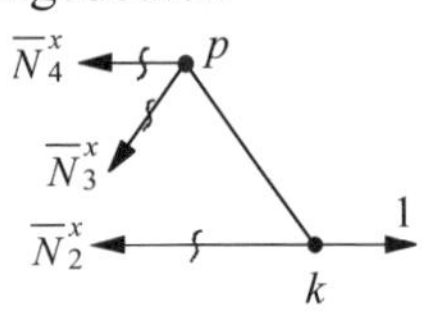

Abb. 5.6.7: Ein Schnitt durch die Fachwerkstäbe 2, 3 und 4.

Es resultiert:

$$\sum \overline{F}_y=0:\quad -\overline{N}_3^x\sin(\alpha)=0 \quad\Rightarrow\quad \overline{N}_3^x=0\,,$$

$$\sum M^{(p)}=0:\quad 1\cdot 2\,\text{m}-\overline{N}_2^x\cdot 2\,\text{m}=0 \quad\Rightarrow\quad \overline{N}_2^x=1\,, \tag{5.6.13}$$

$$\sum \overline{F}_x=0:\quad -\overline{N}_4^x-\overline{N}_2^x+1=0 \quad\Rightarrow\quad \overline{N}_4^x=0\,.$$

In analoger Weise wird bei den verbleibenden Stäben verfahren. Als Nächstes wird im Punkt k eine vertikal nach unten weisende Einskraft angebracht und wiederum per

RITTERschnittverfahren die daraus resultierenden virtuellen Kräfte $\overline{N}_i^y$ in jedem Stab i berechnet. Z. B. wird für die Stäbe 2, 3 und 4 (vgl. Abb. 5.6.8):

$$\sum \overline{F}_y = 0: \quad -1 - \overline{N}_3^y \sin(\alpha) = 0 \quad \Rightarrow \quad \overline{N}_3^y = -1{,}25\,,$$

$$\sum \overline{M}^{(p)} = 0: \quad -1 \cdot 1{,}5\text{ m} - \overline{N}_2^y \cdot 2\text{ m} = 0 \quad \Rightarrow \quad \overline{N}_2^y = -0{,}75\,, \tag{5.6.14}$$

$$\sum \overline{F}_x = 0: \quad -\overline{N}_4^y - \overline{N}_2^y - \overline{N}_3^y \cos(\alpha) = 0 \quad \Rightarrow \quad \overline{N}_4^y = 1{,}5\,.$$

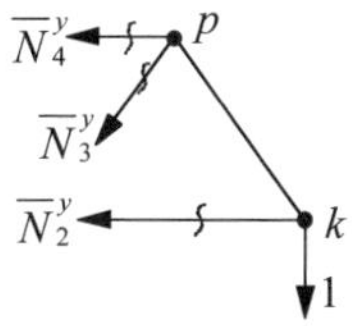

Abb. 5.6.8: Ein Schnitt durch die Fachwerkstäbe 2, 3 und 4.

Für die übrigen Stäbe erfolgt die Rechnung analog. Alle Resultate sind in der nachstehenden Tabelle zusammengefasst.

Stab i	N_i [kN]	$\overline{N}_i^x$ [–]	$\overline{N}_i^y$ [–]	l_i [cm]	$\overline{N}_i^x N_i l_i$ [kNcm]	$\overline{N}_i^y N_i l_i$ [kNcm]
1	0	0	1,25	250	0	0
2	0	1	-0,75	300	0	0
3	-100,0	0	-1,25	250	0	31250,0
4	60,1	0	1,5	300	0	27000,0
5	100,0	0	1,25	250	0	31250,0
6	-120,1	1	-2,25	300	-36030	81067,5
7	202,7	0	3	300	0	182430,0
8	-137,6	0	-1,25	250	0	42968,8
9	-168,8	0	-2,5	250	0	105500,0
10	-101,3	0	-1,5	300	0	45630,0
11	168,6	0	2,5	250	0	105500,0
$\sum_{i=1}^{11}$					-36030	652596,3

Somit ergibt sich

$$\delta_k^x = -\frac{36030 \cdot 10^3\,\text{cm}}{70000 \cdot 100 \cdot 150} = -0{,}34\text{ mm}\,, \quad \delta_k^y = \frac{652596{,}3 \cdot 10^3\,\text{cm}}{70000 \cdot 100 \cdot 150} = 6{,}22\text{ mm}\,. \tag{5.6.15}$$

Bemerkenswert ist, dass die horizontale Verschiebung ein negatives Vorzeichen trägt, und das macht Sinn, denn das Fachwerk versucht, im Punkt k nach links wegzukippen.

5.6.3 Absenkung eines Punkts auf einem Balken auf zwei Stützen

Problemstellung

Betrachte den in Abb. 5.6.9 dargestellten Balken auf zwei Stützen unter den Kräften F.

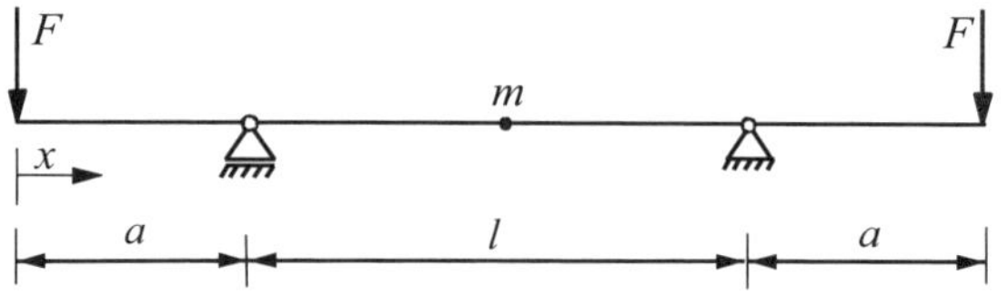

Abb. 5.6.9: Zur Geometrie eines belasteten Trägers.

Bestimme mithilfe des PdvK die im Punkte m auftretende vertikale Verschiebung.

Lösung

Die Verschiebung berechnet sich aus der folgenden Gleichung:

$$\delta_m = \frac{1}{EI} \int_{\text{Träger}} M(x)\,\overline{M}(x)\,\mathrm{d}x\,. \tag{5.6.16}$$

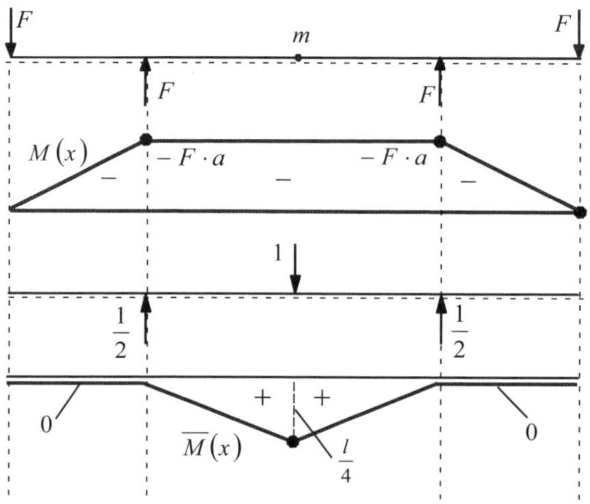

Abb. 5.6.10: Momentenflächen.

Dabei bezeichnet $M(x)$ die aus der realen Belastung resultierende Momentenfläche und $\overline{M}(x)$ ist die durch Aufprägung einer (virtuellen) Kraft der Stärke Eins im interessierenden Punkt m entstehende virtuelle Momentenfläche, wobei die Richtung der Einskraft im vorliegenden Fall ansatzweise nach unten gewählt werden soll. Die aus den genannten Belastungen resultierenden Momentenflächen sind in Abb. 5.6.10 dargestellt. Damit werden folgende Integrationen notwendig:

$$\delta_m = \frac{1}{EI}\left[\int_{x=a}^{x=a+l/2} M(x)\,\overline{M}(x)\,\mathrm{d}x + \int_{x=a+l/2}^{x=a+l} M(x)\,\overline{M}(x)\,\mathrm{d}x\right] = \tag{5.6.17}$$

$$-\frac{Fa}{EI}\left[\int_{x'=0}^{x'=l/2} \tfrac{1}{2}x'\,\mathrm{d}x' + (-F\cdot a)\int_{x''=0}^{x''=l/2}\left(\tfrac{1}{4}l - \tfrac{1}{2}x''\right)\mathrm{d}x''\right] = -\frac{Fa}{EI}\frac{l^2}{8}\,.$$

Es sei darauf hingewiesen, dass man sich die direkte Integration sparen kann, wenn man die in Problem 5.6.5 aufgeführte Koppeltabelle verwendet. Außerdem ist bemerkenswert, dass sich für die Verschiebung ein negatives Vorzeichen ergeben hat. Der Balken wird sich also unter der vorgegebenen Belastung in der Mitte nach oben bewegen, was auch nicht weiter verwundert, wenn man Abb. 5.6.9 genauer betrachtet.

5.6.4 Deformation in einem Viertelkreisbogen

Problemstellung

Betrachte den in Abb. 5.6.11 dargestellten, einseitig fest eingespannten Viertelkreisbogen, an dessen freiem Ende m die Punktlast F in horizontaler Richtung angreift. Gesucht ist die Verschiebung in vertikaler Richtung in eben diesem Punkte. Sie soll mithilfe des PdvK berechnet werden.

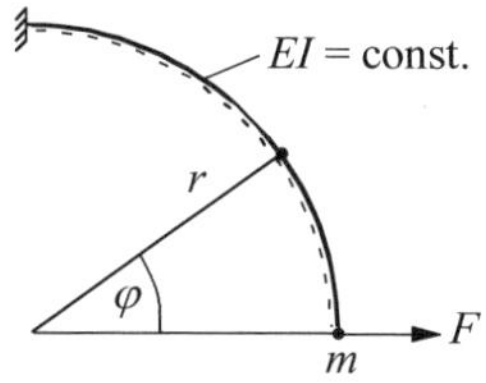

Abb. 5.6.11: Unter Last stehender, elastischer Viertelkreisbogen.

Lösung

Die vertikale Verschiebung berechnet sich aus der folgenden Gleichung:

$$\delta_m = \frac{r}{EI} \int_0^{\pi/2} M(\varphi)\,\overline{M}(\varphi)\,\mathrm{d}\varphi\,. \tag{5.6.18}$$

Dabei bezeichnet $M(\varphi)$ die aus der vorgegebenen Belastung resultierende Momentenfläche und $\overline{M}(\varphi)$ ist die durch Aufprägung einer (virtuellen) Kraft der Stärke Eins im interessierenden Punkt m resultierende virtuelle Momentenfläche, wobei die Richtung der Einskraft in Verschiebungsrichtung weist. Wir nehmen sie nachstehend als vertikal nach unten weisend an. Für die Momentenflächen notieren wir für die in Abbildung eingezeichnete Winkelstellung φ unter Beachtung der eingezeichneten gestrichelten Hilfslinie:

$$M(\varphi) = Fr\sin(\varphi)\ ,\quad \overline{M}(\varphi) = -[1-\cos(\varphi)]\,r\,. \tag{5.6.19}$$

Mithin entsteht durch Einsetzen in die Gleichung (5.6.18):

$$\delta_m = -\frac{Fr^3}{EI} \int_0^{\pi/2} [\sin(\varphi) - \sin(\varphi)\cos(\varphi)]\,\mathrm{d}\varphi = \tag{5.6.20}$$

$$-\frac{Fr^3}{EI}\Big[-\cos(\varphi)\Big|_0^{\pi/2} + \tfrac{1}{4}\cos(2\varphi)\Big|_0^{\pi/2}\Big] = -\tfrac{1}{2}\frac{Fr^3}{EI}\,.$$

Das negative Vorzeichen zeigt an, dass die Richtung der angesetzten Einskraft falsch war. Die Verschiebung erfolgt vertikal nach oben und nicht nach unten. Der Bogen biegt sich auf.

5.6.5 Absenkung einer Kreiswelle

Problemstellung

Betrachte die in Abb. 5.6.12 dargestellte Kreiswelle aus Stahl $\left(E = 2{,}1\cdot 10^4\ \frac{\mathrm{kN}}{\mathrm{cm}^2}\right)$ unter den Querlasten $F = 48\ \mathrm{kN}$. Bestimme mithilfe des PdvK die im Punkte m auftretende Absenkung.

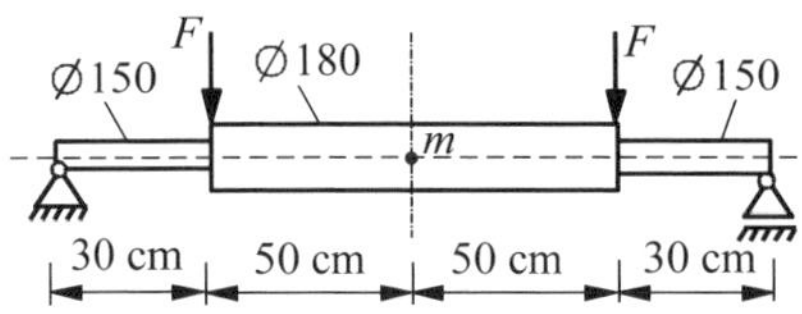

Abb. 5.6.12: Geometrie einer Kreiswelle.

Lösung

Die Absenkung berechnet sich aus der folgenden Gleichung:

$$\delta_m = \frac{1}{E}\int_0^l \frac{M(x)\overline{M}(x)}{I(x)}\,\mathrm{d}x\,. \tag{5.6.21}$$

Dabei bezeichnet $M(x)$ die aus der realen Belastung resultierende Momentenfläche, und $\overline{M}(x)$ ist die durch Aufprägung einer (virtuellen) Kraft der Stärke Eins im interessierenden Punkt m resultierende virtuelle Momentenfläche, wobei die Richtung der Einskraft in Verschiebungsrichtung weist, also im vorliegenden Fall vertikal nach unten. Ferner bezeichnet $I(x)$ das über der Wellenachse x veränderliche Flächenträgheitsmoment. Hierfür sei notiert, dass für eine Kreiswelle mit Durchmesser d gilt:

$$I = \tfrac{\pi}{64}d^4\,. \tag{5.6.22}$$

Mithin folgt:

$$I_{\varnothing 150} = \tfrac{\pi}{64}15^4\,\mathrm{cm}^4 = 2485\,\mathrm{cm}^4\,,\quad I_{\varnothing 180} = \tfrac{\pi}{64}18^4\,\mathrm{cm}^4 = 5153\,\mathrm{cm}^4\,. \tag{5.6.23}$$

Die aus den genannten Belastungen resultierenden Momentenflächen sind in Abb. 5.6.13 dargestellt. Wir erkennen, dass bei der Berechnung der Integrale:

$$\delta_m = \tfrac{1}{EI_{\varnothing 150}}\int_0^{0,3\,\mathrm{m}} M(x)\overline{M}(x)\,\mathrm{d}x + \tfrac{1}{EI_{\varnothing 150}}\int_{0,3\,\mathrm{m}}^{1,3\,\mathrm{m}} M(x)\overline{M}(x)\,\mathrm{d}x + \tfrac{1}{EI_{\varnothing 150}}\int_{1,3\,\mathrm{m}}^{1,6\,\mathrm{m}} M(x)\overline{M}(x)\,\mathrm{d}x \tag{5.6.24}$$

jeweils Dreiecksflächen mit Dreiecksflächen bzw. Rechtecksflächen mit Trapezflächen verknüpft werden. Die dazugehörigen Integrationen kann man sich ersparen, wenn man von der nachstehenden Koppeltabelle konsequenten Gebrauch macht. Diese zeigt die bei Kombination verschiedener Flächenformen (Rechtecke, Dreiecke, Trapeze und Parabeln zweiter Ordnung) dazugehörige Konstante C aus der folgenden Gleichung:

$$\delta_m = \frac{1}{EI}\int_0^l M(x)\overline{M}(x)\,\mathrm{d}x = C\frac{l}{EI}\,. \tag{5.6.25}$$

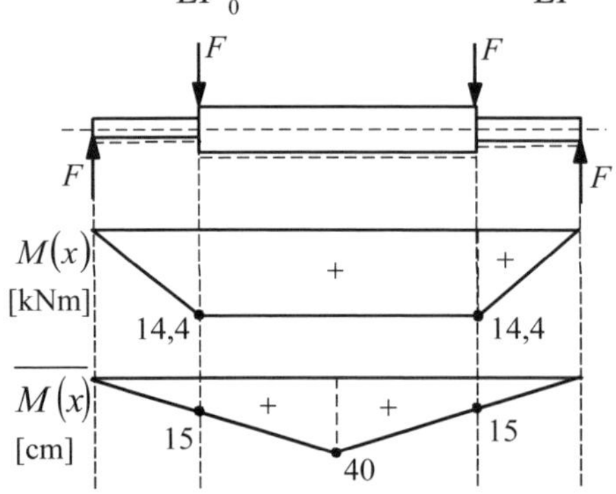

Abb. 5.6.13: Momentenflächen.

Man findet so:

$$\delta_m = \frac{1}{2{,}1\cdot 10^4 \,\dfrac{\text{kN}}{\text{cm}^2}}\left(\frac{2\cdot\frac{1}{3}\cdot 14{,}4\,\text{kNm}\cdot 15\,\text{cm}\cdot 30\,\text{cm}}{2485\,\text{cm}^4}+\right. \tag{5.6.26}$$

$$\left.\frac{2\cdot\frac{1}{2}\cdot(15+40)\,\text{cm}\cdot 14{,}4\,\text{kNm}\cdot 500\,\text{cm}}{5153\,\text{cm}^4}\right)=0{,}45\,\text{mm}.$$

	A (Rechteck)	A (Dreieck)	B (Dreieck)	A B (Trapez)
a (Rechteck)	$A\cdot a$	$\frac{1}{2}A\cdot a$	$\frac{1}{2}B\cdot a$	$\frac{1}{2}(A+B)\cdot a$
a (Dreieck)	$\frac{1}{2}A\cdot a$	$\frac{1}{3}A\cdot a$	$\frac{1}{6}B\cdot a$	$\frac{1}{6}(2A+B)\cdot a$
a, b (Trapez)	$\frac{1}{2}A\cdot(a+b)$	$\frac{1}{6}A\cdot(2a+b)$	$\frac{1}{6}B\cdot(a+2b)$	$\frac{1}{6}(2Aa+2Bb+Ab+Ba)$
a (Parabel)	$\frac{2}{3}A\cdot a$	$\frac{1}{3}A\cdot a$	$\frac{1}{3}B\cdot a$	$\frac{1}{3}(A+B)\cdot a$
a (Parabel)	$\frac{2}{3}A\cdot a$	$\frac{5}{12}A\cdot a$	$\frac{1}{4}B\cdot a$	$\frac{1}{12}(5A+3B)\cdot a$
a (Parabel)	$\frac{1}{3}A\cdot a$	$\frac{1}{4}A\cdot a$	$\frac{1}{12}B\cdot a$	$\frac{1}{12}(3A+B)\cdot a$

5.6.6 Behandlung eines einfach statisch unbestimmten Systems mithilfe des Prinzips der virtuellen Kraft

Problemstellung

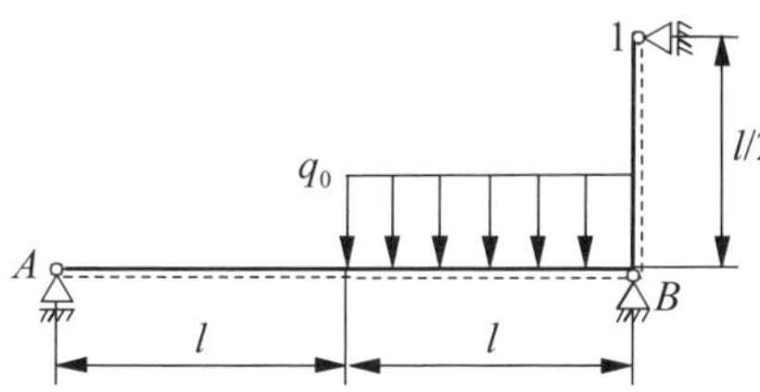

Abb. 5.6.14: Einfach statisch unbestimmt gelagerter Träger.

Das Prinzip der virtuellen Kraft soll verwendet werden, um die Auflagerreaktionen und die Momentenfläche für das in Abb. 5.6.14 dargestellte, einfach statisch unbestimmte System zu berechnen.

Lösung

In einem 1. Schritt ändern wir das statisch unbestimmte System in ein statisch bestimmtes System durch Entfernung des oberen Lagers ab: Abb. 5.6.15. Hierfür bestimmen wir die auftretende Verschiebung δ_{11} des Punktes 1, indem wir a) die zu dieser Belastungssituation gehörige Momentenfläche $M_1(x)$ mit den üblichen Verfahren ermitteln und b) an besagter Stelle eine virtuelle, nach links gerichtete Einskraft anbringen. Für diese Belastung bestimmen wir die zugehörige (virtuelle) Momentenfläche $\overline{M}_1(x)$ und ermitteln die Verschiebung gemäß der Gleichung:

$$\delta_{11} = \frac{1}{EI} \int_{\text{Träger}} M_1(x)\,\overline{M}_1(x)\,dx\,. \tag{5.6.27}$$

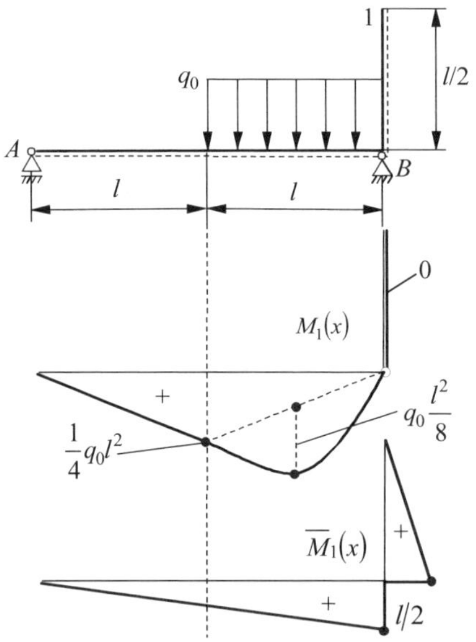

Abb. 5.6.15: Einfach statisch bestimmt gelagerter Träger mit zugehörigen Momentenflächen.

Bei der Berechnung der Integrale lässt sich die in Problem 5.6 aufgeführte Tabelle vorteilhaft verwenden:

$$EI\delta_{11} = \tfrac{1}{3}\tfrac{1}{4}q_0 l^2 \cdot \tfrac{1}{4}l \cdot l + \tfrac{1}{6}\tfrac{1}{4}q_0 l^2 \cdot \left(\tfrac{1}{2}l + 2\tfrac{1}{4}l\right) \cdot l + \tfrac{1}{3} \cdot \left(\tfrac{1}{2}l + \tfrac{1}{4}l\right) \cdot \tfrac{1}{8}q_0 l^2 \cdot l = \tfrac{3}{32}q_0 l^4\,. \tag{5.6.28}$$

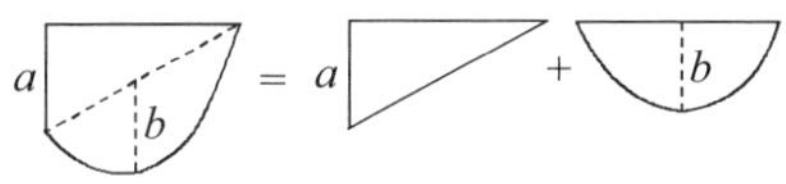

Abb. 5.6.16: Aufteilung zusammengesetzter Momentenflächen.

Es sei bemerkt, dass vor Anwendung der Tabelle der nichtlineare Momentenabschnitt, wie in Abb. 5.6.16 dargestellt, aufzuteilen ist. In einem 2. Schritt betrachten wir nun die in Abb. 5.6.17 dargestellte Situation. Im Punkte 1 wirkt auf den Träger nun eine nach rechts weisende Auflagerkraft unbekannter Größe F_1. Diese Kraft führt zu einer dazu proportionalen Momentenverteilung $M_2(x)$. Wir wünschen die von dieser Kraft resultierende Verschiebung δ_{21} zu bestimmen und setzen daher an derselben Stelle eine virtuelle Kraft der Stärke Eins in gleicher Richtung an. Diese Einskraft führt auf eine Momentenverteilung $\overline{M}_2(x)$, und damit wird die resultierende Verschiebung δ_{21} berechenbar gemäß:

$$\delta_{21} = \frac{1}{EI} \int_{\text{Träger}} M_2(x)\overline{M}_2(x)\,dx\,. \tag{5.6.29}$$

Energiemethoden

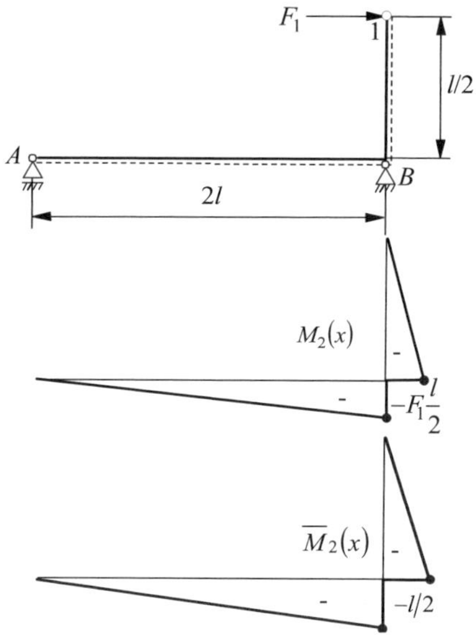

Abb. 5.6.17: Zur Verformungsberechnung durch eine Auflagerkraft im Punkt 1.

Beide Momentenflächen sind in Abb. 5.6.16 skizziert. Das Ergebnis lautet:

$$EI\delta_{21} = \tfrac{1}{3}F_1\left(-\tfrac{1}{2}l\right)\cdot\left(-\tfrac{1}{2}l\right)\cdot 2l + \tfrac{1}{3}F_1\left(-\tfrac{1}{2}l\right)\cdot\left(-\tfrac{1}{2}l\right)\cdot\tfrac{1}{2}l = \tfrac{5}{24}F_1 l^3 . \tag{5.6.30}$$

Mithin ist die folgende Verformungsbedingung zu erfüllen, um die in Abb. 5.6.14 dargestellte Situation zu erfassen:

$$\delta_{11} = \delta_{21} \tag{5.6.31}$$

und durch Kombination der Gleichungen (5.6.28/30) folgt für die gesuchte Lagerkraft im Punkte 1:

$$F_1 = \tfrac{9}{20}q_0 l . \tag{5.6.32}$$

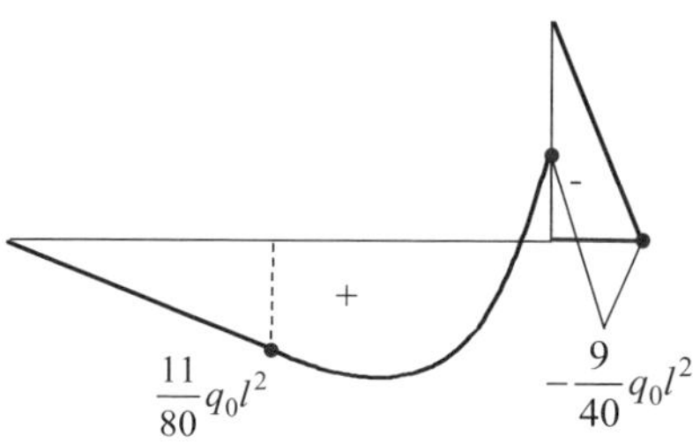

Abb. 5.6.18: Wahre Momentenfläche.

Ist diese Kraft einmal bekannt, so gelingt es, durch Anwendung der bekannten drei Gleichgewichtsbedingungen die Lagerkräfte in den Punkten A und B der Abb. 5.6.14 zu ermitteln (Vertikalfreischnitte nach oben, Horizontalfreischnitte nach links angetragen):

$$\begin{aligned} &\sum F_x = 0: \quad F_{Bx} = \tfrac{9}{20}q_0 l , \\ &\sum M^{(A)} = 0: \quad F_{By}\cdot 2l - q_0 l\cdot\tfrac{3}{2}l - \tfrac{9}{20}q_0 l\cdot\tfrac{1}{2}l = 0 \quad\Rightarrow\quad F_{By} = \tfrac{69}{80}q_0 l , \\ &\sum F_y = 0: \quad F_{Ay} + F_{By} - q_0 l = 0 \quad\Rightarrow\quad F_{Ay} = \tfrac{11}{80}q_0 l . \end{aligned} \tag{5.6.33}$$

Damit gelingt es sofort, die in Abb. 5.6.18 dargestellte, endgültige Momentenfläche zu zeichnen.

5.6.7 Zweifach statisch unbestimmter Träger unter Gleichstreckenlast

Problemstellung

Wir betrachten den in Abb. 5.6.19 dargestellten, zweifach statisch unbestimmten Träger unter der Gleichstreckenlast q_0.

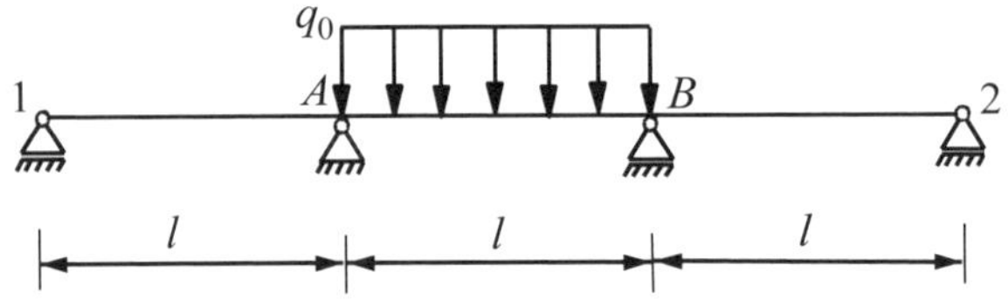

Abb. 5.6.19: Zweifach statisch unbestimmter Träger.

Gegeben ist der E-Modul des Balkenmaterials, das Flächenträgheitsmoment I, die Gleichstreckenlast q_0 und die Länge l. Bestimme mithilfe des PdvK alle Lagerkräfte.

Lösung

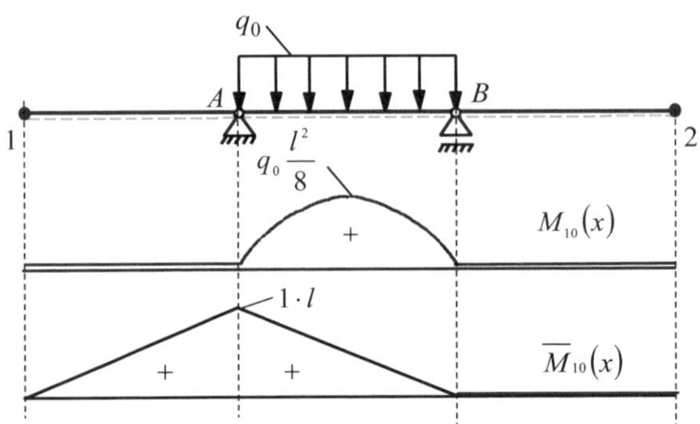

Abb. 5.6.20: Statisch bestimmtes System.

In einem 1. Schritt wandeln wir das in Abb. 5.6.19 dargestellte System durch Weglassen der Stützen 1 und 2 in ein statisch bestimmtes System um: Abb. 5.6.20. Im Gegensatz zum ursprünglichen System werden in diesem System in den Punkten 1 und 2 Verformungen resultieren und zwar in vertikaler Richtung nach oben. Die Berechnung der Verformung im Punkt 1 erfolgt über die folgende Gleichung:

$$\delta_{10} = \frac{1}{EI} \int_L M_{10}(x) \overline{M}_{10}(x) \mathrm{d}x . \tag{5.6.34}$$

Dabei bezeichnet $M_{10}(x)$ die aus der realen Belastung resultierende Momentenfläche, und $\overline{M}_{10}(x)$ ist die durch Aufprägung einer (virtuellen) Kraft der Stärke Eins im Punkte 1 resultierende virtuelle Momentenfläche, wobei die Richtung der Einskraft in Verschiebungsrichtung weist, also im vorliegenden Fall vertikal nach oben. Beide Momentenflächen sind in Abb. 5.6.20 dargestellt. Bei der Berechnung der in Gleichung (5.6.34) auftretenden Integrale (Parabelfläche 2. Ordnung trifft auf eine Dreiecksfläche) ist die in Aufgabe 5.6.5 notierte Koppeltabelle nützlich:

$$\delta_{10} = \frac{1}{EI} \frac{1}{3} l \, q_0 \frac{l^2}{8} l = \frac{1}{24} \frac{q_0 \, l^4}{EI} . \tag{5.6.35}$$

Aus Symmetriegründen ergibt sich dieselbe Verformung im Punkte 2, wie man auch durch direkte Rechnung nachweisen kann:

$$\delta_{10} = \delta_{20} . \tag{5.6.36}$$

In einem 2. Schritt wird nun die Wirkung der im Punkte 1 angreifenden, vertikal nach oben angenommenen Lagerkraft F_1 untersucht. Bei der Berechnung der durch sie resultierenden Verformung im Punkte 1 verwenden wir die Gleichung:

$$\delta_{11} = \frac{1}{EI} \int_L M_{11}(x)\overline{M}_{11}(x)\,\mathrm{d}x = \frac{2}{EI}\tfrac{1}{3}F_1 l^2 l = \tfrac{2}{3}\frac{l^3}{EI}F_1 . \tag{5.6.37}$$

Hierbei bezeichnet $M_{11}(x)$ die aus der Belastung durch die unbekannte Lagerkraft F_1 resultierende Momentenfläche und $\overline{M}_{11}(x)$, ist die durch Aufprägung einer (virtuellen) Kraft der Stärke Eins im Punkte 1 resultierende virtuelle Momentenfläche, wobei die Richtung der Einskraft in Verschiebungsrichtung weist, also im vorliegenden Fall wieder vertikal nach oben. Beide Momentenflächen sind in Abb. 5.6.21 dargestellt. Bei der Berechnung der in Gleichung (5.6.37) auftretenden Integrale wurde die Koppeltabelle aus Aufgabe 5.6 (zweimal trifft ein Dreieck auf ein Dreieck) verwendet und außerdem Gebrauch von folgenden Auflagerkräften in den Punkten A und B gemacht (Auflager wie in Abb. 5.6.20 dargestellt):

$$\sum M^{(B)} = 0: \quad -F_1 \cdot 2l + F_{Ay} \cdot l = 0 \quad \Rightarrow \quad F_{Ay} = 2F_1 , \tag{5.6.38}$$

$$\sum F_y = 0: \quad F_1 - F_{Ay} + F_{By} = 0 \quad \Rightarrow \quad F_{By} = F_1$$

sowie:

$$\sum \overline{M}^{(B)} = 0: \quad -1 \cdot 2l + \overline{F}_{Ay} \cdot l = 0 \quad \Rightarrow \quad \overline{F}_{Ay} = 2 , \tag{5.6.39}$$

$$\sum \overline{F}_y = 0: \quad 1 - \overline{F}_{Ay} + \overline{F}_{By} = 0 \quad \Rightarrow \quad \overline{F}_{By} = 1 .$$

Zur Berechnung der aus der Auflagerkraft F_1 resultierenden Verformung im Punkte 2 verwenden wir die Gleichung:

$$\delta_{21} = \frac{1}{EI} \int_L M_{11}(x)\overline{M}_{21}(x)\,\mathrm{d}x = \frac{F_1\, l^3}{6EI} . \tag{5.6.40}$$

Dabei bezeichnet $\overline{M}_{21}(x)$ die Momentenfläche, die zu einer im Punkte 2 vertikal nach oben weisenden Einskraft gehört. Diese Fläche ist ebenfalls in Abb. 5.6.21 dargestellt. Abschließend werden in einem 3. Schritt die Verschiebungen berechnet, die sich aufgrund der im Punkte 2 anwesenden Lagerkraft F_2 ergeben. Wegen der Symmetrie der Anordnung lassen sich die im 2. Schritt erzielten Ergebnisse sinngemäß übertragen. Wir erhalten für die im Punkte 2 aufgrund der dort anwesenden Lagerreaktion F_2 resultierende Verschiebung:

$$\delta_{22} = \frac{F_2 \cdot 2\, l^3}{3EI} \tag{5.6.41}$$

und für die im Punkte 1 resultierende Verschiebung:

$$\delta_{12} = \frac{F_2\, l^3}{6EI} . \tag{5.6.42}$$

Die im 1. Schritt berechneten Verschiebungen müssen durch die in den Schritten 2 und 3 aus den Auflagerreaktionen berechneten Verschiebungen kompensiert werden, und wir müssen somit die folgenden Verschiebungsbedingungen fordern:

$$\delta_{10} + \delta_{11} + \delta_{12} = 0 \;, \quad \delta_{20} + \delta_{21} + \delta_{22} = 0 . \tag{5.6.43}$$

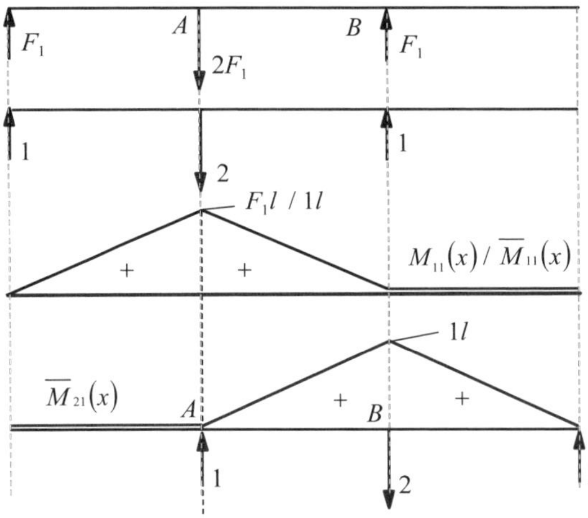

Abb. 5.6.21: Momentenflächen

Dies ist das zur Bestimmung der beiden unbekannten Reaktionskräfte nötige Gleichungssystem, aus welchem folgt:

$$F_1 = F_2 = -\frac{q_0\, l}{20}. \tag{5.6.44}$$

Der endgültige Schnittmomentenverlauf lässt sich damit berechnen und ist in Abb. 5.6.22 skizziert.

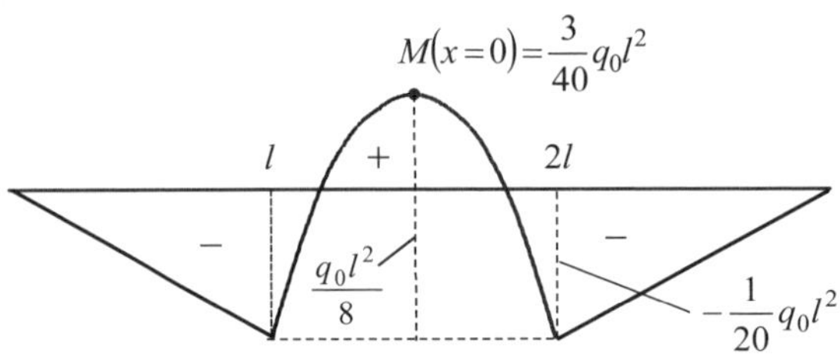

Abb. 5.6.22: Skizze der wahren Momentenfläche.

5.7 Dynamische Energieprinzipe

5.7.1 Gedämpfte schwingende Walze

Problemstellung

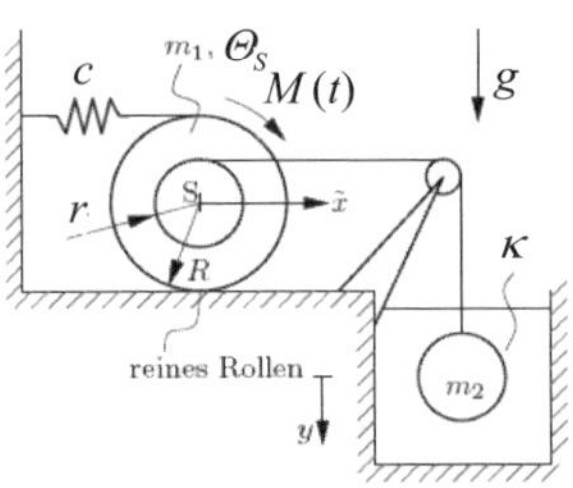

Abb. 5.7.1: Feder-Dämpfer-System.

Das in Abb. 5.7.1dargestellte System wird durch das harmonische Moment $M(t)$ zum Schwingen angeregt. Der Strömungswiderstand der Kugel ist proportional zur Geschwindigkeit mit dem Widerstandskoeffizienten κ. Alle anderen Widerstände, die Masse der Umlenkrolle sowie der hydrostatische Auftrieb der Kugel sollen vernachlässigt werden.

Die nicht dehnbaren Seile bleiben immer gespannt. Die Feder ist bei $\tilde{x}=0$ entspannt. Im Folgenden sollen die statische Ruhelage x_{stat} für den Fall $M(t)=0$ sowie die Bewegungsdifferenzialgleichung um die statische Ruhelage (in der Variablen $x=\tilde{x}-x_{\mathrm{stat}}$) bestimmt werden. Dabei sind m_1, m_2, Θ_S, $M(t)=M_0\cos(\Omega t)$, M_0, Ω, g, c, κ gegeben.

Lösung

Die verallgemeinerten EULER-LAGRANGE-Gleichungen lauten:

$$\frac{\mathrm{d}}{\mathrm{d}t}\frac{\partial L}{\partial \dot{q}_j}-\frac{\partial L}{\partial q_j}=Q_j^*, \tag{5.7.1}$$

wobei:

$$L=E^{\mathrm{kin}}-U \quad \text{und} \quad q_j=q_1=\tilde{x}, \tag{5.7.2}$$

d. h. nur ein Freiheitsgrad vorliegt. Für die kinetische Energie des Systems gilt:

$$E^{\mathrm{kin}}=\tfrac{1}{2}m_1\underline{\dot{x}}_1^2+\tfrac{1}{2}\Theta_S\underline{\omega}_1^2+\tfrac{1}{2}m_2\underline{\dot{y}}_2^2 \tag{5.7.3}$$

mit:

$$\underline{\dot{x}}_1=\dot{\tilde{x}}\underline{e}_x \quad\Rightarrow\quad \underline{\dot{x}}_1^2=\dot{\tilde{x}}^2\;,\quad \underline{\omega}_1=\omega\underline{e}_z=\frac{\dot{\tilde{x}}}{R}\underline{e}_z \quad\Rightarrow\quad \underline{\omega}_1^2=\frac{\dot{\tilde{x}}^2}{R^2}\;, \tag{5.7.4}$$

$$\underline{\dot{x}}_2=(R+r)\omega\underline{e}_y \quad\Rightarrow\quad \underline{\dot{y}}_2^2=\left(\frac{R+r}{R}\right)^2\dot{\tilde{x}}^2 .$$

Bei Einsetzen entsteht:

$$E^{\mathrm{kin}}=\tfrac{1}{2}m_1\dot{\tilde{x}}^2+\tfrac{1}{2}\frac{\Theta_S}{R^2}\dot{\tilde{x}}^2+\tfrac{1}{2}m_2\left(\frac{R+r}{R}\right)^2\dot{\tilde{x}}^2 . \tag{5.7.5}$$

Die potenzielle Energie des Systems kann unter Berücksichtigung, dass das Nullniveau der Kugel bei $y_2=0$ liegt, wie folgt geschrieben werden:

$$U=\tfrac{1}{2}c(\Delta x)^2-m_2 g\,y_2 \quad \text{mit} \quad \Delta x=2\tilde{x}\,. \tag{5.7.6}$$

Für die generalisierte Kraft gilt allgemein:

$$Q_j^*=\sum_{i=1}^{N}\underline{F}_i\cdot\frac{\partial \underline{x}_i}{\partial q_j}+\underline{M}_i\cdot\frac{\partial \underline{\varphi}_i}{\partial q_j}\,, \tag{5.7.7}$$

wobei *i* die Anzahl der Körper und *j* die Anzahl der Freiheitsgrade bezeichnet. Mit der Fremderregung $M(t)$, der auf die Kugel wirkenden Dämpferkraft F_W sowie der generalisierten Koordinate $q_1=\tilde{x}$ folgt:

$$Q_1^*=\underline{F}_W\cdot\frac{\partial \underline{y}_2}{\partial\tilde{x}}+\underline{M}(t)\cdot\frac{\partial \underline{\varphi}_1}{\partial\tilde{x}}\,, \tag{5.7.8}$$

wobei:

$$\underline{F}_W=-\kappa\,\dot{y}_2\underline{e}_y=-\kappa\frac{R+r}{R}\dot{\tilde{x}}\underline{e}_y\;,\quad \underline{M}(t)=M(t)\underline{e}_z\;,\quad \underline{y}_2=\frac{R+r}{R}\tilde{x}\underline{e}_y\;,\quad \underline{\varphi}_1=\frac{\tilde{x}}{R}\underline{e}_z\,. \tag{5.7.9}$$

Indem man einsetzt und auswertet, entsteht:

$$Q_1^* = -\kappa \frac{R+r}{R}\dot{\tilde{x}}\underline{e}_y \cdot \frac{R+r}{R}\underline{e}_y + M(t)\underline{e}_z \cdot \frac{1}{R}\underline{e}_z = -k\left(\frac{R+r}{R}\right)^2 \dot{\tilde{x}} + \frac{M(t)}{R}. \tag{5.7.10}$$

Einsetzen der erhaltenen Ausdrücke für E^{kin}, U und Q_1^* in die LAGRANGE-Funktion liefert:

$$L = \left(\tfrac{1}{2}m_1 + \tfrac{1}{2}\frac{\Theta_S}{R^2} + \tfrac{1}{2}m_2\left(\frac{R+r}{R}\right)^2\right)\dot{\tilde{x}}^2 - 2c\tilde{x}^2 + m_2 g\frac{R+r}{R}\tilde{x} \tag{5.7.11}$$

und daraus:

$$\frac{\partial L}{\partial \tilde{x}} = -4c\tilde{x} + m_2 g\frac{R+r}{R}, \tag{5.7.12}$$

$$\frac{\partial L}{\partial \dot{\tilde{x}}} = \left(m_1 + \frac{\Theta_S}{R^2} + m_2\left(\frac{R+r}{R}\right)^2\right)\dot{\tilde{x}} \quad \Rightarrow \quad \frac{\mathrm{d}}{\mathrm{d}t}\frac{\partial L}{\partial \dot{\tilde{x}}} = \left(m_1 + \frac{\Theta_S}{R^2} + m_2\left(\frac{R+r}{R}\right)^2\right)\ddot{\tilde{x}}. \tag{5.7.13}$$

Durch Einsetzen dieser Beziehungen in die verallgemeinerten EULER-LAGRANGE-Gleichungen (5.7.1) erhält man die Bewegungsdifferenzialgleichung des Systems in der Koordinate $\tilde{x}$:

$$\left(m_1 + \frac{\Theta_S}{R^2} + m_2\left(\frac{R+r}{R}\right)^2\right)\ddot{\tilde{x}} + 4c\tilde{x} - m_2 g\frac{R+r}{R} = -\kappa\left(\frac{R+r}{R}\right)^2\dot{\tilde{x}} + \frac{M(t)}{R} \tag{5.7.14}$$

bzw.:

$$\left(m_1 + \frac{\Theta_S}{R^2} + m_2\left(\frac{R+r}{R}\right)^2\right)\ddot{\tilde{x}} + \kappa\left(\frac{R+r}{R}\right)^2\dot{\tilde{x}} + 4c\tilde{x} = m_2 g\frac{R+r}{R} + \frac{M(t)}{R}. \tag{5.7.15}$$

Mit der Forderung nach Statik, also:

$$\ddot{\tilde{x}} \equiv 0 \quad \text{und} \quad \dot{\tilde{x}} \equiv 0 \quad \text{sowie} \quad M(t) \equiv 0$$

folgt aus der Bewegungsdifferenzialgleichung für die statische Ruhelage unter Beachtung von $x = \tilde{x} - x_{\text{stat}}$:

$$x_{\text{stat}} = \frac{m_2 g}{4c}\left(\frac{R+r}{R}\right). \tag{5.7.16}$$

Die Bewegungsdifferentialgleichung des Systems, geschrieben in der Koordinate $x = \tilde{x} - x_{\text{stat}}$, lautet damit:

$$\left(m_1 + \frac{\Theta_S}{R^2} + m_2\left(\frac{R+r}{R}\right)^2\right)\ddot{x} + \kappa\left(\frac{R+r}{R}\right)^2\dot{x} + 4c\left(x + \frac{m_2 g}{4c}\left(\frac{R+r}{R}\right)\right) = \tag{5.7.17}$$

$$m_2 g\frac{R+r}{R} + \frac{M(t)}{R}$$

bzw. nach Kürzen:

$$\left(m_1 + \frac{\Theta_S}{R^2} + m_2\left(\frac{R+r}{R}\right)^2\right)\ddot{x} + \kappa\left(\frac{R+r}{R}\right)^2\dot{x} + 4cx = \frac{M_0}{R}\cos(\Omega t). \tag{5.7.18}$$

5.7.2 Gedämpftes Starrkörpersystem

Problemstellung

Ein starrer Körper der Masse m_1 gleitet reibungsfrei in vertikaler Richtung und ist über eine masselose Stange der Länge l mit einer Punktmasse m_2 gelenkig verbunden (Abb. 5.7.2). Der starre Körper ist außerdem über ein lineares Feder-Dämpfer-Element (Federsteifigkeit c, Dämpferkonstante κ) an den Boden gekoppelt. Die entspannte Länge der Feder sei $2l$. Die Punktmasse m_2 ist über eine weitere Stange (Länge l) gelenkig an den Boden angekoppelt. Stelle die Bewegungsdifferenzialgleichung mithilfe der EULER-LAGRANGE-Gleichungen in Abhängigkeit des Winkels φ und der Winkelgeschwindigkeit $\dot{\varphi}$ auf. Wie groß muss die Federsteifigkeit c sein, damit das System für $\varphi_S = \frac{\pi}{3}$ eine Gleichgewichtslage hat? Gegeben seien c, κ, m_1, m_2, l und g.

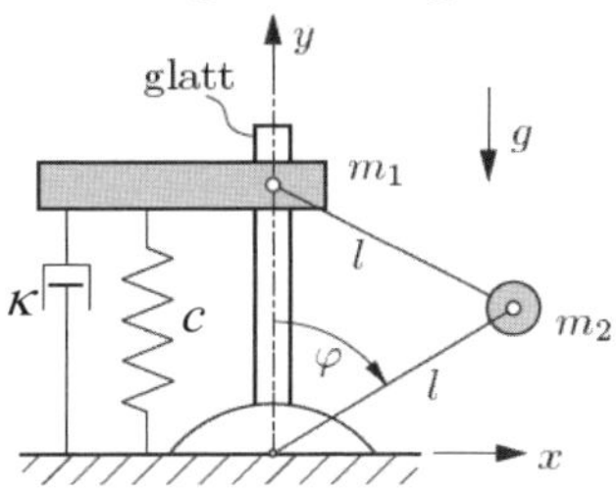

Abb. 5.7.2: Mehrkörpersystem.

Lösung

Jede der beiden Massen hat prinzipiell zwei translatorische Freiheitsgrade in der Ebene, ferner gibt es drei Nebenbedingungen, nämlich zwei Stangen konstanter Länge und die Forderung nach vertikaler Führung der Masse m_1. Folglich ergibt sich die Anzahl an Freiheitsgraden zu:

$$f = p - k = 2 \cdot 2 - 3 = 1, \qquad (5.7.19)$$

und mithin hat man nur eine unabhängige Koordinate zur Beschreibung der Bewegung. Wir wählen den Winkel φ als diese generalisierte Koordinate q. Zur Kinematik des Systems ist ferner zu sagen, dass für die in Abb. 5.7.2 dargestellte Position des starren Körpers mit der Masse m_1 sowie die Lage der Punktmasse m_2 gilt:

$$\underline{x}^1 = 2l\cos(\varphi)\underline{e}_y \,, \quad \underline{x}^2 = l\sin(\varphi)\underline{e}_x + l\cos(\varphi)\underline{e}_y \,. \qquad (5.7.20)$$

Für die LAGRANGE-Funktion $L = E^{\text{kin}} - U$ ermitteln wir die kinetische Energie zu:

$$E^{\text{kin}} = \tfrac{1}{2}m_1\left(\dot{\underline{x}}^1\right)^2 + \tfrac{1}{2}m_2\left(\dot{\underline{x}}^2\right)^2, \qquad (5.7.21)$$

wobei wir gemäß (5.7.20) folgern, dass:

$$\dot{\underline{x}}^1 = -2l\dot{\varphi}\sin(\varphi)\underline{e}_y \quad \Rightarrow \quad \left(\dot{\underline{x}}^1\right)^2 = 4l^2\dot{\varphi}^2\sin^2(\varphi), \qquad (5.7.22)$$

$$\dot{\underline{x}}^2 = l\dot{\varphi}\cos(\varphi)\underline{e}_x - l\dot{\varphi}\sin(\varphi)\underline{e}_y \quad \Rightarrow \quad \left(\dot{\underline{x}}^2\right)^2 = l^2\dot{\varphi}^2\cos^2(\varphi) + l^2\dot{\varphi}^2\sin^2(\varphi) = l^2\dot{\varphi}^2 .$$

Für die potenzielle Energie gilt:

$$U = m_2 g h_2 + m_1 g h_1 + \tfrac{1}{2}c\Delta x^2 . \qquad (5.7.23)$$

Geometrischen Überlegungen entnimmt man, dass:

$$h_2 = l\cos(\varphi)\ ,\quad h_1 = 2l\cos\varphi\ ,\quad \Delta x = 2l - 2l\cos(\varphi) \Rightarrow \Delta x^2 = 4l^2[1-\cos(\varphi)]^2\ , \tag{5.7.24}$$

und damit schließlich:

$$L = 2m_1 l^2\dot{\varphi}^2\sin^2(\varphi) + \tfrac{1}{2}m_2 l^2\dot{\varphi}^2 - 2m_1 gl\cos(\varphi) - m_2 gl\cos(\varphi) - 2cl^2[1-\cos(\varphi)]^2\ . \tag{5.7.25}$$

Die einzig verbliebene, verallgemeinerte EULER-LAGRANGE-Gleichung schreibt sich:

$$\frac{\mathrm{d}}{\mathrm{d}t}\frac{\partial L}{\partial \dot{q}} - \frac{\partial L}{\partial q} = Q^*\ , \tag{5.7.26}$$

und man findet für die linke Seite mit (5.7.25):

$$\frac{\partial L}{\partial \dot{q}} = 4m_1 l^2\dot{\varphi}\sin^2(\varphi) + m_2 l^2\dot{\varphi}$$

$$\Rightarrow\quad \frac{\mathrm{d}}{\mathrm{d}t}\frac{\partial L}{\partial \dot{q}} = 4m_1 l^2 2\dot{\varphi}^2\sin(\varphi)\cos(\varphi) + 4m_1 l^2\ddot{\varphi}\sin^2(\varphi) + m_2 l^2\ddot{\varphi}\ , \tag{5.7.27}$$

$$\frac{\partial L}{\partial q} = 2m_1 l^2\dot{\varphi}^2 2\sin(\varphi)\cos(\varphi) + (2m_1 + m_2)gl\sin(\varphi) - 4cl^2[1-\cos(\varphi)]\sin(\varphi)\ .$$

Für die rechte Seite, welche die generalisierte Kräfte betrifft, findet man mit der Dämpferkraft:

$$\underline{F}_W = -\kappa\underline{\dot{x}}^1 = +\kappa 2l\dot{\varphi}\sin(\varphi)\underline{e}_y \tag{5.7.28}$$

sofort:

$$Q^* = \underline{F}_W\cdot\frac{\partial \underline{x}^1}{\partial\varphi} = 2\kappa l\dot{\varphi}\sin(\varphi)\underline{e}_y\cdot[-2l\sin(\varphi)\underline{e}_y] = -4\kappa l^2\dot{\varphi}\sin^2(\varphi)\ . \tag{5.7.29}$$

Somit resultiert als Bewegungsdifferenzialgleichung:

$$\left[4m_1 l^2\sin^2(\varphi) + m_2 l^2\right]\ddot{\varphi} + 4m_1 l^2\sin(\varphi)\cos(\varphi)\dot{\varphi}^2 + 4\kappa l^2\sin^2\varphi\dot{\varphi} + 4cl^2[1-\cos(\varphi)]\sin(\varphi) = (2m_1 + m_2)gl\sin(\varphi)\ . \tag{5.7.30}$$

Für $\varphi_S = \frac{\pi}{3}$ sollen sich die Massen weder bewegen noch beschleunigen, so dass dann $\dot{\varphi}_S = \ddot{\varphi}_S = 0$ gilt. Die Bewegungsdifferenzialgleichung (5.7.30) reduziert sich dann auf:

$$4cl^2\left[1-\cos\left(\tfrac{\pi}{3}\right)\right]\sin\left(\tfrac{\pi}{3}\right) = (2m_1 + m_2)gl\sin\left(\tfrac{\pi}{3}\right), \tag{5.7.31}$$

Und da $\cos\left(\frac{\pi}{3}\right) = \frac{1}{2}$, folgt schließlich:

$$4cl\left(1-\tfrac{1}{2}\right) = (2m_1 + m_2)g \quad\Rightarrow\quad c = \frac{(2m_1 + m_2)g}{2l} \tag{5.7.32}$$

als gesuchter Wert für die zur Verhinderung der Bewegung nötige Federkonstante.

5.7.3 Multistarrkörpersystem

Problemstellung

Ein Körper der Masse m_3 soll über den in Abb. 5.7.3 gezeigten Seilzug hinaufgezogen werden. Dazu wirkt am Rad 1 (m_1, θ_1) ein diskretes Moment M_0. Man berechne die Beschleunigung der Masse m_3 infolge der Momentenwirkung M_0. Des Weiteren soll die Seilkraft zwischen m_2 und m_3 bestimmt werden. Reines Abrollen auf allen Körpern wird vorausgesetzt.

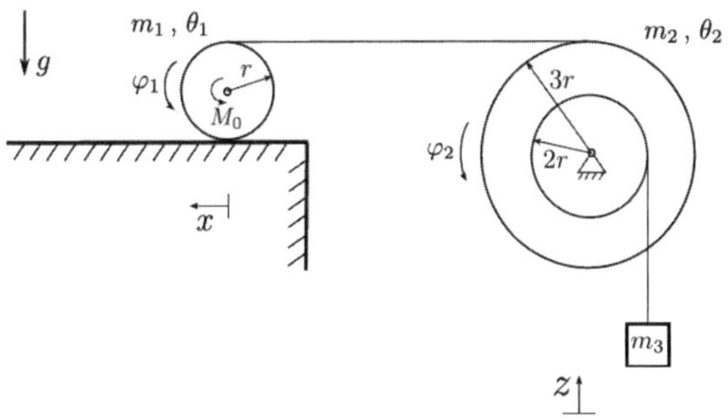

Abb. 5.7.3: Mehrkörpersystem.

Lösung

Wir starten mit dem D'ALEMBERTschen Prinzip in LAGRANGEscher Fassung:

$$\delta(A-B) = \sum_{j=1}^{p}\left(K_j - m_j\ddot{f}_j\right)\delta f_j = 0\,, \tag{5.7.33}$$

wobei K_j die verallgemeinerten Kraftgrößen, f_j die verallgemeinerten Verschiebungsgrößen und p die der Anzahl der Bewegungsmöglichkeiten sind. m_j steht für eine Masse oder einen Trägheitstensor. Dabei ist darauf zu achten, dass die virtuellen Verschiebungen δf_j hier noch nicht unabhängig voneinander sind. Anstelle sukzessiven Eliminierens der „überzähligen" Koordinaten nutzen wir nun für die LAGRANGEschen Gleichungen 1. Art die Methode der LAGRANGE Multiplikatoren. Die benötigten Nebenbedingungen werden hierfür in folgender Form geschrieben:

$$F^i(f_1, f_2, \ldots, f_p) \equiv 0 \tag{5.7.34}$$

mit $i = 1, 2, \cdots, k$ (k bezeichnet die Anzahl der kinematischen Bedingungen) und es folgt:

$$\delta F^i = 0 \quad \Rightarrow \quad \sum_{j=1}^{p}\frac{\partial F^i}{\partial f_j}\delta f_j = 0\,. \tag{5.7.35}$$

Diese k-Stück Gleichungen werden nun mit jeweils einem LAGRANGEschen Multiplikator multipliziert und zu Gleichung (5.7.33) addiert. Wir erhalten:

Energiemethoden

$$\sum_{j=1}^{p}\left(K_j - m_j\ddot{f}_j + \underbrace{\sum_{i=1}^{k}\lambda^i \frac{\partial F^i}{\partial f_j}}_{\text{Zwangskräfte},Q_j^{\text{Zwang}}}\right)\delta f_j = 0\,, \tag{5.7.36}$$

wobei die virtuellen Verschiebungen jetzt unabhängig sind, woraus

$$K_j - m_j\ddot{f}_j + \sum_{i=1}^{k}\lambda^i \frac{\partial F^i}{\partial f_j} = 0 \tag{5.7.37}$$

folgt. Mit diesen Gleichungen lässt sich die Problemstellung des Mehrkörperproblems jetzt lösen. Im 1. Arbeitsschritt stellen wir die Nebenbedingungen für das in der Abbildung skizzierte Problem auf:

$$\begin{aligned}
&\mathrm{d}F^1(x,\varphi_1,\varphi_2,z) = \mathrm{d}x - r\,\mathrm{d}\varphi_1 = 0\,,\\
&\mathrm{d}F^2(x,\varphi_1,\varphi_2,z) = \mathrm{d}x + r\,\mathrm{d}\varphi_1 - 3r\,\mathrm{d}\varphi_2 = 0\,,\\
&\mathrm{d}F^3(x,\varphi_1,\varphi_2,z) = -2r\,\mathrm{d}\varphi_2 + \mathrm{d}z = 0\,.
\end{aligned} \tag{5.7.38}$$

Die LAGRANGEschen Gleichungen 1. Art lauten:

$$\begin{aligned}
&j=1\equiv x: \quad -m_1\ddot{x} + \lambda^1 + \lambda^2 = 0\,,\\
&j=2\equiv \varphi_1: \quad M_0 - \theta_1\ddot{\varphi}_1 + \lambda^1(-r) + \lambda^2 r = 0\,,\\
&j=3\equiv \varphi_2: \quad -\theta_2\ddot{\varphi}_2 + \lambda^2(-3r) + \lambda^3(-2r) = 0\,,\\
&j=4\equiv z: \quad -m_3 g - m_3\ddot{z} + \lambda^3 = 0\,,
\end{aligned} \tag{5.7.39}$$

wobei die partiellen Ableitungen der Nebenbedingungen verwendet wurden. Die LAGRANGEschen Multiplikatoren berechnen sich aus den Gleichungen davor zu:

$$\begin{aligned}
&\lambda^1 = m_1\ddot{x} + \frac{\theta_2}{3r}\ddot{\varphi}_2 + \frac{2}{3}m_3(g+\ddot{z})\,,\\
&\lambda^2 = -\frac{\theta_2}{3r}\ddot{\varphi}_2 - \frac{2}{3}m_3(g+\ddot{z})\,,\\
&\lambda^3 = m_3(g+\ddot{z})\,.
\end{aligned} \tag{5.7.40}$$

Durch Einsetzen von λ^1 und λ^2 in Gleichung $(5.7.39)_2$ erhalten wir eine Bewegungsgleichung, die alle Bewegungskoordinaten der Problemstellung umfasst:

$$M_0 - \theta_1\ddot{\varphi}_1 - m_1\ddot{x}r - \frac{2\theta_2}{3}\ddot{\varphi}_2 - \frac{4}{3}m_3(g+\ddot{z})r = 0\,. \tag{5.7.41}$$

Durch Nutzen der Nebenbedingungen (5.7.38) leiten sich folgende Beziehungen ab:

$$\ddot{x} = \frac{3}{4}\ddot{z}, \quad \ddot{\varphi}_1 = \frac{3}{4r}\ddot{z}, \quad \ddot{\varphi}_2 = \frac{1}{2r}\ddot{z}\,. \tag{5.7.42}$$

Einsetzen in die vorherige Gleichung und Umstellen ergibt letztendlich die gesuchte Beschleunigung der Masse m_3:

$$\ddot{z} = \frac{M_0 + \frac{4r}{3} m_3 g}{\frac{4r}{3} m_3 + \frac{3r}{4} m_1 + \frac{3}{4r} \theta_1 + \frac{1}{3r} \theta_2}. \tag{5.7.43}$$

Bleibt zuletzt die Frage nach der Seilkraft zwischen m_2 und m_3, sprich der Zwangskraft bezüglich der Bewegungskoordinate z genannt Q_4^{Zwang}. Wie in Gleichungen (5.4.36/37) aufgeführt, berechnet sich die Zwangskraft Q_4^{Zwang} aus:

$$Q_4^{\text{Zwang}} = \sum_{i=1}^{k} \lambda^i \frac{\partial F^i}{\partial f_4} = \sum_{i=1}^{k} \lambda^i \frac{\partial F^i}{\partial z} = \lambda^1 \frac{\partial F^1}{\partial z} + \lambda^2 \frac{\partial F^2}{\partial z} + \lambda^3 \frac{\partial F^3}{\partial z} = \lambda^3. \tag{5.7.44}$$

Der LAGRANGEsche Multiplikator ist hier gleich der gesuchten Zwangskraft bzw. der Seilkraft zwischen m_2 und m_3. In einem letzten Arbeitsschritt ersetzen wir λ^3 mit Gleichung $(5.7.40)_3$ und folglich $\ddot{z}$ mit Gleichung (5.7.43) und erhalten die gesuchte Seilkraft zu:

$$F_{\text{Seil}} = Q_4^{\text{Zwang}} = m_3 \left(g + \frac{M_0 + \frac{4r}{3} m_3 g}{\frac{4r}{3} m_3 + \frac{3r}{4} m_1 + \frac{3}{4r} \theta_1 + \frac{1}{3r} \theta_2} \right). \tag{5.7.45}$$

Stichwort- und Namensregister

Hinweise zur beigefügten CD-ROM

Die beigefügte CD-ROM dient in erster Linie der Vertiefung des im Buch dargebotenen Stoffes und knüpft aufbauend und erweiternd daran an. Hierdurch wurde dem starken Wunsch der Studierenden Rechnung getragen, sog. „Quickies" üben zu können. Diese Kurz- oder auch Theoriefragen stellen erfahrungsgemäß in der Klausur eine sehr große Hürde dar und werden als extrem schwierig empfunden. Entsprechend groß ist die Furcht, sich nicht darauf vorbereiten zu können. Letzteres wird nun möglich.

Systemvoraussetzungen

Folgende Mindestanforderungen sollte Ihr PC für die Nutzung der CD-ROM erfüllen:

- Betriebssystem: Windows 2000, XP, Vista oder andere
- 128 MB RAM
- CD-ROM-Laufwerk
- Adobe Acrobat Reader© (Installationsversion auf CD mitgeliefert)
- Mozilla Firefox oder andere Web-Browser
- Flash Player 10 (Installationsversion auf CD mitgeliefert)

Start der CD-ROM

Die CD verfügt über einen Autostart, so dass nach dem Einlegen das Startfenster von selbst aktiviert wird. Sofern die Autostart-Funktion Ihres PCs deaktiviert ist, starten Sie bitte den Windows-Explorer, wechseln auf Ihr CD-Laufwerk und klicken dort doppelt auf die Datei index.html doppelt.

Installation des Adobe Acrobat Readers®

Zur Anzeige der inkorporierten Materialien wie Aufgaben, Vorlesungspräsentationen und Bearbeitungshinweisen benötigen Sie einen Adobe Acrobat Reader®. Sofern auf Ihrem System kein Adobe Acrobat Reader® vorhanden sein sollte, so installieren Sie bitte den mitgelieferten Adobe Acrobat Reader 9.0®. Gehen Sie dazu im Windows-Explorer auf das CD-Verzeichnis Tools und dort auf den Ordner adobe. Doppelklicken Sie die Datei AdbeRdr90_deu_full.exe und folgen Sie den weiteren Installationsanweisungen.

Sie können selbstverständlich auch eine andere Variante des Acrobat Reader® verwenden. Weitere Informationen finden Sie dazu auf den Seiten von Adobe.

Installation des Flash Players

Auf der CD-ROM sind Multiple-Choice Aufgaben enthalten, die im .swf Format abgespeichert sind. Damit diese geöffnet werden können, müssen Sie den Flash-Player 10 installieren. Dieser ist ebenfalls auf der CD-ROM enthalten. Suchen Sie im Hauptverzeichnis die Datei flvplayer_setup.exe, doppelklicken Sie die Datei und folgenden Sie den weiteren Installationsanweisungen.